# 粉煤灰提铝

## 基础工艺与工程技术

杜善周　编著

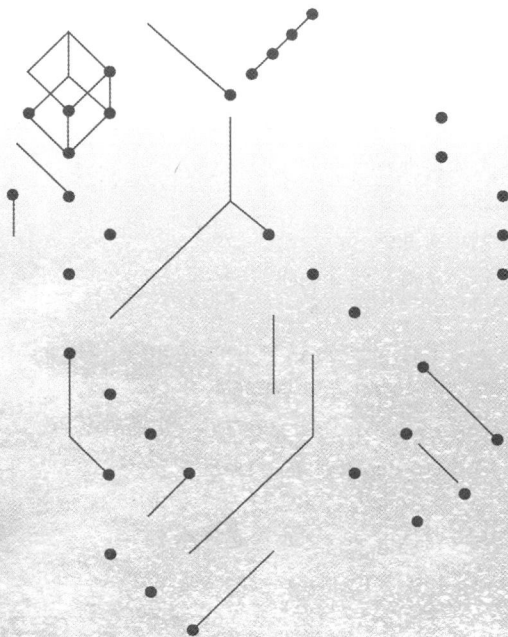

中南大学出版社·长沙
www.csupress.com.cn

**图书在版编目（CIP）数据**

粉煤灰提铝基础工艺与工程技术／杜善周编著. —
长沙：中南大学出版社，2022.9
ISBN 978-7-5487-4993-6

Ⅰ.①粉… Ⅱ.①杜… Ⅲ.①粉煤灰－氧化铝－生产
技术 Ⅳ.①TF821

中国版本图书馆 CIP 数据核字（2022）第 130709 号

# 粉煤灰提铝基础工艺与工程技术
## FENMEIHUI TILÜ JICHU GONGYI YU GONGCHENG JISHU

杜善周　编著

| | |
|---|---|
| □出 版 人 | 吴湘华 |
| □责任编辑 | 胡　炜 |
| □责任印制 | 李月腾 |
| □出版发行 | 中南大学出版社 |

社址：长沙市麓山南路　　　　　邮编：410083
发行科电话：0731-88876770　　传真：0731-88710482

□印　　装　湖南省众鑫印务有限公司

□开　　本　710 mm×1000 mm　1/16　　□印张 32.5　□字数 654 千字
□版　　次　2022 年 9 月第 1 版　　　□印次 2022 年 9 月第 1 次印刷
□书　　号　ISBN 978-7-5487-4993-6
□定　　价　168.00 元

# 序 言

21 世纪以来,中国铝工业取得了突飞猛进的发展,氧化铝和电解铝的产量均超过全球产量的一半,居世界首位。但我国铝土矿资源匮乏,其储量仅占世界储量的 3%,且随着相对优质的铝土矿资源的消耗殆尽,近年来我国铝土矿年进口量均超过 60%。这一局面导致我国铝工业抵御风险能力低,一旦铝土矿出口国的政局、政策变动或国际局势动荡,均会对我国铝工业的资源安全造成重大威胁,因此寻找铝土矿的替代资源并开发经济可行的替代资源利用技术刻不容缓。

我国是世界上最大的煤炭生产国和消费国,粉煤灰排放量每年约为 6 亿 t,一方面占用大量土地、严重污染环境,另一方面粉煤灰中有价金属(铝、镓等)元素未能得到有效的高价值利用。以内蒙古鄂尔多斯准格尔煤田为例,该煤田拥有 267 亿 t"高铝、富镓"煤炭资源,煤中蕴含氧化铝资源储量 35 亿 t,粉煤灰中氧化铝平均质量分数达到 50%,有望成为我国重要的铝土矿替代资源。此外,该煤田的煤炭资源中还蕴含镓资源储量 85.7 万 t,极具综合利用价值。

准能集团有限责任公司依托准格尔矿区得天独厚的煤炭资源,遵循循环经济"减量化、再利用、资源化"原则,自 2004 年开始研究粉煤灰提铝以来,取得了重要研究进展。本书以此为基础,系统阐述了酸法制备氧化铝工艺技术、酸法氧化铝性质、酸法氧化铝在相适应的电解质体系中的行为、与酸法氧化铝相适应的下料与控制及烟气净化与输送技术、基于酸法氧化铝的铝电解工程化实践及生产组织与标准化管理等,最后结合智能制造技术发展趋势,对粉煤灰提铝技术的后续发展进行了展望。

本书的出版发行,对促进我国粉煤灰综合利用领域的学术交流与技术进步具有十分积极的意义与重要价值。

中国工程院院士

# 前　言

　　铝是世界上产量和用量仅次于钢铁的金属，我国氧化铝、电解铝的产量及消费量均超过全球的一半。但我国用以支撑铝工业可持续发展的铝土矿资源匮乏、自给保障能力不足、对外依存度高，寻找铝土矿替代资源、保障资源安全迫在眉睫。内蒙古准格尔煤田拥有 267 亿 t 高铝、富镓煤炭资源，煤中镓资源储量 85.7 万 t、氧化铝资源储量 35 亿 t，粉煤灰中氧化铝平均质量分数达到 50%，是我国重要的铝土矿替代资源。

　　准能集团有限责任公司依托准格尔矿区得天独厚的煤炭资源，遵循"减量化、再利用、资源化"原则，自 2004 年开始，先后攻克了有价元素提取、酸性体系除杂、新型氧化铝(或称为酸法氧化铝)电解等技术难题，取得了一系列原创性成果，形成了水煤浆燃烧制备粉煤灰、"一步酸溶法"粉煤灰提取氧化铝、水热法除杂、新型氧化铝电解等工艺技术体系，开创了粉煤灰中有价元素协同提取高值化利用先河。通过构建"原料与动力中心–氧化铝装置–电解铝装置"产业链，打造极具市场竞争力的粉煤灰综合利用发展新模式。粉煤灰综合利用技术创新成果的产业化转化，不仅能有效减少粉煤灰排放带来的环境污染问题，实现粉煤灰的高附加值利用，而且对缓解我国铝土矿资源不足、保障资源战略安全、促进我国铝工业健康可持续发展意义重大。可以说，满足未来国民经济发展的铝在煤里。

　　本书以准能集团有限责任公司多年来的粉煤灰提铝技术研究工作为基础，介绍了以高铝煤炭资源为原料制备粉煤灰、从粉煤灰中提取一种新型氧化铝、新型氧化铝电解生产金属铝系列工艺技术等内容。全书共十章，第 1 章介绍了铝的性质与应用、铝电解基础知识以及现代铝工业；第 2 章介绍了水煤浆制备粉煤灰工艺、粉煤灰的形成过程及性质、粉煤灰制备新型氧化铝；第 3 章对照碱法氧化铝，介绍了一种新型氧化铝；第 4 章通过模拟仿真方法，研究基于新型氧化铝的电解质体系，第 5 章~第 7 章重点论述了基于新型氧化铝电解的输送、烟气净化、下料及控制技术开发与工程实践；第 8 章重点介绍了新型氧化铝电解槽的多尺度仿真系统开发；第 9 章介绍了新型氧化铝电解生产组织与标准量化管理；第 10 章展望了粉煤灰提铝的广阔前景及智能制造优化方向。希冀本书起到抛砖引玉的作用，为粉煤灰综合利用提供参考，为粉煤灰高值化利用提供可行方案。

在粉煤灰提铝系列技术开发过程中，得到了中南大学(6.2~6.4 节、7.1~7.3 节)、东北大学(3.3~3.6 节)、东方电气集团东方锅炉股份有限公司(2.1.5 节、5.1 节)、湖南阿尔惠特科技股份有限公司(4.2 节、7.2~7.3 节、8.1~8.3 节)、湖南霍鲁特科技有限公司(4.1 节)、贵州顺安机电设备有限公司(5.2 节)等的大力支持。本书的出版，凝聚着所有参与者的付出与智慧，在此一并表示衷心感谢。同时，本书引用了国内外学者的研究成果，也可能因为疏漏未能录入参考文献，在此深表感谢并致歉意。

# 目　录

# 第 1 章
# 绪　论

## 1.1　铝的性质与应用

### 1.1.1　铝的基本性质

铝是一种银白色金属，元素符号为 Al，原子序数为 13，相对原子质量为 26.98154，基本性质如表 1-1 所示。

表 1-1　铝的基本性质

| | |
|---|---|
| 原子半径/nm | 0.143 |
| 晶体结构 | 面心立方结构 |
| 电子排布 | $[Ne]3s^23p^1$ |
| 密度(20℃)/(g·cm$^{-3}$) | 2.70 |
| 熔点/℃ | 660.4 |
| 沸点/℃ | 2467 |
| 电阻率(20℃)/(μΩ·cm) | 2.67 |
| 温度系数(0~100℃)/K$^{-1}$ | 0.0045 |
| 超导临界温度/K | 1.175 |
| 线膨胀系数(0~100℃)/K$^{-1}$ | $23.5\times10^{-6}$ |
| 蒸发潜热/(J·g$^{-1}$) | 10800 |
| 熔解潜热/(J·g$^{-1}$) | 388 |
| 比热容(25℃)/(J·K$^{-1}$·kg$^{-1}$) | 900 |
| 导热系数(0~100℃)/(W·m$^{-1}$·K$^{-1}$) | 237 |

## 1.1.2 铝的应用

铝在地壳中含量约为 8%(质量分数),仅次于氧和硅,居第三位,是世界上总产量和消费量最大的有色金属。铝的密度小,比重不及钢铁、铜的一半;具有良好的导电性、导热性、可塑性;在空气中能迅速氧化,形成一层透明的氧化铝薄膜保护层,赋予其耐腐蚀能力;铝的特性使铝的应用具备经济、环保、多样、耐久等优势,广泛应用于交通运输、房屋建筑、航空航天、包装等领域,是国民经济发展的重要基础原材料。

(1)交通运输

在美国、日本等发达国家,交通运输行业是铝材的第一大应用领域,占比均超过 30%。近几年,我国交通用铝占比在逐渐上升,属于第二大用铝领域。铝应用于交通领域时,能够提高燃油效率,减少燃油消耗,降低温室气体的排放量。汽车用铝件主要包括铸件、轧制产品、挤压件、锻件等。据欧洲铝业协会报道,汽车质量每降低 100 kg,每 100 km 可节约 0.6 L 燃油,使二氧化碳排放量减少 800~900 g。国际铝业协会在 2019 年 9 月发布的《中国汽车工业用铝量评估报告(2016—2030)》中介绍了中国汽车工业用铝量的综合评估结果,包括乘用车、商用车(客车和货车)、特种车、两轮车和三轮车,报告预测汽车行业的用铝量将从 2018 年的 380 万 t 增加到 2030 年的 910 万 t,年复合增长率达到 8.9%。铝应用于轨道交通时,能够减轻重量、减少运行压力、降低能耗、增加载重、提高经济效益。目前,列车的很多承重元部件和车身都全部采用了铝。铝应用于船舶时,可实现船舶轻量化、降低制造及维护成本。

(2)房屋建筑

房屋建筑是我国用铝第一大领域。铝应用于房屋建筑的优势在于其耐腐蚀性、多样性、经济性,如铝门窗、建筑幕墙及装饰等。建筑中采用铝制产品,在满足强度要求的同时也能最大限度地降低建筑物的基础投资。在使用期内,铝的耐腐蚀性意味着铝产品能维持理想的性能及更低的养护成本,可以带来可靠的成本效益。铝易加工成型,具有很强的设计潜力,通过改变加工工艺,可以获得多种多样的铝产品。

(3)航空航天

重量轻、强度高、加工性能好等特点,使铝成为航空航天领域中常用的材料,商用飞机重量的 80% 为铝,波音 747 用铝 7.5 t,航天飞机结构中有 90% 是铝合金。

(4)金属包装

铝制包装不易破碎,可以有效防冻、防水、防气、防光,保证包装物完好。铝具有高的热传导率,可以最大限度地节省时间、节约能源。铝具有延展性,易于成型，可以制成形式多样的包装，使产品具有多样性。铝制包装重量轻，有助于节省能源，节能过程贯穿于产品运输、储存全过程。

## 1.2 铝电解基础知识

### 1.2.1 铝电解技术发展

#### 1.2.1.1 铝的发现及早期化学法

Aluminium（铝）一词从明矾衍生出来，古罗马人称明矾为 Alumen。铝的发现及早期提取过程如下：

1746 年，Pott 从明矾中制取出一种金属氧化物。Marggraf 认为黏土和明矾中含有同一种金属氧化物。

1807 年，英国 Davy 试图用电解法从氧化铝中分离出金属，未成功。1808 年，他将此种预想中的金属称为 Aluminium，之后沿用此名。

1825 年，丹麦 Oersted 用钾汞还原无水氯化铝，得到一种灰色的金属粉末，在研磨时呈现金属光泽，但当时未能加以鉴定。

1827 年，德国 Wohler 用钾还原无水氯化铝，得到少量细微的金属颗粒。1845 年，他把氯化铝气体通过熔融的金属钾表面，得到金属铝珠，每颗铝珠的质量为 10~15 mg，铝的一些物理性质和化学性质也得到初步测定。

1854 年，法国 Deville 用钠代替钾还原 $NaCl-AlCl_3$ 络合盐，制取金属铝。钠和钾同为一价碱金属，但钠的相对原子质量比钾小，制取 1 kg 铝所需的钠量为 3.0~3.4 kg，而用钾大约需要 5.5 kg，故用钠比较经济。当时称铝为"泥土中的银子"。

1855 年，Deville 在巴黎世界博览会上展出了 12 块小铝锭，总质量约为 1 kg。

#### 1.2.1.2 电热还原法及电解法

在采用化学法炼铝时，从事铝研究的学者、企业和研究机构一直致力于低成本的炼铝新工艺的研究与探索。目前已知的炼铝方法可以分为两大类：电解法和电热还原法。电解法可分为在冰晶石-氧化铝体系中电解氧化铝的方法和在氯化盐体系中电解氯化铝的方法。电热还原法是指用铝矿和黏土作为原料，生产铝硅和铝硅合金。原则上讲，只要起始原料为氧化铝，最终产品为金属铝，不论采取哪种方式，理论上所需要的能量都是一样的，但实际上各种方式所消耗能量的大小则取决于中间化学步骤的能量效率。图 1-1 显示了几种炼铝方法的生产流程。

（1）电热还原法

早在 20 世纪 60 年代，电热还原法炼铝新工艺就得到了广泛关注和研究。许多铝业公司（包括 Alcoa，Reynolds 和 Pechiney）都曾积极开发过这种直接还原工

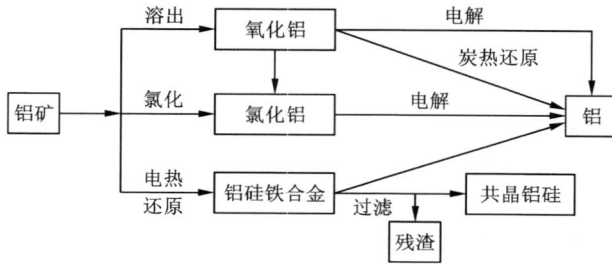

**图 1-1 炼铝方法的生产流程**

艺,但都未获得成功,相关的研究工作也相继停止。依据相关文献,Pechiney 的炭热还原试验工程曾达到了每年生产数千吨金属铝的规模,但由于原料、电极材料价格高,其成本压力过大,不具备竞争能力,从而于 1967 年被迫关闭。同样的原因,Reynolds 的研究工作也在 1972 年因为不具备经济竞争力而被迫停止。鉴于技术保密的原因,相关工作完成多年后,才陆续有研究结果的报道。Kusik 等在 1990 年的 TMS 年会报告中列举了电热还原炼铝工艺对传统 Hall-Héroult 法的优势,包括操作成本降低 10% ~20%,能耗降低 10%,车间人员减少 50%,单位体积反应器的生产能力得到大幅提高,消除氟化物和沥青烟对环境的污染等,但同时该报道也指出该工艺的缺点在于操作温度高达 2000℃ 以上,排出大量的 CO 和 $CO_2$。

(2)电解法

①氯化物体系电解——Alcoa 法。

电解氯化物制取金属铝的设想由来已久,甚至超过了氟盐电解体系。早在 1854 年,Bunsen 和 Deville 电解 $NaAlCl_4$ 熔体得到了金属铝。在此基础上,人们曾长期研究电解氯化物熔体制取金属铝的可能性。除了 $NaAlCl_4$ 外,学者还研究过含有 $AlCl_3$ 的 LiCl、NaCl、KCl、$MgCl_2$、$CaCl_2$ 和 $BaCl_2$ 的二元或三元熔体,以作铝电解的氯化物熔盐电解质体系。

Statin 曾在 20 世纪 60 年代获得过有关电解 $AlCl_3-10\%CaF_2$ 制取金属铝的专利,但由于电解槽需要在较大极距下操作,电解过程能耗高,与 Hall-Héroult 法相比不具备优势,因而没有得到应用。

1969 年,Singleton 报道了采用石墨阳极从 $KCl-NaCl-AlCl_3$ 熔体中制备金属铝的研究,但电解槽放大后在耐腐蚀槽体材料方面遇到了严重问题。

从 20 世纪 60 年代起,美国铝业公司在美国能源部(DOE)的资助下,开始了对氯化铝熔盐电解炼铝方法的开发。经过近十年研究,花费近 2500 万美元,该方法终于获得工业化应用。因此这种方法也被称为 Alcoa Smelting Process。由于技术保密的原因,极少有文献对美国铝业公司的 Alcoa 方法进行报道。

1972 年，美国铝业公司申请了氯化电解铝的专利。1976 年，美国铝业公司在得克萨斯建了 4 台氯化电解槽。1985 年，该项目停止。其主要原因是不能生产和处置纯净、不含氧的氯化铝，生产氯化铝的化工厂没有达到设计产能，燃油费和维护费高。还有一个原因是，在氯化铝生产过程中，产生了全氯化联苯，造成了潜在的环境问题。

②氟化物体系电解——Hall-Héroult 法。

1883 年，美国 Bradley 提出利用氧化铝可溶于熔融冰晶石（$Na_3AlF_6$）的特性来电解冰晶石–氧化铝熔盐的方案，但未获得专利。

1886 年，美国人 Charles M Hall 和法国人 Paul Héroult 通过实验几乎同时、独立地申请了冰晶石–氧化铝熔盐电解炼铝的专利，后被称为 Hall-Héroult 法。不同的是，Charles M Hall 认为氧化铝是适于炼铝的原料，唯一的问题是要寻找一种适宜的溶剂，所以他系统地研究了各种溶剂且用它们进行实验，直到找到了冰晶石；而 Paul Héroult 则相反，他从电解纯冰晶石溶液中得到金属铝之后，再寻找炼铝原料。他先向冰晶石熔体中添加了 $NaCl-AlCl_3$ 络合盐，但由于 $NaCl-AlCl_3$ 易于水解，后期改用氧化铝。

1888 年 11 月，Hall 在美国匹兹堡电解铝厂（美国铝业公司前身）开始用冰晶石–氧化铝熔盐电解法炼铝，而 Héroult 则于 1889 年在瑞士 Neuhausen 建厂生产铝。这就是电解法工业生产金属铝的开始。与化学法相比，电解法因具有成本比较低、产品质量好等优点而沿用至今。之后，其他各国也相继采用 Hall-Héroult 法电解炼铝，如法国 1889 年，英国 1890 年，德国 1898 年，奥地利 1899 年，挪威 1906 年，意大利 1907 年，西班牙 1927 年。

我国第一座电解铝厂是 1954 年 10 月投产的抚顺铝厂，采用 60 kA、144 台侧插棒自焙阳极电解槽，年产 2.5 万 t 原铝。1957 年，扩充到年产 7 万 t 铝的规模，是当时国内唯一的电解铝厂。之后继续扩大铝的生产规模，增建了 135 kA 预焙阳极电解槽。抚顺铝厂是我国铝电解工业的发源地，为了发展我国的有色金属工业，该厂毫无保留地将自己的重大工艺改革和科研成果介绍、推广到全国。

在铝工业的发展历程中，虽然有不少学者、企业和研究机构致力于低成本炼铝工艺的研究与探索，试图替代现行的 Hall-Héroult 法，但最终均未能实现工业生产，而 Hall-Héroult 熔盐电解法的生产技术则在这一百余年里取得了重大发展：电解槽由最初的小型预焙槽改进为自焙槽，再发展为现在被广泛采用的大型预焙电解槽；电解槽的电流容量由最初的 24 kA、60 kA 增加到了现在的 500 kA、600 kA；电流效率由 70% 增加到了约 96%；电解过程的能量效率接近 50%；吨铝能量消耗则由 40000 kW·h 降低到某些先进槽的 12000～13000 kW·h。这一发展源于几项关键技术的有效改进。

a. 基于电子计算机的发展及理论基础研究，实现了电解槽的优化设计和工业化的自动智能控制。在电解槽设计方面，为了获得高效节能型电解槽，在现代的铝电解槽设计时，普遍采用了先进的计算机模拟技术，模拟电解槽的热场、电场、磁场、流场，成功开发出大容量、更高效节能的电解槽。在生产工艺控制方面，铝电解生产实现了机械化和自动化相结合的现代化操作和管理体系。电解槽实现了计算机智能控制，该控制技术基于电阻控制的基础，并与电解槽操作管理经验相结合，实现了对氧化铝供料、出铝、阳极母线提升、阳极更换、电压平衡、热平衡、电解质成分等的控制与操作管理。

b. 点式下料技术的全面应用。中央点式下料技术配合电解槽自动控制系统在很大程度上保证了电解槽的稳定运行，极大地提升了电解槽的自动化程度。尽管点式下料技术看似简单，但没有点式下料技术就难以实现对电解槽运行的准确控制，电解槽的物料平衡和热平衡难以保持，就不可能实现工业铝电解的高效节能。

c. 大功率高效能供电整流系统的综合开发与应用。供电整流系统是整个铝电解生产系统的核心。大功率恒直流电流整流技术的开发，能满足现代大容量电解槽的系列生产。

d. 长寿命铝电解槽技术。随着电解槽向大型化发展，系列电流从 100 kA 逐渐增加至 600 kA，电解槽的使用寿命便成为铝研究领域内越来越被关注的技术难题。由于新材料如碳化硅-氮化硅砖、耐火防渗料、新型阴极等的应用，国际先进的铝电解槽寿命达到 2500~3000 d。铝电解槽寿命的提高，不仅有效地提高了铝产量，而且大大减少了因废内衬材料而造成的环境污染。

## 1.2.2 熔盐电解法

Hall-Héroult 熔盐电解法生产铝是工业化炼铝的唯一方法。其工艺原理是，以熔融冰晶石为溶剂（可添加适当氟化物作为添加剂以调节电解质体系性质），以氧化铝为溶质，以炭素为阳极，以电解产物铝液为阴极。其过程是，强直流电通过若干个悬置的阳极进入电解槽，流过电解质层和铝液层，最终由阴极及阴极母线导入同系列的下一台电解槽。图 1-2 为铝电解工艺流程示意图。

在电解过程中，颗粒状氧化铝通过加料口周期性添加，并在强电流的作用下发生电化学反应，即电解[式(1-1)和式(1-2)]。氧化铝中的氧结合阳极上的碳形成二氧化碳，以气泡的形式排出；氧化铝中的铝在阴极表面析出，由于铝液的密度略大于冰晶石电解质，故铝液沉积在电解槽底部，并被真空抽出。随着反应的进行，阳极炭块不断消耗，因此，生产过程中需要定期更换新阳极。

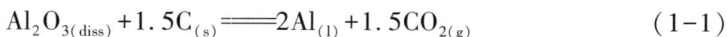

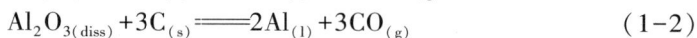

$$Al_2O_{3(diss)} + 1.5C_{(s)} =\!=\!= 2Al_{(l)} + 1.5CO_{2(g)} \tag{1-1}$$

$$Al_2O_{3(diss)} + 3C_{(s)} =\!=\!= 2Al_{(l)} + 3CO_{(g)} \tag{1-2}$$

理论上，每产出 1 t 铝需要消耗 1.889 t 的氧化铝，当只有反应(1-1)进行时，

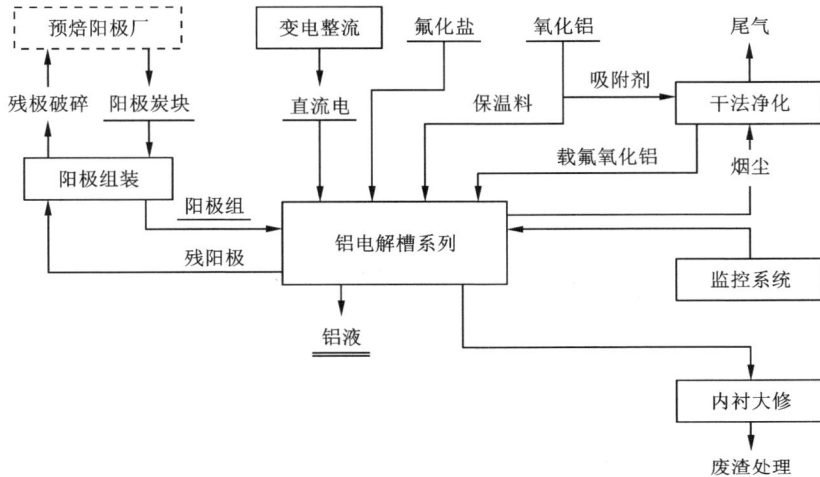

图 1-2　铝电解工艺流程示意图

阳极理论碳耗量为 333 kg/t Al。在实际铝电解生产过程中，氧化铝含有杂质、输送下料过程存在机械损失，炭阳极存在脱落炭渣、空气氧化等情况，氧化铝和炭阳极的实际消耗量均大于理论计算值，氧化铝消耗一般为 1920 kg/t Al，炭阳极净耗一般为 420~450 kg/t Al。

　　铝电解生产的主要设备为电解槽，典型现代预焙铝电解槽结构示意图如图 1-3 所示。

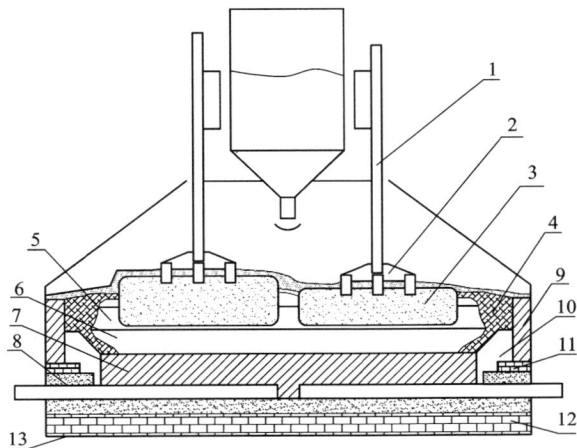

1—铝导杆；2—钢爪；3—阳极炭块；4—炉帮；5—电解质；6—铝液；
7—阴极炭块；8—阴极钢棒；9—侧部块；10—周围糊；11—耐火砖；
12—保温砖；13—钢壳

图 1-3　现代预焙铝电解槽结构示意图

### 1.2.3 铝电解原料

铝电解所用原料有氧化铝、冰晶石、炭阳极及添加剂等。

（1）氧化铝

氧化铝是铝电解的主要原料，现代预焙槽炼铝要求氧化铝具备如下特性：

①具有良好的流动性，满足风动输送系统和电解下料准确性要求；

②具有良好的溶解性，在电解质体系中能够快速溶解，减少槽底沉淀；

③具有较大的比表面积，会吸附电解烟气中的氟化氢气体，降低氟消耗；

④具有较好的耐磨损性，在输送和烟气净化系统中磨损小；

⑤具有良好的保温性能，提高其作为覆盖料的保温效果，减少电解槽的热量损失；

⑥具有较高的化学纯度、较低的杂质含量，以保证金属铝质量、电解槽的电流效率，降低氟化铝消耗，维持电解质体系性能的稳定。

氧化铝是一种白色粉状物质，熔点为2050℃，沸点为3000℃，真密度为3.6 $g/cm^3$，表观密度约为 1 $g/cm^3$。我国生产的氧化铝，其化学纯度分级见表1-2。

**表 1-2 氧化铝化学纯度分级**

| 牌号 | 化学成分(质量分数)/% | | | | |
|---|---|---|---|---|---|
| | $Al_2O_3$，不小于 | 杂质含量，不大于 | | | |
| | | $SiO_2$ | $Fe_2O_3$ | $Na_2O$ | 灼减 |
| AO-1 | 98.6 | 0.02 | 0.02 | 0.50 | 1.0 |
| AO-2 | 98.5 | 0.04 | 0.02 | 0.60 | 1.0 |
| AO-3 | 98.4 | 0.06 | 0.03 | 0.70 | 1.0 |

注：①表中数据来源于 GB/T 24487—2009；

②$Al_2O_3$ 含量为 100% 减去表中所列杂质总和的余量；

③表中化学成分按在 300℃±5℃ 温度下烘干 2 h 的干基计算；

④表中杂质成分按 GB/T 8170 处理。

我国冶金级氧化铝标准给出的物理性能指标参考值见表1-3。

表 1-3　氧化铝物理性能指标参考值

| 牌号 | 物理性能 | | | | | |
|---|---|---|---|---|---|---|
| | 粒度分布/% | | 安息角/(°) | 磨损指数/% | $\alpha$-$Al_2O_3$ 含量/% | 松装密度/(g·cm⁻³) |
| | -20 μm | +150 μm | | | | |
| | ≤ | ≤ | ≤ | ≤ | ≤ | — |
| YAO-1 | 2.0 | 3 | 35 | 25 | 10 | 0.95~1.10 |
| YAO-2 | 5.0 | 6 | | | | |
| YAO-3 | 不作要求 | | | | | |

注：①表中数据来源于 YS/T 803—2012；
　　②表中含量指质量分数。

根据物理性能的差异，氧化铝一般分成砂状、中间状和粉状三类，物理性能见表 1-4。

表 1-4　三种类型氧化铝的物理性能

| 氧化铝类型 | 安息角/(°) | 灼减/% | 真密度/(g·cm⁻³) | $\alpha$-$Al_2O_3$ 含量/% | 平均粒度/μm | 比表面积/(m²·g⁻¹) |
|---|---|---|---|---|---|---|
| 砂状 | 30~35 | 1.0 | <3.7 | 25~35 | 80~100 | >35 |
| 中间状 | 35~40 | 0.5 | <3.7 | 40~50 | 50~80 | >35 |
| 粉状 | 40~45 | 0.5 | >3.9 | 80~95 | 50 | 2~10 |

注：表中含量指质量分数。

（2）冰晶石

冰晶石是氧化铝的溶剂，是电解质体系的主要成分之一。理论上，电解过程中冰晶石是不消耗的，而实际生产过程中会存在挥发损失、机械损失和槽内衬吸附损失，故生产时需要对冰晶石进行补充。

冰晶石分天然和人造两种，天然冰晶石在自然界中储量很少，不能满足工业需要，故铝工业均采用人造冰晶石。冰晶石是一种复盐，人造冰晶石是正冰晶石（3NaF·$AlF_3$）和亚冰晶石（5NaF·3$AlF_3$）的混合物，为白色粉末，微溶于水。冰晶石按其分子比分为两类、四个牌号，分子比为 2.80~3.00 的称为高分子比冰晶石，分子比为 1.00~2.80 的称为普通冰晶石。冰晶石的质量标准如表 1-5 所示。

**表 1-5  冰晶石的质量标准**

| 牌号 | 化学成分(质量分数)/% | | | | | | | | | 物理性能 |
| | F | Al | Na | $SiO_2$ | $Fe_2O_3$ | $SO_4^{2-}$ | CaO | $P_2O_5$ | 湿存水 | 烧减量/% |
| | 不小于 | | | 不大于 | | | | | | — |
| CH-0 | 52 | 12 | 33 | 0.25 | 0.05 | 0.6 | 0.15 | 0.02 | 0.20 | 2.0 |
| CH-1 | 52 | 12 | 33 | 0.36 | 0.08 | 1.0 | 0.20 | 0.03 | 0.40 | 2.5 |
| CM-0 | 53 | 13 | 32 | 0.25 | 0.05 | 0.6 | 0.20 | 0.02 | 0.20 | 2.0 |
| CM-1 | 53 | 13 | 32 | 0.36 | 0.08 | 1.0 | 0.6 | 0.03 | 0.40 | 2.5 |

注:①表中数据来源于 GB/T 4291—2017;
　　②表中规定的各指标,需方如有特殊要求,可由供需双方协商解决。

(3)预焙炭阳极

炭阳极是铝电解的消耗性原材料,由于预焙阳极操作简单,没有沥青烟害,易于机械化操作,故现代大型预焙电解槽均采用此种阳极。铝电解过程中,预焙阳极直接接触高温和具有腐蚀性的冰晶石-氧化铝熔盐电解质,参与电化学反应,因而要求其具备如下特性:

①具有耐高温、耐熔盐侵蚀性,满足服役环境要求;

②具有足够的机械强度和热稳定性,满足使用要求;

③具有较高的电导率,降低能量消耗;

④具有较高的化学纯度,保证金属铝质量、电解槽的电流效率,减少污染性气体的产生;

⑤具有较好抗 $CO_2$ 及抗空气的氧化性。

预焙阳极多为间断式工作,每组阳极可使用约 4 周。为避免钢爪熔化,在阳极炭块被消耗到原有高度的 25% 左右时吊出,用新的阳极炭块组取代,取出的炭块称为残极。我国所用预焙阳极的表观密度、真密度、耐压强度、$CO_2$ 反应性(残极率)、室温电阻率、热膨胀系数、灰分含量等性能如表 1-6 所示,预焙阳极的尺寸偏差应符合表 1-7 的规定,国外铝电解用阳极的化学成分见表 1-8。

(4)添加剂

①氟化铝。氟化铝是冰晶石-氧化铝电解质熔体的添加剂。铝电解过程中,电解质中的氟化铝会挥发损失,也会与原料中的碱金属氧化物和水发生反应而消耗,从而改变电解质分子比,影响电解生产。添加氟化铝的主要目的就在于调整电解质的分子比和电解温度,维持电解技术条件稳定。

表 1-6 我国现行预焙阳极质量标准

| 牌号 | 理化性能 | | | | | | |
|---|---|---|---|---|---|---|---|
| | 表观密度 /(g·cm⁻³) | 真密度 /(g·cm⁻³) | 耐压强度 /MPa | $CO_2$ 反应性 (残极率)/% | 室温电阻率 /(μΩ·m) | 热膨胀系数 /(10⁻⁶·K⁻¹) | 灰分含量 /% |
| | 不小于 | | | | 不大于 | | |
| TY-1 | 1.55 | 2.04 | 35.0 | 83.0 | 57 | 4.5 | 0.5 |
| TY-2 | 1.52 | 2.02 | 32.0 | 73.0 | 62 | 5.0 | 0.8 |

注：表中数据来源于 YS/T 285—2012。

表 1-7 预焙阳极的尺寸偏差

| 项目 | 相对允许偏差 |
|---|---|
| 长度 | ±1.0% |
| 宽度 | ±1.5% |
| 高度 | ±3.0% |
| 不直度 | 不大于长度的 1% |

注：表中数据来源于 YS/T 285—2012。

表 1-8 国外铝电解用阳极的化学成分

| 微量元素 | 单位 | 典型范围 | 微量元素 | 单位 | 典型范围 |
|---|---|---|---|---|---|
| S | % | 0.5~3.2 | Ca | 10⁻⁶ | 50~200 |
| V | 10⁻⁶ | 30~320 | K | 10⁻⁶ | 5~30 |
| Ni | 10⁻⁶ | 40~200 | Mg | 10⁻⁶ | 10~50 |
| Si | 10⁻⁶ | 50~300 | F | 10⁻⁶ | 150~600 |
| Fe | 10⁻⁶ | 100~500 | Cl | 10⁻⁶ | 10~50 |
| Al | 10⁻⁶ | 150~600 | Zn | 10⁻⁶ | 10~50 |
| Na | 10⁻⁶ | 150~600 | Pb | 10⁻⁶ | 10~50 |

氟化铝为白色粉末，密度为 2.883~3.13 g/cm³，升华温度为 1272℃。在高温下被水蒸气分解为 $Al_2O_3$，并释放出 HF 气体。铝电解所用的氟化铝质量标准如表 1-9 所示。

表 1-9 铝电解用氟化铝质量标准

| 牌号 | 化学成分(质量分数)/% | | | | | | | | 物理性能 |
| | F | Al | Na | $SiO_2$ | $Fe_2O_3$ | $SO_4^{2-}$ | $P_2O_5$ | 烧减 | 松装密度 /(g·cm⁻³) |
| | ≥ | | ≤ | | | | | | ≥ |
| AF-0 | 61.0 | 31.5 | 0.30 | 0.10 | 0.06 | 0.10 | 0.03 | 0.5 | 1.5 |
| AF-1 | 60.0 | 31.0 | 0.40 | 0.32 | 0.10 | 0.60 | 0.04 | 1.0 | 1.3 |
| AF-2 | 60.0 | 31.0 | 0.60 | 0.35 | 0.10 | 0.60 | 0.04 | 2.5 | 0.7 |

注：①表中数据来源于 GB/T 4292—2017；
②需方如对表中规定的各指标有特殊要求时，可由供需双方另行商定，并在合同中注明。

②其他添加剂。冰晶石-氧化铝电解质熔体的添加剂还有氟化钠、氟化钙、氟化镁、氟化锂等。氟化钠的主要作用是在新槽启动初期调整分子比；氟化钙、氟化镁等氟化盐的主要作用是改善冰晶石-氧化铝电解质熔体性质，从而提高铝电解技术经济指标。

### 1.2.4 电解质体系

(1)电解质体系基本要求

铝是负电性很强的元素，不能在含氢离子的介质中电解沉积出来，需要寻找合适的熔剂来溶解氧化铝，从而进行熔盐电解反应而生产出金属铝。其熔剂要满足以下要求：

①不含有比铝更正电性的元素或析出电位比铝更低的元素，电解过程不析出金属杂质，降低金属铝品质；

②能够较好地溶解氧化铝；

③黏度小，具有良好的流动性，使氧化铝溶解后能够迅速扩散，保证电解质中氧化铝浓度均匀；

④熔融状态下具有良好导电性；

⑤电解温度下，密度小于液态铝，保证电解质与铝液分层，保护铝不被氧化；

⑥与炭阳极有良好的润湿性，以利于阳极气体的排出；

⑦熔融时挥发性小、吸水性小。

冰晶石作为 Hall-Héroult 熔盐电解法的熔剂，能够满足以上要求。一百多年来，虽然经过许多试验，试图用其他盐类来取代，但都未能获得成功。

（2）电解质体系性质

①初晶温度。初晶温度是指液体冷却时，开始形成固态晶体的温度。铝电解生产过程中，在保证电解槽正常运行的前提下，电解质体系的初晶温度越低越好。降低初晶温度有助于降低电解槽工作温度、减少电解质的挥发损失、降低电能消耗、提高电流效率。电解质组分及配比是影响其初晶温度的主要因素。

②过热度。过热度是电解槽工作温度与电解质初晶温度的差值，铝电解过程中，电解槽的过热度一般为 10~20℃。维持一定的过热度进行生产，一方面能够为加热氧化铝原料提供能量，有利于氧化铝在电解质中的溶解；另一方面，过热度也控制着侧部炉帮和底部结壳的生成与熔化，调整电解槽的热平衡，保证运行的稳定性。

③导电率。导电率是电解质最重要的性质之一，关系到极距间电压降的大小，通常极距间电解质的电压降占槽电压的 35%~39%。在维持电解槽热平衡基础上，提高电解质的导电率，能够降低槽电压、降低能量消耗。铝工业电解质的导电率一般为 2.13~2.23 S/cm，影响电解质导电率的主要因素是其组分构成、电解温度及电解质中的碳含量。一般而言，电解质的导电率随着电解温度的提高而增加，随着碳含量的增加而降低。

④密度。密度是物质质量与其体积之比，单位为 g/cm³。铝电解时，电解质和铝液之间的密度差直接影响它们的分层情况。密度差越大，分层就越好，两者之间界面的波动就越小，从而减少铝液在电解质中的溶解损失，提高电流效率。因此，降低电解质密度，增加电解质和铝液的密度差对电解生产十分重要。影响电解质密度的主要因素是其组分构成、电解温度，电解质密度随着电解温度的升高而减小。

⑤黏度。黏度表示液体中质点间相对运动的阻力，单位为 Pa·s，铝工业电解质的黏度一般在 3×10⁻³ Pa·s 左右。电解质的黏度是电解槽中支配流体动力学的重要参数之一，电解质的循环性质，氧化铝的分散与沉降，铝珠、碳粒的输运，阳极气体的排除等都与电解质的黏度有关。电解质的黏度要维持在一定的范围内，过大或过小都不利于电解生产。电解质黏度过大，会导致电解质流动性变差，不利于排出阳极气体、不利于炭渣的分离、不利于保持成分和温度的均匀稳定；电解质黏度过小，其流动性增强，加快氧化铝在电解质中的沉降速度，易产生槽底沉淀，促进铝在电解质中的溶解，降低电流效率。影响电解质黏度的主要因素是其组分构成和电解温度，电解质黏度随着电解温度的升高而减小。

⑥表面性质。表面性质主要指表面或界面之间相互作用时的特性，主要包括

界面张力和润湿性。铝电解生产过程中，电解质的表面性质对炭渣分离、阳极效应、电解槽内衬寿命以及槽内发生的二次反应等有重要影响。在电解质/炭素的界面上，界面张力影响着炭素内衬对电解质组分的选择吸收，以及电解质与炭渣的分离；在阴极界面上，铝和电解质之间的界面张力，影响着铝的溶解速率，进而影响着电流效率；炭素材料被电解质所湿润是三相界面上界面张力的作用，也是一个关系到发生阳极效应的重要因素。

（3）添加剂对电解质性质的影响

在铝电解生产过程中，通常在电解质中加入添加剂，以改善电解质体系性质，保证电解槽稳定运行，提高电解技术经济指标。作为铝电解质的组成部分，要求添加剂具有以下特点：①不含有比铝更正电性的元素或析出电位比铝更低的元素，电解过程不析出金属杂质，降低金属铝品质；②熔融状态下具有良好导电性；③不恶化电解质对氧化铝的溶解度；④吸水性和挥发性要小。目前，还没有同时满足以上要求的添加剂，经过理论研究和工业试验，铝电解生产过程中常用的添加剂有氟化铝、氟化钙、氟化镁、氟化锂等。常用添加剂对电解质性质的影响如表1-10所示。

表1-10　常用添加剂对铝电解质性质的影响

| 名称 | 初晶温度 | 导电率 | 密度 | 黏度 | 表面性质 | 氧化铝溶解度 |
|------|---------|-------|------|------|---------|------------|
| 氟化铝 | 降低 | 减小 | 减小 | 减小 | 减小电解质/铝液、电解质/阳极气体的界面张力，增大电解质与炭素材料的润湿角 | 减小 |
| 氟化钙 | 降低 | 减小 | 增大 | 增大 | 增大电解质/铝液的界面张力，增大电解质与炭素材料的润湿角 | 减小 |
| 氟化镁 | 降低 | 减小 | 增大 | 增大 | 增大电解质/铝液的界面张力，增大电解质与炭素材料的润湿角 | 减小 |
| 氟化锂 | 降低 | 提高 | 增大 | 减小 | 影响较小 | 减小 |

在铝电解实际生产过程中，需要结合电解铝原材料性质，充分考虑各种添加剂的优缺点，配合使用添加剂，有效改善电解质体系性质，提高电解技术经济指标。

## 1.3 现代铝工业

铝产业链主要包括铝土矿开采、氧化铝冶炼、电解铝冶炼、终端消费四个环节。产业链上游主要为原料的供给，主要为铝土矿的开采和氧化铝的冶炼；产业链中游为原铝冶炼环节；产业链下游主要是将原铝或铝合金加工成各种形态的铝材或铝制品，使其应用到房屋建筑、交通运输、电子电力和包装等终端行业。

### 1.3.1 氧化铝产业现状

#### 1.3.1.1 铝土矿资源

铝土矿是提取原铝用的主要矿物，目前已知的铝矿物和含铝矿物达 200 多种，其中主要为铝土矿、高岭土、红柱石、霞石、明矾石和冰晶石等。铝土矿又称铝矾土，是工业上能利用的以三水铝石、一水软铝石或一水硬铝石为主要矿物成分的矿石统称，每种类型按照化学成分划分牌号，见表 1-11。世界铝土矿产量的 92% 用于生产冶金级氧化铝，其余 8% 用于其他行业，称为非冶金用氧化铝或多品种氧化铝。

表 1-11 铝土矿石的化学成分标准

| 矿石类型 | 牌号 | $w_{(Fe_2O_3)}/w_{(SiO_2)}$（铝硅比） | 化学成分（质量分数）/% | | | | | |
| --- | --- | --- | --- | --- | --- | --- | --- | --- |
| | | | $Al_2O_3$ | $Fe_2O_3$ | S | CaO+MgO | $TiO_2$ | 水分 |
| | | ≥ | | | ≤ | | | |
| 沉积型（一水硬铝石） | CLK12-70 | 12 | 70 | 5 | 0.30 | 1.5 | — | 7 |
| | CLK8-65 | 8 | 65 | 8 | 0.50 | 1.5 | — | |
| | CLK6-62 | 6 | 62 | 9 | 0.50 | 1.5 | — | |
| | CLK5-60 | 5 | 60 | 10 | 0.50 | 1.5 | — | |
| | CLK3.5-55 | 3.5 | 55 | — | 0.80 | — | — | |
| 堆积型（一水硬铝石） | DLK15-60 | 15 | 60 | 20 | 0.10 | 1.5 | — | 8 |
| | DLK11-55 | 11 | 55 | 25 | 0.10 | 1.5 | — | |
| | DLK6-50 | 6 | 50 | 28 | 0.10 | 1.5 | — | |
| | DLK4-45 | 4 | 45 | 28 | 0.10 | 1.5 | — | |
| 红土型（三水铝石） | HLK7-50 | 7 | 50 | 18 | — | — | 2 | 8 |
| | HLK4-45 | 4 | 45 | 18 | — | — | 2 | |
| | HLK3-40 | 3 | 40 | 25 | — | — | 3 | |

注：表中数据来源于 GB/T 24483—2009。

　　世界上的铝土矿资源非常丰富，资源保证度很高，探明储量的静态保障年限是 100 年以上，但资源分布很不均衡。从各个国家的储量来看，铝土矿集中分布在发展中国家和澳大利亚，几内亚的储量为 74 亿 t，储量占比 24.4%，位居世界第一，其次是澳大利亚，其储量为 60 亿 t，占比 19.7%，越南(37 亿 t)和巴西(26 亿 t)储量占比分别为 12.2%、8.6%，四国储量合计约占全球总储量的 65%。

　　据华创证券 2021 年有色金属行业深度研究报告统计，中国铝土矿储量位列全球第七，占全球铝土矿储量总量的 3.29%。国家统计局 2016 年数据显示，中国铝土矿储量约 10 亿 t，主要分布在山西(1.42 亿 t)、广西(4.92 亿 t)、贵州(1.44 亿 t)和河南(1.43 亿 t)四个地区，四个地区的总储量占全国总储量的 90% 以上，重庆、山东、云南、河北、四川、海南等 15 个省市也有一定的资源储量，但其总储量占比不足 10%。

　　从铝土矿资源储存年限来看，中国的铝土矿储存年限远低于全球平均水平，中国铝土矿储存年限为 8 年，而全球平均年限为 102 年。2019 年，中国正在以占全球 3.29% 的储量生产着全球 20.3% 的铝土矿，加强资源的合理开发与利用是我国铝土矿产业乃至整个铝行业所面临的重要问题。

　　从铝土矿资源特点来看，我国铝土矿的冶炼难度较大且采选条件不佳，不利于氧化铝的生产。我国适合露采的铝土矿矿床不多，据统计只占全国总储量的 34%。铝土矿按照冶炼的难度由低到高依次为三水铝石型、一水软铝石型、一水硬铝石型。我国铝土矿资源中，一水硬铝石型铝土矿占绝对优势。已探明的铝土矿储量中，一水硬铝石型铝土矿储量占全国总储量的 98.46%，三水铝石型矿石储量只占 1.54%。我国的一水硬铝石型铝土矿，绝大部分具有高铝、高硅、低铁的突出特点，铝硅比值偏低。据统计，铝硅比值大于 9 的矿石量占一水硬铝石量的 18.6%，铝硅比值为 6~9 的矿石量占 25.4%，铝硅比值为 4~6 的矿石量占 48.6%，铝硅比值小于 4 的矿石量占 7.4%。我国铝土矿中的一水硬铝石，按其晶体形态及其物化性质，大致可分为两大类：①粒状晶体，约占其总量的 95%，晶体粒度一般为 0.009~0.055 mm，呈灰白、黑、棕褐、红棕色等，莫氏硬度为 6.68，密度为 3.25~3.55 g/cm$^3$，大量的光谱分析表明，矿物结晶程度好，粒度大；②板状和板柱状晶体，具有这种晶体结构的铝土矿在各矿区均有很少的产出，平果和阳泉矿区稍多些。这种晶体的粒度一般为 0.08~0.16 mm，最大的为 0.35 mm，无色，透明，呈斜方柱状。

　　20 世纪 90 年代以来，随着中国铝工业的快速发展，氧化铝工业也取得了长足进步，随之而来的就是铝土矿资源保障能力不足、资源安全等问题。中国铝土矿的进口依赖度持续提升，从 2014 年的 32% 提升至 2019 年的 66%；进口的集中度也显著提升，三个国家(几内亚、澳大利亚、印度尼西亚)贡献中国铝土矿进口量的比重从 2014 年的 43% 提升至 2019 年的 93%。

### 1.3.1.2 氧化铝产业

**(1)氧化铝生产工艺**

拜耳法是 K J Bayer 于 1889—1892 年提出的。拜耳法工艺产生后,氧化铝生产得到了快速发展。一百多年来,拜耳法的基本原理没有改变,其从铝土矿中提取氧化铝的实质就是式(1-3)所示的化学反应在不同反应条件下的交替顺逆向进行:

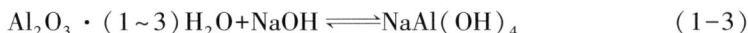

$$Al_2O_3 \cdot (1\sim3)H_2O + NaOH \Longrightarrow NaAl(OH)_4 \qquad (1-3)$$

该反应过程为可逆反应,反应方向的不同形成了拜耳法的两大基本过程:种分与溶出。常温下向饱和的铝酸钠溶液中添加氢氧化铝作为晶种,不断搅拌,溶液中的氧化铝便以氢氧化铝形式逐渐析出,该过程即为晶种分解过程,简称种分,上述化学反应向左进行。析出大部分氢氧化铝后的溶液称为分解母液,在高温条件下,分解母液可以溶出铝土矿中的氧化铝水合物,此时化学反应向右进行,该过程为溶出过程。拜耳法生产氧化铝的基本流程如图 1-4 所示。

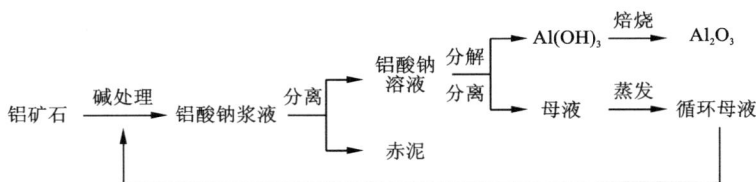

**图 1-4 拜耳法生产氧化铝的基本流程**

拜耳法采用碱液来处理铝矿石,使矿石中的氧化铝转变成铝酸钠溶液。矿石中的铁、钛等杂质和绝大部分的硅则成为不溶解的化合物,将不溶解的残渣(由于含氧化物而呈红色,故称为赤泥)与溶液分离,经洗涤后弃去或综合利用,以回收其中的有用组分。纯净的铝酸钠溶液分解析出氢氧化铝,经与母液分离、洗涤后进行焙烧,得到氧化铝产品。分解母液可循环使用。

拜耳法适用于处理低硅铝土矿,特别是在处理三水铝石型铝土矿时,具有流程简单、成本低、能耗低、产品质量好等其他方法无可比拟的优点。但是,我国铝土矿资源的特点是高铝、高硅,铝硅比低,它不适于直接采用拜耳法处理。针对我国中低品位一水硬铝石的资源特点,我国进行了大量卓有成效的研究,开发出成本低、效益好的生产工艺,如选矿-拜耳法、石灰拜耳法。随着矿石铝硅比的降低,拜耳法生产氧化铝的经济性明显降低。对于铝硅比低于 7 的矿石,单纯的拜耳法就不适用了。处理铝硅比在 4 以下的矿石,碱石灰烧结法几乎是唯一得到实际应用的方法。

烧结法是萨特里在 1858 年提出来并经后人逐步改进而形成的。其基本原理为：用碳酸钠和石灰石按一定比例与铝土矿烧结，得到铝酸钠（$Na_2O \cdot Al_2O_3$）、铁酸钠（$Na_2O \cdot Fe_2O_3$）、原硅酸钙（$2CaO \cdot SiO_2$）和钛酸钙（$CaO \cdot TiO_2$）等烧结产物。将烧结产物用水或稀碱液溶出时，铝酸钠溶解进入溶液，铁酸钠水解为 NaOH 和 $Fe_2O_3 \cdot H_2O$ 沉淀，而原硅酸钙和钛酸钙不溶，成为泥渣分离出去。向得到的铝酸钠溶液中通入 $CO_2$ 进行碳酸化分解，析出氢氧化铝，碳分母液经蒸发浓缩后再返回配料烧结，循环使用。

拜耳法和烧结法是目前工业上生产氧化铝的主要方法，它们各有其优缺点和适用范围。当生产规模比较大时，采用拜耳法和烧结法的联合生产流程，可以取长补短，兼具两种方法的优点，能够充分利用铝土矿资源，获得比单一方法更好的经济效益。

（2）氧化铝产业情况

2020 年，全球氧化铝建成产能为 1.6 亿 t，运行产能为 1.27 亿 t，开工率为79%。全球氧化铝产量高度集中于铝业巨头。据相关数据显示，2020 年，全球氧化铝产量为 1.34 亿 t，魏桥集团、中国铝业、美国铝业、信发集团、俄罗斯铝业、力拓加铝等全球十大氧化铝生产商生产氧化铝的合计产量为 9138 万 t，占全球产量的 68%。中国的氧化铝产量为 7300 万 t，占全球产量的 54.5%。

中国氧化铝产量高度集中。据国家统计局数据显示，2020 年，山东、山西、河南、广西和贵州的氧化铝产量分别为 2800 万 t、1812 万 t、1011 万 t、941 万 t、427 万 t，合计约占全国产量的 96%。截至 2020 年，中国建成氧化铝产能为8812 万 t，产能利用率为 82.8%。虽然中国生产超过全球一半的氧化铝，但为满足电解铝的生产需求，还需进口约 300 万 t 氧化铝。

## 1.3.2　电解铝产业现状

从电解铝产能来看，中国为全球原铝第一大生产国，原铝产量超过全球原铝总产量的一半。2020 年，中国原铝产量占全球原铝总产量的 56.79%，占比最大；海湾合作委员会原铝产量占全球原铝总产量的 8.93%；东欧和中欧原铝产量占全球原铝总产量的 6.36%；亚洲（除中国外）原铝产量占全球原铝总产量的 6.34%；北美原铝产量占全球原铝总产量的 6.09%；西欧原铝产量占全球原铝总产量的5.11%；大洋洲原铝产量占全球原铝总产量的 2.93%；非洲原铝产量占全球原铝总产量的 2.46%；南美洲原铝产量占全球原铝总产量的 1.54%。全球电解铝产量为 6529 万 t。

中国电解铝产量相对集中，主要分布在山东、新疆、内蒙古等地区。根据阿拉丁数据显示，2020 年，山东、新疆、内蒙古、云南和广西的电解铝产量分别为812 万 t、594 万、576 万、275 万 t、226 万 t，合计约占全国总产量的 66.8%。

从消费总量来看，2010 年我国原铝消费量只有 1749 万 t，到 2019 年原铝消费总量已达到 3655 万 t，十年间消费量增长了 1906 万 t，2010—2019 年，我国原铝消费年均增长率为 8.5%。我国铝消费量的快速增长主要得益于经济发展速度快和庞大的人口基数，自 2011 年以来，随着我国经济增速放缓以及原铝消费基数的不断增大，原铝消费年增长率有所下降，但总体上仍保持继续增长的走势。

从人均消费来看，中国人均铝消费量也在快速增长，正在追赶发达国家的水平，但仍还存在较大差距。通过横向对比，2019 年中国人均铝消费量估计为 25.7 kg/人，排在中国前面的还有很多国家，其中美国、日本约达到 30 kg/人，而瑞士、德国等国都接近甚至超过 40 kg/人，未来中国人均铝消费即使达到目前美国的 30 kg/人的水平，从这方面来看，中国铝消费仍具有较大的潜力。

从消费结构来看，虽然中国铝消费增幅已经有所收窄，但铝消费增长速度在各消费领域发生分化，虽然建筑行业作为第一大消费领域的地位在短时期内还难以被替代，但是交通运输、包装容器等领域铝消费增幅将持续超过建筑等传统消费领域的增长，从而对整体消费规模的扩大发挥积极作用。根据中国有色金属工业协会的初步统计，中国经济总量每增长 1 万亿元，需要增加铝消费 64 万 t，这种增长趋势仍将继续维持 8~10 年，特别是在绿色建筑、轻量化交通等传统领域的增长空间和发展潜力尤为巨大，再加之新应用的不断涌现，将推动中国铝消费数量及质量不断提升。

## 1.3.3　铝土矿替代资源及利用技术

铝土矿是提取原铝用的主要矿物，世界铝土矿产量的 92% 用于生产冶金级氧化铝。全球 98% 的铝土矿储量集中在发展中国家和澳大利亚，发达国家严重缺乏铝土矿资源，如美国、法国和德国所拥有的铝土矿储量之和还不到世界储量的 2%，特别是美国和法国，储量已经枯竭。至于日本、加拿大以及英国等国几乎没有铝土矿储藏。我国氧化铝和电解铝产量均已超过全球产量的一半，国内铝土矿产量无法满足消费的需求，每年需大量依赖进口以维持国内市场平衡。对于铝土矿较为贫瘠或铝土矿品位不高的国家，研究利用非铝土矿含铝资源来生产氧化铝显得尤为重要。

非铝土矿含铝资源主要有明矾石、高铝黏土、霞石正长岩、片钠铝石、含铝磷盐矿、腐泥土、含铝变质岩、含铝页岩、粉煤灰等。根据含铝矿物的不同特点，从含铝矿物中提取氧化铝的方法有以下几种。

①利用 $H^+$ 法从黏土、煤页岩中提取氧化铝。$H^+$ 法是用浓硫酸处理含铝原料得到硫酸铝溶液，用冷却结晶的方法从其中析出含有很多杂质的硫酸铝，然后用盐酸溶解硫酸铝，同时通入 HCl 气体使溶液饱和，使溶液中的铝几乎全部以很纯的氯化铝晶体形式析出。经洗涤后的 $AlCl_3 \cdot 6H_2O$ 在 1373~1473 K 温度下煅烧

可得到氧化铝成品。

②利用氨酸法从明矾石中提取氧化铝。其基本工艺就是将原矿破碎，置入回转窑中焙烧脱水，矿石经脱水后用球磨机细磨，并加水送制浆槽，在反应器中将其加热至沸腾，通氨气鼓泡，生成硫酸铵和硫酸钾，沉淀物中有氢氧化铝和杂质，剩余的氨气则返回。将含氢氧化铝的沉淀物进行洗涤、制浆，送入反应器。通二氧化硫气体使其转化为可溶性的亚硫酸铝，过滤，使其与沉淀物分离。沉淀物中再加入硫酸处理，使得氢氧化铝转化为可溶性的硫酸铝，过滤，经洗涤的沉淀物排往堆渣场，亚硫酸铝和硫酸铝溶液送入另一反应器，加热至沸腾，生成碱式硫酸铝和氢氧化铝，再经过煅烧可生成氧化铝和三氧化硫，三氧化硫可用于生产硫酸。

③利用石灰石烧结法从霞石中提取氧化铝。其基本工艺是将磨细的霞石与石灰石混合，在 1250~1300℃ 焙烧，烧结熟料用水溶解，过滤，滤渣用作水泥原料。滤液经脱硅处理后通入 $CO_2$ 进行碳分，使铝呈氢氧化铝形式从溶液中析出，钾、钠呈碳酸盐形态留于溶液中。氢氧化铝经煅烧后得到氧化铝。碳酸盐溶液经蒸发、结晶，获得苏打和碳酸钾。

④利用水化学法从霞石中提取氧化铝。将细碎霞石和石灰在磨料机中进行混磨，然后用结晶母液调浆，加热后送压煮器进行高压浸出，生成的铝酸盐进入溶液，铝酸盐溶液在常压下脱硅，再经蒸发、浓缩，使铝酸盐结晶析出。晶体溶解，加晶种进行种子分解析出氢氧化铝，煅烧得氧化铝。

我国很多产煤地产出的煤矸石和粉煤灰均具有很高的氧化铝含量，如山西北部、内蒙古西部、鄂尔多斯盆地等。据报道，仅内蒙古中西部地区的煤铝共生矿物资源总量就超过 500 亿 t，煤中氧化铝质量分数为 9%~13%，粉煤灰中氧化铝质量分数为 40%~51%，其中潜在高铝粉煤灰蕴藏量约为 150 亿 t，相当于我国铝土矿保有储量的 8~10 倍，是我国重要的铝土矿替代资源。

目前，利用粉煤灰提取氧化铝可以归纳为碱法、酸法和酸碱联合法三类：

碱法。碱法就是利用碳酸钠或氢氧化钠等碱性原料来处理粉煤灰生产氧化铝或硅胶的方法。碱法发展至今，工艺相对更为成熟，又可细分为石灰石（碱石灰）烧结法和碳酸钠烧结法。其中石灰石烧结法的优点是工艺简单、耗碱量较少、烧结原料成本低，缺点是烧结温度高、能耗高、二氧化碳和硅钙渣排放量大，此时废渣的处理是一个不容忽视的问题。与石灰石烧结法相比，碳酸钠烧结法产生的残渣量较少，粉煤灰中的二氧化硅得到了高附加值利用，但由于需要在高温下煅烧，且煅烧后需要进一步与酸反应以实现硅铝分离，因此能耗较高，工艺过程较复杂。

酸法。酸法主要指以 $H_2SO_4$ 或者 HCl 溶液浸取粉煤灰的方法。通过酸浸后得到硫酸铝或者氯化铝溶液，再经过滤、浓缩结晶等过程得到硫酸铝或氯化铝晶体，然后通过拜耳法或直接水解法得到冶金级氧化铝。采用浓硫酸与粉煤灰在一定条件下反应后，溶出得到硫酸铝溶液，结晶得到硫酸铝，然后煅烧得到氧化铝；采用盐酸处理循环流化床粉煤灰，将盐酸浸液除铁得到精制氯化铝溶液，浓缩、结晶得到结晶氯化铝，最后将结晶氯化铝煅烧分解，得到冶金级氧化铝，并从粗精液中回收镓。应用此种方法时，其主要问题在于酸浸处理工序中，阀、泵和管道连接件的腐蚀问题难以克服，维护成本较高，并且存在酸性气体外溢污染环境的风险。

酸碱联合法。由于粉煤灰中的铝硅玻璃体结构致密，酸很难直接溶解氧化铝。所以，通常采用碱性物质（NaOH、$Na_2CO_3$）经一定温度焙烧使粉煤灰中的 $Al_2O_3$ 转化为易溶于酸的霞石，以提高 $Al_2O_3$ 的溶出率。针对粉煤灰中铝、硅含量较高的特点，可采用酸碱联合的方法提高氧化铝和二氧化硅的回收率。主要有先酸后碱工艺和先碱后酸工艺。酸碱联合法虽然提高了粉煤灰中 $Al_2O_3$、$SiO_2$ 的溶出率，但流程长、能耗高、对设备要求较高，并且投资大。

近年来，中国铝土矿较高开采量和较少国内资源储量之间的不平衡问题日趋严峻，在"十四五"循环经济规划提出"主要资源对外依存度高，供需矛盾突出"的问题下，寻找铝土矿替代资源，开发替代资源经济利用技术势在必行。我国高铝煤炭资源储量，决定了其为有效的铝土矿替代资源。从粉煤灰中提铝工艺技术的推广应用，不仅可以有效缓解我国铝土矿资源短缺的问题，还可以减轻粉煤灰堆放对环境产生的污染。本书介绍了以高铝煤炭资源为原料制备粉煤灰、从粉煤灰中提取一种新型氧化铝的系列工艺技术，分析了新型氧化铝的性能，重点介绍了基于新型氧化铝电解的输送技术、烟气净化技术、下料及控制技术的开发与工程实践。

# 第 2 章
# 粉煤灰制备新型氧化铝工艺技术

本章介绍了一种新型的粉煤灰提取氧化铝工艺，利用准格尔矿区丰富的高铝煤炭资源，制备性质稳定、环保达标的水煤浆；再利用循环流化床低温燃烧的特性，通过水煤浆的清洁高效燃烧，制备主要物相为无定型偏高岭石的高铝粉煤灰，该粉煤灰中主要化学组成氧化铝和氧化硅都具有较高的活性，氧化铝质量分数为 40%～50%。同时，循环流化床锅炉还能为后续提铝的生产过程提供所需的动力，实现资源的综合利用。

粉煤灰制备新型氧化铝工艺由配料及溶出、分离洗涤、蒸发结晶、水溶除杂、焙烧和酸回收六个主体工序组成。该工艺技术相比于传统碱法生产工艺，具有减量化、工艺流程短、技术条件宽泛、酸循环利用、不受铝硅比限制、综合利用率高等优点，对于减少铝土矿外部依赖，降低粉煤灰堆存造成的环境危害具有重要意义。

## 2.1 水煤浆制备粉煤灰工艺

### 2.1.1 水煤浆及其质量要求

水煤浆是一种煤基流体燃料，是由 60%～65% 的煤、34%～39% 的水及 1% 左右的添加剂混合制备而成。水煤浆既保持了煤炭原有的物理化学特性，又具有和石油类似的流动性和稳定性，可以像油一样通过管道运输、储存、泵送、雾化和稳定着火燃烧，可直接替代燃煤、燃油作为工业锅炉或电站锅炉的直接燃料，水煤浆还是理想的气化原料，用于煤化工或联合循环发电，对于特制的精细水煤浆，还可以作为燃气轮机的燃料使用。水煤浆具有以下优点：

（1）替代燃油：水煤浆不仅具有煤炭原有的物理特性，且具有良好的流动性和稳定性，易于装卸、存储、管道输送及雾化燃烧。通过对原有工业窑炉或电站锅炉进行较小改动，可以实现水煤浆的代油燃烧。

（2）解决煤炭运输问题：我国煤炭资源十分丰富，但是地区分布却极不平均，"北煤南运"和"西煤东运"的局面长期存在。汽车运输或铁路运输，不仅成本相对较高，还会对沿途环境造成污染。水煤浆可以通过管道进行运输，将在很大程度上缓解能源运输的压力和减小环境污染问题。

（3）降低煤利用过程中的污染：制备水煤浆的原煤是经过洗选的，含灰量和含硫量都大为降低，燃烧后产生的飞灰和 $SO_2$ 比一般的燃煤锅炉少。同时，由于水煤浆中的水分在燃烧时具有还原作用，理论燃烧温度也比相同煤质的煤粉低200℃左右，因此可以在一定程度上降低 $NO_x$ 的排放量。

水煤浆作为一种液体燃料，必须具备一定的质量要求，以满足对其应用的需求，GB/T 18855—2014 将燃料水煤浆按产品质量划分为三级，分别是Ⅰ级燃料水煤浆、Ⅱ级燃料水煤浆、Ⅲ级燃料水煤浆，代码分别是 FCWS-1、FCWS-2、FCWS-3，具体质量标准如表 2-1 所示。

表 2-1　燃料水煤浆技术要求

| 项目 | 单位 | 技术要求 | | | 试验方法 |
|------|------|---------|---|---|---------|
| | | Ⅰ级 | Ⅱ级 | Ⅲ级 | |
| 发热量（$Q_{net, cws}$） | MJ/kg | ≥16.80 | ≥16.00 | ≥15.20 | GB/T 213 |
| 全硫（$S_{t, cws}$） | % | ≤0.30 | ≤0.45 | ≤0.55 | GB/T 214 |
| 灰分（$A_{cws}$） | % | ≤6.00 | ≤7.50 | ≤8.50 | GB/T 212 |
| 表观黏度（$\eta$） | mPa·s | ≤1500 | | | GB/T 18856.4 |
| 粒度（$P_{d+0.5\,mm}$） | % | ≤0.8 | | | GB/T 18856.3 |
| 煤灰熔融性软化温度（ST） | ℃ | ≥1250 | | | GB/T 219 |
| 氯质量分数（$Cl_{cws}$） | % | ≤0.15 | | | GB/T 3558 |
| 煤灰中钾和钠质量分数 $\omega(K_2O)+\omega(Na_2O)$ | % | ≤2.80 | | | GB/T 1574 |
| 砷质量分数（$As_{cws}$） | μg/g | ≤25 | | | GB/T 16659 |
| 汞质量分数（$Hg_{cws}$） | μg/g | ≤0.200 | | | GB/T 3058 |

注：$P_{d+0.5\,mm}$——大于 0.5 mm 的物料占水煤浆中干物料的质量比例，%。$\omega(K_2O)$——煤灰中氧化钾的质量分数，%。$\omega(Na_2O)$——煤灰中氧化钠的质量分数，%。

为了方便燃烧，应尽量减少燃料中的水分，即要求水煤浆的浓度要高。为了便于泵送和雾化，要求浆体在温度为20℃、剪切速率为100 $s^{-1}$ 下对应的表观黏度不高于1500 mPa·s，还要具有"剪切变稀"的流变特性，处于流动状态时，具有较低的黏度，便于泵送和雾化；处于静置状态时，又可以表现出较高的黏度，以便于存放。为了提高煤炭的燃烧效率，要求煤粉颗粒达到一定的细度，一般要求粒度上限不超过 300 μm，其中小于 200 目（74 μm）的质量占比要不少于 75%。

水煤浆是一种固、液两相混合物，很容易产生固液分离现象，为了防止在储存、运输过程中产生硬沉淀，要求水煤浆具有良好的稳定性。一般来说，要求水煤浆在静置存放一个月时也不产生不可恢复的硬沉淀。水煤浆产品应储存在具有适当搅拌装置的有盖容器中，并定期搅拌。水煤浆产品要用洁净的封闭容器运输或管道输送。

水煤浆如果只满足上述的单个要求，是比较容易实现的，但是要同时满足上述各项性能要求，则非常困难，因为水煤浆的各项性能之间是相互制约、相互影响的。例如水煤浆的浓度高时，水煤浆中炭的含量高，对燃烧非常有利，但是同时也会使黏度增大，流动性变差，水煤浆的表观黏度低时对泵运、雾化过程是有利的，但是又会使得稳定性变差，给存储带来一定困难。

## 2.1.2　水煤浆成浆性的影响因素

煤的成浆性是指将煤制备成水煤浆的难易程度，煤的成浆性一般可以用所制煤浆在常温下，剪切速率为 100 s$^{-1}$，表观黏度达 1000 mPa·s 时煤浆的浓度来表征。成浆性好，说明该煤种易制成水煤浆，反之，则说明该煤种难以制成水煤浆。影响水煤浆成浆特性的因素很多，不同煤种成浆的难易性由煤质特性，煤粉的粒度分布、堆积效率，添加剂的种类及用量，制备工艺等因素共同决定。

### 2.1.2.1　煤质特性对成浆性的影响

在影响水煤浆成浆特性的众多因素中，煤质特性是最重要的影响因素之一，煤种不同，制浆的难易程度有很大差异，有的煤种易成浆，有的煤种很难成浆。研究表明：煤阶越低，内在水分越高，煤中 O 与 C 的比值越高，亲水官能团越多，孔隙越发达，可磨性指数值越小，煤中所含可溶性高价金属离子越多，煤的制浆难度就越大。

（1）内在水分

内在水分是煤颗粒表面的吸附性和孔隙度的综合体现。煤种的内在水分含量高，则其微孔结构中的"死水"含量就比较高，因此在煤粉颗粒间起润滑作用的游离水就相对减少，从而影响了其所制水煤浆的流动性。O 和 C 原子比反映了含氧官能团（羰基—C＝O、羟基—OH、羧基—COOH 等）的多少。一般来说，随着煤粉的 O 和 C 原子比增大，其成浆性会变差，但是也有研究结果显示，煤粉的含氧官能团中只有羧基对成浆性的影响较大，因此，有的煤种虽然 O 和 C 原子比值较低，但因为含羧基较多，所以成浆性依然不好。变质程度越低的煤，煤中的 O 和 C 原子比越大，极性官能团越多，煤粉表面的亲水性和电位也就越高，煤粉表面将吸附大量的水分子，从而形成水化膜，使得用于使煤粉颗粒自由流动的"自由水"的量减少，导致其成浆性变差。

　　低阶煤成浆性差是因为低阶煤中往往含有很大比例的内在水分，较多的含氧官能团，而且可磨性一般较差。低变质程度强极性的褐煤，难以制备出高浓度低黏度的水煤浆，但是由于它的极性强，其浆体具有较好的流动性和稳定性，故可以利用褐煤的这一特性作为配煤来提高其他煤种制备水煤浆的流变性和稳定性。高变质程度的无烟煤，疏水性强，虽能制备出高浓度低黏度的水煤浆，但稳定性较差。煤的孔隙是由不同孔径的孔分布而成，对煤粉成浆特性有影响的只是其中能进入水的孔。研究表明，孔径大于 400 nm 的孔对煤的成浆性起主要作用。煤的孔隙越发达，孔中所吸附的水就越多，外部使煤粉颗粒自由流动的水就越少，煤种的成浆性也就越差，用其制备的水煤浆的流动性因此也就越差。

　　（2）哈氏可磨性指数

　　可磨性指数表示煤被磨成一定细度的煤粉的难易程度，即直接反映了磨矿的难易程度，目前国际上广泛采用哈德格罗夫可磨性指数（HGI）（简称哈氏可磨性指数）来表征煤的可磨性。煤的可磨性指数 HGI 随着煤化程度的加大而呈抛物线形变化，并在碳含量为 90% 处出现最大值，水煤浆的浓度与哈氏可磨性指数 HGI 呈正相关关系。HGI 值越高，说明煤种的可磨性越好，也就是说煤粉在磨矿过程中产生的细粒级或胶态颗粒越多，煤粉粒度分布的区间也就较宽，提高了堆积效率，从而易制得高浓度的水煤浆。

### 2.1.2.2　粒度级配对成浆性的影响

　　磨矿、级配是制备高浓度水煤浆的核心技术。煤粉的粒度分布是直接影响水煤浆浓度和流变特性的决定性因素，要制备高浓度、高性能的水煤浆，不仅要将煤炭磨至一定的细度，还要求磨制出来的煤粉颗粒的粒径按照合理的规律进行匹配，即使粗颗粒间的孔隙被细颗粒填充，细颗粒间的孔隙又能被更细的颗粒填充，这样一级一级匹配下去，以此提高煤粉颗粒的堆积效率，减少孔隙所吸收的水分，使加入的水尽可能多地以"自由水"的形式存在，使煤粉颗粒流动起来，并起到润滑的作用，从而降低水煤浆的表观黏度，提高煤种的最大成浆浓度，这种提高堆积效率的技术称之为粒度级配技术。

　　绝大部分煤粉颗粒的自然堆积都属于连续分布颗粒堆积，常用的粒度分布模型有 Gaudin-Schuhmann 分布（简称 G-S 分布）、Alfred 分布以及 Rosin-Rammler 分布（简称 R-R 分布）。

　　Gaudin-Schuhmann 粒度分布模型为：

$$y = \left(\frac{d}{d_{\mathrm{L}}}\right)^n \tag{2-1}$$

式中：$d$ 为某个粒度；$y$ 为小于粒度 $d$ 的粒级含量；$d_{\mathrm{L}}$ 为颗粒体系中的最大粒度；$n$ 为模型参数（均匀性系数），$n$ 越大，颗粒的粒度分布范围越窄，颗粒就越均匀。

　　Funk 和 Dinger 联合提出了 Alfred 粒度分布模型，是在 G-S 模型的基础上改进而来，克服了 G-S 模型在 $d=0$ 时无意义的缺点，水煤浆分散体系中 Alfred 粒度分布模型为：

$$y = \frac{d^n - d_s^n}{d_L^n - d_s^n} \qquad (2-2)$$

式中：$d$ 为某个粒度；$y$ 为小于粒度 $d$ 的粒级含量；$d_L$ 为颗粒体系中的最大粒径；$d_s$ 为颗粒体系中的最小粒径；$n$ 为模型参数（均匀性系数）。Funk 理论是 20 世纪 70 年代末提出来的，该成果对推动水煤浆的发展起着很大的作用，在国际上也有很大的影响。但实际生产中的水煤浆产品，很少符合这种典型的粒度分布模型，不能很好地判断实际粒度分布情况下堆积效率的高低，更加不适用于水煤浆制备中常常遇到的双峰或多峰粒度分布情况。实际分布情况更符合 R-R 分布，R-R 分布是由 Rosin 和 Rammler 在研究煤粉、水泥等物料粉碎试验中提出的，R-R 粒度分布模型为：

$$R = \exp\left[-\left(\frac{d}{d_M}\right)^n\right] \qquad (2-3)$$

式中：$d$ 为某个粒度；$d_M$ 为与 $R=0.368$ 相对应的粒径，相当于平均粒径；$n$ 为模型参数；$R$ 为大于粒度 $d$ 的粒级含量，此处的 $R$ 与式(2-2)中 $y$ 物满足关系式 $R+y=1$。

以上各种粒度分布模型的形式虽然不尽相同，但结论却是基本一致的，即在制备高浓度水煤浆时，为了降低表观黏度，最大限度地提高水煤浆的浓度，最优选的粒度分布应该是双峰或接近双峰的连续分布；对粒度连续分布的颗粒体系，当粒度分布曲线的斜率较大或者粗细颗粒间的粒级相差较大时，更有可能制成高浓度、低黏度和具有良好流动性的水煤浆。

Tada 等认为粗、细煤粉按 6∶4(双峰)和 3∶4∶3(三峰)的质量比混合时，水煤浆的表观黏度最低，流动性最好，并且对同一组合，粒度差别越大，降低黏度作用越显著。

综上所述，在制浆过程中采用合理的粒度级配实现合理的粒度分布不仅可以使煤粉顺利地达到较高的堆积效率，制得高浓度的水煤浆，而且可以使制得的水煤浆具有较好的流动性，并降低其表观黏度；同时，良好的粒度级配还可以使添加剂在煤粉表面很好地被吸附，从而提高水煤浆的稳定性。

### 2.1.2.3 制浆工艺对成浆的影响

水煤浆制浆工艺通常包括选煤、破碎、磨矿、搅拌与剪切，以及剔除最终产品中的超粒与杂物的滤浆等环节。制浆工艺主要有湿法和干法两种，由于干法磨矿存在很多缺点，例如，很难满足磨矿时入料水分不高于 5% 的要求，磨矿功耗比湿法高很多，同时干磨时表面容易被氧化而增加制浆难度，安全与环保也不及湿法，因此一般主张湿法磨矿制浆工艺。湿法磨矿又分高浓度磨矿和中浓度磨矿两种方法，对易成浆与中等成浆性的煤种，宜采用高浓度磨矿制浆，而中浓度磨矿产品需再经过滤脱水，捏混、搅拌后才能成浆。虽然高浓度磨矿能力比中浓度磨矿低，但它提高了分散剂与煤粒新生表面接触的概率，提高了制浆效果，减少了添加剂的用量，节省了生产成本。

#### 2.1.2.4　添加剂对成浆性的影响

高浓度水煤浆的各项指标中，极为重要的是较低表观黏度和良好的稳定性、流变性。然而，水煤浆属于两相颗粒悬浮体系，而且煤粉是疏水性物质，要使煤粉颗粒能更好地融入水中，使制得的水煤浆具有良好的流变特性和稳定性，就必须加入化学添加剂。在水煤浆制备的过程中，化学添加剂的主要作用在于改变煤粉颗粒的表面性质，使煤粉颗粒能够在水中更好地分散，使浆体具有良好的流动性和稳定性。根据作用的不同，添加剂主要可分为分散剂和稳定剂两大类。

分散剂的作用机理：分散剂吸附到煤粉颗粒表面后，分散剂分子在其表面形成很薄的水化膜，能显著降低煤与水界面的表面张力，使体系的表面自由能降低且最终趋于稳定。煤炭的主要成分为有机质，表面具有很强的疏水性，不易为水所润湿，加入分散剂可以改善煤粉表面的亲水性，使煤粉颗粒充分润湿并均匀地分散在少量的水中。细煤粉具有极大的比表面积，在水中很容易自发地团聚，所以制浆时必须加入分散剂，以改变煤粉颗粒的表面性质，降低其黏度，使水煤浆具有良好的流变特性。由于煤种的性质千差万别，适用的添加剂因煤而异，并不是一成不变的，所以对不同煤种，必须通过成浆性试验来选用性价比较高的分散剂。

稳定剂的作用机理：稳定剂的作用是使煤粉颗粒稳定地悬浮分散在体系中，使水煤浆不易发生分层现象，并产生硬沉淀。水煤浆是一种固、液两相粗分散体系，煤粉颗粒很容易自发地聚结，在重力或其他外力作用下，容易发生沉淀现象。为了防止出现硬沉淀，必须加入少量的稳定剂。稳定剂有两种主要的作用，一方面使水煤浆具有"剪切变稀"的流变特性，即当静置存放时水煤浆有较高的黏度，开始流动后黏度又可以迅速降下来；另一方面使沉淀物具有松软的结构，防止产生不可恢复的硬沉淀。为了提高水煤浆的稳定性，加入稳定剂使水煤浆中的颗粒聚结并和周围的水相互交联，形成脆弱但又有一定强度的三维空间结构，在静置时可以有效地阻止煤粉颗粒沉淀，即便产生沉淀也是松软的可恢复的软沉淀，一旦受到外力的剪切作用时，该结构受到破坏，黏度就会迅速地下降，表现出较好的流动性。

#### 2.1.2.5　其他影响因素

（1）温度

温度升高，吸附速率会加快，有利于制浆。一般来说，温度升高时，溶解度会随着温度的升高而变大，而溶质的吸附为放热过程，随温度的升高而受阻，这是由于吸附质分子在温度升高时动能变大，难以被吸附质俘获，致使吸附量降低。而对于非离子型表面活性剂，其水溶液在温度升高到一定值时会发生析出现象,即表面活性剂因温度升高而使其水合性降低,从溶液中析出,其吸附量也会随着温度的升高而增加。

（2）搅拌强度

当搅拌强度较低时,煤粉颗粒在水中分散不均匀,与添加剂之间的接触不充分,添加剂会有很大部分存在于水中,起到分散降黏的作用,而经过高速剪切后,提高了添加剂在煤颗粒表面的吸附性,从而使浆体的黏度显著降低。因此,适当的搅拌强度和剪切速率不仅可以使浆体的流变性由屈服假塑性向牛顿流体转变,而且能有效降低水煤浆的黏度,提高成浆性。

（3）pH 的选择

水煤浆 pH 为 8~10 时,表现出良好的成浆性能,在这一范围内,随着 pH 升高,煤浆流动性有所改善。为克服实际应用过程中对设备、管道的酸性腐蚀,工业化制浆一般要求煤浆 pH>7。

## 2.1.3 水煤浆制备工艺

水煤浆的制备工艺通常包括选煤（脱灰、脱硫）、破碎、磨矿、加入添加剂、捏混、搅拌与剪切,以及剔除超粒与杂物的滤浆等环节。

选煤环节是为了解决制浆用煤不能满足用户对水煤浆灰分、硫分和热值要求的问题。大多数情况下,选煤的环节都设在磨矿之前,但是如果煤粉中矿物质、杂质等嵌入分布很细密,必须经过研磨变细才能解离出其中的杂质,挑选出合格的制浆用煤,则应采用先磨矿再选煤的工艺。

破碎与磨矿的环节是为了将煤炭研磨变细至工业用水煤浆产品所要求的细度,并且使其粒度分布具有较高的堆积效率,从而提高水煤浆的浓度。为了尽可能地减少磨矿能耗,一般情况下都是采用先破碎后磨矿的方法。只有少数特殊情况,例如用粉煤或煤泥制浆时,原料不需破碎直接磨矿即可。磨矿的方法分为干法和湿法两种,磨矿的回路有多段磨矿,也可以是多台磨机组成的多段磨矿。

捏混环节只是在干磨与中浓度湿磨的工艺中才被采用。它的作用是使干磨所产生的干煤粉或者中浓度湿法磨矿的产品经过过滤机脱水之后所得到的滤饼能够更好地与水和分散剂均匀混合,并能初步形成具有一定流动性的浆体,以便在下一步的搅拌工序中使三者进一步混合均匀。

搅拌在制浆过程中有很多种用途,它不仅仅是为了使水煤浆均匀混合,还具有使水煤浆在搅拌过程中经受强力剪切,加强药剂与煤粉颗粒表面之间的作用力,改善浆体流变性能的作用。

制浆工艺选择的主要依据是制浆用煤的煤质特性、添加剂的特性、制浆设备的性能和用户对水煤浆质量的要求等。水煤浆的制备工艺分为干法制浆和湿法制浆两种。干法制浆是将制浆用煤破碎、干磨至用户所需要的产品细度与粒度分布后，再加入水和分散剂进行捏混并在搅拌机中调浆；湿法制浆是将煤炭、水和添加剂一起加入磨机，磨矿的最终产品就是水煤浆。

在水煤浆发展的初期，干法制浆用得较多，主要是因为可以利用现有的磨煤设备，比较方便。之后的研究表明，干法磨矿制浆的效果不及湿法磨矿制浆，因为干法磨矿堆积效率低，而且干法磨煤时新生的表面积很快被氧化使得煤的成浆性降低，干法磨矿的能耗比湿法磨矿要高很多。研究表明，在产品细度相同的条件下，干法球磨机的能耗大约比湿法球磨机高 30%，而且干法制浆的安全性和环境条件都比不上湿法制浆。

因此，在制浆工艺选择方面，一般倾向于采用湿法磨矿制浆的工艺，其中湿法磨矿工艺又分为高浓度磨矿和中浓度磨矿两种方式，对易成浆与中等成浆性的煤种，宜采用高浓度一段磨矿制浆工艺，如图 2-1 所示。

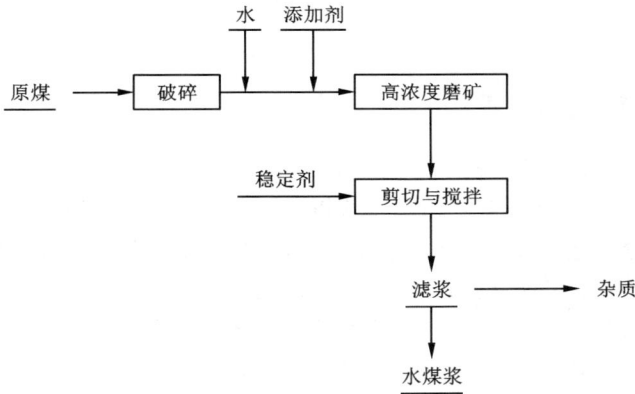

图 2-1　高浓度一段磨矿制浆工艺

对难制浆煤种则宜采用两段磨矿级配制浆工艺，如图 2-2 所示。

中浓度磨矿的产品还需要再经过滤、脱水、捏混、搅拌等环节之后才能成浆。实践经验证明，中浓度磨矿工艺不如高浓度一段磨矿制浆工艺，虽然高浓度磨矿球磨机的能力比中浓度磨矿球磨机的能力要低，但它反而具有更多的优点，例如高浓度磨矿时工艺简单，有利于产生更多的细煤粉颗粒，从而改善了水煤浆的粒度分布。高浓度磨矿过程中分散剂能够更加及时地与煤粉颗粒新生的表面接触，有利于提高制浆的效果，另外，在良好的运行工况下，高浓度磨矿的产品粒度分布可获得 72% 左右的堆积效率，能够满足大多数原煤制浆的要求，因此，我国目前的水煤浆制备厂大多采用高浓度制浆工艺。

水 添加剂

```
原煤 ──→ 破碎 ──────→ 粗磨 ──→ 细磨
                                    │
                                    ↓
                              搅拌与剪切
                                    │
                                    ↓
                              滤浆 ──────→ 杂质
                                    │
                                    ↓
                                 水煤浆
```

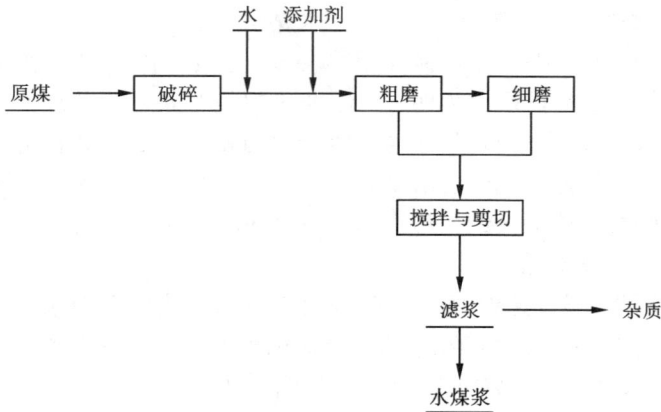

图 2-2  两段磨矿级配制浆工艺

### 2.1.4  水煤浆燃烧技术

#### 2.1.4.1  水煤浆喷雾-悬浮燃烧技术

水煤浆与空气经燃烧器以射流方式进入炉膛, 促使煤浆气流与炽热烟气产生强烈混合, 水分迅速蒸发; 同时, 水煤浆气流又受到炉膛四壁和高温火焰的辐射, 而将悬浮在气流中的煤颗粒迅速加热, 水煤浆颗粒获得了足够的热量并在达到了一定的温度时开始着火燃烧。雾化后浆滴在着火之前会经历一个较为复杂的变化过程。当雾化后浆滴喷入热烟气或炉膛后, 首先在 $100 \sim 200℃$ 时快速干燥, 随后由于表面力的作用, 煤颗粒之间发生团聚, 起初这一团聚结构是松散的, 随煤颗粒热解过程的发生, 塑性变形使团聚结构变得较为紧密。煤颗粒受热, 挥发分析出, 产生热解气体, 由于其无法从团聚结构内部顺畅释放, 则会使具有一定塑性的团聚结构发生膨胀, 随温度的进一步升高, 煤颗粒表面开始硬化, 热解气体最终从团聚结构内部逸出, 并形成具有多气孔结构的焦炭, 挥发分着火燃烧, 并点燃焦炭, 燃烧过程逐渐进行, 直至燃尽。

在水煤浆着火阶段, 水煤浆中的水分一方面能稀释挥发分浓度, 降低挥发分的着火性能, 另一方面, 蒸发吸收大量的气化潜热, 使着火过程延迟。一般情况下, 相同直径的水煤浆浆滴的着火时间是煤颗粒的 2 倍。另外, 雾化器的雾化效果是影响水煤浆着火的关键因素之一。因为雾化浆滴的直径越小, 越有利于浆滴的干燥、着火和燃烧, 燃料中较高的挥发分含量、较高的预热空气温度、较高的炉膛温度, 可以保证水煤浆的及时着火和稳定燃烧。

### 2.1.4.2　水煤浆流化-悬浮燃烧技术

水煤浆流化-悬浮燃烧,是一种集流化床燃烧及水煤浆悬浮燃烧为一体的新型复合燃烧技术,该技术实现了水煤浆的低温稳定燃烧,解决了水煤浆悬浮燃烧带来的易于结焦、运行不稳定和安全性差等问题,省去了各种水力和其他除渣设备,简化了运行操作,并提高了原锅炉的出力,同时,燃烧效率高,污染物排放量少。

水煤浆流化-悬浮燃烧的燃烧原理为:专用的水煤浆粒化器形成的颗粒状水煤浆直接投入燃烧室下部的料层内,水煤浆颗粒在炽热的流化床料中迅速析出水分和挥发分并着火燃烧;随后,在流化状态下,颗粒状水煤浆团进一步解体为细颗粒,并被热烟气带出密相区进入悬浮室继续燃烧。在燃烧室出口设有分离返料装置,被热烟气带出的细颗粒和未完全燃烧的团聚颗粒被分离器分离、捕捉,通过分离器下部设置的回输通道返回燃烧室下部的密相区,既减少了物料的损失,又实现了水煤浆颗粒团的循环燃烧,从而获得较高的燃烧效率。同时,由于循环流化床低温燃烧的特性,可以有效地抑制热力型 $NO_x$ 的形成。

### 2.1.4.3　水煤浆的粒化给浆技术

对于水煤浆的流化-悬浮燃烧方式来说,由于循环流化床的燃烧特性,水煤浆滴的粒径可以适当增加而不会影响其在炉膛内的燃烧效果,降低了对水煤浆给料粒度的要求,不再需要雾化燃烧所必需的高压雾化装置,但同时为了满足异密度流化燃烧的要求,所加入的浆滴须满足一定的粒度分布,才能在循环流化床过滤时达到最佳的燃烧效果。高浓度水煤浆的粒化给浆技术可以满足水煤浆流化-悬浮燃烧技术的需要,该装置由冷却风进风管、观火镜、水煤浆进浆管、带有封闭螺栓的疏通孔、吹扫清洗管和水煤浆粒化管等部件构成,如图 2-3 所示。

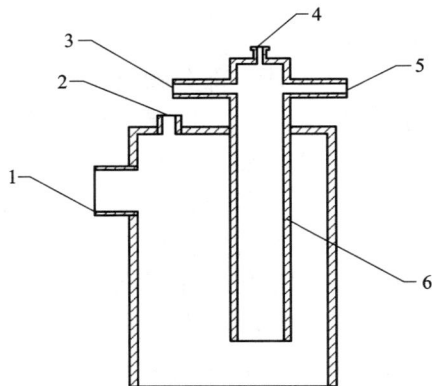

1—冷却风进风管;2—观火镜;3—水煤浆进浆管;
4—疏通孔;5—吹扫清洗管;6—水煤浆粒化管。

**图 2-3　水煤浆粒化给料装置示意图**

在水煤浆粒化管上装有水煤浆清洗或吹扫管(可接水或压缩空气),水煤浆粒化管的顶端留有疏通孔,以方便疏通,在运行时应封闭。整套水煤浆粒化管置于冷却风管或冷却风箱内,以防止水煤浆受热失水凝固,堵塞给浆装置。在冷却风管或冷却风箱的内部或外部装有观火镜,用以观察运行时的燃烧和给浆情况。工作时,水煤浆粒化管偏置在冷却风进风筒内,一方面是为了防止水煤浆受热失水固化,从而堵塞粒化管,另一方面是利用风筒内同一截面冷却风的风速差,将从水煤浆粒化管出来的浆流通过偏流风撕开,从而将水煤浆粒化成浆滴。

另外,由于水煤浆的出流口直径较大,因而该装置不需要附加过滤设备,可直接与水煤浆泵连接,对水煤浆的黏度、温度等参数均无特殊要求。

### 2.1.4.4 锅炉不排渣连续运行技术

常规流化床燃烧装置中,燃尽的灰渣一部分通过飞灰随烟气排出,另一部分则由底部的排渣口排出。但在水煤浆的流化燃烧技术中,水煤浆凝结团最终会变为细灰,因此可以实现锅炉的不排渣连续运行。由于流化床燃烧方式的炉膛温度较低(一般不会超过灰的熔化温度),因而由细颗粒组成的凝聚团中的灰粒不会在燃烧过程中粘连在一起,而是呈分散的状态被煤中的黏结性物质粘连在一块。因此,当凝聚团中的黏结性物质燃尽之后,剩下的细灰粒仅是松散地聚在一起。试验研究表明,凝聚团燃尽后,灰渣的抗磨强度仅为其凝聚团抗磨强度的几十分之一。灰渣在流化床中的停留时间足够长,会被剧烈运动的床层撞碎和磨损,还原成细灰。随着炉内灰量的增加,参与物料循环并最终被烟气带走的灰量也越多,当被带走的灰量与给料加入流化床的灰量达到平衡以后,流化床就可以维持稳定的燃烧过程,从而实现水煤浆燃烧的不排渣连续运行。水煤浆的这种不排渣连续运行方式不仅减少了床料的补充量,也减少了燃料的不完全燃烧损失和排渣热损失。

### 2.1.4.5 锅炉内循环技术

炉膛内床料的宽筛分特性,会使一部分物料在气流的携带作用下被带出炉膛,如果不采取措施,这部分物料会随烟气一起带入尾部对流换热系统中,并会带来以下危害:部分细燃料颗粒没有燃烧完全便被带走,增加了燃料的不完全燃烧损失;部分床料被带出床外,增加了床料的消耗;对流换热面烟气中的颗粒浓度的增加会加速金属受热面的磨损。

考虑到上述原因,在水煤浆的流化悬浮燃烧装置中增加了炉内气固分离装置,使烟气携带的固体颗粒中粒径较大的部分被分离下来,并返回到炉膛中继续循环,这在增加燃料的燃烧效率的同时,还可以减少对锅炉受热面的磨损。

## 2.1.5　水煤浆燃烧实践

### 2.1.5.1　循环流化床燃烧试验装置

（1）燃烧试验装置

循环流化床燃烧试验装置主要由床下点火风道、布风装置、主循环回路（炉膛、分离器、回料器和外置床）、尾部烟道、水冷系统、烟风系统、给料系统、排渣装置组成。炉膛采用分段设计，法兰连接，方便拆卸，扩展性强。装置采取两层给料、多层二次风及外置床设计，便于开展针对性的试验研究。炉膛内衬为耐火绝热材料，炉膛内燃烧温度采用水冷管、模拟水冷壁来控制，水冷管拆卸更换方便，炉膛燃烧温度可调性好，以满足不同燃料的燃烧试验需求。高温尾部烟道设置有水冷器及旁路烟道，可有效调控空预器入口烟温。低温烟道采用双烟道结构，内设空预器，通过烟气挡板可有效调节一、二次风的风温，装置设有完善的点火、火检和灭火保护功能。同时，还布置了大量的温度、压力、流量等运行参数检测点。其具体结构如图 2-4 所示。

试验装置主要设计参数，如表 2-2 所示。

表 2-2　循环流化床试验装置主要设计参数

| 名称 | 单位 | 数值 |
|---|---|---|
| 设计热功率（最大热功率） | MW | 3.0（3.5） |
| 炉内表观速度 | m/s | 5 |
| 炉膛截面热负荷 | MW/m² | 3.03 |
| 循环倍率（系统适应范围） | % | 40（0～100） |
| 炉膛温度 | ℃ | 800～1000 |
| 循环灰温度 | ℃ | 500～1000 |
| 密相区截面尺寸 | mm×mm | 550×900 |
| 稀相区截面尺寸 | mm×mm | 1100×900 |
| 炉膛高度（布风板至炉膛出口中心线） | mm | 24500 |
| 试验台宽度×深度（柱距） | mm×mm | 7500×18000 |
| 试验台高度（顶梁上表面标高） | mm | 29100 |

试验装置配备一套水煤浆给料系统，由水煤浆储罐、过滤罐、输送泵、压力表、流量计、阀门和管路组成。考虑到水煤浆长期静置会出现分层的物理特性，水煤浆储罐顶部设置一套搅拌器及搅拌电机，通过搅拌保证试验期间不发生沉淀

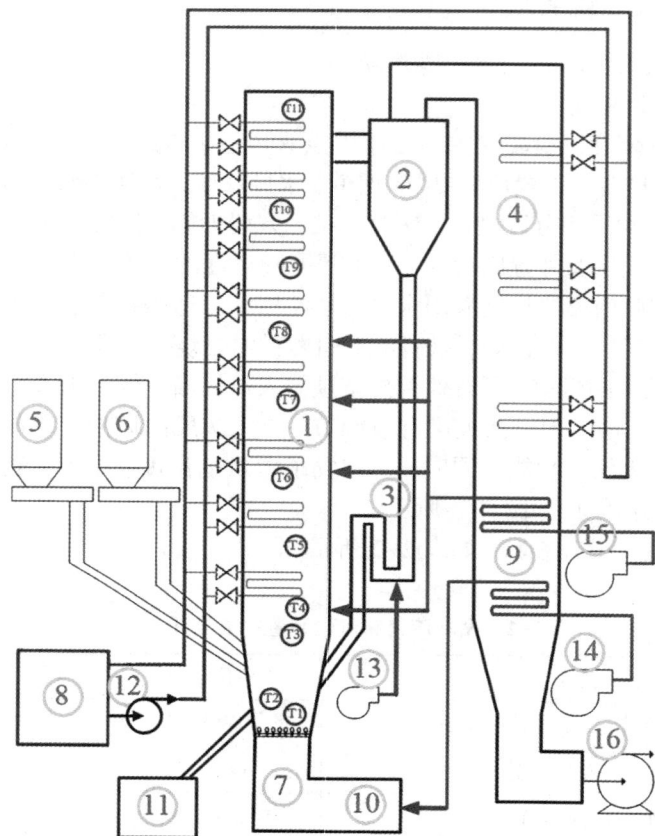

1—炉膛；2—分离器；3—回料器；4—高温烟道；5—石灰石仓；6—煤仓；
7—布风板；8—冷却塔；9—空预器；10—点火风道；11—排渣装置；
12—水泵；13—罗茨风机；14——次风机；15—二次风机；16—引风机。

**图 2-4　循环流化床燃烧试验装置布置示意图**

分层。水煤浆储罐后设置一个煤浆过滤罐。水煤浆经过滤罐过滤后通过隔膜泵加压送入炉前粒化器，经粒化器粒化后进入炉膛进行燃烧。

炉膛内温度场作为反映燃烧工况的重要参数，是试验过程中主要的监测目标，为了更好地反映炉膛内沿炉膛高度的温度场分布情况，在炉膛不同高度布置了 11 层温度测点，如表 2-3 所示，其中床温测点 2 个，炉膛稀相区温度测点 8 个，均采用 K 型热电偶进行温度测量。

表 2-3　炉膛温度测点(距离布风板)高度对照表

| 测温点 | 下层床温 | 上层床温 | 密相区出口 | 炉膛中部 1 | 炉膛中部 2 | 炉膛中部 3 | 炉膛中部 4 | 炉膛中部 5 | 炉膛中部 6 | 炉膛中部 7 | 炉膛出口 |
|---|---|---|---|---|---|---|---|---|---|---|---|
| 符号 | T1 | T2 | T3 | T4 | T5 | T6 | T7 | T8 | T9 | T10 | T11 |
| 高度/m | 0.4 | 0.7 | 2.5 | 4.3 | 6.8 | 9.5 | 12.2 | 14.9 | 17.6 | 20.3 | 23.8 |

(2)循环流化床锅炉的基本原理

循环流化床燃烧是一种燃烧化石燃料、废物和各种生物质燃料的燃烧技术,它的基本原理是使燃料在流化状态下进行燃烧。一般粗颗粒在燃烧室下部燃烧,细颗粒在燃烧室上部燃烧。被吹出燃烧室的细颗粒采用分离器收集之后,送回床内循环燃烧。

当燃料被送入炉膛后,迅速被炉膛内存在的大量高温物料包围,着火燃烧,并在上升的烟气流作用下向炉膛上部运动,对水冷壁和炉内布置的其他受热面放热。燃烧所需要的一次风、二次风分别从炉膛底部和侧壁送入,流化床燃烧室以二次风口的位置为界分为两个区,二次风入口以下为大粒子还原气氛燃烧区,二次风口以上为小粒子氧化气氛燃烧区。大粒子被上升气流带入悬浮区后,在重力及其他外力作用下不断偏离主气流,并最终形成附壁下降粒子流。被夹带出炉膛的粒子进入高温分离器,大量固体物料被分离出来,再回送炉膛,进行循环燃烧。未被分离的极细粒子随烟气进入尾部烟道,进一步对受热面、空气预热器等放热冷却,经除尘器后,由引风机送入烟囱再排入大气。

循环流化床锅炉燃烧采用流态化燃烧方式,其主要特征是颗粒在离开炉膛出口以后,经旋风分离器收集,由返料器不断返回炉膛再参加二次燃烧,因此,循环流化床锅炉具有燃烧温度低,强化燃烧的特点,床内温度为 850~900℃。在循环流化床锅炉中,流化床本身是一个积累了大量灼热物料,且蓄热容量很大的热源,有利于燃料的稳定、迅速着火燃烧,即使燃用低热值的燃料,单位时间新加入的燃料量远小于灼热床料量,这些灼热床料大多为惰性物料,它们并不与新加入的燃料争夺氧气,却提供了一个丰富的热源,将新加入的燃料颗粒迅速加热,使之析出挥发分并稳定地着火燃烧,煤粒中的挥发分和固定碳燃烧后释放的热量,其中一部分又来加热床料,使炉内温度始终保持在一个稳定的水平。同时,一些未完全燃尽的颗粒随烟气被携带出炉膛,被旋风分离器收集,由返料器返回炉膛参加二次燃烧。所以,循环流化床锅炉对燃料的适应性强,不仅能燃用优质燃料,也能燃用劣质燃料,同时还具有较高的燃烧效率。

循环流化床锅炉在使用二次风以后,一般将其燃烧区域分为下部的密相区

（二次风口以下）、上部的稀相区（二次风口以上）和高温气固分离器区及返料区，如图 2-5 所示。

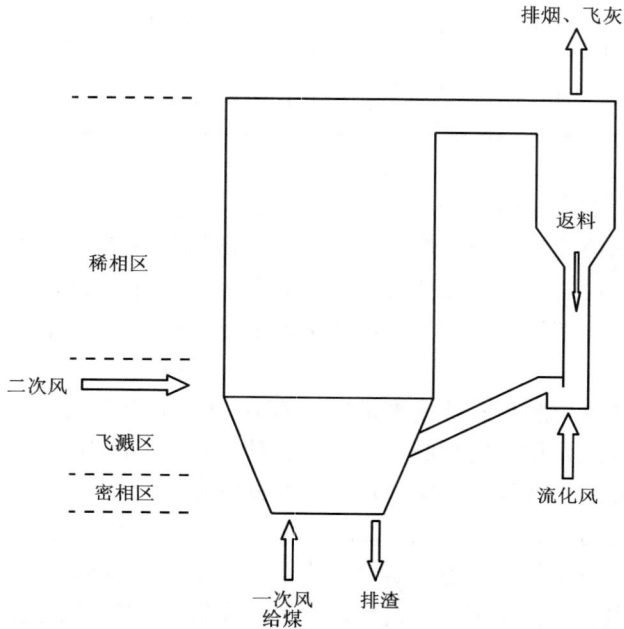

图 2-5　流化床锅炉燃烧区域

①密相区。在密相区内，由一次风将床料和加入的燃料流化。一次风量为燃料燃烧所需风量的 50%～60%。新鲜的燃料及从高温旋风分离器收集的未燃尽的返料被送入该区域，燃料的挥发分析出和部分燃烧也发生在该区域，必须保证该区域的温度和燃烧份额。因此，该区域通常设计卫燃带，水冷壁由耐火材料覆盖，一方面，减少水冷壁的吸热；另一方面，可以防止水冷壁的腐蚀和磨损。

该区域的固体颗粒浓度要比炉膛中上部区域高得多。该区域燃烧气氛为欠氧状态，呈还原性气氛，其内部充满灼热的物料，是一个稳定的着火热源，也是一个贮存热量的热库。当锅炉负荷增加时，通过增加一、二次风的比例，将更多的高温物料输送到炉膛的上部区域，并参与热质交换，当锅炉负荷低不需要分级燃烧时，也可以切断二次风。

②稀相区。炉膛上部区域为区域较大的悬浮段，其中的颗粒密度、颗粒的平均粒径较小，气体含量较高，称为稀相区。通常情况下，被输送到该区域的燃料和一部分燃料的挥发分在这里与空气充分接触，发生富氧燃烧。循环流化床的主要燃烧发生在稀相区，上部稀相区比下部的密相区大得多。

③高温气固分离器区及返料器区。被烟气夹带出炉膛的未燃尽燃料颗粒进入气固分离器，在其内短暂停留，且由于分离器内的氧浓度很低，燃料颗粒在其中的燃烧份额较低。这部分颗粒通过返料器返回炉膛内进行二次燃烧。

（3）循环流化床锅炉的优点

循环流化床锅炉的主要优点为：

①燃料适应性广。循环流化床锅炉几乎可以燃烧各种燃料（如泥煤、褐煤、烟煤、贫煤、无烟煤、洗煤厂的煤泥），以及煤矸石、焦炭、油页岩、水煤浆等，并能达到很高的燃烧效率。它的这一优点对充分利用劣质燃料具有重大意义。

②环保性能强。循环流化床锅炉在燃料燃烧过程中能有效控制 $SO_2$ 和 $NO_x$ 的生成和排放，是一种相对清洁的燃烧方式。层燃和煤粉燃烧技术中产生的 $SO_2$ 存在于烟气中，会对锅炉尾部受热面形成低温腐蚀，并造成大气污染。向循环流化床锅炉内直接加入石灰石、白云石等脱硫剂，可达到 90% 的脱硫效率。如脱硫效率达 90% 时，鼓泡床锅炉所需钙硫比为 3~5，而循环流化床锅炉只有 2~2.5，可减少脱硫剂使用量。循环流化床锅炉燃烧温度一般控制在 850~900℃，这不仅利于脱硫，而且可以抑制氮氧化物（热反应型 $NO_x$）的形成。另外由于循环流化床锅炉普遍采用分段（或分级）送入二次风，这样又可控制燃料型 $NO_x$ 的生成。在一般情况下，循环流化床锅炉的 $NO_x$ 生成量仅为煤粉炉的 1/4~1/3。因此，循环流化床燃烧是一种经济、高效、低污染的燃烧技术。

③负荷调节性能好。煤粉炉负荷调节范围通常为 70%~110%，而循环流化床锅炉负荷调节范围一般为 30%~110%，这一特点对调峰电厂或热负荷变化较大的热电厂来说，选择循环流化床锅炉作为动力锅炉非常有利。

④燃烧强度大。循环流化床锅炉的截面热负荷可达 3~6 MW/m²，是鼓泡床锅炉的 2~4 倍，是链条炉的 2~6 倍。其炉膛容积热负荷为 1.5~2 MW/m²，是煤粉炉的 8~11 倍，所以循环流化床锅炉可减小炉膛体积，降低原材料的消耗，减少占地、厂房的投资。

⑤炉内传热能力强。循环流化床炉内传热主要是上升的烟气和流动的物料与受热面的对流传热和辐射传热，炉膛内气固两相混合物对水冷壁的传热系数比煤粉炉的传热系数大得多，如果床内（炉膛内或炉膛外）布置有埋管，可更大程度地节省受热面金属耗量，为循环流化床锅炉的大型化提供了可能。

⑥灰渣综合利用性能好。循环流化床锅炉燃烧温度低，灰渣不会软化和结焦，灰渣中的有价成分具有相对较高的活性，有利于进一步的提取利用。对于进行炉内脱硫的循环流化床锅炉，因其在炉内脱硫过程中加入石灰石，灰渣中含有一定的 $CaSO_4$ 和部分未反应的 $CaO$，其灰渣可以作为制造水泥的掺和料或其他建筑材料的原料。

### 2.1.5.2 水煤浆性质分析

（1）理化性质分析。

试验采用的水煤浆由准格尔矿区自产的两种不同热值的原煤，采用传统的湿法制浆工艺进行制备，水煤浆及制浆原煤样理化分析结果及成分配比如表2-4、表2-5所示，精煤浆热值14.86 MJ/kg，全水分34%，灰分14.09%，挥发分18.76%。末煤浆热值12.39 MJ/kg，全水分36.3%，灰分18.64%，挥发分16.55%。两种水煤浆中硫分的质量分数均较低，精煤浆全硫0.45%，灰成分中$SO_3$占比1.22%，该部分硫(S)在低温燃烧环境中不会转化为$SO_2$，去除煤灰中的$SO_3$，剩余的硫(S)为可燃硫，换算可得精煤浆中可燃硫质量分数约为0.38%，$SO_2$原始排放浓度约1385.98 mg/m³。末煤浆全硫0.37%，灰中$SO_3$占比1.67%，$SO_2$原始排放浓度约1079.46 mg/m³。两种水煤浆灰熔点较高，变形温度不低于1450℃，软化温度大于1500℃，远高于循环流化床锅炉常规运行温度850~900℃，采用循环流化床进行燃烧，安全、可靠。

表2-4 制浆原煤及水煤浆理化分析结果

| 检验项目 | 符号 | 单位 | 精煤 | 末煤 | 精煤浆 | 末煤浆 |
|---|---|---|---|---|---|---|
| 全水分 | Mt | % | 10.30 | 9.20 | 34.00 | 36.30 |
| 空干基水分 | Mad | % | 5.05 | 4.20 | 5.82 | 4.63 |
| 灰分 | Aar | % | 16.71 | 31.26 | 14.09 | 18.64 |
| 挥发分 | Var | % | 26.04 | 22.62 | 18.76 | 16.55 |
| 干燥无灰基挥发分 | Vdaf | % | 35.65 | 37.98 | 36.15 | 36.71 |
| 固定碳 | FCar | % | 46.95 | 36.92 | 33.15 | 28.54 |
| 硫 | St, ar | % | 0.44 | 0.44 | 0.45 | 0.37 |
| 高位热值 | Qgr, ar | MJ/kg | 22.60 | 17.53 | 16.13 | 13.63 |
| 低位热值 | Qnet, ar | MJ/kg | 21.70 | 16.77 | 14.86 | 12.39 |
| 变形温度 | DT | ℃ | >1500 | >1500 | 1450 | 1498 |
| 软化温度 | ST | ℃ | >1500 | >1500 | >1500 | >1500 |
| 半球温度 | HT | ℃ | >1500 | >1500 | >1500 | >1500 |
| 流动温度 | FT | ℃ | >1500 | >1500 | >1500 | >1500 |

表 2-5　两种水煤浆的成分配比

| 序号 | 项目 | 精煤浆 | 末煤浆 |
|---|---|---|---|
| 1 | 黏度/（mPa·s） | 739 | 336 |
| 2 | 添加剂量/‰ | 2.9 | 2.1 |
| 3 | pH | 7.79 | 7.75 |

（2）热重分析。

热重法，是测量物质的质量与温度或时间之间关系的方法。通过分析热重曲线，可以得知样品及其可能产生的中间产物的组成、热稳定性、热分解情况及生成的产物等与质量关系的信息。从热重法可以派生出微商热重法，也称导数热重法，它是一种记录 TG 曲线对温度或时间的一阶导数的技术。实验得到的结果是微商热重曲线，即 DTG 曲线，它以质量变化率为纵坐标，自上而下表示减少；横坐标为温度或时间，从左往右表示增加。DTG 曲线的特点是，它能精确反映出每个失重阶段的起始反应温度、最大反应速率温度和反应终止温度，DTG 曲线上各峰的面积与 TG 曲线上对应的样品失重量成正比。为测试水煤浆的着火、燃尽特性，采用热重分析仪对两种试验水煤浆进行热重分析。热重分析采用空气气氛，升温速率为 20 ℃/min，其分析结果如图 2-6、图 2-7 所示。

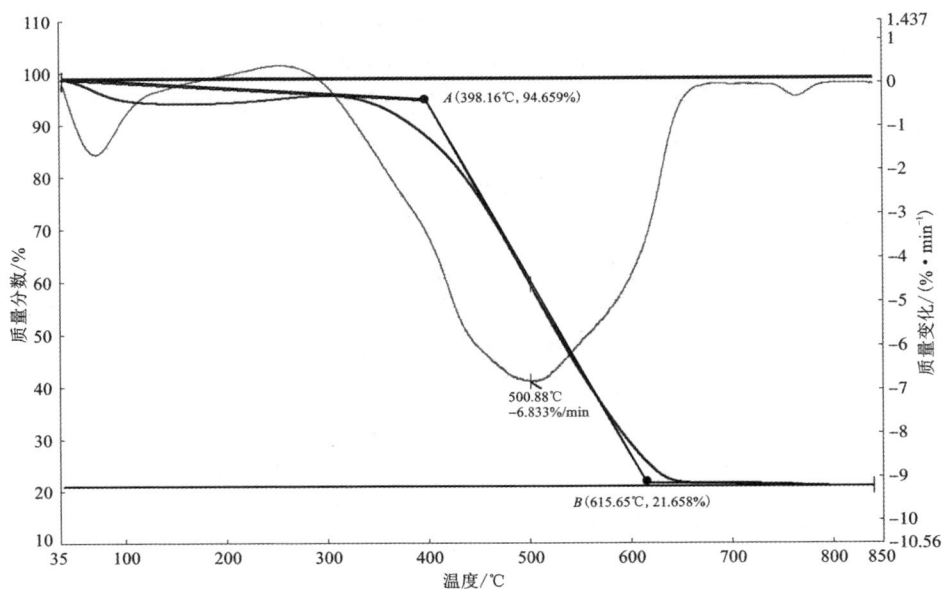

图 2-6　精煤浆燃烧 TG-DTG 曲线图

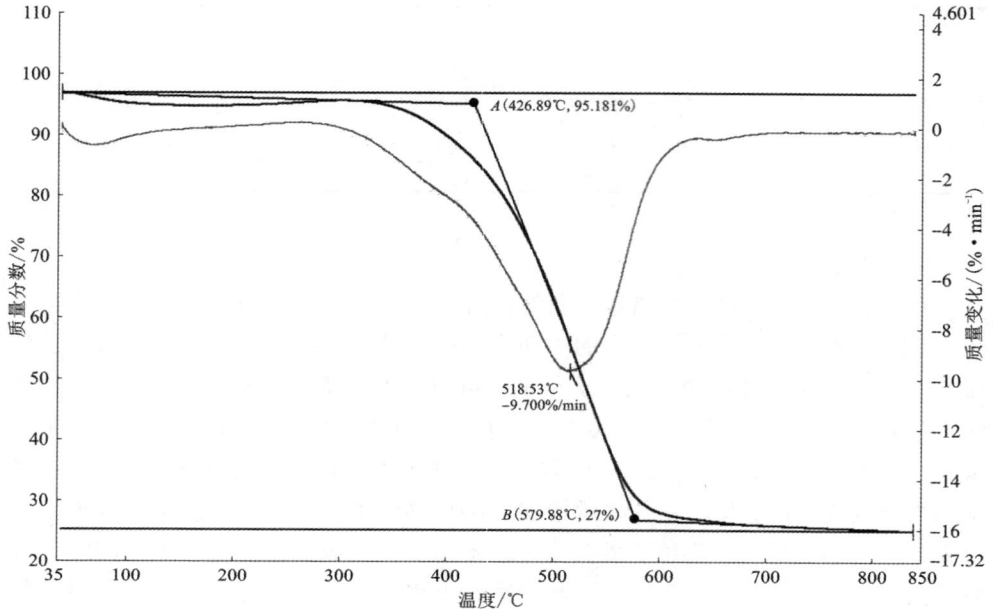

图 2-7　末煤浆燃烧 TG-DTG 曲线图

从热重分析曲线可以看出，在 100℃以前，随着温度的升高，水煤浆燃料的 TG 曲线有一个快速下降的趋势（相应 DTG 曲线出现一个波峰），此过程对应的是煤浆中外水分的快速析出；在 200℃以后，随着温度的升高，TG 曲线出现第二个下降趋势（相应 DTG 曲线出现第二个波峰），此过程为煤浆中挥发分的大量析出过程，其中一些燃点较低的挥发分在此过程中开始着火。一般认定，DTG 曲线下降前、后的切线交点温度为该燃料的着火温度。随着温度升高，到一定温度后，DTG 曲线变为一条直线，煤浆样重量不再变化，说明煤浆已经完全燃尽，此温度对应的为燃料的燃尽温度。从两种水煤浆的热重曲线可得出，精煤浆的着火温度为 398℃，燃尽温度为 616℃，末煤浆的着火温度为 427℃，燃尽温度为 580℃。

### 2.1.5.3　点火启动试验

循环流化床试验装置采用床下点火方式进行点火启动，利用高温烟气对热床料进行加热，床料温升较快且容易控制；炉内有大量床料循环，使炉膛内部的温度分布更加均匀。图 2-8 和图 2-9 分别为精煤浆和末煤浆冷态点火启动曲线。循环流化床试验装置采用天然气作为点火燃料，对炉内床料进行加热，结合试验煤热重分析结果，精煤浆在炉膛下部床温 480℃时开始投浆，投浆初期采用多次少量的脉动投浆方式，由于水煤浆是煤与水的混合物，投浆后水分快速蒸发，导致床温下降，停止进浆后水分无蒸发吸热，床温则快速上升，脉动投浆期间，床温变化趋势整体呈上升的趋势，表明水煤浆团聚颗粒着火燃烧，随着床温不断提高，逐渐加大投浆量，下部床温550℃左右时连续投浆，床温快速上升。

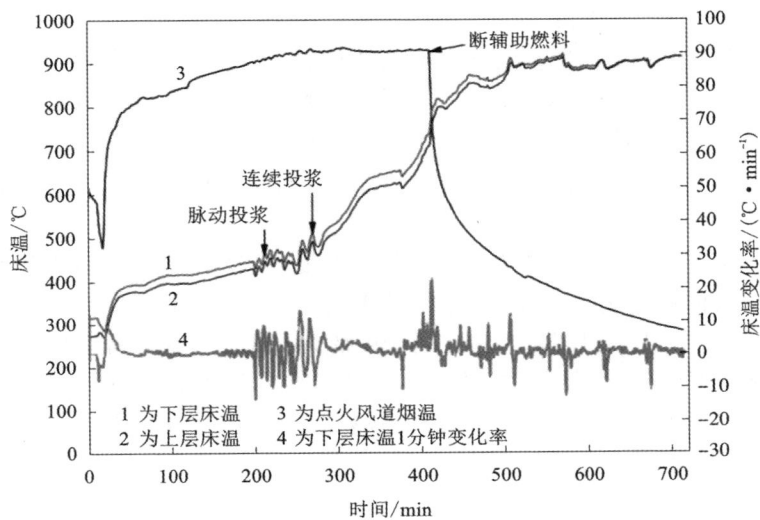

图 2-8 精煤浆点火投浆试验

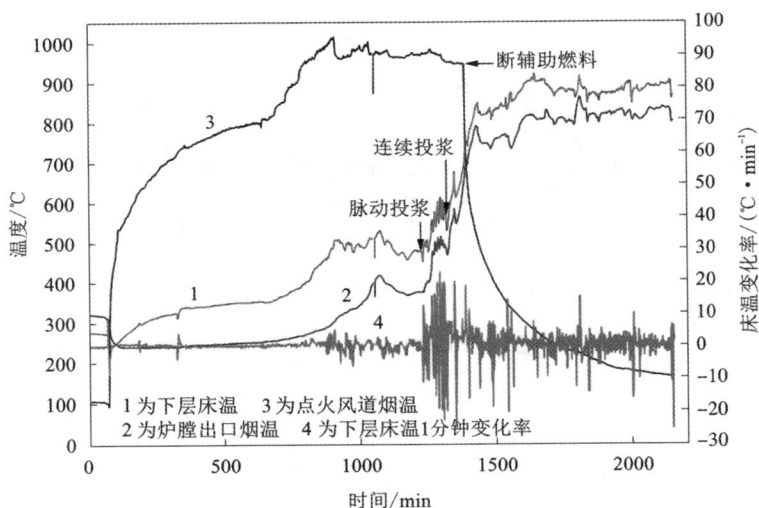

图 2-9 末煤浆点火投浆试验

通过精煤浆点火投浆试验发现，水煤浆着火情况与同等着火温度下煤的着火情况一致。结合精煤浆点火投浆经验，末煤浆点火启动时，投浆温度进一步降低，炉膛下层床温450℃时（高于末煤浆热重试验着火温度427℃）即脉动投浆，投浆后床温脉动变化，整体呈上升趋势，下层床温约500℃时连续投入水煤浆，床温稳定、快速上升，着火情况良好。

辅助燃料撤除时，床料温度的选取关系到锅炉运行的安全性和经济性，冷态点火试验过程中对两种水煤浆均进行了辅助燃料切断试验，两种水煤浆在下层床温750~800℃时，撤除辅助燃料（天然气），同时逐渐增加给浆量，炉膛下部床温和炉内烟温稳定增长，床温高于750℃时，切断辅助燃料后两种水煤浆的燃烧均是安全、稳定的。

循环流化床锅炉炉膛热惯性大，炉膛内温度场稳定，燃料送入炉膛后，被炉内循环的高温物料迅速加热着火，这得益于循环流化床锅炉的燃烧方式，在低负荷、低床温条件下仍然可以保持稳定的炉内燃烧，具备较宽范围的调负荷能力。

为验证水煤浆在低床温（锅炉低负荷工况）条件下的稳定燃烧特性，对末煤浆进行了低床温稳燃试验，将负荷降低50%热功率。图2-10为末煤浆低床温稳燃试验主要运行参数变化曲线。

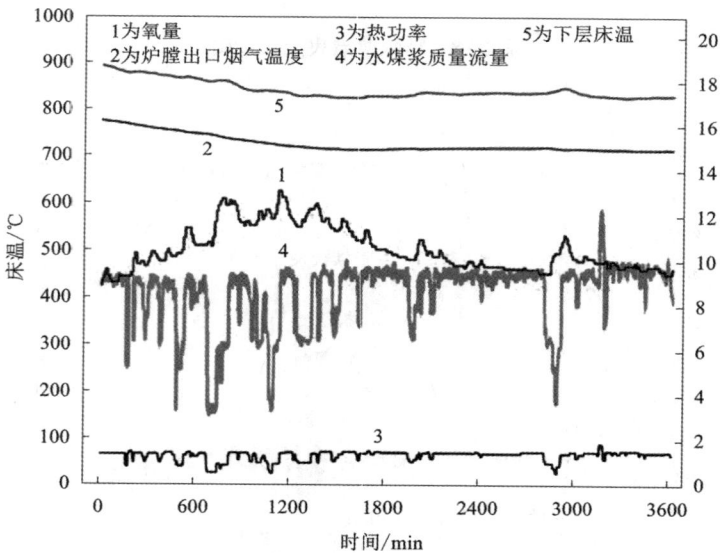

图2-10 末煤浆低床温稳燃试验主要运行参数变化曲线

试验结果表明：末煤浆在热负荷 50% 热功率工况，床温 800~830℃，炉膛出口烟温约 710℃ 时，炉膛内部温度可以维持稳定。

结合末煤浆 50% 热功率工况试验结果和常规燃煤循环流化床锅炉低负荷稳燃经验，基本可以判定：水煤浆循环流化床锅炉在更低床温工况（35%~50% 热功率），保持好炉膛内合理的含氧量和一次风比，锅炉可以在相应温度下不投辅助燃料、安全稳定运行。

### 2.1.5.4　炉内温度分布特性

相关研究机构针对粉煤灰提铝技术工艺，对不同温度下粉煤灰的形成机理进行研究，发现在 500~800℃ 时，煤粉中的高岭石脱去结晶水，晶格被破坏形成无定型的偏高岭石和 $\gamma\text{-Al}_2\text{O}_3$，形成结构疏松、活性较高的粉煤灰。当温度高于 900℃，随着燃烧温度的提高，偏高岭石发生重结晶生成莫来石和非晶态 $\text{SiO}_2$，$\gamma\text{-Al}_2\text{O}_3$ 发生反应生成 $\alpha\text{-Al}_2\text{O}_3$ 等稳定物相，形成结构致密、活性较低的粉煤灰。因此，水煤浆循环流化床锅炉运行床温是其伴生资源综合利用的关键因素之一。同时，炉膛运行温度对水煤浆燃料的燃尽率、$\text{NO}_x$ 生成等也有较大的影响。

试验装置的炉膛温度主要通过调整输入燃料量、调节水冷管数量（炉内受热面面积）、燃烧配风及循环物料量等进行控制，两种水煤浆的试验工况如表 2-6 所示。

表 2-6　试验工况表

| 精煤浆 | | | | | | | | |
|---|---|---|---|---|---|---|---|---|
| 试验参数 | 工况 1 | 工况 3 | 工况 4 | 工况 5 | 工况 6 | 工况 7 | 工况 8 | 工况 9 |
| 热功率/MW | 2.42 | 2.7 | 2.8 | 2.42 | 2.46 | 2.54 | 2.58 | 2.51 |
| 煤浆流量/(kg·h⁻¹) | 614 | 680 | 700 | 610 | 619 | 640 | 658 | 637 |
| 总风量/(m³·h⁻¹) | 3198 | 3341 | 3517 | 3542 | 3536 | 3061 | 3045 | 3154 |
| 一次风量/(m³·h⁻¹) | 1406 | 1545 | 1541 | 1666 | 1921 | 1651 | 1815 | 1455 |
| 二次风量/(m³·h⁻¹) | 1791 | 1798 | 1969 | 1878 | 1619 | 1411 | 1232 | 1701 |
| 一次风率/% | 45% | 45% | 45% | 45% | 54% | 54% | 60% | 45% |
| $\varphi_{O_2}$/% | 3.4 | 4.6 | 3.4 | 5.4 | 6 | 3.5 | 3 | 4.5 |
| $\text{NO}_x$ 排放/(mg·m⁻³) | 43.3 | 74.2 | 58.5 | 119 | 198.9 | 80.2 | 93.3 | 146.5 |
| 下层床温/℃ | 915 | 844.9 | 903.8 | 883.3 | 876.8 | 898.5 | 911.3 | 902.9 |
| 上层床温/℃ | 904.8 | 833.5 | 887.2 | 890.7 | 870.7 | 900.6 | 916.2 | 899.1 |
| 炉膛出口烟温/℃ | 841.2 | 759.6 | 814.2 | 823.0 | 826.2 | 835.0 | 855.2 | 827.1 |

续表2-6

| 精煤浆 | | | | | | | | |
|---|---|---|---|---|---|---|---|---|
| 试验参数 | 工况 10 | 工况 11 | 工况 12 | 工况 13 | 工况 14 | 工况 15 | 工况 16 | 工况 17 |
| 热功率/MW | 2.48 | 2.7 | 2.65 | 2.58 | 2.9 | 2.58 | 2.65 | 2.64 |
| 煤浆流量/(kg·h⁻¹) | 619 | 678 | 670 | 656 | 723 | 655 | 665 | 664 |
| 总风量/(m³·h⁻¹) | 3203 | 3247 | 3174 | 3026 | 3637 | 3649 | 3100 | 3113 |
| 一次风量/(m³·h⁻¹) | 1480.1 | 1485.6 | 1430 | 1350 | 2220 | 1797 | 1519 | 1555 |
| 二次风量/(m³·h⁻¹) | 1742.1 | 1760 | 1745 | 1655 | 1415 | 1856 | 1579 | 1560 |
| 一次风率/% | 0.45 | 45% | 45% | 45% | 60% | 50% | 50% | 50% |
| $\varphi_{O_2}$/% | 4.8 | 4.0 | 2.8 | 3.0 | 5.6 | 6.7 | 5.5 | 4.9 |
| $NO_x$ 排放/(mg·m⁻³) | 164.1 | 110.1 | 91.9 | 86.8 | 219.6 | 143.5 | 54.4 | 49.0 |
| 下层床温/℃ | 914.6 | 918.6 | 912.4 | 905.3 | 898.4 | 903.3 | 885.9 | 909.8 |
| 上层床温/℃ | 909.3 | 914.5 | 891.4 | 898.2 | 896.0 | 903.5 | 855.1 | 891.0 |
| 炉膛出口烟温/℃ | 834.2 | 847.2 | 859.6 | 860.7 | 874.9 | 835.4 | 813.7 | 836.3 |

| 末煤浆 | | | | | | | |
|---|---|---|---|---|---|---|---|
| 试验参数 | 工况 19 | 工况 20 | 工况 21 | 工况 22 | 工况 23 | 工况 24 | 工况 25 |
| 热功率/MW | 2.21 | 2.28 | 2.18 | 2.56 | 2.62 | 2.61 | 1.5 |
| 煤浆流量/(kg·h⁻¹) | 671 | 688 | 680 | 773 | 798 | 787 | 455 |
| 总风量/(m³·h⁻¹) | 3445 | 3479 | 2909 | 3392 | 3065 | 3054 | 2660 |
| 一次风量/(m³·h⁻¹) | 1637 | 1623 | 1483.8 | 1573.7 | 1619 | 1550 | 1377 |
| 二次风量/(m³·h⁻¹) | 1805 | 1856 | 1426.6 | 1814.7 | 1446 | 1495 | 1289 |
| 一次风率/% | 47% | 47% | 50% | 50% | 50% | 50% | 50% |
| $\varphi_{O_2}$/% | 6 | 6.5 | 4.3 | 5 | 3.2 | 3.1 | 11.5 |
| $NO_x$ 排放/(mg·m⁻³) | 291.3 | 157 | 102.8 | 87.6 | 52 | 37 | 250 |
| 下层床温/℃ | 907.4 | 865.2 | 891.6 | 874.9 | 905.2 | 865.6 | 825.3 |
| 上层床温/℃ | 905.8 | 862.6 | 881.7 | 873.2 | 906.9 | 858.2 | 802.6 |
| 炉膛出口烟温/℃ | 886.6 | 793.7 | 800.3 | 826.7 | 849.2 | 833.1 | 713.4 |

注：工况 2 为床温 480℃ 精煤浆点火工况，工况 18 为床温 480℃ 末煤浆点火工况，本表中均未作数据统计。

工况说明：工况 1~工况 17 为精煤浆试验工况，工况 18~工况 25 为末煤浆试验工况，其中工况 2 为精煤浆点火投浆工况，工况 18 为末煤浆点火投浆工况，工况 25 为末煤浆低负荷稳燃工况。

两种水煤浆在不同工况下的运行床温情况如图 2-11 所示，循环流化床燃用精煤浆运行床温较高，常规工况运行床温高于 900℃，会导致飞灰活性大幅降低，通过大风量、高氧量调整可将床温控制在 900℃ 以下，但风量的增加会导致 $NO_x$ 排放量增加，风机电耗增大，锅炉热效率降低等。末煤浆运行床温相对较低，调整后可稳定控制在 850~880℃ 运行，更加适用于水煤浆脱碳。

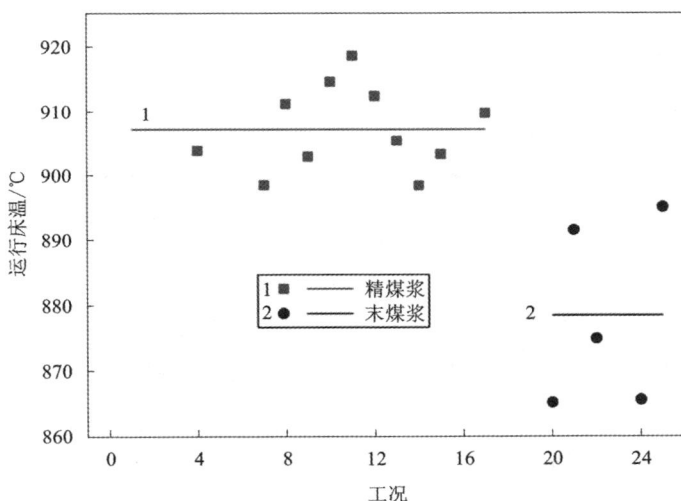

图 2-11　两种水煤浆在不同工况下的运行床温情况

两种水煤浆常规试验工况炉膛内烟温沿炉膛标高的温度分布曲线如图 2-12 所示。在各工况条件下，两种水煤浆的炉膛烟气温度沿炉膛高度分布规律基本一致，炉内温度精煤浆整体高于末煤浆。

### 2.1.5.5　飞灰含碳量

灰渣的综合利用情况是锅炉实际运行中需要认真考虑的问题，而灰渣含碳量是灰渣综合利用的关键影响因素，同时也是锅炉燃烧效率的重要影响指标，控制灰渣含碳量对灰渣的综合利用和锅炉运行经济性均有重要意义。

水煤浆制浆原煤粒径较细，燃烧成灰后，粒径进一步降低，部分粒径较细的未燃尽煤灰颗粒难以被分离器有效分离，不能返回炉内进行循环燃烧，与飞灰一起被除尘器收集，可能会导致飞灰含碳量过高。因此，飞灰含碳量是评判水煤浆循环流化床锅炉可行性的重要指标，是试验的重点研究方向。通过对水煤浆粒

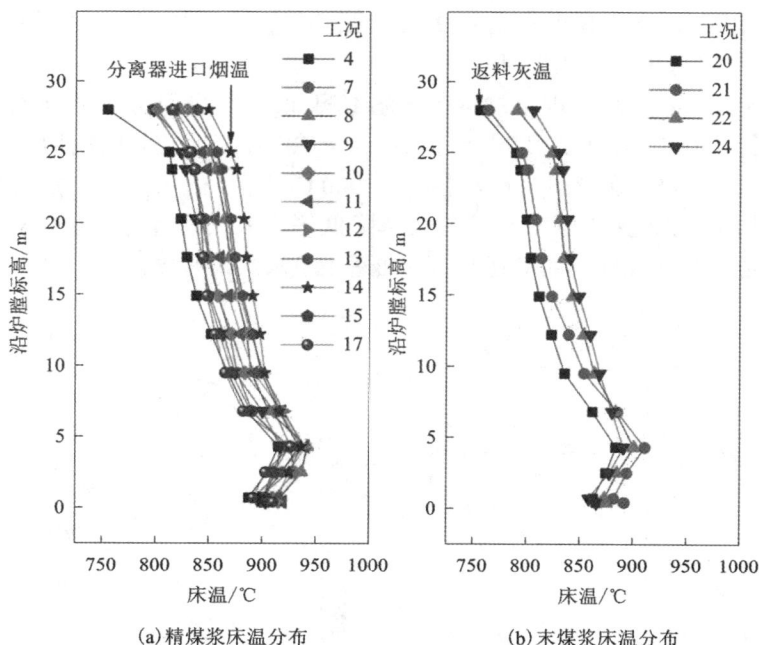

(a)精煤浆床温分布　　　　　　(b)末煤浆床温分布

图 2-12　两种水煤浆常规试验工况炉膛内烟温沿炉膛标高的温度分布曲线

化、运行氧量、运行床温、一二次风配风等运行参数进行调整与优化，可研究飞灰含碳量控制技术。

(1)给料粒化对飞灰含碳量的影响

各个工况控制参数及飞灰含碳量分析化验结果如表 2-7 所示，工况 1、工况 3~工况 8 为精煤浆未进行粒化的工况，工况 11~工况 17 为精煤浆粒化工况，工况 19~工况 24 为末煤浆粒化工况。经对比可以发现，未进行水煤浆给料粒化，精煤浆燃烧后形成的飞灰含碳量整体较高，平均飞灰含碳量(质量分数)为 8.26%，远高于预期目标。给料粒化后精煤浆飞灰含碳量明显降低，平均飞灰含碳量(质量分数)为 4.82%，已基本满足 5%的预期目标。末煤浆所有试验工况均对给料进行了粒化，平均飞灰含碳量(质量分数)为 3.65%，低于精煤浆粒化后飞灰含碳量。试验结果表明：采用粒化器进料后，可提高水煤浆入炉后燃料分布的均匀性，促进水煤浆在炉内的充分燃烧，减少未燃尽颗粒含量，降低飞灰含碳量。

表 2-7  试验工况控制参数及飞灰含碳量统计

| 工况安排 | | 运行氧量（$\varphi_B$） | 一次风率 | 床温/℃ | 粒化情况 | 飞灰含碳量/% | 平均飞灰含碳量/% |
|---|---|---|---|---|---|---|---|
| 精煤浆 | 工况 1 | 2%~4% | 45% | 898 | 不粒化 | 8.87 | 8.26 |
| | 工况 3 | 4%~5% | 45% | 845 | | 10.51 | |
| | 工况 4 | 2%~4% | 45% | 904 | | 11.28 | |
| | 工况 5 | 5%~7% | 45% | 883 | | 7.45 | |
| | 工况 6 | 5%~7% | 54% | 877 | | 5.60 | |
| | 工况 7 | 2%~4% | 54% | 898 | | 7.37 | |
| | 工况 8 | 2%~4% | 60% | 911 | | 6.73 | |
| | 工况 11 | 4%~5% | 45% | 919 | 粒化 | 5.55 | 4.82 |
| | 工况 12 | 2%~4% | 45% | 912 | | 4.80 | |
| | 工况 13 | 2%~4% | 45% | 905 | | 5.41 | |
| | 工况 14 | 5%~7% | 60% | 898 | | 3.40 | |
| | 工况 15 | 5%~7% | 46% | 903 | | 4.01 | |
| | 工况 16 | 5%~7% | 46% | 886 | | 5.08 | |
| | 工况 17 | 4%~5% | 50% | 910 | | 5.50 | |
| 末煤浆 | 工况 19 | 5%~7% | 47% | 907 | 粒化 | 1.41 | 3.65 |
| | 工况 20 | 5%~7% | 47% | 865 | | 3.20 | |
| | 工况 21 | 4%~5% | 50% | 892 | | 4.53 | |
| | 工况 22 | 4%~5% | 50% | 875 | | 3.83 | |
| | 工况 23 | 3%~4% | 50% | 905 | | 4.99 | |
| | 工况 24 | 3%~4% | 50% | 866 | | 3.93 | |

注：表中含碳量指质量分数。

（2）运行氧量对飞灰含碳量的影响

图 2-13 和图 2-14 对比了运行氧量对飞灰含碳量的影响，通过对比可发现，高氧量运行对飞灰含碳量的降低有明显效果，精煤浆在未采取粒化给料措施前，提高运行氧量，飞灰含碳量可从 11.8% 降低至 5.6%，但仍不能实现 5% 的控制要求。采取给料粒化措施后，精煤浆飞灰含碳量控制在 5% 以内，运行氧量需提高至 5% 以上。末煤浆对给料进行粒化，运行氧量高于 3%，即可满足飞灰含碳量 5% 的控制要求。

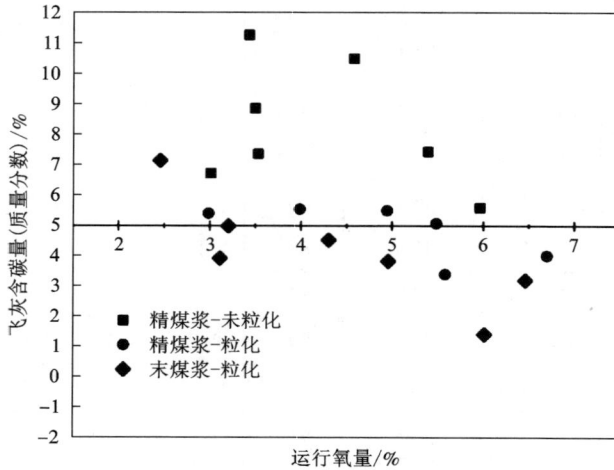

**图 2-13    运行氧量对飞灰含碳量的影响**

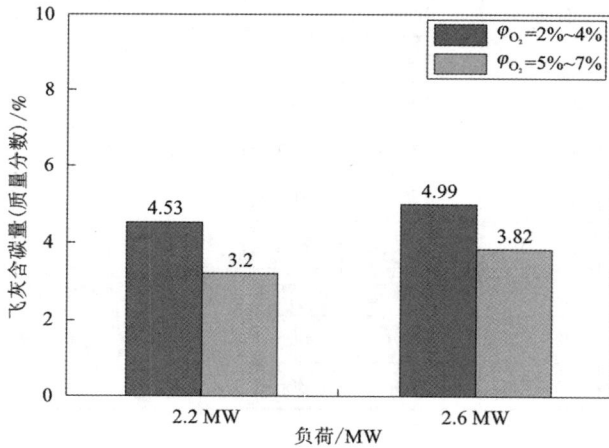

**图 2-14    末煤浆氧量对飞灰含碳量的影响**

（3）运行床温对飞灰含碳量的影响

图 2-15 和图 2-16 对比了不同运行床温及氧量对飞灰含碳量的影响，从图中可看出，随运行床温的升高，飞灰含碳量有一定程度降低，但运行床温是水煤浆脱碳产物粉煤灰可用性的关键影响因素，温度过高会降低粉煤灰中 $Al_2O_3$、$SiO_2$ 等主要成分的活性，对后续的提铝工艺造成影响。

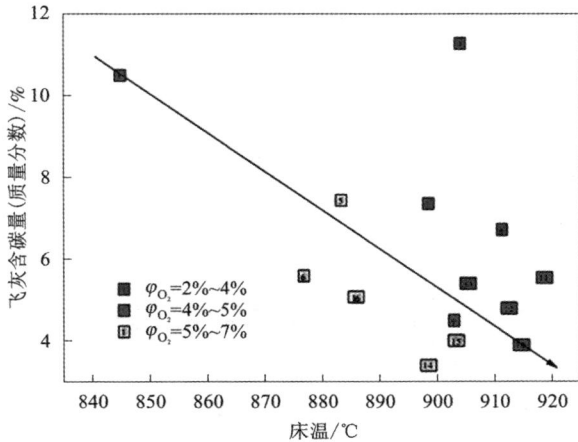

图 2-15　运行床温及氧量对飞灰含碳量的影响

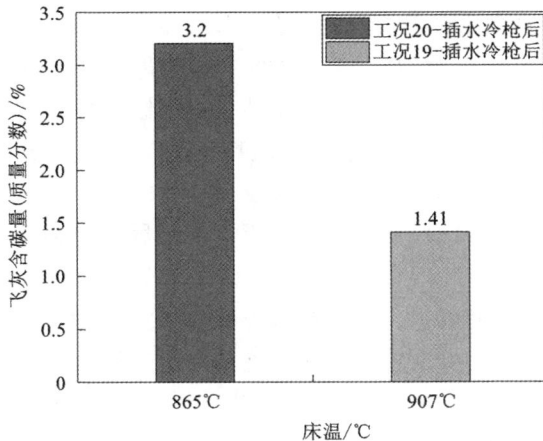

图 2-16　运行床温对飞灰含碳量的影响

（4）一次风量对飞灰含碳量的影响

一次风量决定物料流化状态，是影响飞灰含碳量的一个重要因素。图 2-17 为不同运行氧量工况下，飞灰含碳量随一次风率的变化趋势，运行氧量为 2%~ 4%时，一次风率由 45%升高至 60%，飞灰含碳量从 8.87%降低至 6.73%；运行氧量为 5%~7%时，一次风率由 45%升高至 60%，飞灰含碳量从 7.45%降低至 3.40%，说明提高一次风率，对水煤浆飞灰含碳量的降低有明显效果。

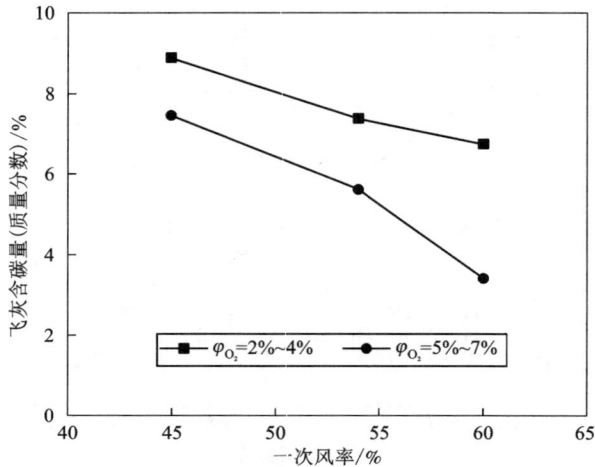

图 2-17　一次风率对飞灰含碳量的影响

### 2.1.5.6　灰渣成分分析

灰渣的物理化学特性对于灰渣的综合利用是非常重要的。决定灰渣物理化学特性的因素除燃料本身的物理化学特性外，还取决于燃料的燃烧方式与运行参数。由于燃料成分和燃烧工况的差异，不同循环流化床锅炉的灰渣成分相差较大。化学成分相同时，矿物组成不同，灰渣特性也有较大差异。

两种水煤浆的飞灰成分分析结果如表 2-8 和表 2-9 所示。通过分析可发现，试验水煤浆飞灰成分中 $Al_2O_3$ 质量占比接近 50%，属于高铝灰，适合作为粉煤灰提铝原材料。

为了解水煤浆底渣特性，合理分析水煤浆入炉后的燃烧过程，对水煤浆底渣进行了取样观察及分析，可发现水煤浆底渣基本由床料和水煤浆入炉后蒸干外水分后形成的未燃尽团聚颗粒两种物料组成，团聚颗粒的形成是水煤浆燃料能在循环流化床锅炉内建立正常循环的关键。

表 2-8　精煤浆飞灰成分分析

| 项目 | | 单位 | 工况 | | | | | | | |
|---|---|---|---|---|---|---|---|---|---|---|
| | | | 3 | 4 | 5 | 6 | 7 | 8 | 9 | 10 |
| 二氧化硅 | $SiO_2$ | % | 38.42 | 37.76 | 38.03 | 36.99 | 35.44 | 35.53 | 35.96 | 36.18 |
| 三氧化二铝 | $Al_2O_3$ | % | 44.76 | 46.95 | 47.77 | 49.5 | 49.29 | 50.51 | 49.43 | 48.36 |
| 三氧化二铁 | $Fe_2O_3$ | % | 3.32 | 3.93 | 3.81 | 3.56 | 3.78 | 3.24 | 3.08 | 3.09 |

续表2-8

| 项目 | | 单位 | 工况 | | | | | | | |
|------|------|------|------|------|------|------|------|------|------|------|
| | | | 3 | 4 | 5 | 6 | 7 | 8 | 9 | 10 |
| 氧化钙 | CaO | % | 3.6 | 4.36 | 4.26 | 4.26 | 5.47 | 5.06 | 5.68 | 6.12 |
| 氧化镁 | MgO | % | 0.99 | 1 | 0.99 | 0.96 | 0.97 | 0.95 | 0.98 | 0.99 |
| 三氧化硫 | SO$_3$ | % | 1.94 | 1.73 | 1.56 | 1.51 | 1.99 | 1.58 | 1.71 | 2.13 |
| 氧化钾 | K$_2$O | % | 0.76 | 0.78 | 0.79 | 0.76 | 0.75 | 0.76 | 0.8 | 0.79 |
| 氧化钠 | Na$_2$O | % | 0.62 | 0.61 | 0.6 | 0.59 | 0.59 | 0.57 | 0.6 | 0.6 |
| 五氧化二磷 | P$_2$O$_5$ | % | 0.34 | 0.34 | 0.34 | 0.32 | 0.31 | 0.31 | 0.32 | 0.32 |

| 项目 | | 单位 | 工况 | | | | | | | |
|------|------|------|------|------|------|------|------|------|------|------|
| | | | 11 | 12 | 13 | 14 | 15 | 16 | 17 | |
| 二氧化硅 | SiO$_2$ | % | 37.97 | 32.3 | 33.79 | 34.39 | 36.14 | 35.88 | 35.46 | |
| 三氧化二铝 | Al$_2$O$_3$ | % | 46.84 | 45.86 | 51.47 | 47.77 | 40.53 | 40.88 | 37.96 | |
| 三氧化二铁 | Fe$_2$O$_3$ | % | 3.45 | 3.54 | 3.03 | 4.38 | 3.89 | 3.63 | 3.38 | |
| 氧化钙 | CaO | % | 5.65 | 10.3 | 5.86 | 6.81 | 8.14 | 9.25 | 8.89 | |
| 氧化镁 | MgO | % | 1.01 | 1.09 | 0.94 | 0.97 | 1.05 | 1.1 | 1.08 | |
| 三氧化硫 | SO$_3$ | % | 1.74 | 4.05 | 1.97 | 2.55 | 2.41 | 2.99 | 2.62 | |
| 氧化钾 | K$_2$O | % | 0.85 | 0.73 | 0.74 | 0.71 | 0.84 | 0.86 | 0.84 | |
| 氧化钠 | Na$_2$O | % | 0.63 | 0.7 | 0.58 | 0.61 | 0.66 | 0.70 | 0.67 | |
| 五氧化二磷 | P$_2$O$_5$ | % | 0.34 | 0.31 | 0.3 | 0.3 | 0.34 | 0.35 | 0.35 | |

注：表中数据均为质量分数。

表 2-9　末煤浆飞灰成分分析

| 项目 | | 单位 | 工况 | | | | | | |
|------|------|------|------|------|------|------|------|------|------|
| | | | 19 | 20 | 21 | 22 | 23 | 24 | 25 |
| 二氧化硅 | SiO$_2$ | % | 41.35 | 38.83 | 39.45 | 40.65 | 39.52 | 38.71 | 38.63 |
| 三氧化二铝 | Al$_2$O$_3$ | % | 44.1 | 49.22 | 49.57 | 46.48 | 48.01 | 35.0 | 50.23 |
| 三氧化二铁 | Fe$_2$O$_3$ | % | 2.77 | 2.41 | 1.85 | 2.34 | 2.17 | 3.46 | 1.91 |
| 氧化钙 | CaO | % | 5.87 | 4.31 | 4.06 | 5.02 | 5.14 | 12.73 | 4.14 |
| 氧化镁 | MgO | % | 1.03 | 0.92 | 0.93 | 0.95 | 0.94 | 1.48 | 0.9 |

续表2-9

| 项目 | | 单位 | 工况 | | | | | | | |
|------|------|------|------|------|------|------|------|------|------|------|
| | | | 19 | 20 | 21 | 22 | 23 | 24 | 25 | |
| 三氧化硫 | $SO_3$ | % | 1.74 | 1.36 | 1.26 | 1.5 | 1.22 | 5.04 | 1.35 | |
| 氧化钾 | $K_2O$ | % | 0.71 | 0.63 | 1.34 | 0.68 | 0.66 | 0.71 | 0.63 | |
| 氧化钠 | $Na_2O$ | % | 0.61 | 0.58 | 0.55 | 0.59 | 0.57 | 0.26 | 0.59 | |
| 五氧化二磷 | $P_2O_5$ | % | 0.31 | 0.27 | 0.27 | 0.29 | 0.28 | 0.46 | 0.26 | |

注：表中数据均为质量分数。

对团聚颗粒进行了单独取样分析，理化分析结果如表2-10所示，热重分析结果如表2-11所示，低位热值11.77 MJ/kg，灰分56%，挥发分4.48%，固定碳33.90%。着火温度504℃，燃尽温度609℃。

表 2-10  水煤浆团聚颗粒理化分析结果

| 项目 | 符号 | 单位 | 纯煤浆团聚颗粒样 | 适用标准 |
|------|------|------|------|------|
| 全水分 | Mt | % | 5.62 | GB/T 211—2017 |
| 空气干燥基水分 | Mad | % | 5.62 | |
| 收到基灰分 | Aar | % | 56.00 | |
| 收到基挥发分 | Var | % | 4.48 | GB/T 212—2008 |
| 干燥无灰基挥发分 | Vdaf | % | 11.67 | |
| 固定碳 | FCar | % | 33.90 | |
| 收到基高位发热量 | Qgr, v, ar | MJ/kg | 11.95 | GB/T 213—2008 |
| 收到基低位发热量 | Qnet, v, ar | MJ/kg | 11.77 | |
| 收到基碳 | Car | % | 35.16 | |
| 收到基氢 | Har | % | 0.25 | GB/T 30733—2014 |
| 收到基氮 | Nar | % | 0.50 | |
| 收到基氧 | Oar | % | 1.72 | GB/T 31391—2015 |
| 全硫 | St, ar | % | 0.75 | GB/T 214—2007 |
| 堆积密度 | $\rho$ | g/cm³ | 0.4396 | |

表 2-11　煤浆团聚颗粒热重分析结果

| 着火温度 | 燃尽温度 | 最大燃烧速率 | 最大燃烧速率温度 |
|---|---|---|---|
| $T_i$/℃ | $T_f$/℃ | $v_p$/(%·min$^{-1}$) | $T_p$/℃ |
| 504 | 609 | 7.2 | 577 |

### 2.1.5.7　燃烧效率

为全面了解两种试验水煤浆的燃烧效率和灰渣特性,在循环流化床试验台上开展了多个稳定燃烧试验工况,并对各个工况的燃烧产物(灰、渣)进行了分析。试验过程中,通过 ABB 烟气分析仪对排放烟气进行连续采样,分析烟气成分。

水煤浆粒径较细,试验期间不需要排渣,燃料效率统一按灰渣质量比为 100% : 0 的比例进行计算。两种水煤浆各工况的燃尽特性参数和燃烧效率计算结果如表 2-12 所示。

通过对各工况的燃烧效率进行分析可以发现,精煤浆未给料粒化工况,固体未完全燃烧的热损失较大,燃烧效率明显偏低;对给料进行粒化后,燃烧效率能稳定在 98% 以上,可见给料粒化对水煤浆在炉内的充分燃烧有重要作用。末煤浆热值低于精煤浆,灰分大于精煤浆,给料方式为粒化后给料,燃烧效率为 97.33%~99.26%。

表 2-12　两种水煤浆燃尽特性及燃烧效率

| 项目 | | 一氧化碳含量 /(μL·L$^{-1}$) | 飞灰含碳量 (质量分数)/% | 气体未完全燃烧热损失/% | 固体未完全燃烧热损失/% | 燃烧效率 /% |
|---|---|---|---|---|---|---|
| 精煤浆未粒化工况 | 工况 1 | 390.21 | 8.87 | 0.16 | 3.09 | 96.75 |
| | 工况 3 | 337.07 | 10.51 | 0.14 | 3.73 | 96.13 |
| | 工况 4 | 348.43 | 11.28 | 0.14 | 4.04 | 95.82 |
| | 工况 5 | 308.39 | 7.45 | 0.13 | 2.56 | 97.32 |
| | 工况 6 | 243.56 | 5.60 | 0.10 | 1.88 | 98.02 |
| | 工况 7 | 127.23 | 7.37 | 0.05 | 2.53 | 97.42 |
| | 工况 8 | 97.52 | 6.73 | 0.04 | 2.29 | 97.67 |
| | 工况 9 | 93.82 | 4.50 | 0.04 | 1.50 | 98.46 |
| | 工况 10 | 95.43 | 3.90 | 0.04 | 1.29 | 98.67 |

续表2-12

| 项目 | | 一氧化碳含量 /(μL·L⁻¹) | 飞灰含碳量 (质量分数)/% | 气体未完全燃烧热损失/% | 固体未完全燃烧热损失/% | 燃烧效率 /% |
|---|---|---|---|---|---|---|
| 精煤浆粒化工况 | 工况12 | 122.53 | 4.80 | 0.05 | 1.60 | 98.35 |
| | 工况13 | 91.83 | 5.41 | 0.04 | 1.82 | 98.15 |
| | 工况14 | 44.32 | 3.40 | 0.02 | 1.12 | 98.86 |
| | 工况15 | 61.92 | 4.01 | 0.03 | 1.33 | 98.65 |
| | 工况16 | 116.40 | 5.08 | 0.05 | 1.70 | 98.25 |
| | 工况17 | 101.53 | 5.50 | 0.04 | 1.85 | 98.11 |
| 末煤浆粒化工况 | 工况19 | 43.33 | 1.41 | 0.02 | 0.72 | 99.26 |
| | 工况20 | 82.35 | 3.20 | 0.03 | 1.66 | 98.30 |
| | 工况21 | 83.49 | 4.53 | 0.03 | 2.39 | 97.58 |
| | 工况22 | 76.06 | 3.83 | 0.03 | 2.00 | 97.97 |
| | 工况23 | 82.29 | 4.99 | 0.03 | 2.64 | 97.33 |
| | 工况24 | 112.61 | 3.93 | 0.05 | 2.06 | 97.90 |

在实际工程中，一方面，提高炉膛高度，可增加煤浆颗粒在炉内停留燃烧的时间，有效降低飞灰中可燃物含量；另一方面，分离器效率可根据水煤浆特性需求进行提效。分离器效率，能保证更多细颗粒被分离器有效分离，在炉内进行多次循环燃烧，可以进一步提升水煤浆在大型循环流化床锅炉上的燃烧效率。

图2-18为飞灰含碳量与CO浓度关系曲线。由此可以看出，飞灰含碳量与CO排放量呈正相关关系，说明运行氧量、床温等对固体不完全燃烧热损失和气体不完全燃烧热损失的影响是一致的。

对两者关系进行拟合可得出：

$$飞灰含碳量 = 2.80047 + 0.01853 \times c \tag{2-4}$$

式中：$c$ 为CO浓度，适用范围 50~400 μL/L。

### 2.1.5.8 SO₂ 排放特性

不同的煤种，其含硫量差异很大，一般为 0.1%~10%（质量分数），主要以三种形式存在于煤中，即黄铁矿硫、有机硫、硫酸盐硫。循环流化床锅炉燃烧温度相比于煤粉炉更低，煤中的硫酸盐不会分解，所以煤在循环流化床锅炉中燃烧产生的 $SO_2$ 值更低，其 $SO_2$ 主要来自煤中黄铁矿硫和有机硫等可燃硫的燃烧。为了减少 $SO_2$ 的排放以达到环境保护排放标准的要求，必须在烟气排入大气前采取相应的措施来减少硫氧化物的排放。

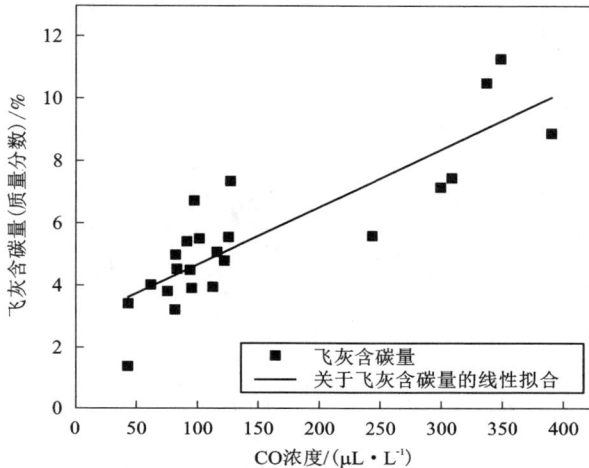

图 2-18　飞灰含碳量与 CO 浓度关系曲线

常规燃煤循环流化床锅炉大部分采用向炉内投石灰石颗粒的方法来脱除 $SO_2$，但石灰石的投入会导致灰渣中氧化钙和硫酸钙的含量大幅增加。水煤浆的燃烧产物作为后续粉煤灰提铝工艺的主要原料，对其中杂质元素的含量及活性具有一定的要求，为保证试验水煤浆燃烧产物的品质，未向炉内投石灰石进行脱硫。

通过在线监测烟气分析仪实时在线监测炉膛尾部烟气中的 $SO_2$ 排放，试验期间两种水煤浆烟气中的 $SO_2$ 排放趋势如图 2-19 和图 2-20 所示，从图中可以看出，两种水煤浆 $SO_2$ 原始排放浓度与计算浓度基本一致，平均值均在 1000 $mg/m^3$ 左右，瞬时值低于 1500 $mg/m^3$，排放较低，实炉可在尾部采用湿法或半干法脱硫，以实现环保排放要求。

### 2.1.5.9　$NO_x$ 排放及控制

（1）$NO_x$ 生成机理

循环流化床锅炉中生成的氮氧化物有很多种，如 NO、$NO_2$ 等，习惯上用 $NO_x$ 来表示生成的所有氮氧化物。燃煤锅炉中生成的 $NO_x$ 主要来源于燃料中的氮和空气中的氮。燃料中的氮，又可以分为焦炭氮和挥发分氮。炉内燃烧温度是影响燃料型 $NO_x$ 的转化机制及转化率高低的主要因素之一，当燃烧温度较低时，绝大部分氮残留在焦炭中，而当温度较高时，氮则主要以挥发分的形式析出，在燃烧过程中，挥发分形式的氮更容易转化为 $NO_x$。空气中的氮在高温状态下与氧进行化学反应生成 $NO_x$，称为热力型 $NO_x$。热力型 $NO_x$ 的生成量在温度高于 1450℃时

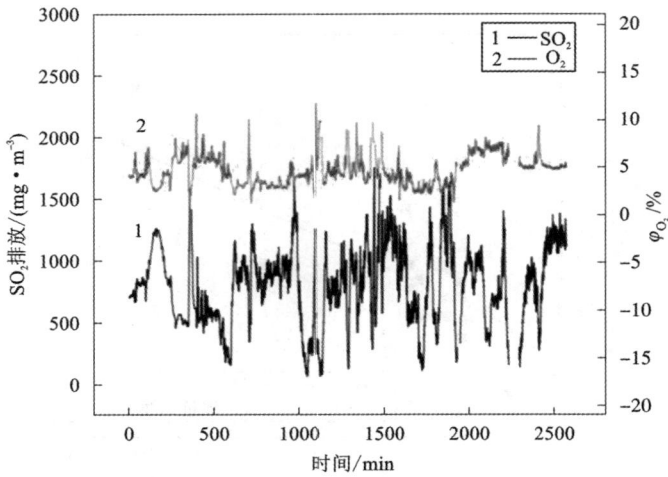

图 2-19 精煤浆 $SO_2$ 原始排放浓度

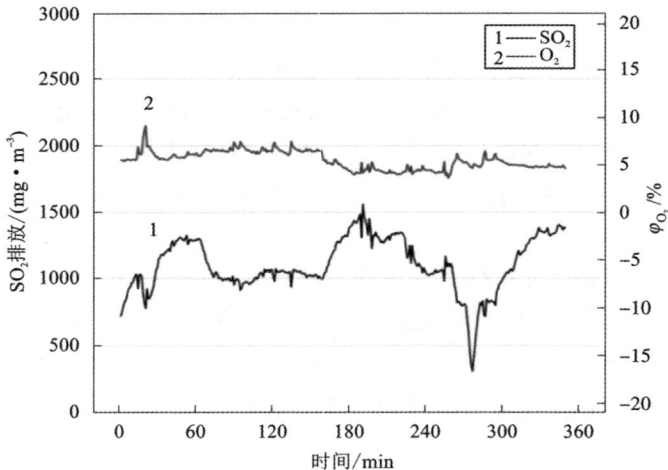

图 2-20 末煤浆 $SO_2$ 原始排放浓度

才得以显著,而循环流化床锅炉燃烧温度一般为 $850\sim900℃$,热力型 $NO_x$ 的生成量很少,一般只占循环流化床锅炉总 $NO_x$ 排放量的 5% 以下,相对排放量占比较低。

由于循环流化床锅炉排放的 $NO_x$ 主要为燃料型 $NO_x$,因此,燃料氮含量越高,则 $NO_x$ 的排放量也越大。同时,燃料中氮的存在形态不同,排放量也有一定的差异。一般说来,褐煤、页岩等劣质燃料中燃料氮的主要存在形态是胺,$NO_x$ 排放量较多,烟煤、无烟煤中燃料氮的主要存在形态是芳香环,$NO_x$ 排放量较少。

　　燃煤中挥发分中的各种元素比也会影响到 $NO_x$ 的排放量：O/N 元素比越大，N 越易被氧化，$NO_x$ 排放量越大，且对外部氧浓度越不敏感；H/C 元素比越高，则 NO 越难于被还原，$NO_x$ 排放量越大；另外，S/N 元素比会影响各自的排放水平，通常 $SO_2$ 排放量增加，则 $NO_x$ 排放量降低。

　　（2）运行氧量对 $NO_x$ 排放的影响

　　过量空气系数小，有利于还原性气氛的形成，对热力型 $NO_x$ 和燃料型 $NO_x$ 的生成都有一定的抑制作用，但会导致飞灰中含碳量和 CO 浓度升高，降低燃烧效率。图 2-21 为不改变其他参数的条件下，两种水煤浆中 $NO_x$ 排放量随运行氧量

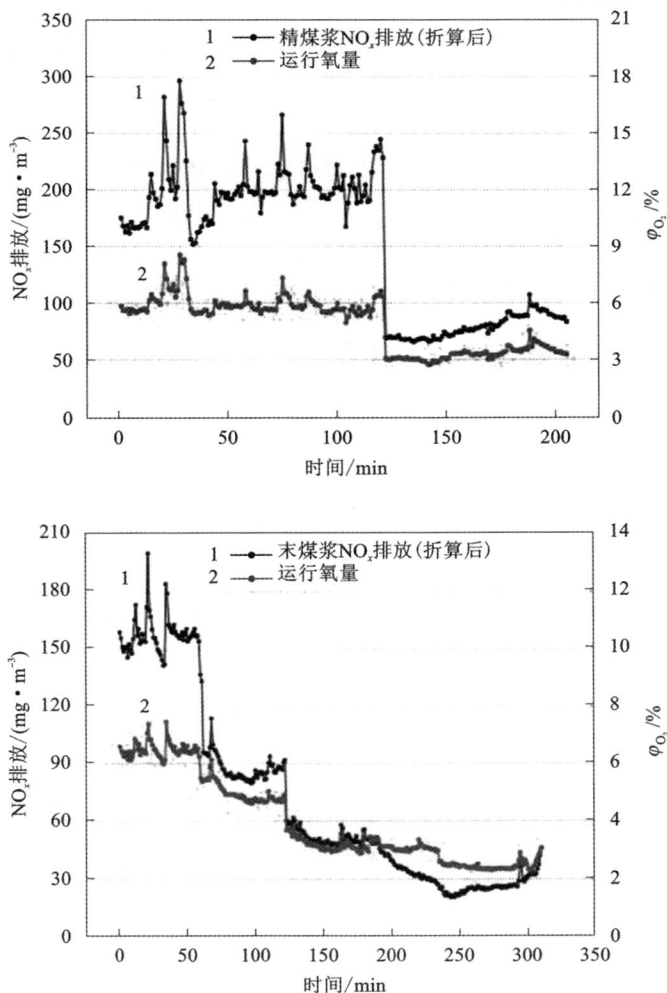

图 2-21　运行氧量与 $NO_x$ 排放关系

的变化情况。精煤浆控制6%氧量运行时，$NO_x$排放量在200 $mg/m^3$左右，氧量降低至3%左右时，$NO_x$排放量降低至65 $mg/m^3$。末煤浆氧量运行高于6%时，$NO_x$排放量约为160 $mg/m^3$，氧量降低至5%，$NO_x$排放量降低至90 $mg/m^3$，继续降低氧量，3%氧量时$NO_x$排放量可控制到50 $mg/m^3$左右。

（3）分级布风对$NO_x$排放量的影响

分级布风，即燃烧空气不是一次性全部给入，而是随着燃烧反应的进行，对燃烧空气分段进行补充，从而保证炉膛内特别是$NO_x$生成区域处于欠氧燃烧的还原性气氛，还原性气氛有利于焦炭和CO对NO的还原，可有效抑制$NO_x$的生成。试验装置沿炉膛高度方向共布置了6层二次风，布置高度对照如表2-13所示，试验通过改变二次风布置方式，研究不同二次风布置高度对水煤浆$NO_x$排放的影响。

表2-13 二次风布置（距离布风板）高度对照表

| 名称 | 一层二次风 | 二层二次风 | 三层二次风 | 四层二次风 | 五层二次风 | 六层二次风 |
|------|-----------|-----------|-----------|-----------|-----------|-----------|
| 高度 | 1.2 m | 2.5 m | 3.8 m | 5.1 m | 8.5 m | 11 m |

如图2-22所示，在氧量为4%~5%工况下，二次风从第一、第三层风口给入时，$NO_x$浓度为146.48 $mg/m^3$，将上层二次风从第三层提高到第四层后，$NO_x$浓度平均值为110.14 $mg/m^3$，降低了36.34 $mg/m^3$。继续提高二次风布置高度，布置方式改为二层（2.5 m）、四层（5.1 m）、六层（11 m）给入，$NO_x$浓度明显降低，为48.97 $mg/m^3$。

循环灰补充了循环物料量，运行床温降低，对$NO_x$的产生也起到了抑制作用。低氧量（$\varphi_{O_2}=2\%\sim4\%$）工况下，二次风从第一层、第四层给入，$NO_x$浓度约为91.86 $mg/m^3$，提高至第三层、第五层给入，$NO_x$浓度降低至58.48 $mg/m^3$。试验结果表明：提高二次风高度，采用高效二次风布置方式，可有效控制$NO_x$的生成。

（4）燃烧温度对$NO_x$排放的影响

通常，燃料型$NO_x$的生成随燃烧反应温度的降低而减少，图2-23给出了两种运行氧量工况条件下，运行床温对$NO_x$排放量的影响。由此可看出，在高运行氧量（$\varphi_{O_2}=5\%\sim6\%$）控制条件下，随着水冷枪的插入，炉内燃烧温度降低，$NO_x$的排放量明显降低，床温从915℃降低至870℃，$NO_x$排放量由300 $mg/m^3$降低至150 $mg/m^3$。在低氧量（$\varphi_{O_2}=2\%\sim4\%$）控制条件下，燃烧温度对$NO_x$的生成几乎没有影响。

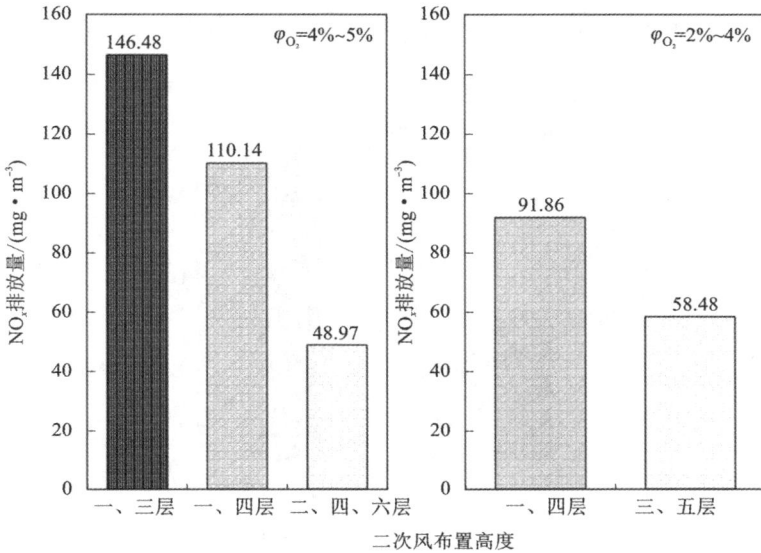

**图 2-22　二次风距布风板布置高度对精煤浆 $NO_x$ 排放量的影响**

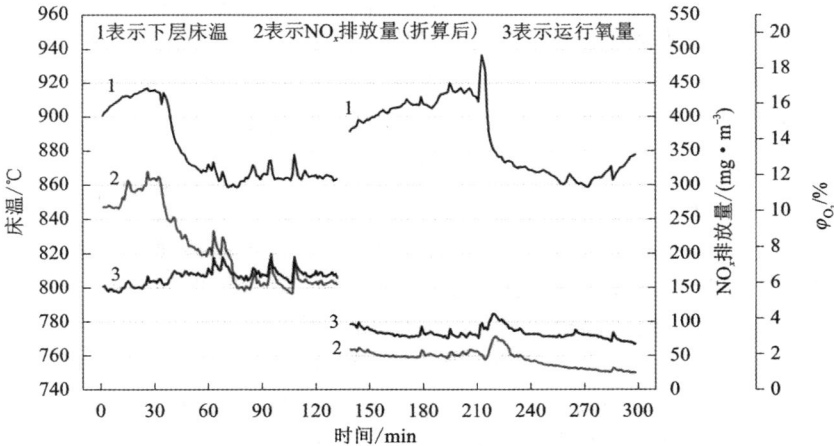

**图 2-23　运行床温对 $NO_x$ 排放量的影响**

（5）一次风率对 $NO_x$ 排放的影响

控制一次风率，加强循环流化床密相区的欠氧燃烧，增大密相区还原气氛区域，是抑制 $NO_x$ 生成的关键手段。图 2-24 为水煤浆试烧试验 $NO_x$ 生成量与一次风率关系，低氧量（$\varphi_{O_2} = 2\% \sim 4\%$）工况，一次风率由 60% 降低至 45% 时，$NO_x$ 排放量从 93.3 mg/m$^3$ 降低至 43.3 mg/m$^3$。高氧量（$\varphi_{O_2}=5\%\sim7\%$）工况下，NO$_x$ 排放量从 219.6 mg/m$^3$ 降低至 118.9 mg/m$^3$。合理的一次风率配比可有效抑制 NO$_x$ 的生成。

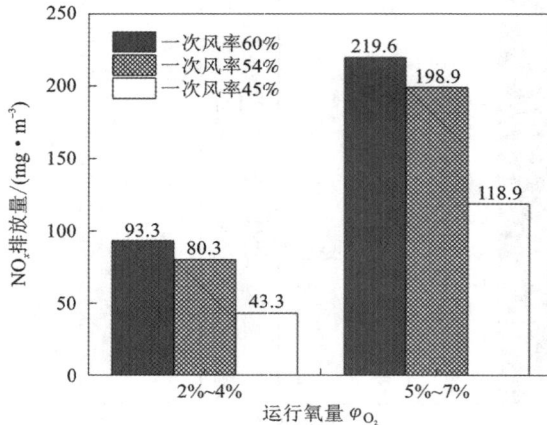

图 2-24　一次风率与 NO$_x$ 排放量关系

### 2.1.5.10　试验小结

理化特性：精煤浆热值为 14.86 MJ/kg，灰分 14.09%，挥发分 18.76%，着火温度 398℃，燃尽温度 616℃。末煤浆热值为 12.39 MJ/kg，灰分 18.64%，挥发分 16.55%，着火温度 427℃，燃尽温度 580℃。两种水煤浆硫分的质量分数均较小，精煤浆全硫 0.45%，灰成分中 SO$_3$ 占比 1.22%，计算得 SO$_2$ 原始排放浓度约 1385.98 mg/m$^3$。末煤浆全硫的质量分数为 0.37%，灰中 SO$_3$ 占比 1.67%，计算得 SO$_2$ 原始排放浓度约 1079.46 mg/m$^3$。

着火特性：两种水煤浆采用循环流化床燃烧方式时均能稳定燃烧。在床温为 450~500℃采用脉动投浆，均能着火燃烧；在床温高于 750℃时，切断辅助燃料均可安全、稳定燃烧。低床温稳燃特性：末煤浆低负荷（1.5 MW）可维持床温为 800~830℃时稳定燃烧，炉膛出口温度约 710℃，低于 SNCR 脱硝最佳反应窗口温度。在更低床温工况（35%~50%热功率）下，保持好炉膛内合理的氧量和一次风比，锅炉可以不投辅助燃料、安全稳定运行。

床温分布特性：精煤浆运行床温较高，常规工况高于 900℃；末煤浆运行床温相对较低，调整后可稳定控制在 850~880℃，更加适合水煤浆脱碳。

灰渣理化特性：水煤浆飞灰属于高铝灰，灰成分中 Al$_2$O$_3$ 占比接近 50%，适合用于提铝。底渣由床料和水煤浆入炉后外水分蒸干形成的未燃尽团聚颗粒两种物料组成，团聚颗粒的形成是水煤浆燃料能在循环流化床锅炉内建立正常循环的关键。

飞灰含碳量控制：水煤浆给料粒化可提高水煤浆入炉后燃料分布的均匀性，促进水煤浆在炉内的充分燃烧，减少未燃尽颗粒，降低飞灰含碳量。精煤浆给料粒化后飞灰含碳量(质量分数)平均值由 8.26% 降低至 4.82%，末煤浆给料粒化飞灰含碳量为 1.41%~4.99%，平均值为 3.65%。运行氧量、一次风率和运行床温的提高对飞灰含碳量的降低有一定效果，给料粒化，氧量高于 5%，精煤浆燃烧后飞灰含碳量满足 5% 的控制要求；末煤浆氧量高于 3%，即可满足飞灰含碳量 5% 的控制要求。同等工况条件下，末煤浆的飞灰含碳量远低于精煤浆。

## 2.2　粉煤灰的形成过程及性质

### 2.2.1　粉煤灰的形成过程

粉煤灰是从煤燃烧后的烟气中收捕下来的细灰，水煤浆循环流化床锅炉粉煤灰的形成过程如图 2-25 所示。

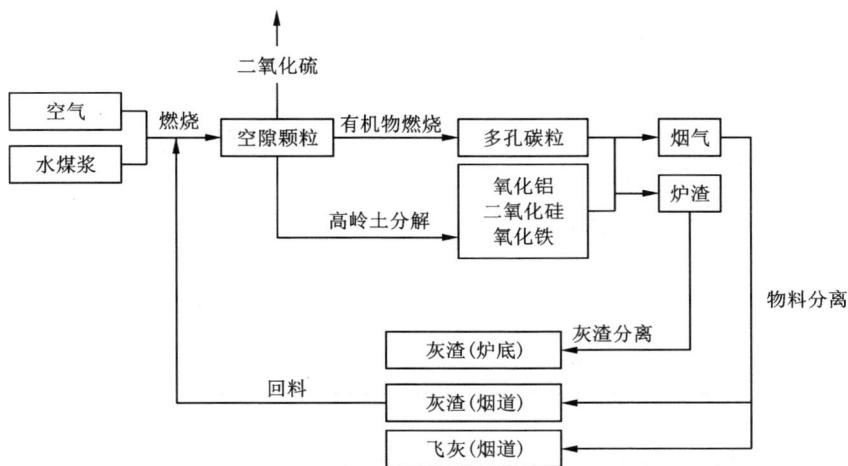

图 2-25　粉煤灰的形成过程

粉煤灰的产生包括煤粒的燃烧、烟气的产生、物料分离、灰渣分离等。水煤浆随空气送入炉膛后，水分被炉内的高温迅速蒸发，煤粒在布风装置的作用下以悬浮状态燃烧。由于有机物燃烧对温度的需求较低，煤粒中的有机成分迅速燃烧，放出热能的同时产生气体，从而产生多孔碳粒。而煤粒中的无机矿物(石英石、硅酸盐等)悬浮在高温烟气中，在高温状态下分解、氧化为无机氧化物，形成炉渣。

在一定温度条件下，多孔颗粒熔化收缩形成大量形状不规则、表面粗糙且结构疏松的小颗粒，这些小颗粒与烟气混合，经分离返料装置、被热烟气带出的未完全燃烧的团聚颗粒被分离器分离、捕捉，再次进入炉膛中参与燃烧，烟气中未被分离的细小颗粒，随着烟气被除尘器捕集，得到粉煤灰。

## 2.2.2 粉煤灰的物相组成

粉煤灰是原煤经过高温燃烧后的产物，所以粉煤灰中矿物组成与原煤中组分的转化密切相关。原煤主要的可燃成分包括有机物和无机物两部分，其中有机物在高温条件下挥发，生成物随烟气排出，粉煤灰中的矿物主要来自煤中无机物的燃烧。煤中无机物主要包括硅酸盐、碳酸盐、硫酸盐、硫化物和氧化物等，表 2-14 列出了煤中主要矿物组成。

表 2-14 煤中主要矿物组成

| | | |
|---|---|---|
| 硅酸盐 | 高岭石 | $Al_2Si_2O_5(OH)_4$ |
| | 伊利石 | $KAl_2(SiAl)O_{10}(OH)_2$ |
| | 绿泥石 | $(MgFeAl)_5(SiAl)_4O_{10}$ |
| 碳酸盐 | 方解石 | $CaCO_3$ |
| | 白云石 | $CaMg(CO_3)_2$ |
| 硫化物 | 黄铁矿 | $FeS_2$ |
| | 白铁矿 | $FeS_2$ |
| 硫酸盐 | 针绿矾 | $Fe_2(SO_4)_3 \cdot 9H_2O$ |
| | 石膏 | $CaSO_4$ |
| | 硬石膏 | $CaSO_4$ |

传统煤粉炉在 1300℃ 高温条件下燃烧，煤中主要无机物会发生以下相转化过程。

（1）硅酸盐矿物燃烧过程中的转化过程

高岭石在 550℃ 时开始失水，550~850℃ 时转化为偏高岭石，当温度超过 850℃ 时，偏高岭石将形成莫来石和石英以及无定形二氧化硅。

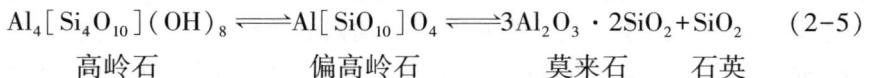

$$Al_4[Si_4O_{10}](OH)_8 \rightleftharpoons Al[SiO_{10}]O_4 \rightleftharpoons 3Al_2O_3 \cdot 2SiO_2 + SiO_2 \quad (2-5)$$

高岭石　　　　　偏高岭石　　　莫来石　　　石英

伊利石是典型的富铁、镁、钾、钠的黏土矿物，当温度超过 400℃ 时，即开始分解形成无定形铝硅酸盐产物。石英（$SiO_2$）的性质十分稳定，即使在 1300℃ 的高温下也很难被熔化，所以煤中的石英大部分都进入到粉煤灰中，也有一少部分与熔融的铝硅酸盐形成玻璃体。

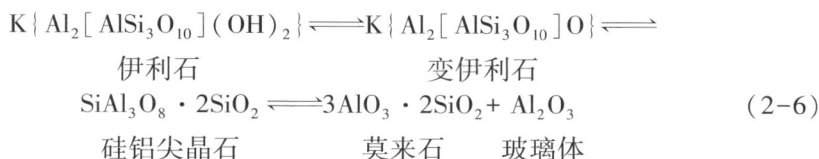

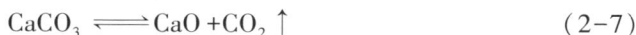
$$SiAl_3O_8 \cdot 2SiO_2 \Longleftrightarrow 3AlO_3 \cdot 2SiO_2 + Al_2O_3 \tag{2-6}$$
$$\qquad\text{硅铝尖晶石} \qquad\qquad \text{莫来石} \qquad \text{玻璃体}$$

（2）碳酸盐矿物燃烧过程中的相转化

碳酸盐在 800℃ 时开始分解放出 $CO_2$，如方解石分解放出 $CO_2$ 生成石灰，其他碳酸盐也会分解生成相应的氧化物，但分解的温度不同，白云石分解温度为 750℃，天蓝石为 500℃。

$$CaCO_3 \Longleftrightarrow CaO + CO_2\uparrow \tag{2-7}$$
$$\text{方解石} \qquad \text{石灰}$$

$$CaMg(CO_3)_2 \Longleftrightarrow CaO + MgO + 2CO_2\uparrow \tag{2-8}$$
$$\text{白云石} \qquad\qquad \text{石灰}\ \ \text{氧化镁}$$

（3）硫化物燃烧过程中的相转化

铁在原煤中大多数以矿物质形式出现，主要的含铁矿物有硫化物（黄铁矿和白铁矿）和一些碳酸盐（菱铁矿）。黄铁矿和白铁矿在 600~700℃ 氧化生成 FeO，在 700~800℃ 时转变成磁铁矿，当温度升高到 800~900℃ 时，有一部分磁铁矿转变为赤铁矿。菱铁矿的热反应过程与之相似，但在 400~600℃ 时即可发生分解形成 FeO，此后转变成磁铁矿和赤铁矿。

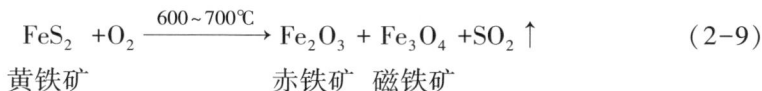
$$FeS_2 + O_2 \xrightarrow{\ 600\sim700℃\ } Fe_2O_3 + Fe_3O_4 + SO_2\uparrow \tag{2-9}$$
$$\text{黄铁矿} \qquad\qquad\qquad \text{赤铁矿}\ \ \text{磁铁矿}$$

在水煤浆循环流化床燃烧过程中的相转化过程与煤粉炉有所不同。其中主要矿物组分高岭石会转化为活性较高的偏高岭石，伊利石会转化为硅尖晶石。

图 2-26 为水煤浆循环流化床燃烧后的粉煤灰的 X 射线衍射图，从图中可以看出，循环流化床粉煤灰主要物相组成为非晶相，主要是偏高岭石、少量氧化铝活性单体。循环流化床粉煤灰中的结晶物质相对较少，主要有石英、石膏、黄长石、羟硫酸硅钙石及赤铁矿等，这些晶质矿物除石英为燃煤中固有的以外，其他均为燃煤中的黏土矿物在较低温度下反应生成。由于循环流化床的燃烧温度（850~900℃）远低于莫来石的形成温度，因此在循环流化床粉煤灰的矿物组成中不含莫来石。

图 2-27 为煤粉炉粉煤灰的 X 射线衍射图，从图中可以看出，煤粉炉灰的结晶态物相相对较多，除主要物质（玻璃相）外，同时还有少量的晶质矿物石英和莫来石。由于煤粉炉粉煤灰是经过高温燃烧（温度大于 1300℃，燃烧火焰中心温度

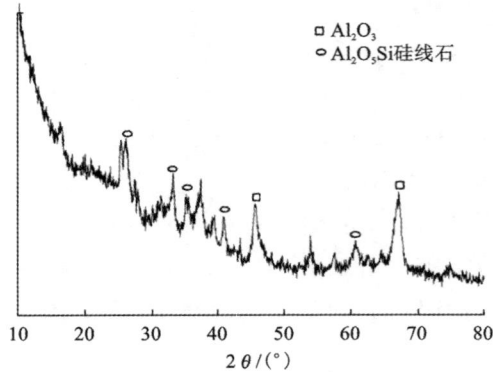

图 2-26　水煤浆循环流化床燃烧后的粉煤灰的 X 射线衍射图

甚至为 1500～1700℃）生成的，在这样的高温下，煤灰大多呈软化或流体状态。石英则为燃煤中原有石英的残留，刚玉的存在从一个侧面说明准格尔矿区产出的原煤中铝含量较高。

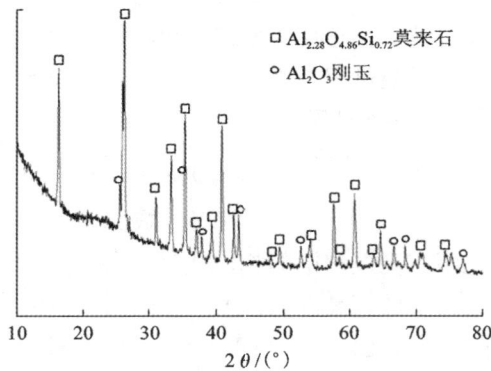

图 2-27　煤粉炉粉煤灰的 X 射线衍射图

## 2.2.3　粉煤灰的化学成分

粉煤灰主要由三类氧化物组成：硅铝质氧化物（$SiO_2$、$Al_2O_3$、$TiO_2$）、钙质氧化物（$CaO$、$MgO$、$K_2O$、$Na_2O$）和铁质氧化物（$Fe_2O_3$、$SO_3$）等。其中 $SiO_2$、$Al_2O_3$、$TiO_2$ 主要来自黏土、页岩和高岭石；$Fe_2O_3$、$SO_3$ 主要来自黄铁矿；$MgO$ 和 $CaO$ 等主要来自与其相应的碳酸盐和硫酸盐。

采用德国 XEPOSX 荧光分析仪对两种水煤浆循环流化床粉煤灰的化学成分进行分析，结果如表 2-15 所示。

表 2-15　粉煤灰化学成分　　　　　　　　　　　单位：%

| 序号 | 样品 | $SiO_2$ | $Al_2O_3$ | $Fe_2O_3$ | CaO | MgO | $K_2O$ | $Na_2O$ | $P_2O_5$ | $SO_3$ | $TiO_2$ |
|---|---|---|---|---|---|---|---|---|---|---|---|
| 1 | 精煤浆灰 | 34.02 | 53.21 | 3.07 | 4.11 | 0.91 | 0.72 | 0.62 | 0.28 | 1.22 | 1.75 |
| 2 | 末煤浆灰 | 35.67 | 46.17 | 2.81 | 6.19 | 0.4 | 0.61 | 1.07 | 0.10 | 2.50 | 1.32 |

注：表中数据均为质量分数。

由此可知，精煤浆粉煤灰中 $Al_2O_3$ 质量分数为 53.21%，$Al_2O_3$ 和 $SiO_2$ 的质量分数为 87.23%，末煤浆粉煤灰中 $Al_2O_3$ 质量分数为 46.17%，$Al_2O_3$ 和 $SiO_2$ 的质量分数为 81.84%，两种水煤浆循环流化床粉煤灰的铝硅质量分数均超过 80%，属于高铝粉煤灰。

## 2.2.4　粉煤灰的微观形貌

燃烧产物的颗粒形貌跟原煤种类以及燃烧状况有关。对比传统煤粉炉来说，循环流化床锅炉的燃烧温度相对较低，通常炉膛内燃烧温度为 850~900℃，飞灰的燃尽率较高，同时其形态也呈无规则状颗粒，极少有熔融后的玻璃体产物，各种组分保持原生状态。图 2-28、图 2-29 为循环流化床粉煤灰与煤粉炉粉煤灰的扫描电镜照片。

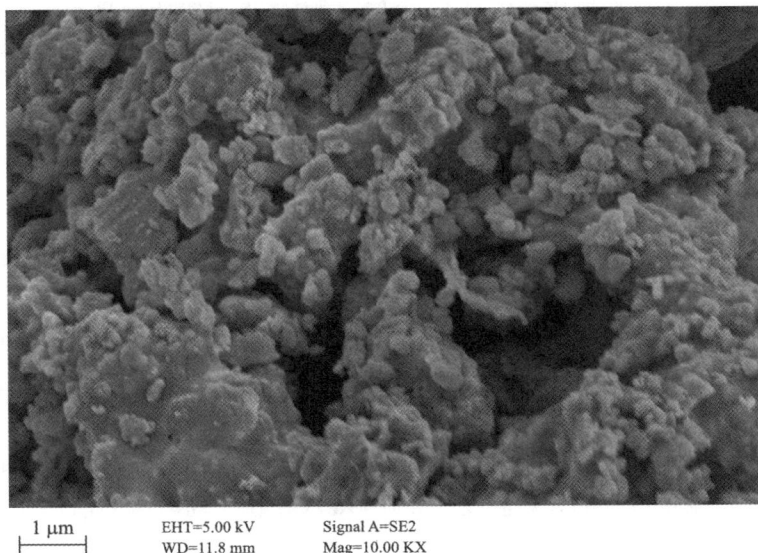

| 1 μm | EHT=5.00 kV | Signal A=SE2 |
|---|---|---|
| | WD=11.8 mm | Mag=10.00 KX |

图 2-28　循环流化床粉煤灰 SEM 分析

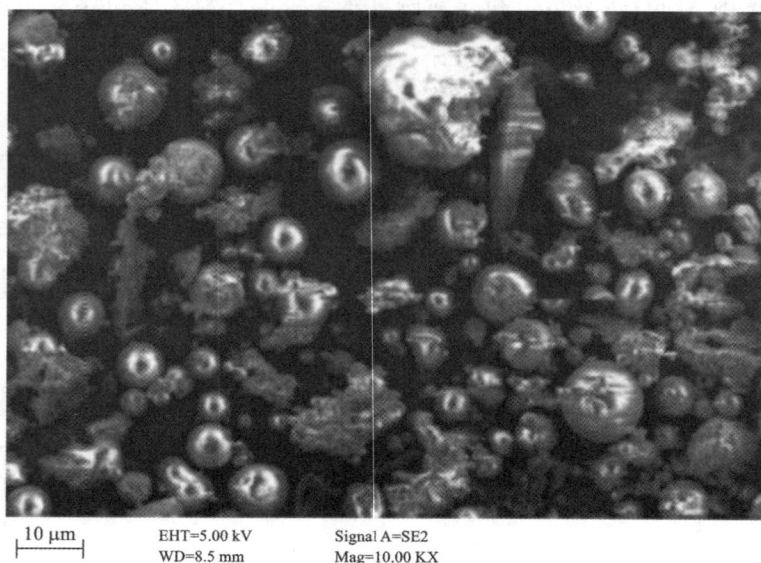

| 10 μm | EHT=5.00 kV | Signal A=SE2 |
| --- | --- | --- |
| | WD=8.5 mm | Mag=10.00 KX |

图 2-29　煤粉炉粉煤灰 SEM 分析

可以看出，两种粉煤灰的颗粒形貌有很大的差异。流化床粉煤灰的形貌为不规则的粒状或者絮状，不存在球形颗粒，这主要是由流化床粉煤灰的非晶态结构引起，其结构蓬松，粒度分布不均一。

煤粉炉粉煤灰颗粒为规则的球形颗粒，表面有光泽，这是由于煤粉炉粉煤灰的燃烧温度高，灰分在燃烧炉中呈熔融状态，为使表面能达到最小，灰分颗粒棱角收缩成为球状，当温度迅速降低时，这些球状熔融颗粒淬灭成为球状颗粒。因此，煤粉炉粉煤灰的颗粒大多为一些粒径在几微米到几十微米的球状颗粒，存在状态大多数为非晶态玻璃相。

## 2.2.5　粉煤灰的活性

由于循环流化床粉煤灰的形成过程属低温燃烧，其灰渣以烧黏土质混合材料为主，化学成分 $SiO_2$、$Al_2O_3$ 质量占比在 80% 以上，矿物组成主要为高岭石。研究表明，高岭石在 600~900℃ 温度下煅烧会转变为活性很好的非晶质的偏高岭石，此时高岭石中的 Si、Al 会有很好的活性。图 2-30 为不同煅烧温度下高岭石在碱溶液中的硅铝溶出曲线。

由此可以看出，铝的活性在 900℃ 时达到最高，900℃ 后活性迅速下降，循环流化床粉煤灰制备过程的燃烧温度为 850~900℃，位于高岭石的活性煅烧温度范围内，因此该粉煤灰具有很好的活性。

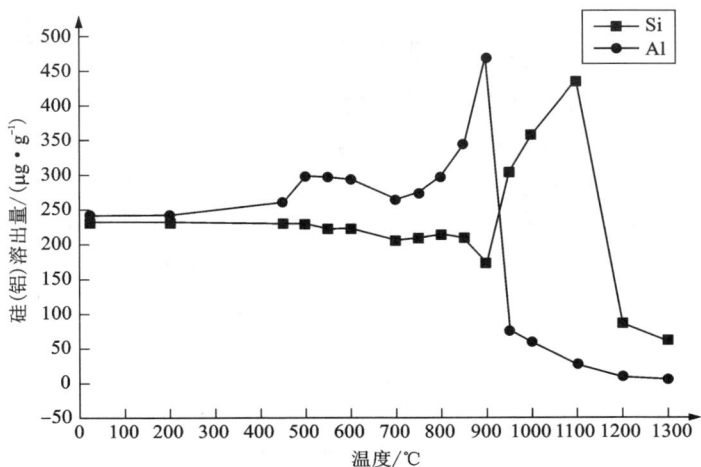

图 2-30 硅铝溶出曲线

## 2.3 粉煤灰制备新型氧化铝

### 2.3.1 工艺原理

水煤浆循环流化床粉煤灰具有煅烧温度低, 氧化铝活性好的特点, 其中含有大量的氧化铝及二氧化硅, 少量的铁、钙、镁等杂质, 利用盐酸能够溶解氧化铝而不溶解二氧化硅的性质, 在一定温度(150~160℃)和反应时间下, 盐酸与粉煤灰中的铝、铁、钙、镁等阳离子发生反应, 生成具有一定杂质含量的氯化铝溶液, 主要发生的化学反应为:

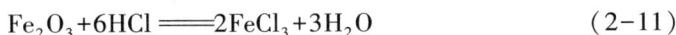

$$Al_2O_3 + 6HCl \Longrightarrow 2AlCl_3 + 3H_2O \qquad (2-10)$$
$$Fe_2O_3 + 6HCl \Longrightarrow 2FeCl_3 + 3H_2O \qquad (2-11)$$
$$CaO + 2HCl \Longrightarrow CaCl_2 + H_2O \qquad (2-12)$$
$$MgO + 2HCl \Longrightarrow MgCl_2 + H_2O \qquad (2-13)$$

反应结束后, 通过后续工艺对溶出料浆中的二氧化硅及杂质元素进行进一步的分离提纯, 获得最终的合格氧化铝产品。

### 2.3.2 生产工艺流程

粉煤灰制备新型氧化铝生产工艺主要分为配料溶出、白泥沉降分离及洗涤、高效氧化、树脂除铁、蒸发结晶、水溶除杂、焙烧、酸回收等工序。主要工艺流程为粉煤灰与盐酸按一定的比例进行混合生产成品料浆，经泵送至溶出反应系统，保温溶出后，溶出浆料降温降压后与一次洗液混合形成稀释料浆；稀释料浆送至固液分离系统进行沉降分离，底流的白泥经多次逆流洗涤后送出系统。

沉降溢流的上清液经过滤、高效氧化、树脂除铁得到除铁精制液，除铁精制液经三效顺流蒸发工艺进行蒸发结晶处理，得到的晶浆经脱水和预热分解，在低温热解处理后分解生成粗氧化铝，粗氧化铝经水溶除杂后得到一水软铝石，一水软铝石滤饼经过焙烧最终得到氧化铝。各工序技术分别在传统氧化铝、有色金属冶炼、氯碱化工行业上有应用或类似应用，技术条件相比之下更为宽泛，且工程转化可靠。新型氧化铝生产工艺流程如图 2-31 所示。

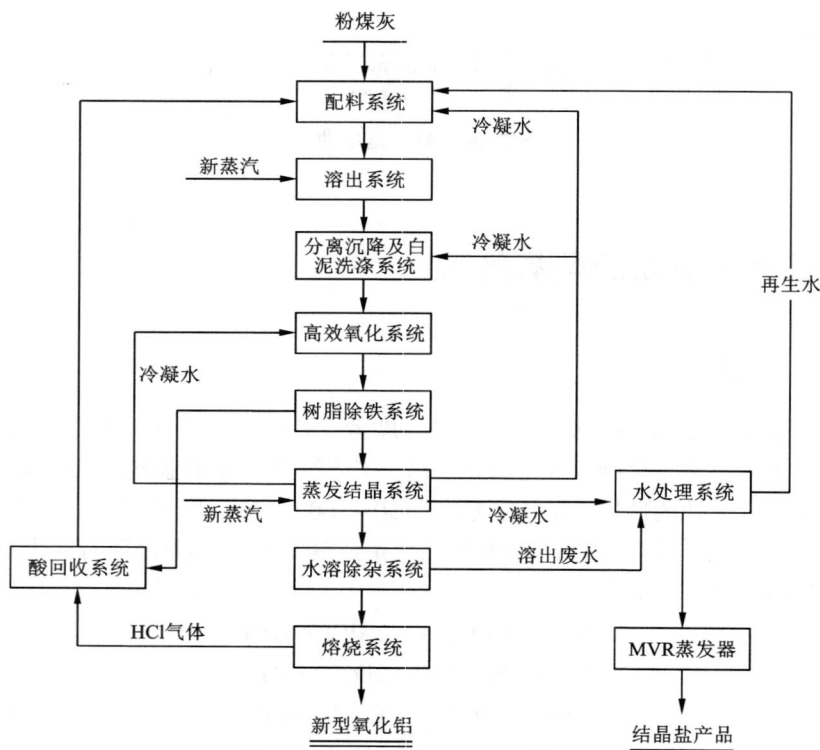

图 2-31　新型氧化铝生产工艺流程图

## 2.3.2.1　配料溶出工序

粉煤灰通过气力输送进入到粉煤灰缓冲料仓，在缓冲料仓内进行脱气和定量称重，输送气经过顶部的布袋除尘器处理后排放至大气。粉煤灰缓冲料仓下设置溢流槽，与缓冲料仓对应。在溢流槽内加入粉煤灰与盐酸，并根据粉煤灰进料量确定对应的盐酸进料量，溢流槽下部相对应设配料槽，配料槽内设有搅拌器，物料在配料槽内混合搅拌均匀，配好的浆液通过隔膜泵送入溶出罐进行反应。溶出罐采用串联运行方式，用蒸汽直接加热，料浆依次通过加热溶出罐和保温停留罐。末级溶出罐只作停留罐，仅需通入少量的蒸汽进行搅拌。

从末级溶出罐底部溶出的物料进入闪蒸系统，经闪蒸降温后的料浆从闪蒸罐底部进入稀释槽内。闪蒸产生的二次蒸汽从闪蒸罐顶部进入汽水分离器，分离后的气体经石墨换热器冷却成冷凝水进入稀释槽内，分离后的液体也直接进入稀释槽内。溶出料浆也可以不经过闪蒸系统直接进入稀释槽。

闪蒸料浆（或溶出料浆）与沉降分离工序送来的一次洗液在稀释槽内混合制成稀释料浆，由稀释泵通过送料管送往沉降分离工序。当稀释料浆酸度超标时，由稀释泵通过返料管送到配料工序。

溶出罐在运行过程中产生的不凝性气体，通过溶出罐顶部的不凝性气体排放阀门排放至稀释槽，排放的不凝性气体及稀释槽产生的酸气通过酸气吸收系统吸收后排放到大气中，工艺流程如图 2-32 所示。

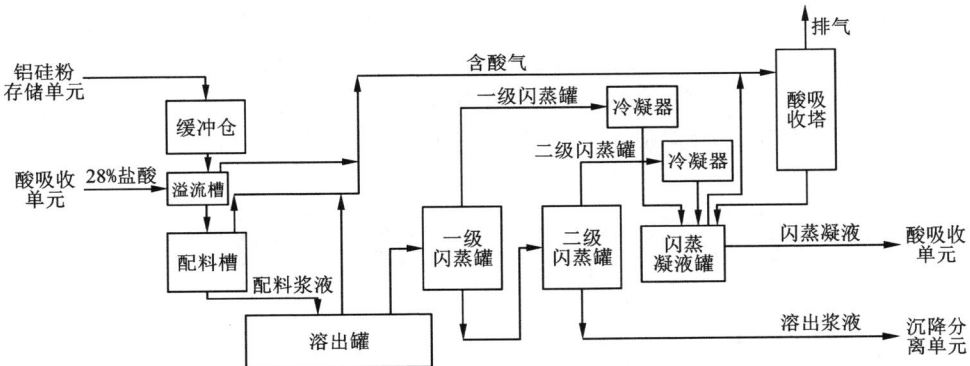

图 2-32　配料溶出工艺流程图

### 2.3.2.2　分离沉降工序

溶出的稀释料浆中除有大量的 $AlCl_3$ 外，还含有大量的不溶于盐酸的 $SiO_2$ 等固体杂质，为了分离出这部分杂质，采用沉降槽进行分离，沉降槽的工作原理是依据固体颗粒的密度比液体大，固体颗粒由于重力作用从悬浮液中沉降下来而实现液固分离。通过重力沉降，将 $SiO_2$ 等固体杂质落到沉降槽底部，由底部出料口排出，而含有大量 $AlCl_3$ 的溶液则从上部溢流流出，进入控制过滤工序。

来自溶出单元的溶出液，被一洗沉降槽返回的一洗溢流液在稀释槽内稀释混合后，泵送至沉降分离槽；在沉降絮凝剂的作用下，稀释液在沉降分离槽内进行固液分离。上层清液（即沉降溢流液）自流进沉降溢流槽，通过板框压滤机进一步过滤其中的悬浮颗粒，其滤液作为精制液送至氧化单元。

固含量高的沉降底流与来自蒸发结晶单元的蒸汽冷凝液进行四级逆流洗涤。每级洗涤沉降时，需加入一定量的洗涤絮凝剂，目的是对沉降底流中 $AlCl_3$ 进行回收。具体流程为：沉降分离槽底流经沉降底流泵送至一洗沉降槽进料混合器，在混合器内与来自二洗沉降槽的溢流液混合后，进入一洗沉降槽，流出一洗沉降槽的一洗溢流液经一洗溢流泵返回上游的稀释槽；出一洗沉降槽的底流经一洗底流泵送至二洗沉降槽进料混合器，在混合器内与来自三洗沉降槽的溢流液混合后进入二洗沉降槽，出二洗沉降槽的二洗溢流液经二洗溢流泵返回一洗沉降槽进料混合器；出二洗沉降槽的底流经二洗沉降底流泵送至三洗沉降槽进料混合器，在混合器内与来自四洗沉降槽的溢流液混合后进入三洗沉降槽，出三洗沉降槽的三洗溢流液经三洗溢流泵返回至二洗沉降槽进料混合器；出三洗沉降槽的底流经三洗沉降底流泵送至四洗沉降槽进料混合器，在混合器内与来自蒸发结晶单元的蒸汽冷凝液、白泥板框压滤机的滤液混合后进入四洗沉降槽，出四洗沉降槽的四洗溢流液经四洗溢流泵返回至三洗沉降槽进料混合器；出四洗沉降槽的底流进入白泥板框压滤机压滤除去大部分液相，其滤液返回至四洗沉降槽进料混合器。

白泥洗涤的主要作用是回收由分离槽出来的白泥中所含的氯化铝。未洗底流采用板框压滤机进行压滤，滤液返回白泥洗涤系统，将滤饼加入石灰水中进行中和反应，经压滤后送至堆场堆存，沉降分离工序流程如图 2-33 所示。

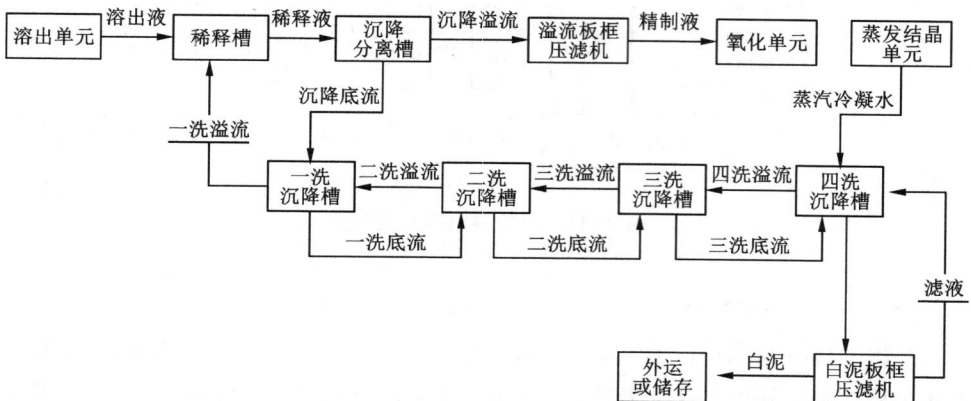

**图 2-33　沉降分离工序流程图**

### 2.3.2.3 高效氧化工序

高效氧化工序，其主要任务是将来自沉降分离单元精制液中的 $Fe^{2+}$ 氧化成 $Fe^{3+}$，以满足除铁工序的进料要求。采用臭氧作为氧化剂，是因其氧化能力强，且对后续的处置工艺无二次污染。

臭氧氧化反应方程式为：

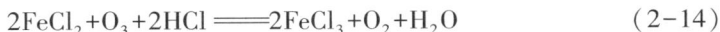

$$2FeCl_2+O_3+2HCl \Longrightarrow 2FeCl_3+O_2+H_2O \qquad (2-14)$$

制氧系统制备的合格氧气经粉尘过滤、减压稳压后进入臭氧发生室，在臭氧发生室内，部分氧气通过中频高压放电变成臭氧。来自沉降分离单元的合格精制液与臭氧通过一定的配比，进入氧化罐，精制液中的 $Fe^{2+}$ 被臭氧氧化生成 $Fe^{3+}$，氧化完成的精制液进入脱氧罐中脱出其中溶解的臭氧，合格的脱氧液泵送至除铁单元。氧化罐、脱氧罐产生的尾气经过吸收塔吸收其中微量 HCl 后，作为富氧空气，送至焙烧单元作为燃烧室二次配风。在焙烧单元出现异常时，尾气进入尾气破坏器。在尾气破坏器中，臭氧受热分解，满足排放要求后经大气排放。尾气破坏器采用加热催化的方式将臭氧分解，分解后的气体中臭氧浓度满足要求后直接排空，其工艺流程如图 2-34 所示。

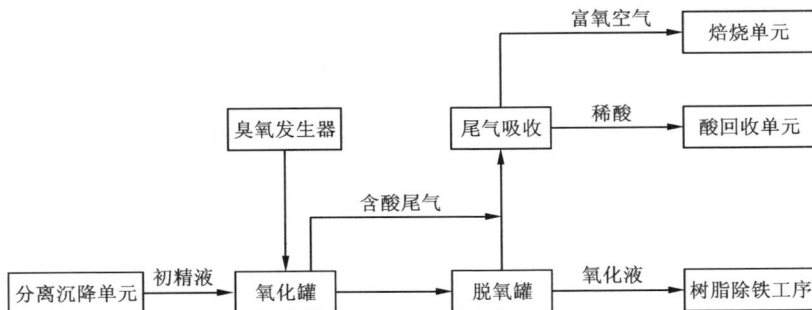

图 2-34 高效氧化工艺流程图

### 2.3.2.4 树脂除铁工序

树脂除铁是利用树脂中官能团与溶液中带有同性电荷的离子进行吸附交换，这种交换是可逆的。采用离子交换树脂中的吸附树脂，该树脂为多孔立体网状结构的高分子聚合物，它不溶于酸和碱。它的吸附性能主要由所附带的官能团决定。在溶出稀释料浆中，$AlCl_3$ 和 $FeCl_3$ 均属于路易斯酸类型的化合物，它们与氯离子结合形成阴络合离子，具体如下：

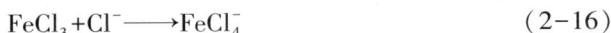

$$AlCl_3+Cl^- \longrightarrow AlCl_4^- \qquad (2-15)$$

$$FeCl_3+Cl^- \longrightarrow FeCl_4^- \qquad (2-16)$$

采用对 $FeCl_4^-$（四氯合铁）吸附性能最高的官能团树脂，该树脂对氯化铝溶液中分离的 $Fe^{3+}$ 具有较强的吸附能力，同时该树脂还具有高强度、耐高温等特点，可满足作业环境的要求。

当树脂吸附 $Fe^{3+}$ 达到饱和状态时可在水环境中解析铁离子，而且 $FeCl_3$ 属于弱碱盐，溶液显酸性，当溶液中 $H^+$ 含量降低时，氯化铁会发生水解产生氢氧化铁，反应方程式为：

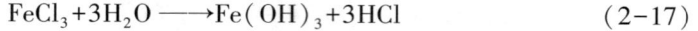

$$FeCl_3 + 3H_2O \longrightarrow Fe(OH)_3 + 3HCl \qquad (2-17)$$

氢氧化铁属胶体，会堵塞树脂的吸附孔，影响其吸附性，所以当树脂吸附达到饱和状态时，应及时切换树脂并对饱和树脂进行再生。选用稀盐酸作为再生剂，即可抑制氯化铁水解反应的发生，实现树脂的快速再生，且不会向氯化铝溶液中引入杂质。

白泥分离洗涤单元氧化后的粗液首先进入粗液槽，用泵送入除铁树脂塔进行吸附除铁。树脂除铁系统由多根树脂柱组合而成，运行过程中，通过控制树脂柱进出口阀门的开闭，切换进出物料。同时，还可进行吸附、洗脱、再生等操作，经树脂吸附后，溶液中的 $Fe^{3+}$ 浓度达标后，再将溶液泵送至蒸发浓缩工序，其基本工艺流程如图 2-35 所示。

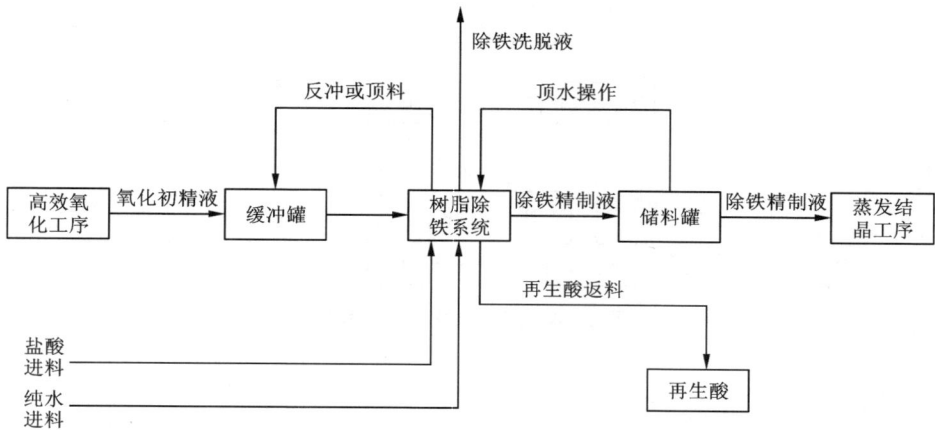

图 2-35 树脂除铁工艺流程图

1）吸附区

吸附时，粗液进入吸附区，树脂柱采用正向"上进下出"的进料方式串联运行，原料经过树脂床层，其中的铁离子被树脂吸附，去除铁离子之后的料液称为除铁精制液，送至蒸发结晶单元，待树脂柱吸附饱和后切换进料方式，对树脂柱进行反冲操作。

2）反冲区

吸附过程中，树脂长时间承受来自一个方向的进料压力，树脂逐渐被压实，降低吸附效率。针对这种情况，料浆采取逆向"下进上出"的进料方式对树脂床层进行反冲。经反冲后的树脂柱内树脂床层重新变得疏松，将该树脂柱切换进入再生区的最后一级，同时吸附区最后一级切换为再生后的新树脂柱。

3）水洗、再生区

吸附饱和后的树脂经稀盐酸冲洗，吸附的铁离子从树脂上解析下来，树脂的吸附性能得到恢复，从而使树脂柱能够重复利用。

水洗是指再生前，经过反冲后的树脂柱，由于吸附柱内是含有铁离子的原料，将此树脂柱串入最后一级再生树脂柱后，采用解析剂将饱和吸附柱内的原料顶回缓冲罐内重新吸附使用，后段富含铁离子的洗脱液排入洗脱液储罐。

4）顶水区

料柱顶水采用正向"上进下出"的进料方式运行，再生后的树脂柱使用除铁精制液置换树脂柱内的稀盐酸，精制液置换结束后的树脂柱进入备用状态，后续切换进入吸附区最后一级使用。

### 2.3.2.5　蒸发结晶工序

使含有不挥发溶质的溶液沸腾汽化，从而使溶液中溶质浓度提高的操作称为蒸发，所采用的设备称为蒸发器。蒸发操作广泛应用于化工、石油化工、制药、制糖、造纸、深冷、海水淡化及原子能等工业中。

蒸发操作中的热源采用新鲜的饱和水蒸气，又称新蒸汽。从溶液中蒸发的蒸汽称为二次蒸汽，用以区别于新蒸汽。在操作中一般用冷凝方法将二次蒸汽直接冷凝，而不利用其冷凝热的操作称为单效蒸发。若将二次蒸汽引到下一效蒸发器作为加热蒸汽，利用其冷凝热，这种串联蒸发操作称为多效蒸发。

由树脂除铁工序送到原料罐的氯化铝精制溶液，经原料泵送到预热器进行预热，预热过的原料进入一效蒸发器用新蒸汽加热，一部分加热过的料液通过一效循环泵打往二效蒸发器继续加热，剩余的料液进行自循环。二效蒸发器内的料液通过轴流泵进行自循环，部分料液通过二效出料泵送到三效蒸发器继续加热。三效蒸发器内的料液通过三效轴流泵进行自循环，当浓度达到要求时，部分料液通过三效出料泵输送到稠厚器，再通过结晶出料泵送到离心机或翻盘进行固液分离，滤饼即六水合氯化铝晶体，通过皮带输送到氯化铝仓。

新蒸汽首先通过减压阀进行减压，减压后的蒸汽进入预热器和一效加热室，对料液进行加热，一效分离室产生的二次蒸汽进入二效加热室，对二效加热器的料液进行加热，二效分离室产生的二次蒸汽进入三效加热室，对三效加热器的料液进行加热，三效分离室产生的二次蒸汽进入间接冷却器，冷凝后回流到冷凝水罐，主要工艺过程如图 2-36 所示。

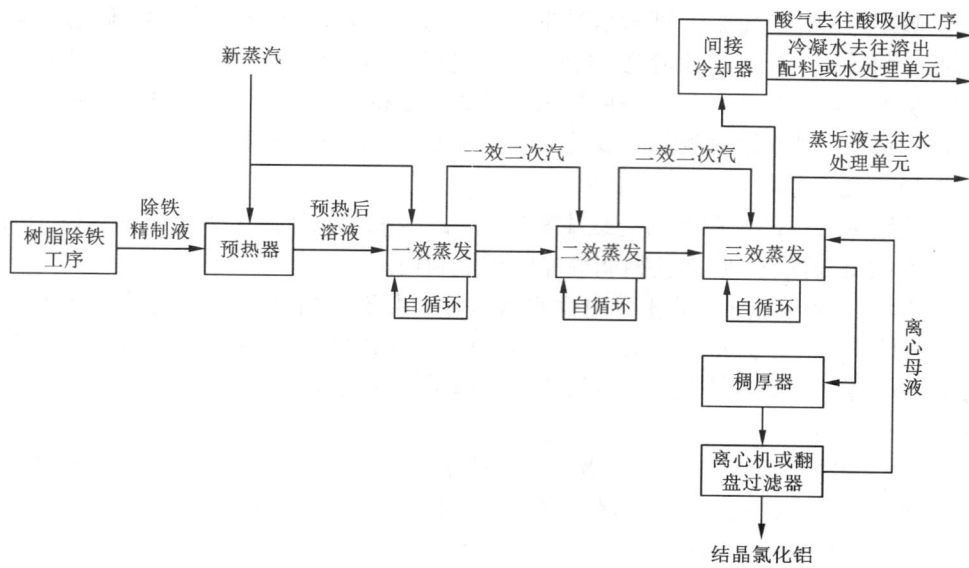

**图 2-36 蒸发结晶工艺流程图**

### 2.3.2.6 水溶除杂工序

由蒸发结晶工序制备的结晶氯化铝（$AlCl_3 \cdot 6H_2O$）中，含有 Li、Na、K、Ca、Mg 等杂质，均以氯盐的形式存在，结晶氯化铝的热解反应在 150℃ 时就可进行，而当反应温度超过 450℃ 后，其水解产物会形成稳定的晶体结构，不利于后续杂质的去除；控制结晶氯化铝的热解温度，使其热解产物形成晶体结构不稳定且不溶于水的中间产品，称为无定型氧化铝。无定型氧化铝中的杂质继续以可溶于水的氯盐形式存在，通过后续的常压、高压浸出洗涤，进一步去除。结晶氯化铝低温热解的反应式为：

$$2(AlCl_3 \cdot 6H_2O) =\!=\!= (Al_2O_3)_{中间} + 6HCl + 9H_2O \tag{2-18}$$

结晶氯化铝在低温流态化焙烧炉中经低温热解后发生分解反应，其热解产生的烟气送至酸回收工序进行处理，生成的中间产品无定型氧化铝送至水溶反应工序。无定型氧化铝与弱酸性洗水按照工艺要求的固液比进行混合，并在洗涤沉降槽内进行常压浸出反应，经逐级逆流洗涤后进行固液分离，分离后的固体进入高压反应釜进行高压浸出反应。高压浸出反应后的料浆经缓冲槽降温后进行固液分离，滤液返送至洗涤沉降槽，作为常压浸出反应洗水，与新加入无定型氧化铝进行常压浸出，分离后固体用新水进行洗涤后，通过压滤进行固液分离，得到一水铝石产品，送至焙烧工序，洗涤水则作为高压浸出反应洗水，继续回送到系统中，循环利用，直至洗水中的杂质元素超标后，泵送至水处理工序进行处置，具体工艺流程图如 2-37 所示。

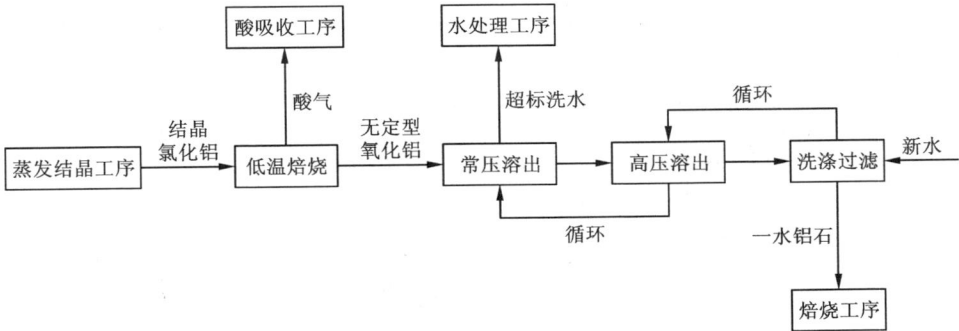

**图 2-37　水溶除杂工艺流程图**

### 2.3.2.7　焙烧工序

焙烧单元是将水溶除杂工序生产的一水铝石焙烧成为新型氧化铝产品，焙烧过程中产生的含酸尾气送往下游酸吸收工序。其主要的化学反应方程式为：

$$2AlO(OH)===Al_2O_3+H_2O\uparrow \qquad (2-19)$$

一水软铝石首先经预热系统加热，迅速完成自由水的蒸发和部分热分解。预热系统的热源为焙烧炉排出的高温烟气。

预热后的物料进入焙烧炉进行高温焙烧，热源为燃料在燃烧室燃烧产生的高温烟气。焙烧炉出料为成品氧化铝及高温烟气混合物，经旋风分离后，高温氧化铝产品进入冷却系统，高温烟气进入预热系统。冷却系统主要通过引风机引入空气对成品氧化铝进行降温。升温后的空气作为燃烧室的配风。

燃料与来自产品冷却系统换热后的热空气按照一定比例进行混合，以一定压力喷入燃烧室，在燃烧室内充分燃烧，产生高温烟气，高温烟气与来自氧化单元的富氧尾气、产品冷却系统的预热空气充分混合，并以高速旋流状态进入焙烧炉。从原料预热系统来的物料通过进料装置进入焙烧炉，在高温烟气高速旋流作用下，物料和烟气在焙烧炉内做旋流运动，进行预热、升温、分解及晶型转换后，与高温烟气进入旋风分离器进行气固分离，高温气体进入原料预热系统，对原料进行预热，高温产品进入产品冷却系统进行降温处理，其流程如图 2-38 所示。

### 2.3.2.8　酸吸收工序

焙烧单元的高温烟气经冷却器急冷降温后进入洗涤塔塔底，循环水由酸循环泵打至洗涤塔塔顶进行喷淋，与来自塔底的烟气充分接触，吸收烟气中的氯化氢及烟尘，经一级吸收塔吸收后的烟气进二级、三级吸收塔继续进行处置，烟气中

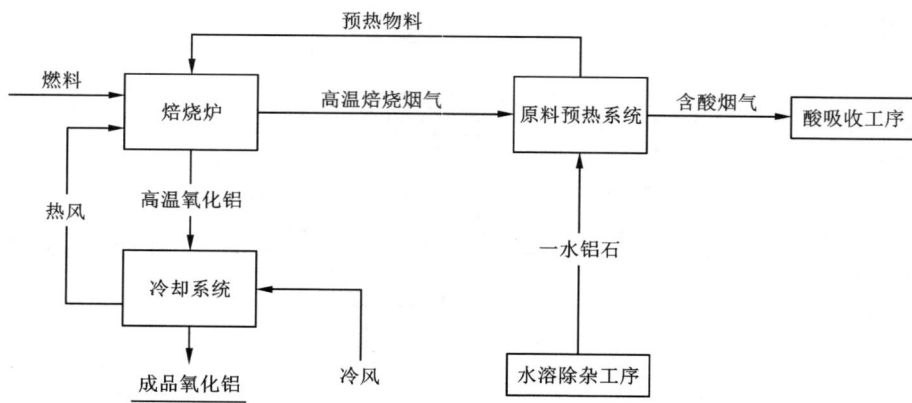

图 2-38　焙烧工艺流程图

　　的烟尘及大部分的氯化氢都被循环水吸收，烟气中剩余的微量氯化氢与碱洗塔中的碱液逆流接触，将烟气中的氯化氢中和，使烟气达到排放标准后排空。

　　三级吸收塔中的循环液，喷淋吸收氯化氢后，返回至二级吸收塔，循环液经二级吸收塔喷淋吸收增浓后，进入一级吸收塔，在一级吸收塔中喷淋，在达到一定浓度后，泵送至盐酸储罐，与外购盐酸按照一定比例调配，返回各用酸工序进行二次利用，碱洗废水送至水处理单元进行处理(图 2-39)。

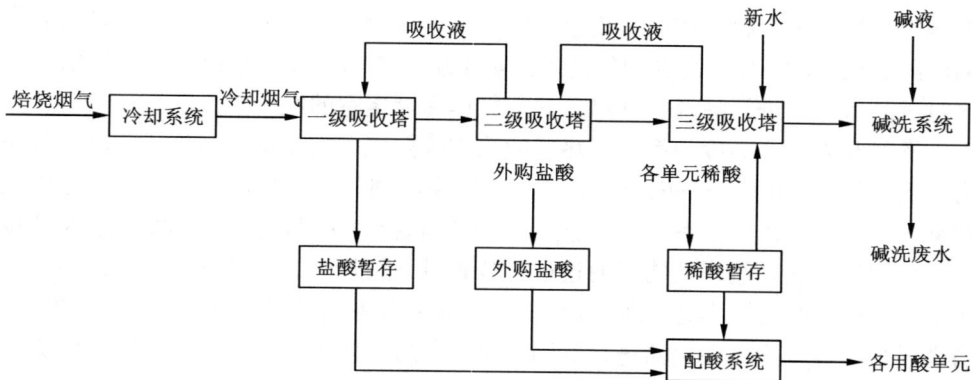

图 2-39　酸吸收工艺流程图

### 2.3.2.9　水处理工序

水处理单元主要处理来自树脂除铁单元的除铁废液和各单元产生的酸性废水，其工艺主要包括微滤膜系统、蒸发器系统、结晶器系统和辅助配套设施，工艺流程如图 2-40 所示。

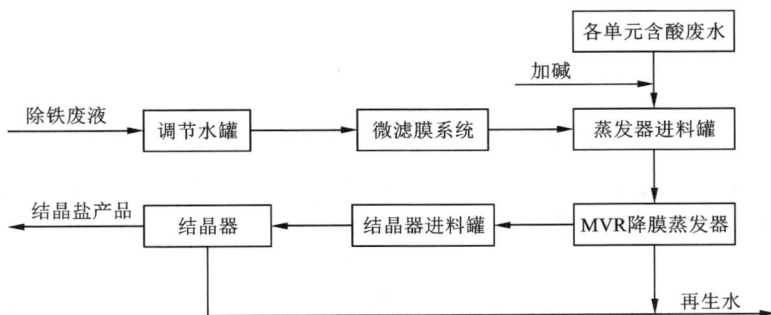

图 2-40　水处理工艺流程图

除铁废液经调节水罐缓冲后，进入微滤膜系统，采用 MCR 微滤膜对废液中的悬浮物进行过滤，废液中原有的悬浮物及颗粒物被微滤膜截留。经微滤过滤后的产水进入蒸发器进料罐，与各单元产生的含酸废水中和，采用强制循环降膜蒸发器进行蒸发浓缩，浓缩后的含盐浓浆送入结晶器进料罐。

浓缩废液进入结晶器后，通过换热装置进行换热，使废液受热沸腾汽化，进一步浓缩，浓缩后的料液从结晶器底部排出，进入稠厚器后，离心脱水产生结晶盐，蒸汽放热后的冷凝水，由结晶器下部排出。蒸发器和结晶器产生的冷凝水为优质再生水，可返回系统再次利用。

# 第 3 章
# 一种新型氧化铝

在现代铝电解工业发展的一百多年里，拜耳法生产氧化铝和熔盐电解法生产铝一直都是铝电解工业的两个核心，这两个核心紧密衔接，互相影响，联合发展。氧化铝厂和电解铝厂的互相沟通和互相反馈是非常频繁的，电解铝厂的硬件设施是按照特定(或性质在小范围内波动)的氧化铝产品而进行设计的。新型氧化铝的原料来源和生产工艺差异，决定了新型氧化铝各项性能与碱法氧化铝存在差异，需要全面研究分析新型氧化铝性质特点，为相应的电解技术开发及其工业化应用奠定基础。

## 3.1　新型氧化铝物理性质

氧化铝的物理性能指标包括磨损指数、粒度分布、比表面积、灼减、$\alpha$-$Al_2O_3$ 含量、容重、安息角等，主要影响铝电解生产过程中输送、下料、烟气净化等工艺技术的工艺设置、设备选型及参数控制。

(1)粒度分布

粒度分布是描述氧化铝物理性能的重要指标之一。氧化铝的粒度分布对电解过程的影响主要体现在如下几个方面：

①氧化铝粒度小于 20 $\mu m$ 时，通常称为"飞灰"。在微负压的电解槽中难于进入电解质。同时，进入净化系统后，易堵塞布袋除尘器的布袋，难于清理，增加能耗；

②氧化铝粒度小于 45 $\mu m$，在输送和加料过程中易飞扬损失，增加氧化铝单耗，而且干扰电解槽自动加料系统；

③不同粒级氧化铝在电解质中具有不同的溶解行为。氧化铝粒度过小，容易漂浮在电解质溶液的表面，同时随着电解质的沸腾而裹入其中，很难溶解，从而造成电解质黏度越来越大，容易引起电流效率的下降；粒度大于 150 $\mu m$ 的氧化铝在电解质体系中沉降速度较快，影响溶解性能；

④影响氧化铝在输送系统中的流动性及定容下料器的下料精度。

基于新型氧化铝强度特性，采用筛分法测试其粒度分布，粒度分布情况列于表 3-1。

表 3-1　新型氧化铝试样中细颗粒和大颗粒含量

| 样品名称 | 新型氧化铝 | |
| --- | --- | --- |
| 项目 | 筛分试验 | |
| 适用标准 | GB/T 477—2008 | |
| 总质量/g | 334.8 | |
| 粒级/mm | 质量/g | 产率/% |
| ≥0.5 | 2.3 | 0.69 |
| 0.3~0.5 | 45.2 | 13.50 |
| 0.15~0.3 | 209.8 | 62.66 |
| 0.075~0.15 | 67.2 | 20.07 |
| 0.045~0.075 | 7.4 | 2.21 |
| <0.045 | 2.9 | 0.87 |

从表 3-1 看出，新型氧化铝粒度分布与现行电解行业对氧化铝粒度分布要求存在差异。与碱法氧化铝相比较，新型氧化铝粒度分布具有平均粒径大、粒度分布范围广的特点。电解铝厂往往期望氧化铝原料具有较窄的粒度分布。为适应新型氧化铝粒度分布特点，实现新型氧化铝在铝电解输送系统、电解系统上的应用，需要结合新型氧化铝磨损指数综合考虑分析，使各系统工艺技术与新型氧化铝粒度分布特性匹配。

（2）磨损指数

磨损指数是表征氧化铝强度的重要指标，磨损指数对氧化铝的影响主要体现为：

①磨损指数越小，氧化铝强度越大，在装卸、输送以及电解槽烟气净化系统中氧化铝破碎小，不利于电解的小颗粒含量的增加越少；

②磨损指数越大，氧化铝强度越小，在输送、净化等工序中氧化铝破碎程度越高，小颗粒含量增加较多，进而影响氧化铝下料、溶解等工艺。

新型氧化铝磨损指数为 49.05%，高于现行碱法氧化铝标准。新型氧化铝磨损指数特性使得新型氧化铝在现行输送系统、烟气净化系统中容易破碎；经过输送及净化后，氧化铝粒度分布改变，大颗粒含量降低，小颗粒含量增加。根据新型氧化铝磨损指数特性，为避免新型氧化铝粒度分布变化影响后续铝电解相关工艺技术,需要开发新型氧化铝输送及烟气净化技术,使氧化铝粒度分布与电解工艺相互匹配。

(3)安息角

安息角(又叫休止角)是反映氧化铝流动性好坏的参数,安息角越小,表明氧化铝流动性越好。安息角对电解过程的影响主要体现为:

①安息角是表征氧化铝流动性的参数,流动性好,则易于下料的准确性控制;

②安息角小,利于输送且在下料时能迅速散开,快速溶解于电解质中;

③从阳极保温的角度看,要求氧化铝的安息角不能过小,使氧化铝易于推挤一定的厚度,便于保温。

新型氧化铝的安息角约为35°,碱法氧化铝的安息角一般小于35°,新型氧化铝的流动性略低于碱法氧化铝。在这一特性基础上,综合考虑氧化铝粒度分布及磨损指数,需要开发新型氧化铝输送技术,保证氧化铝输送能力、粒度分布满足电解要求。

(4)堆密度

堆密度是描述氧化铝物理性能的重要指标之一,堆密度与氧化铝下料量、电解槽物料平衡直接相关。电解采用定容下料器且根据控制系统要求按需下料,下料量由铝电解槽定容下料器的体积和氧化铝堆密度决定。

新型氧化铝的容重约为 $0.5~g/cm^3$,小于碱法氧化铝的 $0.9~g/cm^3$。现行下料器都是以碱法氧化铝性能为基础设计的,不适用于新型氧化铝。例如:采用 1.8 L 定容下料器,对于碱法氧化铝来说,单次下料量约 1.8 kg,而对于新型氧化铝来说,单次下料量为 1.0 kg,加料间隔需要缩短一半。因此,在采用新型氧化铝的电解槽设计中,下料箱以及配套下料装置、下料策略需重新设计,为此神华集团开发了新型氧化铝下料及控制技术,实现新型氧化铝按需给料。

(5)灼减

灼减是表征氧化铝煅烧程度的重要性能,主要包括附着水(MOI)、结晶水(LOI)两项性能指标。MOI(25~300℃)表示氧化铝附着水的含量,由于氧化铝颗粒具有很好的吸附性能,其暴露在空气中会吸附空气中的水蒸气,导致其附着水含量偏高,氧化铝颗粒对空气湿度的吸收在预热后是完全可逆的。LOI(300~1000℃)表示氧化铝结晶水/羟基的含量,氧化铝焙烧温度越高,灼减越低。一般来讲,灼减较低的氧化铝中 α 相含量越高,化学活性越低。电解过程中,氧化铝在冰晶石中溶解时,羟基也能够溶解并较长时间存在于电解质中,在电解条件下能够与电解质发生水解反应产生烟气氟化氢。考虑到环境因素,电解铝厂期望从降低氧化铝灼减方面来减少氟化氢的排放量。

新型氧化铝 LOI 为 0.6%,符合国家冶金级氧化铝标准(<1%)和 Pechiney 的

要求(0.6%~0.9%)。新型氧化铝能够在确保灼减低的同时 α 相含量低或不产生 α 相,没有 α 相氧化铝含量高时带来的负面影响。

(6)物相

物相是氧化铝重要物理性能之一,其影响氧化铝在电解质中的溶解,也能够从侧面反映氧化铝的煅烧程度。氧化铝包含多种晶型,氧化铝的八种晶型中 $\alpha-Al_2O_3$ 晶型结构最稳定的,化学活性最低,性质最稳定。故此,$\alpha-Al_2O_3$ 在冰晶石中的溶解速度缓慢。从电解铝的角度来说期望氧化铝中含有较少的 $\alpha-Al_2O_3$。

新型氧化铝样品与 α 相氧化铝的 XRD 图谱对比如图 3-1 所示,新型氧化铝结晶度良好,主要由两种晶型构成:γ/γ′相和 θ 相,$\alpha-Al_2O_3$ 质量分数小(小于2%),这一标准优于目前国内广泛应用的碱法氧化铝(5%~15%),也优于 Pechiney 对 $\alpha-Al_2O_3$ 含量的要求,新型氧化铝这一特性决定其在电解质中的溶解速度快于碱法氧化铝。

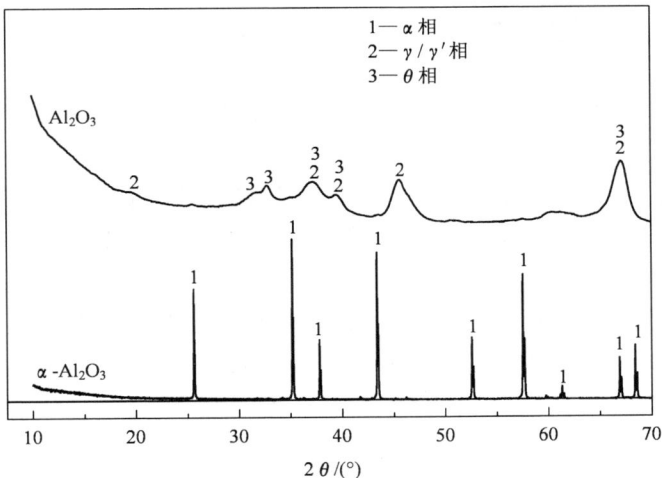

图 3-1　新型氧化铝样品与 α 相氧化铝的 XRD 图谱对比

(7)比表面积

比表面积(BET)描述氧化铝颗粒的多孔特性,表征单位质量氧化铝晶体内孔隙面积和外表面积之和,其大小与氧化铝生产过程中的煅烧过程和煅烧温度有关。氧化铝的比表面积指标与电解烟气净化工艺及氧化铝的溶解直接相关。一方面,氧化铝是电解烟气净化工艺的吸附剂,电解烟气中的氟化氢气体会单层吸附在氧化铝的孔隙表面上,电解槽的干法净化需要氧化铝拥有尽可能高的比表面积，有效吸附电解烟气，确保烟气排放达到环保要求；另一方面，在溶解过程中，较大的比表面积能够显著提升颗粒与液体电解质的有效接触面积。对于扩散控制的氧化铝溶解反应来说，具有更粗糙多孔结构（高 BET 比表面积）的氧化铝能够更快、更好地与液态电解质接触，从而增加反应速率。

新型氧化铝比表面积为 92.45 $m^2/g$，优于国家冶金级氧化铝标准。这使得新型氧化铝能够有效吸附净化烟气，同时这也是新型氧化铝溶解速度快于碱法氧化铝的原因之一。

事实上，氧化铝的比表面积（BET）、灼减（LOI）和 $\alpha-Al_2O_3$ 含量是彼此互相关联的。通常来说，比表面积越大的氧化铝，其在冰晶石熔盐中的溶解速度越快，但是氧化铝的比表面积大又常常是 $\alpha-Al_2O_3$ 含量较少的结果。通常较低的煅烧温度会产生灼烧损失（LOI）较大的氧化铝，这种氧化铝往往是 $\alpha-Al_2O_3$ 含量较低的氧化铝。生产工艺决定产品品质，新型氧化铝产品具备低 $\alpha-Al_2O_3$ 相且灼减低的优势。

# 3.2 新型氧化铝化学性质

氧化铝的化学性能是影响电解铝的另一项关键指标，其对电解的影响主要体现为：

①氧化铝中电位正于铝的元素，如铁、铜、钛、镓等元素，在电解过程中会优先于铝离子在阴极析出，进入铝液，降低电流效率，影响原铝质量；

②氧化铝中电位负于铝的元素的氧化物，如氧化钠、氧化钾、氧化钙、氧化镁等会分解冰晶石，使电解质组成改变，增加氟盐消耗的同时，还会在电解质中富集，改变电解质体系性质（初晶温度、黏度、电导率、密度、氧化铝溶解性等），影响电解槽运行稳定性；

③氧化铝中多价态的元素，会在电极间不断转换价态，循环放电，降低电流效率。

因此，电解铝厂希望氧化铝具有较高的纯度，确保电解生产稳定，获得优异的技术经济指标。新型氧化铝的主要杂质如表 3-2 所示。新型氧化铝化学纯度高的特点，为新型氧化铝稳定、高效、低耗电解提供了重要的原料保障。

表 3-2　新型氧化铝主要杂质及含量

| 项目 | $w_{Li_2O}/\%$ | $w_{Na_2O}/\%$ | $w_{K_2O}/\%$ | $w_{MgO}/\%$ | $w_{CaO}/\%$ | $w_{Fe_2O_3}/\%$ | $w_{SiO_2}/\%$ |
|---|---|---|---|---|---|---|---|
| 新型氧化铝 | ≤0.01 | ≤0.01 | ≤0.001 | ≤0.006 | ≤0.02 | ≤0.01 | ≤0.01 |

电解铝的生产过程就是利用电化学法分解氧化铝，从而得到金属铝。国标中对冶金级氧化铝的纯度等级做了严格的要求，目前，电解铝厂中采用的氧化铝纯度普遍达到99%以上，但由于氧化铝消耗量巨大，因此，由原料氧化铝向电解槽中带入的杂质总量及其对电解生产的影响不容小觑。

(1) 杂质对电解效率和能耗影响

电流效率、吨铝能耗是铝电解生产中极其重要的技术经济指标。氧化铝中杂质含量对电流效率有较大的影响。氧化铝中电位正于铝的金属元素，如 Fe、Si、Zn、Ti、Ga 等，在电解过程中，优先于铝在阴极上析出，降低电流效率；P、V 等多价态离子是最为有害的，在电解过程中，它们以低价态到阳极而氧化为高价态，转移到阴极后又还原为低价态，即在电解之间反复地氧化还原，增大了电流损失。

(2) 杂质对电解质体系的影响

氧化铝中氧化钠、氧化钾、氧化钙、氧化镁，在通过反应消耗氟化铝生成氟化盐的同时，会在电解质体系中不断富集，改变电解质体系性质，影响电解槽运行稳定性及电流效率。

①镁盐及钙盐对电解生产的影响。$MgF_2$、$CaF_2$ 含量不断增加后，会降低电解槽的初晶温度，进而使电解槽的运行温度降低。在临界生产状态下，过热度本身很低，过低的温度会影响电解质的传质效果；$MgF_2$、$CaF_2$ 含量的增加，会使得电解质的电导率降低，在电压恒定的情况下，低电压生产时，电解槽的极距会显著缩短，极大地降低了电解槽的稳定性；$MgF_2$、$CaF_2$ 含量的增加，会增加电解质密度，导致电解槽铝液的损失；$MgF_2$、$CaF_2$ 含量的增加，会提高电解质的黏度，进而降低电解质中氧化铝的溶解性。上述原因，均会导致电解槽生产的稳定性受到不良影响，进而降低电解槽的电流效率。

②钾盐、锂盐及钠盐对电解生产的影响。KF 的富集会降低电解质的初晶温度、电导率，增加铝液在电解质中的溶解度和溶解速度，影响炭渣分离及氧化铝的溶解，改变炉膛情况，降低电流效率；LiF 的富集会降低电解质的初晶温度，提高电解质的电导率，高锂盐电解质体系的初晶温度低，氧化铝溶解能力下降，电解槽炉底沉淀增加，稳定性变差，影响电流效率；氧化铝中的钠主要影响电解质的分子比，影响氟化盐消耗。

③杂质对原铝品质的影响。原铝中的杂质元素包括 Fe、Si、Ti、Na、Ca、Mg、Zn、V、Cr、Ni、Cu、P、S、C、H、N 等，其中 Fe 和 Si 是主要的杂质元素。这些杂质元素尤其是金属元素和半金属元素多数以固溶体形式溶解于铝中，也有些杂质元素以单质或化合物形态或以固态或气态形式夹杂于铝中，如 $Al_2O_3$、$Al_4C_3$、C、$H_2$、$CO_2$、$CH_4$ 和 $N_2$ 等。铝中这些杂质的存在会影响铝的物理化学以及机械性能，固态和气态夹杂物会影响铝液的铸造过程，必须在铝液后续处理中除去。

## 3.3　新型氧化铝微观形貌及孔径分布

（1）新型氧化铝微观形貌

新型氧化铝和参照碱法氧化铝的 SEM 微观形貌图示于图 3-2 中。

(a)新型氧化铝

(b)参照碱法氧化铝

图 3-2　新型氧化铝和参照碱法氧化铝的 SEM 微观形貌图

比较二者的 SEM 电镜图片可以看出，参照碱法氧化铝的微观形貌中单个颗粒沿同一方向有很多裂纹，呈现出层状结构；而新型氧化铝的单个颗粒表面为鳞片状。新型氧化铝的生产在原料、工艺上与碱法都存在差异，造成最终生产的氧化铝的微观形貌有所不同。

（2）新型氧化铝孔径分布

孔径分布采用贝士德蒸汽吸附仪（氮气静态容量法）测定分析。新型氧化铝和参照碱法氧化铝的孔径分析结果如图 3-3 和表 3-3 所示。

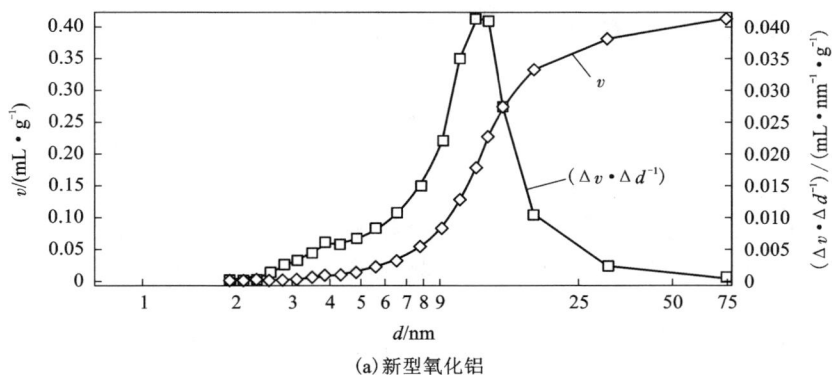
(a)新型氧化铝

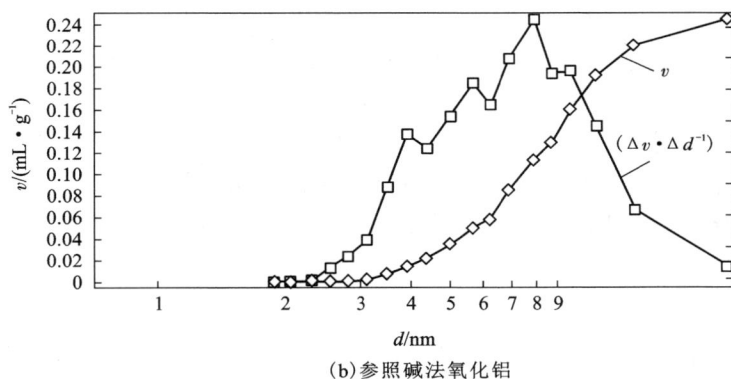
(b)参照碱法氧化铝

图 3-3　新型氧化铝和参照碱法氧化铝的孔径分析结果

表 3-3　新型氧化铝试样的孔径分布

| 分析项目 | 孔径参数 | 参照碱法氧化铝 | 新型氧化铝 |
|---|---|---|---|
| 孔径分布 | 平均孔径/nm | 8.69 | 13.31 |
| | 最可几孔径*/nm | 7.41 | 11.12 |
| | 总孔容积/(mL·g$^{-1}$) | 0.2683 | 0.4107 |

注：*最可几孔径是孔径分布图中最强峰所对应的孔径。

新型氧化铝内部的孔隙结构与碱法氧化铝有一定的差异，孔径明显大于参照碱法氧化铝，其总孔容积也更高。

## 3.4 新型氧化铝表面官能团及其分布

(1)红外光谱分析

红外光谱是分子能选择性吸收某些波长的红外线，而引起分子中振动能级和转动能级的跃迁，检测红外线被吸收的情况可得到物质的红外吸收光谱，又称分子振动光谱或振转光谱。采用型号为 FT-IR Nicolet 380 的红外光谱仪对新型氧化铝和参照碱法氧化铝进行测试，扫描频率 10 kHz，所得红外光谱图绘于图 3-4 中。

从图 3-4 所示的氧化铝样品的傅里叶转换红外光谱图中可以看出，经过烘干附着水处理的氧化铝中的氢元素主要以羟基(—O—H)的形态存在。图 3-4(a)中波数 1400~1700 $cm^{-1}$ 和 3000~4000 $cm^{-1}$ 处均为羟基的特征峰位置，由于 O—H 的缔合作用，波数 3300 $cm^{-1}$ 左右的羟基峰谱线较宽。波数为 550 $cm^{-1}$ 和 2300 $cm^{-1}$ 左右的特征峰为水($H_2O$)的特征峰，由于红外光谱对于附着水较为敏感，因此即使少量的残余附着水也在红外图谱中有所体现，并不影响结果分析。对比烘干和未烘(附着水)的样品红外谱图[图 3-4(a)和图 3-4(b)]，发现新型氧化铝和参照碱法氧化铝的附着水结构是相同的，均以附着水分子 $H_2O$ 的形式存在。

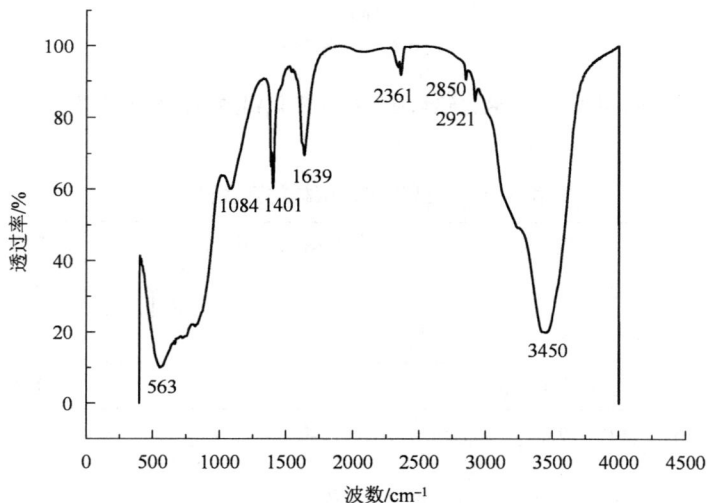

(a)新型氧化铝红外图谱(110℃烘干48 h)

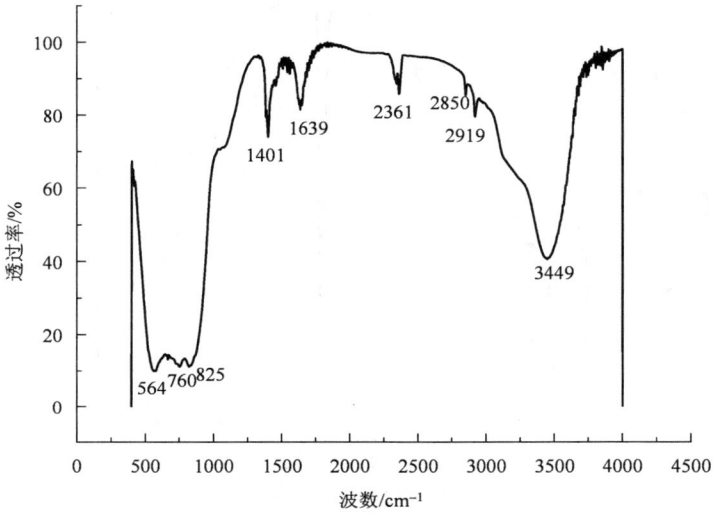

(b)新型氧化铝红外图谱(未烘)

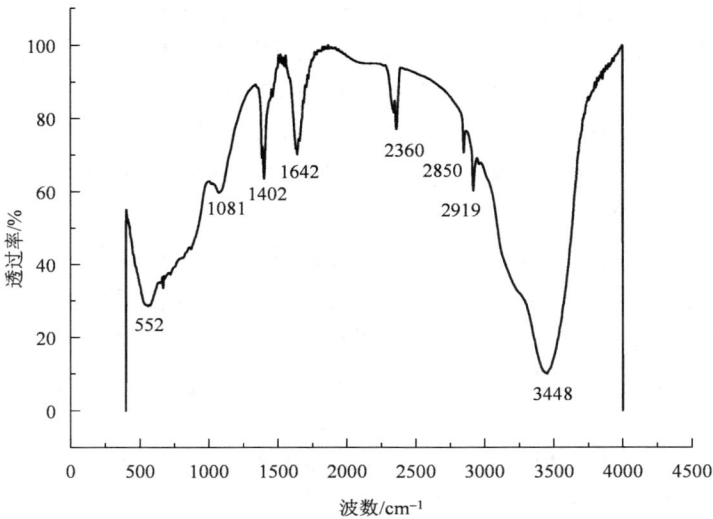

(c)参照碱法氧化铝红外图谱(110℃烘干48 h)

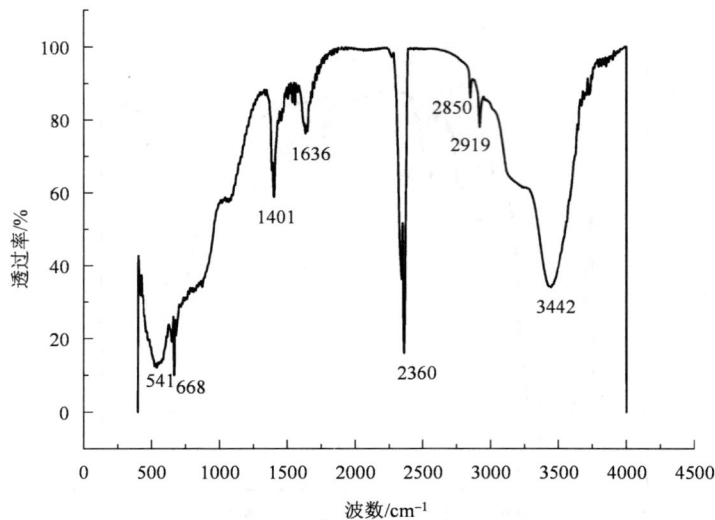

(d)参照碱法氧化铝红外图谱(未烘)

**图 3-4　新型氧化铝、参照碱法氧化铝和刚玉的红外光谱图**

　　红外谱图中特征峰所覆盖的面积可作为定量分析基团数量的依据。图 3-4(a)(新型氧化铝)对比于图 3-4(c)(参照碱法氧化铝)中，特征峰位置基本一致，这说明新型氧化铝中所富含的羟基 O—H 结构与碱法氧化铝中的羟基结构基本相同。位于波数 3300 $cm^{-1}$ 左右的羟基峰谱的面积比约为 1 : 1，表示新型氧化铝中的羟基数量与参照碱法氧化铝中的羟基数量比约为 1 : 1。

　　(2)拉曼光谱分析

　　拉曼光谱是一种散射光谱。拉曼光谱分析法是基于印度科学家 C V 拉曼(Raman)所发现的拉曼散射效应，对与入射光频率不同的散射光谱进行分析以得到分子振动、转动方面信息并应用于分子结构研究的一种分析方法。采用波长为 633 nm 的紫外激光对新型氧化铝和参照碱法氧化铝进行点谱测试，所得 Raman 图谱绘于图 3-5 中。

　　相对于红外光谱的透射分析法，紫外激光拉曼光谱是一种散射分析方法。拉曼光谱对于无机物中的羟基并不敏感，但本书中仍然对新型氧化铝和参照碱法氧化铝样品进行了拉曼光谱测试。在紫外激光拉曼光谱中，羟基(—O—H)的特征峰位于波数 1600 $cm^{-1}$ 和 3600 $cm^{-1}$ 左右。从图 3-5(a)中可见，图谱中并未测试出任何含氢特征峰，从图 3-5(b)中可见，1500 $cm^{-1}$ 左右出现了一个羟基峰，但 3600 $cm^{-1}$ 左右仍未出现特征峰。因此，对于氧化铝中羟基的结构及数量的分析，

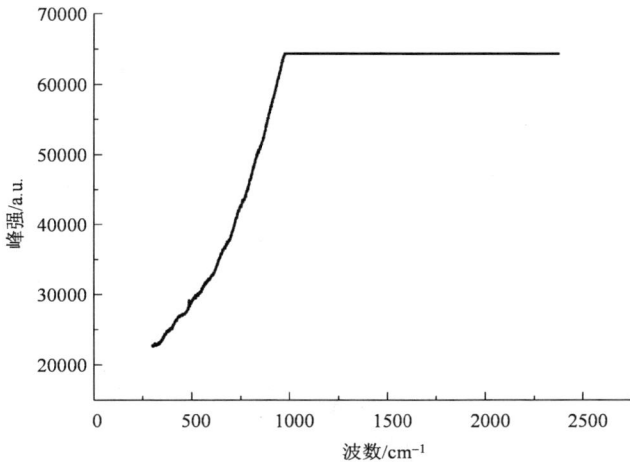

(a)新型氧化铝Raman图谱(激光波长633 nm, 110℃烘干48 h)

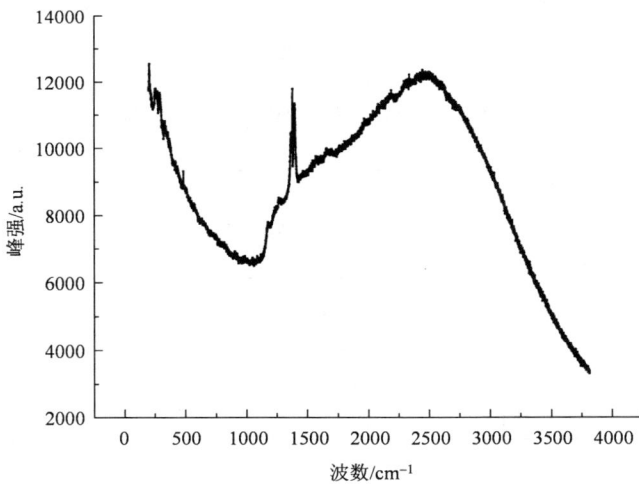

(b)参照碱法氧化铝Raman图谱(激光波长633 nm, 110℃烘干48 h)

**图 3-5　新型氧化铝、参照碱法氧化铝 Raman 图谱**

应以红外测试为准。

（3）氢核磁共振分析

核磁共振氢谱(氢谱)是一种将分子中氢的核磁共振效应体现于核磁共振波谱法中的应用，可用来确定分子结构。氢核磁共振分析中为了排除水分子的干扰，要求将试样中的附着水烘干，测试中只体现结构羟基的位移分布。新型氧化铝和参照碱法氧化铝的核磁共振氢谱绘制于图 3-6 中。

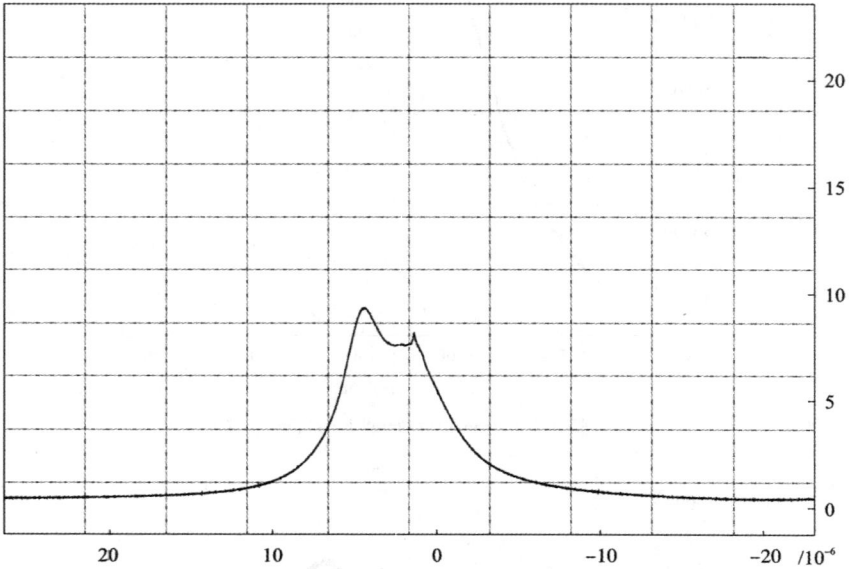

(a)新型氧化铝氢核磁图谱(H-NMR，110℃烘干48 h)

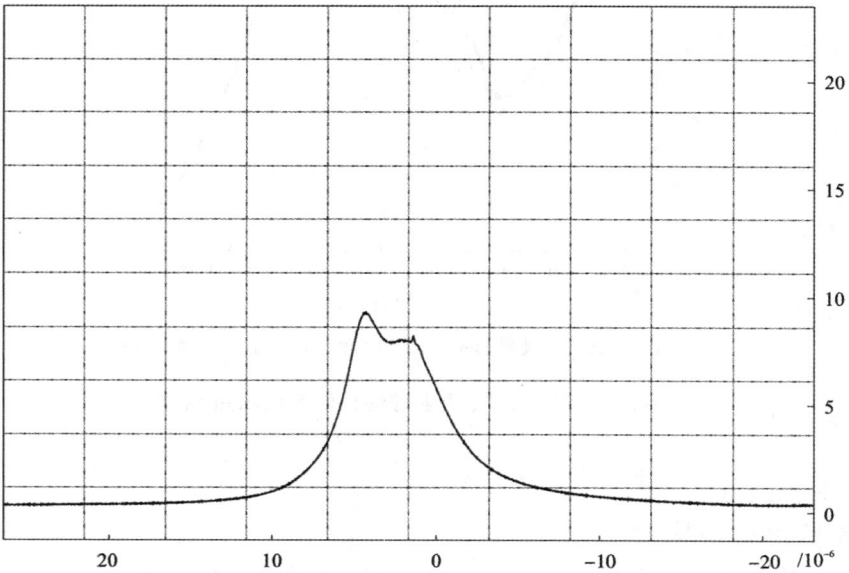

(b)参照碱法氧化铝氢核磁图谱(H-NMR，110℃烘干48 h)

**图 3-6　新型氧化铝、参照碱法氧化铝的核磁共振氢谱**

参照碱法氧化铝的核磁共振氢谱[图 3-6(b)]与新型氧化铝的核磁共振氢谱 [图 3-6(a)]中特征峰的位置和强度基本相同,这说明二者的羟基结构基本一致。 图 3-6(a)中核磁共振氢谱的位移主要分布在$(1.3\sim3.0)\times10^{-6}$和$4\times10^{-6}$两个位 移位置,其中 $4\times10^{-6}$ 位移处的特征峰最强,为氢与氧结合形成的羟基—O—H 位。$(1.3\sim3.0)\times10^{-6}$ 位移处的特征峰为受 Al—O 双键干扰的羟基—O—H 位。 说明此次测试的两种氧化铝中的 H 均是以羟基—O—H 的形态存在,并与氧化铝 晶格间由化学键连接,形成牢固的结构羟基。另外,从谱线的强度来看,新型氧 化铝和参照碱法氧化铝中的羟基数量大致相同,这一点也与红外测试的结果保持 一致。

## 3.5　新型氧化铝溶解性能

氧化铝具有良好的溶解性能,能够在电解质中迅速溶解并快速扩散,这对电 解过程的稳定进行是极为重要的。加入电解质中的氧化铝,主要有三个去向:

①在电解质中溶解扩散;

②沉降到电解槽底部,形成沉淀;

③形成面壳和炉帮。

溶解性能好的氧化铝能够保证电解质中氧化铝浓度均匀可控、电解槽槽底不 产生沉淀、效应系数低、电解生产过程稳定。反之,未溶解的氧化铝在槽底形成 大量沉淀,电解质中的氧化铝浓度较低,则会引起阳极效应发生。

### 3.5.1　新型氧化铝溶解性能测试方案设计

(1)溶解性能测试装置

①静态溶解性能测试装置。溶解试验是在邱氏透明电解槽中完成,邱氏透明 电解槽的实验装置如图 3-7 所示。高纯石英坩埚盛装冰晶石电解质,置于加热炉 中央,加料时可通过炉体前、后的透明石英窗口且使用工业摄像机捕捉溶解过程 动态图像。

②动态溶解性能测试装置。动态溶解性能测试装置如图 3-8 所示。搅拌桨的 搅拌线速度设定为 $0\sim30$ cm/s,这与工业电解槽中电解质流动速度 $10\sim20$ cm/s 接近。与电解质接触的搅拌桨为高纯石墨材质,通过电机带动搅拌桨转动,从而 对电解质起到搅拌效果,改变电机转速可调整电解质流速。通过透明石英坩埚, 可观察底部氧化铝沉淀的溶解情况。

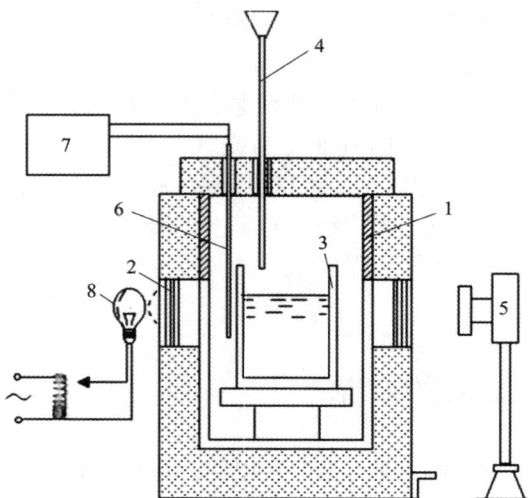

1—加热炉；2—石英窗口；3—石英坩埚；4—加料管；
5—摄像机；6—热电偶；7—温控仪；8—可调光源。

图 3-7　邱氏透明电解槽的实验装置图

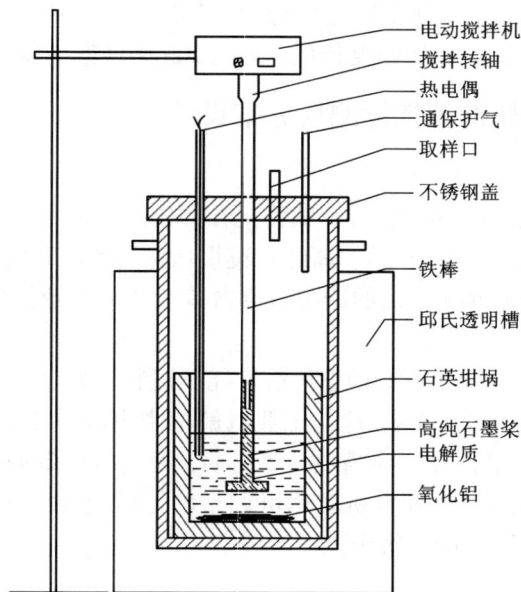

图 3-8　氧化铝动态溶解性能测试装置示意图

（2）新鲜氧化铝溶解性能测试条件

采用的电解质质量为 200 g，每次向熔盐中添加相当于电解质质量分数为 1%（2 g）的氧化铝，观察其溶解现象和溶解时间，采用的电解质成分为 CR2.4-5%LiF-5%CaF$_2$，操作温度为（957±3）℃。相同实验条件下，将新型氧化铝和碱法氧化铝的溶解情况进行对比。

（3）载氟氧化铝溶解性能

采用相同的试验装置，分析对比载氟新型氧化铝、载氟碱法氧化铝在典型国内复杂电解质和典型西方简单电解质中的溶解行为。复杂电解质为 CR2.4-1%MgF$_2$-5%LiF-5%CaF$_2$，操作温度为 955℃；简单电解质 CR2.2-5%CaF$_2$，操作温度约为 978℃。参照样品为一种碱法载氟氧化铝。新型氧化铝样品为新型氧化铝经过 HF 吸附后获得的载氟样品。用于溶解实验的载氟新型氧化铝样品吸附时间为 12 min，吸附时间选取的原则参照了工业干法净化的吸附时间，吸附的温度为 80℃、95℃、110℃。

（4）氧化铝动态溶解性能

采用的电解质成分为 CR2.4-1%MgF$_2$-5%LiF-5%CaF$_2$，该成分下电解质初晶温度为 945℃，设定操作温度为 955℃，初始过热度为 10℃。

## 3.5.2　新型氧化铝溶解性能

（1）新鲜氧化铝溶解性能

①不同氧化铝溶解时间对比结果如表 3-4 所示。

表 3-4　不同氧化铝样品单次溶解时间

| 试样 | 温度/℃ | 电解质中初始氧化铝质量分数/% | | | | | | | |
|---|---|---|---|---|---|---|---|---|---|
| | | 0 | 1 | 2 | 3 | 4 | 5 | 6 | 7 |
| | | 质量分数为 1%（2 g）氧化铝试样的单次溶解时间/min | | | | | | | |
| 新型氧化铝 | 955 | 6 | 6 | 4 | 7 | 4 | 6 | — | — |
| 新型氧化铝 | 958 | 6 | 5 | 8 | 7 | 6 | 5 | — | — |
| 参照碱法氧化铝 | 959 | 9 | 9 | 10 | 12 | — | — | — | — |
| | 954 | 11 | 10 | 10 | 13 | 12 | — | — | — |

②新鲜氧化铝溶解过程对比。参照碱法氧化铝溶解过程如图 3-9 所示。新型氧化铝溶解过程如图 3-10 所示。

与碱法氧化铝相比较，进入电解质熔盐后，新鲜新型氧化铝迅速在电解质中

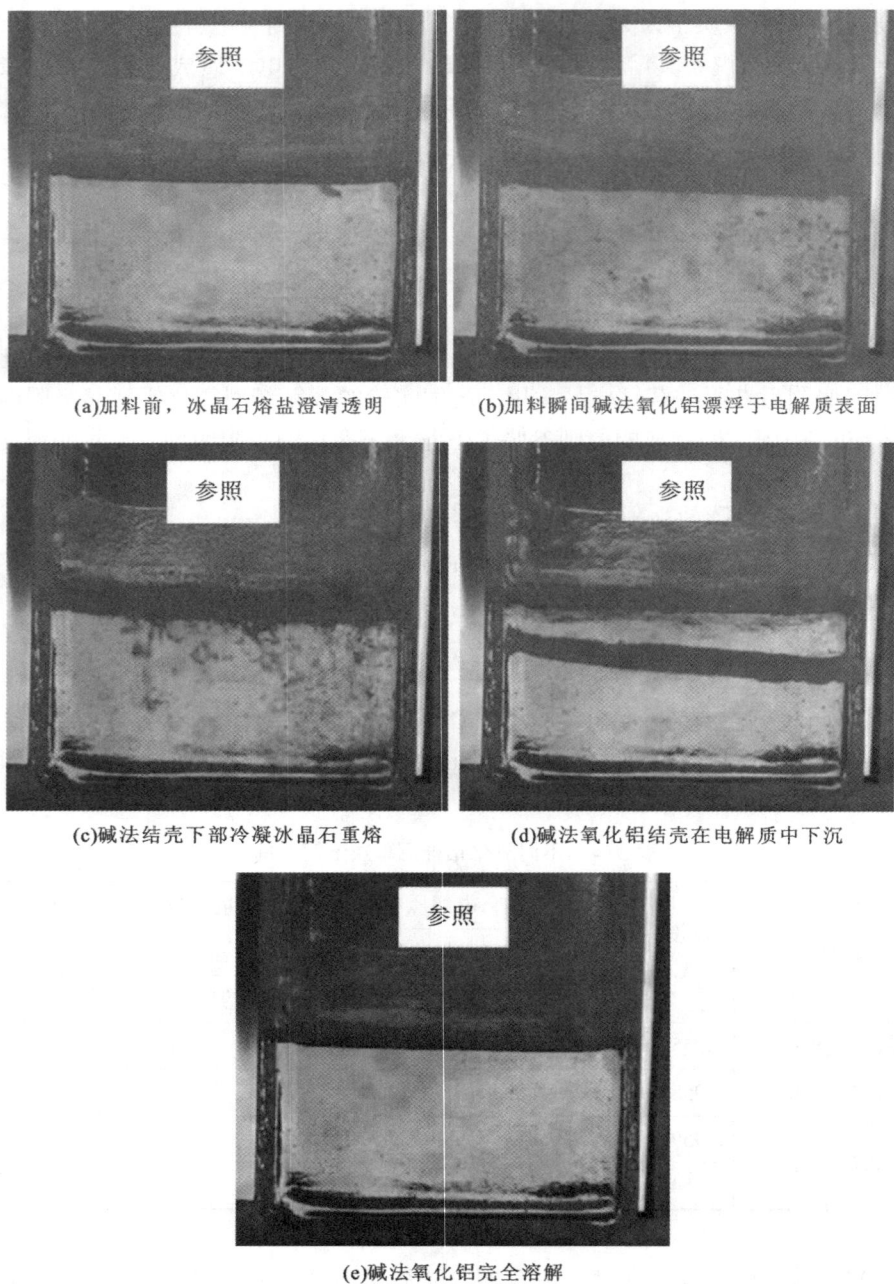

(a)加料前，冰晶石熔盐澄清透明

(b)加料瞬间碱法氧化铝漂浮于电解质表面

(c)碱法结壳下部冷凝冰晶石重熔

(d)碱法氧化铝结壳在电解质中下沉

(e)碱法氧化铝完全溶解

图3-9　参照碱法氧化铝在电解质中的溶解

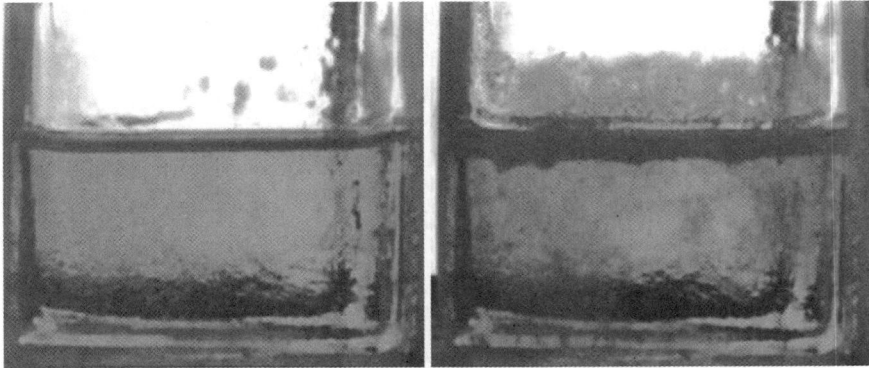

(a)加料前，冰晶石熔盐澄清透明　　　　　　(b)0 s，加料瞬间新型氧化铝浮于电解质上

(c)10 s氧化铝在电解质中快速分散　　　(d)30 s快速分散阶段结束，少部分氧化铝浮于电解质上

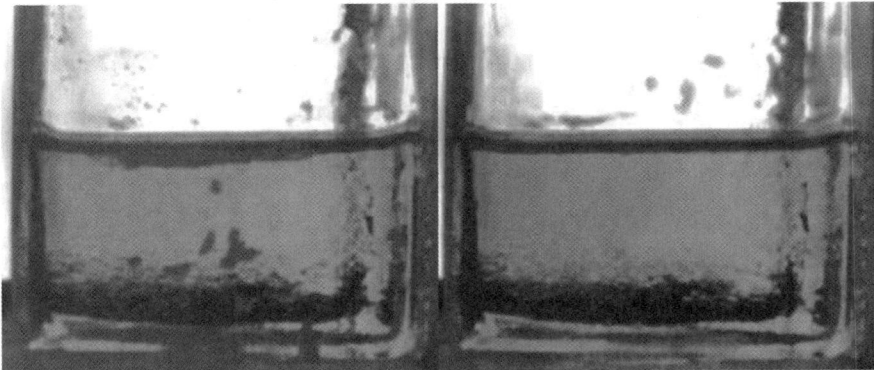

(e)70 s氧化铝呈小片状下沉　　　　　　　　　(f)360 s完全溶解

图 3-10　新型氧化铝在电解质中的溶解（彩图版见附录）

分散沉降并溶解；碱法氧化铝大部分浮于电解质表面，形成结壳后逐步溶解。氧化铝溶解行为的差异与氧化铝的粒度分布、比表面积、物相组成等因素有关。新型氧化铝比表面积大、α 相含量低等特性使得其溶解速度快，其平均溶解时间比碱法氧化铝提高了约 40%。这有利于新型氧化铝电解生产的稳定性，并具有良好的技术经济指标。

（2）载氟氧化铝溶解性能对比

①载氟新型氧化铝在简单电解质中的溶解行为：碱法载氟氧化铝在简单电解质中的溶解过程如图 3-11 所示。

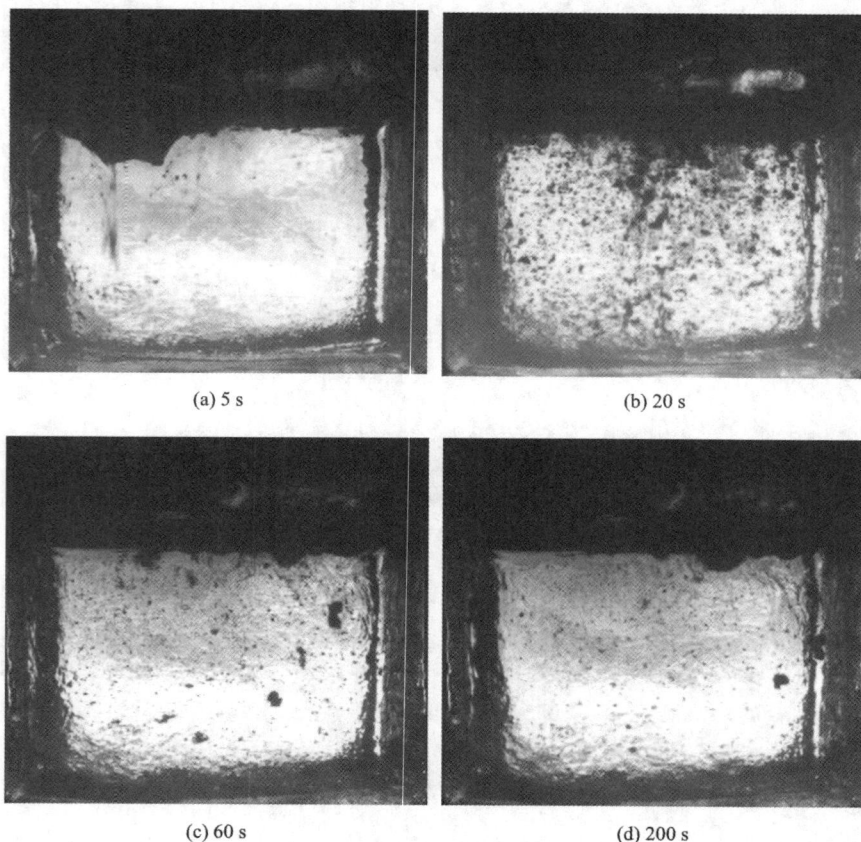

(a) 5 s

(b) 20 s

(c) 60 s

(d) 200 s

图 3-11　参照碱法载氟氧化铝在简单电解质中的溶解过程

添加载氟氧化铝后，氧化铝首先漂浮在电解质表面。不久，有大量呈雪片状氧化铝从液面脱落，并在电解质中下沉、溶解。在下沉过程中，仍然漂浮在液面上的氧化铝下部产生大量气泡，产生的气泡将氧化铝和电解质分隔开，影响了氧化铝的溶解。后来,气泡开始不断破碎,在破碎的过程中,接触到电解质的氧化铝不断溶解,使电解质液面逐渐恢复为澄清无漂浮物的状态。

80℃吸附 12 min 的载氟新型氧化铝在简单电解质中的溶解过程如图 3-12 所示。

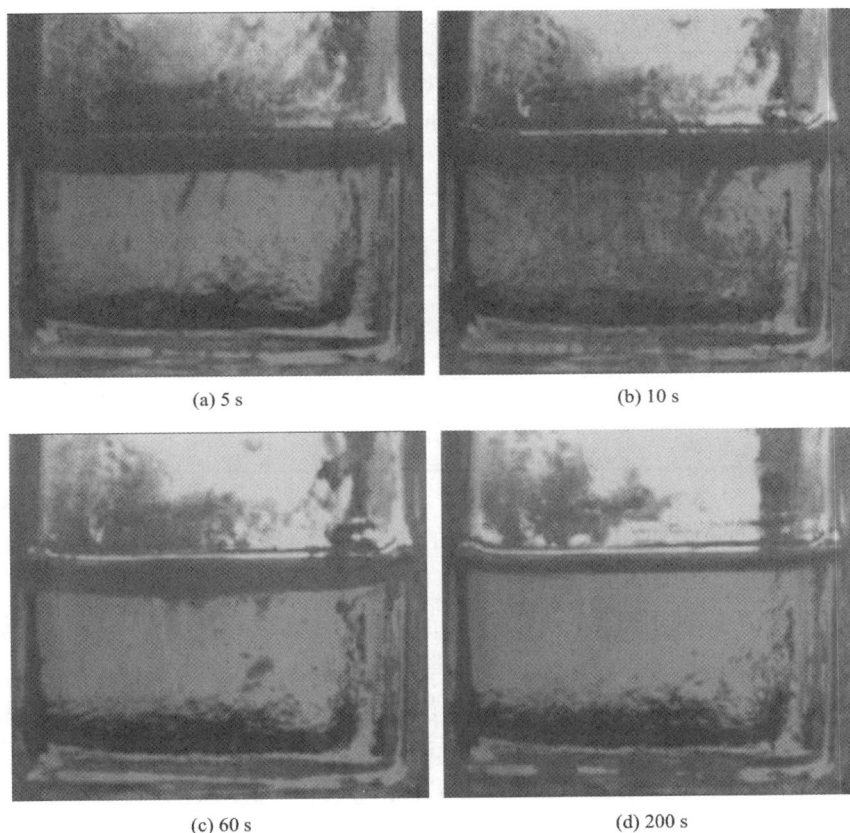

(a) 5 s      (b) 10 s

(c) 60 s      (d) 200 s

图 3-12   80℃吸附 12 min 的载氟新型氧化铝在简单电解质中的溶解过程(彩图版见附录)

添加载氟新型氧化铝后,载氟新型氧化铝首先漂浮在电解质表面。随后,一部分呈粉末状,在电解质中下沉、溶解,但仍有部分漂浮在电解质表面,漂浮的氧化铝溶解较快。当漂浮在液面上的氧化铝逐渐溶解后,一小部分氧化铝下沉至坩埚底部。与在不同温度下吸附后的载氟新型氧化铝的溶解过程类似,只是溶解时间稍有差异。

将载氟新型氧化铝和参照碱法载氟氧化铝在简单电解质中的单次溶解时间对比列于表3-5中。从表3-5可见,在向简单电解质添加氧化铝的过程中,与新鲜氧化铝相比较,两种载氟氧化铝的溶解时间均缩短。碱法载氟氧化铝单次溶解时间平均为4.4 min,新型载氟氧化铝的溶解时间略长,为4.8~5.2 min。

表3-5　载氟新型氧化铝和参照碱法载氟氧化铝在简单电解质中的溶解时间对比

| 添加次数 | 新型载氟氧化铝 | | | 参照碱法载氟氧化铝 |
|---|---|---|---|---|
| | 单次溶解时间/min | | | 单次溶解时间/min |
| | 80℃, 12 min | 95℃, 12 min | 110℃, 12 min | |
| 1 | 5 | 4 | 4 | 4 |
| 2 | 4 | 5 | 5 | 4 |
| 3 | 5 | 5 | 4 | 3 |
| 4 | 6 | 5 | 5 | 7 |
| 5 | 6 | 7 | 6 | 4 |
| 平均 | 5.2 | 5.2 | 4.8 | 4.4 |

②载氟新型氧化铝在复杂电解质中的溶解行为:碱法载氟氧化铝在复杂电解质中的溶解过程如图3-13所示。

添加碱法载氟氧化铝后,氧化铝首先漂浮在电解质上方,随后大部分氧化铝呈雪片状在电解质中下沉并溶解,在电解质底部形成沉淀。电解质液面漂浮的少许氧化铝产生的少量气泡并不影响氧化铝溶解,漂浮氧化铝很快溶解。在电解质底部的氧化铝沉淀的溶解较为缓慢,最后达到载氟氧化铝的完全溶解。

80℃吸附12 min的载氟新型氧化铝在复杂电解质中的溶解过程如图3-14所示。

添加载氟新型氧化铝后,由于松装密度小于液态电解质密度,首先漂浮在电解质表面。随后,大量氧化铝呈粉末状在电解质中下沉并溶解,但仍有小部分漂浮在电解质表面,分散在电解质中的氧化铝的溶解速率较快。当漂浮在液面上的氧化铝逐渐溶解后,一小部分氧化铝下沉至坩埚底部。这与在不同温度下吸附后的新型载氟氧化铝的溶解过程类似。载氟新型氧化铝和参照碱法载氟氧化铝在简单电解质中的单次溶解时间对比列于表3-6中。从表3-6可见,与简单电解质体系相比较,在复杂电解质中氧化铝的溶解时间略有增加,参照碱法载氟氧化铝单次溶解时间平均为6.0 min,而新型载氟氧化铝的溶解时间为5.2~5.6 min。

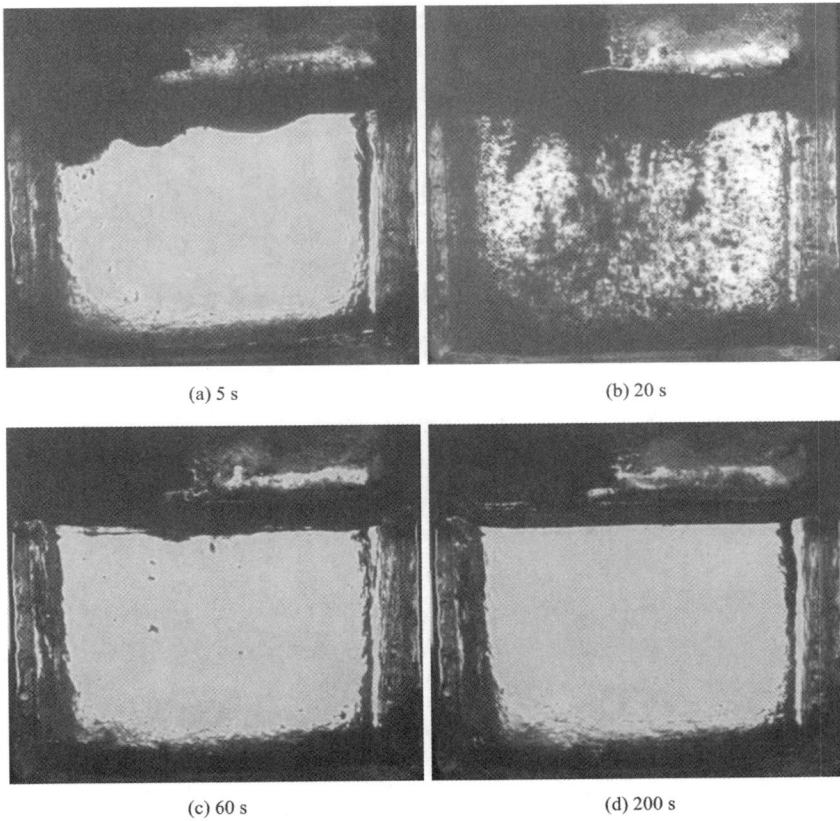

(a) 5 s

(b) 20 s

(c) 60 s

(d) 200 s

图 3-13　碱法载氟氧化铝在复杂电解质中的溶解过程

表 3-6　载氟新型氧化铝和参照碱法载氟氧化铝在复杂电解质中的溶解时间对比

| 添加次数 | 新型载氟氧化铝 | | | 参照碱法载氟氧化铝 |
|---|---|---|---|---|
| | 单次溶解时间/min | | | 单次溶解时间 /min |
| | 80℃，12 min | 95℃，12 min | 110℃，12 min | |
| 1 | 6 | 4 | 5 | 5 |
| 2 | 4 | 5 | 5 | 5 |
| 3 | 5 | 6 | 5 | 6 |
| 4 | 6 | 5 | 6 | 7 |
| 5 | 7 | 7 | 5 | 7 |
| 平均 | 5.6 | 5.4 | 5.2 | 6.0 |

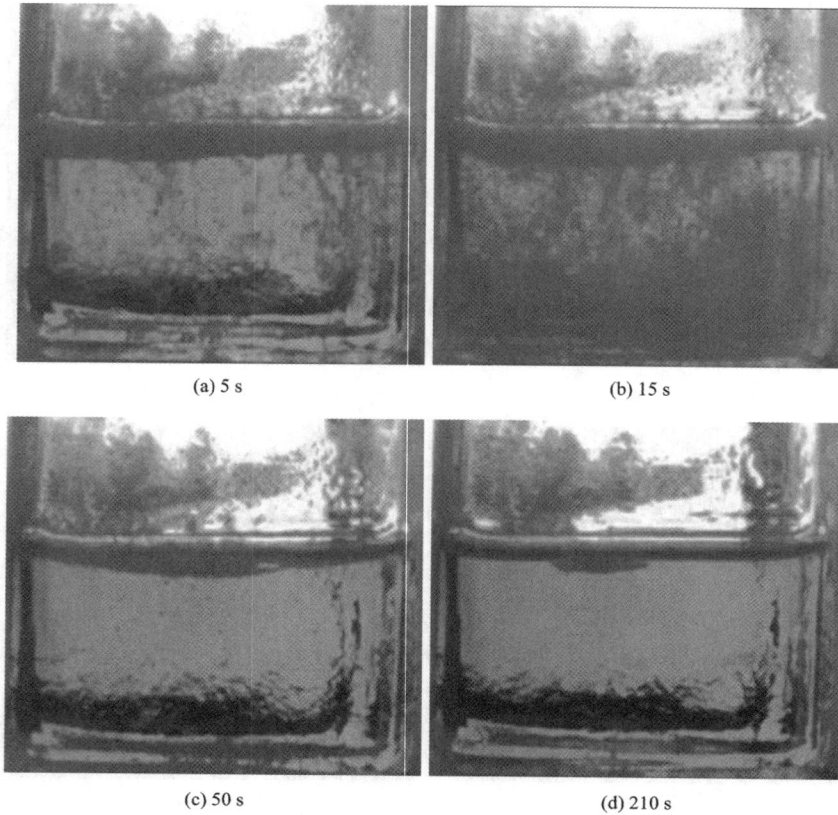

(a) 5 s

(b) 15 s

(c) 50 s

(d) 210 s

**图 3-14 80℃吸附 12 min 的载氟新型氧化铝在复杂电解质中的溶解过程(彩图版见附录)**

③新型氧化铝动态溶解性能:不同搅拌速度下,新型氧化铝在复杂电解质体系下的溶解时间如表 3-7 所示。

**表 3-7 不同搅拌速度下 1%(2 g)氧化铝单次溶解时间**

| 试样 | 搅拌速度 /(cm·s$^{-1}$) | 电解质中氧化铝质量分数/% | | | | | |
| --- | --- | --- | --- | --- | --- | --- | --- |
| | | 0 | 1 | 2 | 3 | 4 | 5 |
| | | 质量分数为 1%(2 g)氧化铝试样的单次溶解时间/min | | | | | |
| 新型氧化铝 | 17 | 4 | 2 | 4 | 3 | 3 | 4 |
| | 25 | 0.8 | 0.9 | 0.9 | 0.8 | 1.0 | — |

从表 3-7 可以看出，搅拌能够大幅加快氧化铝的溶解。对电解质进行搅拌能够加快氧化铝颗粒溶解时的动力学传质和传热过程。搅拌能够加快液态电解质和固体氧化铝颗粒之间的热量传输，降低颗粒周围的温度梯度，防止颗粒被冷凝的电解质包裹。搅拌还能够降低电解质和氧化铝颗粒之间、液态电解质内部的浓度梯度，强化扩散和换热过程，从而极大地提升氧化铝的溶解速度。

在工业铝电解槽中，液态电解质的流动主要受铝液层流动的影响和阳极气体溢出时对电解质的搅拌作用。铝液层在电解槽阴极母线磁场的作用下以 10~30 cm/s 的速度在电解槽中流动，因此与铝液层相邻的电解质层在其剪切力作用下，随铝液层流动方向在电解槽中整体流动，流动速度为 10~20 cm/s。阳极气体在炭素阳极底部移动、释放时排挤电解质，引起电解质小范围紊流，由于气泡释放时随机性较大，因此，也可以认为在单块阳极周围的液态电解质存在随机方向的局部流动（或漩涡）。氧化铝在工业电解槽中溶解时，加料点附近的电解质是流动的，也就相当于向氧化铝的溶解过程介入搅拌作用。

## 3.6　新型氧化铝吸附性能

### 3.6.1　氧化铝对氟化氢气体的吸附机理

当气体或者蒸汽在固体表面被吸附时，被吸附的物质称为吸附质，具有吸附能力的固体物质称为吸附剂。吸附剂多为固体粉末或多孔物质，这些物质均具有较大的比表面积，以实现更大的吸附能力。常用的吸附剂有硅胶、分子筛、活性炭、活性氧化铝等。

吸附分为物理吸附和化学吸附。物理吸附是由固体和气体分子之间的范德华引力产生的，一般比较弱，吸附热较小（小于 25 kJ/mol），接近于气体的汽化热。物理吸附只取决于气体的物理性质及固体吸附剂的性质，无选择性，任何固体都可以吸附气体，仅是吸附量有所不同。吸附的稳定性不高，吸附和解吸的速率较慢（相对于化学吸附而言）。物理吸附可以是单分子层的，也可以是多分子层的，吸附不需要活化能。物质的沸点越高，越容易液化，物理吸附更容易。吸附质的压力越大，吸附速率越高，饱和吸附量越高。吸附过程会伴随着热量的释放，因此吸附量随着温度升高而下降。

化学吸附是由吸附剂和吸附质分子间产生的化学键力结合的，这种结合力较强。吸附热较高（大于 40 kJ/mol），接近于化学反应热。化学吸附有明显的选择性，固体表面的活性位只能吸附可以与之发生反应的气体分子，如碱位吸附酸性分子等。化学吸附相较物理吸附更稳定，而且吸附后不易解吸，必须采用其他手段（如提高温度使之发生热分解，或者用另一种活性物质与其反应）才能将二者分离，所以说化学吸附一般是不可逆的过程。化学吸附仅是单分子层的吸附，吸附需要活化能，温度升高，吸附和解吸的速率加快。吸附过程中吸附剂和吸附质之间发生了化学反应生成新的物质，通过红外、紫外–可见光谱等检测手段可以发现有新的特征吸收带出现。

在某一温度下，以吸附质压力为横坐标，吸附量为纵坐标，绘制的曲线称为某物质在该温度下的等温吸附（脱附）曲线。通过对吸脱附曲线的研究可以分析吸附剂对该吸附质的吸附能力和吸附剂的微孔结构特点等。1985 年，国际纯粹与应用化学联合会（IUPAC）在总结了大量吸附材料的吸附特点后，提出了吸附等温线的 6 种分类（图 3–15）。

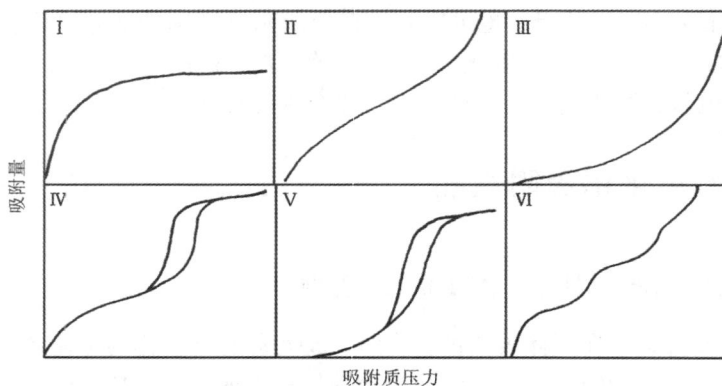

图 3–15　吸附等温线的分类

类型Ⅰ：Langmuir 单分子型，表示在微孔吸附剂上的吸附情况，如 78K 下氮气在活性炭上的吸附；

类型Ⅱ：S 型，表示在大孔吸附剂上的吸附情况，此处吸附质与吸附剂间存在较强的相互作用；

类型Ⅲ也表示在大孔吸附剂上的吸附情况，但此处吸附质分子与吸附剂表面间存在较弱的相互作用，吸附质分子之间的相互作用对吸附等温线有较大影响，曲线呈凹形，没有饱和吸附。如 352K 时 $Br_2$ 在硅胶上的吸附；

类型Ⅳ是有着毛细凝结的单层吸附情况；

类型Ⅴ是有着毛细凝结的多层吸附情况，如 373K 时水蒸气在活性炭上的吸附；

类型Ⅵ是表面均匀的非多孔吸附剂上的多层吸附情况。

类型Ⅳ和类型Ⅴ中吸附曲线和脱附曲线之间没有重合，形成了一个封闭的环，这种现象叫作毛细凝结现象，亦称作吸附的滞后现象。这种现象多发生在中孔吸附剂当中。在吸附过程中，开始在较低的压力下，吸附质气体的吸附是单分子层的吸附，随着压力的增加，开始转变成多层吸附，最终气体吸附质凝聚下来，形成液体；而在脱附的过程中，相界面的形态发生了变化，脱附时弯月面的蒸发压力与吸附时的饱和压力不同了。于是吸附分支曲线与脱附分支曲线不相重合，形成了滞留回环。

滞留回环的形状可以反映出吸附剂的微孔结构特点，如图 3-16 所示。H1 图滞留回环比较狭窄，吸附与脱附曲线几乎呈竖直方向且近乎平行。这类孔的半径均匀，当平衡压力上升到与孔半径相应要求的压力值时，会发生毛细凝结，并使所有的孔迅速充满，吸附量急剧增加；脱附时也由于半径均匀，能很快使孔中吸附质排出。说明该吸附剂是通过成团或压缩方式而形成，其孔径分布较窄，如两端开口不规则的筒形、棱柱形的孔都可能出现此类滞后圈。H2 图滞留回环比较宽大，脱附曲线远比吸附曲线陡峭，脱附线在中等相对压力时迅速下降。脱附时，压力只有与狭缝宽度相应的弯月液面有效半径所要求的数值相符合，液态吸附质才可从缝隙中逸出。说明该吸附剂是平行板狭缝，具有较宽的孔径和多样的孔型分布。H3 图滞留回环的吸附分支曲线在较高的相对压力下也不表现出极限吸附量，吸附量随着压力的增加而单调递增，说明该吸附剂为片状材料，且具有狭长裂口型的孔状结构，其典型的孔结构是锥形或双锥形孔；H4 图的滞留回环也比较狭窄，吸附曲线和脱附曲线也近乎平行，但是与 H1 图不同的是两曲线几乎是水平的，吸附剂的孔径分布较宽。

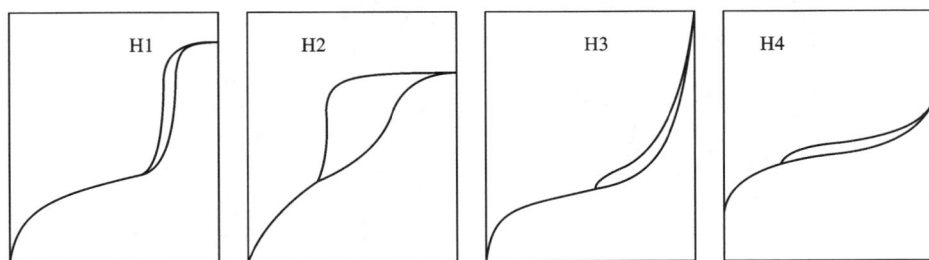

图 3-16　滞留回环分类图

从氧化铝和氟化氢气体的性质可以了解到，氧化铝颗粒细，微孔多，比表面积大，具有两性化合物的特性，是干法净化回收的理想吸附剂；氟化氢气体酸性强，沸点高，负电性大，因此很容易被氧化铝所吸附。

从物理化学观点出发，氧化铝吸附氟化氢气体主要包含以下几个步骤：

①氟化氢气体不断扩散，通过氧化铝表面气膜到达氧化铝表面。

②氟化氢气体受化学键的作用，发生化学吸附过程，在氧化铝表面，原子排

列成行，这些原子都有剩余价力。当空间中的氟化氢气体分子，通过氧化铝表面气膜接近氧化铝时，就会被剩余价力所吸附。

③被吸附的氟化氢气体和氧化铝发生化学反应，生成表面化合物氟化铝，其反应式为：

$$Al_2O_3 + 6HF === 2AlF_3 + 3H_2O \qquad (3-1)$$

由此可知，氧化铝对氟化氢的吸附是化学吸附为主、物理吸附为辅的过程，在吸附过程中使吸附剂与氟化氢充分接触，促进气体扩散，吸附会达到很好的效果。

### 3.6.2 新型氧化铝物理吸附性能分析

氧化铝对于水蒸气的吸附为物理吸附过程，因此以水蒸气为吸附介质，对新型氧化铝的物理吸附过程进行考察。

（1）水蒸气吸附实验设计

水蒸气吸附实验采用的是美国康塔公司的水吸附分析仪，如图 3-17 所示，左侧为设备实物图，右侧是吸附室，氧化铝放在其中的一个托盘上进行吸附实验，另一个托盘作为参照，不放任何物质。实验前，将氧化铝在 300℃ 下加热 6 h，脱去氧化铝表面的吸附水，并置于干燥皿中保存。每次实验中氧化铝的用量为 20~25 mg，实验时间约为 24 h。

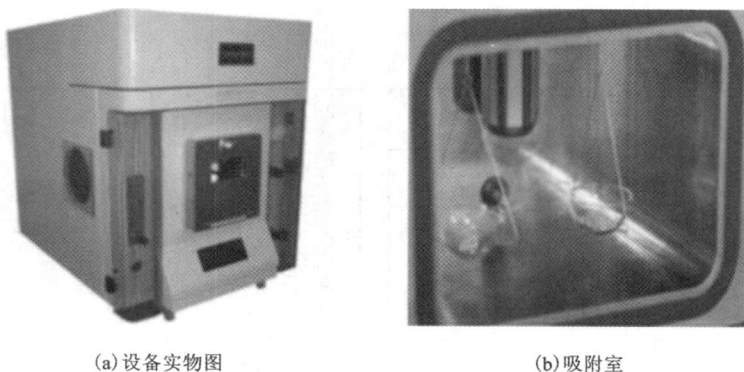

(a)设备实物图 　　　　　　　(b)吸附室

**图 3-17　水吸附分析仪**

实验的具体过程为：实验前，需先通入一定时间干燥的高纯氮气，以吹扫吸附室，降低吸附室内部水蒸气的含量；再称取一定量的氧化铝，并将其放入一个托盘中，设定实验温度，等待天平稳定和温度的恒定；之后，通过按比例补充水蒸气和干燥氮气来调节内部的湿度，设定程序使吸附室内的相对湿度稳定在 10%，开始吸附实验。当氧化铝质量达到稳定后，提升吸附室内的相对湿度至

20%，重复实验，直至相对湿度达到 90%。吸附实验结束后，逐步降低吸附室的相对湿度（以 10%为梯度降低）至 10%以下，此即为其水蒸气的脱附过程。实验过程中记录氧化铝的质量变化，得到水蒸气的吸脱附曲线。

（2）水蒸气吸附实验结果分析

该设备的使用温度为 6~80℃，本实验设定温度为 20℃，对新型氧化铝和一种碱法氧化铝分别进行了水蒸气的吸附脱附实验。实验结果如图 3-18 和图 3-19 所示。

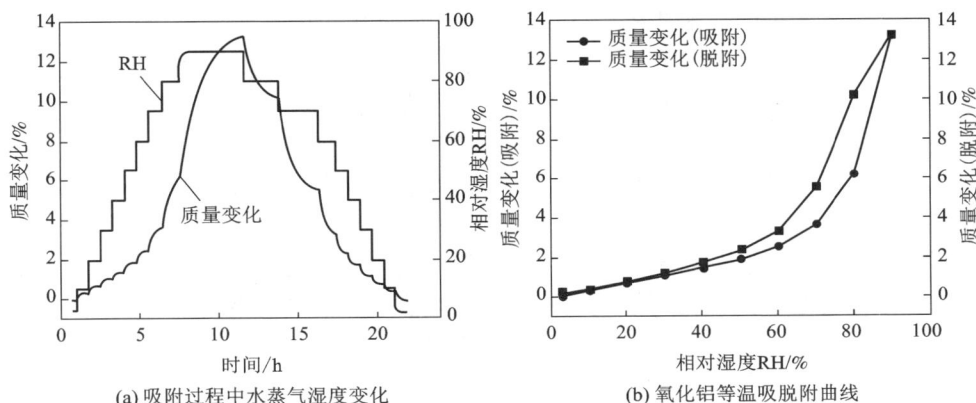

(a) 吸附过程中水蒸气湿度变化　　(b) 氧化铝等温吸脱附曲线

**图 3-18　参照碱法氧化铝的水蒸气吸脱附曲线（20℃）**

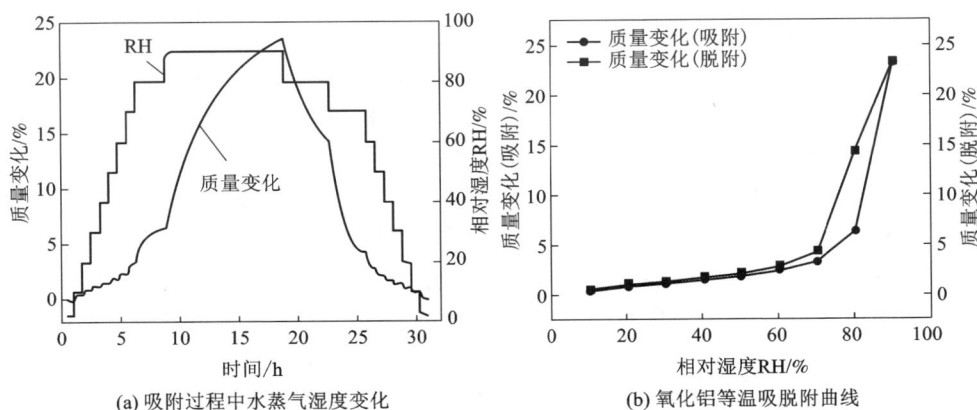

(a) 吸附过程中水蒸气湿度变化　　(b) 氧化铝等温吸脱附曲线

**图 3-19　新型氧化铝的水蒸气吸脱附曲线（20℃）**

由此可以看出，两种氧化铝的吸脱附曲线较为一致，都符合经典吸附 IUPAC 分类的第 V 类曲线，表明水蒸气在氧化铝的吸附过程中发生了多分子层吸附；吸附和脱附曲线形成了封闭的环，发生了毛细凝聚现象。滞留回环的形状符合 H3 图，表明氧化铝内部为狭长裂口型的孔状结构。在水蒸气分压较低时，氧化铝的吸水量变化十分缓慢；当水蒸气的相对湿度超过 60% 后，两种碱法氧化铝的吸附量迅速增加；而新型氧化铝在相对湿度超过 70% 后，其吸附量增加的幅度迅速提高。与该现象对应的是氧化铝的孔径分布这一参数，吸附是从小孔向大孔填充的过程。不同半径的微孔在吸附时所对应的水蒸气压力值不同，随着气体压力的增加，发生气体凝结的毛细孔孔径越来越大；新型氧化铝的吸附量迅速增加时对应的水蒸气分压高表明其孔径较大(相对碱法氧化铝)的孔占的比例较多。

20℃时，新型氧化铝的吸附水蒸气的能力略强，吸附量的大小与氧化铝的比表面积呈现出正相关的关系(参照碱法、新型氧化铝的比表面积依次增大)。新型氧化铝的颗粒粒度大，比表面积和总孔容积大，颗粒内部较大孔的数量更多，孔隙结构更发达，这些性质都有利于其对水蒸气的吸附。

水蒸气吸附实验的结果表明气体分子能够很好地在两种氧化铝的内部孔隙中进行扩散。通过水蒸气在新型氧化铝和参照碱法氧化铝上的吸附实验发现，新型氧化铝和碱法氧化铝对于气体分子的物理吸附能力都能符合工业干法净化的需求。

### 3.6.3 新型氧化铝对氟化氢的吸附性能研究

利用实验室自组装的 HF 吸附装置对新型氧化铝和参照碱法氧化铝的 HF 吸附性能进行了详细的测试分析。

(1)氟化氢吸附实验条件设定

选取了两种氧化铝(一种参照氧化铝和新型氧化铝)来进行 HF 气体吸附实验。铝电解生产中，烟气净化系统的工作温度为 90~200℃，气体净化系统的 HF 浓度为 300~500 μL/L。吸附温度设定为 80℃、95℃、120℃、140℃、160℃、180℃。HF 气体的浓度为 500 μL/L，由 1000 μL/L 的 HF 标准气体和高纯氩气等量配比而成。每种氧化铝在上述温度下分别吸附 12 min、20 min、30 min、45 min、60 min 后成为载氟氧化铝，之后通过测量其载氟量以求得该氧化铝在此温度下的吸附量。每个温度条件下设置一个空白组，仅通入高纯氩气，不通 HF 气体。

图 3-20 是 25℃时碱法氧化铝吸附 HF 气体 60 min 实验中 HF 气体和氩气的流量图，横坐标为实验数据记录的次数。从图 3-20 可以看出，两种气体的流量比较稳定，随着实验的进行，气体流量稍有波动，这是由于在实验中，混合气体对氧化铝颗粒的冲击会导致床层发生改变，吸附段的气流阻力也会随之发生变

化，造成气流的轻微变化。

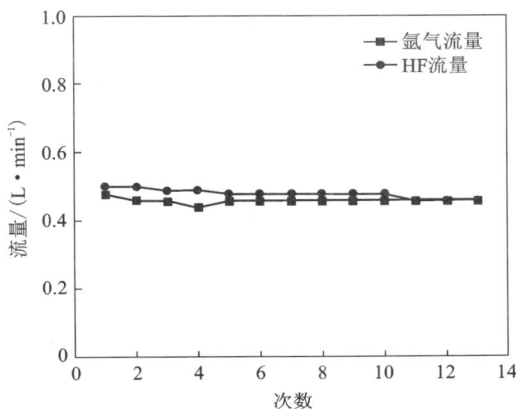

图 3-20　实验中气体流量变化图

　　实验的具体流程为：实验开始时，将装有 0.5000 g 氧化铝和 3.5 g 特氟龙颗粒的 PFA 管放入加热体中，设定温度后升温。打开高纯氩气的阀门，使管路中充满氩气，等待温度达到预定的吸附温度。温度稳定后，打开 HF 气体阀门，将出气压力和氩气调节一致，调节流量计的流量与氩气的流量，使之相同，此时吸附开始并计时。实验过程中，每隔一定的时间记录吸附温度和两种气体的流量。吸附结束后，先关闭 HF 气体的阀门，继续通 10 min 左右的氩气，以赶出管路中剩余的 HF 气体。之后关闭氩气阀门，取出 PFA 管，换入另一根管，再进行重复实验。

　　HF 气体吸附实验结束后，将 PFA 管取出，把载氟氧化铝、特氟龙颗粒和脱脂棉全部倒入烧杯中，用去离子水清洗管路内壁，用 250 mL、0.01 mol/L 的 NaOH 溶液充分溶解并搅拌，静置后取上清液 5 mL，用少量稀盐酸调节至中性，加入 20 mL TISAB 缓冲液，定容至 50 mL 容量瓶中，用氟离子选择电极测得其电位值，根据标准曲线计算溶液中氟离子的浓度，进而换算为载氟氧化铝的载氟量。

　　(2)温度 80℃时氟化氢吸附实验结果分析

　　表 3-8 所示为 80℃碱法氧化铝的载氟量计算结果。表 3-9 所示为 80℃新型氧化铝的载氟量计算结果。图 3-21 为 80℃两种氧化铝的载氟量和累计平均吸附效率图。

表 3-8 80℃碱法氧化铝的载氟量计算结果

| 吸附时间 /min | 电位 $E$/mV | | 载氟量 /$[g\ HF\cdot(100\ g\ Al_2O_3)^{-1}]$ | 累计平均吸附 效率/% |
|---|---|---|---|---|
| | $E_1$ | $E_2$ | | |
| 0 | 318.9 | 318.6 | 0.020 | — |
| 12 | 220.5 | 220.1 | 1.233 | 90.87 |
| 20 | 209.8 | 209.3 | 1.929 | 85.30 |
| 30 | 203.6 | 203.9 | 2.457 | 72.43 |
| 45 | 199.0 | 199.1 | 2.993 | 57.64 |
| 60 | 197.9 | 198.0 | 3.139 | 48.92 |

表 3-9 80℃新型氧化铝的载氟量计算结果

| 吸附时间 /min | 电位 $E$/mV | | 载氟量 /$[g\ HF\cdot(100\ g\ Al_2O_3)^{-1}]$ | 累计平均吸附 效率/% |
|---|---|---|---|---|
| | $E_1$ | $E_2$ | | |
| 0 | 290.6 | 291.2 | 0.065 | — |
| 12 | 220.1 | 220.2 | 1.240 | 91.39 |
| 20 | 211.9 | 211.3 | 1.771 | 78.52 |
| 30 | 205.6 | 205.2 | 2.293 | 67.59 |
| 45 | 199.6 | 200.0 | 2.894 | 56.88 |
| 60 | 195.7 | 196.1 | 3.399 | 50.10 |

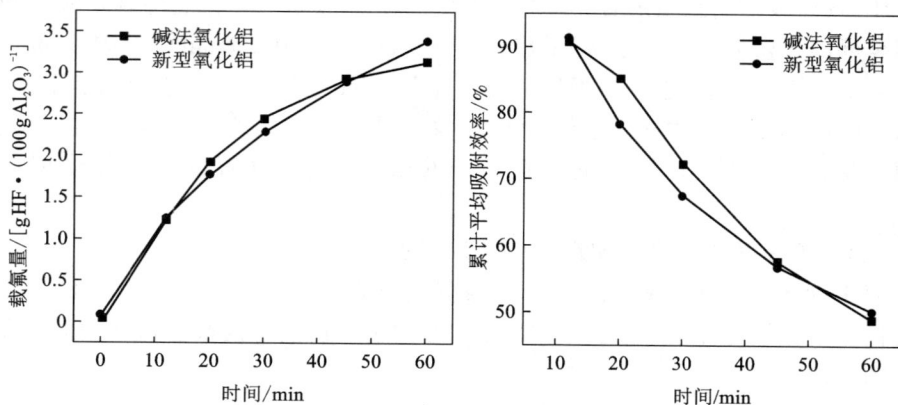

图 3-21 80℃两种氧化铝的载氟量和累计平均吸附效率图

从图 3-21 可以看出，两条曲线的趋势十分接近，说明两种氧化铝表现出相同的 HF 吸附能力，吸附过程也基本接近。80℃时氧化铝对 HF 的吸附能力明显比温度 25℃时更强，吸附速度也更快。吸附时间达到 60 min 时，两种氧化铝尚未达到饱和，此时碱法氧化铝的载氟量达到 3.14 g HF/100 g $Al_2O_3$，新型氧化铝的载氟量为 3.40 g HF/100 g $Al_2O_3$，都高于 25℃时的载氟量。可见吸附温度从 25℃升高至 80℃后，两种氧化铝对 HF 的吸附能力明显加强。

与 25℃时的吸附效率曲线类似，新型氧化铝的吸附效率最高，随着吸附时间的增加，HF 吸附效率逐渐降低。由于高温下吸附过程的不同，导致新型氧化铝的效率曲线与常温下有所区别，与碱法氧化铝表现出相同的趋势。

（3）温度 95℃时氟化氢吸附实验结果分析

表 3-10 所示为 95℃碱法氧化铝的载氟量计算结果。表 3-11 所示为 95℃新型氧化铝的载氟量计算结果。图 3-22 为 95℃两种氧化铝的载氟量和累计平均吸附效率图。

表 3-10　95℃碱法氧化铝的载氟量计算结果

| 吸附时间 /min | 电位 $E$/mV | | 载氟量 /[g HF·(100 g $Al_2O_3$)$^{-1}$] | 累计平均吸附 效率/% |
|---|---|---|---|---|
| | $E_1$ | $E_2$ | | |
| 0 | 318.9 | 318.6 | 0.020 | — |
| 12 | 209.4 | 208.5 | 1.182 | 87.11 |
| 20 | 208.3 | 209.1 | 1.995 | 88.22 |
| 30 | 200.9 | 201.3 | 2.747 | 80.98 |
| 45 | 197.4 | 197.5 | 3.206 | 63.01 |
| 60 | 196.3 | 193.8 | 3.314 | 48.85 |

表 3-11　95℃新型氧化铝的载氟量计算结果

| 吸附时间 /min | 电位 $E$/mV | | 载氟量 /[g HF·(100 g $Al_2O_3$)$^{-1}$] | 累计平均 吸附效率/% |
|---|---|---|---|---|
| | $E_1$ | $E_2$ | | |
| 0 | 290.6 | 291.2 | 0.065 | — |
| 12 | 221.8 | 222.0 | 1.153 | 90.65 |
| 20 | 207.8 | 208.4 | 2.050 | 84.98 |
| 30 | 205.2 | 205.0 | 2.323 | 68.48 |
| 45 | 202.0 | 202.3 | 2.624 | 51.47 |
| 60 | 196.6 | 196.7 | 2.936 | 42.37 |

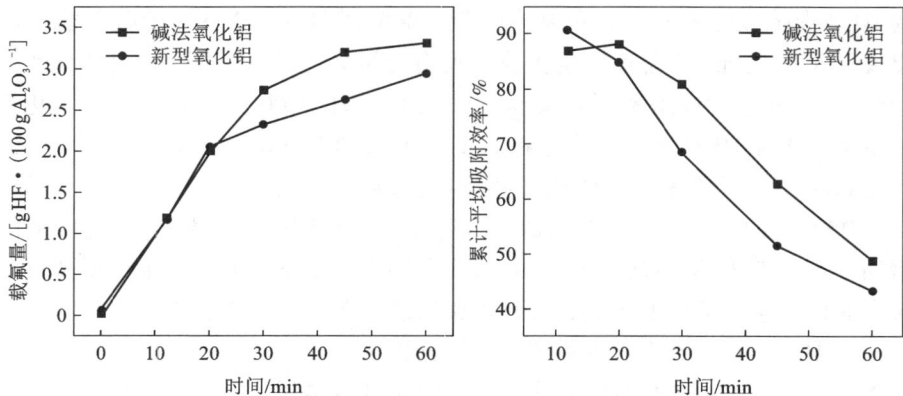

**图 3-22  95℃两种氧化铝的载氟量和累计平均吸附效率图**

从图 3-22 可见，两种氧化铝在 20 min 前表现出相同的吸附特性，之后碱法氧化铝的吸附量始终高于新型氧化铝的吸附量。60 min 时碱法氧化铝的载氟量为 3.31 g HF/100 g Al$_2$O$_3$，曲线有饱和的趋势；新型氧化铝的载氟量为 2.94 g HF/100 g Al$_2$O$_3$，吸附量仍在进一步上升。

从吸附效率曲线来看，新型氧化铝的吸附效率的最大值，在 90% 左右；吸附效率随着吸附时间的增加而逐渐降低。两种氧化铝呈现出相同的吸附特点，当超过某一时间后，碱法氧化铝的吸附效率高于新型氧化铝的吸附效率。

（4）温度 120℃时氟化氢吸附实验结果分析

表 3-12 所示为 120℃碱法氧化铝的载氟量计算结果。表 3-13 所示为 120℃新型氧化铝的载氟量计算结果。图 3-23 为 120℃两种氧化铝的载氟量和累计平均吸附效率图。

**表 3-12  120℃碱法氧化铝的载氟量计算结果**

| 吸附时间 /min | 电位 $E$/mV | | 载氟量 /[g HF·(100 g Al$_2$O$_3$)$^{-1}$] | 累计平均吸附效率/% |
|---|---|---|---|---|
| | $E_1$ | $E_2$ | | |
| 0 | 325.9 | 326.3 | 0.031 | — |
| 12 | 235.3 | 231.5 | 1.428 | 52.62 |
| 20 | 230.3 | 229.2 | 1.663 | 52.51 |
| 30 | 228.4 | 227.8 | 1.781 | 36.77 |
| 45 | 227.1 | 226.6 | 1.876 | 36.07 |
| 60 | 223.1 | 224.9 | 2.145 | 31.62 |

表 3-13　120℃新型氧化铝的载氟量计算结果

| 吸附时间 /min | 电位 E/mV | | 载氟量 /[g HF·(100 g Al$_2$O$_3$)$^{-1}$] | 累计平均吸附 效率/% |
| --- | --- | --- | --- | --- |
| | E$_1$ | E$_2$ | | |
| 0 | 304.2 | 305.9 | 0.067 | — |
| 12 | 232.9 | 230.7 | 1.526 | 56.23 |
| 20 | 226.3 | 227.8 | 1.860 | 51.12 |
| 30 | 225.3 | 226.7 | 1.934 | 41.13 |
| 45 | 224.8 | 222.9 | 2.100 | 33.61 |
| 60 | 221.7 | 219.4 | 2.360 | 26.75 |

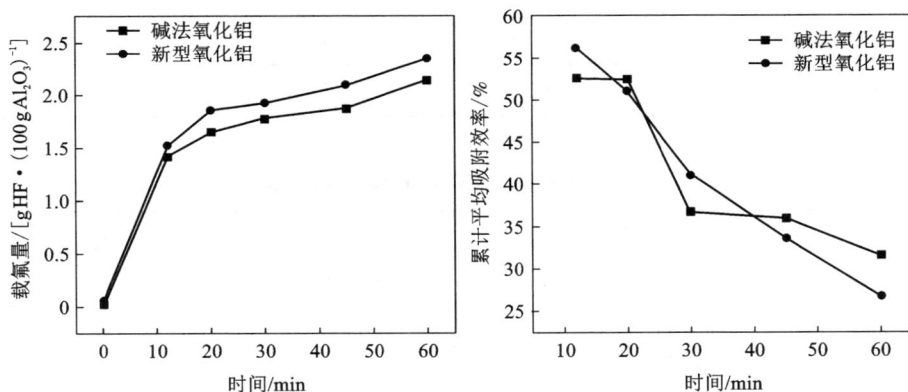

图 3-23　120℃两种氧化铝的载氟量和累计平均吸附效率图

从图 3-23 可见，两种氧化铝的载氟量在 12 min 前迅速增加，之后增速变慢，60 min 时仍有上升的趋势。二者的吸附曲线十分接近，新型氧化铝的载氟量高于碱法氧化铝的载氟量。60 min 时碱法氧化铝的载氟量为 2.15 g HF/100 g Al$_2$O$_3$；新型氧化铝的载氟量为 2.36 g HF/100 g Al$_2$O$_3$，载氟量均比之前温度有所下降。

从吸附效率曲线来看，新型氧化铝的吸附效率的最大值在 55% 左右，最终的吸附效率也比低温时小；整体来看，碱法氧化铝的吸附效率和新型氧化铝的吸附效率相近。

（5）温度140℃时氟化氢吸附实验结果分析

表 3-14 所示为 140℃碱法氧化铝的载氟量计算结果。表 3-15 所示为 140℃新型氧化铝的载氟量计算结果。图 3-24 为 140℃两种氧化铝的载氟量和累计平均吸附效率图。

表 3-14　140℃碱法氧化铝的载氟量计算结果

| 吸附时间 /min | 电位 $E$/mV | | 载氟量 /[ g HF·( 100 g Al$_2$O$_3$ )$^{-1}$] | 累计平均吸附 效率/% |
|---|---|---|---|---|
| | $E_1$ | $E_2$ | | |
| 0 | 330.8 | 329.4 | 0.024 | — |
| 12 | 248.1 | 247.9 | 0.776 | 57.20 |
| 20 | 241.8 | 240.4 | 1.018 | 45.02 |
| 30 | 235.0 | 233.7 | 1.395 | 41.13 |
| 45 | 230.3 | 228.5 | 1.682 | 33.06 |
| 60 | 225.2 | 223.6 | 2.013 | 31.00 |

表 3-15　140℃新型氧化铝的载氟量计算结果

| 吸附时间 /min | 电位 $E$/mV | | 载氟量 /[ g HF·( 100 g Al$_2$O$_3$ )$^{-1}$] | 累计平均吸附 效率/% |
|---|---|---|---|---|
| | $E_1$ | $E_2$ | | |
| 0 | 309.7 | 308.9 | 0.060 | — |
| 12 | 226.8 | 225.4 | 1.936 | 71.34 |
| 20 | 225.7 | 222.5 | 2.104 | 46.52 |
| 30 | 219.1 | 216.0 | 2.774 | 40.74 |
| 45 | 219.1 | 215.3 | 2.805 | 27.57 |
| 60 | 214.4 | 212.9 | 3.252 | 23.97 |

从图 3-24 可见，140℃时新型氧化铝的载氟量明显高于碱法氧化铝，其吸附速率较快，60 min 时新型氧化铝的载氟量为 3.25 g HF/100 g Al$_2$O$_3$。碱法氧化铝的吸附速率较慢，60 min 时其载氟量为 2.013 g HF/100 g Al$_2$O$_3$，低于 120℃时的载氟量。

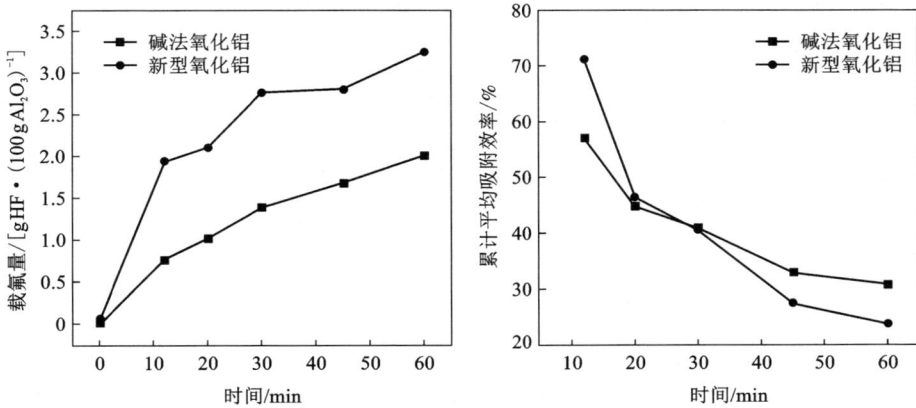

图 3-24　140℃两种氧化铝的载氟量和累计平均吸附效率图

从吸附效率曲线来看,新型氧化铝的吸附效率的最大值在 60% 以上,之后逐渐下降,最终吸附效率在 30% 以下,表明温度的持续提升对吸附产生了不利的影响;整体来看,前期碱法氧化铝的吸附效率低于新型氧化铝的吸附效率,而后相反。

(6)温度 160℃时氟化氢吸附实验结果分析

表 3-16 所示为 160℃碱法氧化铝的载氟量计算结果。表 3-17 所示为 160℃新型氧化铝的载氟量计算结果。图 3-25 为 160℃两种氧化铝的载氟量和累计平均吸附效率图。

表 3-16　160℃碱法氧化铝的载氟量计算结果

| 吸附时间 /min | 电位 $E$/mV | | 载氟量 /[g HF·(100 g Al$_2$O$_3$)$^{-1}$] | 累计平均吸附 效率/% |
|---|---|---|---|---|
| | $E_1$ | $E_2$ | | |
| 0 | 327.1 | 328.0 | 0.029 | — |
| 12 | 229.6 | 228.1 | 1.726 | 63.60 |
| 20 | 229.0 | 227.6 | 1.766 | 39.05 |
| 30 | 220.5 | 222.2 | 2.360 | 34.79 |
| 45 | 220.3 | 216.9 | 2.619 | 26.00 |
| 60 | 217.1 | 215.4 | 2.919 | 21.51 |

表 3-17　160℃新型氧化铝的载氟量计算结果

| 吸附时间 /min | 电位 $E$/mV | | 载氟量 /[g HF·(100 g Al$_2$O$_3$)$^{-1}$] | 累计平均吸附效率/% |
| --- | --- | --- | --- | --- |
| | $E_1$ | $E_2$ | | |
| 0 | 304.8 | 303.3 | 0.077 | — |
| 12 | 226.1 | 223.1 | 2.060 | 75.91 |
| 20 | 220.8 | 219.5 | 2.480 | 54.83 |
| 30 | 221.1 | 217.0 | 2.60 | 38.18 |
| 45 | 215.3 | 212.4 | 3.225 | 31.69 |
| 60 | 212.9 | 211.4 | 3.462 | 25.52 |

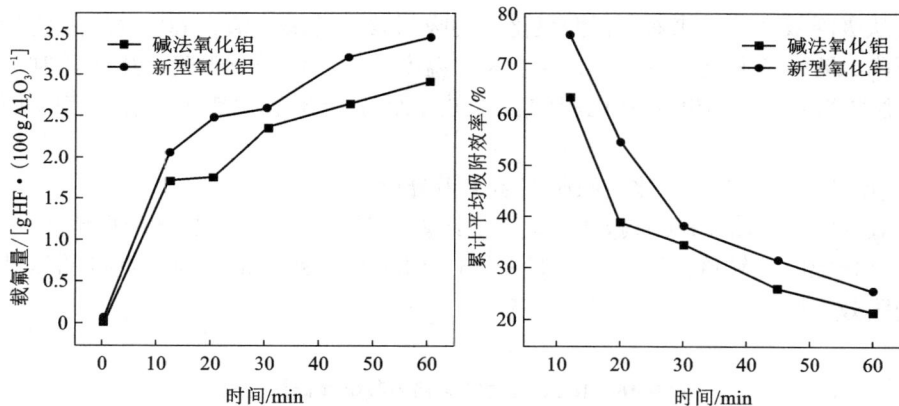

图 3-25　160℃两种氧化铝的载氟量和累计平均吸附效率图

从图 3-25 可见，两种氧化铝的吸附曲线近似平行，开始时的载氟量增速较快，之后增速变慢。60 min 时碱法氧化铝的载氟量为 2.92 g HF/100 g Al$_2$O$_3$，新型氧化铝的载氟量为 3.46 g HF/100 g Al$_2$O$_3$。二者在该温度下的载氟量均高于140℃的载氟量。

从吸附效率曲线来看，新型氧化铝的吸附效率的最大值在 70% 以上，随着吸附的进行，吸附效率下降较快，30 min 左右时吸附效率均较低；整体来看，碱法氧化铝的吸附效率低于新型氧化铝的吸附效率。

（7）温度 180℃时氟化氢吸附实验结果分析

表 3-18 所示为 180℃碱法氧化铝的载氟量计算结果。表 3-19 所示为 180℃新型氧化铝的载氟量计算结果。图 3-26 为 180℃两种氧化铝的载氟量和累计平均吸附效率图。

表 3-18　180℃碱法氧化铝的载氟量计算结果

| 吸附时间 /min | 电位 $E$/mV | | 载氟量 /[g HF·(100 g Al$_2$O$_3$)$^{-1}$] | 累计平均吸附 效率/% |
|---|---|---|---|---|
| | $E_1$ | $E_2$ | | |
| 0 | 331.9 | 328.7 | 0.024 | — |
| 12 | 231.7 | 230.6 | 1.569 | 57.82 |
| 20 | 226.0 | 223.3 | 1.934 | 45.77 |
| 30 | 225.2 | 223.8 | 2.057 | 30.32 |
| 45 | 219.6 | 217.3 | 2.663 | 26.17 |
| 60 | 217.3 | 215.5 | 2.900 | 21.37 |

表 3-19　180℃新型氧化铝的载氟量计算结果

| 吸附时间 /min | 电位 $E$/mV | | 载氟量 /[g HF·(100 g Al$_2$O$_3$)$^{-1}$] | 累计平均吸附 效率/% |
|---|---|---|---|---|
| | $E_1$ | $E_2$ | | |
| 0 | 306.4 | 305.4 | 0.069 | — |
| 12 | 228.0 | 226.4 | 1.850 | 68.17 |
| 20 | 223.1 | 225.1 | 2.104 | 46.52 |
| 30 | 221.8 | 219.9 | 2.409 | 36.64 |
| 45 | 220.3 | 219.9 | 2.486 | 23.67 |
| 60 | 217.3 | 215.0 | 2.931 | 21.60 |

从图 3-26 可见，两种氧化铝的吸附曲线很接近，吸附速率均是先快后慢。载氟量的大小也很接近，60 min 时两种氧化铝的载氟量相近，约 2.93 g HF/100 g Al$_2$O$_3$。从吸附效率曲线来看，新型氧化铝的吸附效率的最大值高于 60%，吸附效率随时间下降较快。

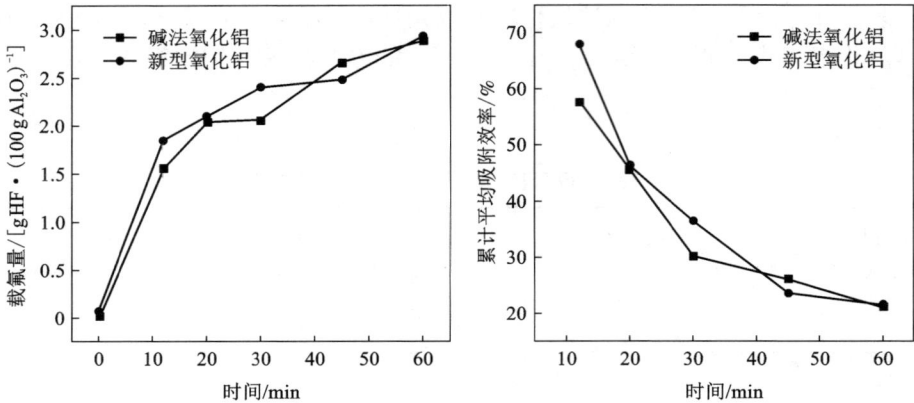

图 3-26　180℃两种氧化铝的载氟量和累计平均吸附效率图

　　两种氧化铝在实验条件下的累计平均吸附效率均随着实验进行而降低，最高吸附效率（吸附刚开始发生时）从接近 100% 逐渐降低为 50% 左右。氧化铝对 HF 气体的吸附属于化学吸附反应，在某一温度下，氧化铝对 HF 的吸附量多少是受化学反应平衡控制的。二者对 HF 气体不同的吸附能力及最佳吸附工艺参数的选择也都存在差异，在进行相应的吸附装置设计和工艺规程制定时，应充分考虑这种差异。

# 第 4 章
# 新型氧化铝电解质体系

## 4.1　基于新型氧化铝的电解质离子结构及其输运特性

### 4.1.1　铝电解质熔体从头算分子动力学研究

#### 4.1.1.1　模拟方法和参数

结构决定性质，深入分析 NaF-AlF$_3$ 铝电解体系的离子结构有助于研究体系输运性质的内在机理。本章计算中，同时结合了经典分子动力学（IPMD）方法和从头算分子动力学（AIMD）方法来提高计算效率。选取了分子比 CR（NaF/AlF$_3$）分别为 2.0、2.2、2.4、2.6、2.8 和 3.0 的铝电解质配比，分子动力学计算的初始结构模型由 Packmol 软件随机将一定数目的粒子投放到指定大小的盒子中得到。NaF-AlF$_3$ 熔盐模拟盒子体系中离子数如表 4-1 所示，共搭建 6 个体系。后续的 AIMD 计算紧接着 IPMD 预热的液体模型，此方法已成功应用在其他分子动力学模拟工作中。值得注意的是，AIMD 对 IPMD 的最终结构是不敏感的，所以用于 IPMD 模拟的力场参数准确性不会影响 AIMD 计算的最终结果。

表 4-1　NaF-AlF$_3$ 铝电解质体系模拟盒子初始条件

| 编号 | CR | NaF | AlF$_3$ | 总原子数 | 温度/K |
|------|------|------|------|------|------|
| 1 | 2.0 | 1000 | 500 | 4000 | 1273 |
| 2 | 2.2 | 1048 | 476 | 4000 | 1273 |
| 3 | 2.4 | 1090 | 455 | 4000 | 1273 |
| 4 | 2.6 | 1130 | 435 | 4000 | 1273 |
| 5 | 2.8 | 1168 | 416 | 4000 | 1273 |
| 6 | 3.0 | 1200 | 400 | 4000 | 1273 |

　　本章使用 Materials Studio 软件中的 Forcite 分子动力学模块对 NaF-AlF₃ 熔盐系统进行 IMPD 模拟，其中 IMPD 所需的 Buckingham 力场参数从文献中得到。在 IMPD 模拟中，使用 Verlet 蛙跳算法求解牛顿运动方程，时间步长为 $1\times10^{-5}$ s。Ewald 加和算法被用于处理含有库仑和偶极的相互作用，同时 Buffer 宽度设置为 0.5 Å，能量计算精度为 0.5 kcal/mol。短程相互作用的截断半径为 15 Å。粒子的形式电荷分别设置为：钠(+1)、铝(+3)和氟(-1)。周期性边界条件被应用于液体盒子模拟过程，用来描述一个没有边界的无限液态系统，使得到的计算结果更为可靠。为了得到完全混合的熔盐系统，消除初始粒子分布对最终模拟结果的影响。模拟盒子系统在 NPT 系综下以 1.01 MPa 压力被升温到 4000 K，结构弛豫时长为 $10^{-10}$ s，这意味着模拟过程中保持系统的粒子数($N$)、压强($P$)和温度($T$)为某一常数。然后过热的液体模型被以 $1$ K/$10^{-12}$ s 的速度被冷却到熔盐的目标熔点温度 1273 K，最后使用 NVT 系综继续进行 $10^{-10}$ s 的结构弛豫。此时，初始和最终状态的密度差异小于 1%，由此产生的最终离子结构以及相对应的粒子速度，用于开展下一步的 AIMD 模拟。

　　接下来使用 Materials Studio 软件中的 CASTEP 第一性原理计算模块进行 NaF-AlF₃ 熔盐的 AIMD 模拟和对特征离子团簇的量子化学计算。AIMD 计算采用广义梯度近似(GGA)中的 Perdew-Burke-Ernzerhof(PBE)相互交联函数。使用 Ultrasoft 超软赝势(USPP)来处理离子实和价电子的相互作用，其中，Na $2s^22p^63s^1$ 电子，Al $3s^23p^1$ 电子和 F $2s^22p^5$ 电子被视为价电子。半经验的 DFT-DT 被用来计算粒子间的范德华弱相互作用力。AIMD 采用 350 eV 的截断能和 $1\times1\times1$ k-point 网格。为确保能量波动幅度小于 1 (meV·atom$^{-1}$)/($10^{-12}$ s)，AIMD 模拟时间步长设为 $1\times10^{-5}$ s。AIMD 采用固定粒子数，体积和温度的 NVT 系综，模拟温度为 1273 K，为使 NaF-AlF₃ 的熔点与 IPMD 模拟保持一致，液体模拟盒子的密度设置为实验值。周期性边界条件也被使用到 AIMD 模拟中来以消除边界效应。最后，收集所有粒子的轨迹，使用 Matlab 程序统计分析粒子的轨迹数据以计算熔盐的结构和传输特性。

## 4.1.1.2　NaF-AlF₃ 铝电解质熔体离子结构

　　从头算分子动力学模拟达到平衡后，获得 NaF-AlF₃ 铝电解质熔体的离子结构模型。图 4-1 所示为分子比 CR=3.0 的铝电解质熔体离子结构模型，从该模型中可以看出，Na 离子和部分 F 离子以自有离子形式存在，而 Al 则完全以铝氟团簇形式存在。根据配位情况不同，铝氟原子构成各种多面体结构，部分铝氟络合离子多面体之间通过 F 原子桥连接构成大离子基团。大离子基团由于体积较大，移动并传输电荷能力差，是导致体系黏度高、电导率低的主要原因之一。根据模拟获得的结构文件，使用 MATLAB 软件编程统计分析，可以统计体系的径向分布函数、平均键长、键角分布、配位数分布和 F 原子类型分布。

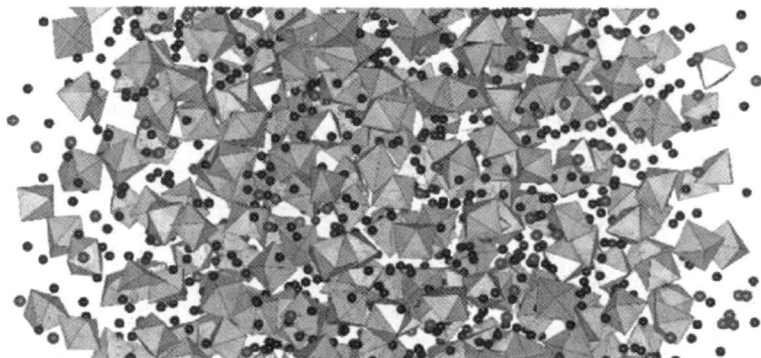

**图 4-1　NaF-AlF₃ 铝电解质熔体离子结构模型(彩图版见附录)**

(CR＝3，多面体为铝氟团簇，蓝色为 Na⁺，红色为自由 F⁻)

1. 径向分布函数和平均键长

径向分布函数(RDF)，是描述液体结构的重要方法。从 MD 轨迹提取出的局域径向分布函数(PRDF)能够分析氟化物熔盐的局域离子结构。径向分布函数指出了以 $r$ 位置的粒子为中心，半径 $\Delta r$ 范围内出现另一个粒子的概率，平均配位数是围绕着 $j$ 粒子的 $i$ 粒子的平均数目。公式(4-1)即为 PRDF 公式。

$$g_{ij}(r) = \frac{V}{N_i N_j} \sum_j \frac{\left[ n_{ij}(r, \Delta r) \right]}{4\pi r^2} \qquad (4-1)$$

式中：$V$ 为分子动力学模拟盒子的体积；$N$ 为粒子数目；$n_{ij}(r, \Delta r)$ 为原子 $j$ 在指定的 $\Delta r$ 截断范围内围绕中心原子 $i$ 的平均数目。

两个离子对的径向分布函数峰最高值对应的积分半径为该离子对的配位半径。

通过公式(4-1)计算了不同分子比条件下 NaF-AlF₃ 铝电解质熔体中各离子对的径向分布函数，图 4-2 所示为分子比 CR＝3 时熔盐体系中各离子对的径向分布函数。由此可以发现，Al—F 离子对的配位半径最小(约 1.85 Å)且曲线峰非常尖锐，说明 F 原子在铝原子周围分布较为均匀，形成了较好的配位结构，这和图 4-1 显示的 Al—F 形成多面体配位离子基团正好对应。而 Na—F、Na—Al 和 Al—Al 原子对径向分布函数曲线峰则较宽，配位半径也较大，说明虽然它们的分布有一定的规律，但没有形成稳定的配位结构。显然，Na⁺ 以自由离子形式存在，不可能与 F⁻、Al 原子形成稳定的配合物；而 Al—Al 更不可能，它们由于部分以 F 原子桥连接，铝氟基团分布均匀，才出现了 Al—Al 原子对存在第一配位峰的情况。

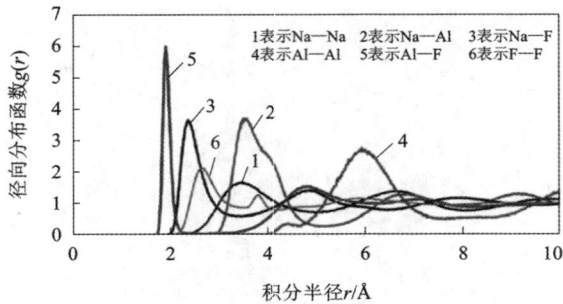

**图 4-2 分子比 CR=3 时 NaF-AlF₃ 铝电解质熔体径向分布函数**

径向分布函数第一峰值半径即为该粒子对的平均键长，NaF-AlF₃ 铝电解质熔体各离子对平均键长如表 4-2 所示。可见，体系中 Na—F 平均键长较为稳定，几乎不随分子比而变化，说明 Al—F 粒子对库伦作用比较稳定，而 Al—F 平均键长随分子比增加呈现略微增加趋势。但 Na—Na、Na—Al 和 F—F 粒子对平均键长随分子展现无规律变化，这是由于它们之间没有明显的强相互作用。

**表 4-2 NaF-AlF₃ 铝电解质熔体各离子对平均键长、键角和平均配位数**

| CR | | 2.0 | 2.2 | 2.4 | 2.6 | 2.8 | 3.0 |
|---|---|---|---|---|---|---|---|
| 离子对平均键长 /Å | Na—Na | 3.55 | 3.57 | 3.55 | 3.53 | 3.53 | 3.53 |
| | Na—Al | 3.63 | 3.53 | 3.57 | 3.57 | 3.53 | 3.53 |
| | Na—F | 2.37 | 2.37 | 2.37 | 2.37 | 2.37 | 2.37 |
| | Al—Al | 2.85 | 3.85 | 3.89 | 4.01 | 3.93 | 3.90 |
| | Al—F | 1.89 | 1.89 | 1.89 | 1.91 | 1.91 | 1.91 |
| | F—F | 2.67 | 2.65 | 2.67 | 2.65 | 2.65 | 2.63 |
| Al—F 平均配位数 | | 5.09 | 5.31 | 5.5 | 5.72 | 5.83 | 5.98 |
| F—Al—F 键角/(°) | | 86 | 89 | 84 | 81 | 85 | 86 |
| 密度/(g·cm⁻³) | | 1.92 | 1.99 | 2.06 | 2.14 | 2.19 | 2.25 |

**2. 键角分布及平均配位数**

使用 MATLAB 程序统计 NaF-AlF₃ 铝电解质熔体的键角和平均配位数，获得键角峰值和平均配位数如表 4-2 所示。根据统计结果，NaF-AlF₃ 铝电解质熔体的 Al—F 平均配位数随分子比增加而显著增加，这是由于分子比增加加入了更多的 F，使得 Al 有更多的机会与 F 结合形成高配位基团。此外，体系 F—Al—F 键角峰值在 80°和 90°之间波动，说明体系中 Al—F 配位基团出现了部分扭曲，但该扭曲与分子比变化没有明显关系。

3. 铝氟配位数分布

根据径向分布函数得到的配位半径，通过 MATLAB 编程统计该配位半径范围内体系中所有 Al 原子周围 F 原子数，并做统计平均，可以获得体系的各配位数含量分布。图 4-3 所示为不同分子比下 NaF-AlF$_3$ 电解质体系的配位数分布(四、五和六配位铝氟基团指 Al 原子周围分别有四、五和六个 F 原子与它形成配合物)。显然，随着分子比的增加，四配位 [AlF$_4$]$^-$ 和五配位 [AlF$_5$]$^{2-}$ 基团含量逐渐减少，而六配位 [AlF$_6$]$^{3-}$ 基团的含量逐渐增加，说明在分子比增加的过程中，四配位 [AlF$_4$]$^-$ 和五配位 [AlF$_5$]$^{2-}$ 基团逐渐转化为六配位 [AlF$_6$]$^{3-}$ 基团，这应该是由于 NaF 增加引入了更多 F 原子，这些 F 原子与四配位和五配位结合，从而形成了六配位基团。从图 4-3 还可以发现，分子比小于 2.4 时，体系中五配位最多，四配位含量其次，六配位含量最少；当分子比大于 2.4 时，体系中各离子基团百分比的大小顺序为：六配位 [AlF$_6$]$^{3-}$ > 五配位 [AlF$_5$]$^{2-}$ > 四配位 [AlF$_4$]$^-$。

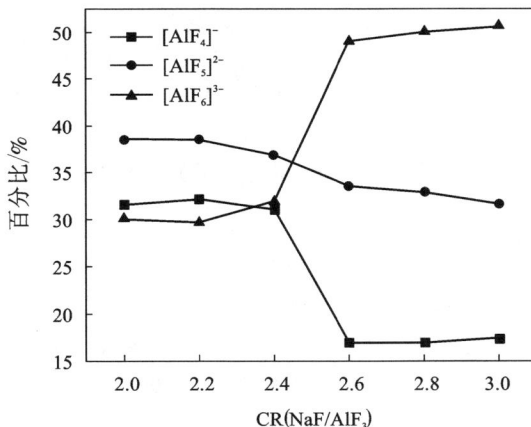

图 4-3　不同分子比下 NaF-AlF$_3$ 电解质体系的配位数分布

4. F 原子类型分布

使用径向分布函数中获得的配位半径，可以进一步统计体系中氟原子类型分布(桥氟 F$_b$，氟原子以 Al—F—Al 形式连接两个铝原子；终端氟 F$_t$，氟原子与一个近邻铝原子连接；自由氟 F$_f$，氟原子没有与近邻铝原子相互作用)，氟原子类型分布决定了 NaF-AlF$_3$ 熔盐电解质离子结构的聚合程度，并对熔盐的输运特性有着极大的影响。统计获得的氟原子类型分布如图 4-4 所示，从图中可以看出，分子比为 2.0~3.0 时，体系桥氟 $F_b$ 原子含量整体较少（质量分数为 1%~2%），而自由氟 $F_f$ 含量较多（质量分数为 20%~40%），说明 NaF-AlF$_3$ 熔盐电解质中只有较少的以 F 原子桥连接的 Al—F—Al 结构大离子基团，体系离子结构聚合度较低，体系具有高的输运特性（如高离子扩散系数、高电导率）。随着体系分子比增加，桥氟原子含量逐渐降低，证明提高分子比有利于降低体系离子结构聚合度；而自由氟原子和端氟原子含量出现一定程度的波动，这可能与四配位和五配位逐渐转化为六配位有关系。

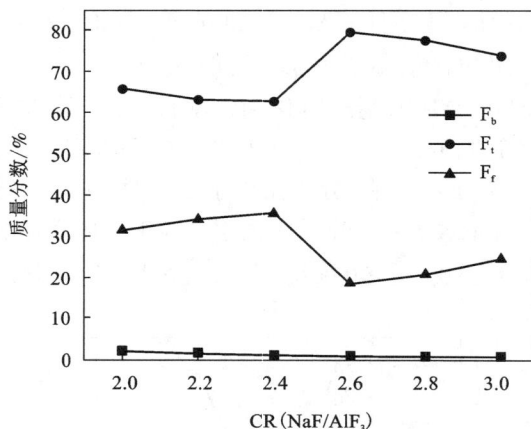

（$F_b$ 表示桥 F，$F_t$ 表示端 F，$F_f$ 指自由 F）

**图 4-4  不同分子比下 NaF-AlF$_3$ 电解质熔体 F 原子类型分布**

### 4.1.1.3  NaF-AlF$_3$ 铝电解质熔体输运性质

熔盐电解质体系的输运特性对工业铝电解过程有重要影响。铝电解质电导率决定了电解槽的压降，影响电解槽的能耗，而能耗是当前工业铝电解过程中关注度极高的指标之一。铝电解质中的离子扩散系数涉及体系的化学反应速率、氧化铝溶解速度以及电解质对内衬材料的腐蚀等，扩散系数通过影响离子的输运而影响体系的电导率。黏度直接影响着液态金属、二氧化碳气体和电解质的分离效果，进而影响铝产品的质量；黏度同时影响着离子扩散、炭渣分离和导电率等。更为重要的是，扩散系数或黏度的变化，使得电化学过程中离子的扩散速度改变，导致浓差极化程度不同，进而影响浓差过电位和能量效率。因此，熔体中各特性之间都是相互作用和相互影响的。为了保证铝电解槽高效平稳运行，必须维持合适的离子电导率、扩散系数和黏度。

通过分析粒子轨迹的数据，平均方差位移（MSD）和时间的关系可由 Einstein-Smoluchowshi 方程得到，即：

$$\mathrm{MSD} = \left[ \Delta \overline{r}(t)^2 \right] = \frac{1}{N} \left( \sum | r_{i(t)} - r_{i(0)} | \right) \qquad (4-2)$$

式中：$r_i(t)$ 为在 $t$ 时间时原子 $i$ 的位置。

结合统计热力学，熔盐的自扩散系数 $D$、黏度 $\eta$、离子电导率 $\sigma$ 等传输性质可根据粒子的 MSD 曲线计算出来。自扩散系数 $D$ 和 MSD 曲线的关系为

$$D = \lim_{t \to \infty} \frac{1}{6} \frac{\mathrm{d} \left[ \Delta r(t)^2 \right]}{\mathrm{d}t} \qquad (4-3)$$

1. 扩散系数

根据公式(4-3)计算所得 NaF-AlF₃ 电解质体系中各粒子的自扩散系数如图 4-5 所示。分子比 CR 为 2.0、2.2、2.4、2.6、2.8 和 3 时，NaF-AlF₃ 电解质体系中 Na 的自扩散系数分别为 $1.369 \times 10^{-8}$ m²/s、$1.200 \times 10^{-8}$ m²/s、$0.853 \times 10^{-8}$ m²/s、$0.685 \times 10^{-8}$ m²/s、$0.623 \times 10^{-8}$ m²/s 和 $0.537 \times 10^{-8}$ m²/s，Al 的自扩散系数分别为 $0.526 \times 10^{-8}$ m²/s、$0.540 \times 10^{-8}$ m²/s、$0.623 \times 10^{-8}$ m²/s、$0.671 \times 10^{-8}$ m²/s、$0.829 \times 10^{-8}$ m²/s 和 $0.839 \times 10^{-8}$ m²/s，F 的自扩散系数分别为 $0.096 \times 10^{-8}$ m²/s、$0.110 \times 10^{-8}$ m²/s、$0.141 \times 10^{-8}$ m²/s、$0.179 \times 10^{-8}$ m²/s、$0.286 \times 10^{-8}$ m²/s 和 $0.286 \times 10^{-8}$ m²/s。从图 4-5 可以看出，Na⁺ 自扩散系数随分子比增加而降低，这应该是由于分子比增加，增大了体系总 Na 离子含量。而体系中 Al 和 F 的自扩散系数随分子比增加而增加，根据离子结构分析可知，分子比增加使得体系中大的铝氟络合离子基团解离，体系离子结构聚合度降低，有利于 Al 和 F 的扩散迁移，导致了其自扩散系数增加。

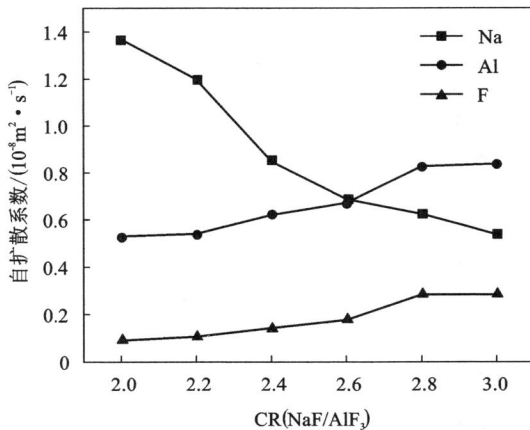

图 4-5 不同分子比下 NaF-AlF₃ 电解质的自扩散系数

### 2. 黏度和电导率

自扩散系数 $D$ 分别与 Einstein-Stokes 方程和 Nernst-Einstein 方程相结合,可以得出体系的黏度 $\eta$ 和离子电导率 $\sigma$,即

$$\eta = \frac{K_B T}{2\pi D\lambda} \tag{4-4}$$

$$\sigma = D\frac{nq^2}{K_B T} \tag{4-5}$$

式中:$K_B$ 为 Boltzmann 系数,其值为 $1.38\times10^{-23}$ J/K;$T$ 为模拟熔盐的温度;$\lambda$ 为离子扩散步长,通常它被认为是等于直径离子($\lambda = 2r$);$n$ 为离子的单位体积浓度;$q$ 为离子的电荷。

根据公式(4-4)和公式(4-5)计算得到的 NaF-AlF$_3$ 电解质体系的黏度和电导率分别如图 4-6 和图 4-7 所示,分子比为 2.0、2.2、2.4、2.6、2.8 和 3.0 时,NaF-AlF$_3$ 电解质体系的黏度分别为 1.791 mPa·s、1.595 mPa·s、1.303 mPa·s、1.119 mPa·s、0.787 mPa·s 和 0.763 mPa·s,电导率分别为 1.566 S/cm、1.780 S/cm、2.103 S/cm、2.484 S/cm、3.403 S/cm 和 3.702 S/cm。

从图 4-6 和图 4-7 可以发现,铝电解质分子比为 2.0~3.0 时,体系的黏度为 0.7~1.8 mPa·s,电导率为 1.5~3.8 S/cm,随着分子比的增加,体系黏度逐渐降低,电导率升高。结合图 4-4 中体系离子结构分析结果,发现随着分子比增加,体系中桥 F 原子含量逐渐减少,说明体系中以桥 F 连接的较大的铝氟络合离子基团逐渐减少,体系离子结构聚合度降低,有利于体系中铝氟络合离子的扩散迁移导电,高导电的 Na 离子的迁移过程也不会受到较多的阻碍,从而导致体系黏度降低,电导率升高。

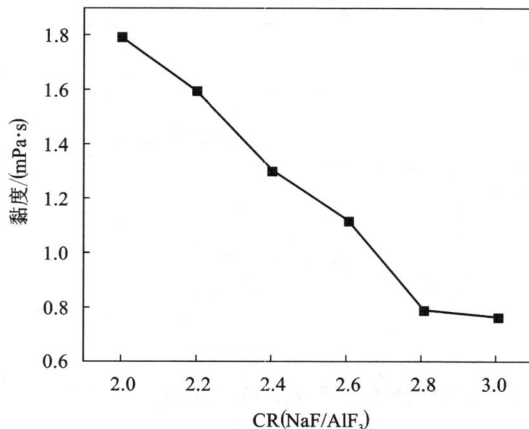

图 4-6　不同分子比下 NaF-AlF$_3$ 电解质的黏度

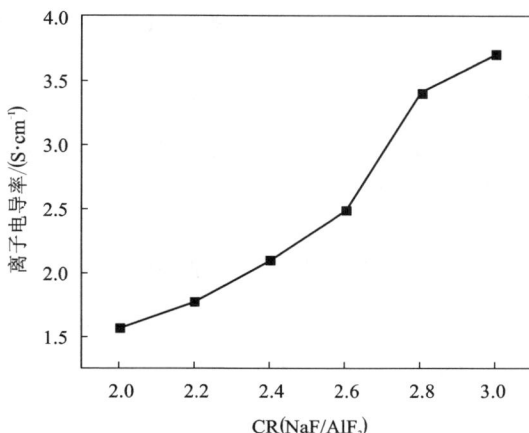

图 4-7　不同分子比下 NaF-AlF₃ 电解质的离子电导率

## 4.1.2　基于新型氧化铝的电解质离子结构

### 4.1.2.1　新型氧化铝熔盐电解质体系的模型搭建

新型氧化铝在堆密度、粒度、安息角、比表面积等方面与碱法氧化铝有较大区别，进而影响新型氧化铝在铝电解质熔体中的溶解过程和溶解后的离子结构状态，导致新型氧化铝溶解模型与碱法氧化铝溶解模型不同，溶解后离子结构也存在差异。为了研究新型氧化铝对铝电解质熔盐离子结构的影响，本节选取了分子比 CR=3，新型氧化铝质量分数分别为 1%、2%、3% 和 4% 时铝电解质熔体进行研究，在充分考虑新型氧化铝特性后构建了新型氧化铝在铝电解质熔盐中的溶解模型，使用 Packmol 脚本搭建模型。图 4-8 所示为新型氧化铝的质量分数为 4% 时新型氧化铝在铝电解质中溶解模型。

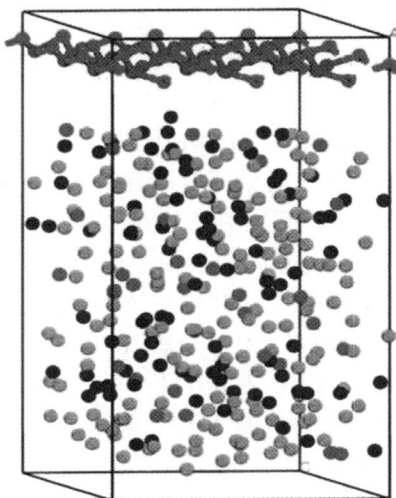

图 4-8　新型氧化铝溶解模型

#### 4.1.2.2　计算方法和参数

在本节计算中，同时结合经典分子动力学（IPMD）方法和从头算分子动力学（AIMD）方法来提高计算效率。将体系分子比 CR（NaF/AlF$_3$）固定为 3，选取新型氧化铝的质量分数分别为 1%、2%、3% 和 4% 构建体系，共 4 个，各体系粒子数如表 4-3 所示。分子动力学计算的初始结构模型由 Packmol 软件随机将一定数目的粒子投放到指定大小的盒子中得到。

表 4-3　新型氧化铝电解质体系模拟盒子中粒子数分布

| $w_{氧化铝}$ | NaF | AlF$_3$ | Al$_2$O$_3$ | 合计 |
|---|---|---|---|---|
| 1% | 1188 | 396 | 8 | 4000 |
| 2% | 1174 | 393 | 16 | 4000 |
| 3% | 1161 | 388 | 25 | 3999 |
| 4% | 1147 | 384 | 34 | 4000 |

使用 Materials Studio 软件中的 Forcite 分子动力学模块对 NaF-AlF$_3$ 熔盐系统进行 IMPD 模拟，其中 IMPD 所需的 Buckingham 力场参数从文献中得到。在 IMPD 模拟中，使用 Verlet 蛙跳算法求解牛顿运动方程，时间步长为 $1 \times 10^{-5}$ s。Ewald 加和算法被用于处理含有库仑和偶极的相互作用，同时 Buffer 宽度设置为 0.5 Å，能量计算精度为 0.5 kcal/mol，短程相互作用的截断半径为 15Å。粒子的形式电荷分别设置为：钠（+1），铝（+3）和氟（-1）。周期性边界条件被应用于液体盒子模拟过程，用来描述一个没有边界的无限液态系统，使得到的计算结果更为可靠。为了得到完全混合的熔盐系统，消除初始粒子分布对最终模拟结果的影响，模拟盒子系统在 NPT 系综下以 1.01 MPa 压力被升温到 4000 K，结构弛豫时长 $10^{-10}$ s，这意味着模拟过程中要保持系统的粒子数（$N$）、压力（$P$）和温度（$T$）为某一常数。然后过热的液体模型被以 1 K/（$10^{-12}$ s）的速度被冷却到熔盐的目标熔点温度 1273 K，最后使用 NVT 系综继续进行 $10^{-10}$ s 的结构弛豫。此时，初始和最终状态的密度差异小于 1%，由此产生的最终离子结构以及相对应的粒子速度，用于开展下一步的 AIMD 模拟。

接下来使用 Materials Studio 软件中的 CASTEP 第一性原理计算模块进行 NaF-AlF$_3$ 熔盐的 AIMD 模拟和对特征离子团簇的量子化学计算。AIMD 计算采用广义梯度近似（GGA）中的 Perdew-Burke-Ernzerhof（PBE）相互交联函数。使用 Ultrasoft 超软赝势（USPP）来处理离子实和价电子的相互作用，其中，Na $2s^2 2p^6 3s^1$ 电子、Al $3s^2 3p^1$ 电子、O $2s^2 2p^4$ 和 F $2s^2 2p^5$ 电子被视为价电子。半经验的 DFT-DT 被用来计算粒子间的范德华弱相互作用力。AIMD 采用 350 eV 的截断能和 1×1×1 k-point 网格。为确保能量波动幅度小于 1（meV·atom⁻¹）/（10⁻¹² s），AIMD 模拟时间步长设为 $1×10^{-5}$ s。AIMD 采用固定粒子数，体积和温度的 NVT 系综，模拟温度为 1273 K，为使 NaF-AlF₃ 的熔点与 IPMD 模拟保持一致，液体模拟盒子的密度设置为实验值。周期性边界条件也被使用到 AIMD 模拟中来消除边界效应。最后，收集所有粒子的轨迹，使用 Matlab 程序统计分析粒子的轨迹数据，并计算熔盐的结构和传输特性。

### 4.1.2.3　新型氧化铝熔体离子结构信息与特性

模拟达到平衡后，则获得新型氧化铝电解质熔盐离子结构，如图 4-9 为新型 $Al_2O_3$ 质量分数为 4% 时模拟达到平衡时熔盐电解质体系的离子结构模型。

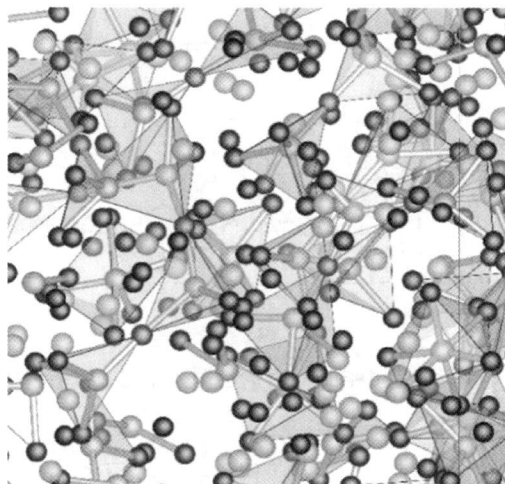

**图 4-9　新型 $Al_2O_3$ 质量分数为 4% 时模拟达到平衡时**
**熔盐电解质体系的离子结构模型（彩图版见附录）**

#### 1. 径向分布函数

根据模拟获得的轨迹文件，使用公式(4-1)计算得到了新型氧化铝电解质熔体中各离子对的径向分布函数，如图 4-10 为新型氧化铝质量分数为 4% 时电解质熔盐体系的径向分布函数，图中原子对的径向分布函数第一峰对应的横坐标值为第一壳层配位半径，也称作该离子对的键长。由此可以发现，Al—O 和 Al—F 离子对的径向分布函数曲线都有非常尖锐的峰，且峰对应的配位半径较小，说明 Al 和 O 及 F 都形成了较为稳定的配合物；Al—O 原子对径向分布函数峰对应的第一壳层配位半径小于 Al—F 原子对的第一壳层配位半径，即在铝电解质熔盐中 Al—O 键长大于 Al—F 键长，说明 Al—O 键结合强度大于 Al—F 键结合强度。其他所有原子对的径向分布函数峰都为矮胖型，不如 Al—F 和 Al—O 原子对的尖锐，且这些原子对的键长都小于 Al—F 和 Al—O 键长，说明它们都不成键或者成键较弱。

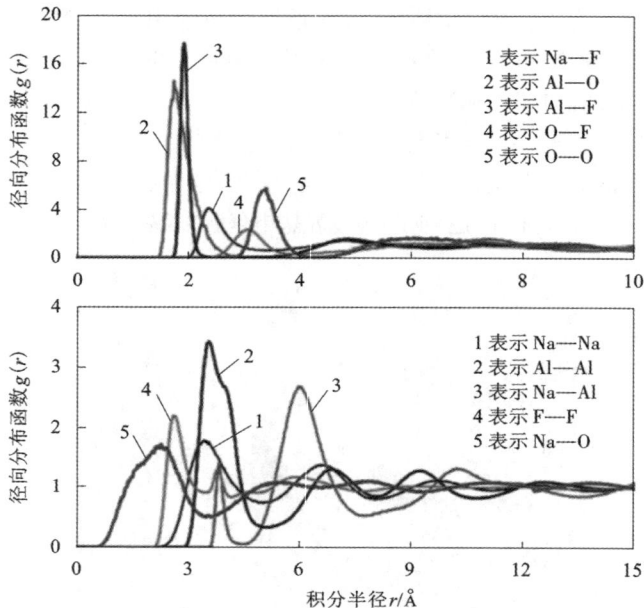

**图 4-10 新型氧化铝电解质熔盐中各离子对的径向分布函数（新型 Al$_2$O$_3$ 质量分数为 4%）**

从模拟得到的轨迹文件中提取各帧下体系中各原子的坐标，再通过编程统计分析，可进一步得到体系的 F 原子类型分布、O 原子类型分布、键角分布和配位数分布。

2. 氟原子及氧原子类型分布

图 4-11 所示为不同新型 Al$_2$O$_3$ 质量分数下铝电解质体系中氟原子及氧原子类型分布。由此可以看出，新型氧化铝电解质体系中各 F 原子类型占比的大小顺序为：端 F>自由 F>桥 F，且桥 F 占比基本为 0，说明加入了氧化铝后 F 原子主要以 Al—F 终端原子形式存在；氧原子类型占比的大小顺序为：桥 O>端 O>自由 O，而自由氧占比极小（0~10%），说明 O 原子主要以 Al—O—Al 形成的桥 O 形式存在。根据 NaF-AlF$_3$ 基铝电解质体系研究结果，单独的铝电解质体系中桥 F 原子占比较高，但加入新型氧化铝后，桥 F 原子基本被桥 O 原子所取代，因此，可以推测新型氧化铝体系中铝氧氟原子以类似于 AlF$_n$—O—AlF$_n$ 的大离子团簇形式存在，这与当前已经证明的碱法氧化铝电解质体系离子结构相似，新型氧化铝电解质体系和碱法氧化铝电解质体系离子结构差异可能主要表现在体系中各离子基团

含量的差异,从而影响体系输运性质的差异,具体情况将有待于后续的研究分析。随着氧化铝质量分数从 1% 增加到 6%,新型氧化铝电解质体系中自由 F 的占比先增加后降低,分别为 38.18%、49.70%、47.79%、38.18%、36.56%、34.78%,而终端 F 的占比先减小后增加,分别为 61.32%、50.10%、51.80%、61.62%、63.67%、65.51%,桥 F 的占比基本不变(接近为 0),这说明氧化铝含量增加过程中终端 F 和自由 F 之间发生了相互转化;同时,当新型氧化铝的质量分数从 1% 增加到 6% 时,桥 O 的占比先减小后增加,分别为 91.68%、70.84%、76.15%、80.46%、85.77%、90.75%,而终端氧和自由氧的占比先增加后减小,终端氧的占比分别为 8.32%、22.04%、18.34%、15.81%、10.67%、6.98%,自由氧的占比分别为 0、7.21%、5.71%、3.91%、3.4%、2.5%,但整体变化较小,桥氧的占比依然在 70% 以上,为主要的氧原子类型。总之,以桥 F 连接的大离子基团不再存在,取而代之的是以桥 O 连接的 Al—O—Al 大离子基团,由于桥氧占比较高,则可能出现 Al—O—Al—O—Al 等形式的更大的离子基团,而图 4-11 径向分布函数表明,Al—O 连接强度大于 Al—F,因此加入新型氧化铝的电解质体系的大离子基团更稳定,体系离子结构聚合度更高,由此可以推测,加入新型氧化铝后,体系电导率降低而黏度升高。

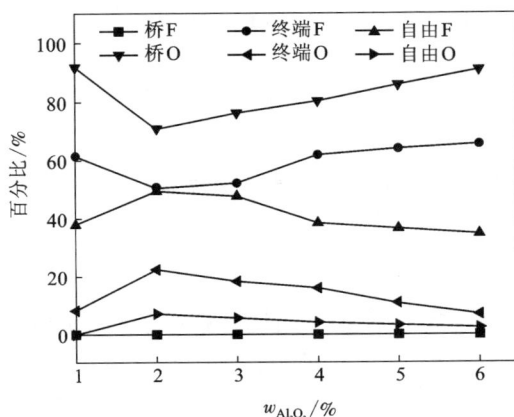

图 4-11　不同新型 $Al_2O_3$ 质量分数下铝电解质体系氟原子及氧原子类型分布

3. 配位数分布

使用 MATLAB 编程,以径向分布函数峰的第一谷值为半径,统计体系中所有 Al 原子周围 F 原子的含量,得到不同新型 $Al_2O_3$ 质量分数下电解质体系铝氟团簇配位数分布,如图 4-12 所示。氧化铝的质量分数为 1%、2%、3%、4%、5%、6% 时,体系中四配位基团的占比分别为 26.53%、34.06%、32.65%、36.06%、

38.48%、39.76%，五配位基团的占比分别为 34.47%、29.56%、34.10%、33.33%、34.05%、35.69%，六配位基团的占比分别为 38.97%、36.39%、33.25%、30.61%、27.47%、24.55%。由此可以看出，研究的所有新型氧化铝的电解质中都含有四配位、五配位和六配位铝氟络合离子基团；新型氧化铝质量分数低于 3% 时，六配位为主要的铝氟基团，而新型氧化铝质量分数高于 3% 时，四配位逐渐变成主要基团；随着氧化铝质量分数增加，六配位铝氟基团百分比逐渐减小而四配位基团百分比整体呈上升趋势，五配位基团百分比出现波动，最终也逐渐上升，说明新型氧化铝质量分数增加过程中发生了六配位铝氟基团四配位和五配位转化，这应该是由于 O 原子加入后占据了 Al 的一个配位键而导致的六配位减少。

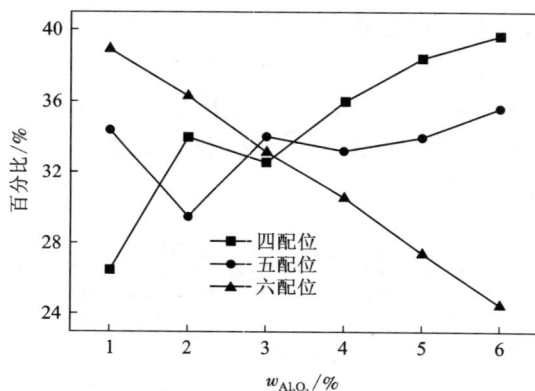

图 4-12　不同新型 $Al_2O_3$ 质量分数下电解质体系铝氟团簇配位数分布

#### 4. 键角分布

根据轨迹文件中提取的原子坐标，计算 Al 原子周围的 F 原子与该 Al 原子的距离，通过余弦定理计算 F—Al—F 键角，统计所有键角分布，获得 F—Al—F 分布，用同样的方法来进一步获得 Al—O—Al 键角分布，如图 4-13 所示。由此可知，F—Al—F 键角集中在 85° 和 170° 附近，说明体系中四、五、六配位铝氟基团部分偏离了高对称结构；随着新型氧化铝质量分数增加，170° 键角逐渐明显，这应该和图 4-12 中所示的四配位百分比逐渐增加有关。新型氧化铝电解质体系中 Al—O—Al 键角主要分布在 173° 附近，说明 Al—O—Al 键角倾向于直线形连接，这样的连接方式能最大程度地降低原子间的排斥作用，有利于形成以桥 O 原子依次连接的大离子基团，从而增加体系离子的结构聚合度。

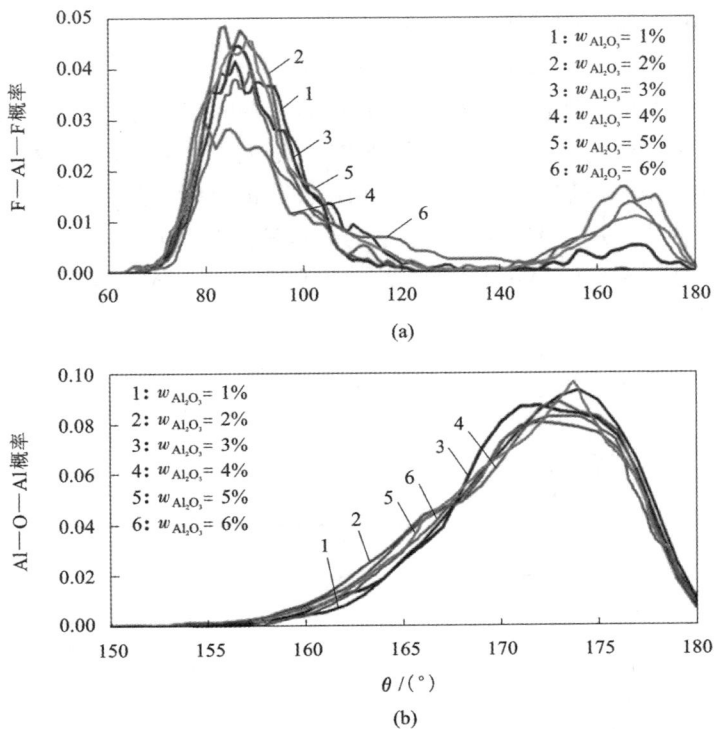

图 4-13 不同新型 $Al_2O_3$ 质量分数下电解质体系键角分布

#### 4.1.2.4 [$Al_2OF_6$]$^{2-}$ 团簇的电子结构

在 $Na_3AlF_6$-$Al_2O_3$ 熔盐中，由 MD 模拟发现，[$Al_2OF_6$]$^{2-}$ 团簇是关键部分。为了了解团簇的态密度、电子密度(图 4-14)和 Mulliken 种群等电子结构性质，从

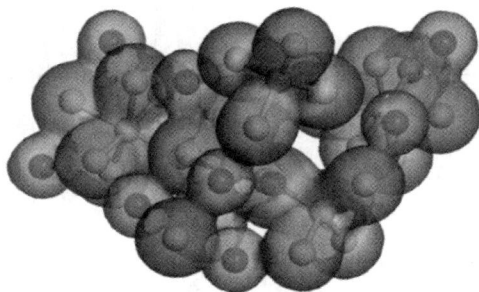

图 4-14 [$Al_2OF_6$][$AlF_6$]$_3$$Na_{11}$ 团簇的电子密度，中心为[$Al_2OF_6$]$^{2-}$ 团簇

特定的 MD 轨迹中选取 $[Al_2OF_6][AlF_6]_3Na_{11}$ 团簇进行了量子化学计算。在 $[Al_2OF_6][AlF_6]_3Na_{11}$ 团簇中，中心的 $[Al_2OF_6]^{2-}$ 络合物被外部溶剂化壳所包围，该溶剂化壳共有 3 个 $[AlF_6]^{3-}$ 和 11 个 $Na^+$。如图 4-15 所示，计算获得了 $[Al_2OF_6][AlF_6]_3Na_{11}$ 团簇的总的态密度和部分态密度（DOS）。可见，Na-3s 态占据了最低能量（约为-50 eV）的电子轨道。Na-2p 和 F-2s 态占据了中间能量（约为-20 eV）的电子轨道。此外，费米（HOMO）能级附近的电子轨道基本上由 O 和 F-2p 状态决定，并与 Al-3s、3p 态杂交。这表明在 $[Al_2OF_6]^{2-}$ 团簇中存在一些共价键相互作用（Al—F，Al—O），证实了电子从 Al-3s、Al-3p 态迁移到 F-2p 和 O-2p 态的可能性。

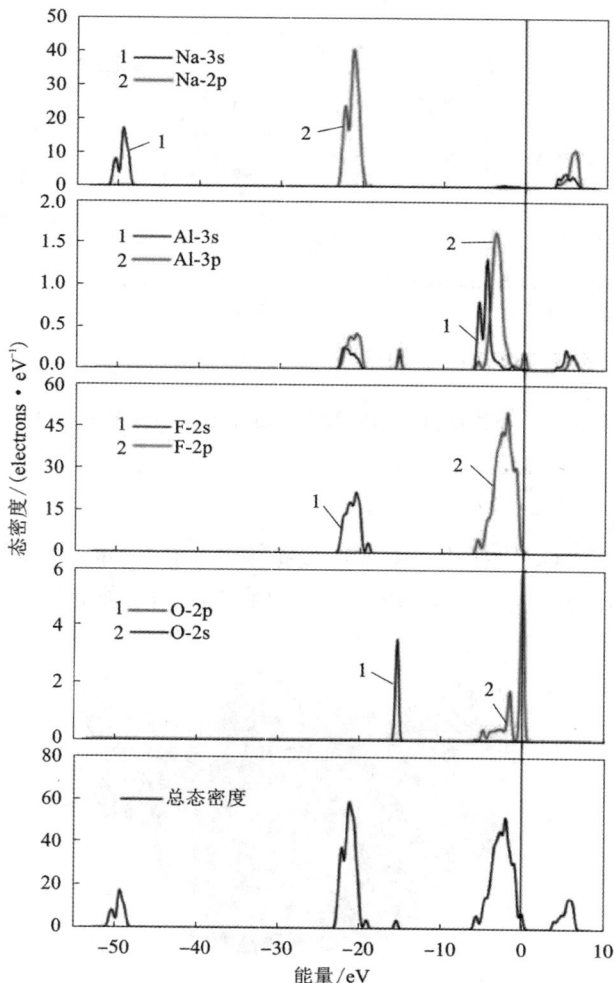

图 4-15　$[Al_2OF_6][AlF_6]_3Na_{11}$ 团簇的局域态密度和总态密度，垂直线为费米能级（HOMO）

图 4-15 显示了 $[Al_2OF_6][AlF_6]_3Na_{11}$ 团簇的电子密度，从中心 Al 原子和周围的 Na 原子转移的电子主要集中在 F 和 O 原子上，这表明 $[Al_2OF_6]^{2-}$ 中存在明显的库仑作用。表 4-4 中列出了 $[Al_2OF_6][AlF_6]_3Na_{11}$ 团簇的平均 Mulliken 布居。Al—O 和 Al—F 的键级分别为 0.53 和 0.27，大于 Na—F 的 0.035 值，这意味着前者的共价特性比后者更明显。由于 O、F-2p 和 Al-3s(3p) 轨道的杂化，Al—O 和 Al—F 键具有离子性和部分共价性，而 Na—F 和 F—F 键主要是离子性的，这与态密度(DOS)分析的结果一致。

**表 4-4　$[Al_2OF_6][AlF_6]_3Na_{11}$ 团簇 Mulliken 布居分析**

| 原子 | s | p | 合计 | 电荷 | 键对 | 键级 |
|---|---|---|---|---|---|---|
| Na | 2.12 | 6.04 | 8.16 | 0.84 | Na—F | 0.035 |
| Al | 0.46 | 0.76 | 1.22 | 1.79 | Al—F | 0.27 |
| F | 1.96 | 5.76 | 7.72 | -0.72 | F—F | -0.03 |
| O | 1.86 | 5.38 | 7.24 | -1.24 | Al—O | 0.53 |

## 4.1.3　基于新型氧化铝的铝电解质输运特性研究

扩散系数、黏度及电导率等输运性质对维持铝电解过程安全、平稳、高效运行至关重要，它们决定了铝电解槽中的槽电压、电极反应过程及电-热-磁-流场等多场平衡，进而影响铝电解过程的能耗、电流效率及产品质量。因此，在基于新型氧化铝的铝电解进行工业化应用之前，必须深入研究其输运性质。

### 4.1.3.1　计算理论方法

输运性质，即物质从某一区域运动到另一个区域的现象，例如在溶质非均匀分布的溶液中，溶质分子或离子发生扩散运动直到溶质在溶液中分布均匀，动量梯度会产生黏滞性，离子运动会产生宏观电导。

通过分析粒子轨迹的数据，平均方差位移(MSD)和时间的关系可由 Einstein-Smoluchowshi 方程得到。

$$MSD = [\Delta \bar{r}(t)^2] = \frac{1}{N}\left[\sum |r_{i(t)} - r_{i(0)}|\right] \tag{4-6}$$

式中：$r_{i(t)}$ 为在 $t$ 时间时原子 $i$ 的位置，括号代表统计平均值。

结合统计热力学知识，熔盐的自扩散系数 $D$、黏度 $\eta$、离子电导率 $\sigma$ 等可根据粒子的 MSD 曲线计算出来。自扩散系数 $D$ 和 MSD 曲线的关系为

$$D = \lim_{t \to \infty} \frac{1}{6} \frac{d[\Delta r(t)^2]}{dt} \tag{4-7}$$

自扩散系数 $D$ 分别与 Einstein-Stokes 方程和 Nernst-Einstein 方程相结合,可以得出体系的黏度 $\eta$ 和离子电导率 $\sigma$。

$$\eta = \frac{K_B T}{2\pi D \lambda} \qquad (4-8)$$

$$\sigma = D\frac{nq^2}{K_B T} \qquad (4-9)$$

式中:$K_B$ 为 Boltzmann 系数,其值为 $1.38 \times 10^{-23}$ J/K;$T$ 为模拟熔盐的温度;$\lambda$ 为离子扩散步长,通常它被认为是等于离子直径($\lambda = 2r$);$n$ 为离子的单位体积浓度;$q$ 为离子的电荷。

### 4.1.3.2 新型氧化铝电解质的扩散系数

根据 4.1.3.1 节中的计算方法,计算了含有 1%~6%(质量分数)新型 $Al_2O_3$ 的 $Na_3AlF_6$ 熔盐体系中所有 $Na^+$、$Al^{3+}$、$F^-$ 和 $O^{2-}$ 的自扩散系数。可以注意到,离子扩散能力的顺序为 $Na^+ > F^- > Al^{3+} > O^{2-}$。离子的移动能力不仅受离子半径的影响,还取决于周围原子的相互作用。$Na^+$ 具有较小的半径且是以简单自由离子形式存在,与周围粒子仅存在静电相互作用,因此具有最大的离子扩散系数,为 $(3.21 \sim 5.57) \times 10^{-10}$ $m^2/s$;而 $Al^{3+}$、$F^-$ 和 $O^{2-}$ 离子以 $[AlF_x]^{n-}$ 和 $[Al_2OF_6]^{2-}$ 等团簇的形式存在,它们具有较大的体积阻止其传输运动;其中部分 F 离子会以自由离子形式存在,且 $[AlF_x]^{n-}$ 团簇中的端氟会以 Al 为中心进行旋转运动,导致 F 也具有较高的扩散系数,其值为 $(3.33 \sim 4.25) \times 10^{-10}$ $m^2/s$;特别需要指出的是,从结果中可以发现 Al 和 O 的扩散系数最小,且较为接近,都为 $(0.5 \sim 1) \times 10^{-10}$ $m^2/s$,这是由于大部分熔入电解质中的新型 $Al_2O_3$ 都会形成以桥氧为中心连接的 $[Al_2OF_6]^{2-}$ 团簇,其中 Al 和 O 的强烈共价键使得它们进行关联运动,因此具有接

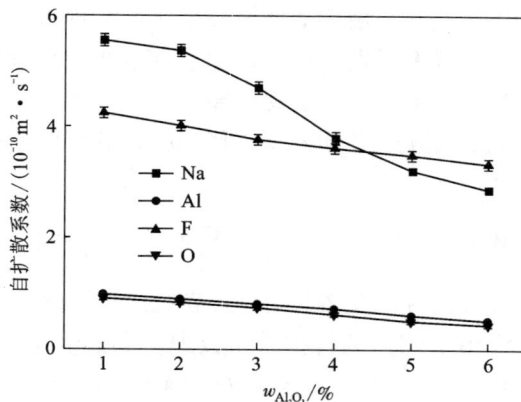

图 4-16 不同新型氧化铝质量分数下体系中各离子的扩散系数(标准偏差为 1%~3%)

近的扩散系数。新型 $Al_2O_3$ 的浓度对铝电解质体系中离子的扩散能力有重要影响，由图 4-16 可以看出，随着氧化铝质量分数的增加，$Na_3AlF_6$-新型 $Al_2O_3$ 熔盐体系中各离子的扩散系数逐渐降低。结合之前的离子结构分析可以发现，这是由于新型 $Al_2O_3$ 可以提高 $Na_3AlF_6$-新型 $Al_2O_3$ 熔盐中局部结构的聚合度，使得体系各离子扩散传输运动受阻，因此所有离子的自扩散系数都会降低。此外，$Na^+$ 和 $F^-$ 的扩散受新型 $Al_2O_3$ 含量变化的强烈影响，而 Al 和 O 的扩散系数受到的影响较小甚至不受影响，这主要是由于 Al 和 O 是关联运动，本身扩散较缓慢，因此对氧化铝加入不敏感。此外，统计计算获得的扩散系数及其标准偏差见表 4-5 所示，总体上为原值的 1%~3%；统计计算获得的电导率和黏度及其标准偏差见表 4-6。

表 4-5　不同新型氧化铝质量分数下电解质体系的离子扩散系数及其标准偏差( 括号内)

| $w_{Al_2O_3}$ /% | 扩散系数/$(10^{-10} \ m^2 \cdot s^{-1})$ | | | |
| --- | --- | --- | --- | --- |
| | Na | Al | F | O |
| 1 | 5.57(0.11) | 0.99(0.03) | 4.25(0.10) | 0.92(0.04) |
| 2 | 5.39(0.11) | 0.91(0.03) | 4.02(0.09) | 0.85(0.03) |
| 3 | 4.71(0.09) | 0.82(0.02) | 3.78(0.09) | 0.77(0.03) |
| 4 | 3.8(0.08) | 0.73(0.02) | 3.62(0.08) | 0.63(0.03) |
| 5 | 3.21(0.06) | 0.61(0.02) | 3.49(0.08) | 0.51(0.02) |
| 6 | 2.88(0.06) | 0.52(0.02) | 3.33(0.08) | 0.45(0.02) |

表 4-6　不同新型氧化铝含量下电解质体系的电导率和黏度及其标准偏差( 括号内)

| $w_{Al_2O_3}$/% | 黏度/$(mPa \cdot s)$ | 电导率/$(S \cdot cm^{-1})$ |
| --- | --- | --- |
| 1 | 1.61(0.05) | 2.78(0.08) |
| 2 | 1.82(0.06) | 2.57(0.07) |
| 3 | 2.03(0.06) | 2.42(0.07) |
| 4 | 2.19(0.07) | 2.39(0.07) |
| 5 | 2.31(0.07) | 2.32(0.06) |
| 6 | 2.48(0.08) | 2.29(0.06) |

### 4.1.3.3　新型氧化铝电解质的黏度

随后，通过将自扩散系数 $D$ 和爱因斯坦-斯托克斯公式结合起来，本节计算了 $Na_3AlF_6$-新型 $Al_2O_3$ 熔盐黏度 $\eta$。在计算过程中，采用粒子扩散的步长 $\lambda$ 等于

Na 离子、Al 原子、F 离子和 O 原子的直径，及扩散步长分别为 2.04 Å、1.96 Å、2.66 Å 和 3.04 Å。从图 4-17 可以看出，含质量分数为 1%、2%、3%、4%、5%、6% 新型 $Al_2O_3$ 的 $Na_3AlF_6$-新型 $Al_2O_3$ 熔盐电解质体系的黏度分别为 1.61 mPa·s、1.82 mPa·s、2.03 mPa·s、2.19 mPa·s、2.31 mPa·s 和 2.48 mPa·s；随着新型 $Al_2O_3$ 质量分数的增加，熔盐电解质体系的黏度相应增加。一方面，结合配位数分布和氟原子类型分布可知，这是由于新型 $Al_2O_3$ 的加入导致体系中以桥 O 连接的大体积 $[Al_2OF_6]^{2-}$ 基团含量增加，导致 $Na_3AlF_6$-新型 $Al_2O_3$ 熔盐体系的离子结构聚合度升高，不利于熔融盐的流动，从而导致其黏度增加。另一方面，从扩散系数分析可知，新型 $Al_2O_3$ 的加入降低了体系中离子的扩散系数，使得电解质熔盐体系流动性恶化。此外，还可以从图 4-17 中看出体系黏度随新型氧化铝质量分数增加曲线几乎为直线，且斜率较大，说明新型 $Al_2O_3$ 对体系黏度影响显著，而黏度增加可能导致体系中铝液和电解质分离效果较差，影响产品质量，同时较高的电解质黏度导致 Al 液不能及时沉淀，二次氧化铝加剧，导致电解电流效率降低。

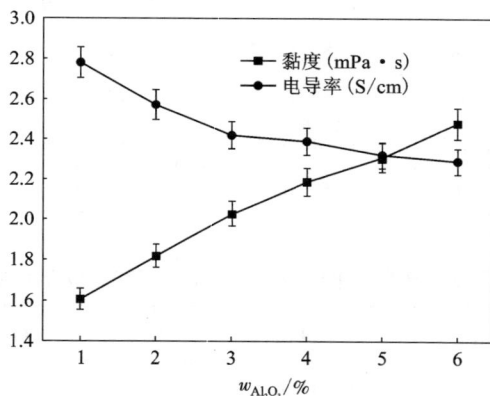

**图 4-17** 不同新型氧化铝含量下铝电解质体系的电导率和黏度（标准偏差 2%~3%）

#### 4.1.3.4 新型氧化铝电解质的电导率

新型氧化铝电解质体系的离子电导率 $\sigma$ 由所有 $Na^+$、$Al^{3+}$、$F^-$ 和 $O^{2-}$ 的自扩散系数 $D$ 和能斯特-爱因斯坦公式计算得出。可以看出，计算的不同新型氧化铝电解质体系的离子电导率较高，氧化铝质量分数分别为 1%、2%、3%、4%、5%、6% 时，体系的电导率分别为 2.78 S/cm、2.57 S/cm、2.42 S/cm、2.39 S/cm、2.32 S/cm 和 2.29 S/cm。随着新型 $Al_2O_3$ 质量分数的增加，$Na_3AlF_6$-新型 $Al_2O_3$ 熔盐电解质体系的离子电导率从 2.78 S/cm 急剧降低至 2.39 S/cm。结合对离子结构和黏度的分析，可以看出这是由于加入的新型 $Al_2O_3$ 中的 O 原子起着连接离子结构网络的桥的作用，使得 $Na_3AlF_6$-新型 $Al_2O_3$ 熔盐电解质体系离子结构聚合度升高。此外，体系中的主要电荷载流子 $Na^+$ 和 $F^-$ 的扩散系数降低，使得其扩散电阻增加，因此体系离子电导率 $\sigma$ 逐渐降低。进一步观察发现，$Na_3AlF_6$-新型 $Al_2O_3$ 熔盐电解质体系的离子电导率降低的幅度随新型 $Al_2O_3$ 浓度增加而逐渐变缓，说明新型 $Al_2O_3$ 对体系电导率的影响逐渐减小，可能存在极限值，这个现象正好与冰晶石体系具有饱和氧化铝溶解度极限一致。

## 4.1.4　氧化铝的熔体结构及输运特性差异分析

新型氧化铝与传统拜耳法等碱法生产的氧化铝相比，在粒度、比表面积、晶型、微观结构等方面存在较大差异。特别是新型氧化铝比表面积大，使得溶解时新型氧化铝与熔融铝电解质接触面积显著增加，导致新型氧化铝溶解模型与碱法氧化铝溶解模型不同，溶解后离子结构也存在差异，而离子结构决定输运特性，则新型氧化铝电解质体系的输运特性与传统碱法氧化铝电解质体系存在差异。而电解质的输运特性影响着电解过程的能耗、电流效率以及产品质量，因此，新型氧化铝并不能简单地直接应用到当前的铝电解过程，而需要深入研究，对比分析其和碱法氧化铝电解质体系的差异，从而根据差异来寻找实现新型氧化铝高效电解的方法。

本节将结合新型氧化铝电解质离子结构和输运特性，对比分析新型氧化电解质和碱法氧化铝电解质在离子结构和输运特性方面的差异，从而得出新型氧化铝应用于工业电解存在的问题；最后，根据差异分析提出可行的解决方法。

### 4.1.4.1　熔体离子结构差异分析

为了研究新型氧化铝电解质体系和碱法氧化铝电解质体系差异，同时进行了碱法氧化铝质量分数分别为 1%、2%、3%、4%、5% 和 6% 时 $Na_3AlF_6$-碱法 $Al_2O_3$ 熔盐电解质体系的第一性原理分子动力学模拟，获得碱法氧化电解质体系模拟平衡的离子结构模型。根据计算获得的各帧下碱法氧化铝离子结构模型，使用 perl 脚本从 Material Studio 软件中提取了各帧下各体系的位移坐标数据，然后使用 MATLAB 脚本统计了碱法氧化铝电解质体系的径向分布函数、键长分布、键角分布、配位数分布等离子结构信息，再进一步使用径向分布函数、Einstein 公式以及 Nernest 公式计算了不同碱法氧化铝质量分数下 $Na_3AlF_6$-碱法 $Al_2O_3$ 熔盐电解质体系的各离子扩散系数、电导率和黏度。

为了比较新型氧化铝电解质体系和碱法氧化铝电解质体系的离子结构差异，本节选取了能直观反映体系离子结构聚合程度的配位数分布和 F、O 原子类型分布进行对比分析。

1. 新型和碱法氧化铝电解质的配位数分布比较分析

新型氧化铝和碱法氧化铝($w_{Al_2O_3}$ 为 1%~6%)的电解质体系的配位数分布结果见图 4-18 和表 4-7。由此可以看出，总体上四配位团簇百分比随氧化铝的质量分数的增加而增加，在 $Al_2O_3$ 质量分数为 2%~3%时出现一段轻微降低；新型、碱法氧化铝电解质体系中五配位团簇占比则出现了较大的波动，可能预示着五配位团簇在电解质体系中不能稳定存在，这也是为什么前人一直在争论铝电解质中是否有五配位团簇存在；新型、碱法氧化铝电解质体系中六配位团簇则出现了随 $Al_2O_3$ 质量分数增加而直线下降的趋势，这说明随着 $Al_2O_3$ 的加入，体系中六配位铝氟团簇逐渐转化为四配位和五配位团簇；实际上，参考图 4-18 新型氧化铝电解质体系中 F 原子类型和 O 原子类型可以看出，这是由于氧化铝加入后，其中的 O 与 Al 与共价键结合能力较强，夺取了 F 原子桥的地位，使得与 Al 结合的 F 配位数减少。

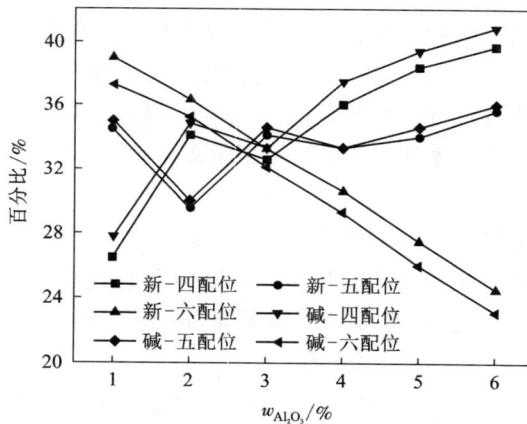

图 4-18　新型和碱法氧化铝电解质体系的配位数分布对比

表 4-7　新型和碱法氧化铝电解质体系的配位数分布对比

| $w_{Al_2O_3}$ /% | 配位数分布/% | | | | | |
|---|---|---|---|---|---|---|
| | 新-四配位 | 新-五配位 | 新-六配位 | 碱-四配位 | 碱-五配位 | 碱-六配位 |
| 1 | 26.528 | 34.416 | 38.961 | 27.821 | 34.953 | 37.233 |
| 2 | 34.067 | 29.501 | 36.337 | 34.812 | 29.982 | 35.212 |
| 3 | 32.581 | 34.067 | 33.239 | 33.313 | 34.561 | 32.132 |
| 4 | 36.028 | 33.279 | 30.616 | 37.451 | 33.283 | 29.271 |

**续表4-7**

| $w_{Al_2O_3}$ /% | 配位数分布/% | | | | | |
|---|---|---|---|---|---|---|
| | 新-四配位 | 新-五配位 | 新-六配位 | 碱-四配位 | 碱-五配位 | 碱-六配位 |
| 5 | 38.423 | 34.027 | 27.499 | 39.434 | 34.591 | 25.981 |
| 6 | 39.703 | 35.657 | 24.522 | 40.882 | 36.012 | 23.114 |
| 新型氧化铝与碱法氧化铝配位数差异 | 1.064 | 0.406 | 1.372 | — | — | — |

对比新型氧化铝电解质体系和碱法氧化铝电解质体系的配位数分布可知，新型氧化铝电解质体系中四配位和五配位铝氟团簇的含量低于传统碱法氧化铝的电解质体系，而新型氧化铝电解质体系的六配位团簇含量则高于碱法氧化铝电解质体系，这说明与碱法氧化铝电解质体系相比，新型氧化铝体系中转化为四配位和五配位团簇的六配位团簇含量较少。同时，两体系的配位数差异随氧化铝变化基本一致。

对于铝电解质体系而言，体系中六配位团簇为中心 Al 原子周围结合了六个 F 原子，依次的四配位和五配团簇则为 Al 原子周围结合四个和五个 F 原子，显然，结合六个 F 原子的铝氟团簇的体积要大于结合四个、五个 F 原子的团簇，即六配位团簇体积最大，其次是五配位铝氟团簇，最后是四配位团簇。众所周知，粒子的体积越大，运动过程中受到的阻力越大，越是不利于粒子的运动。新型氧化铝电解质体系六配位大离子团簇的含量高于碱法氧化铝电解质体系，这说明新型氧化铝电解质体系中大离子基团多于碱法氧化铝电解质体系，则新型氧化铝电解体系具有更高的离子结构聚合度，不利于其中粒子的扩散运动，说明新型氧化铝电解质体系流动性能较差，这里可以预测新型氧化铝电解质体系比起碱法氧化铝电解质体系将具有较低的离子扩散系数和电导，从而具有较高的黏度。

2.新型和碱法氧化铝电解质氟原子类型分布比较分析

F 原子类型分布是衡量铝电解质体系离子结合聚合度的重要指标，能从自由氟、端氟及桥氟含量中直观地看出体系的聚合情况，这在对比分析新型和碱法氧化铝电解质体系差异分析中至关重要。因此，本节统计了新型氧化铝电解质体系和碱法氧化铝电解质体系的氟原子类型分布(即自由氟、端氟和桥氟含量随氧化铝变化分布)，如图 4-19 所示。

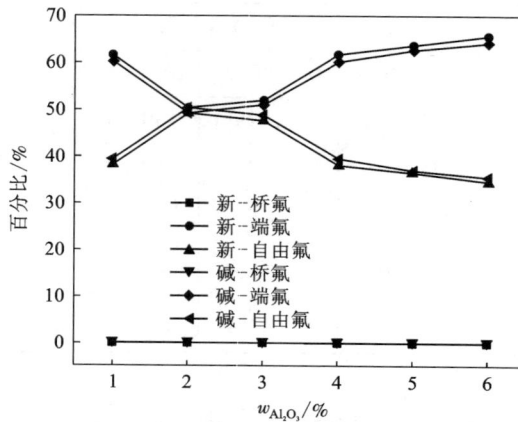

**图4-19  新型和碱法氧化铝电解质体系的氟原子类型分布对比**

从图4-19及表4-8可以看出，新型和碱法氧化铝电解质体系的F原子类型分布具有相同的趋势；新型、碱法氧化铝电解质体系中都是端氟和自由氟含量最高，而桥氟含量最低，其中端氟含量最高。随着氧化铝含量增加，体系中端氟含量呈现先减小后增加的趋势，而自由氟含量变化则相反，呈现先增加后减小的趋势，然而，体系中自由氟含量变化较小，但整体上都是随氧化铝含量增加而降低。

**表4-8  新型和碱法氧化铝电解质体系的氟原子类型分布对比**

| $w_{Al_2O_3}$ /% | 氟原子类型分布/% | | | | | |
|---|---|---|---|---|---|---|
| | 新-桥氟 | 新-端氟 | 新-自由氟 | 碱-桥氟 | 碱-端氟 | 碱-自由氟 |
| 1 | 0.098 | 61.732 | 38.367 | 0.089 | 60.351 | 39.561 |
| 2 | 0.085 | 50.475 | 49.511 | 0.082 | 49.222 | 50.698 |
| 3 | 0.077 | 52.148 | 47.838 | 0.069 | 50.992 | 48.941 |
| 4 | 0.055 | 61.732 | 38.255 | 0.052 | 60.283 | 39.668 |
| 5 | 0.032 | 63.745 | 36.694 | 0.042 | 62.782 | 37.178 |
| 6 | 0.022 | 65.782 | 34.794 | 0.014 | 64.313 | 35.676 |
| 新-碱差 | 0.004 | 1.281 | 1.044 | — | — | — |

通常，对于铝电解体系，端氟是指F原子只与一个Al原子连接的情况，自由氟指F以简单F-自由离子形式存在，不与Al原子连接，而桥氟指F原子以连接

桥的形式连接两个 Al 原子；这就意味着，若体系中桥氟含量较高，说明体系中以 F 原子桥连接的大离子基团含量较高，则体系离子结构聚合度较高，不利于离子的移动迁移扩散；若体系中自由 F 离子含量较高，则体系中简单小离子含量高，体系离子结构聚合度低，铝电解质熔盐体系流动性较好。新型氧化铝电解质体系的自由氟原子含量低于碱法氧化铝电解质体系，而其端氟原子含量则多于碱法氧化铝电解质体系，说明新型氧化铝电解质体系中有利于运输扩散的小离子及基团少于碱法氧化铝电解质体系，则新型氧化铝电解质体系具有更高的离子结构聚合度，新型氧化铝电解质体系流动性比碱法氧化铝电解质体系更差，这和配位数对比分析结果一致。

新型氧化铝电解质体系和碱法氧化铝电解质体系的桥氟含量都较小，甚至接近 0%，但这并不能说明新型、碱法氧化铝电解质体系的离子结构聚合度低，体系流动性高，这是因为新型、碱法氧化铝电解质体系中由于氧化铝的加入，加入的 O 会夺取 F 原子桥的位置，使得大量的 F 解离出来，而 O 则与 Al 形成 Al—O—Al 的大离子基团，使得体系离子结构聚合度增加；此外，O 和铝的共价性更强，使得形成的以桥氧连接的大离子基团更加稳固，更加难以迁移运动。

3. 新型氧化铝和碱法氧化铝电解质氧原子类型分布比较分析

为了进一步评价新型氧化铝电解质体系和碱法氧化铝电解质体系的差异，提取了新型、碱法氧化铝的 O 原子类型分布并统一绘制于图 4-20 和表 4-9 中。对于含氧化铝的铝电解体系，由于氧化铝引入的 O 取代了桥氟原子的位置，因此，使用氧原子类型分布用来评价电解质体系的离子结构聚合度比 F 原子类型分布更加准确。一般来说，O 原子类型分布指的是自由氧、端氧和桥氧在铝电解质体

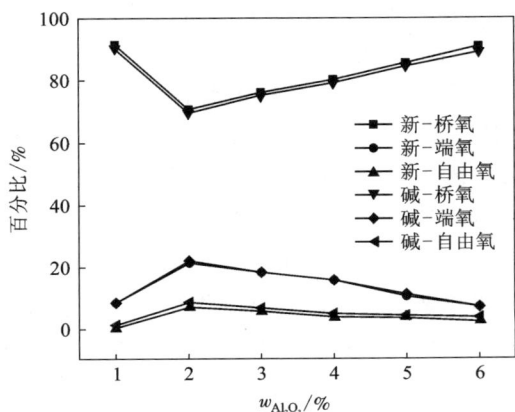

图 4-20　新型和碱法氧化铝电解质体系的氧原子类型分布对比

系中的含量分布，其中自由氧指 O 原子以 $O^{2-}$ 的简单离子态存在，不与 Al 原子结合，端氧指 O 原子与一个 Al 原子结合的情况，而桥氧指 O 连接两个 Al，以 Al—O—Al 的桥接大基团形式存在；可见桥氧含量越多，则说明体系中的以 O 原子桥连接的大离子基团越多，体系离子结构聚合度越大，体系中离子运动会受到更大的阻力，则体系流动性更小；若体系中自由 O 原子含量越多，则说明体系中便于流动的小离子或基团多，则体系的流动性越好，体系离子结构聚合度较低，有利于体系中离子传输扩散而导电。

表 4-9　新型和碱法氧化铝电解质体系的氧原子类型分布对比

| $w_{Al_2O_3}$ /% | 氧原子类型分布/% | | | | | |
|---|---|---|---|---|---|---|
| | 新-桥氧 | 新-端氧 | 新-自由氧 | 碱-桥氧 | 碱-端氧 | 碱-自由氧 |
| 1 | 91.534 | 8.565 | 0.424 | 90.282 | 8.452 | 1.271 |
| 2 | 70.693 | 21.722 | 7.119 | 69.331 | 22.131 | 8.541 |
| 3 | 76.08 | 18.263 | 5.701 | 75.072 | 18.192 | 6.742 |
| 4 | 80.277 | 15.512 | 3.778 | 79.193 | 15.834 | 4.984 |
| 5 | 85.551 | 10.493 | 3.404 | 84.514 | 11.22 | 4.295 |
| 6 | 90.825 | 7.005 | 2.327 | 89.071 | 7.152 | 3.783 |
| 新-碱差 | 1.249 | 0.237 | 1.144 | — | — | — |

从图 4-20 中可以看出，新型氧化铝电解质体系和碱法氧化铝电解质体系具有相同的 O 原子类型分布趋势，即新型氧化铝和碱法氧化铝电解质体系中 O 原子类型分布都是桥氧>端氧>自由氧；特别是，桥氧占比为 70%~90%，远大于端氧和自由氧的占比，这说明新型、碱法氧化铝电解质体系中以 O 原子桥连接的大离子基团含量较高，体系离子结构聚合度都较高，体系流动性较差；并且新型、碱法氧化铝电解质体系桥氧占比整体呈现增加趋势，说明无论是新型还是碱法氧化铝的加入都能促进体系离子结构聚合度升高，使得体系的流动性下降，不利于离子传输扩散，使得体系扩散系数和电导率下降而黏度降低，这与当前的氧化铝能降低体系电导率增加其黏度的认识一致。此外，新型氧化铝电解质体系和碱法氧化铝电解质体系中端氧和自由氟的占比随氧化铝质量分数变化都出现了先增加后减小的趋势，这可能预示着新型、碱法氧化铝质量分数为 2%的点位为一个特殊的转折点。

从图 4-20 和表 4-9 可以直观地看出，新型氧化铝电解质体系的桥氧占比高于碱法氧化铝电解质体系；由于桥氧的含量是评价体系离子结构聚合度的重要标志，上述这个现象说明新型氧化铝电解质体系中以氧原子桥连接的大离子基团的含量高于碱法氧化铝电解质体系，意味着新型氧化铝电解质体系具有更高的离子结构聚合度，新型氧化铝电解质体系熔盐在同等外界环境下流动性更差，不利于离子传输导电。这可以从自由氧占比方面进一步看出，新型氧化铝电解质体系自由氧占比低于碱法氧化铝电解质体系，说明新型氧化铝电解质体系中有利于运动的小离子含量少于碱法氧化铝电解质体系，进一步证明了新型氧化铝电解质体系离子结构聚合度高于碱法氧化铝电解质体系。这里得出的结论和配位数及 F 原子类型分布分析的结论一致。此外，也可以看到新型氧化铝电解质体系中端氧含量与碱法氧化铝电解质体系几乎一致。

### 4.1.4.2　输运性质差异分析

比较电解质熔盐的离子扩散系数、电导率和黏度等宏观输运特性能直接反映新型、碱法氧化铝电解质熔盐体系的差异，同时可以进一步分析它们对铝电解过程中的能耗、电流效率、产品质量以及槽寿命等重要技术经济指标的影响。

1. 新型和碱法氧化铝电解质离子自扩散系数差异分析

为了深入对比分析新型氧化铝电解质和碱法氧化铝电解质体系的离子自扩散系数差异，本节分别计算了两个体系的均方位移函数，然后取均方位移函数曲线的斜率的六分之一，从而获得了新型、碱法氧化铝电解质体系的离子自扩散系数，并将其统一绘制到图 4-21 中。由此可以直观看出，新型氧化铝电解质体系和碱法氧化铝电解质体系的离子自扩散系数随氧化铝质量分数的改变而具有相同的变化趋势。总体来说，体系中离子自扩散系数大小顺序都是 Na>F>Al>O，随着新型、碱法氧化铝质量分数的增加，熔盐电解质体系中 Na、Al、F 和 O 四种粒子

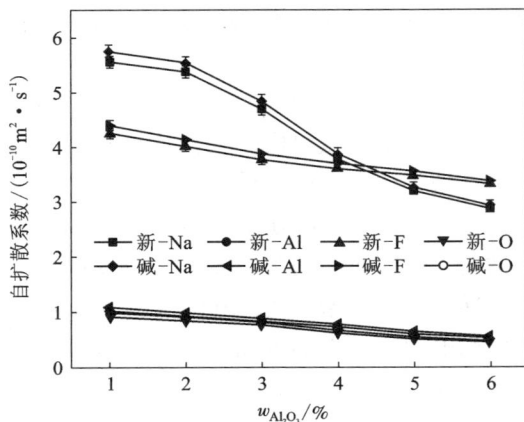

图 4-21　新型和碱法氧化铝电解质体系的离子扩散系数对比（标准偏差 2%~4%）

的自扩散系数都呈现了减少的趋势,说明新型、碱法氧化铝都趋向于降低体系的流动扩散性能,这与之前离子结构的分析结果一致。

进一步观察图 4-21 和表 4-10 可以看出,新型氧化铝电解质体系中 Na、Al、F 和 O 四种粒子的自扩散系数都低于碱法氧化铝电解质体系,其中,$Na^+$ 自扩散系数平均约低 $0.107\times10^{-10}$ $m^2/s$,Al 粒子的自扩散系数平均约低 $0.055\times10^{-10}$ $m^2/s$,而 F 和 O 粒子的自扩散系数分别低约 $0.095\times10^{-10}$ $m^2/s$ 和 $0.052\times10^{-10}$ $m^2/s$。

表 4-10  新型和碱法氧化铝电解质体系的离子自扩散系数比较

| $w_{Al_2O_3}$ /% | 离子自扩散系数/($10^{-10}$ $m^2 \cdot s^{-1}$) | | | | | | | |
|---|---|---|---|---|---|---|---|---|
| | 新-Na | 新-Al | 新-F | 新-O | 碱-Na | 碱-Al | 碱-F | 碱-O |
| 1 | 5.57 | 0.99 | 4.25 | 0.92 | 5.75 | 1.07 | 4.39 | 1.01 |
| 2 | 5.39 | 0.91 | 4.02 | 0.85 | 5.55 | 0.98 | 4.14 | 0.92 |
| 3 | 4.71 | 0.82 | 3.78 | 0.77 | 4.83 | 0.88 | 3.88 | 0.83 |
| 4 | 3.8 | 0.73 | 3.62 | 0.63 | 3.88 | 0.78 | 3.71 | 0.67 |
| 5 | 3.21 | 0.61 | 3.49 | 0.51 | 3.27 | 0.65 | 3.56 | 0.54 |
| 6 | 2.88 | 0.52 | 3.33 | 0.45 | 2.92 | 0.55 | 3.38 | 0.47 |
| 新-碱差 | 0.107 | 0.055 | 0.095 | 0.052 | — | — | — | — |

新型氧化铝电解质体系中离子自扩散系数低于碱法氧化铝电解质体系的现象说明新型氧化铝电解质体系比碱法氧化铝电解质体系具有更低的流动性能,说明新型氧化铝电解质体系中离子更不易于传输导电,这和之前的离子结构分析结果表现良好一致。

图 4-22 和表 4-11 所示为新型氧化铝电解质体系相对碱法氧化铝电解质体系扩散系数差异百分比。可见,$Na^+$、$Al^{3+}$、$F^-$、$O^{2-}$ 四种粒子的扩散系数差异百分比都是负数,这是由于新型氧化铝电解质体系的离子扩散系数大于碱法氧化铝电解质体系。其中,$Na^+$ 和 $F^-$ 离子差异百分比较小,而 $Al^{3+}$ 和 $F^-$ 的离子差异百分比较大;这里需要说明的是,$Al^{3+}$ 和 $F^-$ 的离子差异百分比虽然大,但它们的离子扩散系数非常低,不占主导。随着新型、碱法氧化铝质量分数从 1% 增加到 6%,可以发现新型、碱法氧化铝电解质体系的各离子扩散系数百分比差异逐渐缩小,这可能是由于无论是新型或是碱法氧化铝的加入都会使得体系离子结构聚合度增加,从而降低离子扩散系数,使得两种体系趋于相近。

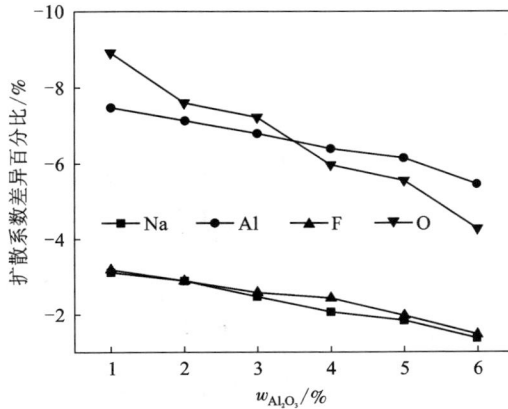

**图 4-22　新型和碱法氧化铝电解质体系的各离子扩散系数差异百分比**
（负数指新型氧化铝电解质体系扩散系数低于碱法氧化铝电解质体系）

**表 4-11　新型和碱法氧化铝电解质输运特性差异百分比**
（负数指新型氧化铝电解质体系扩散系数低于碱法氧化铝电解质体系）　　　单位：%

| $w_{Al_2O_3}$ | 离子自扩散系数 | | | | 黏度 | 电导率 |
|---|---|---|---|---|---|---|
| | $Na^+$ | $Al^{3+}$ | $F^-$ | $O^{2-}$ | | |
| 1% | -3.13 | -7.48 | -3.19 | -8.91 | 0.038 | -0.017 |
| 2% | -2.88 | -7.14 | -2.89 | -7.61 | 0.028 | -0.019 |
| 3% | -2.48 | -6.82 | -2.58 | -7.23 | 0.030 | -0.028 |
| 4% | -2.06 | -6.41 | -2.43 | -5.97 | 0.033 | -0.016 |
| 5% | -1.83 | -6.15 | -1.97 | -5.56 | 0.031 | -0.021 |
| 6% | -1.37 | -5.45 | -1.48 | -4.26 | 0.029 | -0.017 |

2. 新型和碱法氧化铝电解质的黏度差异分析

　　黏度是衡量铝电解质体系动力学传输性能的一个重要指标，影响体系中的离子传输运动性能，从而影响电极反应过程，最重要的是，它涉及铝液的沉降分离，若电解产生的铝液不能及时沉降分离，则容易发生二次氧化导致电流效率降低，而电流效率是现代铝电解过程最重要的技术经济指标之一。

　　为了对比分析新型氧化铝电解质体系和碱法氧化铝电解质体系的黏度差异，结合各离子扩散系数 D 与爱因斯坦-斯托克斯沉降公式，得到新型、碱法氧化铝电解质体系的黏度，如图 4-23 所示。由此可以看出，新型氧化铝电解质体系和

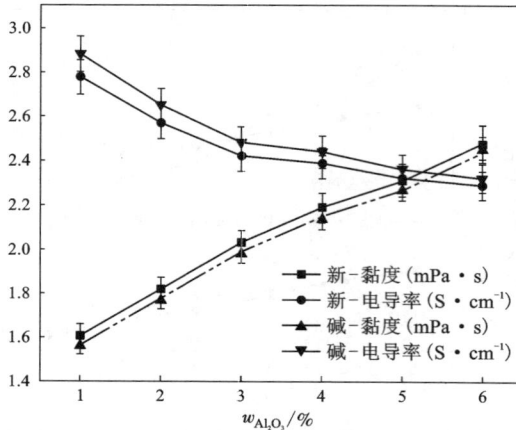

图 4-23　新型和碱法氧化铝电解质体系的黏度和电导率对比(标准偏差为 1%~3%)

碱法氧化铝电解质体系随氧化铝变化趋势一致，体系黏度都是随着氧化铝的增加而增加，且增加趋势较明显，说明了氧化铝对铝电解质体系黏度影响巨大。

此外，新型氧化铝电解质体系的黏度整体上高于碱法氧化铝电解质体系，平均约高 0.045 mPa·s，这说明新型氧化铝电解质体系的离子传输性能低于碱法氧化铝电解质体系。同时，根据斯托克斯沉降公式，可知新型氧化铝体系中铝液的沉降速度低于碱法氧化铝电解质体系，则新型氧化铝电解质体系更容易出现铝液和电解质分离较差，产品质量差的情况。

这里同时统计了新型氧化铝电解质体系相对碱法氧化铝电解质体系黏度差异百分比，如图 4-24 和表 4-12 所示。图中新型、碱法氧化铝电解质差异百分比数值为正，说明新型氧化铝电解质体系黏度大于碱法氧化铝电解质体系。随着氧化浓度增加，新型、碱法电解质体系差异逐渐降低。

3. 新型和碱法氧化铝电解质的离子电导率差异分析

铝电解体系的离子电导率直接决定了铝电解的槽电压，从而影响铝电解过程的电耗，而对于铝电解行业，电费占据了吨铝成本的一半以上，吨铝电耗直接决定铝厂的盈利情况；在当前我国铝价日益低迷的行情下，电耗甚至决定了很多铝厂生存的根本。因此，新型氧化铝电解质进行工业化应用之前，必须深入研究其离子导电特性(表 4-12)。

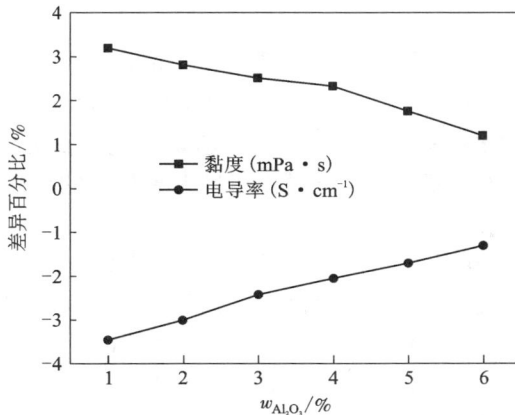

**图 4-24　新型和碱法氧化铝电解质体系黏度和电导率差异百分比**
（图中负数指新型氧化铝电解质体系电导率低于碱法）

**表 4-12　新型和碱法氧化铝电解质体系的黏度和电导率比较**

| | | 黏度/(mPa·s) | | 电导率/(S·cm$^{-1}$) | |
|---|---|---|---|---|---|
| | | 新型 | 碱法 | 新型 | 碱法 |
| $w_{Al_2O_3}$ /% | 1 | 1.61 | 1.56 | 2.78 | 2.88 |
| | 2 | 1.82 | 1.77 | 2.57 | 2.65 |
| | 3 | 2.03 | 1.98 | 2.42 | 2.48 |
| | 4 | 2.19 | 2.14 | 2.39 | 2.44 |
| | 5 | 2.31 | 2.27 | 2.32 | 2.36 |
| | 6 | 2.48 | 2.45 | 2.29 | 2.32 |
| 新-碱差 | | 0.045 | — | 0.06 | — |

　　为了分析新型氧化铝和碱法氧化铝电解质体系的电导率差异，本节使用新型、碱法氧化铝电解质体系的扩散系数和爱因斯坦-能斯特公式，获得了新型、碱法氧化铝电解质体系的电导率。可见，新型、碱法氧化铝电解质体系的电导率随氧化铝质量分数变化趋势一致，即电导率都是随着氧化铝质量分数增加而降低。结合之前的离子结构分析可知，这是因为氧化铝的加入增加了体系中以 O 原子桥连接的大离子基团的含量，增加了体系的离子结构聚合度，不利于体系中离子传输运动而导电，从而降低了体系的电导率；同时发现，在氧化铝质量分数相同条件下，新型氧化铝电解质体系的电导率低于碱法氧化铝电解质体系，这预示着新

型氧化铝电解质应用于当前铝电解槽时会有更高的槽电压，使得电解过程能耗升高。

此外，本节统计了这两种氧化铝电解质体系的电导率差异百分比，可见，差异百分比数值为负，这是由于新型氧化铝电解质体系电导率低于碱法氧化铝电解质体系。随着两种氧化铝质量分数的增加，新碱法差异百分比绝对值逐渐降低，说明两体系的差异性在降低，这可能是由于较多氧化铝的加入降低了体系离子结构聚合度，拉近了体系的结构相似度。

### 4.1.4.3 新型氧化铝电解质应用于当前工业电解槽存在的问题分析

电解质的扩散系数、电导率和黏度等输运特性直接影响铝电解槽的电极反应过程、槽电压及电-热-磁-流场的平衡，进而影响到电解槽的能耗、电流效率、产品质量及槽寿命的重要技术经济指标。因此，可以通过对比分析新型氧化铝电解质和碱法氧化铝电解质在离子自扩散系数、电导率和黏度等输运数据上的差异，进而推导出新型氧化铝电解质体系直接应用于当前铝电解槽存在的问题。

根据分析可知，新型氧化铝电解质体系的离子自扩散系数低于当前基于拜耳法生产的碱法氧化铝电解质体系，而离子自扩散系数涉及离子扩散运动，进而影响电极反应过程的快慢，这意味着新型氧化铝电解质体系的电极反应慢于当前碱法氧化铝电解质体系；而 $Al^{3+}$ 的扩散系数本身很低，这将导致阴极不能及时补充还原消耗掉的 $Al^{3+}$，则可能促进 $Na^+$ 放电而在阴极还原，降低体系电解电流效率。因此，新型氧化铝电解质体系应用于工业电解质电流效率将会低于当前碱法氧化铝电解质体系。此外，扩散系数较低会减缓熔盐电解质对内衬材料的腐蚀反应，增加电解槽寿命，这是有利的影响。

根据新型、碱法氧化铝电解质体系黏度对比分析可知，新型氧化铝电解质体系黏度高于碱法氧化铝电解质体系；而黏度涉及铝液的沉降分离，根据斯托克斯沉降公式，增加黏度，则铝液的沉降速度降低；这意味着相对于碱法氧化铝电解质体系，较高的黏度使得新型氧化铝电解质体系中产生的铝液不能及时沉降分离，容易产生混合使得电解质中的铝产生二次氧化，导致电解电流效率降低。同时，较高的黏度不利于新型氧化铝电解质体系中离子的扩散输运，进而影响到离子扩散系数，如上所述，也会降低电解电流效率。

根据新型、碱法氧化铝电解质体系电导率分析可知，新型氧化铝电解质体系电导率低于碱法氧化铝电解质体系，而电导率直接关系到电解质电阻，进而影响到槽电压；当新型氧化电解质应用于当前工业电解时，若不改变极距，由于新型氧化铝电解质电导率较低，则槽电压会升高，导致能耗升高，增加吨铝生产成本；若维持电压不变，降低极距，则促进铝的二次氧化，降低电解电流效率；这和扩散系数和黏度的分析结果一致。

## 4.2 新型氧化铝多尺度多相建模与分析

设计富锂钾盐新型氧化铝电解质体系配方，使用 Amorphous Cell 模块，建立一系列包含各类杂质相的新型氧化铝电解质分子动力学模型，即新型氧化铝电解槽多尺度多相仿真模型，包括 $NaF-AlF_3-Al_2O_3-KF$ 体系、$NaF-AlF_3-Al_2O_3-LiF$ 体系、$NaF-AlF_3-Al_2O_3-CaF_2$ 体系、$NaF-AlF_3-Al_2O_3-CaCl_2$ 体系、$NaF-AlF_3-Al_2O_3-P_2O_5$ 体系，充分反馈电解质体系所包含的核心杂质。在 Material Studio 的 CASTEP 模块下进行第一性原理分子动力学模拟，计算这些体系中关键粒子轨迹信息，研究并分析体系的离子结构和微观扩散性质。

### 4.2.1 $NaF-AlF_3-Al_2O_3-KF$ 体系离子结构和微观扩散性质

#### 4.2.1.1 $NaF-AlF_3-Al_2O_3-KF$ 体系分子动力学建模

富钾盐电解质体系主要包含 KF、NaF、$AlF_3$、$Al_2O_3$ 四种物质，根据文献资料，初步设计了富含钾盐的新型氧化铝电解质体系如下：氧化铝的摩尔分数为 1%~6%，模型中的原子总数为 200 个。由此可以得到不同的电解质体系虚拟组成如表 4-13 所示。

表 4-13 $NaF-AlF_3-Al_2O_3-KF$ 体系虚拟组成 　　　　单位：个

| $x_{Al_2O_3}$ | $N_K$ | $N_{Na}$ | $N_{Al}$ | $N_F$ | $N_O$ | $N_{total}$ |
|---|---|---|---|---|---|---|
| 1% | 29 | 9 | 31 | 125 | 3 | 197 |
| 2% | 29 | 8 | 33 | 124 | 6 | 200 |
| 3% | 29 | 7 | 34 | 120 | 9 | 199 |
| 4% | 29 | 6 | 35 | 116 | 12 | 198 |
| 5% | 29 | 6 | 36 | 113 | 15 | 199 |
| 6% | 29 | 5 | 38 | 112 | 18 | 202 |

注：$N_K$、$N_{Na}$、$N_{Al}$、$N_F$、$N_O$ 分别表示 K、Na、Al、F、O 的原子个数；$N_{total}$ 表示总的原子个数。

根据以上富锂钾电解质体系虚拟组成，借助 Material Studio 中的 Amorphous Cell 模块建立计算模型，所有的原子随机分布在固定体积的正方体盒子内，具体的模型如图 4-25 所示。

第一性原理分子动力学模拟采用广义梯度近似（GGA）中的 Perdew-Burke-Ernzerhof（PBE）相互交联函数。使用 Ultrasoft 超软赝势来处理离子实和价电子的

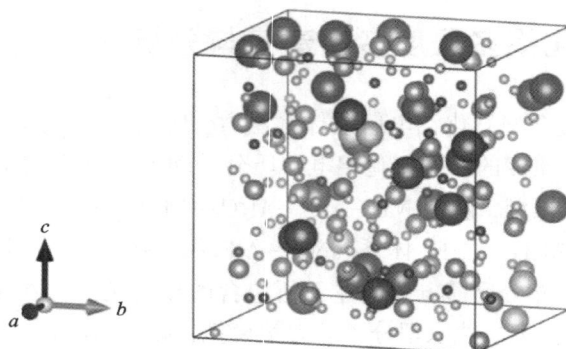

**图 4-25    NaF-AlF$_3$-Al$_2$O$_3$-KF 分子动力学模型**(彩图版见附录)

相互作用,其中,Na 2s$^2$2p$^6$3s$^1$ 电子、Al 3s$^2$3p$^1$ 电子、K 3s$^2$3p$^6$4s$^1$ 电子、F 2s$^2$2p$^5$ 电子和 O 2s$^2$2p$^4$ 电子被视为价电子。将 DFT-D2 方法应用于色散校正中提高仿真精度。第一性原理分子动力学模拟计算采用 420 eV 的截断能和 1×1×1 k-point 网格。周期性边界条件被用于模拟盒子中来消除边界效应的影响,使得到的模拟结果更加合理。FPMD 模拟采用固定粒子数,体积和温度的 NVT 系综,温度设置为 1150 K,密度设置为 1.91~1.96 g/cm$^3$。为了得到更加精确的熔盐离子结构和微观扩散性质,熔盐体系先在 NVT 系综下进行 5000 步模拟,得到接近真实体系的熔盐离子结构,然后再进行 10000 步的结构弛豫,模拟时间步长设置为 10$^{-5}$ s,总的模拟时间为 1.5×10$^{-11}$ s。值得注意的是,Amelia Bengtson 指出对于熔盐体系,216 个原子和(6~12)×10$^{-12}$ s 的模拟时间足以得到与实验结果吻合较好的结果。最后得到的 10000 帧粒子轨迹信息用于统计分析 KF-NaF-AlF$_3$-Al$_2$O$_3$ 熔盐体系的离子结构和微观扩散性质,第一性原理分子动力学模拟均在 CASTEP 模块中进行。

### 4.2.1.2    富钾盐新型氧化铝电解质体系的离子结构

**1. 局部离子结构**

第一性原理分子动力学模拟得到的 KF-NaF-AlF$_3$-Al$_2$O$_3$ 熔盐体系的稳定构型如图 4-26 所示。从图 4-25 可以看出 K、Na 离子随机分布在模拟盒子中,并且离子之间的距离较大,这是因为 K—K、K—Na、Na—Na 各离子极性差异较小,且均无共价特性。

**2. 径向分布函数**

KF-NaF-AlF$_3$-Al$_2$O$_3$ 熔盐体系中不同离子对的径向分布函数如图 4-27 所示。从表 4-14 可以看出本节计算的不同离子对的平均键长与已有的计算值吻合较好,并且 Al$_2$O$_3$ 质量分数的变化对离子对的平均键长影响不大。

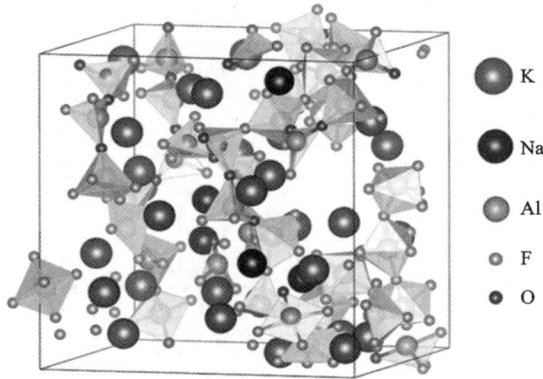

**图 4-26　KF-NaF-AlF$_3$-Al$_2$O$_3$ 熔盐体系的稳定构型($x_{Al_2O_3}=6\%$)（彩图版见附录）**

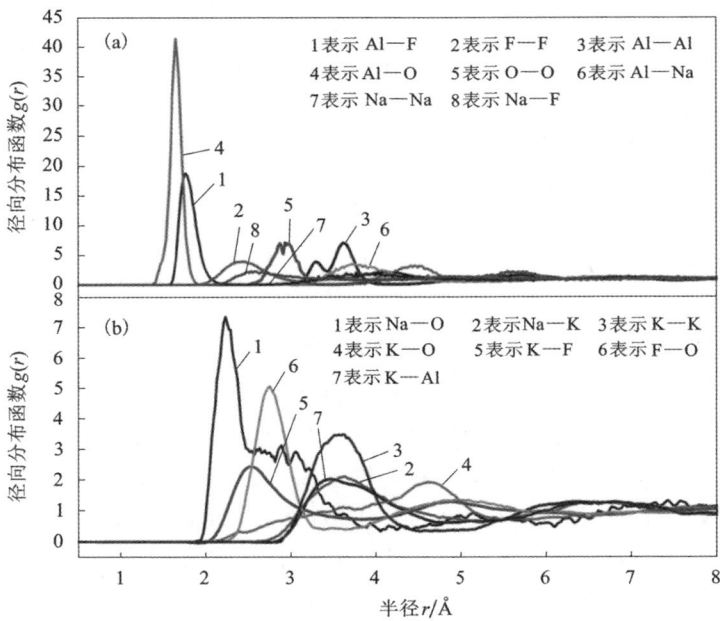

**图 4-27　KF-NaF-AlF$_3$-Al$_2$O$_3$ 体系中不同离子对的径向分布函数($x_{Al_2O_3}=6\%$)**

表 4-14　KF-NaF-AlF$_3$-Al$_2$O$_3$ 体系中离子对的平均键长，Al—F 配离子的
平均配位数的计算值与文献值的比较

| | 离子对 | $x_{Al_2O_3}=1\%$ | $x_{Al_2O_3}=2\%$ | $x_{Al_2O_3}=3\%$ | $x_{Al_2O_3}=4\%$ | $x_{Al_2O_3}=5\%$ | $x_{Al_2O_3}=6\%$ | 文献 |
|---|---|---|---|---|---|---|---|---|
| 键长/Å | Al—F | 1.77 | 1.75 | 1.77 | 1.79 | 1.77 | 1.81 | 1.82 |
| | F—F | 2.49 | 2.51 | 2.51 | 2.53 | 2.53 | 2.51 | 2.51 |
| | Al—Al | 3.67 | 3.69 | 3.69 | 3.67 | 3.67 | 3.69 | 3.61 |
| | Na—Na | 3.73 | 3.73 | 3.75 | 3.73 | 3.75 | 3.73 | 3.65 |
| | Na—Al | 3.75 | 3.73 | 3.65 | 3.71 | 3.73 | 3.67 | 3.59 |
| | Na—F | 2.41 | 2.45 | 2.43 | 2.47 | 2.43 | 2.43 | 2.41 |
| | K—Al | 3.51 | 3.55 | 3.59 | 3.57 | 3.57 | 3.55 | 3.49 |
| | K—Na | 3.51 | 3.53 | 3.53 | 3.55 | 3.55 | 3.57 | 3.73 |
| | K—F | 2.51 | 2.57 | 2.51 | 2.51 | 2.53 | 2.53 | 2.63 |
| | K—K | 3.47 | 3.41 | 3.53 | 3.57 | 3.43 | 3.45 | |
| | Al—O | 1.65 | 1.63 | 1.61 | 1.65 | 1.63 | 1.63 | 1.60 |
| | Na—O | 2.25 | 2.27 | 2.25 | 2.29 | 2.29 | 2.31 | 2.35 |
| | K—O | 4.61 | 4.59 | 4.53 | 4.57 | 4.57 | 4.59 | |
| | F—O | 2.71 | 2.79 | 2.73 | 2.71 | 2.73 | 2.71 | 2.69 |
| | O—O | 2.87 | 2.89 | 2.93 | 2.97 | 2.95 | 2.95 | 2.94 |
| 配位数 | Al—F | 5.31 | 5.35 | 5.40 | 5.42 | 5.43 | 5.45 | 5.71 |

　　一般来说，Al—Al 离子对 RDF 曲线可以反映 KF-NaF-AlF$_3$-Al$_2$O$_3$ 熔盐体系的聚合程度，因为 F 和 O 离子可能会作为桥离子连接两个 Al 离子形成更为复杂的空间构型。Al—Al 离子对的径向分布函数如图 4-28 所示，Al—Al 离子对 RDF 曲线上存在三个较为明显的峰值，分别位于 3.3Å、3.6Å 和 5.6Å 处，其中 3.6Å 处的峰是主峰。3.3Å 处的峰值刚好是 Al—O 离子对的第一峰值半径的两倍，对应着熔盐中的 Al—O—Al 构型，即 O 离子作为桥离子连接两个 Al 离子。主峰值出现在 3.6Å 左右，刚好是 Al—F 的第一峰值半径的两倍，这说明熔盐中大部分的 F 离子作为桥离子连接着两个 Al 离子。5.6Å 处的峰值对应着更为复杂的 Al—O—F 离子构型。总体来说，在 KF-NaF-AlF$_3$-Al$_2$O$_3$ 熔盐体系中，不仅存在着简单的 [AlF$_4$]$^-$、[AlF$_5$]$^{2-}$ 和 [AlF$_6$]$^{3-}$ 络合离子，同时由于桥 O 和桥 F 离子的存在，这些络合离子集团会结合在一起形成体积更为庞大的复杂离子构型。

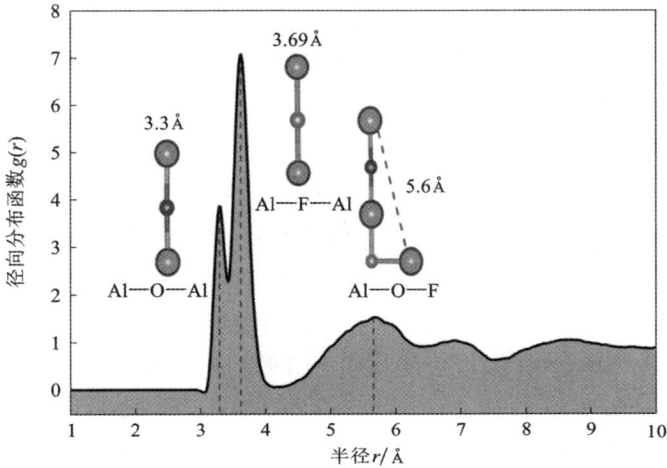

**图 4-28　Al—Al 离子对的径向分布函数($x_{Al_2O_3}=6\%$)**

## 3. 离子的平均配位数

KF-NaF-AlF$_3$-Al$_2$O$_3$ 熔盐体系中 Al—F 络合离子的平均配位数可以通过对 RDF 曲线积分得到，Al—F 络合离子的平均配位数积分曲线如图 4-29 所示（$x_{Al_2O_3}=6\%$）。当截断半径取 2.5 Å 时，Al—F 络合离子的平均配位数为 5.45，同理不同摩尔分数的 Al$_2$O$_3$ 的 Al—F 络合离子的平均配位数也可以通过积分得到，

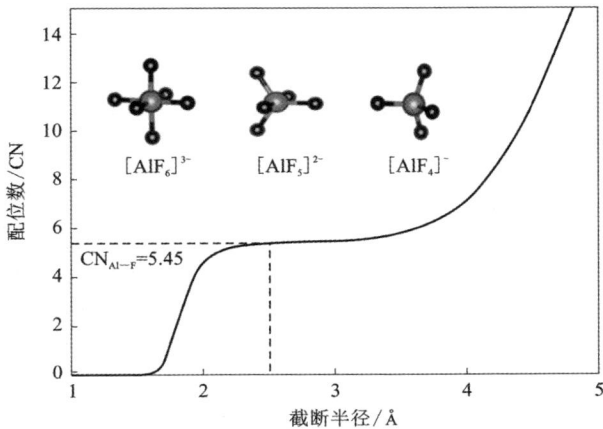

**图 4-29　Al—F 离子对的平均配位数积分曲线($x_{Al_2O_3}=6\%$)**

如表 4-14 所示。Al—F 络合离子的平均配位数为 5~6，这说明在 KF-NaF-AlF₃-Al₂O₃ 熔盐体系中[AlF₄]⁻、[AlF₅]²⁻和[AlF₆]³⁻是共存的。随着 Al₂O₃ 摩尔分数逐渐增大，Al—F 络合离子的平均配位数也逐渐增大，说明熔盐中的 Al—F 络合离子逐渐转化为配位数更高的络合离子。

4. 离子对的键角分布

统计分析了 KF-NaF-AlF₃-Al₂O₃ 熔盐体系中 F—Al—F 和 Al—O—Al 的键角分布规律，结果如图 4-29 所示。理想的[AlF₆]³⁻八面体拥有 8 个 90° 和 3 个 180° 的 F—Al—F 键角；理想的[AlF₅]²⁻三角双锥体拥有 6 个 90°，3 个 120° 以及 1 个 180° 的 F—Al—F 键角；而理想的[AlF₄]⁻正四面体则拥有 6 个 109.5° 的 F—Al—F 键角。从图 4-30(a)可以看出，F—Al—F 的键角分布曲线的峰值主要位于 90° 和 180° 附近，分别对应着八面体或三角双锥体的 Al—F 络合集团结构。在 110° 左右发现了一个小峰，这对应着正四面体 Al—F 络合离子集团，但是这个峰随着 Al₂O₃ 摩尔分数增大而逐渐消失，这意味着当 Al₂O₃ 摩尔分数增大，熔盐中的[AlF₄]⁻络合离子逐渐减少，转化为更高配位的络合离子，F—Al—F 的键角计算

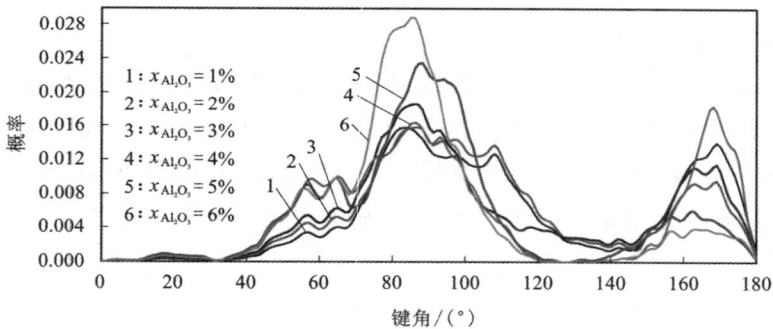

(a)F—Al—F的键角分布规律

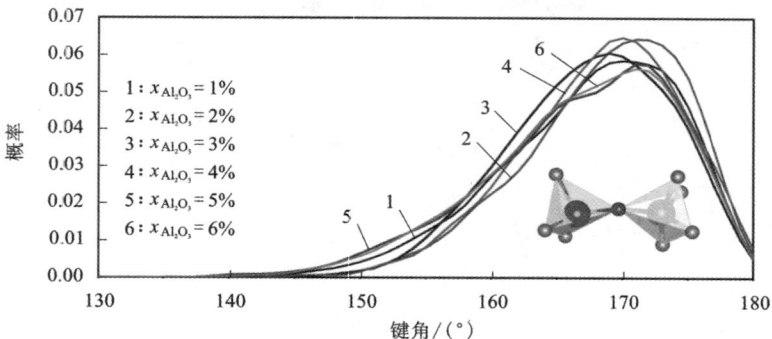

(b)Al—O—Al的键角分布规律

图 4-30　KF-NaF-AlF₃-Al₂O₃ 熔盐中 F—Al—F 和 Al—O—Al 的键角分布规律

结果与 Al—F 络合离子的配位数分布规律一致。图 4-30(b)是 Al—O—Al 的键角分布规律，Al—O—Al 的键角分布峰值在 170°左右，并且不受 $Al_2O_3$ 摩尔分数的影响，这表明熔盐中的桥 O 离子几乎是以一条直线连接两个 Al 离子，这也会间接增大熔盐中络合离子集团的体积，降低熔盐的密度。通过对 F—Al—F 和 Al—O—Al 的键角分布规律的分析，可以认为 $KF-NaF-AlF_3-Al_2O_3$ 熔盐中络合离子集团主要以六配位 $[AlF_6]^{3-}$ 和五配位 $[AlF_5]^{2-}$ 为主，当 $Al_2O_3$ 摩尔分数较低时，熔盐中存在少量的四配位 $[AlF_4]^-$ 络合离子。但是大部分络合离子集团都不是单独存在，而是由桥 O 和桥 F 离子连接成更为庞大的复杂络合离子集团，这在径向分布函数计算中已经有所体现。

5. 富钾盐新型氧化铝电解质体系离子类型

统计分析了 $KF-NaF-AlF_3-Al_2O_3$ 熔盐中 Al—F 配离子的类型分布规律如图 4-31(a)所示。

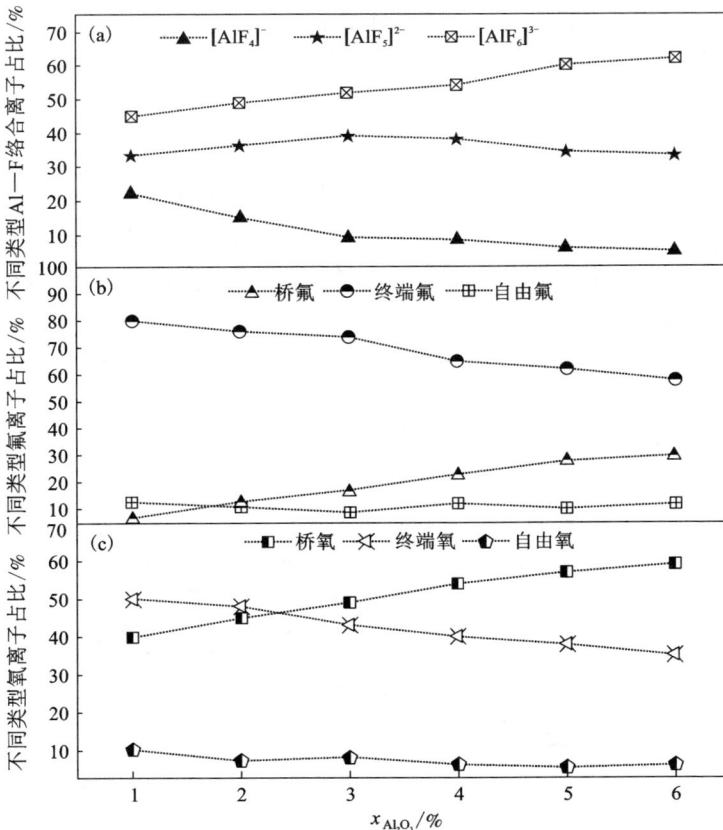

图 4-31　Al—F 配离子、F 离子和 O 离子类型分布规律

随着 $Al_2O_3$ 摩尔分数的增大，熔盐中 $[AlF_6]^{3-}$ 和 $[AlF_5]^{2-}$ 比例逐渐增大，而 $[AlF_4]^-$ 比例则逐渐降低并一直保持着较低水平，当 $Al_2O_3$ 摩尔分数大于 4% 后，$[AlF_5]^{2-}$ 比例也逐渐降低，这与 Al—F 的平均配位数变化规律一致。F 离子和 O 离子类型(桥氟，指氟离子以 Al—F—Al 形式连接两个铝离子；终端氟，指氟离子与一个近邻铝离子连接；自由氟，指氟离子没有与近邻铝离子相互作用)决定了 $KF-NaF-AlF_3-Al_2O_3$ 熔盐离子结构的聚合程度，并对熔盐的微观扩散特性具有至关重要的影响。图 4-31(b)和图 4-31(c)分别是熔盐中的 F 和 O 离子的类型分布规律，随着 $Al_2O_3$ 摩尔分数的增大，熔盐中桥 F 和桥 O 离子的浓度逐渐增大，端 F 和端 O 离子的浓度相应降低，而自由 F 离子和自由 O 离子的浓度维持在一个较低的水平，这说明随着 $Al_2O_3$ 摩尔分数的增大，$KF-NaF-AlF_3-Al_2O_3$ 熔盐的离子结构逐渐复杂。同时，可以明显看出桥 O 离子的比例远高于桥 F 离子，这是因为 O 离子与 Al 离子的结合能力要强于 F 离子，这与径向分布函数的计算结果一致。

### 4.2.1.3　富钾盐新型氧化铝电解质体系的微观扩散性质

新型氧化铝电解质体系的微观扩散性质主要包括离子的自扩散系数、黏度和电导率，下面将一一分析。

#### 1. 离子的扩散性质

$KF-NaF-AlF_3-Al_2O_3$ 熔盐体系的微观扩散性能对铝电解过程至关重要，图 4-32 是 $KF-NaF-AlF_3-Al_2O_3$ 体系中不同离子的 MSD 曲线，可以看出在 $5 \times 10^{-12} \sim 15 \times 10^{-12}$ s 的模拟时间内，熔盐中的离子基本达到了自由扩散状态，这说明整个模拟过程已经达到平衡。

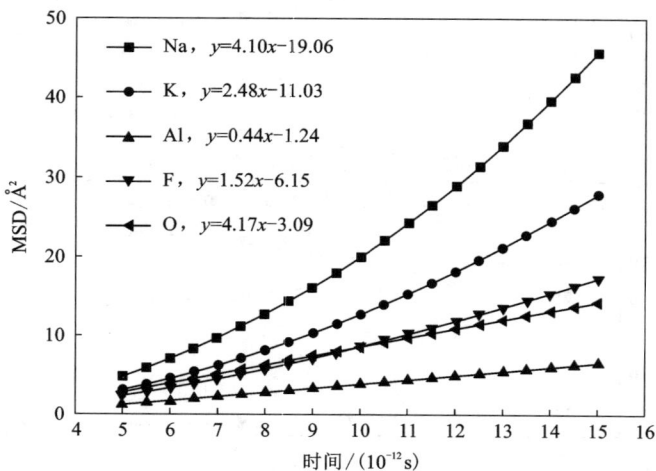

图 4-32　$KF-NaF-AlF_3-Al_2O_3$ 熔盐中离子的均方位移(MSD)曲线

根据不同离子的 MSD 曲线可以计算得到离子自扩散系数如图 4-33 所示，可以看出熔盐中不同离子的扩散能力为 Na>K>F>O>Al。Na 和 K 离子的扩散能力较强，这说明它们并未与熔盐中的主要 F 和 O 阴离子形成复杂的络合离子，而是随机分布于整个熔盐体系中，处于自由扩散状态，并且由于 K 离子具有更大的体积和质量，因此扩散能力略低于 Na 离子。而熔盐中的 Al、F 和 O 离子的扩散能力较弱，这是因为 Al 离子与 F 离子和 O 离子之间的极性相差较大，易在熔盐体系中形成较为复杂的络合离子，从而降低了其扩散能力。随着 $Al_2O_3$ 摩尔分数的增大，熔盐中不同离子的扩散系数均有所降低，这是因为桥 F 和桥 O 离子的存在，熔盐中形成了体积更为庞大的 Al—F—Al 和 Al—O—Al 络合离子，使得离子的扩散变得困难。

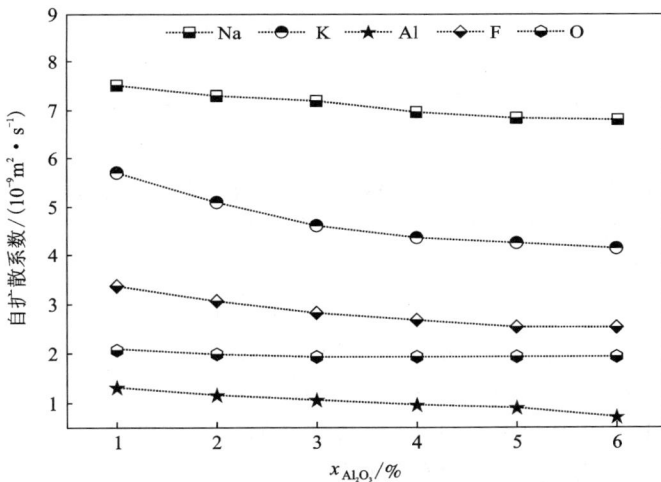

图 4-33　KF-NaF-AlF$_3$-Al$_2$O$_3$ 熔盐中离子的自扩散系数

2. 离子的黏度和电导率

KF-NaF-AlF$_3$-Al$_2$O$_3$ 熔盐体系的黏度和离子电导率如图 4-34 所示，由于铝电解质的高温强腐蚀特性，目前这类实验数据是极为稀少的。KF-NaF-AlF$_3$-Al$_2$O$_3$ 熔盐的离子电导率的计算结果为 1.2~1.7 S/cm，并且随着 $Al_2O_3$ 摩尔分数的增大，熔盐的离子电导率逐渐减小。本节的离子电导率计算结果远小于常规的 NaF-AlF$_3$ 体系，一方面 KF-NaF-AlF$_3$-Al$_2$O$_3$ 熔盐体系的熔点相比于常规的 NaF-AlF$_3$ 体系要低，另一方面是由于 Al$_2$O$_3$ 的加入，使得熔盐的离子结构变得复杂，降低了离子的扩散系数，间接降低了熔盐的离子电导率。KF-NaF-AlF$_3$-Al$_2$O$_3$ 熔盐体系的黏度计算结果为 1.3~2.2 mPa·s，并且随着 $Al_2O_3$ 摩尔分数的增大，熔

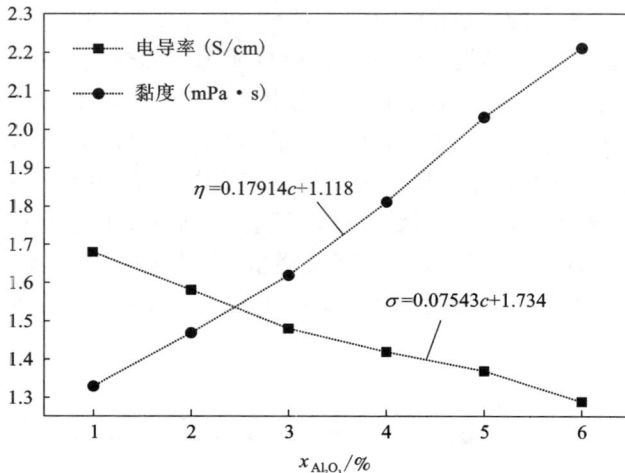

图 4-34 KF-NaF-AlF₃-Al₂O₃ 熔盐的黏度和电导率

盐的黏度逐渐升高。通过观察图 4-34 可知，熔盐的离子电导率和黏度随 Al₂O₃ 摩尔分数基本呈线性变化，因此本节拟合了熔盐的离子电导率和黏度与 Al₂O₃ 浓度的函数关系如下：

$$\sigma = -0.07543c + 1.734 \qquad (4-10)$$
$$\eta = 0.17914c + 1.118 \qquad (4-11)$$

式中：$\sigma$ 为离子电导率；$\eta$ 为黏度；$c$ 为 Al₂O₃ 浓度。

尽管关于 KF-NaF-AlF₃-Al₂O₃ 熔盐体系的黏度和电导率实验数据较少，仍可以通过 FPMD 模拟得到相对合理的计算结果。

## 4.2.2 NaF-AlF₃-Al₂O₃-LiF 体系离子结构和微观扩散性质

### 4.2.2.1 NaF-AlF₃-Al₂O₃-LiF 体系分子动力学建模

富锂盐电解质体系主要包含 LiF、NaF、AlF₃、Al₂O₃ 四种物质，根据文献资料，我们初步设计了富含锂盐的新型氧化铝电解质体系：$w_{LiF} = 20\%$，氧化铝的摩尔分数为 2% ~ 10%，模型中的原子总数为 200 个。根据以上条件可以求解得到不同的电解质体系虚拟组成，如表 4-15 所示。

表 4-15　NaF-AlF₃-Al₂O₃-LiF 体系虚拟组成　　　　单位：个

| $x_{Al_2O_3}$ | $N_{Li}$ | $N_{Na}$ | $N_{Al}$ | $N_F$ | $N_O$ | $N_{total}$ |
|---|---|---|---|---|---|---|
| 2% | 28 | 9 | 33 | 124 | 6 | 200 |
| 4% | 29 | 8 | 34 | 121 | 9 | 201 |
| 6% | 29 | 7 | 35 | 117 | 12 | 200 |
| 8% | 29 | 6 | 36 | 113 | 15 | 199 |
| 10% | 29 | 4 | 38 | 111 | 18 | 200 |

根据以上富锂钾电解质体系虚拟组成，具体的模型如图 4-35 所示。

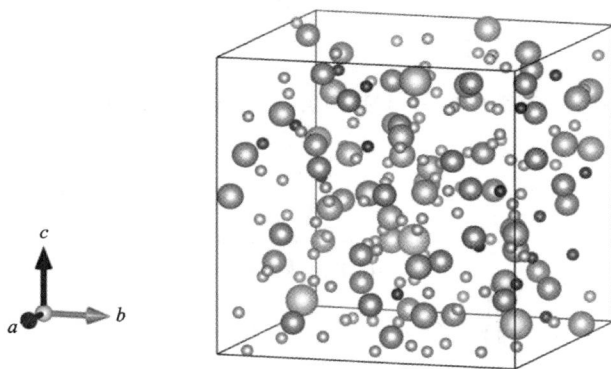

图 4-35　NaF-AlF₃-Al₂O₃-LiF 分子动力学模型（彩图版见附录）

### 4.2.2.2　富锂盐新型氧化铝电解质体系的离子结构

#### 1. 局部离子结构

第一性原理分子动力学模拟得到的 LiF-NaF-AlF₃-Al₂O₃ 熔盐体系的稳定构型如图 4-36 所示。从图 4-36 可以看出，Li、Na 离子随机分布在模拟盒子中，并且离子之间的距离较大，这是因为 Li—Li、Li—Na、Na—Na 各离子极性差异较小，且均无共价特性。模拟盒子中的离子结构是由四配位 [AlF₄]⁻、五配位 [AlF₅]²⁻ 和六配位 [AlF₆]³⁻ 络合离子集团主导，分别对应着扭曲的四面体、三角双锥体和八面体构型。同时由于桥 F 离子和桥 O 离子的存在，这些 Al—F 络合离子形成了体积更为庞大的复杂构型。LiF-NaF-AlF₃-Al₂O₃ 熔盐体系虽然失去了长程有序状态，但是局域离子结构仍然保持着短程有序状态。

#### 2. 径向分布函数

LiF-NaF-AlF₃-Al₂O₃ 熔盐体系中不同离子对的径向分布函数如图 4-37 所示。在 $r>6$ Å 之后，不同离子对的 $g(r)$ 值逐渐趋近于 1，这与熔体近程有序、远

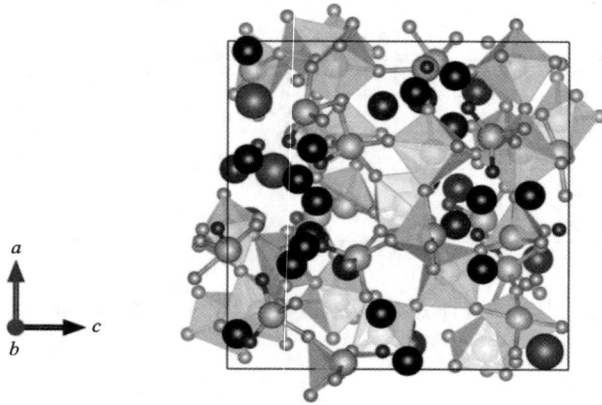

图 4-36　富锂盐体系的稳定构型($x_{Al_2O_3} = 10\%$)（彩图版见附录）

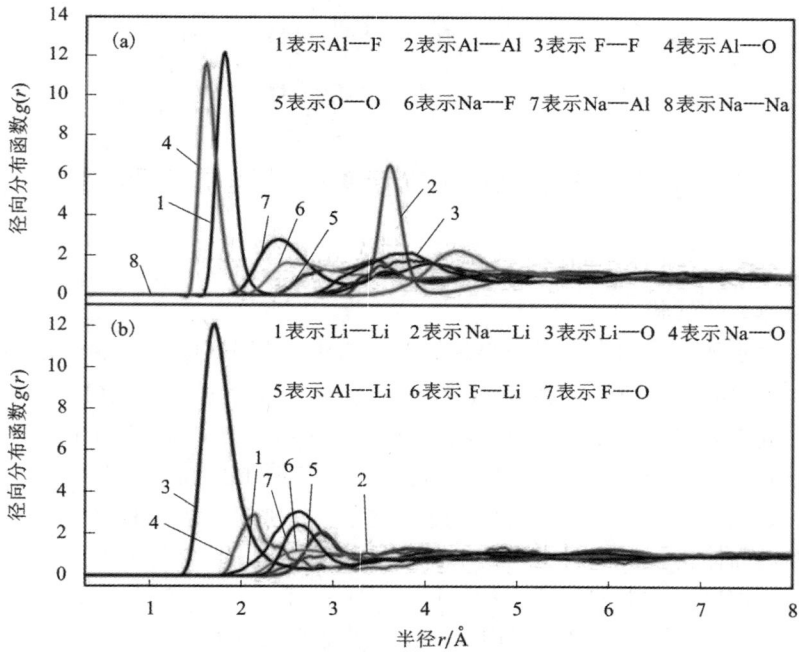

图 4-37　LiF-NaF-AlF$_3$-Al$_2$O$_3$ 体系中不同离子对的径向分布函数($x_{Al_2O_3} = 10\%$)

程无序的结构形式吻合。Al—O 和 Al—F 离子对 RDF 的第一峰值高而尖，这意味着熔盐中 O 和 F 离子与 Al 离子的结合能力较强，容易形成较为复杂的 Al—O—F 络合离子。除此之外，可以发现 Li—O 离子对的第一峰值同样也很高，这说明在 LiF-NaF-AlF$_3$-Al$_2$O$_3$ 熔盐中除了 Al—O 与 Al—F 离子对以外，Li—O 离子对的结合能力也较强，有可能形成 Li—O—F 络合离子。

一般 RDF 的第一峰值半径大小代表着某一离子对的平均键长，计算结果如表 4-16 所示。熔盐中 Al—O 平均键长为 1.61～1.65Å，略小于 Al—F 离子对的平均键长 1.77～1.81Å，说明 O 与 Al 的结合能力要略强于 F 与 Al 的结合能力。

表 4-16　LiF-NaF-AlF$_3$-Al$_2$O$_3$ 体系中离子对的平均键长的计算值与文献值的比较

| | 离子对 | $x=2\%$ | $x=4\%$ | $x=6\%$ | $x=8\%$ | $x=10\%$ | 文献值 |
|---|---|---|---|---|---|---|---|
| 键长 /Å | Al—F | 1.79 | 1.77 | 1.79 | 1.81 | 1.81 | 1.82 |
| | F—F | 2.43 | 2.43 | 2.43 | 2.41 | 2.41 | 2.51 |
| | Al—Al | 3.61 | 3.59 | 3.59 | 3.65 | 3.63 | 3.61 |
| | Na—Na | 3.63 | 3.65 | 3.65 | 3.63 | 3.61 | 3.65 |
| | Na—Al | 3.89 | 3.77 | 3.63 | 3.77 | 3.61 | 3.59 |
| | Na—F | 2.53 | 2.47 | 2.59 | 2.45 | 2.45 | 2.41 |
| | Li—Al | 2.81 | 2.85 | 2.87 | 2.85 | 2.91 | 2.90 |
| | Li—Na | 3.65 | 3.63 | 3.69 | 3.67 | 3.69 | 3.1 |
| | Li—F | 2.59 | 2.63 | 2.65 | 2.63 | 2.63 | 2.4 |
| | Li—Li | 2.61 | 2.63 | 2.57 | 2.61 | 2.59 | 2.7 |
| | Al—O | 1.61 | 1.59 | 1.61 | 1.59 | 1.61 | 1.60 |
| | Na—O | 2.13 | 2.19 | 2.21 | 2.23 | 2.21 | 2.35 |
| | Li—O | 1.69 | 1.67 | 1.69 | 1.67 | 1.69 | 1.8 |
| | F—O | 2.57 | 2.63 | 2.65 | 2.67 | 2.67 | 2.69 |
| | O—O | 2.85 | 2.91 | 2.83 | 2.95 | 2.93 | 2.94 |

3. 平均配位数

通过对 Al—F 的径向分布函数积分可以计算出熔盐中中心铝离子周围的第一壳层氟离子的平均配位数。图 4-38 是不同 Al$_2$O$_3$ 摩尔分数下 LiF-NaF-AlF$_3$-Al$_2$O$_3$ 熔盐体系中 Al—F 平均配位数积分曲线，一般径向分布函数第一谷值半径所对应的积分曲线的纵坐标值代表着平均配位数。当截断半径取 2.47 Å 时，

Al—F 的平均配位数计算结果都小于 6 而大于 5，说明在 LiF-NaF-AlF$_3$-Al$_2$O$_3$ 熔盐体系中，部分六配位 [AlF$_6$]$^{3-}$ 离子集团解离成五配位 [AlF$_5$]$^{2-}$ 甚至四配位 [AlF$_4$]$^-$ 离子集团。另外，随着熔盐中 Al$_2$O$_3$ 摩尔分数的不断增加，Al—F 的平均配位数也随之增大。

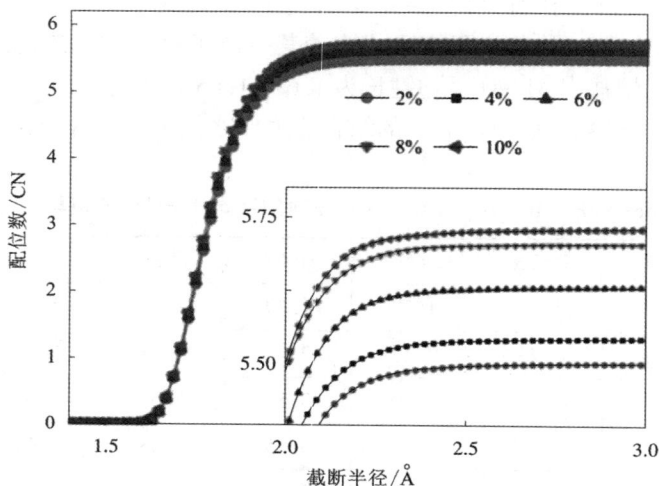

**图 4-38** 不同摩尔分数 Al$_2$O$_3$ 的 LiF-NaF-AlF$_3$-Al$_2$O$_3$ 熔盐体系中 Al—F 平均配位数积分曲线

4. 键角分布

统计了 1200 K 下的 LiF-NaF-AlF$_3$-Al$_2$O$_3$ 熔盐中 F—Al—F 键角分布情况，结果如图 4-39 所示。从图 4-39 可以看出，F—Al—F 的键角分布曲线的第一峰

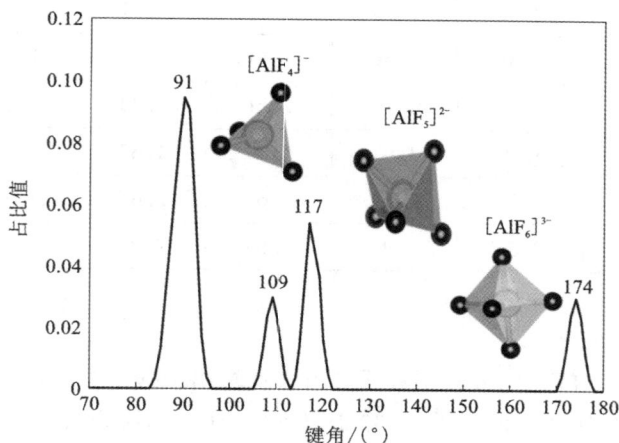

**图 4-39** LiF-NaF-AlF$_3$-Al$_2$O$_3$ 熔盐体系中 F—Al—F 键角分布（$x_{Al_2O_3} = 10\%$）

值和第二峰值位于 91° 和 117°，分别对应着一个八面体或三角双锥体的铝氟络合离子集团结构，同时位于 174° 左右的第三峰是三角双锥体的特征。在 109° 左右发现了第四峰，对应着正四面体离子集团结构，但其峰值较小，这说明 LiF–NaF–AlF₃–Al₂O₃ 熔盐中存在着少量的四配位 $[AlF_4]^-$ 络合离子集团结构。通过对上述的键角分布情况的分析，可以认为 KF–NaF–AlF₃ 熔盐中络合离子集团主要以六配位 $[AlF_6]^{3-}$ 和五配位 $[AlF_5]^{2-}$ 为主，熔盐中存在少量的四配位 $[AlF_4]^-$ 络合离子。

### 5. 富锂盐新型氧化铝电解质体系离子类型

统计了 LiF–NaF–AlF₃–Al₂O₃ 熔盐体系中氟离子类型以及铝氟络合离子集团分布规律，结果如图 4–40 所示。图 4–40(a) 是 F 离子类型分布规律，随着 Al₂O₃ 摩尔分数逐渐增大，LiF–NaF–AlF₃–Al₂O₃ 熔盐中的自由氟 $F_f$ 和桥氟 $F_b$ 逐渐减少并一直保持在较低水平，而终端氟 $F_t$ 逐渐增多。当 Al₂O₃ 浓度为 8% 时，熔盐中终端氟 $F_t$ 的比例达到 84%，而自由氟 $F_f$ 和桥氟 $F_b$ 的比例分别降为 9% 和 7%。

图 4–40(b) 是铝氟络合离子集团分布规律，可以看出 LiF–NaF–AlF₃–Al₂O₃ 熔盐中铝氟络合离子集团的主要存在形式是六配位 $[AlF_6]^{3-}$，五配位 $[AlF_5]^{2-}$ 和四配位 $[AlF_4]^-$ 络合离子。随着 Al₂O₃ 摩尔分数的升高，熔盐中六配位 $[AlF_6]^{3-}$ 络

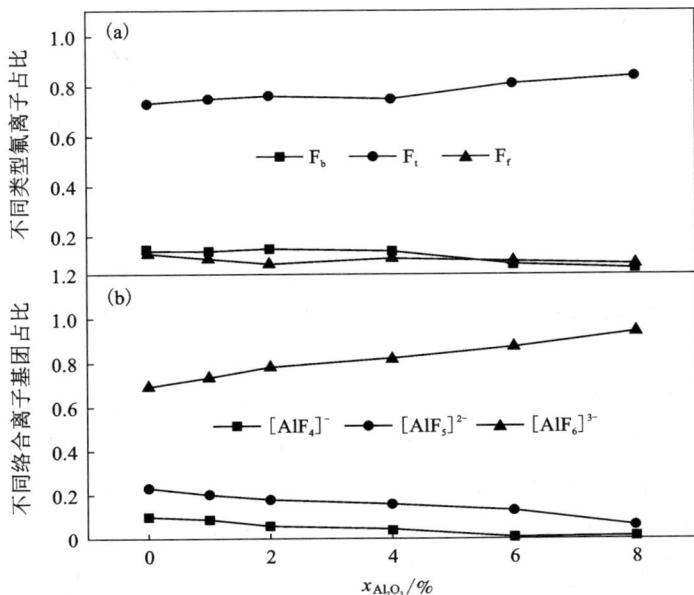

图 4–40　LiF–NaF–AlF₃–Al₂O₃ 电解质体系离子类型

合离子逐渐增多，而五配位 $[AlF_5]^{2-}$ 和四配位 $[AlF_4]^-$ 络合离子逐渐减少。当 $Al_2O_3$ 摩尔分数为8%时，熔盐中六配位 $[AlF_6]^{3-}$ 络合离子的比例达到94%，而五配位 $[AlF_5]^{2-}$ 和四配位 $[AlF_4]^-$ 络合离子的比例分别降为5%和1%。

### 4.2.2.3　富锂盐新型氧化铝电解质体系的微观扩散性质

计算了 $LiF-NaF-AlF_3-Al_2O_3$ 熔盐体系的黏度和离子电导率如图4-41所示，由于铝电解质的高温强腐蚀特性，目前这类实验数据是极少的。$LiF-NaF-AlF_3-Al_2O_3$ 熔盐的离子电导率的计算结果为 $1.9\sim2.4$ S/cm，并且随着 $Al_2O_3$ 摩尔分数的增大，熔盐的离子电导率逐渐减小。本书的离子电导率计算结果稍微小于 $LiF-NaF-AlF_3$ 体系，这是因为 $Al_2O_3$ 的加入，使得熔盐的离子结构变得复杂，降低了离子的扩散系数，间接降低了熔盐的离子电导率。$LiF-NaF-AlF_3-Al_2O_3$ 熔盐体系的黏度计算结果为 $1.4\sim1.8$ mPa·s，并且随着 $Al_2O_3$ 摩尔分数的增大，熔盐的黏度逐渐升高。

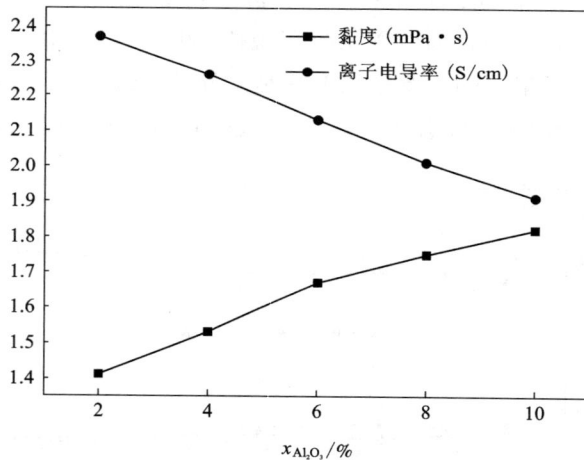

图4-41　$LiF-NaF-AlF_3-Al_2O_3$ 熔盐体系的黏度和离子电导率

采用第一性原理分子动力学模拟方法研究 $LiF-NaF-AlF_3-Al_2O_3$ 熔盐体系的离子结构与微观扩散性质。结果表明，$LiF-NaF-AlF_3-Al_2O_3$ 熔盐体系中的络合离子以 $[AlF_5]^{2-}$ 和 $[AlF_6]^{3-}$ 为主，而 $[AlF_4]^-$ 较少。Al—F 络合离子的平均配位数为 $5\sim6$，随着 $Al_2O_3$ 摩尔分数的增大，配位数逐渐增大。熔盐中 O 和 F 离子与 Al 离子的结合能力较强，O 和 F 离子以桥离子形式连接 Al 离子，形成了更为复杂的 Al—F—Al，Al—O—Al 和 Al—O—F 型络合离子，降低了 $LiF-NaF-AlF_3-Al_2O_3$ 熔盐的密度。随着 $Al_2O_3$ 摩尔分数的增大，熔盐的离子电导率逐渐减小而黏度逐渐增大，这与熔盐的离子结构变化规律一致。

## 4.2.3　NaF–AlF₃–Al₂O₃–Ca∕Cl∕P 等体系结构与性质

### 4.2.3.1　NaF–AlF₃–Al₂O₃–CaF₂ 体系离子结构和微观扩散性质

#### 1. NaF–AlF₃–Al₂O₃–CaF₂ 体系分子动力学建模

富钙盐电解质体系中主要包含 $CaF_2$、$NaF$、$AlF_3$、$Al_2O_3$，富钙盐的新型氧化铝电解质体系的虚拟组成如表 4-17 所示。

表 4-17　NaF–AlF₃–Al₂O₃–CaF₂ 体系虚拟组成　　　　单位：个

| $x_{Al_2O_3}$ | $N_{CaF_2}$ | $N_{NaF}$ | $N_{AlF_3}$ | $N_{Al_2O_3}$ | $N_{total}$ |
|---|---|---|---|---|---|
| 2% | 11 | 25 | 28 | 1 | 200 |
| 4% | 11 | 22 | 27 | 3 | 200 |
| 6% | 11 | 22 | 26 | 4 | 201 |
| 8% | 11 | 21 | 25 | 5 | 200 |
| 10% | 11 | 20 | 24 | 6 | 199 |

根据以上富锂钾电解质体系虚拟组成，得出具体的模型如图 4-42 所示。

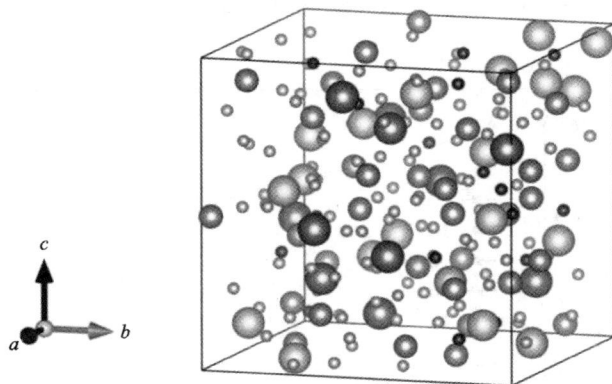

图 4-42　NaF–AlF₃–Al₂O₃–CaF₂ 分子动力学模型（彩图版见附录）

#### 2. NaF–AlF₃–Al₂O₃–CaF₂ 体系密度

基于 FPMD 模拟过程对不同摩尔分数的 $Al_2O_3$ 的 $CaF_2$–$NaF$–$AlF_3$–$Al_2O_3$ 体系的密度进行了计算，结果如图 4-43 所示。熔体的密度随着 $Al_2O_3$ 摩尔分数的增大而减小，这是因为 $Al_2O_3$ 的加入导致熔盐中形成了更为庞大的 Al—O—F 络合离子集团，体积增大，$CaF_2$-NaF-$AlF_3$-$Al_2O_3$ 熔体的密度也随之降低。

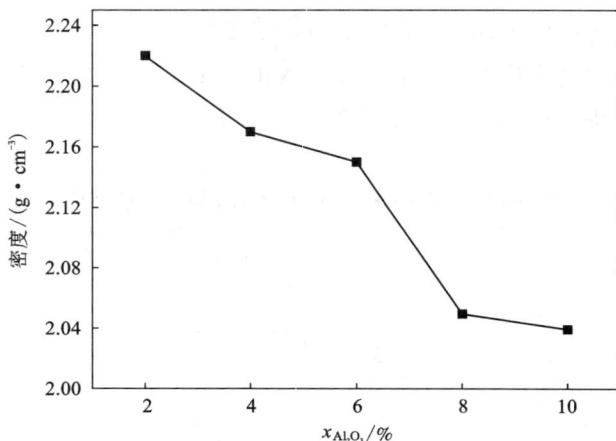

图 4-43　$CaF_2$-NaF-$AlF_3$-$Al_2O_3$ 熔盐中密度变化规律

### 3. NaF-$AlF_3$-$Al_2O_3$-$CaF_2$ 体系离子的自扩散系数

根据分子模拟得到的粒子轨迹数据计算了富钙盐新型氧化铝电解质体系中离子的自扩散系数，如图 4-44 所示。熔盐中 $Na^+$ 扩散能力最强，为 $5.4×10^{-9}$ ~

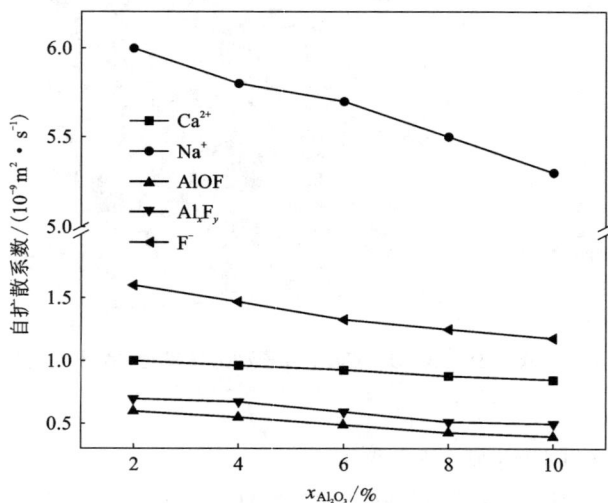

图 4-44　熔盐中各种离子的自扩散系数

$6 \times 10^{-9}$ m²/s，其次是 F⁻ 和 Ca²⁺，而 AlOF 和 Al$_x$F$_y$ 络合离子的扩散系数较小，这是因为两者在熔岩中以基团形式存在，体积较大，在扩散过程中的位阻也较大。随着氧化铝摩尔分数的升高，各种离子基团的扩散系数均有所下降，这是因为 Al$_2$O$_3$ 的加入加剧了熔盐结构的复杂性。

### 4.2.3.2　NaF–AlF$_3$–Al$_2$O$_3$–CaCl$_2$ 体系离子结构和微观扩散性质

1. NaF–AlF$_3$–Al$_2$O$_3$–CaCl$_2$ 体系分子动力学建模

含钙盐电解质体系中主要有 CaCl$_2$、NaF、AlF$_3$、Al$_2$O$_3$，根据前期检测与实验结果，初步设计了富含钙盐的新型氧化铝电解质体系，如表 4-18 所示。

表 4-18　NaF–AlF$_3$–Al$_2$O$_3$–CaCl$_2$ 体系　　　　　　单位：个

| $x_{Al_2O_3}$ | $N_{CaCl_2}$ | $N_{NaF}$ | $N_{AlF_3}$ | $N_{Al_2O_3}$ | $N_{total}$ |
|---|---|---|---|---|---|
| 2% | 9 | 28 | 28 | 1 | 200 |
| 4% | 8 | 27 | 27 | 3 | 201 |
| 6% | 8 | 26 | 26 | 4 | 200 |
| 8% | 8 | 25 | 25 | 5 | 199 |
| 10% | 8 | 23 | 25 | 6 | 200 |

根据以上富锂钾电解质体系虚拟组成，得出具体的模型如图 4-45 所示。

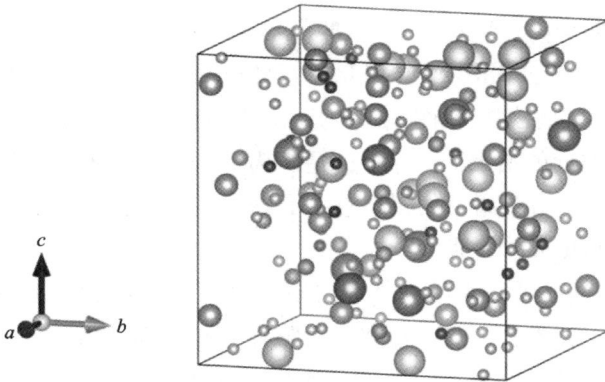

图 4-45　NaF–AlF$_3$–Al$_2$O$_3$–CaCl$_2$ 分子动力学模型 ( 彩图版见附录 )

**2. CaCl$_2$-NaF-AlF$_3$-Al$_2$O$_3$ 体系的密度**

基于 FPMD 模拟过程对不同摩尔分数 Al$_2$O$_3$ 的 CaCl$_2$-NaF-AlF$_3$-Al$_2$O$_3$ 体系的密度进行了计算,结果如图 4-46 所示。计算所得密度为 1.8～1.9 g/cm$^3$,并且随着 Al$_2$O$_3$ 摩尔分数的增大而减小,这是因为 Al$_2$O$_3$ 的加入导致熔盐中形成了更为庞大的 Al—O—F 络合离子集团,体积增大,CaCl$_2$-NaF-AlF$_3$-Al$_2$O$_3$ 熔体的密度也随之降低。

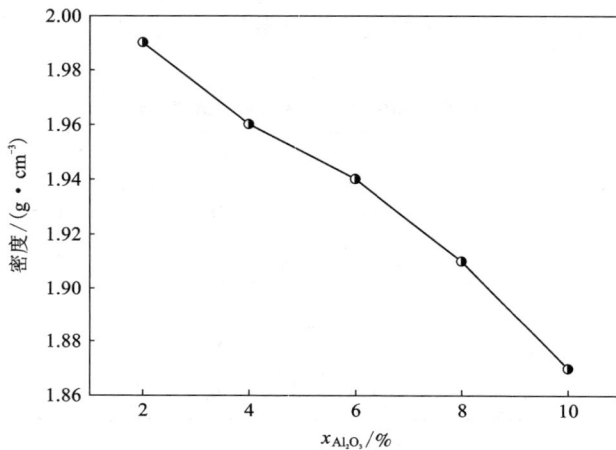

**图 4-46  CaCl$_2$-NaF-AlF$_3$-Al$_2$O$_3$ 熔盐中密度变化规律**

**3. CaCl$_2$-NaF-AlF$_3$-Al$_2$O$_3$ 体系的电导率**

基于 FPMD 模拟过程对不同摩尔分数 Al$_2$O$_3$ 的 CaCl$_2$-NaF-AlF$_3$-Al$_2$O$_3$ 体系的电导率进行了计算,结果如图 4-47 所示。计算所得电导率为 1.6～1.75 S/m,并且随着 Al$_2$O$_3$ 浓度的增大而减小,这是因为 Al$_2$O$_3$ 的加入导致熔盐中形成了更为庞大的 Al—O—F 络合离子集团,增大了离子扩散的位阻,降低了熔盐中离子的扩散能力,导致电导率降低。

**4.2.3.3  NaF-AlF$_3$-Al$_2$O$_3$-P$_2$O$_5$ 体系离子结构和微观扩散性质**

P 作为多价态元素,在铝电解槽的阴阳极之间来回放电,在电解槽系统内长时间停留,有必要基于所建立的模型,对 P 元素在铝电解槽内的行为进行分析,为降低 P 含量或减轻负面影响提供指导。

**1. NaF-AlF$_3$-Al$_2$O$_3$-P$_2$O$_5$ 体系分子动力学建模**

P 与 Li、K、Ca 和 Cl 不同,Li、K、Ca 同为碱金属阳离子,与 Na 行为类似,而 Cl 与 F 为同一主族,其行为也极为类似,因此在针对 P 的模型和分析上,只能

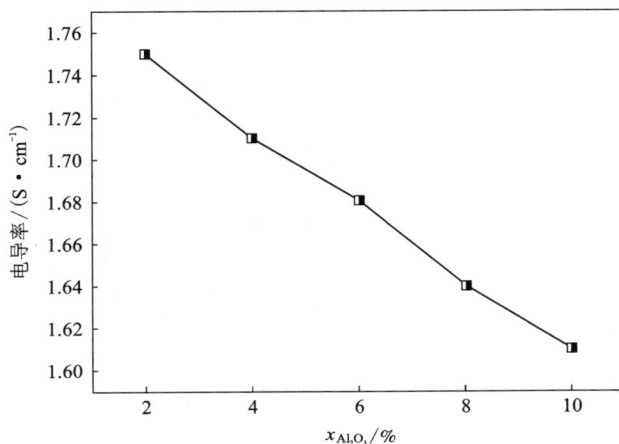

**图 4-47　$CaCl_2$-NaF-$AlF_3$-$Al_2O_3$ 熔盐中电导率变化规律**

在 $Na_3AlF_6$-$Al_2O_3$ 体系中加入不同含量的离散 $P_2O_5$，在相同的电解工艺技术条件下进行计算，定性地分析 P 元素平衡及其在电解质中累积行为分析。含磷电解质体系主要包含 $P_2O_5$、NaF、$AlF_3$、$Al_2O_3$ 四种物质，根据前期检测与实验结果，我们初步设计了富含磷盐的新型氧化铝电解质体系，如表 4-19 所示。

**表 4-19　NaF-$AlF_3$-$Al_2O_3$-$P_2O_5$ 体系虚拟组成**　　　　　单位：个

| $x_{P_2O_5}$ | $N_{P_2O_5}$ | $N_{NaF}$ | $N_{AlF_3}$ | $N_{Al_2O_3}$ | $N_{total}$ |
|---|---|---|---|---|---|
| 2% | 1 | 33 | 27 | 4 | 201 |
| 4% | 1 | 34 | 26 | 4 | 199 |
| 6% | 2 | 31 | 26 | 4 | 200 |
| 8% | 2 | 30 | 25 | 4 | 198 |
| 10% | 3 | 30 | 25 | 4 | 201 |

具体的模型如图 4-48 所示。

2. 磷元素平衡分析

计算过程中，分别按不同 P 含量（摩尔分数）向 $Na_3AlF_6$-$Al_2O_3$ 体系中添加 $P_2O_5$，经过晶胞的结构优化与物质衡算，得到电解质中 P 含量关系，如图 4-49 所示。可知加入体系的 P 基本在理论上极少有损耗，会在电解中不断累积。

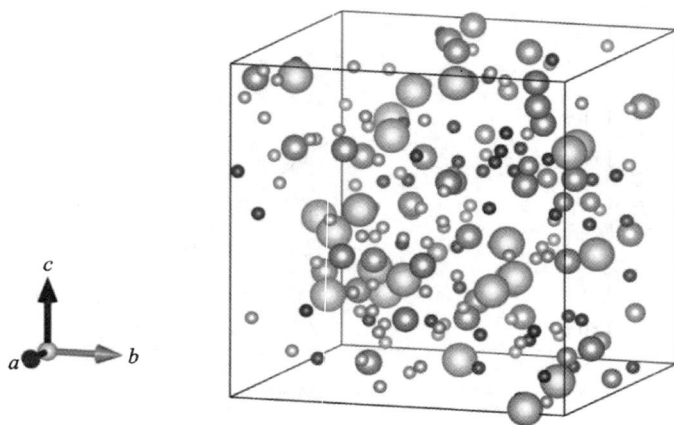

图 4-48　NaF-AlF$_3$-Al$_2$O$_3$-P$_2$O$_5$ 分子动力学模型 ( 彩图版见附录 )

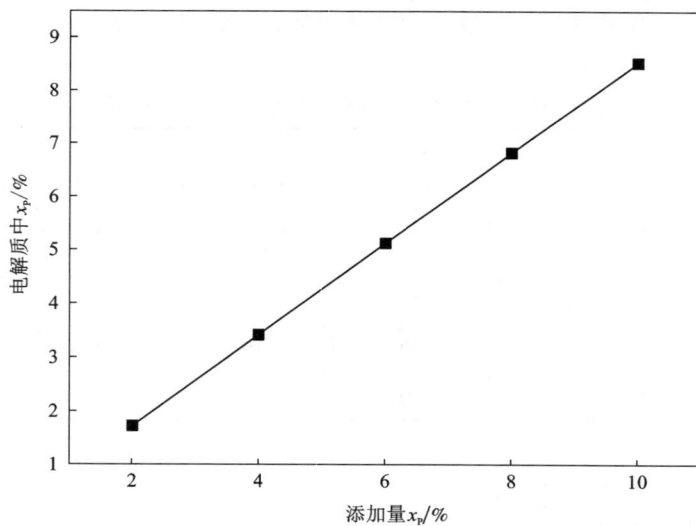

图 4-49　添加量与电解质中实际 P 摩尔分数的变化

3. 磷元素在电解质中累积行为分析以及 P 平衡分析

通过分别对换极、随电解质蒸发等损耗设置损耗参数，模拟电解过程，得到新型氧化铝电解实验的电解质中的 P 含量(摩尔分数)变化如图 4-50 所示。

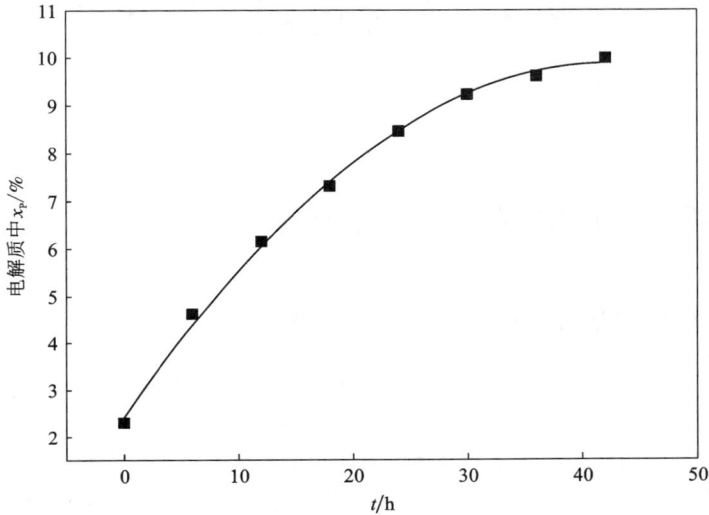

**图 4-50　新型氧化铝电解实验电解质中的 P 摩尔分数变化**

当模拟电解实验时，电解质中 P 摩尔分数在不断增加，但在负压排烟、换极、阳极效应、捞炭渣等给 P 摩尔分数带来的挥发损失时，P 会随着时间的变化其浓度呈现非线性的变化，在工业生产中可能会达到一种动态平衡。结合 P 对电流效率的影响，氧化铝中 P 的含量应严格控制。

# 第 5 章
# 新型氧化铝电解烟气净化及输送技术

## 5.1 新型氧化铝电解烟气净化技术

### 5.1.1 现代铝电解槽的烟气和粉尘治理

铝电解生产过程中会伴随大量烟气的挥发，烟气主要由气态和固态物质组成，主要成分为 HF、$CO_2$、CO、$SO_2$、$SiF_4$ 等，具体烟气成分散发量见表 5-1。烟气中的 HF 是一种有毒的气体污染物，被列为国家重点监控的气态污染物之一。如果人长期生活、工作在氟化氢浓度过高的污染区，摄入过量的含氟物质，就会引起骨质硬化、骨质增生、气管炎等，引发氟骨病等疾病，严重危害人体健康；植物吸收过量的氟，将会影响到农作物的生长，造成植物减产，甚至枯死等严重后果。弥散在空气中的电解烟气，会恶化生产条件，严重影响生产人员的身体健康。因此，电解铝厂的烟气净化环节一直受到人们的关注，对铝电解烟气进行全面净化，控制废气排放的各个环节，成为满足越来越严格的环境保护标准要求的必经之路。

表 5-1 电解铝烟气主要成分的散发量

| 名称 | 氟化物 | HF | $SO_2$ | CO | $CO_2$ | $CF_4$ | 粉尘 |
|---|---|---|---|---|---|---|---|
| 含量/(kg · $t^{-1}$)Al | 17~23 | 9~15 | 6~15 | 约300 | 约1000 | 约2 | 20~100 |

#### 5.1.1.1 铝电解槽的烟气及粉尘来源

电解车间的烟尘成分主要有：氧化铝颗粒、电解槽相关的化合物(破碎的槽体材料、电解质熔滴等)、阳极覆盖材料、炭灰、硫黄和金属杂质等。其中，烟尘中30%~55%为氟化物，占到总氟排放量的三分之一。电解车间内的烟尘主要为阳极覆盖材料和加料的氧化铝；而空气中的烟尘成分主要是电解槽产生的废气和一些氟化物，只含有少量的氧化铝。

烟气中总的氟排放量分为三个方面：粗颗粒（>5 μm），占 20%；细颗粒（<1 μm），占 35%；HF 气体，占 45%。粗颗粒主要为氧化铝、碳、冰晶石。其中碳占 20%，氟化物占 20%；细颗粒为冷凝的氟化物蒸汽等冰晶石类物质，不含氧化铝。其中氟化物占 50%，占全氟排放的 35%。

烟气中的污染物主要来自以下几个方面：

（1）熔融的电解质蒸汽：主要成分是单冰晶石 $NaAlF_4$ 及其复体 $[NaAlF_4]_2$，氟化铝，此外还有少量的冰晶石及其分解产物；

（2）随阳极气泡带出的微细电解质液滴；

（3）氟化盐水解产生的 HF、阳极效应时产生的 $CF_4$ 和 $CO_xF_y$ 及电解过程中的副反应物，如 $H_2S$ 等。

（4）原材料和阳极等带入电解质中的水分水解冰晶石产生 HF 气体。化学反应如下：

$$2Na_3AlF_6+3H_2O \xlongequal{\quad} Al_2O_3+6NaF+6HF \qquad (5-1)$$

$$2AlF_3+3H_2O \xlongequal{\quad} Al_2O_3+6HF \qquad (5-2)$$

$$2NaF+H_2O \xlongequal{\quad} Na_2O+2HF \qquad (5-3)$$

空气中的水分也能与高温的电解质发生上述水解反应，其作用程度随氟化铝含量的增加而增加。阳极效应时，在高电压作用下析出的初生态氟原子与阳极作用生成 $CF_4$。临近阳极效应时气体中的 $CF_4$ 量只有 1.5%~2%，而在阳极效应时高达 20%~40%。

### 5.1.1.2 烟气净化排放标准

在 20 世纪 70 年代，美国国家科学院规定，允许排放到空气中的氟化物的极限值为：$\rho_{HF} \leqslant 2.45$ $mg/m^3$ 和 $\rho_{颗粒氟化物} \leqslant 2.5$ $mg/m^3$；澳大利亚研究委员会规定的允许值为：大气污染的卫生标准为 $\rho_{HF} \leqslant 2$ $mg/m^3$，$\rho_{以氟计的氟化物} \leqslant 2.5$ $mg/m^3$，其他污染物标准为 $\rho_{CO} \leqslant 2.45$ $mg/m^3$，$\rho_{SO_2} \leqslant 2.45$ $mg/m^3$，$\rho_{粉尘} \leqslant 2.45$ $mg/m^3$。GB 16297—2004 规定了大气污染物综合排放标准（以氟化物计）：①允许排放浓度：9~90 $mg/m^3$；②允许排放速率：0.10~4.2 kg/h；③无组织排放监控浓度限值：0.02 $mg/m^3$。中国规定的车间空气中有害物质的容许浓度为 1 $mg/m^3$ [F]。《铝工业污染物排放标准》（GB 25465—2010）在大气污染物特别排放限值中规定，电解铝厂氟化物排放标准为 $\rho < 3.0$ $mg/m^3$。

目前，我国铝电解厂的净化技术基本能达到国家标准的要求，但是早期建造的铝电解厂必须改进净化系统才能达到国家排放标准的要求。净化系统采用氧化铝来吸附烟尘，氧化铝即是电解铝的生产原料，所以烟尘排放实际上是原料的损失，以 15 万 t 规模的铝电解厂为例，粉尘排放含量每增加 1 $mg/m^3$，氧化铝每年损失将近 20 t。所以，从环保和资源节约两方面来看，粉尘排放量的降低不仅有利于环境保护，更有利于资源的有效利用，还具有一定的经济效益。

### 5.1.1.3 铝电解烟气净化技术

铝电解槽散发出来的烟气，由槽上集气罩收集起来，通过导气支管把罩子内的气体送入导气总管内，再送入一次净化系统中。铝电解烟气净化工艺主要有湿法净化和干法净化回收两种。

**1. 湿法净化技术**

湿法净化技术是利用气态氟化物具有易被碱性溶液（通常用 $Na_2CO_3$ 或 $NaOH$）吸收的特点，对烟气进行洗涤吸收。吸收后的烟气经气水分离器除去雾沫后排入大气中。当洗涤液中 $NaF$ 的质量浓度达到 $20\sim25$ g/L 时，经沉淀、过滤、提纯等一系列处理后进行冰晶石的合成。冰晶石过滤烘干后返回电解槽用于生产。其主要反应式为：

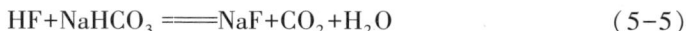

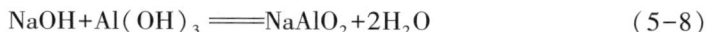

$$HF+Na_2CO_3 =\!=\!= NaF+NaHCO_3 \tag{5-4}$$
$$HF+NaHCO_3 =\!=\!= NaF+CO_2+H_2O \tag{5-5}$$
$$CO_2+Na_2CO_3+H_2O =\!=\!= 2NaHCO_3 \tag{5-6}$$
$$SO_2+Na_2CO_3 =\!=\!= Na_2SO_3+CO_2 \tag{5-7}$$
$$NaOH+Al(OH)_3 =\!=\!= NaAlO_2+2H_2O \tag{5-8}$$
$$6NaF+NaAlO_2+2CO_2 =\!=\!= Na_3AlF_6+2Na_2CO_3 \tag{5-9}$$

烟气中还含有 $SO_2$、$CO_2$ 等，伴随着副反应的发生，会生成 $NaHCO_3$、$Na_2SO_3$、$Na_2SO_4$ 等物质。湿法净化工艺的净化效率为：气态氟 93%、固态氟 85%，粉尘 80%，沥青挥发物 42%，除硫效率达 60%。虽然其工艺简单，但存在结垢、腐蚀和二次污染等问题。

**2. 干法净化技术**

干法烟气净化技术是指采用氧化铝化学吸附氟化氢的干法净化技术。与湿法技术比较，主要是解决了污水的二次污染和能耗较高的缺点。但是干法净化技术也有缺点，那就是烟气中的杂质会一直在电解槽中循环而无法从系统中排出，将在一定程度上影响铝的质量和降低电流效率。

铝电解过程中，由电解槽排出的烟气经槽盖板密闭集气，由排烟支管汇集于厂房外一侧的排烟总管，向上通过反应器。在反应器中，由新鲜氧化铝或循环使用的载氟氧化铝加入反应器中与烟气充分混合，发生吸附反应，吸附烟气中的氟化物等。反应后的载氟氧化铝和烟气一道进入布袋除尘器进行气固分离。净化后的烟气由主排烟风机送至烟囱排入大气。载氟氧化铝经布袋除尘器收集，一部分作循环吸附剂，另一部分从除尘器下部沸腾床溢流到风动溜槽，并经风动溜槽送至气力提升机，使其提升到载氟氧化铝贮槽，并输送到电解槽供电解生产使用。

根据铝电解厂烟气干法净化工艺流程特点，主要可分为三个部分：电解槽烟气收集系统，反应器和气固分离装置。

　　集气系统：主要是指排烟机、管道和调节阀。在整个烟气净化系统中，集气管道布置和排烟机设置是其中的核心技术。输送烟气的管道要根据风量的要求进行设计。对含尘的烟气，其气速不能过高以免增加磨损及能耗，但也不能过低，从而造成粉尘大量沉积，管道要尽量避免死角、转弯和变径。目前，先进的双管道集气系统，集气效率可达 99% 以上。

　　反应器：指氧化铝吸附剂和烟气充分混合完成吸附反应的装置，其目的是把吸附剂与烟气尽可能快速均匀地混合。由于吸附反应的 90%～95% 是在吸附装置中完成的，因此吸附反应装置是干法净化流程中的关键设备。工业上主要有文丘里管反应器、沸腾床反应器、VRI( vertical radial injector)反应器等设备。

　　气固分离装置：一般采用布袋收尘器。它是利用含固体颗粒的气体通过滤料层时，固体颗粒由于筛分、重力、静电等作用被滤料阻留，气体通过滤料使气固分离。布袋收尘器是最早采用且广泛使用的气固分离设备。静电除尘装置一般作为布袋除尘的辅助设备，它是利用高压直流电场作用下，烟气中的粉尘在电荷作用下向异极运动，到达异极后电荷释放而被捕捉。电除尘的优点是对流体阻力小，运行费用低，对高温高压气体也能运用，缺点是建设投资大。

　　氧化铝性质对干法吸附的影响。氧化铝的粒度、比表面积、孔隙率、晶型等均会影响干法净化过程中氧化铝的吸附能力。氧化铝是一种多孔结构的物质，具有很大的比表面积，这给吸附质和吸附剂之间提供了接触机会，比表面积越大，吸附的能力也越大，吸附量也随比表面积的增加而增加。氧化铝具有很大的比表面积，且由于内部有微细孔道的缘故，大孔对吸附分子提供通道，促使这些分子迅速到达氧化铝内部的微孔中，有利于 HF 的吸附。氧化铝中起吸附作用的主要是 γ 型氧化铝，且 γ 型氧化铝含量多少与吸附量成正比。氧化铝对气态氟化氢的吸附能力除受比表面积大小影响之外，还与吸附水含量和表面羟基数量有关。

## 5.1.2　新型氧化铝流化床烟气净化系统

　　氧化铝与电解烟气在烟气净化反应器中充分混合，是提高净化效率的先决条件。基于新型氧化铝与碱法氧化铝物化特性差异，为了使新型氧化铝电解烟气达标排放且尽可能减少新型氧化铝的破损，新型氧化铝电解的烟气净化系统不能简单套用传统反应器，需要开发出一套净化效率更高、阻力损失更小、氧化铝破碎率更低的新型流化床干法净化反应器。

### 5.1.2.1　流化床反应器基本原理

#### 1.流化床反应器

将流化床净化反应器看作一个圆筒型容器，下部安装布风板，氧化铝颗粒堆积在布风板上部(床层)，为防止氧化铝颗粒从小孔中漏下或堵塞小孔，并使气体从小孔顺利通过进入床层中，在每一筛孔中安设了风帽。当气体以低速通过床层时，固体颗粒保持接触，仍然处于静止状态，床层高度也不变，气体在颗粒之间的空隙中通过，这种床层类似固定床，当气体流速增大到一定值时，固体颗粒位置稍有调整，但仍处于接触状态，只是床层变松，略有膨胀即床层略有升高，这时床层处于初始或临界流化状态，当气速高于初始流化的流速时，即进入流化状态，气体以鼓泡方式通过床层，随着气速的增加，固体颗粒在床层中的运动也愈激烈。这时气固系统具有类似于液体的流动性，它是无定形的，随容器形状而改变，床层也随着气速的增大而膨胀，但有明显的上界面。气泡在床层中上升，到达床层表面时破裂。床层中激烈的气固运动很像沸腾的液体，因此流化床又称为沸腾床。

当气体通过固体颗粒床层时，随着气体流速的增加，存在着固定床、流化床和输送床三个阶段。在气-固系统的流化床中，有两种聚合状态。一种聚合状态是作为连续相的一种空隙率小、固相浓度大的、均匀的气-固混合物，称为乳化相或乳浊相；另一种聚合状态是作为分散相的气体以鼓泡形式穿过床层，并不断长大，称为气泡相。因为有乳化相和气泡相状态，故称为聚式流化床或气体流化床。当气泡上升到床面（即破裂）的同时会向上溅起若干固体颗粒。其中细颗粒被气流带到床层上部，形成一个稀相区，有的被带出器外。粗颗粒则返回床层内，与原来在床层中运动着的颗粒一起形成密相区，也就是通常所称的流化床层。在稀相区和密相区之间，具有一个清晰的界面。

2. 影响流化床吸附反应因素

沟流状态：沟流状态的特征是气体通过床层时形成短路，即从床层底部到床面形成一条短路，大部分气体将从这条阻力小的通道逸出床层。沟流现象发生时，大部分气体没有与氧化铝很好地接触就通过了床层。因此，在反应器中，沟流会使反应的吸附效率降低。沟流还使床层密度不均匀，一部分颗粒没有流化或流化不好，因此床层温度也不均匀，一部分床层没有起到应有的吸附作用，而另一部分床层由于大部分气体通过而使反应激烈，氧化铝提前达到饱和状态。当氧化铝颗粒粒度较低或者潮湿、气速过慢、布风板设计不合理时，则容易发生沟流现象。

大气泡状态：在流化床中，生成的气泡在上升的过程中不断增大和合并，直到碰到床面而破裂，这是正常的现象。但是如果床层中大气泡很多，由于气泡不断搅动和破裂，床层波动大，操作不稳定，气固之间接触不好，使吸附反应的效率下降。通常床层较高、气速较大时容易产生大气泡状态。在床层中加设内部构件可以避免生成大气泡。

腾涌状态：在大气泡床层中，如果继续增大气速，则气泡可以合并，并增大到接近容器的直径，床层被气体分割成几段，气体把固体颗粒层托到一定高度后突然崩裂，大量颗粒雨淋而下，这就是腾涌状态或称气节状态。这种状态极不稳定,床层波动非常严重。这时床层的均匀性被破坏,气固接触显著恶化,从而严重地影响净化效率。床层越高,容器直径越小,即高径比越大,颗粒直径越大,气速越高,都容易发生腾涌状态。

氧化铝对铝电解烟气中氟化氢的吸收,比较重要的因素是氧化铝固体颗粒与电解烟气的接触程度和接触时间,考虑到新型氧化铝的理化性能,进一步优化流化床反应器的接触时间与吸附速率等因素,新型流化床净化反应器应当更适应于新型氧化铝的烟气净化过程,以便获得更高的吸附效率以及更低的阻力损失。

### 5.1.2.2　新型氧化铝流化床冷态破损特性

本节内容主要介绍通过冷态模拟的方式研究分析新型氧化铝流化床净化系统对原料的破损特性影响,采用现有的一二次风、引风管路构成烟风系统,且装置尾部通过布袋除尘器进行除尘。

#### 1. 系统构成

试验装置主体由一个流化反应器、分离器(旋风分离器、惯性分离器、其他形式的分离器)以及管道组成。试验装置布置有给料机及给料仓,除尘采用布袋除尘器。该方案包含多个工艺流程和多项工艺方案的试验,并需根据结果完成方案优选。

#### 2. 试验装置设计原则

考虑新型氧化铝理化性能差异,通过冷态模化,研究氧化铝在不同工艺反应装置中的混合、运动特性。为得到新型氧化铝在不同工况下的破损特性,试验台考虑了相对较宽的参数变化范围及多种气固分离部件形式,试验气固率为 $20 \sim 400 \ g/m^3$,冷态风速为 $2 \sim 12 \ m/s$。

#### 3. 冷态模化理论及模化计算

研究大型化问题通常有两种方法:一是直接通过不同容量烟气净化装置的参数测量,研究放大效应和大型化对炉内固体颗粒浓度、速度分布等流体动力特性的影响。这种方法能可靠地得到装置的动力学特征,但是由于本系统为全新设计,具体反应器构成形式尚未确定,无法选择这种方法来进行研究。二是根据相似理论设计恰当的小型模型试验台来试验以得到大型装置的流体动力特性数据。而如何建立一种可靠性高而相对简单的相似关系来联系原型装置和冷态模化试验台,以及如何开展冷态试验台的模化试验成为问题的关键所在。

冷态模化的主要思想在于,通过引入一定的相似法则,忽略一些次要的因素,建立一种恰当的模型来模拟气体、颗粒在实际装置的流动行为,应用模型得到的试验数据可以预测原型装备在相应条件下的物理行为。通过国内外不同研究者开展的气固两相流冷态模化试验,证明了这种方法既是有效的,也是可行的。

所谓模化设计是运用相似理论设计研究对象的模型,并根据模型的实验结果推出研究对象的同类物理现象的有关参数。模化试验台和原型装备中的气固流动过程是由相同形式并具有相同内容的微分方程所描述的现象,两者在相应时间、相应空间位置上与流动现象有关的物理量场对应成比例。

气固流动的模型可分为两大类,一类是基于欧拉坐标系的连续介质模型,把固体颗粒群作为拟连续介质或拟流体来考虑,认为颗粒与流体是共同存在并且相互渗透的两种流体,采用宏观连续介质原理中的质量、动量、能量守恒方程进行描述,也称为双流体模型。另一类是运用拉格朗日方法描述的颗粒群轨迹模型,把颗粒群看作离散体系,用跟踪颗粒运动轨迹的方法来描述颗粒运动。应用欧拉双流体模型(two-fluid model)来研究气固两相流动较多地被采用,目前发展也比较成熟。

(1)流化反应器及旋风分离器运动破损特性试验

试验装置结构示意图如图5-1所示,整个系统包括流化反应器、水平段以及小旋风分离器三部分。

试验工况考虑了不同风量、不同氧化铝浓度下的氧化铝破损特性,对应水平段速度为 $4.5 \sim 14.5$ m/s、流化反应器速度为 $2.8 \sim 8.9$ m/s、分离器喉口速度为 $7.6 \sim 24.4$ m/s、氧化铝密度为 $25 \sim 400$ g/m³,具体情况如表5-2所示。

表5-2　流化反应器+小旋风分离器单次通过氧化铝破碎特性试验工况表

| 序号 | 风量 /(m³·h⁻¹) | 氧化铝密度 /(g·m⁻³) | 水平段速度 /(m·s⁻¹) | 流化反应器速度 /(m·s⁻¹) | 分离器喉口速度 /(m·s⁻¹) |
|---|---|---|---|---|---|
| 1 | 1150 | 100 | 4.5 | 2.8 | 7.6 |
| 2 | 1150 | 200 | 4.5 | 2.8 | 7.6 |
| 3 | 1150 | 400 | 4.5 | 2.8 | 7.6 |
| 4 | 2150 | 50 | 8.5 | 5.2 | 14.2 |
| 5 | 2150 | 100 | 8.5 | 5.2 | 14.2 |
| 6 | 2150 | 150 | 8.5 | 5.2 | 14.2 |
| 7 | 3200 | 25 | 12.7 | 7.7 | 21.1 |
| 8 | 3200 | 50 | 12.7 | 7.7 | 21.1 |
| 9 | 3200 | 100 | 12.7 | 7.7 | 21.1 |
| 10 | 3700 | 25 | 14.5 | 8.9 | 24.4 |
| 11 | 3700 | 50 | 14.5 | 8.9 | 24.4 |
| 12 | 3700 | 100 | 14.5 | 8.9 | 24.4 |

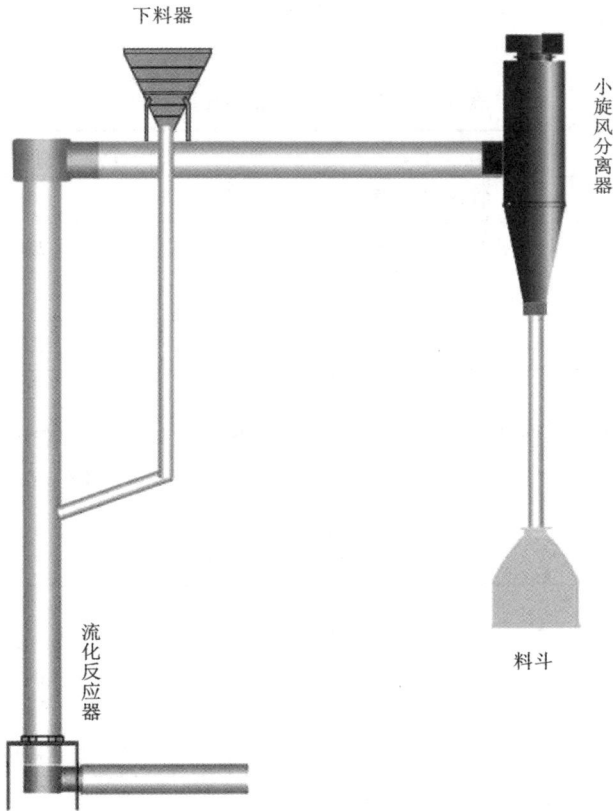

**图 5-1　流化反应器+小旋风分离器单次通过试验流程示意图**

表 5-3 列出了风量为 1150 $m^3/h$，3 个不同氧化铝质量浓度工况(除了氧化铝原样以外)对应小于 45 $\mu m$ 的比例，分别为 2.15%、1.27%、0.96%。

**表 5-3　各工况小于 45 $\mu m$ 比例表**

| 序号 | 名称 | 小于 45 $\mu m$ 比例/% |
|---|---|---|
| 1 | 氧化铝原样 | 0.87 |
| 2 | 氧化铝质量浓度 100 $g/m^3$ | 2.15 |
| 3 | 氧化铝质量浓度 200 $g/m^3$ | 1.27 |
| 4 | 氧化铝质量浓度 400 $g/m^3$ | 0.96 |

表 5-4 列出了风量为 2150 m³/h 时，3 个不同氧化铝质量浓度工况(除了氧化铝原样以外)对应小于 45 μm 的比例，分别为 2.62%、2.13%、2.12%。

表 5-4　各工况小于 45 μm 比例表

| 序号 | 名称 | 小于 45 μm 比例/% |
|---|---|---|
| 1 | 氧化铝原样 | 0.87 |
| 2 | 氧化铝质量浓度 50 g/m³ | 2.62 |
| 3 | 氧化铝质量浓度 100 g/m³ | 2.13 |
| 4 | 氧化铝质量浓度 150 g/m³ | 2.12 |

表 5-5 列出了风量为 3200 m³/h 时，4 个不同氧化铝质量浓度工况(除了氧化铝原样以外)对应小于 45 μm 的比例，分别为 8.20%、4.78%、6.42%、4.82%。

表 5-5　各工况小于 45 μm 比例表

| 序号 | 名称 | 小于 45 μm 比例/% |
|---|---|---|
| 1 | 氧化铝原样 | 0.87 |
| 2 | 氧化铝质量浓度 25 g/m³ | 8.20 |
| 3 | 氧化铝质量浓度 50 g/m³ | 4.78 |
| 4 | 氧化铝质量浓度 100 g/m³ | 6.42 |
| 5 | 氧化铝质量浓度 50 g/m³ | 4.82 |

表 5-6 列出了风量为 3700 m³/h 时，3 个不同氧化铝质量浓度工况(除了氧化铝原样以外)对应小于 45 μm 的比例，分别为 8.70%、5.04%、4.52%。

表 5-6　各工况小于 45 μm 比例表

| 序号 | 名称 | 小于 45 μm 比例/% |
|---|---|---|
| 1 | 氧化铝原样 | 0.87 |
| 2 | 氧化铝质量浓度 25 g/m³ | 8.70 |
| 3 | 氧化铝质量浓度 50 g/m³ | 5.04 |
| 4 | 氧化铝质量浓度 100 g/m³ | 4.52 |

（2）流化床运行形态下运动破损试验

循环试验系统构成如图 5-2 所示，整个系统包括流化反应器、大旋风分离器及回料器三部分。流化反应器和回料器流化风分别从其底部风室经布风板送入，氧化铝物料从流化反应器下部给入。

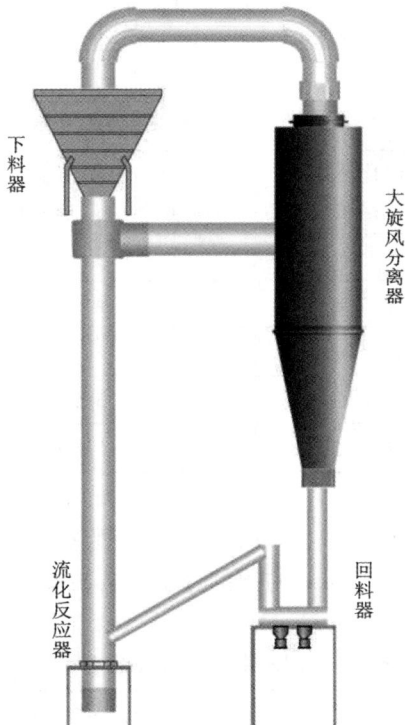

图 5-2　循环试验系统

试验过程说明：各工况送风量调整至目标值，通过引风机将流化反应器出口静压调整至 0 Pa 左右，开启给料机调至指定频率，同时开始给料计时，回料器风处于关闭状态，当回料器充满或立管料位达到一定高度后，停止给料，此时被分离器分离物料全部留存在回料器及立管中。开启回料器返料风，使回料器中物料返回至流化反应器，通过监测流化反应器差压来判断炉内氧化铝浓度，运行一段时间关闭回料器返料风，在回料器和布袋除尘器中取样。

本试验中氧化铝破损与风量、时间、浓度三个因素有关。在开展氧化铝破碎特性多次循环试验中，从计量物料量、精准控制流化反应器流化风量、返料风量和取样方式等方面，进行了多次探索性试验研究，力求做到精准计量氧化铝破碎特性。

在不同循环物料下，物料循环后的风量变化较大，高浓度时为 $1140 \sim 1180$ $\mathrm{m}^3/\mathrm{h}$，低浓度时为 $1570 \sim 1640$ $\mathrm{m}^3/\mathrm{h}$；低浓度时氧化铝破损小于高浓度时，同一浓度下循环 3 min 和 9 min，粒径分布偏差很小。总体而言，不同浓度和不同循环时间的氧化铝与原始样品粒径偏差不大。表 5-7 列出了各工况小于 45 μm 的比例，原始样品小于 45 μm 的比例为 0.87%，4 个工况对应小于 45 μm 的比例分别为 1.90%、2.22%、1.97%、1.76%。

**表 5-7  各工况小于 45 μm 比例表**

| 序号 | 名称 | 流化反应器氧化铝质量浓度 | 流化反应器风速 | 分离器入口风速 | 循环时间 | 循环次数 | 小于 45 μm 比例 |
|---|---|---|---|---|---|---|---|
| 1 | 氧化铝原样 | — | — | — | — | — | 0.87% |
| 2 | 风量 1140 m³/h | 15.7 kg/m³ | 2.8 m/s | 4.1 m/s | 3 min | 16 | 1.90% |
| 3 | 风量 1180 m³/h | 14.5 kg/m³ | 2.9 m/s | 4.2 m/s | 9 min | 43 | 2.22% |
| 4 | 风量 1570 m³/h | 3.7 kg/m³ | 3.8 m/s | 5.5 m/s | 3 min | 9 | 1.97% |
| 5 | 风量 1640 m³/h | 2.9 kg/m³ | 4.0 m/s | 5.8 m/s | 9 min | 25 | 1.76% |

表 5-8 列出了各工况小于 45 μm 的比例，原始样品小于 45 μm 的比例为 0.87%，4 个工况对应小于 45 μm 的比例分别为 2.59%、2.53%、2.15%、3.25%。

**表 5-8  风量 2000 m³/h 不同质量浓度和循环时间氧化铝与原样粒径对比**

| 序号 | 名称 | 流化反应器氧化铝质量浓度 | 流化反应器风速 | 分离器入口风速 | 循环时间 | 循环次数 | 小于 45 μm 比例 |
|---|---|---|---|---|---|---|---|
| 1 | 氧化铝原样 | — | — | — | — | — | 0.87% |
| 2 | 风量 2390 m³/h | 8.7 kg/m³ | 5.8 m/s | 8.5 m/s | 3 min | 19.4 | 2.59% |
| 3 | 风量 2440 m³/h | 6.8 kg/m³ | 5.9 m/s | 8.7 m/s | 9 min | 52.8 | 2.53% |
| 4 | 风量 2520 m³/h | 3.8 kg/m³ | 6.1 m/s | 9.0 m/s | 3 min | 14.6 | 2.15% |
| 5 | 风量 2520 m³/h | 3.6 kg/m³ | 6.1 m/s | 9.0 m/s | 9 min | 41.0 | 3.25% |

表 5-9 列出了各工况小于 45 μm 的比例，原始样品小于 45 μm 的比例为 0.87%，4 个工况对应小于 45 μm 的比例分别为 5.62%、7.74%、4.27%、7.99%。

**表 5-9　风量 4000 m³/h 不同质量浓度和循环时间氧化铝与原样粒径对比**

| 序号 | 名称 | 流化反应器氧化铝质量浓度 | 流化反应器风速 | 分离器入口风速 | 循环时间 | 循环次数 | 小于 45 μm 比例 |
|---|---|---|---|---|---|---|---|
| 1 | 氧化铝原样 | — | — | — | — | — | 0.87% |
| 2 | 风量 4030 m³/h | 9.3 kg/m³ | 9.9 m/s | 14.5 m/s | 3 min | 35.0 | 5.62% |
| 3 | 风量 4030 m³/h | 8.7 kg/m³ | 9.9 m/s | 14.5 m/s | 9 min | 105.1 | 7.74% |
| 4 | 风量 3910 m³/h | 4.0 kg/m³ | 9.6 m/s | 14.0 m/s | 3 min | 25.9 | 4.27% |
| 5 | 风量 3910 m³/h | 3.8 kg/m³ | 9.6 m/s | 14.0 m/s | 9 min | 91.9 | 7.99% |

表 5-10 列出了试验工况下的系统阻力数据，可以看出，大旋风分离器阻力随着风量增加而增加，相同风量下，高物料保有量比低物料保有量阻力略有增加；关于流化反应器差压，在相同风量下，高物料保有量比低物料保有量明显增加，风量较小时尤为明显，在 2500 m³/h 以下时，高物料保有量的流化反应器阻力明显大于旋风分离器阻力。试验工况系统总阻力最大值为 1.254 kPa（风量 4030 m³/h，风速 9.9 m/s 时）。不同风量的条件下，物料保有量对系统阻力的影响如图 5-3 至图 5-5 所示。

**表 5-10　试验工况下系统阻力的数据**

| 工况 | 一次风量 /(m³·h⁻¹) | 物料保有量 /kg | 大旋风差压 /kPa | 流化反应器差压 /kPa | 流化反应器+大旋风总阻力/kPa |
|---|---|---|---|---|---|
| 1 | 1140 | 57.4 | 0.123 | 1.071 | 1.193 |
| 2 | 1180 | 59.4 | 0.131 | 0.986 | 1.117 |
| 3 | 1570 | 32.5 | 0.146 | 0.257 | 0.403 |
| 4 | 1640 | 29.4 | 0.121 | 0.200 | 0.321 |
| 5 | 2390 | 53.4 | 0.300 | 0.589 | 0.889 |
| 6 | 2440 | 47.4 | 0.295 | 0.465 | 0.760 |
| 7 | 2520 | 33.1 | 0.282 | 0.261 | 0.543 |
| 8 | 2520 | 33.5 | 0.281 | 0.247 | 0.529 |
| 9 | 4030 | 53.8 | 0.618 | 0.636 | 1.254 |
| 10 | 4030 | 50.3 | 0.621 | 0.596 | 1.217 |
| 11 | 3910 | 30.2 | 0.579 | 0.272 | 0.852 |
| 12 | 3910 | 24 | 0.578 | 0.256 | 0.834 |

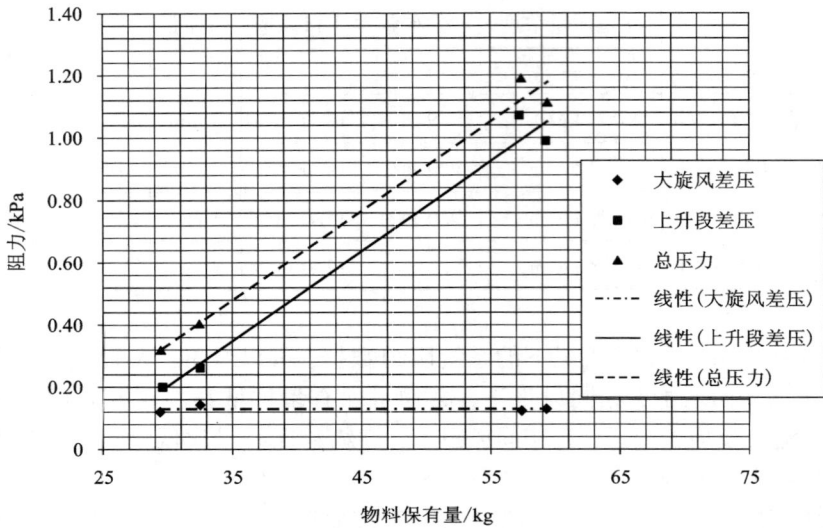

图 5-3　风量 1140～1640 m³/h 时物料保有量对阻力的影响曲线

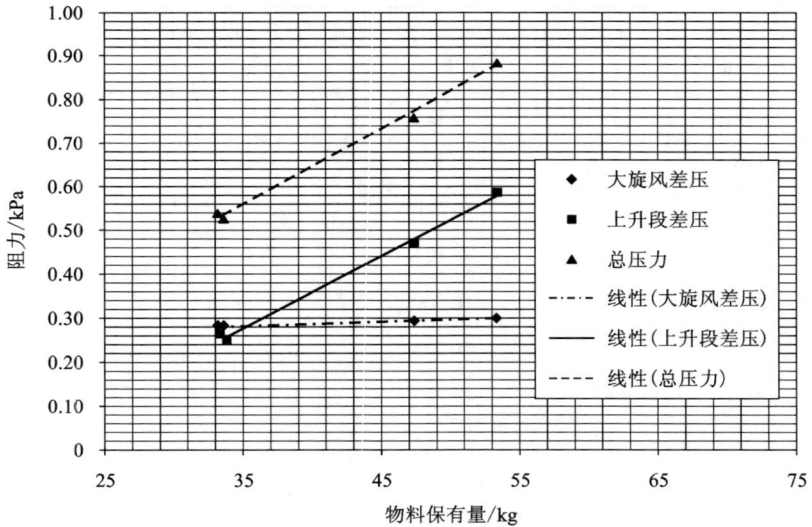

图 5-4　风量 2500 m³/h 时物料保有量对阻力的影响曲线

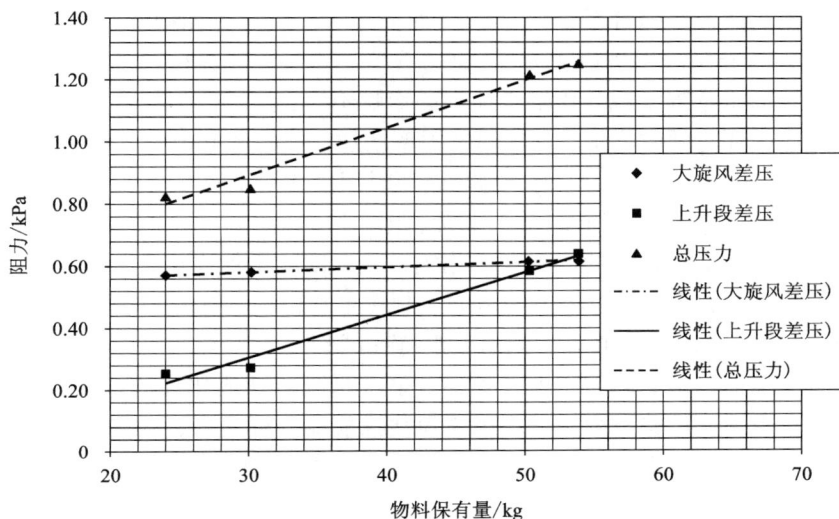

图 5-5　风量 4000 m³/h 时物料保有量对阻力的影响曲线

图 5-6 为纯气流和相同物料保有量下不同风速时系统的阻力。可以看出，在物料保有量为 32 kg 时，相同风量下其系统阻力均高于纯气流工况，在风量为 3910 m³/h 时，纯气流装置总阻力为 0.69 kPa、32 kg 氧化铝循环装置阻力为 0.85 kPa。

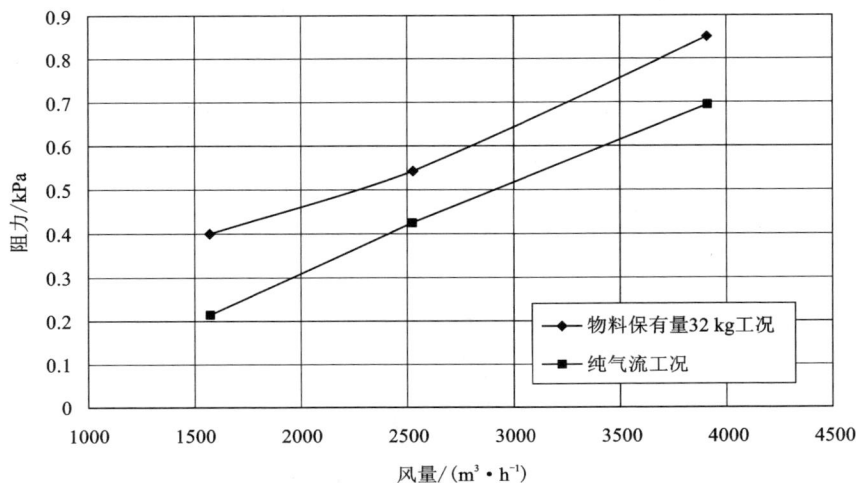

图 5-6　系统阻力随风量变化曲线

综上所述，可以得到以下结论：

①氧化铝破损率随着系统风量的增加而增大。风量为 4000 m³/h 的工况下，氧化铝中小于 45 μm 比例最大为 7.99%；

②氧化铝质量浓度对氧化铝破损率的影响不大；

③随着循环时间的增加，氧化铝破损率增加。风量为 4000 m³/h、流化反应器氧化铝质量浓度 4.0 kg/m³ 工况，物料循环时间由 3 min 增加至 9 min，氧化铝中小于 45 μm 比例由 4.27% 增加至 7.99%；

④系统阻力随着风量的增加和氧化铝质量浓度的增加而增大，通过风量和氧化铝质量浓度的调整，可以将系统阻力控制在 1.0 kPa 以下。

（3）流化反应器及管道对氧化铝破损特性试验

试验系统结构示意图如图 5-7 所示，整个系统包括流化反应器、水平段、连接管道及除尘器。试验过程中一次风从流化反应器底部给入，氧化铝物料从流化反应器下部给料口给入，各工况送风量调整至目标值，通过引风机将流化反应器

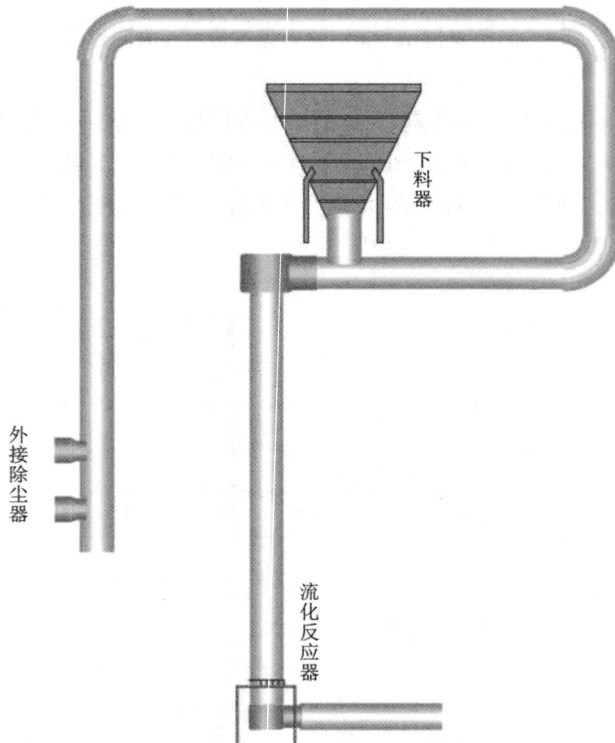

图 5-7　试验系统结构示意图

出口静压调整至 0 Pa 左右,开启给料机调至指定频率,同时开始给料计时,物料一次性经过水平段、连接管道及除尘器,物料通过除尘器进行分离,对除尘器分离的样品称重,取样进行粒径分析。

　　试验工况表如表 5-11 所示,试验工况考虑了不同风量、不同氧化铝质量浓度下的氧化铝破损特性,对应风量 2150~4000 m³/h、管道速度 8.5~15.7 m/s、氧化铝质量浓度 25~200 g/m³。

表 5-11　管道对氧化铝破损特性试验工况表

| 序号 | 风量/(m³·h⁻¹) | 氧化铝质量浓度/(g·m⁻³) | 管道速度/(m·s⁻¹) |
|---|---|---|---|
| 1 | 2150 | 50 | 8.5 |
| 2 | 2150 | 100 | 8.5 |
| 3 | 2150 | 200 | 8.5 |
| 4 | 2600 | 50 | 10.2 |
| 5 | 2600 | 100 | 10.2 |
| 6 | 2600 | 200 | 10.2 |
| 7 | 3200 | 25 | 12.6 |
| 8 | 3200 | 50 | 12.6 |
| 9 | 3200 | 100 | 12.6 |
| 10 | 3700 | 25 | 14.5 |
| 11 | 3700 | 50 | 14.5 |
| 12 | 3700 | 100 | 14.5 |
| 13 | 4000 | 50 | 15.7 |
| 14 | 4000 | 100 | 15.7 |

　　表 5-12 列出了风量为 2150 m³/h、氧化铝质量浓度分别为 50 g/m³、100 g/m³、200 g/m³ 时,与原始样品粒径分布对比后各工况小于 45 μm 比例。原始样品小于 45μm 的比例为 0.87%,3 个不同质量浓度工况对应小于 45 μm 的比例分别为 1.83%、1.54%、1.37%。

表 5-12　各工况小于 45 μm 比例表

| 序号 | 名称 | 小于 45 μm 比例/% |
|------|------|------------------|
| 1 | 氧化铝原样 | 0.87 |
| 2 | 氧化铝质量浓度 50 g/m³ | 1.83 |
| 3 | 氧化铝质量浓度 100 g/m³ | 1.54 |
| 4 | 氧化铝质量浓度 200 g/m³ | 1.37 |

表 5-13 列出了风量为 2600 m³/h、氧化铝质量浓度分别为 50 g/m³、100 g/m³、200 g/m³ 时，与原始样品粒径分布对比后各工况小于 45 μm 比例，原始样品小于 45 μm 的比例为 0.87%，3 个不同质量浓度工况对应小于 45 μm 的比例分别为 1.27%、1.59%、1.06%。

表 5-13　各工况小于 45 μm 比例表

| 序号 | 名称 | 小于 45 μm 比例/% |
|------|------|------------------|
| 1 | 氧化铝原样 | 0.87 |
| 2 | 氧化铝质量浓度 50 g/m³ | 1.27 |
| 3 | 氧化铝质量浓度 100 g/m³ | 1.59 |
| 4 | 氧化铝质量浓度 200 g/m³ | 1.06 |

表 5-14 列出了风量为 3200 m³/h、氧化铝质量浓度分别为 25 g/m³、50 g/m³、100 g/m³ 时，与原始样品粒径分布对比后各工况对应小于 45 μm 的比例，原始样品小于 45 μm 的比例为 0.87%，3 个不同质量浓度工况对应小于 45 μm 的比例分别为 1.61%、0.95%、1.77%。

表 5-14　各工况小于 45 μm 比例表

| 序号 | 名称 | 小于 45 μm 比例/% |
|------|------|------------------|
| 1 | 氧化铝原样 | 0.87 |
| 2 | 氧化铝质量浓度 25 g/m³ | 1.61 |
| 3 | 氧化铝质量浓度 50 g/m³ | 0.95 |
| 4 | 氧化铝质量浓度 100 g/m³ | 1.77 |

表 5-15 列出了风量为 3700 m³/h、氧化铝质量浓度分别为 25 g/m³、50 g/m³、100 g/m³ 时，与原始样品粒径分布对比后各工况对应小于 45 μm 的比例，原始样品小于 45 μm 的比例为 0.87%，3 个不同质量浓度工况对应小于 45 μm 的比例分别为 0.93%、2.06%、1.70%。

表 5-15　各工况小于 45 μm 比例表

| 序号 | 名称 | 小于 45 μm 比例/% |
| --- | --- | --- |
| 1 | 氧化铝原样 | 0.87 |
| 2 | 氧化铝质量浓度 25 g/m³ | 0.93 |
| 3 | 氧化铝质量浓度 50 g/m³ | 2.06 |
| 4 | 氧化铝质量浓度 100 g/m³ | 1.07 |

表 5-16 列出了风量为 4000 m³/h、氧化铝质量浓度分别为 50 g/m³、100 g/m³ 时，与原始样品粒径分布对比后各工况对应小于 45 μm 的比例，原始样品小于 45 μm 的比例为 0.87%，2 个不同质量浓度工况对应小于 45 μm 的比例分别为 1.96%、2.15%。

表 5-16　各工况小于 45 μm 比例表

| 序号 | 名称 | 小于 45 μm 比例/% |
| --- | --- | --- |
| 1 | 氧化铝原样 | 0.87 |
| 2 | 氧化铝质量浓度 50 g/m³ | 1.96 |
| 3 | 氧化铝质量浓度 100 g/m³ | 2.15 |

图 5-8 示出了不同氧化铝质量浓度下，运行风量对流化反应器阻力影响曲线。由图可以看出随着运行风量的增加，流化反应器阻力呈现升高的趋势，氧化铝质量浓度越高对应流化反应器阻力也越大，氧化铝质量浓度为 50 g/m³ 时，风量从 2150 m³/h 增加至 4000 m³/h，流化反应器阻力从 0.081 kPa 增加至 0.125 kPa，氧化铝质量浓度为 100 g/m³ 时，风量从 2150 m³/h 增加至 4000 m³/h，流化反应器阻力从 0.089 kPa 增加至 0.140 kPa。

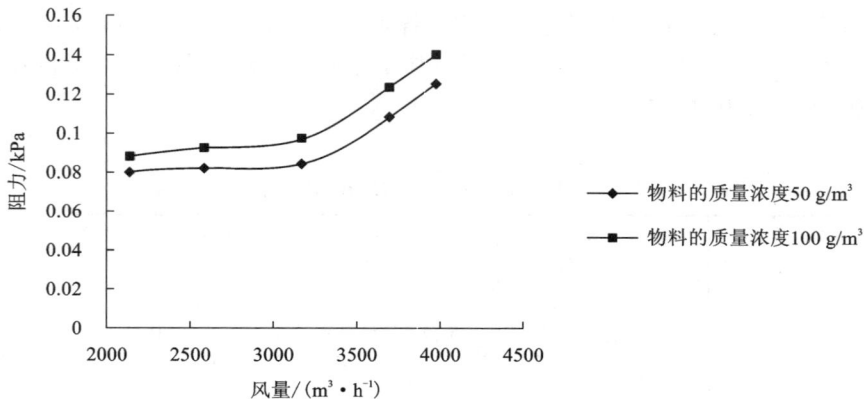

图 5-8 流化反应器阻力随风量变化曲线

综上所述，可以得到以下结论：

①随着风量的增加，流化反应器加管道对氧化铝破损率呈现增加的趋势，但管道对氧化铝破损率总体影响较小，风量 4000 $m^3$/h、氧化铝质量浓度 100 $g/m^3$ 工况破损率最高，小于 45 $\mu m$ 比例最大为 2.15%。

②随着运行风量的增加，流化反应器阻力呈现升高的趋势，氧化铝质量浓度越高，对应流化反应器阻力也越大，总体来讲流化反应器阻力较小，氧化铝质量浓度为 100 $g/m^3$ 时，风量从 2150 $m^3$/h 增加至 4000 $m^3$/h，流化反应器阻力从 0.089 kPa 增加至 0.140 kPa。

（4）氧化铝气流床及惯性分离器运动破损试验

试验将惯性分离器安装于系统开放式回路中，整个系统包括流化反应器、水平段、连接管道、惯性分离器及除尘器。试验过程中，一次风从流化反应器底部给入，氧化铝物料从流化反应器下部给料口给入，各工况送风量调整至目标值，通过引风机将流化反应器出口静压调整至 0 Pa 左右，开启给料机调至指定频率，同时开始给料计时，物料一次性经过水平段、连接管道、惯性分离器及除尘器，物料通过惯性分离器及除尘器进行分离，对惯性分离器及除尘器分离的样品称重，取样进行粒径分析。

试验工况表如表 5-17 所示，试验工况考虑了不同风量、不同氧化铝质量浓度下的氧化铝破损特性，对应风量为 2150~4000 $m^3$/h、惯性分离器百叶窗风速为 0.9~1.6 m/s、百叶窗角度为 30°~60°、氧化铝质量浓度为 25~200 $g/m^3$。

表 5-17　惯性分离器对氧化铝破损特性试验工况表

| 序号 | 风量/(m³·h⁻¹) | 氧化铝质量浓度/(g·m⁻³) | 百叶窗速度/(m·s⁻¹) | 百叶窗角度/(°) |
|---|---|---|---|---|
| 1 | 2150 | 50 | 0.9 | 60 |
| 2 | 2150 | 100 | 0.9 | 60 |
| 3 | 2150 | 200 | 0.9 | 60 |
| 4 | 2150 | 100 | 0.9 | 30 |
| 5 | 2600 | 50 | 1.0 | 60 |
| 6 | 2600 | 100 | 1.0 | 60 |
| 7 | 2600 | 200 | 1.0 | 60 |
| 8 | 2600 | 100 | 1.0 | 30 |
| 9 | 3200 | 25 | 1.3 | 60 |
| 10 | 3200 | 50 | 1.3 | 60 |
| 11 | 3200 | 100 | 1.3 | 60 |
| 12 | 3200 | 100 | 1.3 | 60 或 30 |
| 13 | 3200 | 100 | 1.3 | 30 |
| 14 | 3700 | 25 | 1.5 | 60 |
| 15 | 3700 | 50 | 1.5 | 60 |
| 16 | 3700 | 100 | 1.5 | 60 |
| 17 | 3700 | 100 | 1.5 | 30 |
| 18 | 4000 | 25 | 1.6 | 60 |
| 19 | 4000 | 50 | 1.6 | 60 |
| 20 | 4000 | 100 | 1.6 | 60 |
| 21 | 4000 | 100 | 1.6 | 30 |

表 5-18 列出了风量为 2150 m³/h、氧化铝质量浓度分别为 50 g/m³、100 g/m³、200 g/m³ 时，与原始样品粒径分布对比后各工况对应小于 45 μm 的比例，原始样品中小于 45 μm 的比例为 0.87%，3 个不同质量浓度工况下惯性分离器氧化铝对应小于 45 μm 的比例分别为 0.49%、0.33%、0.4%，布袋除尘器氧化铝对应小于 45 μm 的比例分别为 4.47%、3.1%、1.95%。

表 5-18　各工况小于 45 μm 比例表

| 序号 | 名称 | 百叶窗角度/(°) | 惯性分离器氧化铝小于45 μm 比例/% | 布袋除尘器氧化铝小于45 μm 比例/% | 总计小于45 μm 比例/% |
|---|---|---|---|---|---|
| 1 | 氧化铝原样 | — | — | — | 0.87 |
| 2 | 氧化铝质量浓度 50 g/m³ | 60 | 0.49 | 4.47 | 4.96 |
| 3 | 氧化铝质量浓度 100 g/m³ | 60 | 0.33 | 3.1 | 3.43 |
| 4 | 氧化铝质量浓度 200 g/m³ | 60 | 0.4 | 1.95 | 2.35 |

表 5-19 列出了风量为 2600 m³/h、氧化铝质量浓度分别为 50 g/m³、100 g/m³、200 g/m³ 时，与原始样品粒径分布对比后各工况对应小于 45 μm 的比例，原始样品小于 45 μm 的比例为 0.87%，3 个不同质量浓度工况惯性分离器氧化铝对应小于 45 μm 的比例分别为 0.30%、0.33%、0.34%，布袋除尘器氧化铝对应小于 45 μm 的比例分别为 3.14%、3.07%、3.29%。

表 5-19　各工况小于 45 μm 比例表

| 序号 | 名称 | 百叶窗角度/(°) | 惯性分离器氧化铝小于45 μm 比例/% | 布袋除尘器氧化铝小于45 μm 比例/% | 总计小于45 μm 比例/% |
|---|---|---|---|---|---|
| 1 | 氧化铝原样 | — | — | — | 0.87 |
| 2 | 氧化铝质量浓度 50 g/m³ | 60 | 0.3 | 3.14 | 3.44 |
| 3 | 氧化铝质量浓度 100 g/m³ | 60 | 0.33 | 3.07 | 3.4 |
| 4 | 氧化铝质量浓度 200 g/m³ | 60 | 0.34 | 3.29 | 3.63 |

表 5-20 列出了风量为 3200 m³/h、氧化铝质量浓度分别为 25 g/m³、50 g/m³、100 g/m³ 时，与原始样品粒径分布对比后各工况对应小于 45 μm 的比例，原始样品小于 45 μm 的比例为 0.87%，3 个不同质量浓度工况惯性分离器氧化铝对应小于 45 μm 的比例分别为 0.39%、0.39%、0.46%，布袋除尘器氧化铝对应小于 45 μm 的比例分别为 4.84%、5.75%、5.35%。

表 5-20 各工况小于 45 μm 比例表

| 序号 | 名称 | 百叶窗角度/(°) | 惯性分离器氧化铝小于45 μm 比例/% | 布袋除尘器氧化铝小于45 μm 比例/% | 总计小于45 μm 比例/% |
|---|---|---|---|---|---|
| 1 | 氧化铝原样 | — | — | — | 0.87 |
| 2 | 氧化铝质量浓度 25 g/m³ | 60 | 0.39 | 4.45 | 4.84 |
| 3 | 氧化铝质量浓度 50 g/m³ | 60 | 0.39 | 5.36 | 5.75 |
| 4 | 氧化铝质量浓度 100 g/m³ | 60 | 0.46 | 4.89 | 5.35 |

表 5-21 列出了风量为 3700 m³/h、氧化铝质量浓度分别为 25 g/m³、50 g/m³、100 g/m³ 时,与原始样品粒径分布对比后各工况对应小于 45 μm 的比例,原始样品小于 45 μm 的比例为 0.87%,3 个不同质量浓度工况惯性分离器氧化铝对应小于 45 μm 的比例分别为 0.38%、0.41%、0.61%,布袋除尘器氧化铝对应小于 45 μm 的比例分别为 7.19%、6.26%、5.34%。

表 5-21 各工况小于 45 μm 比例表

| 序号 | 名称 | 百叶窗角度/(°) | 惯性分离器氧化铝小于45 μm 比例/% | 布袋除尘器氧化铝小于45 μm 比例/% | 总计小于45 μm 比例/% |
|---|---|---|---|---|---|
| 1 | 氧化铝原样 | — | — | — | 0.87 |
| 2 | 氧化铝质量浓度 25 g/m³ | 60 | 0.38 | 7.19 | 7.57 |
| 3 | 氧化铝质量浓度 50 g/m³ | 60 | 0.41 | 6.26 | 6.67 |
| 4 | 氧化铝质量浓度 100 g/m³ | 60 | 0.61 | 5.34 | 5.95 |

表 5-22 列出了风量为 4000 m³/h、氧化铝质量浓度分别为 25 g/m³、50 g/m³、100 g/m³ 时,与原始样品粒径分布对比后各工况对应小于 45 μm 的比例,原始样品小于 45 μm 的比例为 0.87%,3 个不同质量浓度工况惯性分离器氧化铝对应小于 45 μm 的比例分别为 0.45%、0.42%、0.46%,布袋除尘器氧化铝对应小于 45 μm 的比例分别为 7.19%、4.91%、6.53%。

表 5-22 各工况小于 45 μm 比例表

| 序号 | 名称 | 百叶窗角度/(°) | 惯性分离器氧化铝小于45 μm 比例/% | 布袋除尘器氧化铝小于45 μm 比例/% | 总计小于45 μm 比例/% |
|---|---|---|---|---|---|
| 1 | 氧化铝原样 | — | — | — | 0.87 |
| 2 | 氧化铝质量浓度 25 g/m³ | 60 | 0.45 | 7.19 | 7.64 |
| 3 | 氧化铝质量浓度 50 g/m³ | 60 | 0.42 | 4.91 | 5.33 |
| 4 | 氧化铝质量浓度 100 g/m³ | 60 | 0.46 | 6.53 | 6.99 |

图 5-9 示出了不同氧化铝质量浓度下，运行风量对系统阻力影响曲线。由图可以看出随着运行风量的增加，系统阻力呈现升高的趋势，质量浓度对系统阻力影响不大，氧化铝质量浓度为 100 g/m³ 时，风量从 2150 m³/h 增加至 4000 m³/h，系统阻力从 0.16 kPa 增加至 0.64 kPa；氧化铝质量浓度为 50 g/m³ 时，风量从 2150 m³/h 增加至 4000 m³/h，系统阻力从 0.14 kPa 增加至 0.61 kPa。

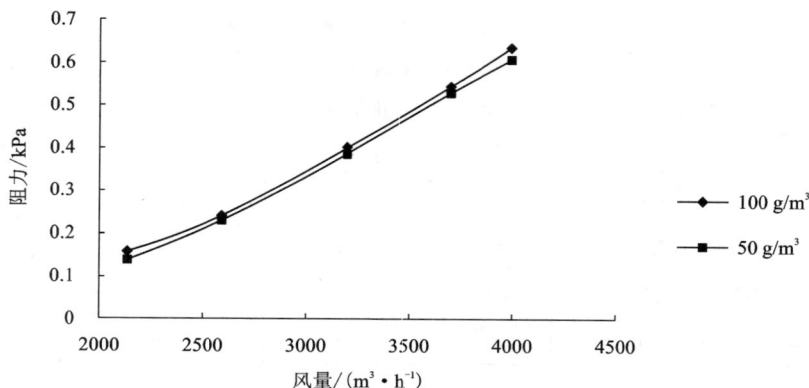

图 5-9 惯性分离器阻力随风量变化曲线

5. 惯性分离器分离效率

（1）氧化铝质量浓度对分离效率的影响

图 5-10 示出了不同氧化铝质量浓度下，惯性分离器分离效率随风量变化曲线。由图可以看出，随着风量的增加，分离效率呈降低的趋势。氧化铝质量浓度较高的工况，其分离效率较高，氧化铝质量浓度为 100 g/m³ 工况，风量由 2150 m³/h 增加至 4000 m³/h，惯性分离器效率由 56.2% 降至 40.4%；氧化铝质量浓度为 50 g/m³ 工况，风量由 2150 m³/h 增加至 4000 m³/h，惯性分离器效率由 55.1% 降

至 31.6% ;

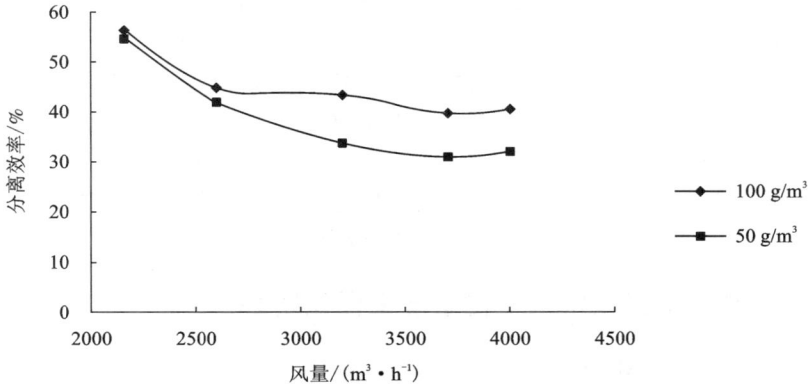

**图 5-10　不同氧化铝质量浓度下惯性分离器分离效率随风量变化曲线**

（2）百叶窗角度对分离效率的影响

图 5-11 示出了氧化铝质量浓度为 100 g/m³ 工况在不同百叶窗角度时，惯性分离器分离效率随风量变化曲线。由图可以看出随着风量的增加，分离效率呈降低的趋势，百叶窗角度为 60°时各工况分离效率均高于角度为 30°工况。百叶窗角度为 60°时，风量由 2150 m³/h 增加至 4000 m³/h，惯性分离器效率由 55.1%降至 40.4%；百叶窗角度为 30°时，风量由 2150 m³/h 增加至 4000 m³/h，惯性分离器效率由 47.9%降至 35.1%。

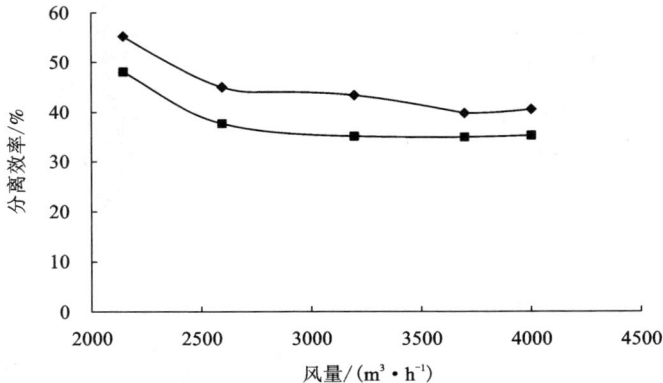

**图 5-11　不同百叶窗角度下惯性分离器分离效率随风量变化曲线**

综上所述，可以得到结论：

①氧化铝破损率随着系统风量的增加而增大，风量 4000 m³/h 工况，氧化铝

小于 45 μm 比例最大为 7.64%；

②随着氧化铝质量浓度的增加，氧化铝破损率有下降趋势，但总体看质量浓度对破损率的影响不大；

③系统阻力随着风量的增加而增大，氧化铝质量浓度为 100 $g/m^3$，风量从 2150 $m^3/h$ 增加至 4000 $m^3/h$，系统阻力从 0.16 kPa 增加至 0.64 kPa；

④惯性分离器效率随着风量的增加而降低，氧化铝质量浓度为 100 $g/m^3$ 工况，风量由 2150 $m^3/h$ 增加至 4000 $m^3/h$，惯性分离器效率由 56.2% 降至 40.4%；

⑤百叶窗角度为 60° 时各风量工况分离效率均大于百叶窗角度为 30°。

## 5.1.3 新型氧化铝流化床净化系统工程化实践

### 5.1.3.1 新型氧化铝流化床净化系统及方案设计

#### 1. 烟气净化系统装置

净化系统由螺旋给料机、流化反应器、旋风分离器、立管、物料分配器、风室、布风装置、压力测点、流量计、调节挡板、流化风管、流化风流量计等组成的电解铝烟气净化设备。净化系统由送风机提供动力，置于整个净化系统前端，流化反应器进口与电解槽烟道相连，出口与旋风分离器相连，旋风分离器将氧化铝颗粒与烟气进行分离，旋风分离器下部锥段出口经立管与物料分配器相连，净化后的烟气经烟囱排向大气。

物料分配器分两路，一路返料管与流化反应器相连；另一路为排料出口，将载氟后的氧化铝排出净化系统外。物料分配器返料管、排料管下端连接压缩空气，通过调节压缩空气流量，调整进入流化反应器循环的氧化铝量与载氟后的氧化铝排出量，从而达到调节流化反应器内部氧化铝浓度的目的。

在流化反应器进出口、气固分离器进出口、除尘器进出口均设置有压力测点，在流化反应器进口设置有烟气流量测量装置用于测量进入烟气净化系统烟气量，在除尘器出口设置有污染物排放监测孔，用于排放监测及运行反馈调节。新型氧化铝的烟气净化设备布置如图 5-12 所示。

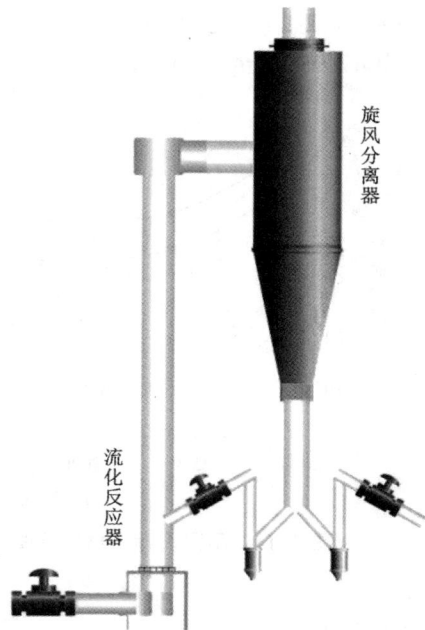

图 5-12 烟气净化装置示意图

2. 烟气净化系统装置主要设计参数

新型氧化铝电解净化设备的主要设计参数如表 5-23 所示。

表 5-23　烟气净化设备主要设计参数表

| 参数 | 值 |
| --- | --- |
| 流化反应器内径 | 320 mm |
| 分离器内径 | 600 mm |
| 立管内径 | 200 mm |
| 回料管内径 | 150 mm |
| 流化反应器高度 | 8.0 m |
| 分离器高度 | 2.4 m |
| 额定烟气量 | 3000 $m^3$/h |
| 流化反应器烟速 | 10.8 m/s |
| 分离器喉口烟速 | 9.6 m/s |
| 中心筒烟速 | 10.8 m/s |
| 系统阻力 | <1.0 kPa |

3. 新型氧化铝工业电解过程烟气净化效果的方案设计

基于流化床烟气净化系统，验证新型氧化铝烟气净化效果。获得新型氧化铝工业电解过程中烟气净化系统循环次数等工艺参数与新型氧化铝吸附能力、破损率、烟气净化效果关系数据，依据实验数据提出优化方案。

流化床烟气净化系统作为干法烟气净化器，首次用于新型氧化铝工业化电解过程烟气净化工艺，为更好地验证设备性能，开展了不同工况下单次通过、循环通过工艺技术实践。

（1）单次通过试验新型氧化铝电解烟气净化实践

试验过程中氧化铝物料从流化反应器下部给入，各工况烟气风量调整至目标值，开启给料机调至指定频率，同时开始给料计时，物料一次性经过流化反应器、旋风分离器，载氟氧化铝通过旋风分离器进行分离，净化后烟气经由排烟管排入大气。最后，对旋风分离器分离的样品称重，取样进行载氟量、粒径、比表面积分析；对进出口电解烟气取样，分析氟化氢净化前、后浓度变化。

通过风量、浓度的不同组合，得到单次通过新型氧化铝电解烟气净化效果。

（2）循环试验新型氧化铝电解烟气净化效果实践

试验过程中将风量、给料量调整到指定参数，将同一批氧化铝物料以单次通过的形式循环 5 次，对每次由旋风分离器分离出的样品称重，取样进行载氟量、粒径、比表面积分析；对每次进出口电解烟气取样，分析氟化氢净化前、后浓度变化。

通过分析 5 次循环吸附后氧化铝的性能变化及每次烟气中氟化氢浓度变化，得到烟气净化系统循环次数等工艺参数与新型氧化铝吸附能力、破损率、烟气净化效果的关系数据。

（3）饱和吸附试验

试验过程中将烟气风量调整至 2000 $m^3/h$，连续给料 30 kg，开启回料器返料风，使回料器中物料返回至流化反应器，通过监测流化反应器差压来判断反应器内氧化铝浓度，连续运行时间 1 h，关闭回料器返料风，取样分析。

通过分析连续循环运行 1 h 的氧化铝样品，得到新型氧化铝接近饱和吸附时的氟化氢载氟量。

（4）模拟实际生产工况，氧化铝进出料平衡循环实践

试验过程将烟气风量调整至 2000 $m^3/h$，连续给料 30 kg，开启回料器返料风，使回料器中物料返回至流化反应器，开启给料机频率 5 Hz，给料量 60 kg/h，同时开启排料口，调节排料风，排料量 60 kg/h，调节回料器返料风，使流化反应器压差为 1600 Pa，循环质量浓度保持 100 $g/m^3$，连续运行 36 min。对旋风分离器分离的样品称重，取样进行载氟量、粒径、比表面积分析；对进出口电解烟气取样，分析氟化氢净化前后浓度变化。

通过模拟实际生产工况，分析氧化铝进出料平衡后氧化铝的性能变化及烟气中氟化氢浓度变化，得到氧化铝进出料平衡循环工艺参数与新型氧化铝吸附能力、破损率、烟气净化效果的关系数据。

### 5.1.3.2　新型氧化铝流化床烟气净化系统应用研究实践

1. 单次通过试验新型氧化铝电解烟气净化效果

（1）试验工况

试验工况如表 5-24 所示，试验工况考虑了不同风量、不同氧化铝质量浓度下新型氧化铝单次通过净化系统的烟气净化效果，对应风量 1500~3500 $m^3/h$、氧化铝质量浓度 50~200 $g/m^3$。

表 5-24　氧化铝单次通过试验工况表

| 序号 | 风量/(m³·h⁻¹) | 温度/℃ | 给料量/(kg·h⁻¹) | 质量浓度/(g·m⁻³) | 氧化铝样品 |
|---|---|---|---|---|---|
| 1 | 1500 | | 75 | 50 | ZF-15 |
| 2 | 1500 | | 120 | 80 | ZF-16 |
| 3 | 1500 | 76 | 150 | 100 | ZF-17 |
| 4 | 1500 | | 225 | 150 | ZF-19 |
| 5 | 1500 | | 300 | 200 | ZF-18 |
| 6 | 2000 | | 100 | 50 | ZF-1 |
| 7 | 2000 | | 160 | 80 | ZF-2 |
| 8 | 2000 | 85 | 200 | 100 | ZF-3 |
| 9 | 2000 | | 300 | 150 | ZF-4 |
| 10 | 2000 | | 600 | 200 | ZF-37 |
| 11 | 3000 | | 150 | 50 | ZF-9 |
| 12 | 3000 | | 240 | 80 | ZF-10 |
| 13 | 3000 | 109 | 300 | 100 | ZF-11 |
| 14 | 3000 | | 450 | 150 | ZF-38 |
| 15 | 3000 | | 600 | 200 | ZF-39 |
| 16 | 3500 | | 175 | 50 | ZF-12 |
| 17 | 3500 | | 280 | 80 | ZF-13 |
| 18 | 3500 | 114 | 350 | 100 | ZF-14 |
| 19 | 3500 | | 525 | 150 | ZF-42 |
| 20 | 3500 | | 700 | 200 | ZF-43 |

(2)单次通过新型氧化铝烟气净化效果分析

图 5-13 为风量 1500 m³/h、氧化铝质量浓度分别为 50 g/m³、80 g/m³、100 g/m³、150 g/m³、200 g/m³ 烟气净化效果。由图可以看出：试验过程中 HF 原始排放量为 35.3 mg/m³，随着氧化铝质量浓度的增加，HF 排放量大致呈现降低的趋势，氧化铝质量浓度为 80 g/m³ 时，HF 排放量为 1.66 mg/m³。

图 5-14 为风量 2000 m³/h、氧化铝质量浓度分别为 50 g/m³、80 g/m³、100 g/m³、150 g/m³ 烟气净化效果。由图可以看出：试验过程中 HF 原始排放量为 34.47 mg/m³，随着氧化铝质量浓度的增加，HF 排放量呈现降低的趋势；氧化

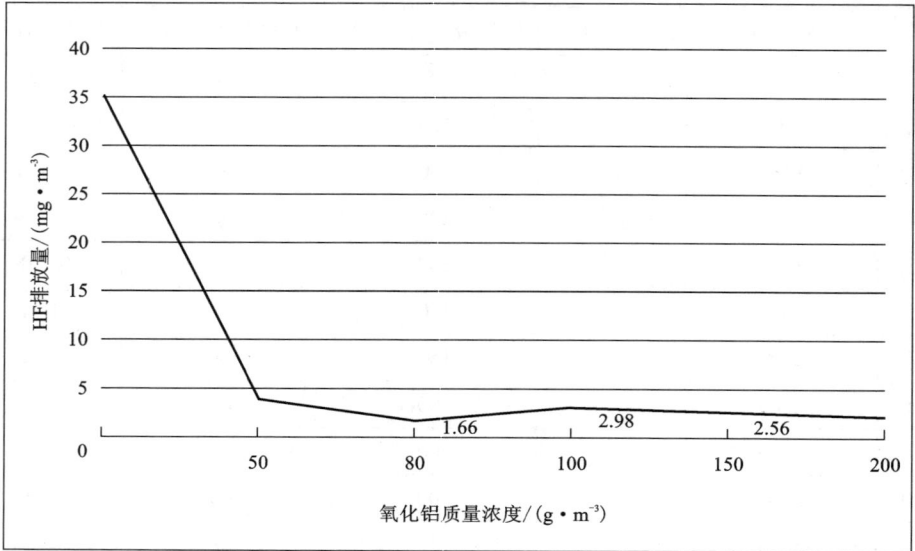

图 5-13　氧化铝质量浓度对 HF 排放量的影响曲线(风量为 1500 m³/h)

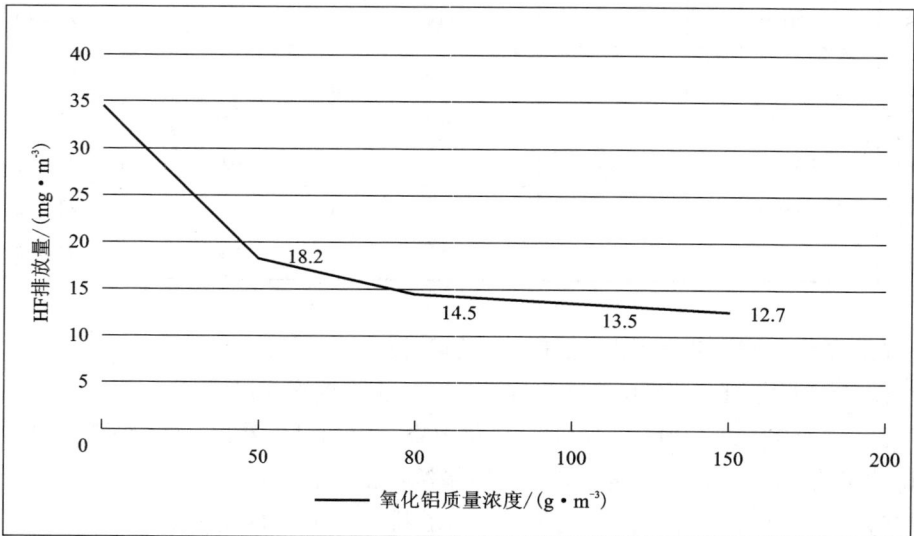

图 5-14　氧化铝质量浓度对 HF 排放量的影响曲线(风量为 2000 m³/h)

铝质量浓度为 150 g/m³ 时, HF 排放量为 12.7 mg/m³。

图 5-15 为风量 3000 m³/h、氧化铝质量浓度分别为 50 g/m³、80 g/m³、100 g/m³ 烟气净化效果。由此可以看出: 试验过程中 HF 原始排放量为 40.1 mg/m³, 随着氧化铝质量浓度的增加, HF 排放量呈现降低的趋势; 氧化铝质量浓度为 100 g/m³ 时, HF 排放量为 4.17 mg/m³。

图 5-16 为风量 3500 m³/h、氧化铝质量浓度分别为 50 g/m³、80 g/m³、

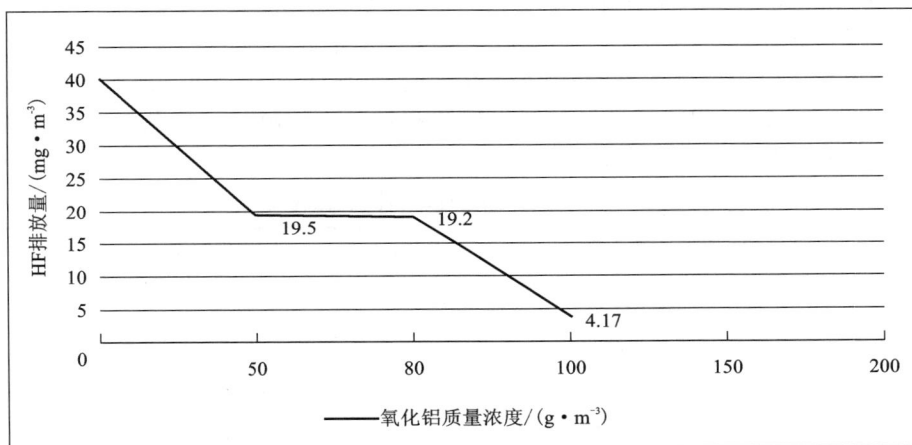

**图 5-15　氧化铝质量浓度对 HF 排放量的影响曲线(风量为 3000 m³/h)**

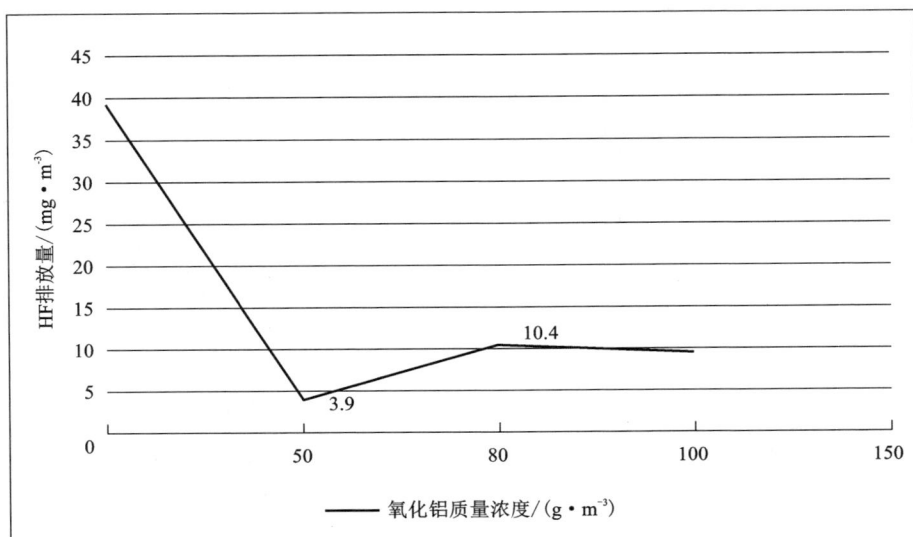

**图 5-16　氧化铝质量浓度对 HF 排放量的影响曲线(风量为 3500 m³/h)**

$100 \text{ g/m}^3$ 时烟气净化效果。由图可以看出：试验过程中 HF 原始排放量为 $39.4 \text{ mg/m}^3$，随着氧化铝质量浓度的增加，HF 排放量呈现降低的趋势；氧化铝质量浓度为 $50 \text{ g/m}^3$ 时，HF 排放量为 $3.9 \text{ mg/m}^3$。

2. 循环试验新型氧化铝电解烟气净化效果

(1) 试验工况

工况设计如表 5-25 至表 5-27 所示。试验工况考虑了循环次数试验、饱和吸附试验、氧化铝进出料平衡循环试验。循环次数试验，将同一批氧化铝物料以单次通过的形式循环 5 次，对应风量为 $2000 \text{ m}^3/\text{h}$、氧化铝质量浓度 $100 \text{ g/m}^3$。饱和吸附试验，净化系统给料 30 kg，烟气风量为 $2000 \text{ m}^3/\text{h}$，开启回料器返料风，连续循环运行 1 h，得到新型氧化铝接近饱和吸附时的氟化氢负载量，即新型氧化铝饱和吸附量。

表 5-25 氧化铝循环次数试验工况表

| 序号 | 风量/(m³·h⁻¹) | 循环次数 | 质量浓度/(g·m⁻³) | 氧化铝样品 | 给料时间/s |
|---|---|---|---|---|---|
| 新型氧化铝 | | | | | |
| 1 | | 1 次 | | XhZF-20 | 1842 |
| 2 | | 2 次 | | XhZF-21 | 2081 |
| 3 | 2000 | 3 次 | 50 | XhZF-22 | 1450 |
| 4 | | 4 次 | | XhZF-23 | 1345 |
| 5 | | 5 次 | | XhZF-24 | 1353 |
| 新型氧化铝 | | | | | |
| 1 | | 1 次 | | XhZF-26 | 900 |
| 2 | | 2 次 | | XhZF-27 | 831 |
| 3 | 2000 | 3 次 | 100 | XhZF-28 | 795 |
| 4 | | 4 次 | | XhZF-29 | 762 |
| 5 | | 5 次 | | XhZF-30 | 770 |
| 碱法氧化铝 | | | | | |
| 1 | | 1 次 | | XhZF-31 | 900 |
| 2 | | 2 次 | | XhZF-32 | 861 |
| 3 | 2000 | 3 次 | 100 | XhZF-33 | 915 |
| 4 | | 4 次 | | XhZF-34 | 934 |
| 5 | | 5 次 | | XhZF-35 | 930 |

表 5-26　饱和吸附试验工况表

| 序号 | 风量/(m³·h⁻¹) | 给料量/kg | 循环时间/h | 氧化铝样品 |
|---|---|---|---|---|
| | | 新型氧化铝 | | |
| 1 | 2000 | 30 | 1 | XhZF-26 |

表 5-27　新型氧化铝进出料平衡循环试验工况表

| 序号 | 风量/(m³·h⁻¹) | 给料量/(kg·h⁻¹) | 给料质量浓度/(g·m⁻³) | 循环质量浓度/(g·m⁻³) | 压差/Pa | 给料频率/Hz | 出料量/(kg·h⁻¹) | 氧化铝样品 | 原始氧化铝质量/kg |
|---|---|---|---|---|---|---|---|---|---|
| 1 | 2000 | 60 | 30 | 100 | 1600 | 5 | 60 | XhZF-25 | 30 |

氧化铝进出料平衡循环试验，将烟气风量调整至 2000 m³/h，连续给料 30 kg，开启回料器返料风，使回料器中物料返回至流化反应器，开启给料机，频率为 5 Hz，给料量为 60 kg/h，同时开启排料口，调节排料风，排料量 60 kg/h，调节回料器返料风，使流化反应器压差为 1600 Pa，循环质量浓度保持为 100 g/m³，连续运行 36 min。

（2）循环次数对烟气净化效果的影响

图 5-17、图 5-18、图 5-19 为循环次数试验，将同一批氧化铝物料以单次通

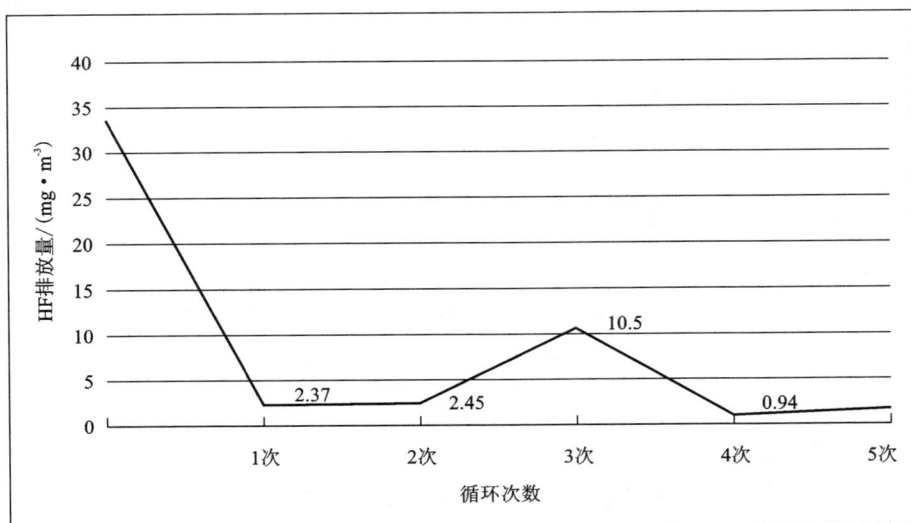

图 5-17　循环次数对 HF 排放量的影响（风量 2000 m³/h、新型氧化铝质量浓度 50 g/m³）

过的形式循环 5 次，风量 2000 m³/h、新型氧化铝质量浓度分别为 50 g/m³、100 g/m³、碱法氧化铝质量浓度为 100 g/m³。随着循环次数增加，HF 排放量基本保持稳定。循环 5 次后，新型氧化铝没有达到饱和吸附。

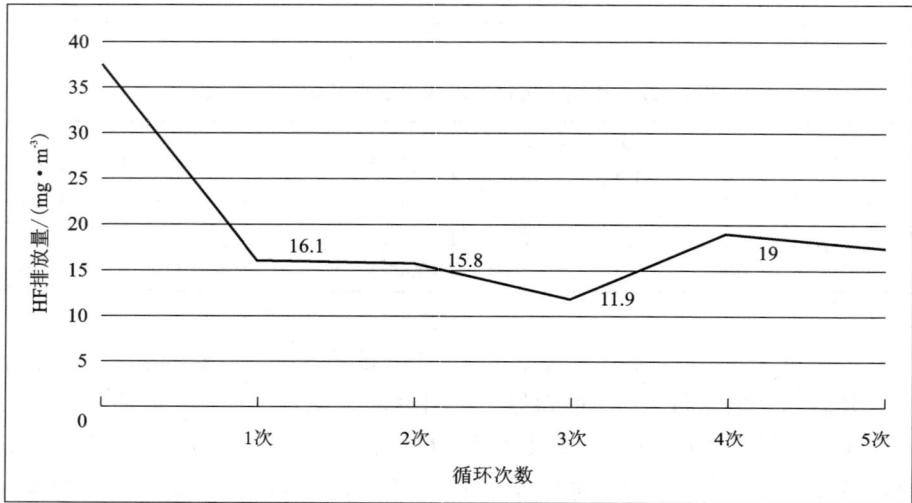

**图 5-18  循环次数对 HF 排放量的影响(风量 2000 m³/h、新型氧化铝质量浓度 100 g/m³)**

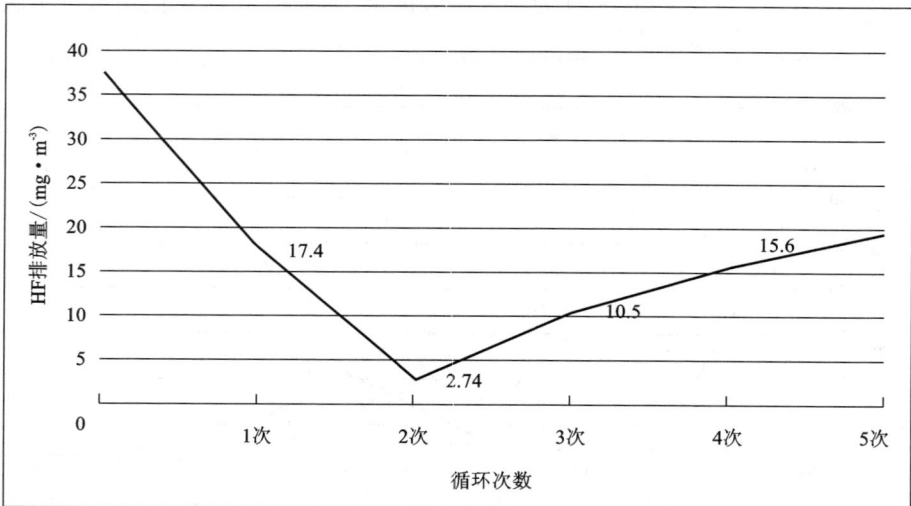

**图 5-19  循环次数对 HF 排放量的影响(风量 2000 m³/h、碱法氧化铝质量浓度 100 g/m³)**

（3）新型氧化铝饱和吸附能力分析

试验过程中，烟气风量 2000 m³/h，连续给料 30 kg，开启回料器返料风，连续运行时间 1 h。测得新型氧化铝最大载氟量为 6992 mg/kg。

（4）进出物料平衡循环吸附效果

烟气风量 2000 m³/h，循环质量浓度保持 100 g/m³，连续运行 36 min，得到新型氧化铝进出料平衡吸附效果如表 5-28 所示。HF 排放量为 14.24 mg/m³，与单次通过试验结果基本吻合，烟气净化效果相同。

表 5-28　烟气净化效果对比

| 序号 | 工况 | 烟气风量 | HF 排放量 |
|---|---|---|---|
| 1 | 单次通过 | 2000 m³/h | 13.5 mg/m³ |
| 2 | 平衡循环 | 2000 m³/h | 14.24 mg/m³ |

3. 新型氧化铝氟化氢净化能力

使用氟离子选择电极法测量分析不同工况烟气净化后新型氧化铝载氟量，不同工况烟气净化后氧化铝载氟量如表 5-29 所示。

表 5-29　不同工况烟气净化后新型氧化铝载氟量

| 序号 | 风量/($m^3 \cdot h^{-1}$) | 质量浓度/($g \cdot m^{-3}$) | 载氟量/($mg \cdot kg^{-1}$) | 最大载氟量/($mg \cdot kg^{-1}$) |
|---|---|---|---|---|
| 1 | 1500 | 100 | 1102 | 1688 |
| 2 | 2000 | 100 | 1434 | 2315 |
| 3 | 3000 | 100 | 1668 | 4124 |
| 4 | 3500 | 100 | 1669 | 2255 |

由此可以看出，新型氧化铝载氟量，相对于碱法氧化铝偏低，单次通过新型氧化铝最大载氟量为 4124 mg/kg。

通过对不同工况吸附后氧化铝成分、HF 排放量监测，得到烟气净化系统循环次数等工艺参数与新型氧化铝吸附能力、烟气净化效果的关系数据，风量为 1500 m³/h、氧化铝质量浓度为 80 g/m³，HF 排放量为 1.66 mg/m³，流化床烟气净化系统净化效果满足要求。

## 5.2 新型氧化铝电解输送技术

新型氧化铝完全具备用于铝电解生产的条件,但是新型氧化铝与传统氧化铝在物理性质方面的差异导致其在输送方面与传统的输送系统不能完全匹配。氧化铝输送系统是铝电解工业化生产中的重要环节,其运行状况直接关系到铝电解工业的自动化程度和铝电解槽的物料平衡控制,并对电解生产的稳定性及各项技术指标产生重要影响。

### 5.2.1 现代铝电解输送技术

目前,国内外氧化铝输送方式主要有:稀相输送、浓相输送、超浓相输送、气垫皮带输送、斗式提升机输送等。

#### 5.2.1.1 稀相输送技术

稀相输送是气力输送中的动压输送。在输送过程中,将压缩空气的动能传递给被输送的物料,使物料以悬浮的状态向前流动。当气流中颗粒浓度在 $0.05 \, mg/m^3$ 空气以下,固气混合系统的空隙率 $e < 0.95$ 时,这种输送技术就称为稀相输送。因为是靠动能转换来传递能量,所以在输送悬浮态物料时要求风速较高。在能量传递的过程中会损失部分能量,加上悬浮颗粒间及颗粒与管壁间的摩擦损失,所以能耗较高。同时由于输送管道中固气比低,所以管道磨损快,氧化铝破损也较严重。一般说来,这种输送方式只适用于储仓至储仓或卸料站至储仓的输送过程,不适用于储仓至电解槽的供配料系统。

#### 5.2.1.2 浓相输送技术

浓相输送技术又称密相输送,是一种套管式气力输送技术。与稀相输送技术相比,具有固气比高,气流速度小,输送压力低等特点。因为固气比高,提高了固态物质浓度,所以相对减少了压缩空气用量,降低了能耗。这种输送方式既能兼具稀相气力输送和机械输送的优点,又能克服二者的缺点,具有效果好、能耗低、占地少、投资省、运行可靠等优点。

#### 5.2.1.3 超浓相输送技术

超浓相输送是基于物料具有潜在的流态化特性来输送的一种技术。流态化是使固体颗粒通过与气体或流体接触转变成类似流体状态。氧化铝的流态化是通过一个多孔透气层来完成的。多孔透气层(或称为沸腾板)将输送槽分为两层,其上部装有物料,下部是气室。当气室中没有外压时,气体是常压,此时物料呈静止状态;当气腔中外加压力时,气体就通过多孔板进入粉状物料层,填充粉料层的空隙,当气流达到一定速度时,粉状粒子之间原有的平衡就会被打破。与此同时,其体积增大,相对密度减小,粒子之间的内摩擦角及壁摩擦角都接近零,这样粉状物料就成了流体,利用这一特性进行输送的即为超浓相输送。超浓相输送是利用物料在流态化后转变成一种固-气两相流体,再根据流体动压能和静压能转化原理,使物料在输送槽内进行输送。

超浓相输送技术以其投资少、可靠性高、自动化程度高、氧化铝破损低、易维护、便于分布式系统的布置等特点,成为氧化铝从集中储仓到分布式电解槽上首选的输送技术。

### 5.2.1.4　气垫皮带输送

气垫皮带输送承担了由氧化铝厂原料仓向金属铝制备厂新型氧化铝仓输送氧化铝的任务。气垫皮带式输送机是将普通带式输送机的承载托辊去掉,改用设有气室的盘槽,由盘槽上的气孔喷出的气流在盘槽和输送带之间形成气膜,将普通带式输送机的接触支承改为形成气膜状态下的非接触支承,从而显著地减少了摩擦损耗。气垫带式输送机优点在于耗能少、重量轻、寿命长、维修费用低、输送平稳、输送能力强、宜于密封、污染少。

## 5.2.2　新型氧化铝输送系统

### 5.2.2.1　新型氧化铝输送基本原理

新型氧化铝物料输送系统原理:利用氧化铝具有较好的充气性和流动性的特点,采用适当压力的空气将料室中的物料悬浮松动。风动溜槽以一定的斜角安装,由于重力对氧化铝粉的垂直引力,故在带有角度的输送设备中就产生了水平定向分力,这种分力就是氧化铝输送系统中的外力。这样,当低端卸料阀开启时,悬浮疏松的物料在压差和重力的作用下自动卸出,从而达到输送的目的。

### 5.2.2.2　系统构成

采用高压离心风机供风,风动溜槽泄压方式采用平衡装置自然泄压,整个输送系统配置包括氧化铝储仓、仓底出料插板阀、下料溜管、风动溜槽,平衡料柱、高压离心风机、供风管道等设备,如图 5-20 所示。

### 5.2.2.3　试验方法

氧化铝物料通过吊装设备加装到高位储仓,加装物料量根据实验要求确定,溜槽出料口加装物料接收装置,收集输送物料,启动供风系统高压离心风机,开启仓底出料插板阀,氧化铝物料通过下料管进入风动溜槽料室,通过风动溜槽输送至出料口物料收集装置内,输送过程需要进行输送时间记录、物料称量、物料取样、输送设备参数记录等。研究方法和步骤如图 5-21 所示,综合考虑试验技术要求、考核指标、试验装置构成等因素,试验溜槽定位初始角度为 3°。

以初始角度 3° 为起点,如 3° 试验未成功,采取继续增大溜槽角度(如 4°、5°、6°)的方式继续进行,如 3° 试验成功,则采取降低溜槽角度(如 1.5°、1°)寻优更理想的试验效果。

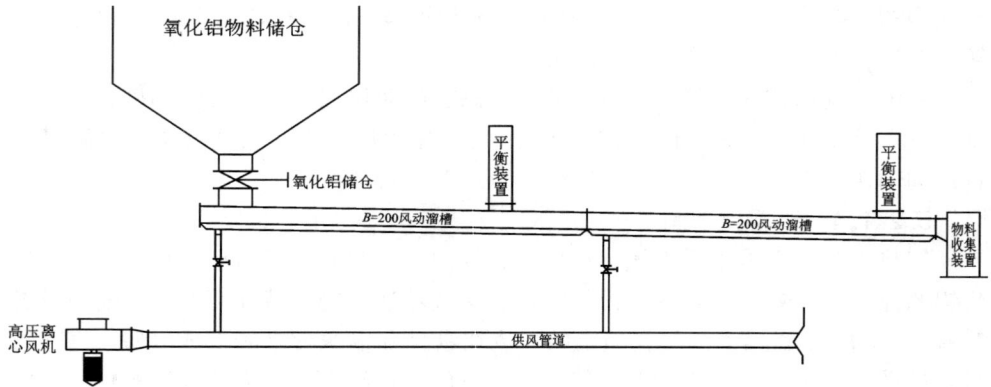

图 5-20　新型氧化铝输送系统

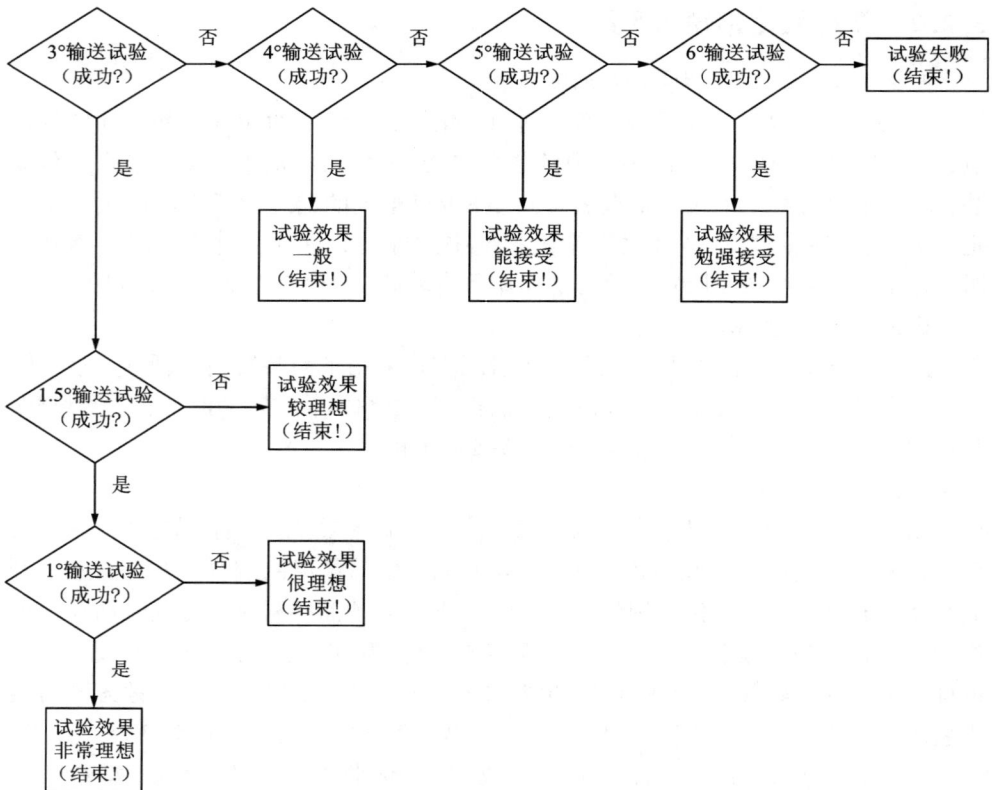

图 5-21　研究方法和步骤

假定以顺利进行试验，试验效果最后非常理想为例，按照输送溜槽倾角不同（1°、1.5°、3°），进行 3 组试验，每组将氧化铝多次输送，重复测试后求取平均值。然后调整溜槽角度进行下一组试验后，重复以下步骤：

（1）将已称重好的氧化铝用电动葫芦吊装进料仓之中。

（2）启动溜槽输送风机，待风速稳定后方可打开料仓下料口开始下料，同时开始计时。

（3）待输送完成后，记录输送时间，并将回收料箱中的氧化铝运到厂房内进行称重并记录。

通过多组试验研究，确定新型氧化铝的输送可行性角度、氧化铝磨损率、风量、风压等数据。

### 5.2.2.4　试验工况及数据

初始物料总量为 4000 kg，输送距离为 60 m，观察物料输送效果，走料顺畅，经过称量计算，物料余量为 3950 kg，作为第二次试验的初始物料。

（1）输送角度为 3°时，新型氧化铝输送工况如表 5-30、表 5-31 所示。

表 5-30　新型氧化铝电解输送工况

| 序号 | 物料取样 /kg | | 风压（正压） /Pa | 输送时间 /s | 质量 /kg | 输送量 /(t·h⁻¹) | 输送速度 /(m·s⁻¹) |
|---|---|---|---|---|---|---|---|
| 1 | 初段 | 1 kg | 1000 | 45 | 720 | 57.6 | 2 |
| 2 | 中段 | 1 kg | 1000 | 32 | 520 | 58.5 | 2.03 |
| 3 | 末段 | 1 kg | 1000 | 30 | 650 | 78 | 2.7 |
| 4 | — | — | 1000 | 20 | 550 | 99 | 3.4 |
| 5 | — | — | 1000 | 15 | 350 | 84 | 2.92 |
| 6 | — | — | — | — | — | 平均输送量： 75.42 | 平均输送速度： 2.61 |

表 5-31　新型氧化铝电解输送工况（重复试验）

| 序号 | 物料取样 /kg | | 风压（正压） /Pa | 输送时间 /s | 质量 /kg | 输送量 /(t·h⁻¹) | 输送速度 /(m·s⁻¹) |
|---|---|---|---|---|---|---|---|
| 1 | 初段 | 1 kg | 1000 | 30 | 462 | 55.5 | 1.93 |
| 2 | 中段 | 1 kg | 1000 | 40 | 680 | 61.2 | 2.13 |
| 3 | 末段 | 1 kg | 1000 | 15 | 380 | 91.2 | 3.17 |

续表5-31

| 序号 | 物料取样 /kg | | 风压（正压） /Pa | 输送时间 /s | 质量 /kg | 输送量 /(t·h⁻¹) | 输送速度 /(m·s⁻¹) |
|---|---|---|---|---|---|---|---|
| 4 | — | — | 1000 | 20 | 530 | 95.4 | 3.3 |
| 5 | — | — | 1000 | 35 | 820 | 84.4 | 2.93 |
| 6 | — | — | — | — | — | 平均输送量： 77.54 | 平均输送速度： 2.69 |

（2）输送角度为1.5°时，新型氧化铝输送工况如表5-32、表5-33所示。

表5-32 新型氧化铝电解输送工况

| 序号 | 物料取样 /kg | | 风压（正压） /Pa | 输送时间 /s | 质量 /kg | 输送量 /(t·h⁻¹) | 输送速度 /(m·s⁻¹) |
|---|---|---|---|---|---|---|---|
| 1 | 初段 | 11 kg | 1000 | 20 | 340 | 61.2 | 2.13 |
| 2 | 中段 | 11 kg | 1000 | 35 | 750 | 77.2 | 2.68 |
| 3 | 末段 | 11 kg | 1000 | 40 | 915 | 82.4 | 2.86 |
| 4 | — | — | 1000 | 30 | 635 | 76.2 | 2.65 |
| 5 | — | — | 1000 | 15 | 280 | 67.2 | 2.33 |
| 6 | — | — | — | — | — | 平均输送量： 72.84 | 平均输送速度： 2.53 |

表5-33 新型氧化铝电解输送工况（重复试验）

| 序号 | 物料取样 /kg | | 风压（正压） /Pa | 输送时间 /s | 质量 /kg | 输送量 /(t·h⁻¹) | 输送速度 /(m·s⁻¹) |
|---|---|---|---|---|---|---|---|
| 1 | 初段 | 1 kg | 1000 | 30 | 580 | 69.6 | 2.42 |
| 2 | 中段 | 1 kg | 1000 | 25 | 480 | 69.12 | 2.4 |
| 3 | 末段 | 1 kg | 1000 | 45 | 1020 | 81.6 | 2.83 |
| 4 | — | — | 1000 | 35 | 810 | 83.3 | 2.89 |
| 5 | — | — | 1000 | 20 | 340 | 61.2 | 2.13 |
| 6 | — | — | — | — | — | 平均输送量： 72.96 | 平均输送速度： 2.53 |

（3）输送角度为 1°时，新型氧化铝输送工况如表 5-34 所示。

表 5-34　新型氧化铝电解输送破损率工况

输送距离：60 m；输送角度：1°

| 序号 | 物料取样 | /kg | 风压（正压） /Pa | 输送时间 /s | 质量 /kg | 输送量 /(t·h⁻¹) | 备注 |
|---|---|---|---|---|---|---|---|
| 1 | 初段 | 1 | 800 | 271 | 2452.5 | 32.58 | 正压 |
| 2 | 末段 | 1 | 800 | 310 | 2945 | 34.2 | 正压 |
| 3 | — | — | 800 | 274 | 2600 | 34.16 | 正压 |
| 4 | — | — | 800 | 225 | 2505 | 40.08 | 负压 |
| 5 | — | — | 800 | 260 | 2950 | 40.85 | 负压 |
| 6 | — | — | — | — | — | 36.37 | — |

同时，本次试验的除尘器排料口的物料称重取样记录如表 5-35 所示。

表 5-35　除尘器排料口的物料称重

| 序号 | 输送时间/s | 称重料量 | 备注 |
|---|---|---|---|
| 1 | 271 | 0 kg | 正压 |
| 2 | 310 | 0 kg | 正压 |
| 3 | 274 | 0 kg | 正压 |
| 4 | 225 | 0 kg | 负压 |
| 5 | 260 | 0 kg | 负压 |

3. 试验小结

通过试验得出，输送角度为 1°、正向风压 800 Pa 时，新型氧化铝的输送能力约为 34 t/h，开启负压时，输送能力约为 40 t/h，均超过了试验目标的 30 t/h，与碱法氧化铝的输送能力非常接近，同时未产生负压时的氧化铝损耗。

5.2.2.5　氧化铝破损率分析

氧化铝破损率的分析过程为：先进行试验装置不同位置的氧化铝样品取样，然后通过筛分法（《氧化铝化学分析方法和物理性能测定方法》第 27 部分：粒度分析筛分法）测定小于 45 μm 的含量，最后进行多组数据对比，对溜槽角度为 1°的情况共进行了 5 次试验，第 1、2、3 次为正压试验，第 4、5 次为负压试验。其中对第 1、3、4 次试验的溜槽初、末段都进行了取样,共计 6 组数据。

经过筛分法化验,6 组化验分析数据如表 5-36 所示。

从表 5-36 可以明显看出,每次试验的溜槽初段、末段的氧化铝粒度,小于 45 μm 的百分比的差值变化不大,最大差值约为 1.17%,意味着仅有约 1% 的小于 45 μm 氧化铝在输送过程产生,该输送破损率完全能够满足工业化生产需要。

表 5-36　氧化铝破损分析数据表

| 序号 | 分析项目 | 小于 45 μm 的占比/% | 差值(末段-初段) | 备注 |
|---|---|---|---|---|
| 1 | 第 1 次初段 | 13.02 | 0.22 | 1°,正压 |
| 2 | 第 1 次末段 | 13.24 | | |
| 3 | 第 3 次初段 | 12.62 | 0.13 | 1°,正压 |
| 4 | 第 3 次末段 | 12.85 | | |
| 5 | 第 4 次初段 | 12.92 | 1.17 | 1°,负压 |
| 6 | 第 4 次末段 | 14.09 | | |

# 第6章
# 新型氧化铝电解下料及控制技术

自 1886 年 Hall 和 Heroult 发明熔盐铝电解工艺以来，铝电解技术取得了长足的发展，特别是 20 世纪 60 年代左右，法国彼施涅公司开发出的铝电解自动下料控制技术，为铝电解槽的大型化、自动化和高效节能生产提供了关键的技术保障，被公认为铝电解发展史上的革命性技术。如果没有自动下料控制技术，当今的大型铝电解槽就无从谈起，因为物料平衡控制是铝电解槽稳定运行的基础，仅凭手工下料人工调节是难以想象的，也是不可能实现的。在自动下料控制技术之前，吨铝交流电耗高达 16000 kW·h 以上、电流效率仅为 80% 左右，随着先进控制技术的开发与应用，吨铝交流电耗下降至 13300 kW·h，且电流效率达 93%～96%，能量利用率得到显著提升，生产成本明显下降。铝电解自动控制技术在国际上一直是属于核心保密技术，其控制核心算法从未公开报道。因此，自动下料控制技术的先进性也就成为评价铝电解槽生产技术水平的重要标志，直接影响铝电解槽的运行稳定性及铝电解生产的主要技术经济指标。

自动下料控制技术的实现必须基于良好的软硬件环境，其中硬件部分最为核心的是下料器的设计，软件部分为下料制度的建立。先进的自动下料控制系统，要求硬件系统能保质保量将氧化铝原料顺利从料箱经下料器进入电解槽中，软件部分则要求根据槽况实时发布控制命令进行按需下料，两者缺一不可，只有这样，才能建立起先进的铝电解槽自动下料控制系统。

本章重点论述新型氧化铝电解下料及控制技术，通过研究开发新型氧化铝打壳下料一体化装置，解决新型氧化铝电解过程下料控制难题，提高新型氧化铝的电解控制技术可靠性和先进性，为新型氧化铝的电解取得良好的技术经济指标提供一套可行的工艺技术。

## 6.1　下料控制工艺基础

### 6.1.1　物料平衡

物料平衡是维持电解槽正常运行生产的关键,也是铝电解过程中最为重要的环节。一个稳定、健康的电解槽不仅能提高电解铝产品质量,提高收益,而且稳定的槽况能减少能耗,降低现场作业人员工作量,改善作业环境。现代预焙阳极炼铝电解过程总反应如式(6-1)和(6-2)所示。

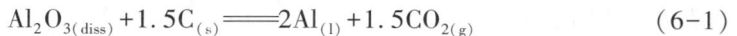

$$Al_2O_{3(diss)} + 1.5C_{(s)} = 2Al_{(l)} + 1.5CO_{2(g)} \tag{6-1}$$

$$Al_2O_{3(diss)} + 3C_{(s)} = 2Al_{(l)} + 3CO_{(g)} \tag{6-2}$$

铝电解中涉及的主要物料平衡有:炭素的物料平衡、氧化铝的物料平衡和氟盐的物料平衡。

1. 炭素物料平衡

铝用炭素预焙阳极是用于预焙铝电解槽的阳极块,与自焙阳极(阳极糊)相比,预焙阳极在生产制备流程中增加了成型、焙烧和组装等工序。也正是由于预焙阳极在上槽电解前预先进行了焙烧处理,使得阳极中的黏合剂沥青在碳化的同时,大量的有害烟气得以提前排除,极大地改善了电解车间的工作环境。

维持铝电解总反应(电流效率为100%)所需碳的消耗量就是理论碳耗。只有反应(6-1)进行时,阳极理论碳耗量为333 kg/t Al;只有反应(6-2)进行时,阳极理论碳耗量为667 kg/t Al;当阳极生成的气体有30%为CO时(一般生产情况如此),阳极理论碳耗量为393 kg/t Al。

在铝电解生产过程中,炭素阳极除了要维持上述反应的消耗以外,还有许多其他影响因素导致阳极的消耗,例如脱落炭渣、空气氧化等,这些因素引起的碳耗总和称为实际消耗(又称净耗),一般为420~450 kg/t Al。而加上残极质量换算得到的吨铝碳耗称为毛耗。由于阳极质量的问题,我国电解铝厂阳极净耗普遍较国外铝厂高,这是我国铝电解工业应努力的一个方向。

2. 氧化铝物料平衡

只有使加入电解槽中的物料总量(投入)与离开电解槽的物料总量(产出)保持一种平衡关系,才能保持电解槽的平稳运行。换言之,加入电解槽中的原料只有与电解消耗的原料维持一种平衡状态,才能保持电解槽的平稳运行。添加氧化铝原料的控制,即氧化铝浓度控制是铝电解槽物料平衡控制的核心内容。如果电解质中的氧化铝浓度能被控制在一个理想的范围,便达到了维持氧化铝物料平衡的目的。在铝电解工业化中,氧化铝加入电解质中是通过控制系统周期性地指导打壳装置在保温层上形成下料口,通过控制定容器进行下料,在下料过程中由于定容器大小固定，因此每次下料的氧化铝量恒定。

对于氧化铝的添加与消耗，如果添加的氧化铝量小于消耗的氧化铝量，那么电解质中的氧化铝浓度便会降低，当降低到一定程度，达到阳极效应的临界浓度，便会发生阳极效应，电解槽便无法维持正常运行；反之，如果添加的氧化铝量大于消耗的氧化铝量，那么电解质中的氧化铝浓度便会升高，当升高到一定程度，接近电解质中氧化铝的饱和溶解度时，氧化铝便会从电解质中析出，沉淀于槽膛和槽底，而槽底沉淀的大量产生，则会导致电解槽无法正常运行。

理论上，每产出 1 kg 铝需要消耗 1.889 kg 的氧化铝。以 300 kA 电解槽为例，当电流效率为 93%，则理论氧化铝消耗速率为 2.948 kg/min。以上的计算没有考虑氧化铝和产物铝中的杂质含量及下料过程中氧化铝的飞扬损失。因此，实际电解槽在单位时间内的氧化铝消耗量会比上述理论计算值稍大，这与氧化铝的性能及控制系统对氧化铝浓度的响应速度有关。

氧化铝的物料衡算主要用于校正电解槽自动控制系统，按照需料量确定基准下料速率。然而，事实上许多不确定性的因素和干扰因素会使得实际情况与计算值发生偏差。当偏差积累到一定程度，便引起了物料平衡的破坏。基于物料平衡计算原理的定时下料控制技术不得不采取定期停止下料、安排阳极效应等待的方式来检验电解槽的物料控制效果，电解槽中的氧化铝浓度下限值就是阳极效应发生的临界浓度，一般为 1.0%~1.2%（质量分数），同时利用阳极效应来消除可能产生的槽底沉淀。然而，现代铝电解工厂考虑到阳极效应严重破坏电解槽的稳定性并产生大量污染环境的有害气体，故采用了一些基于氧化铝浓度估计模型的新型下料控制技术。新技术以维持氧化铝浓度在一个理想的范围为目标，根据对氧化铝浓度的估算结果来调整下料速率，这样下料间隔就不像定时下料技术那样固定不变。氧化铝浓度能控制好便不必频繁地安排阳极效应，而是尽可能避免阳极效应的发生，这种技术就是过量加料和欠量加料相配合的电解槽控制策略。

3. 氟盐物料平衡

由于铝电解槽运行在高温条件下，熔融的冰晶石会向液面上挥发少量的氟盐蒸气，并且由于氧化铝中带入的水分，使高温氟盐水解生成氟化氢气体。目前，铝电解中采用集气系统将电解槽产生的阳极气体连同冷凝的固体氟盐颗粒和氟化氢气体收集至干法烟气净化系统，由于氧化铝同时又具有良好的吸附性能，干法净化系统中以氧化铝原料作为吸附剂，能够以 99% 以上的效率回收这些氟盐并返回到电解槽中，但仍有少量的氟盐散发至外界空气中。

电解槽中日常补充的氟盐主要指氟化铝，这是因为氧化铝中常常夹杂有 $Na_2O$ 和 $CaO$，这两种杂质会与熔盐中的氟化铝反应生成相应的氟盐，并且改变电解质的成分（主要是分子比）。为保持电解质成分稳定，因而需要定期向电解槽中补充氟盐。一般电解槽的日常氟盐消耗量为 12~15 kg $AlF_3$/t Al。

## 6.1.2　氧化铝在电解质中的溶解

氧化铝是铝电解的主要原料，氧化铝能否顺畅地溶解进入电解质关系到铝电解槽的生产能否顺利进行，生产过程是否平稳，是否产生沉淀，以及是否产生病槽等问题，相应地影响到电流效率、电能消耗和物料消耗等。

### 6.1.2.1　氧化铝溶解机理

Sterten 和 Gilbert 给出 $NaF-AlF_3-CaF_2-MgF_2-Al_2O_3$ 系熔盐在分子比为 $1\sim4$（分子比 CR 指 NaF 与 $AlF_3$ 的物质的量之比）时的活度，结合活度数据以及测定的蒸气压、氧化铝溶解度和拉曼图谱，推算出氧化铝的溶解反应为：

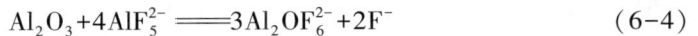

$$Al_2O_3+4AlF_5^{2-}+4F^- =\!=\!= 3Al_2OF_8^{4-} \tag{6-3}$$

$$Al_2O_3+4AlF_5^{2-} =\!=\!= 3Al_2OF_6^{2-}+2F^- \tag{6-4}$$

$$Al_2O_3+AlF_5^{2-}+F^- =\!=\!= 3/2Al_2O_2F_4^{2-} \tag{6-5}$$

$$2Al_2O_3+Al_2O_2F_4^{2-}+4F^- =\!=\!= 2Al_3O_4F_4^{3-} \tag{6-6}$$

Robert 指出 $Al_2OF_6^{2-}$ 络合离子形成于低氧化铝浓度的熔盐中，当氧化铝浓度稍高时，溶解形成的离子为 $Al_2O_2F_4^{2-}$。按照推算，在具有较高氧化铝溶解度的 $KF-AlF_3$ 熔盐中，当氧化铝浓度接近饱和时，还会生成含氧量更高的 $Al_3O_4F_4^{3-}$。Zhang 利用热力学数据数值建模研究了 $967\sim1027℃$ 温度区间内 $NaF-AlF_3$ 熔盐中氧化铝的溶解度，得到了类似的结果：三种主要溶质离子 $Na_2Al_2OF_6$（酸性溶质），$Na_2Al_2O_2F_4$（中性溶质）和 $Na_4Al_2O_2F_6$（碱性溶质）在溶液中的摩尔比例随溶剂分子比的变化而改变，如图 6-1 所示。

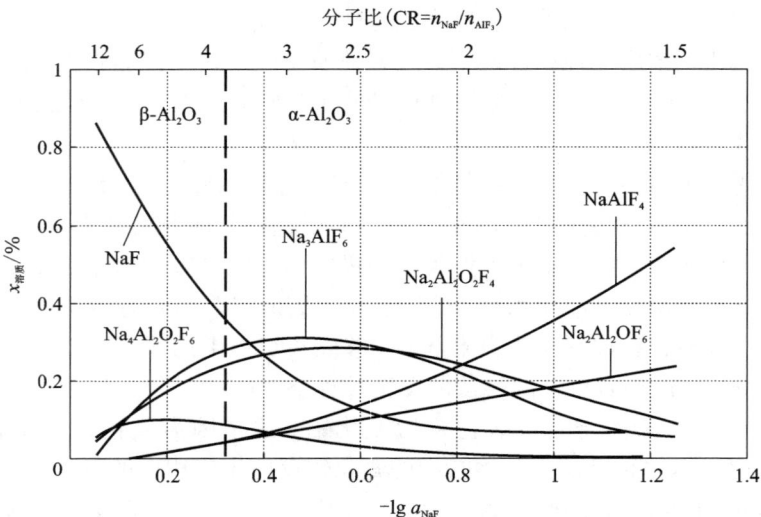

图 6-1　计算得到的 1027℃时氧化铝饱和冰晶石熔盐中的氧化铝溶质及其含量随分子比的变化

#### 6.1.2.2　影响氧化铝溶解的因素

为了探究在点式下料铝电解中氧化铝的溶解度与其下料情况的关系，Kobbeltvedt 研究了氧化铝在冰晶石熔体中的溶解情况，用实验装置模拟了点式进料在铝电解中的条件，得出如果添加的氧化铝在电解质中比较分散，并且形成的团聚体能快速分解，则能实现氧化铝快速地在电解质中溶解。同时，熔体内产生的气体有助于氧化铝颗粒的分散和打破团聚体来增加溶解速率。氧化铝的预热也有利于溶解，高温提高了附聚物的溶解速度。另外，在工业点式进料的铝电解槽测量显示，与火眼保持打开的情况相比，火眼堵塞时氧化铝的溶解速率降低。

从利于迅速溶解的角度来看，Kurschel 在搅拌桨搅拌条件下测定发现灼烧损失（LOI）较大的工业氧化铝能够在电解质表面更好地扩散开来，溶解速度较快；而吸附水含量（MOI）对溶解速度影响不大。比表面积更大的氧化铝具有较好的活性，更易于在冰晶石熔盐中发生化学溶解反应。工业氧化铝主要由 α 相、γ 相组成，被烧结为 α 相的氧化铝颗粒的化学性质稳定，不易发生反应，溶解速度慢于γ 相。砂状氧化铝平均粒径大于面粉状氧化铝，并且通常含有较少的 α 相成分，因此很难单独考虑粒度对溶解速度的影响。Less 发现在 α 相组成基本相同的情况下，面粉状氧化铝溶解快于砂状氧化铝。电解槽干法烟气净化后的载氟氧化铝吸附了 HF 气体和单冰晶石、亚冰晶石、碳粉等固体颗粒，由于吸附水和微细颗粒的增加导致流动性变差，但同时夹杂的氟化物、碳颗粒能够阻碍加料时致密氧化铝结壳的形成，改善其溶解速度。

冶金级氧化铝的物理化学性质之间是互相紧密关联的。通常来说，比表面积越大的氧化铝，其在冰晶石熔盐中的溶解速度越快，但是比表面积大的氧化铝又常常是 α 相含量较少的结果。通常较低的煅烧温度会产生灼烧损失（LOI）较大的工业氧化铝，这种氧化铝往往 α 相含量较低，同时粒度分布中细粉末较少。具有较高灼烧损失的氧化铝会向电解槽中引入更多的氢，加剧电解槽烟气中有害 HF气体挥发。拜耳法生产工业氧化铝在不同温度下形成的三水铝石晶型还在一定程度上影响了后续煅烧工艺中氧化铝的相变过程。在不同煅烧工艺条件下，三水铝石相变过程的差异又导致产物氧化铝的比表面积与 α 相含量、灼烧损失、微细粒径分布不成函数关系。在实验室中对氧化铝溶解性能进行评测时，有无搅拌、搅拌方式、下料量、下料方式等实验条件的差异以及检测精确度等都对溶解速度产生不可忽视的影响，评测结果难以定量或互相参考，不同研究者采用不同研究方法发现的规律经常互相矛盾。因此，探索氧化铝在铝电解质中的溶解机理存在很大的难度，影响工业氧化铝在冰晶石熔盐中溶解速度的根本限制因素始终存在争议。

传统的铝电解质是以 $Na_3AlF_6$-$AlF_3$ 为溶剂，$Al_2O_3$ 为溶质，电解温度为 960~980℃。而现代铝电解的目标之一是降低电解温度，这样能够降低能耗，减缓全球温室效应的步伐,增加电解槽寿命,节约生产成本等。降低电解温度靠的是改变铝电解质成分,从而降低其初晶温度。Skybakmoen 等在 Phillips,Fenerty,Chin 和 Dewing 的基础上扩大了研究范围,总结出 850~1050℃ 温度时 $Na_3AlF_6-AlF_3-CaF_2-MgF_2-LiF$ 电解质体系氧化铝溶解度的经验公式,该研究使用烧结的刚玉盘作为搅拌桨,避免了之前 Grjotheim 研究铝电解质中氧化铝溶解度时遇到的固态氧化铝-液态电解质两相界面过冷和液相中氧化铝过饱和的问题,从而减少了实验误差。在相同的过热度下,$NaF-AlF_3-Al_2O_3$ 电解质体系中氧化铝的溶解度随分子比降低显著降低:分子比为 3.0 时,氧化铝溶解度为 10%(质量分数)左右;当分子比为 1.6 时,氧化铝溶解度仅为 4% 左右。由于分子比降低的同时会导致电解质的初晶温度降低,并且从 FTHall 数据库 $NaF-AlF_3-Al_2O_3$ 三元相图中推算的初晶温度也与实测的氧化铝溶解度数据吻合,因此也有研究者认为此体系中氧化铝溶解度主要取决于电解质温度,而非 $AlF_3$ 浓度。研究发现,LiF 对氧化铝溶解度的影响与电解质分子比变化成正比例关系。由于钾盐对现有电解槽炭阴极及槽内衬有强侵蚀作用,会严重影响电解槽寿命,因此含钾电解质在工业生产中难以普及,工业电解质中的钾浓度被严格控制,但不可忽视的是,钾冰晶石对氧化铝有较高的溶解度。使用合适的 $KF-NaF-AlF_3-Al_2O_3$ 体系可以大大降低电解质初晶温度,获得较高的氧化铝溶解度和可以接受的电导率,Yang 等研究了此体系中的氧化铝溶解度,发现 NaF 含量的增加会降低氧化铝的溶解度,如同向钠冰晶石体系中添加 LiF。

### 6.1.2.3　氧化铝溶解不良的原因及影响

铝电解过程中引起氧化铝溶解不良的原因主要有两个:一个是氧化铝颗粒在熔盐中溶解速度缓慢,另一个是氧化铝加料不畅,即发生堵料。

(1)氧化铝颗粒在熔盐中溶解速度缓慢

氧化铝与熔盐接触后溶解反应速度缓慢,说明溶解反应动力学过程受阻。氧化铝的溶解动力学受传热和传质两方面因素的控制。经验溶解热力学方程和动力学方程分别如式(6-7)和式(6-8)所示。

$$R = \frac{h_E A}{\Delta H M_0} \Delta T \tag{6-7}$$

其中:$h_E$ 为电解质和氧化铝之间的导热系数;$\Delta T$ 为过热度,即电解质实际温度和初晶温度之间的差值;$\Delta H$ 为溶解反应加相变反应的热焓变化;$M_0$ 为氧化铝添加质量。

$$R = \frac{dC}{dt} V = k_2 A (C_{sat} - C) \tag{6-8}$$

其中:$R$ 为溶解速率;$C$ 为 $t$ 时刻电解质中氧化铝浓度;$t$ 为从加料时刻开始计的时间;$V$ 为电解质体积;$k_2 \approx D/\delta$ 为速率常数,$D$ 为扩散系数,$\delta$ 为边界层厚度;$A$

为 $t$ 时刻氧化铝颗粒的有效比表面积；$C_{sat}$ 为氧化铝颗粒表面已溶解的氧化铝浓度，近似等于相应温度和电解质成分下的氧化铝溶解度。

能够导致氧化铝颗粒和液态熔盐之间传热不足的主要原因是电解质过热度不足或氧化铝颗粒在加料后与电解质混合不好。比较典型的情况是过冷槽或氧化铝自身流动性不好时，加入的氧化铝无法在电解质液面上迅速铺开，而是在液面上形成一层较厚的氧化铝层，并且这层氧化铝被局部冷凝的电解质所包围，无法与周围液态电解质进行有效热交换。氧化铝的溶解反应是吸热反应(反应热 $\Delta H$ 为 200 kJ/mol 左右)，再加上预热氧化铝物料所需要的热量，加料时可使局部电解质温度下降 10℃ 以上。因此从氧化铝溶解换热的角度来讲，需要保证电解质具有一定的过热度，一般为 10℃ 左右，并且氧化铝物料需要具有良好的流动性，在加料后能够迅速在电解质液面铺展开来，以增加热交换面积和有效电解质体积。

导致氧化铝传质速率缓慢的主要原因在于电解质的成分。电解质的成分决定了其初晶温度，由于电解槽的过热度一般相对固定(10℃)，因此电解质成分也就间接决定了电解槽的运行温度。在一定的温度和成分下，电解质中的氧化铝溶解度是固定的。电解质的氧化铝溶解度越小，氧化铝溶解速度也越慢；电解质中已有氧化铝浓度越接近于其饱和浓度(溶解度)，新加入的氧化铝溶解速度越慢。传质速率还与传质面积有关，即氧化铝颗粒和液态电解质的接触面积越大，氧化铝溶解速度越快。这就要求氧化铝具有较好的流动性，在加料后能够迅速在电解质表面铺展开来。

成功加入电解质中的氧化铝物料溶解缓慢，最大的问题在于加料后电解质中的氧化铝浓度无法迅速提升，电解槽运行于"缺料"状态，阳极效应频率增加。同时，未溶解的氧化铝与冷凝电解质形成结块，因密度大于液态电解质密度和铝液密度而下沉至槽底，形成难以溶解的槽底沉淀。这些槽底沉淀隔绝了电解槽碳阴极表面的电流，迫使电流在铝液层中绕过沉淀而呈水平流动。在电解车间强大的磁场下，铝液受洛伦兹力作用在电解槽中加速流动甚至翻滚，接触到阳极或阳极产物 $CO_2$ 后被氧化，引起电流效率损失。并且，氧化铝溶解速度缓慢会增加电解槽操作系统的时滞误差，也就是说，加料时间节点和电解质中氧化铝浓度发生明显改变的时间节点相差较远。这时容易引起控制系统的重复动作，导致短时间内过量加料，使槽底沉淀状况更加严重。

(2)氧化铝加料不畅

电解槽氧化铝下料系统不顺畅，即当电解槽下料器按操控箱指示进行下料操作后，氧化铝物料却无法到达电解质表面，这种现象在车间生产中又常被称为电解槽堵料。电解槽某一个或多个加料口发生堵料时，氧化铝物料无法从火口处顺利流下进入电解质中，物料堆积于电解槽覆盖料上方，形成中间凹陷的锥形料堆，外形类似于火山口。引起堵料的原因很多，但一般是由于氧化铝物料流动性不好，覆盖料过厚、过硬或电解槽热平衡出现问题导致的。

覆盖料成分不合理导致结壳过硬，下料时打壳机难以破碎结壳，或电解车间操作时保持了过厚的覆盖料厚度，也会使打壳机难以打通加料火口处的结壳。

电解槽操作时，一般维持电解质上方的覆盖料厚度为 20～30 cm。氧化铝流动性不好可导致加料时氧化铝流经火口到达电解质液面时在覆盖料上大量残留，多次操作后火口处易于形成坚硬的氧化铝结壳，而使打壳机无法正常穿透覆盖料。

在每次氧化铝加料的短暂时间内，加料火口处的熔融电解质液面直接暴露于空气中，如果电解质的过热度偏低，将会使该处的电解质液面上迅速形成一层冷凝电解质层，使加料的氧化铝无法与液态电解质接触。电解槽的热平衡出现问题时，尤其是电解槽两端过冷的情况下，位于两端的加料点易于发生堵料。

电解槽按照槽型大小，一般有 4～6 个加料点。某一个加料点发生堵料后，会导致电解槽局部阳极缺料而发生异常。操控系统检测到缺料问题后，会发出加料指令。目前我国的电解槽一般采用联动下料方式，即所有加料点同时下料或间隔下料点同时下料。这样，一个加料点发生堵料，将会导致其他加料点处过量加料。过加料的氧化铝无法在短时间内溶解完全，便会在电解槽底部沉积形成槽底沉淀。打壳机故障导致打壳力度不够等机械原因也可能导致电解槽堵料。

检查及排除电解槽堵料是电解车间日常的重要操作之一。电解槽状况不好时，电解槽会出现严重的电压摆、闪烁效应，甚至发生阳极效应，这时及时处理电解槽堵料往往成为电解工日常的主要工作。

## 6.1.3 下料装置

熔盐电解法是生产铝金属的主要方法，氧化铝是生产铝金属的原料，在铝电解生产的过程中，需要定期地向铝电解槽内加入氧化铝原料。20 世纪初，铝电解氧化铝加料完全依靠人工进行，直到 20 世纪的 60 年代左右，法国某铝业公司开发出铝电解加料自动控制技术和电解槽仿真设计技术，为大型铝电解槽的构建和生产提供了关键的技术支撑，尤其铝电解加料自动控制技术，被公认为在铝电解技术发展史上具有里程碑意义。随着铝电解生产工业自动化的水平提升，20 世纪 80 年代点式下料技术开始广泛应用在铝电解槽上，与传统的边部下料技术相比，点式下料技术有诸多优点，但是随着铝电解槽工艺技术的改进，比如低极距技术和低过热度的工艺路线，使得铝电解槽对氧化铝加料过程要求越来越高，故对加料装置和下料控制技术进行研究尤为重要。

Sleppy 提出了一种新型铝电解槽下料装置，其结构示意图如图 6-2 所示，氧化铝从料斗内经过给料阀，通过下料管进入电解槽内，以此来实现下料，用给料阀控制氧化铝的下料量以使其与消耗量相等。下料管距离电解质大约 0.3 m，下料管的使用是为了避免阳极炭块下面产生的气体对氧化铝粉末的吹扬。

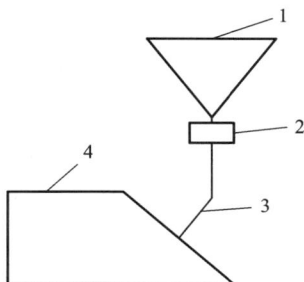

1—料斗；2—给料阀；3—下料管；4—电解槽。

**图 6-2　新型铝电解槽下料装置**

对于铝电解操作来说，加入过少的氧化铝会导致铝电解槽发生阳极效应，加入过多的氧化铝又会导致电解槽内产生沉淀，因此准确控制氧化铝的加入量很关键。在传统的氧化铝加入方法中存在一个问题，就是在固定的时间间隔对铝电解槽进行氧化铝加料，但对于这个固定的时间并没有一种传感信号对其进行控制，或者是在电解槽发生下料错误的情况下对其纠正，如果下料时间过长就会使铝电解槽下料过多，时间短则会使铝电解槽欠料。为此 Piller 通过多次对槽电压和槽电流进行测量来估算零电流截距值($Ek$)，以此来监测电解槽的状态，根据电解槽的不同状态条件来进行工艺状态调整。但是其仅仅是一种判定电解槽的状态的方法，对于电解槽的下料或者人为的阳极效应并不能及时阻止。基于 Piller 的发明所存在问题，Wilson 和 Tabereaux 提出了一种改进铝电解槽中氧化铝控制的方法，具体如下。

（1）电解槽中电解质的电阻变化率随着时间变化（斜率），由于金属的生成，电解质中的氧化铝减少和阳极的过电压增加，电解质电阻增加。

（2）对电解槽的电解质，读取 $N$ 个电阻数据，并统计其相关系数。

（3）如果存在下列条件：

①在正常的电流（单位：A）下，其斜率如果不在预先确定的范围 $g$ V/min，则执行下一步。

②相关系数 $R_2$ 如果未超出预先设置的 $h$，则执行下一步。

③最后在 $y$ 小时内终止和下料还没有被执行，那么执行下一步。

（4）电解槽内的氧化铝浓度最小，程序执行下料，依据其斜率 $g$ 来选择，$g$ 值选择越高，那么其氧化铝在执行下料时越低。$g$ 值选择高，则电解槽电阻大电流效率低，如果 $g$ 值选择太低，会使其预测电阻斜率更加困难。利用这种方法虽然

实现了及时下料和对电解槽的状态有
精准判断，但其主要依据还是电解槽状
态的数据测量，如果其测量不准确，就
会使整个下料偏差增大。

　　Nordquist 以电解槽最大生产效率
为目的，提出了一种铝电解槽连续点式
加料装置，图 6-3 为电解质上方的加料
装置侧部截面示意图，图 6-4 为加料装
置透视示意图。从料仓的顶部打开并
加入氧化铝，料仓的底部固定在水平臂
上，气动输送机将氧化铝传送到进料
口，氧化铝由下料管进入电解槽内。气
缸的内部活塞连接传动导杆，传动导杆
与钢制打壳杆相连，活塞向下运动时，
带动打壳杆向下运动，打壳杆打破槽上
表面凝固的电解质，从而实现铝电解的
打壳下料。

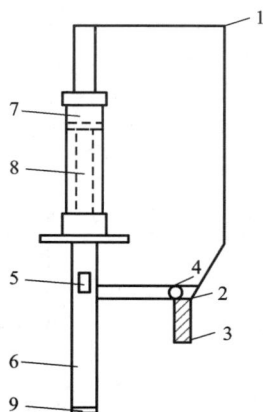

1—料仓顶部；2—料仓底部；
3—水平臂；4—气动输送机；
5—进料口；6—下料管；
7—气缸；8—传动导杆；
9—钢制打壳杆。

**图 6-3　加料装置侧部截面图**

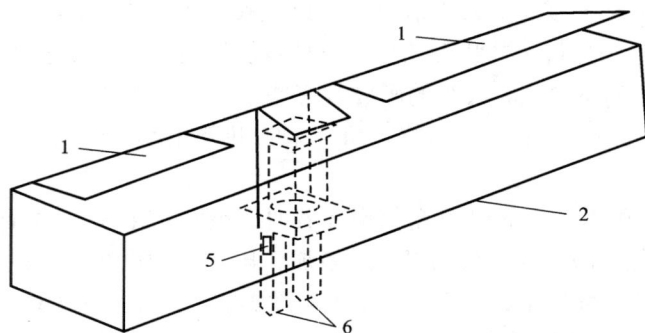

1—料仓顶部；2—料仓底部；5—进料口；6—下料管。

**图 6-4　加料装置透视图**

　　国内关于氧化铝下料装置的研究较多，主要是针对碱法氧化铝特性进行下料
装置的优化和改进。宋海琛提出一种氧化铝仓顶多点下料的装置及下料方法，其
装置如图 6-5 所示，贮仓的上方设有气固分离器，气固分离器上料管与输料管连
接，气固分离器的排气管与贮仓连通，气固分离器的下料管与分料溜槽连通，分

料溜槽与贮仓连通,输料管为气力提升机或压力罐的输料管。在下料管与分料溜槽之间设有风动溜槽,分料溜槽与风动溜槽之间设有分料箱,风动溜槽与离心机通过风管连接。采用分离器加分料箱的组合方式,将传统的下料方式做了改进,实现了氧化铝在仓顶的多点下料,有效地提高了贮仓的存贮空间,减少了氧化铝在沉降时的分级现象,有利于电解生产的进行。

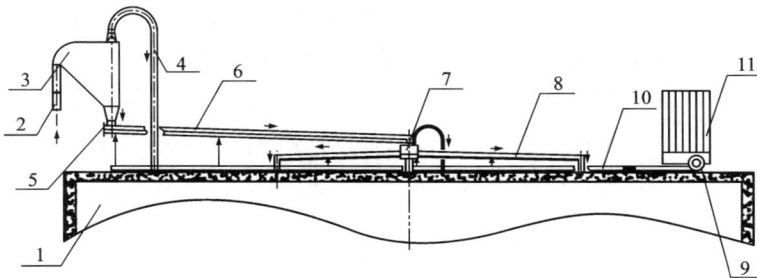

1—贮仓;2—上料管;3—气固分离器;4—排气管;5—下料管;6—风动溜槽;
7—分料箱;8—分料溜槽;9—离心风机;10—风管;11—除尘器。
图 6-5　氧化铝仓顶多点下料装置

曹万秋提出一种螺旋给料机的新型结构和使用方法,其结构如图 6-6 所示,传动轴通过轴承座安装于支撑装置上,传动轴的一端安装电动机,传动轴的另一端为螺旋轴,螺旋轴的另一端安装刮刀,螺旋轴的外侧设置螺旋轴外壳,螺旋轴外壳位于传动轴一端,顶部开设进料口,螺旋轴外壳的另一端为出料口,出料口与烟道之间不需要加设密封装置。此发明适用于各种螺旋给料机,有助于减小漏风系数、使出料顺畅及利于整个系统的运行。

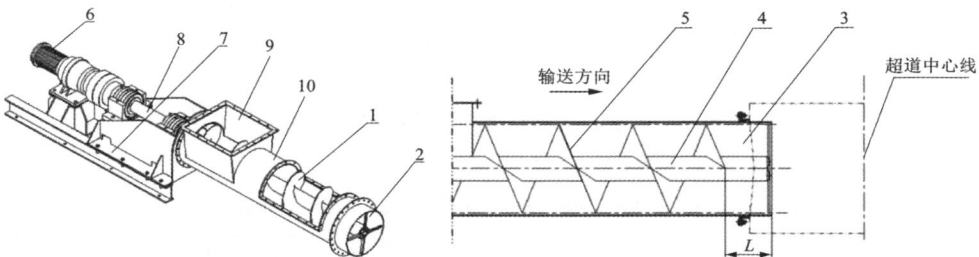

1—螺旋叶片;2—刮刀;3—螺旋叶片与出料口距离;4—螺旋轴;5—硬质合金;
6—电动机;7—支撑装置;8—传动轴;9—进料口;10—螺旋轴外壳。
图 6-6　一种螺旋给料机的新型结构

卢延峰提出一种铝电解槽打壳下料用压缩空气系统，其装置如图 6-7 所示，第一供气管路为打壳气缸、出铝气缸和定容下料器供气；第二供气管路为气动沸腾盘供气。第一供气管路进气口依次设有空气过滤器、减压阀和油雾器，第二供气管路设在减压阀与油雾器之间，第二供气管路与第一供气管路通过三通连接。第一供气管路分成两路，一路经过检修用球阀后连接安装在打壳气缸顶端的二位五通电磁阀的进气口上，二位五通电磁阀本体分别又与打壳气缸的上腔、下腔气孔相连，另一路连接到定容下料器上的二位四通电磁阀的进气口上；第二供气管路上设有二位二通电磁阀。打壳、下料动作均采用电磁阀单独控制。可以通过槽控机电控远程实现电解槽任一点单独打壳、下料，减少了供气管路数量，极大地简化电解槽上部操作空间。气缸部分尾气经节流阀及单向阀调节后，用于辅助定容下料器下料使用，具有节能降耗，提高下料准确性的作用。

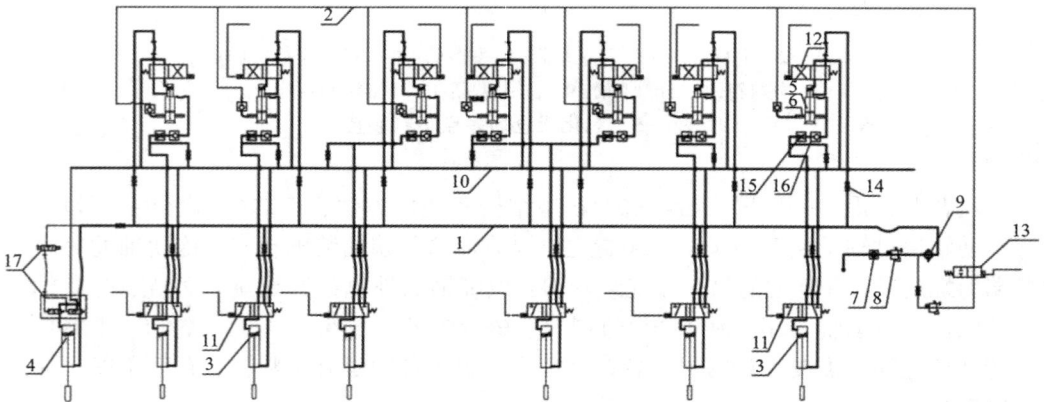

1—第一供气管路；2—第二供气管路；3—打壳气缸；4—出铝气缸；5—定容下料器；6—气动沸腾盘；
7—空气过滤器；8—减压阀；9—油雾器；10—消音管；11—二位五通电磁阀；12—二位四通电磁阀；
13—二位二通电磁阀；14—检修用球阀；15—节流阀；16—单向阀；17—手动换向阀组。

**图 6-7　铝电解槽打壳下料用压缩空气系统**

章宣提出氧化铝连续下料设备，其设备结构如图 6-8 所示，料箱的底部为下料气缸，下料气缸与定容器相连接；打壳头与定容器之间设有为氧化铝从定容器进入电解槽的过料框，过料框包括一斜板，过料框中缓冲器与斜板共同围成上大下小的漏斗状收容空间，收容空间的上部为缓冲入口，收容空间的下部为缓冲出口；缓冲器下方为下料管，下料管连通缓冲出口，用于向缓冲出口吹气的气管。优点是氧化铝缓慢进入电解质，减少电解槽的温度和氧化铝浓度波动，进而提高电流效率，降低能耗，利用气体反吹原理，吹走氧化铝中大颗粒的堵塞，可有效防止堵料现象。

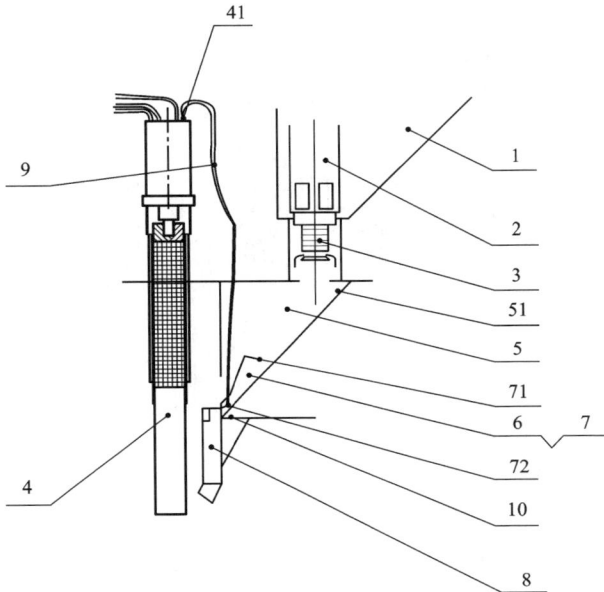

1—料箱；2—下料气缸；3—定容器；4—打壳头；41—废气口；5—过料框；51—斜板；6—缓冲器；7—收容空间；71—缓冲入口；72—缓冲出口；8—下料管；9—气管；10—集气罩；11—电磁阀；12—外接气源。

**图 6-8　氧化铝连续下料设备**

吕光华提出一种电解多功能机组下料装置，其装置结构如图 6-9 所示，车架的下方有料箱，料箱下方有旋转转台，转台的旋转中心有圆锥形接料仓，圆锥形接料仓出料口与软管连接，在软管的端头有下料嘴；转台与料箱之间通过回转支承联结；可伸缩的下料管悬挂在转台上，下料管与转台上的电机连接；在下料管上有进料口。在料箱下部有下料阀。圆锥形接料仓与料箱下方的料仓之间设置有环形槽密封。转台与料箱之间设有限位装置。在下料嘴上有密封垫。此发明料箱下部固定有可±180°旋转的转台的配置结构，同时可伸缩下料管固定在转台上，可伸缩下料管、软管、圆锥形接料仓也可以随转台旋转，从而改善了工具小车转台上其他工具的使用空间。

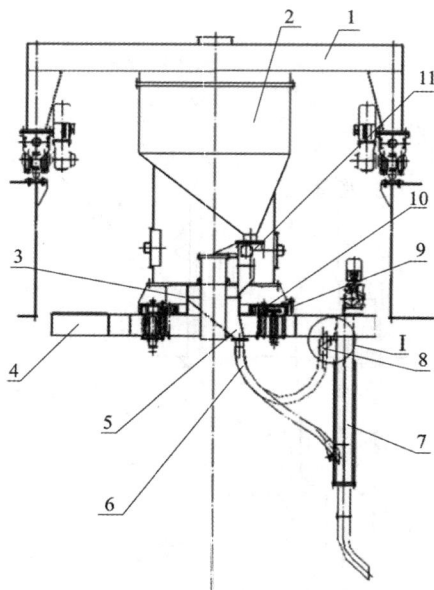

1—车架；2—料箱；3—环形槽密封；4—转台；5—圆
锥形接料仓；6—软管；7—可伸缩下料管；8—下料
嘴；9—限位装置；10—回转支承；11—下料阀。

**图 6-9　电解多功能机组下料装置**

颜非亚提出氧化铝连续下料的方法及其装置，其装置结构如图 6-10 所示，料箱的下方连接两段从上到下相互贯通的下料溜管，即上部下料溜管和下部下料溜管，上部下料溜管和下部下料溜管通过法兰进行连接，下部下料溜管穿过阳极覆盖料层埋入电解质层的熔体中；在上部下料溜管上设有流量控制阀。其中，下部下料溜管通过固定支架固定在槽上部结构底板的下方。电解槽中从上到下依次是阳极覆盖层、电解质层和铝液层。此装置下料溜管埋入电解质内，在高温状态下极易腐蚀，降低了装置的使用寿命，并且需要对其定期更换，更为关键的是，在铝电解质中的下料溜管容易堵塞。

曹鹏提出一种铝电解槽的下料装置，其装置结构如图 6-11 所示，料箱与下料溜槽连接，氧化铝流入料箱，当氧化铝淹没隔板后，氧化铝和隔板就起到气体隔离作用，防止溜槽中的气体从提料板和出料板之间的缝隙通过，不会造成漏料。当料箱充满氧化铝后，气缸在电磁阀的控制下开始工作。提料板有两个极限位置，当处于下限位置时（即气缸向下运动），提料板插入氧化铝中，氧化铝流入进料槽；当处于上限位置时(即气缸向上运动)，提料板的进料槽和出料板的出料槽相对应，氧化铝从出料槽流出，流入电解质中，从而实现线式下料。其装置下料口距离电解质表面很远，氧化铝在下料过程中容易飞扬，且不能准确地将氧化铝下入到电解质中。

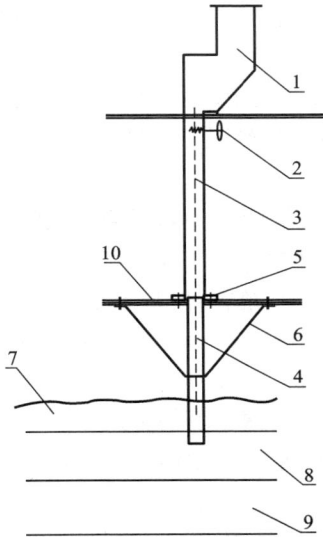

1—槽上料箱；2—流量控制阀；3—上部下料溜管；4—下部下料溜管；5—法兰；6—固定支架；7—阳极覆盖料层；8—电解质层；9—铝液层；10—槽上部结构底板。

图 6-10　氧化铝连续下料装置

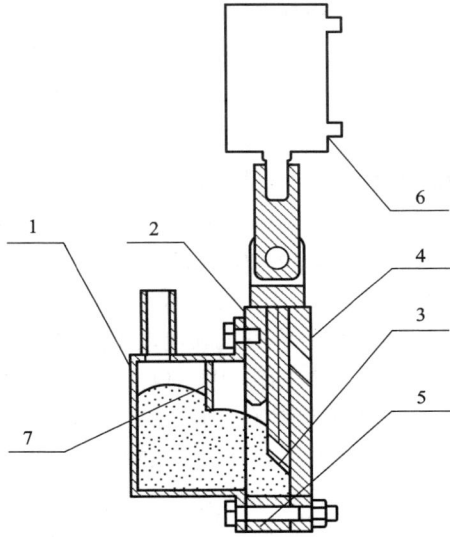

1—料箱；2—限位板；3—提料板；4—出料板；5—密封板；6—气缸；7—隔板。

图 6-11　铝电解槽的下料装置

## 6.1.4　氧化铝浓度控制技术

在铝电解槽中，氧化铝浓度被认为是电解槽中最为重要的控制参数，也是至今为止铝电解控制系统最为成功的应用部分之一。现行的铝电解槽氧化铝浓度控制大部分是以槽电阻与氧化铝浓度曲线的定性关系为基础，通过在线计算的槽电阻及电阻斜率变化配合相应的下料制度而实现的。由于此种控制方法不能获得实时氧化铝浓度估值，因而不能为控制系统的其他部分提供氧化铝浓度信息，因此大量学者为提高氧化铝浓度控制精度开发了许多可直接对氧化铝浓度进行直接估计的控制模型，包括基于时间序列分析的带受控项的自回归滑动平均 Carma 模型、Runge-Kutta 法以及扩展 Kalman 滤波模型。其中最为成功的是扩展 Kalman 滤波模型，但由于扩展 Kalman 滤波模型属于非线性模型，存在收敛性、稳定性方面的问题，并且其模型在使用中必须不断改变其增益系数，及间歇重置协方差矩阵导致的前期预报误差反复出现，因而在每次修正周期内在相当长的时间内不能有效预报氧化铝浓度。

为解决扩展的 Kalman 滤波模型所存在的缺陷，Boadu K D 及 OmaniF K 提出用神经网络来进行氧化铝浓度的直接估计，并基于自适应线性单元 Adaline 及 Widrow-Hoff 学习规则($\alpha$-LMS)开发了氧化铝浓度预报神经网络模型。此模型中带受控项自回归的自适应线性单元神经网络对于氧化铝浓度的预测具有很好的准确性与抗干扰能力。此外，由于学习过程可以离线进行，因此可以减小控制系统对于硬件运算性能的要求，线性的计算也可以避免收敛性及稳定性方面的问题，因此具有很好的应用前景。

此外，也有学者提出基于传统基于数学模型的氧化铝浓度预报扩展方法。Schneller M C 在 2010 年的 TMS 年会上发表的文章即提出了基于正常化槽电压变化斜率的氧化铝浓度实时预报方法。铝电解过程控制系统在计算槽电阻时，均在计算公式中使用了表观反电动势，由于实际的反电动势在过程中处于不断变化的状态，因此在槽电阻计算中会产生一定的偏差，Kvande 等认为这种偏差对于槽电阻的计算仅有细微的影响，由于控制系统中常用的表示槽电阻的方法还有正常化槽电压，因此选择直接使用槽电阻或是正常化槽电压作为氧化铝浓度控制的基准存在。该方法可以准确地估算氧化铝浓度，因而作者提出的下料方法可以摒弃使用传统的欠量-过量方法，因此理论上可以减小氧化铝的浓度波动、热平衡波动，同时也可以显著减小槽内形成沉淀及阳极效应的风险。在 TMS2012 年的年会上，作者给出了这种氧化铝下料方法的模拟效果，分别在正常槽况、漏料、电解质中有残存未溶氧化铝以及在 5 分钟的下料限制期间发生漏料四种情况下进行了模拟实验，实验结果表示无论是在较为理想的情况下还是在漏料或未溶解氧化铝颗粒的情况下，运用此种氧化铝估算方法与 PID 控制的下料制度具有较为良好的精度，稳定以后的估算值与实际值差值在 0.2% 以内。

传统的应用槽电阻变化的斜率的控制方法需要配合精确的过量-欠量下料量为先决条件，由于控制系统所采用的过量-欠量下料量与电解槽实际运行中的下料量有差别，因此造成了控制的不精确。ALPSYS 铝电解控制系统广泛应用于国外的铝电解系列，Fardeau 等为解决理论下料量与实际下料量之间存在的差别而造成的控制不精确问题，长期持续地研究并更新其控制技术。通过利用统计方法研究电解槽操作对于下料量的影响，Fardeau 等开发了更为精确地了解实际的过量-欠量下料率以及每台电解槽对于氧化铝下料的实时需求的计算程序。此外，Fardeau 在精确地了解实际过量-欠量下料率以及每台电解槽对于氧化铝下料的实时需求基础上，认为通过减小过量下料的持续时间可以有效减小氧化铝的平均浓度和最高浓度，并且减小氧化铝浓度的摆动，由此也可以移除许多为氧化铝浓度控制的安全性而设置的系统控制余量。由此，在基于准确计算槽电阻及实际下料量的计算方法上，氧化铝浓度的控制主要由槽电阻变化的临界斜率及过量下料的持续时间两方面的关键参数决定，作者通过进一步研究表明，较高的临界斜率配合短的过量下料持续时间效果最为理想。

在现今铝电解行业，强化电流增产增效作为一种节能及经济的新技术逐渐被业界关注。在铝电解槽的电流强化后，氧化铝的消耗量也随着电流的增大而增加，因此许多电解铝厂发现在原有氧化铝下料控制系统不做更新的情况下，阳极效应发生频率得到较大的提高。为适应强化电流后电解槽对于氧化铝浓度的控制，罗马尼亚 ALRO 铝厂的 Radulescu 等提出了一种改进的下料制度。ALRO 铝厂在 2002 年时将 94 kA 电解槽的电流强化至 120 kA，由于原始设计的电解槽氧化铝下料制度中过量/欠量均保持 25%，因此阳极效应发生频率成比例提高；为此，ALRO 铝厂将过量/欠量率提高至 35%，使阳极效应系数恢复到正常状态，槽内氧化铝浓度的变化区间相应增大。Radulescu 等提出的下料策略基于 100% 超过量–过量–欠量的循环下料顺序；每当控制系统做出阳极效应趋势判断时，下料方式转换为 100% 超过量下料阶段，时间持续 300～400 s，随后进入过量下料阶段，时间持续 30 min，最后进入欠量下料阶段，直至控制系统做出下一次的阳极效应趋势判断后开始新的下料阶段循环。与现有下料控制系统中理论下料周期为固定值不同的是，该控制策略是根据四小时内电解槽实际欠量比例与理论欠量比例之差而进行自适应修正理论下料周期并根据修正后的理论下料周期修正过量/欠量下料周期，从而使槽内氧化铝质量分数维持在 1.6%～2.2%。

ALPSYS 系统对于阳极效应的处理过程中，通过为槽电阻控制值添加一个增量并且停止下料控制，将其转化为按照理论下料并持续一段时间的方法，以达到熄灭阳极效应及其后一段时间的控制。最新的 ALPSYS 系统在阳极效应发生过程中保持正常的下料控制，避免了氧化铝浓度的校验值与实际值之间的漂移，并且减小了不稳定的概率。新的控制系统在 Alma 公司 192 台试验槽上取得了电流效率增加 0.5%，阳极效应发生率减小 30%～75%，效应持续时间减小 50% 的效果。

Braga C 等在基于传统的效应熄灭控制方法上改进了阳极效应快速熄灭方法。该方法很简单，即通过减小此时间段电压扫描周期的方法实现，由于它们的传统的效应处理程序检出周期为 10 s，第一秒检出，第二秒确认，之后 8 s 用以等待动作，若效应检出发生在第三秒，则检出也需要等到下一周期开始，通过减小这种周期，实现了阳极效应的快速熄灭，使其持续时间与最大效应电压都明显减小。

## 6.2 氧化铝流动特性

流动特性是铝电解氧化铝原料的重要特性指标。铝电解过程中氧化铝原料从料仓到铝电解槽中，需要经历管道输送，经槽上部料箱到下料定容器，最后进入铝电解质中，其中各个环节均要求氧化铝应具有良好的流动特性，否则，容易造成堵料，严重影响铝电解槽的正常下料和生产的稳定运行。

### 6.2.1 氧化铝流动特性测试方法

#### 1.安息角

安息角是指物料在光滑平面上的自然堆积倾斜角。安息角是表征氧化铝流动特性的最主要参数之一。安息角越小，表明氧化铝的流动性越好，便于输送；反之，流动性较差，易堵料。图6-12为氧化铝安息角的测量装置示意图。

安息角测量方法是将物料装在一个固定位置的漏斗里，其中放置一小筛板，物料从上流到一块平放的玻璃板上，在板上有若干个同心圆。当物料锥体的顶部与下料漏斗的下料口接触时，则物料停止下流，然后测定物料锥体底部到下料口处的高度，同时测量出物料锥体底部的半径。氧化铝的安息角计算如下：

$$\tan \alpha = \frac{h}{r} \qquad (6-9)$$

式中：$\alpha$ 为氧化铝的安息角，°；$r$ 为氧化铝锥体底部半径，mm；$h$ 为氧化铝锥体底部距漏斗下料口的距离，mm。

#### 2.流动角

流动角是物料在测试瓶中停止流动后，物料形成的锥形面与测试瓶底形成的角度。流动角测试方法是将物料通过一系列漏斗倒入平底容器中，根据用于填充容器的试料质量和试验后容器内存在试料的质量计算流动角度。

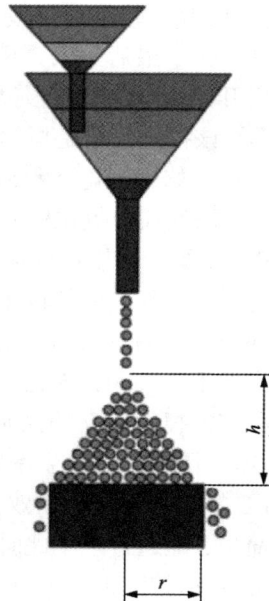

图6-12 安息角测量装置示意图

1)流动角测量公式。

按式(6-10)计算平底容器常数($k$)：

$$k = \frac{3L^2 h}{2L^3 - 3L^2 I + I^3} \tag{6-10}$$

式中：$L$ 为平底容器的内半径，单位为 mm；$h$ 为平底容器的内高，单位为 mm；$I$ 为平底容器漏口的内半径，单位为 mm。

按式(6-11)计算流动角度：

$$\tan \alpha = \frac{k(m_2 - m_1)}{m_2 - m_0} \tag{6-11}$$

式中：$\alpha$ 为流动角度，单位为(°)；$k$ 为平底容器常数；$m_2$ 为塑料杯、平底容器内试料质量，单位为 g；$m_1$ 为流入杯子内的样品质量，单位为 g；$m_0$ 为塑料杯的质量，单位为 g。

2）流动角测量步骤。

第一步，将约 500 g 测试样品在烘箱中于 110℃±5℃ 下干燥过夜后取出，置于有活性氧化铝或五氧化二磷的干燥器中，冷却至室温。

第二步，称量塑料杯，精确至 0.1 g，记作 $m_0$。

第三步，按照图 6-13，在气流和振动自由的地方安装流动角测定仪。用水平仪确保仪器水平。

第四步，塞住平底容器的漏口，将试料快速倒入填充漏斗中，以保证试料在可调节流速漏斗中连续流动，填充平底容器，直到样品溢出。用直尺擦除平底容器顶部多余的样品。过剩的氧化铝也可能会弹落于支撑架上。

第五步，把塑料杯置于平底容器的下面。移去漏口塞，使测试样品下流。

第六步，当流动停止后，塞住平底容器的漏口，小心地移开塑料杯。称量塑料杯和所含试料的质量，并记录质量（$m_1$），精确至 0.1 g。

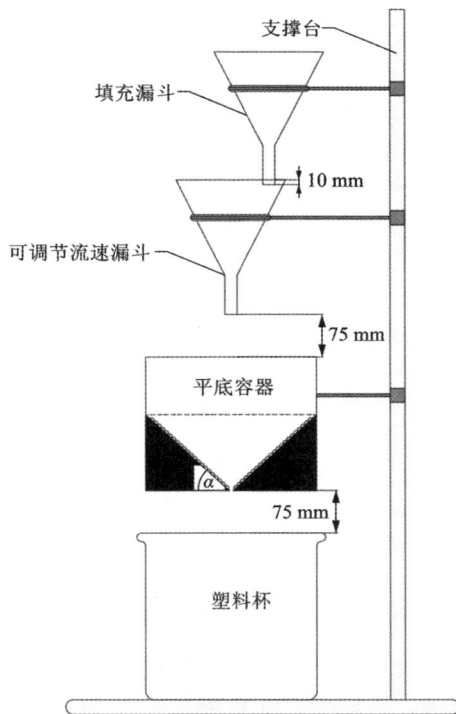

图 6-13　流动角测定仪

第七步，将平底容器中残留的试料加入塑料杯中。称量塑料杯和所有试料的质量，记录质量($m_2$)，精确至 0.1 g。

3. 沸腾测试

传统采用的有筒或无筒下料器，其安装在料仓底部，并在料仓底部加上沸腾盘，其目的就是在下料过程中，通过气体鼓动氧化铝沸腾，目的就是促使氧化铝原料能顺利流入定容器中。但随着我国碱法氧化铝生产技术的提高，碱法氧化铝形貌不断改进，从原来的面粉状逐渐发展成今天的砂状，氧化铝的流动特性大大改善，故有些铝厂逐步取消了料仓中的沸腾盘。然而，为了全面认识新型氧化铝的流动特性，可通过沸腾测试考察新型氧化铝的沸腾状态，即将气体接入沸腾盘底部通气口，调整气体压力大小和通气量，通过沸腾盘上氧化铝颗粒的密度以考察在沸腾盘上的沸腾状态，具体如图 6-14 所示。

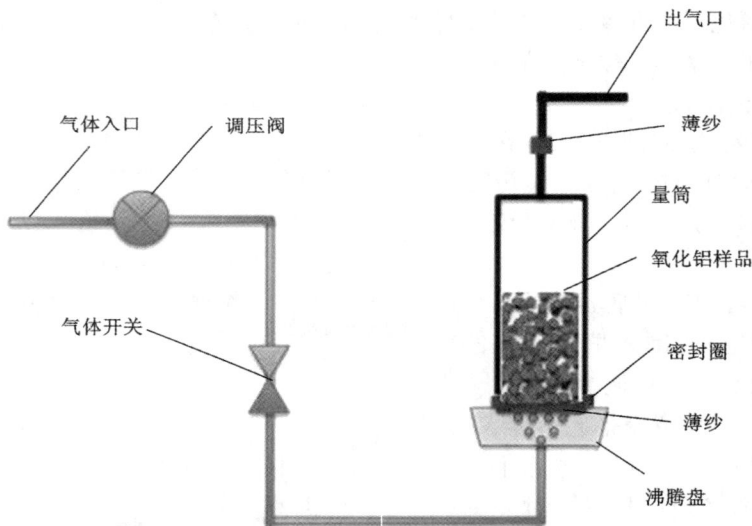

图 6-14 沸腾测试装置图

## 6.2.2 新型氧化铝流动特性

新型氧化铝作为一种全新铝电解的对象，其物理特性指标与传统的拜耳法、烧结法或联合法等工艺生产的氧化铝产品相比，在堆密度、粒度、安息角（流动性）、比表面积等方面有着较大的差别，进而影响氧化铝的相关特性和下料控制技术，主要表现为：

（1）相对于碱法氧化铝，新型氧化铝纯度较高，完全满足铝电解用原料的纯度要求，甚至有望获得 99.9% 以上纯度的原铝产品，进而提高产品附加值。

（2）相比于碱法氧化铝，新型氧化铝试样的粒度分布较宽、细颗粒含量较多、磨损系数高、颗粒松装密度较小，新型氧化铝颗粒机械性能较差，容易形成大量的细颗粒。如直接采用现行下料器，直接面临着下料过程中飞扬大、下料器易堵塞易卡死、冒料漏料严重、定容不准等问题，即自动下料控制中第一个环节就无法高效准确执行。因此，开发出与新型氧化铝相适应的下料器是实现下料控制的第一步，也是非常关键的一步。

（3）尽管新型氧化铝颗粒大小均一性有待提高，但其平均孔径和孔体积数大，且 α 相含量少，这将给新型氧化铝在吸附能力和溶解性能方面带来独特的优势，从新型氧化铝溶解实验结果来看，与碱法氧化铝相比，新型氧化铝的溶解速度最快。

与现行碱法氧化铝相比，新型氧化铝的提取工艺完全不同，从而使得他们之间的物理化学特性存在一定差异。不管怎样，流动特性作为铝电解氧化铝原料必须考量的重要特性指标。因而，新型氧化铝在应用于电解生产前需要重点进行测试和评价，且铝电解过程中氧化铝需要经历管道超浓相输送和下料器下料的环节，其中流动类型多属于在压缩空气的作用下呈现流态化流动方式。为此，通过安息角、流动角、颗粒大小形貌以及沸腾测试来对新型氧化铝的流动性能进行评价，为新型氧化铝输送和下料器设计提供相关数据。

### 6.2.2.1　新型氧化铝安息角、流动角

新型氧化铝与碱法氧化铝容重、流动性对比测试结果如表 6-1 至表 6-3 所示。

表 6-1　碱法氧化铝 JA 的堆密度与流动性测试

| 检测项目 | 单位 | 第一次 | 第二次 | 第三次 | 平均值 | 2012 年国家标准 |
|---|---|---|---|---|---|---|
| 堆密度 | g/cm³ | 0.98 | 0.97 | 0.99 | 0.98 | 0.95~1.10 |
| 安息角 | (°) | 31 | 32 | 30 | 31 | ≤35 |
| 流动角 | (°) | 34 | 36 | 35 | 35 | — |

表 6-2　越南进口碱法氧化铝 JA-YN 的堆密度与流动性测试

| 检测项目 | 单位 | 第一次 | 第二次 | 第三次 | 平均值 | 2012 年国家标准 |
|---|---|---|---|---|---|---|
| 堆密度 | g/cm³ | 0.99 | 1.01 | 0.98 | 0.99 | 0.95~1.10 |
| 安息角 | (°) | 30 | 30 | 31 | 30 | ≤35 |
| 流动角 | (°) | 34 | 33 | 33 | 33 | — |

表6-3　新型氧化铝SA的堆密度与流动性测试

| 检测项目 | 单位 | 第一次 | 第二次 | 第三次 | 平均值 | 2012年国家标准 |
|---|---|---|---|---|---|---|
| 堆密度 | g/cm³ | 0.51 | 0.52 | 0.48 | 0.50 | 0.95~1.10 |
| 安息角 | (°) | 33 | 33 | 35 | 34 | ≤35 |
| 流动角 | (°) | 38 | 39 | 38 | 38 | — |

分别对碱法氧化铝、越南进口碱法氧化铝和新型氧化铝进行堆密度和流动性测试，每种氧化铝分别测量三次，取平均值。从表6-3可以看出，新型氧化铝堆密度小，平均值为0.50 g/cm³；而碱法氧化铝、越南进口碱法氧化铝分别为0.98 g/cm³和0.99 g/cm³，远大于新型氧化铝。因此，新型氧化铝在定容下料器设计和下料制度方面可进行特定设计，以充分考虑新型氧化铝容重小等特点。

安息角和流动角是描述砂状氧化铝流动特性的两个重要指标。由表6-1至表6-3可知，碱法氧化铝JA和JA-YN的安息角分别为31°、30°，而新型氧化铝的安息角为33，略高于碱法氧化铝。安息角越大，表明流动性越差。碱法氧化铝JA和JA-YN的流动角分别为35°和33°，而新型氧化铝的流动角为38°，略高于碱法氧化铝。与安息角一样，流动角越大，表明氧化铝颗粒的流动性越差。从流动角可以看出，在设计下料器的过程中，需要考虑料仓到定容器之间的进料口设计，否则会造成挂料直径大，使得每次进料量不一致，造成定容精度差而下料不稳定等问题。

### 6.2.2.2　新型氧化铝沸腾测试

新型氧化铝与碱法氧化铝沸腾测试结果如表6-4所示。

表6-4　新型氧化铝和碱法氧化铝重复测试结果

| 项目 | 物料压力 /(g·cm⁻³) | 每平方米的截面积上每分钟通过的气量 /(m³·m⁻²·min⁻¹) | 通气压力 /(10⁵ Pa) | 通气前密度 /(g·cm⁻³) | 通气后密度 /(g·cm⁻³) |
|---|---|---|---|---|---|
| 新型氧化铝1 | 1.0 | 4.0 | 8.5 | 0.49 | 0.44 |
| 新型氧化铝2 | 1.0 | 4.0 | 8.5 | 0.50 | 0.45 |
| 碱法氧化铝1 | 1.0 | 4.0 | 8.5 | 0.98 | 0.91 |
| 碱法氧化铝2 | 1.0 | 4.0 | 8.5 | 0.99 | 0.91 |

从表6-4可以看出，在相同的测试条件下，碱法氧化铝通气后密度为0.91 g/cm³（比通气前降低了约0.07 g/cm³），且沸腾状态均匀，而新型氧化铝通

气后密度约为 0.44 g/cm³(比通气前降低了 0.05 g/cm³),沸腾状态均匀性略差。这可能与两者的粒度分布有密切关系,碱法氧化铝粒度分布更窄,粒度大小相对均匀,因而在沸腾过程中,其颗粒更为均匀;而新型氧化铝粒度分布更宽,且粗颗粒含量和细颗粒含量较高,这些颗粒在沸腾状态下有所偏析,这使得新型氧化铝通气前、后密度降低幅度略大一些。这也表明,在气动条件下新型氧化铝中的细粉容易飞扬。因此,在设计新型氧化铝下料器时,料仓至定容器间须采用合适的敞口设计,避免粗颗粒沉积带来的堵塞;同时,下料过程中也要减少空中行程或风动作用导致的飞扬损失。

## 6.3　打壳下料一体化装置

本章主要介绍新型氧化铝打壳下料一体化装置的结构,通过设计制作,为新型氧化铝下料提供口对口的下料模式,解决新型氧化铝细粉多、易飞扬等难题,同时,将现行铝电解槽必须采用两套相对独立的系统简化成一套系统,大大节约了设备维护成本,简化了槽上部结构,节约上部空间。

### 6.3.1　打壳下料一体化装置设计方案

下料装置设计主要包括新型氧化铝下料器的结构设计和定容设计两大部分。

传统有刷定容下料器和无刷定容下料器存在定容不准、易堵料漏料及其对氧化铝形貌、流动性要求高等问题。通过沸腾盘装置开展风压对新型氧化铝流动性、颗粒悬浮状态等性能测试,可获取新型氧化铝的流动特性,基于此测试结果,提出与新型氧化铝相适应的进出料方式,并采用计算机模拟设计,确立新型氧化铝下料器的初步结构。之后,采用实验室下料器测试平台,对下料过程中飞扬损失、下料精度、下料速度、进料速度等性能参数进行调试和评价,以确定最佳的下料器结构和设计参数。

与碱法氧化铝相比,新型氧化铝在容重、磨损指数、分散性和溶解特性等方面均有差异,如直接采用现有的定容器,必定会出现下料量与槽况需求不匹配等问题,容易产生沉淀效应,不利于电解槽高效稳定运行。因此,在定容设计方面,主要基于新型氧化铝的溶解性、分散均匀性、经济性等因素,开展下料器定容设计,确保每次的下料量能快速分散溶解,既不出现局部浓度过低,又不产生大量沉淀。因此,确定最佳的定容器,对高效精准下料尤为重要。

### 6.3.2　打壳下料一体化装置模型构建

ANSYS 提供广泛的工程仿真解决方案,这些方案可以对设计过程要求的任何场合进行工程虚拟仿真。ANSYS 公司的 ANSYS Workbench 平台作为多物理场及优化分析平台,将在流体市场中份额最大的两家公司 FLUENT 及 CFX 的软件集成起来,同时也将电磁行业分析标准的 ANSOFT 系列软件集成到其平台中,为用户提供了巨大的便利。

FLUENT 软件目前是应用最广的 CFD 软件之一,适用于用来计算复杂几何条件下流动和传热问题;它不仅提供无结构网格生成程序,使得划分相对复杂的几何结构网格问题变得容易和轻松,同时它还可以生成包括二维的三角形和四边形网格、三维的四面体、六面体及混合网格等。当要求精确求解有较大梯度的流场(如自由剪切流和边界层)问题时,这种网格的自适应能力可以提供很高的灵活性和精确性。与此同时,对于网格的自适应和调整也只是在需要加密的流动区域里实施,而非整个流动场。FLUENT 软件在对模型进行求解计算过程中,其网格的自适应调整能力很强。鉴于此,其应用范围非常广泛,通常被用于计算二维或者三维流动问题,其适用的范围主要有:

(1)稳态和瞬态流动问题;

(2)牛顿流体以及非牛顿流体;

(3)对流换热问题(包括自然对流和混合对流);

(4)可压缩与不可压缩问题;

(5)无黏流,层流及湍流问题;

(6)两相流问题;

(7)非惯性坐标系下和惯性坐标系下的流动问题模拟;

(8)一维风扇、换热器性能问题等。

利用 FLUENT 软件进行求解时,首先需要对目标模型进行网格划分,网格的划分主要考虑的是利用结构化网格还是非结构化网格,具体视情况来定;完成网格划分后,就可以将数据导入 FLUENT 软件中来进行后续的仿真处理;导入网格后的第一步是对网格进行检查,保证网格最小体积不为负值,否则需要对网格进行修改;然后再设置计算单位、平滑网格、对网格进行分区以加速收敛;完成上述步骤后,再开始设置求解器,根据所需计算的模型选择计算求解模型;接下来,设置来流材料以及边界(如有需要,则设置动网格);最后,设置求解控制参数以及残差监视器,完成初始化后就可以开始迭代求解,一般而言,对于网格数较多的复杂模型,会先迭代 200~500 次,以便残差曲线更好地显示收敛特性。

流场是指流体运动的区域,在进行打壳和下料的过程中,氧化铝是流体,装置内部氧化铝的流动空间内也为流体。氧化铝的流动空间分为两个部分:一是氧化铝从料仓通过进料口进入定容器,另一个是氧化铝从定容器通过导料管进入铝电解槽。对于这两个不同的流动部分,可分别对其进行流场仿真,本次仿真所使用的软件为 ANSYS 中的 Fluid Flow(Fluent)有限元仿真模块。

在氧化铝打壳下料一体化装置的打壳下料过程中,运动导杆向上运动,带动定容器进料孔活塞，使氧化铝从料仓内的四个进料口进入定容器，这个过程中氧化铝打壳下料一体化装置内部空间为进料流场，其中图 6-15 为氧化铝进料流场仿真三维模型。

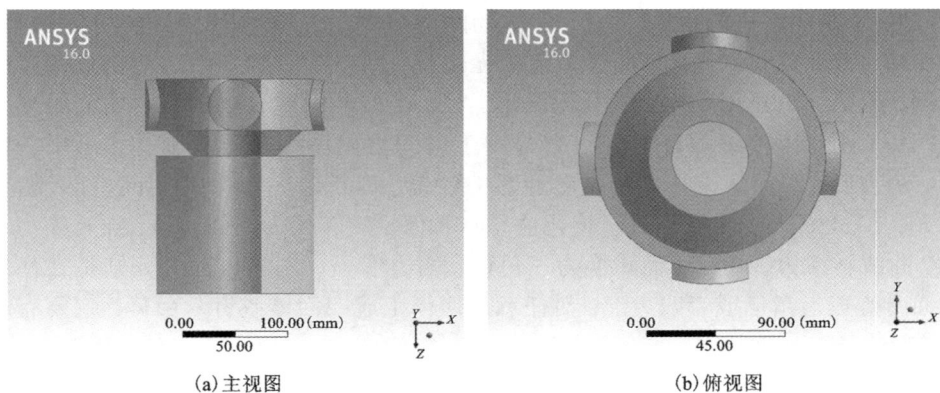

(a)主视图　　　　　　　　　(b)俯视图

**图 6-15　氧化铝进料流场仿真三维模型**

在氧化铝打壳下料一体化装置的打壳下料过程中，氧化铝通过定容器的出料口进入氧化铝暂存区，然后从氧化铝暂存区流入铝电解槽中，这个过程中氧化铝打壳下料一体化装置内部空间为下料流场，其中图 6-16 为氧化铝下料的流场仿真三维模型。

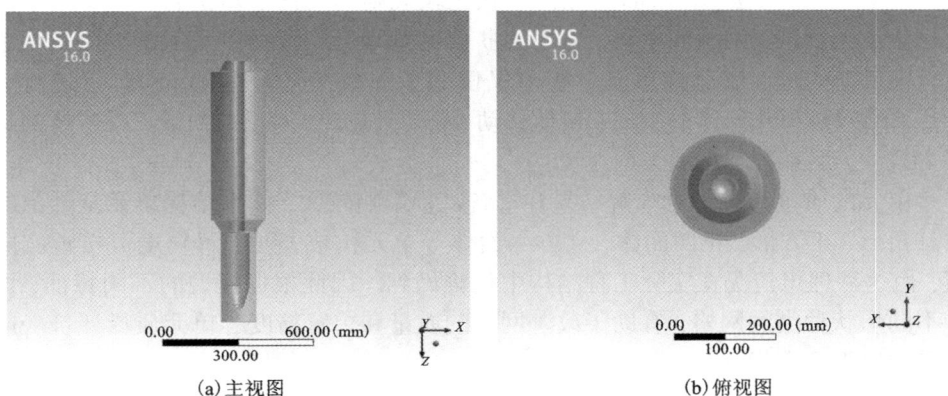

(a)主视图　　　　　　　　　(b)俯视图

**图 6-16　氧化铝下料流场仿真三维模型**

1. 网格的划分

有限元网格划分是进行有限元数值模拟分析至关重要的一步，它直接影响着后续数值计算分析结果的精确性。网格划分涉及单元的形状及其拓扑类型、单元类型、网格生成器的选择、网格的密度、单元的编号以及几何体素。

映射划分指用于曲线、曲面、实体的网格划分方法，可使用三角形、四边形、四面体、五面体和六面体，通过指定单元边长、网格数量等参数对网格进行严格控制。映射划分只用于规则的几何图素，对于裁剪曲面或者空间自由曲面等复杂几何体，则难以控制。自由网格划分用于空间自由曲面和复杂实体，采用三角形、四边形、四面体进行划分，通过网格数量、边长及曲率来控制网格的质量。例如，在 MSC. MARC 中，其转换用法是将几何模型转换为网格模型，点转换为节点，曲线转换为线单元，面转换为三角形、四边形等。网格自动划分则是在任意曲面上生成三角形或者四边形，对任意几何体生成四面体或者六面体，主要有以下方法：

(1)覆盖法：基于四边形的网格划分，要求网格划分的平面或曲面必须是完整裁减曲面，该曲面边界必须是裁减曲线；

(2)前沿法：通过把曲面等参变换到二维空间进行网格划分，然后映射到三维空间曲面上，把曲面划分成完全的四边形单元或三角形单元；

(3)Delaunay 三角形法：主要用于由至少一条封闭曲线所围成的单连通域或多连通域内生成三角形单元，趋向于等边三角形。充分考虑了几何形状中细微的几何特征，并在微小特征处划分成较细的单元，在不需要密网格处，采用稀疏单元网格。

(4)转换扩展法：针对曲面几何形状比较规则的几何区域进行网格划分，其网格生成速度快，网格质量高。由节点扩展为线单元，从线单元生成平面二维单元，从二维单元生成三维单元。它不仅仅用于三维网格的生成，同时可进行一维、二维网格和几何体的生成，包括移动、镜像、拉伸、旋转、扫描三维实体的扩展方式、扩展系数和扩展方向。

单元的质量和数量对求解结果和求解过程影响较大，如果结构单元全部由等边三角形、正方形、正四面体、立方六面体等单元构成，则求解精度可接近实际值，但这种理想情况在实际工程结构中很难做到。因此根据模型的不同特征，设计不同形状种类的网格，有助于改善网格的质量和求解精度。单元质量评价一般可采用以下几个指标：

(1)单元的边长比、面积比或体积比以正三角形、正四面体、正六面体为参考基准。理想单元的边长比为 1；对于可接受单元的边长比的范围，线性单元长宽比小于 3，二次单元小于 10。对于同形态的单元，线性单元对边长比的敏感性较高阶单元高，非线性比线性分析更敏感。

（2）扭曲度：指单元面内的扭转和面外的翘曲程度。

（3）疏密过渡：网格的疏密主要表现为应力梯度方向和横向的过渡情况，应力集中的情况应妥善处理；而对于分析影响较小的局部特征，则应分析其情况，如外圆角的影响比内圆角的影响小得多。

（4）节点编号排布：节点编号对于求解过程中的总体刚度矩阵的元素分布、分析耗时、内存及空间有一定的影响。合理的节点、单元编号有助于利用刚度矩阵对称、带状分布、稀疏矩阵等方法提高求解效率，同时要注意消除重复的节点和单元。

对于氧化铝进料流场仿真三维模型，采用四面体（Tetra）网格进行划分；四面体网格划分时，采用八叉树算法来对体积进行四面体填充，并生成表面网格。Tetra 具有强大的网格平滑算法和局部适应性加密、粗化算法。图 6-17 为氧化铝进料流场仿真三维模型网格划分图。

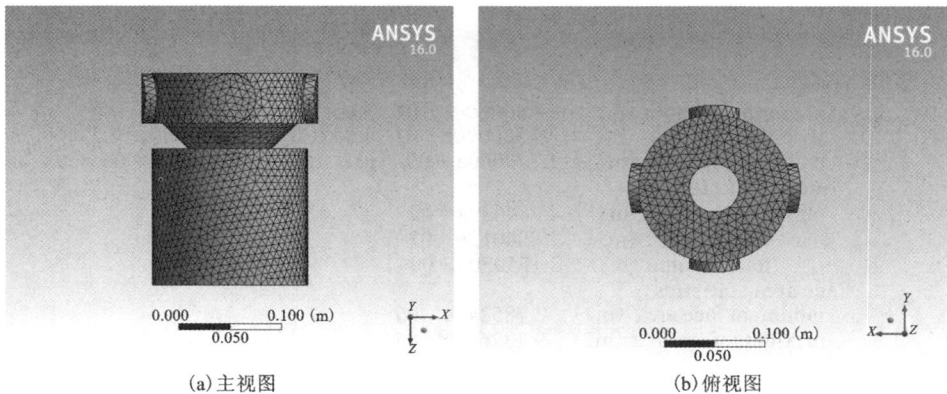

(a)主视图          (b)俯视图

**图 6-17  氧化铝进料流场模型网格**

对于氧化铝下料流场仿真三维模型，由于氧化铝下料流动的行程比进入定容器的行程长，且受到活塞和打壳锤头的影响，故对其流场仿真精确度要求更高。对于其网格形状，采用四面体和六面体混合使用的方式时，可提高其网格的密度和平滑度。图 6-18 为氧化铝下料流场仿真三维模型的网格划分图。

在网格划分完成后，要对划分的网格进行检查，检查是否有畸形网格。对于畸形的网格，其大小为零或负值时，会导致单元矩阵为零或负值，使有限元网格因质量太差而出现致命错误，不能计算出流场的仿真值或者出现错误的结果（图 6-19）。

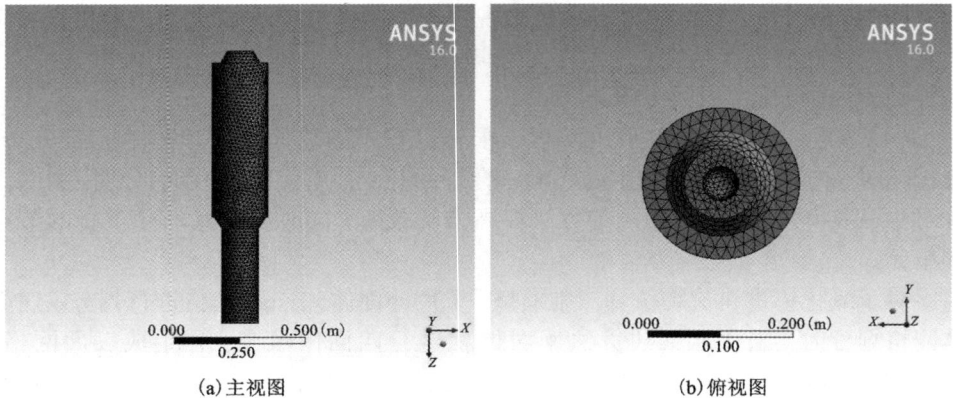

(a)主视图　　　　　　　　　　(b)俯视图

图 6-18　氧化铝下料流场模型网格

```
Domain Extents:
    x-coordinate: min (m) = -8.500000e - 02,  max (m) = 8.500000e - 02
    y-coordinate: min (m) = -8.500000e - 02,  max (m) = 8.500000e - 02
    z-coordinate: min (m) = 1.779000e + 00,  max (m) = 1.989000e + 00
Volume statistics:
    minimum volume (m3): 4.964658e - 09
    maximum volume (m3): 2.804017e - 07
        total volume (m3): 3.155950e - 00
Face area statistics:
    minimum face area (m2): 2.785249e - 06
    maximum face area (m2): 9.132614e - 05
Checking mesh.........................
Done.
```

图 6-19　氧化铝进料流场模型网格检查结果

从图 6-19 可以看出，其网格的最小值为正，说明氧化铝进料流场模型网格的划分没有出现错误。

2. 流场参数设置

FLUENT 软件提供了三种对模型进行求解的方法，分别是非耦合求解、耦合隐式求解、耦合显式求解。通常，非耦合求解主要用于不可压缩或者是压缩性不强的流体运动；耦合求解则主要应用于高速可压流动、由强的体积力（例如离心力）的模型求解。耦合隐式求解主要应用于网格比较密集的工程问题，它可以耦合求解能量方程和动量方程，并且收敛速度较快，运算时间较短，缺点就是对计算机的内存要求比较高；耦合显式求解虽然也可以耦合动量、能量方程，但是所需要的时间很长。本例中流场的仿真模型是非结构化网格，网格划分比较密，使用基于节点的高斯-格林函数求梯度、耦合隐式求解法对流场进行求解。

边界条件是指流动变量在边界处的值，合理和最接近实际的边界条件是计算并获得精确流场解的必要前提。FLUENT 提供了入口边界、出口边界和壁面等一系列边界条件，其中入口条件主要用于定义流动入口边界处的速度、压力和质量；出口条件主要包括自由出流、压力出口、压力远场等。

氧化铝流体的湍流是不规则、多尺度、有结构的流动，一般是三维、非定常的，具有很强的扩散性和耗散性。从物理结构上看，湍流是由各种不同尺度的带有旋转结构的涡叠合而成的流动，这些涡的大小及旋转轴的方向分布是随机的。大尺度的涡主要由流动的边界条件决定，其尺寸可以与流场的大小相比拟，它主要受惯性影响而存在，是引起低频脉动的原因；小尺度的涡主要是由黏性力决定，其尺寸可能只有流场尺度的千分之一，是引起高频脉动的原因。大尺度的涡破裂后形成小尺度的涡，较小尺度的涡破裂后形成更小尺度的涡。在充分发展的湍流区域内，流体涡的尺寸可在相当宽的范围内连续变化。大尺度的涡不断地从主流获得能量，通过涡间的相互作用，能量逐渐向小尺寸的涡传递。最后由于流体黏性的作用，小尺度的涡不断消失，机械能就转化为流体的热能。同时由于边界的作用、扰动及速度梯度的作用，新的涡旋又不断产生，湍流运动得以发展和延续。对于流体动力学问题的研究，主要使用的湍流模型是 K-Epsilon 模型，它是一个相对简单的单方程模型，计算量相对较小。对于具有壁面限制的流动问题或逆压梯度的边界层问题，K-Epsilon 模型可以给出一个很好的计算结果。在 FLUENT 中，标准 K-Epsilon 模型自从被 Launder 和 Spalding 提出之后，就变成工程流场计算中主要的计算模型了。

在流体动力仿真过程中，对于氧化铝流体来说，要将其视为不可压缩流体，并且将整个模型设置为计算域，在计算域内施加的重力因素 $g = 9.8$ N/kg。在求解区域的边界上，将环境大气压设置为 101325 Pa，在其进料口处设置流体流动的动力，并依据氧化铝的进料口和出料口的位置，设置流体的入口和出口。

FLUENT 采用有限体积法对流体区域进行离散，主要包括计算区域离散和控制方程离散两方面。计算区域离散，实质上将整个流体区域分隔成多个子区域，即生成网格；而控制方程的离散则是把偏微分格式的控制方程转化为各节点上的代数方程组，从而进行求解。完成上述设定后，开始利用 Solution 指令对流场仿真进行计算处理。

仿真计算的核心在于求解每个控制体即网格上的方程。方程中包含瞬态项、对流项、扩散项和源项，其中对流项为非线性，需要进行迭代计算，收敛的依据为整个流场以及每一个控制单元在质量、动量、能量的输运上达到守恒。

4. 氧化铝在下料器中的流动形态

（1）氧化铝进入定容器中的流动形态

氧化铝进入定容器中的流场分布如图 6-20 所示。

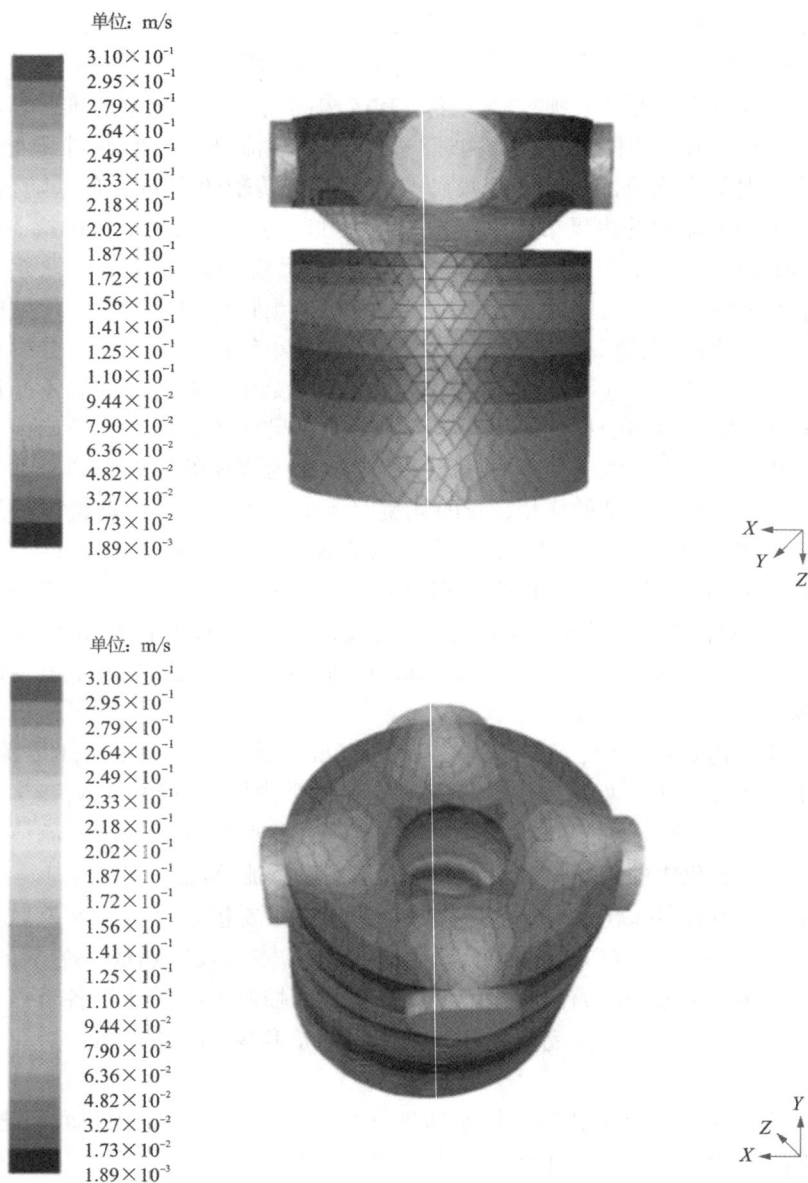

图 6-20　氧化铝进入定容器中的流场分布 ( 彩图版见附录 )

如图 6-20 所示，其速度最大值为 $3.10 \times 10^{-1}$ m/s，最小值为 $1.89 \times 10^{-3}$ m/s。其速度在进料口处分布均匀，说明下料器进料口大小完全满足氧化铝进入定容器中。在氧化铝进入进料口后，受重力加速度和密封环斜坡阻力的影响，氧化铝的理论运动为加速度减小的加速运动，其速度越来越大，但随着速度增加，阻力越大，直到其重力与阻力相等时，速度达到最大，然后受氧化铝颗粒在定容器的不断积累，其颗粒与颗粒之间碰撞产生阻力，此时颗粒的速度不断减小直至零。从流场仿真图可以看到最大速度 $3.10 \times 10^{-1}$ m/s 分布在定容器空间的上部，下部为速度最小区域，$1.89 \times 10^{-3}$ m/s 可以近似看作零，密封环斜坡处的速度大于进口速度而小于定容器的最大速度，说明仿真值速度分布与其理论分析值相吻合。

氧化铝在定容器中的速度矢量分布如图 6-21 所示。由此可知，氧化铝从进料孔进入后，一部分的氧化铝沿着密封环斜坡流入到定容器中，而大部分以垂直的运动形式进入到定容器内，进入定容器时极少的细小颗粒受流场的影响会向定容器侧部运动，同时氧化铝在进入定容器时，氧化铝与底部相撞使细小的颗粒有向侧部运动的速度，但随着较多氧化铝的流入，它们最终以速度为零的方式留在定容器内。

（2）氧化铝在暂存区和导流管中的流动形态

氧化铝在暂存区流场分布如图 6-22 所示。在氧化铝从定容器到刚要进入氧化铝暂存区时有个初始运动速度。在氧化铝暂存区，受氧化铝暂存区内部活塞的影响，其速度不断减小。当氧化铝运动到暂存区中部时，此时没有活塞的影响，其氧化铝下落速度不断增加。当运动到暂存区下部时，受密封环斜坡和打壳锤头的影响，速度不断减小，直到氧化铝从下料设备中流出。从其速度分布云图来看，虽然在装置的内部空间，其运动导杆、活塞、打壳锤头占用了一定的氧化铝运动空间，但不影响氧化铝的下料，其速度分布合理，氧化铝打壳下料一体化装置完全满足铝电解的下料需求。

在图 6-23 中可以看到，当氧化铝从定容器下落后，大部分的氧化铝沿中心向下运动，只有极少的细小颗粒在受流场的影响下向四周运动。由于氧化铝受活塞的影响，其速度有个减小过程，当氧化铝下落到一定距离时，就会沿着导流管侧壁均匀向下运动。在运动到导流管的缩口处，氧化铝经过密封环斜坡下落，由于在此处不受活塞的影响，其运动空间增大，内部的湍流减小，氧化铝颗粒之间的碰撞减少，从而使其下降速度增加。当氧化铝下降到导流管底部时，受打壳锤头的影响，氧化铝下降空间减少，导致其下降速度不断减小，直到氧化铝从下料设备中流出。从氧化铝下料速度矢量分布图可以看出，氧化铝的运动没有出现过堵塞的现象，完全符合铝电解的下料要求。

单位：m/s

3.20×10⁻¹
3.04×10⁻¹
2.88×10⁻¹
2.72×10⁻¹
2.56×10⁻¹
2.40×10⁻¹
2.24×10⁻¹
2.08×10⁻¹
1.92×10⁻¹
1.76×10⁻¹
1.60×10⁻¹
1.45×10⁻¹
1.29×10⁻¹
1.13×10⁻¹
9.67×10⁻²
8.07×10⁻²
6.48×10⁻²
4.88×10⁻²
3.29×10⁻²
1.69×10⁻²
1.00×10⁻³

单位：m/s

3.20×10⁻¹
3.04×10⁻¹
2.88×10⁻¹
2.72×10⁻¹
2.56×10⁻¹
2.40×10⁻¹
2.24×10⁻¹
2.08×10⁻¹
1.92×10⁻¹
1.76×10⁻¹
1.60×10⁻¹
1.45×10⁻¹
1.29×10⁻¹
1.13×10⁻¹
9.67×10⁻²
8.07×10⁻²
6.48×10⁻²
4.88×10⁻²
3.29×10⁻²
1.69×10⁻²
1.00×10⁻³

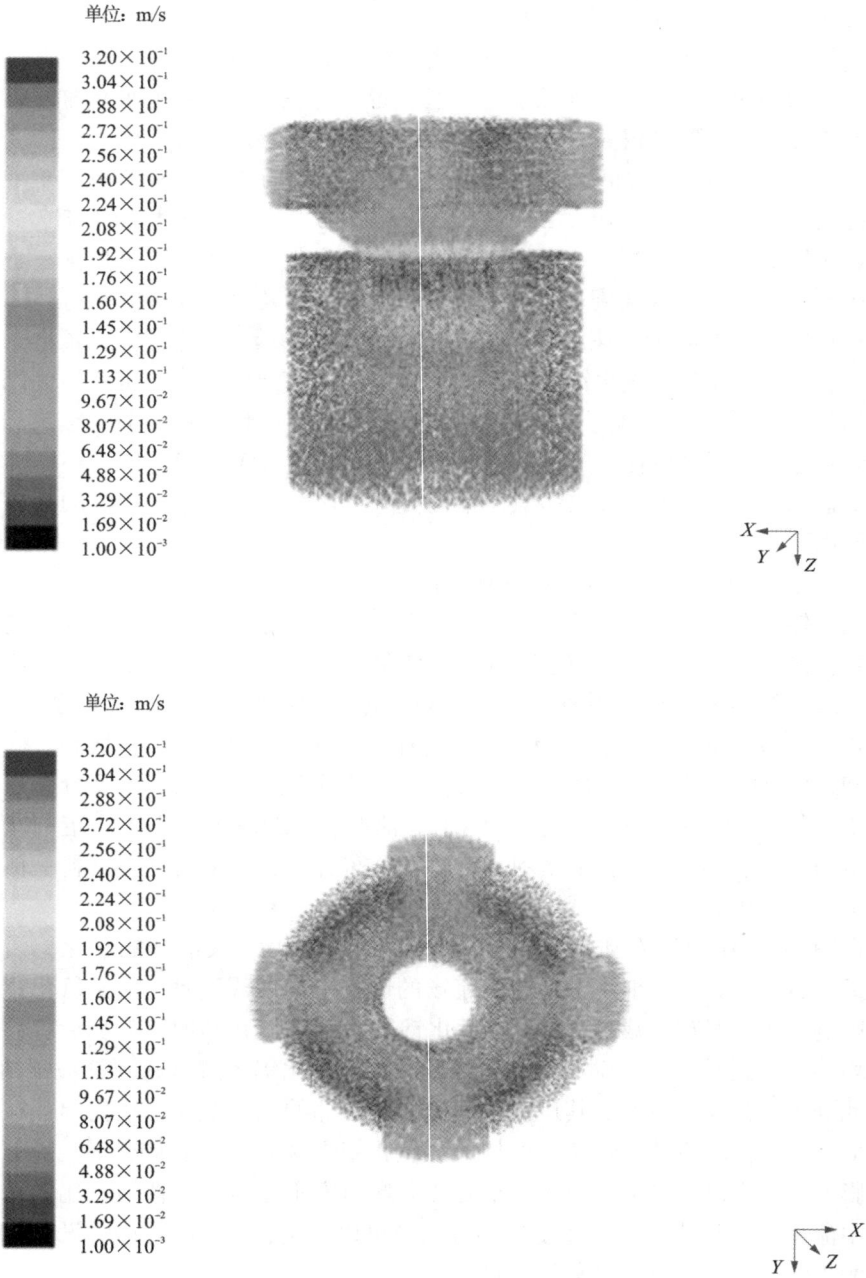

图 6-21　氧化铝在定容器中的速度矢量分布（彩图版见附录）

单位：m/s

3.00×10⁻¹
2.85×10⁻¹
2.70×10⁻¹
2.55×10⁻¹
2.40×10⁻¹
2.25×10⁻¹
2.10×10⁻¹
1.95×10⁻¹
1.80×10⁻¹
1.65×10⁻¹
1.50×10⁻¹
1.35×10⁻¹
1.20×10⁻¹
1.05×10⁻¹
9.00×10⁻²
7.50×10⁻²
6.00×10⁻²
4.50×10⁻²
3.00×10⁻²
1.50×10⁻²
1.00

单位：m/s

3.00×10⁻¹
2.85×10⁻¹
2.70×10⁻¹
2.55×10⁻¹
2.40×10⁻¹
2.25×10⁻¹
2.10×10⁻¹
1.95×10⁻¹
1.80×10⁻¹
1.65×10⁻¹
1.50×10⁻¹
1.35×10⁻¹
1.20×10⁻¹
1.05×10⁻¹
9.00×10⁻²
7.50×10⁻²
6.00×10⁻²
4.50×10⁻²
3.00×10⁻²
1.50×10⁻²
1.00

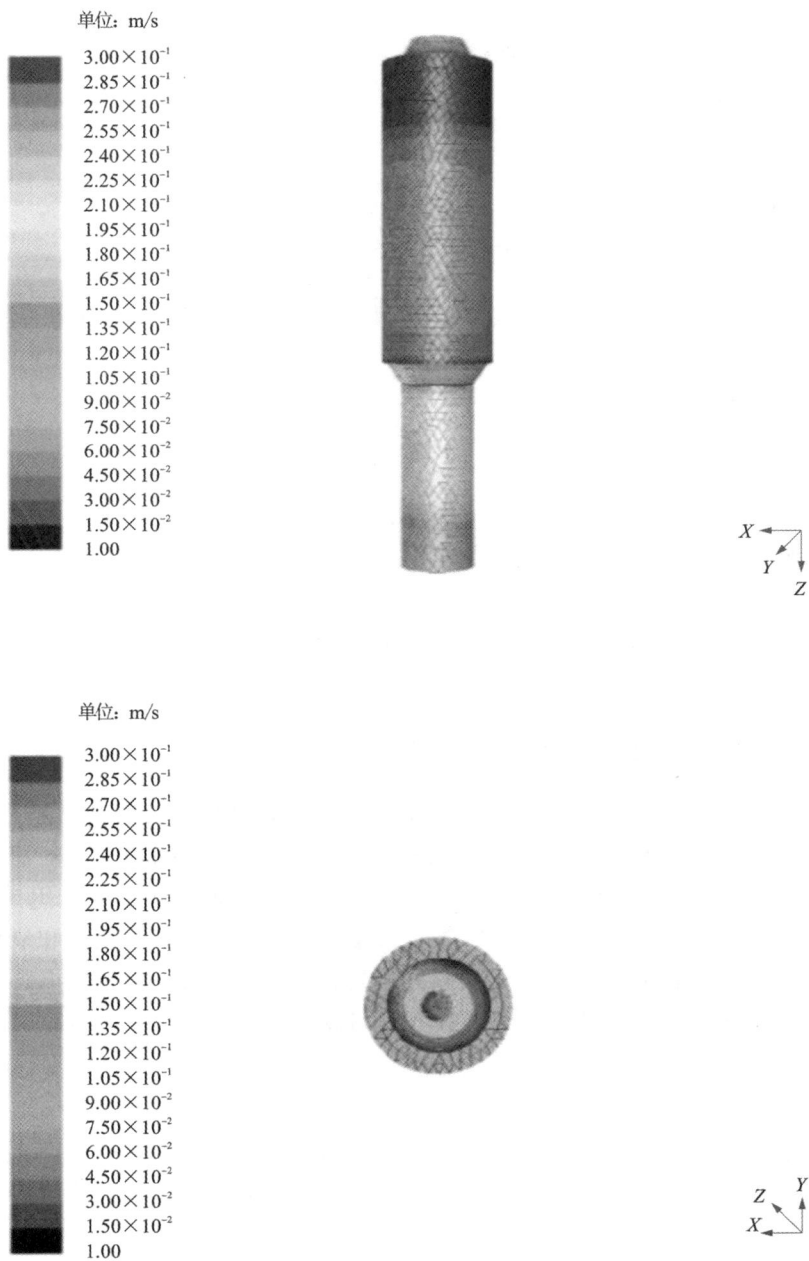

图 6-22　氧化铝在暂存区流场分布

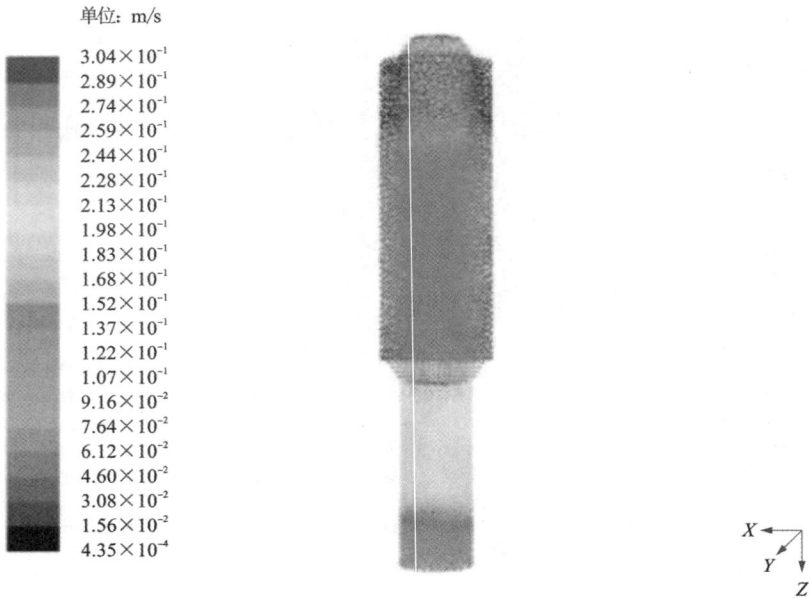

图 6-23　氧化铝在暂存区下料速度矢量分布

## 6.3.3　打壳下料一体化装置结构

从当前铝电解技术发展趋势来看，定容器下料量越来越小，从最早的 1.8 L 降低到现在的 1.2 L，特别是近年来很多企业对铝电解槽端头的两个下料器定容量在线改造为 1.0 L，其目的是希望实现少量多次下料，以减少沉淀的产生，尤其是面对当前我国铝电解工业中富锂、钾等复杂铝电解质体系，电解温度和氧化铝溶解能力下降，更加需要避免单次下料量过大等问题，图 6-24 为打壳下料一体化下料器结构示意图，表 6-5 为下料器结构部件说明。

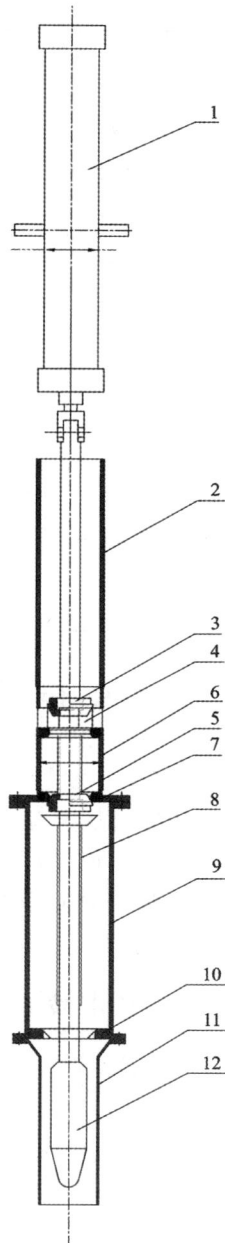

1—气缸；2—支撑筒；3—进料口活塞；4—进料口；5—出料口；6—定容器；
7、10—密封环；8—下料口活塞；9—暂存区；11—导流管；12—打击头（或锤头）。

**图 6-24　打壳下料一体化下料器结构示意图**

表 6-5　下料器结构部件说明

| 序号 | 名称 | 数量 | 材质 |
|------|------|------|------|
| 1 | 气缸 | 1 | Q235 |
| 2 | 支撑筒 | 1 | Q235 |
| 3 | 定容器进料口活塞 | 1 | 45 |
| 4 | 进料口 | 4 | — |
| 5 | 定容器出料口活塞 | 1 | Q235 |
| 6 | 定容器 | 1 | HT150 |
| 7 | 定容器出口密封环 | 2 | 40Cr |
| 8 | 下料口活塞 | 1 | 45 |
| 9 | 氧化铝暂存区 | 1 | Q235 |
| 10 | 出料口密封环 | 1 | 40Cr |
| 11 | 导流管 | 1 | Q235 |
| 12 | 锤头 | 1 | Cr12 |

（1）定容器。定容量的具体大小，应根据生产实际需要进行设计，可通过调整定容器直径或高度来放大或缩小。图 6-25 为定容器结构示意图。

（2）暂存区与导流管。暂存区的目的主要是实现装备在打壳与下料两个环节中的衔接，保证在打壳过程中氧化铝原料从定容器中流入到暂存区，而不至于随锤杆流到仍未完全打开的电解槽壳面上。而导料管是在打壳动作完成后将氧化铝直接导流至电解槽中，导料管长度可根据壳面距离进行适当调整，从而实现"口对口"的高效精准下料。图 6-26 为暂存区与导流管结构示意图。

## 6.3.4　打壳下料一体化装置工艺技术验证

### 6.3.4.1　新型氧化铝下料器冷、热态精度测试

（1）室温下测试结果

在室温环境下对新型氧化铝下料器进行现场测试，如表 6-6 所示，可以看出，在全部的 18 组测试结果中，定容量为 1.23 kg，下料量为 1.21~1.22 kg，飘逸量为 0.01~0.02 kg，下料精度均达到 98.37%以上，表明下料器的精度高、稳定可靠。而现行碱法氧化铝下料器普遍精度为 90%~93%，而新型打壳下料一体化装备高于现行下料器精度，完全能满足工业生产要求。

进料口

出料口

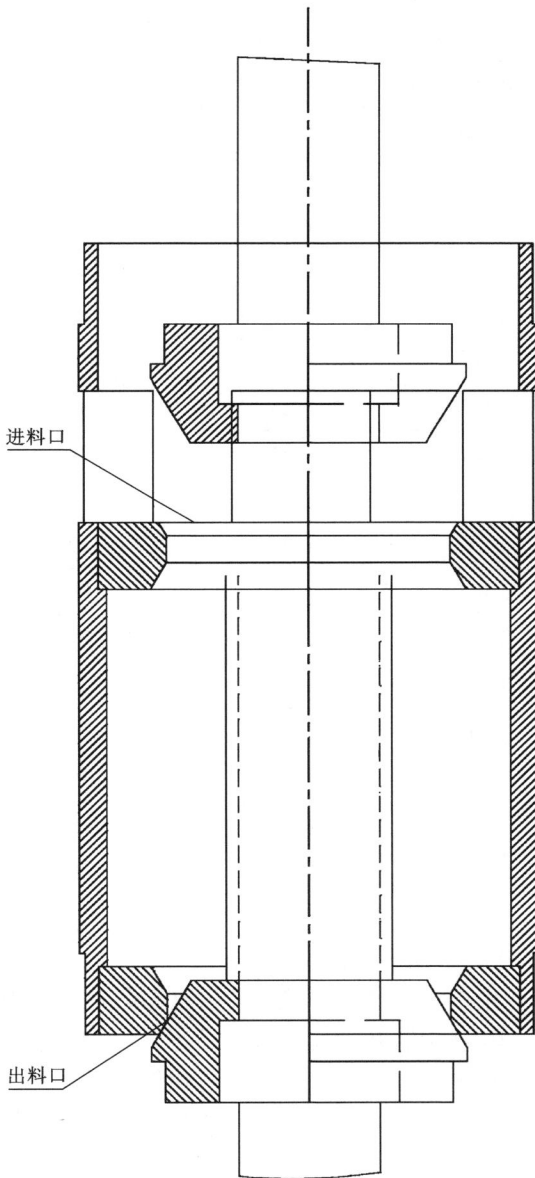

图 6-25　定容器结构示意图

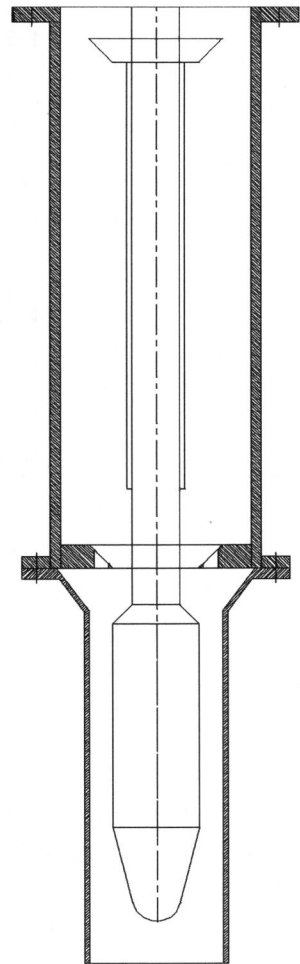

图 6-26　暂存区与导流管结构示意图

表6-6 室温下新型氧化铝下料器的测试结果

| 室温下的测试结果(氧化铝平均密度为 0.509 g/cm³) | | | | |
|---|---|---|---|---|
| 序号 | 下料量/kg | 飘逸量/kg | 定容量/kg | 下料精度/% |
| 1 | 1.21 | 0.02 | 1.23 | 98.37 |
| 2 | 1.21 | 0.02 | 1.23 | 98.37 |
| 3 | 1.21 | 0.02 | 1.23 | 98.37 |
| 4 | 1.21 | 0.02 | 1.23 | 98.37 |
| 5 | 1.21 | 0.02 | 1.23 | 98.37 |
| 6 | 1.21 | 0.02 | 1.23 | 98.37 |
| 7 | 1.21 | 0.02 | 1.23 | 98.37 |
| 8 | 1.21 | 0.02 | 1.23 | 98.37 |
| 9 | 1.21 | 0.02 | 1.23 | 98.37 |
| 10 | 1.22 | 0.01 | 1.23 | 99.19 |
| 11 | 1.22 | 0.01 | 1.23 | 99.19 |
| 12 | 1.22 | 0.01 | 1.23 | 99.19 |
| 13 | 1.21 | 0.02 | 1.23 | 98.37 |
| 14 | 1.21 | 0.02 | 1.23 | 98.37 |
| 15 | 1.22 | 0.01 | 1.23 | 99.19 |
| 16 | 1.22 | 0.01 | 1.23 | 99.19 |
| 17 | 1.22 | 0.01 | 1.23 | 99.19 |
| 18 | 1.22 | 0.01 | 1.23 | 99.19 |

(2)80℃条件下的测试结果

为了更好地模拟下料器在实际工业生产中的使用环境,采用热态条件对下料器进行测试,即对氧化铝进行加热,让热态氧化铝进入下料器进行下料测试,以更好地评价下料器的可靠性。现行工业铝电解槽中上部料仓中氧化铝的温度与加热时间和位置有关,一般随着新加料加热时间的延长而上升,每个班组一般加料两次,即每箱料加热时间为 3~4 h。中部下料点料仓中氧化铝温度比两端下料点的温度要高,中间温度最高约为 75℃,而两端料仓的氧化铝温度约为 60℃。为此,将氧化铝温度加热到 80℃,然后进行测试,结果如表6-7所示。由此可以看出,在全部测试的18组数据中,定容量为 1.25~1.26 kg,下料量为 1.23~1.25 kg,飘逸量为 0.01~0.02 kg,下料精度达 98.41%以上。测试结果表明,在工业生产条件下,下料器精度、稳定性、可靠性未受影响,完全能满足要求。

表 6-7　80℃条件下的测试结果

| 80℃条件下的测试结果(氧化铝平均密度为 0.520 g/cm³) | | | | |
| :---: | :---: | :---: | :---: | :---: |
| 序号 | 下料量/kg | 飘逸量/kg | 定容量/kg | 下料精度/% |
| 1 | 1.25 | 0.01 | 1.26 | 99.21 |
| 2 | 1.24 | 0.02 | 1.26 | 98.41 |
| 3 | 1.25 | 0.01 | 1.26 | 99.21 |
| 4 | 1.23 | 0.02 | 1.25 | 98.40 |
| 5 | 1.24 | 0.02 | 1.26 | 98.41 |
| 6 | 1.25 | 0.01 | 1.26 | 99.21 |
| 7 | 1.24 | 0.02 | 1.26 | 98.41 |
| 8 | 1.25 | 0.01 | 1.26 | 99.21 |
| 9 | 1.24 | 0.01 | 1.25 | 99.20 |
| 10 | 1.24 | 0.02 | 1.26 | 98.41 |
| 11 | 1.24 | 0.01 | 1.25 | 99.20 |
| 12 | 1.24 | 0.02 | 1.26 | 98.41 |
| 13 | 1.23 | 0.02 | 1.25 | 98.40 |
| 14 | 1.24 | 0.02 | 1.26 | 98.41 |
| 15 | 1.24 | 0.01 | 1.25 | 99.20 |
| 16 | 1.25 | 0.01 | 1.26 | 99.21 |
| 17 | 1.25 | 0.01 | 1.26 | 99.21 |
| 18 | 1.24 | 0.02 | 1.26 | 98.41 |

(3)150℃条件下的现场测试结果

为了更好地考察打壳下料一体化装置的稳定性和可靠性,进一步将测试温度提高到 150℃时,其结果比现行铝电解生产工况更恶劣,目的是通过更苛刻的环境,以考验下料器的可靠稳定性。测试结果如表 6-8 所示,从表可以看出,在全部测试的 18 组数据中,定容量为 1.22~1.23 kg,下料量为 1.20~1.22 kg,飘逸量为 0.01~0.02 kg,下料精度达 98.36% 以上。测试结果表明,即便在比现行下料器使用条件更为苛刻的情况下,下料器精度、稳定性和可靠性仍未受任何影响,充分说明下料器稳定性高,完全能满足要求。

表 6-8    150℃条件下的测试结果

| 150℃条件下的测试结果( 氧化铝平均密度为 0.508 g/cm³ ) | | | | |
|---|---|---|---|---|
| 序号 | 下料量/kg | 飘逸量/kg | 定容量/kg | 下料精度/% |
| 1 | 1.21 | 0.02 | 1.23 | 98.37 |
| 2 | 1.21 | 0.01 | 1.22 | 99.18 |
| 3 | 1.20 | 0.02 | 1.22 | 98.36 |
| 4 | 1.22 | 0.01 | 1.23 | 99.19 |
| 5 | 1.21 | 0.01 | 1.22 | 99.18 |
| 6 | 1.20 | 0.02 | 1.22 | 98.36 |
| 7 | 1.22 | 0.01 | 1.23 | 99.19 |
| 8 | 1.21 | 0.01 | 1.22 | 99.18 |
| 9 | 1.21 | 0.02 | 1.23 | 98.37 |
| 10 | 1.21 | 0.02 | 1.23 | 98.37 |
| 11 | 1.21 | 0.02 | 1.23 | 98.37 |
| 12 | 1.21 | 0.02 | 1.23 | 98.37 |
| 13 | 1.22 | 0.01 | 1.23 | 99.19 |
| 14 | 1.21 | 0.01 | 1.22 | 99.18 |
| 15 | 1.21 | 0.02 | 1.23 | 98.37 |
| 16 | 1.20 | 0.02 | 1.22 | 98.36 |
| 17 | 1.21 | 0.01 | 1.22 | 99.18 |
| 18 | 1.21 | 0.02 | 1.23 | 98.37 |

### 6.3.4.2  下料动作连贯性测试

为了考察下料器的动作连贯性和一致性，针对下料器的两大动作(打壳和下料)分别进行测试，其中表 6-9 为打壳动作的测试结果，从表可以看出，每次打壳动作耗时均为 1.2 s，说明打壳动作稳定、连贯性和一致性非常好，不存在卡壳现象。值得说明的是，表 6-9 中料仓进料时间一栏中数据为进料起始时间。因为本组测试只考察打壳动作，所以两次下料操作的间隔时间不一，该过程中需要将实验的样品进行分装，本次测试时间从 0 s 开始到 927 s 结束。

表 6-9　打壳动作测试结果

| 打壳动作连贯性 | | | |
|---|---|---|---|
| 序号 | 打壳开始时间/s | 打壳结束时间/s | 料仓进料时间/s |
| 1 | 0 | 1.2 | 7 |
| 2 | 21 | 22.2 | 73 |
| 3 | 83 | 84.2 | 138 |
| 4 | 148 | 149.2 | 213 |
| 5 | 232 | 233.2 | 293 |
| 6 | 305 | 306.2 | 335 |
| 7 | 356 | 357.2 | 387 |
| 8 | 399 | 400.2 | 432 |
| 9 | 445 | 446.2 | 488 |
| 10 | 498 | 499.2 | 525 |
| 11 | 533 | 534.2 | 568 |
| 12 | 581 | 582.2 | 606 |
| 13 | 621 | 622.2 | 646 |
| 14 | 673 | 674.2 | 683 |
| 15 | 692 | 693.2 | 752 |
| 16 | 762 | 763.2 | 816 |
| 17 | 829 | 830.2 | 856 |
| 18 | 920 | 921.2 | 927 |

### 6.3.4.3　料仓进料时间测试

从表 6-10 可以看出，在进料 4 s 后，下料量不一，表明定容器中氧化铝未达饱和，但在 6 s 后，下料量稳定，表明定容器已被氧化铝填满。只要在电解过程中，每次下料间隔不小于 6 s，即可实现稳定下料，完全满足生产要求。

表 6-10　料仓进料时间测试结果

| 定容器进料时间 | 测试次数 | | | | |
|---|---|---|---|---|---|
| | 1 | 2 | 3 | 4 | 5 |
| 4 s | 1.12 | 1.12 | 1.13 | 1.08 | 1.11 |
| 6 s | 1.22 | 1.22 | 1.22 | 1.23 | 1.23 |
| 10 s | 1.22 | 1.23 | 1.22 | 1.23 | 1.23 |

## 6.4 新型氧化铝电解下料控制技术

众所周知，铝电解过程是一个十分复杂的生产过程，由于系统的非线性和多种不可预测因素的影响，关于铝电解槽的数学模型研究至今未取得满意的结果。另外，由于在槽内部发生的一些复杂的电化学和物理化学反应，电解槽电解质熔体中的氧化铝物料平衡受到氧化铝加料速度、扩散速度、溶解速度和消耗速度以及其他槽况干扰因素的影响，使得槽内氧化铝浓度的变化表现出非线性、时变、时滞等特征。到目前为止，还没有一种很准确的在线测量电解槽内的氧化铝浓度和温度的仪器和设备，因而，对于氧化铝浓度的控制就成为铝电解控制中的重要内容。在当前的碱法氧化铝浓度控制方面，比较成熟和常用的方法是采用以槽电阻辨识氧化铝浓度为控制基础的按需下料控制技术，取代了传统的定时下料技术。然而，该控制方法的原理是基于碱法氧化铝浓度与槽电阻之间的关系曲线（U 形曲线）。如果没有 U 形曲线，就无法实现氧化铝浓度控制。新型氧化铝在堆密度、粒度、安息角（流动性）、比表面积等物理性能方面与传统碱法氧化铝有着较大的差别，其物理特性指标与传统的拜耳法、烧结法或联合法等工艺生产的氧化铝产品相比，是否影响着电解质熔体与电极之间界面的相关特性，进而对氧化铝浓度与槽电阻之间的 U 形曲线产生影响呢？而这恰恰是新型氧化铝浓度控制算法建立的关键。因此，寻找新型氧化铝浓度与槽电阻之间的定量关系是非常重要的。

### 6.4.1 新型氧化铝电解下料控制技术设计方案

要确定适用于新型氧化铝的下料制度，必须要认识清楚基于新型氧化铝的槽电阻-浓度的关系、基于新型氧化铝的临界电流密度与效应下料策略、特殊工况下的自动控制方法等关键内容。具体技术路线图如图 6-27 所示。

（1）基于新型氧化铝的槽电阻-浓度的关系

采用实验室电解槽进行电解实验，通过槽电阻采集系统测定不同的电解温度、分子比、极距条件下新型氧化铝浓度对槽电阻的变化值，建立槽电阻与浓度之间的定量关系，绘制出不同电解工艺条件下新型氧化铝的 U 形曲线，为控制算法的开发提供关键数据。

（2）基于新型氧化铝的临界电流密度与效应下料策略

采用实验室电解槽和槽电阻采集系统，研究新型氧化铝浓度对临界电流密度的影响，并通过新型氧化铝和碱法氧化铝的临界电流密度的对比分析，结合 U 形曲线和新型氧化铝溶解度测试结果，确定新型氧化铝的浓度控制区间及其对应的槽电阻控制信息。同时，提出阳极效应（闪烁效应和正常效应）加工策略研究，为

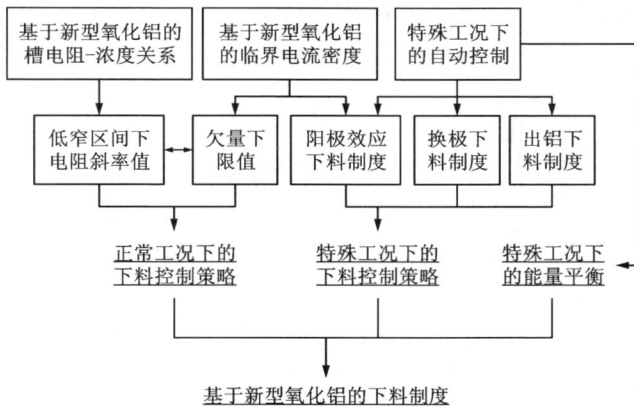

图 6-27　下料制度的开发路线图

低阳极效应系数控制提供关键数据。

（3）特殊工况下的自动控制方法研究

针对新型氧化铝溶解特性和换极后能量损失，提出换极特殊工况的下料制度；通过对换极前、后能量损失量的计算，提出合理的换极过程能量补偿制度。同时，通过出铝前、后槽热量变化，确定出铝后新型氧化铝的电压补偿和下料制度，避免换极或出铝后出现沉淀或阳极效应，防止因能量补偿不合理而出现冷热等病槽，为新型氧化铝铝电解槽在特殊工况下的自动控制算法提供指导。

## 6.4.2　新型氧化铝浓度-槽电阻的关系

当前氧化铝浓度控制技术的共同理论依据是，在槽况正常稳定而且极距变化基本不改变阳极底掌形状时，（表观）槽电阻、$Al_2O_3$ 浓度、极距这三个参数之间存在着如图 6-28 所示的关系。由此可见，在极距一定的条件下，氧化铝浓度与槽电阻的关系呈现为凹形曲线，即在中等氧化铝浓度区存在一个极值点。极低点的位置随电解质的组成与温度等工艺条件的不同而波动。当浓度从极值点开始降低，槽电阻的降低导致过电位随浓度的降低；浓度从极值点逐渐增高时，电解质电阻率的升高导致槽电阻随浓度升高而升高。当浓度升高到一定程度时，沉淀的产生还会成为高浓度区电阻升高的重要原因。极距与槽电阻的关系几乎是线性的关系。图中三条曲线分别对应极距在三个设定值时的槽电阻与氧化铝浓度关系曲线。理论估算表明，极距设定值的不同主要影响到槽电阻与氧化铝浓度关系曲线的高低，而对该关系曲线的形状影响很小。因此，如果忽略极距的变化，控制系统就可以通过跟踪氧化铝浓度变化过程中的槽电阻变化来了解氧化铝浓度所处的状态。这是目前各类基于槽电阻跟踪的氧化铝浓度控制算法的理论基础。

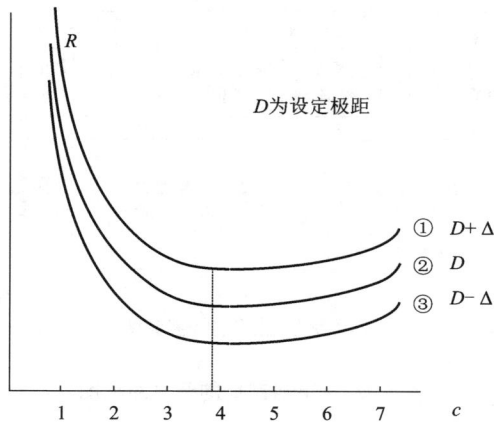

$D$为设定极距

图6-28 槽电阻($R$)、$Al_2O_3$浓度($c$)、极距($D$)之间的关系

目前，各种基于槽电阻跟踪的氧化铝浓度控制技术均将$Al_2O_3$浓度工作区设置在图6-28所示的槽电阻-$Al_2O_3$浓度曲线极低点的左侧，即低$Al_2O_3$浓度区。将$Al_2O_3$浓度控制在低$Al_2O_3$浓度区，不仅满足了现代采用"三低"技术条件的要求，而且由于在低$Al_2O_3$浓度区槽电阻对$Al_2O_3$浓度的变化很敏感，因此当有意识地将下料过程安排为"欠量下料"与"过量下料"周期交替地进行时，$Al_2O_3$浓度的变化就会反映到槽电阻的变化中，通过跟踪槽电阻及其变化速率（常称为斜率）便可以跟踪推测$Al_2O_3$浓度和进行欠量与过量两种下料状态的切换，最终达到将$Al_2O_3$浓度的波动限制在预定的工作区内的目的。在一定时间内，槽电阻均值（或基值）的大小则反映极距的高低，因此可用于极距控制。极距调整及其他操作工序（如出铝、阳极更换）原则上只对$Al_2O_3$浓度跟踪产生短时间的干扰。

保证$Al_2O_3$浓度跟踪成功的关键是维持热平衡以保证炉膛稳定。对于现代采用小加工面的预焙槽，可以观察到，当热平衡良好、槽况稳定时，炭素阳极的消耗速率小于铝液高度的增长速率，这导致极距的轻微或逐渐减小。极距变化是影响$Al_2O_3$浓度跟踪精度的最大因素，但是只要欠量下料与过量下料的"欠"与"过"的程度安排合适，极距的变化就不足以掩盖槽电阻变化中所包含的$Al_2O_3$浓度的信息。

### 6.4.2.1　槽电阻的测定方法

1. 加热及升温装置

实验采用井式电阻炉进行加热，电阻炉功率为 5.0 kW，发热体为硅碳棒，通过型号为 KSY-12 的电炉温度控制器设置实验温度。利用 Pt-PtRh10 型铂铑热电偶校正电解质内的实际温度，从而对温度控制器进行调整。

2. 电流输出及槽电阻数据采集

电解实验采用的直流电源最大供电电流为 100A。使用槽控机记录实验过程中槽电阻的变化情况，数据采集精度为 0.01 μΩ，采样频率为 2 Hz，并通过上位机对槽电阻数据进行存储。

3. 试验测试过程

通过熔盐电解实验，采用槽控机进行槽电阻检测，实验装置如图 6-29 所示。根据电解质组成配制电解质，充分混匀，装入刚玉坩埚，底部开有一个小孔以便形成电流回路。为防止电解质挥发导致电解过程中电解质成分发生改变，在刚玉坩埚上方放置刚玉盖。刚玉坩埚外部套有一个石墨坩埚。石墨坩埚固定在不锈钢托盘上，不锈钢托盘及托盘下端的导杆作为电极引线连接到直流电源上。刚玉坩埚上方放有石墨阳极，阳极与导杆相连，导杆与电源正极连接。将电解质升温至目标温度，并保温一定时间，待电解质完全熔化后，使用热电偶测定电解质温度，当电解质温度达到目标温度时，使阳极下降，将槽控机正负极接线端分别与阳极导杆和底部铁托盘连接。连接好槽控机后通直流电，进行电解。当电解实验完成后，先将直流电源关闭，之后将阳极提升至电解质界面之上，关闭电阻炉，对上位机所获得的槽电阻数据进行分析。

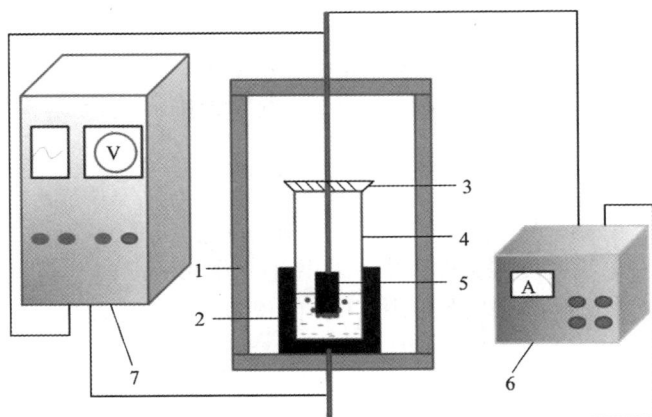

1—电阻炉；2—石墨坩埚；3—刚玉盖；4—刚玉坩埚；5—石墨阳极；6—直流电源；7—槽控机。

**图 6-29　实验装置图**

#### 6.4.2.2　临界电流密度的测定

临界电流密度就是在给定的电解条件下，电解槽上发生阳极效应时的阳极电流密度。它能表征铝电解槽电解质熔体发生阳极效应的能力。临界电流密度的测定，通常是通过逐步提高阳极电位，使电解电流逐步增加，直到出现阳极效应时那一刻的电流，此刻的电流即为临界电流。临界电流时的阳极电流密度即为临界电流密度 ccd（A/cm$^2$）。这从实验室电解槽的 I～V 曲线图可以很清楚看出，图 6-30 所示即是一个较为典型的实验电解槽阳极效应的 I～V 曲线图。

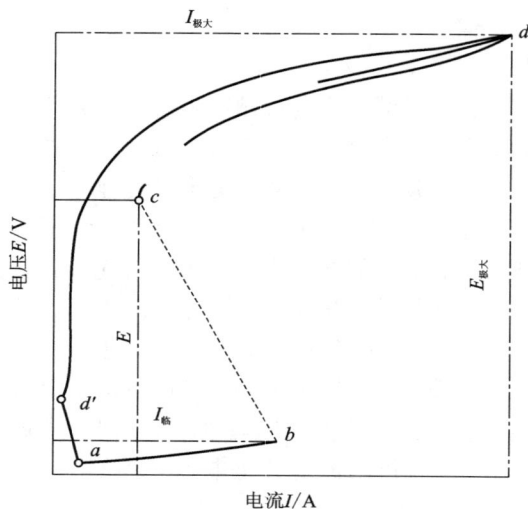

**图 6-30　阳极效应的 I～V 曲线图**

如图 6-30 所示，从 a 点起，在增加电流密度时，电压升高，一直到 b 点，在 b 点电压突然升高，电流突然下降到 c 点，b 点即为临界电流 $I_{ac}$，临界电流密度 ccd 为：

$$ccd = I_{ac}/S_a \qquad (6-12)$$

式中：$I_{ac}$ 为临界电流，A；$S_a$ 为阳极工作面积，cm$^2$。

在测定临界电流密度实验过程中，采用直径为 40 mm 的石墨阳极，并将阳极周围采用 NB 绝缘管保护，因此，阳极工作面积为阳极的底面积。

#### 6.4.2.3　槽电阻-氧化铝浓度关系曲线

图 6-31 为氧化铝质量分数-槽电阻变化曲线。由此可以看出，无论是新型氧化铝还是碱法氧化铝，其浓度与槽电阻的关系呈凹形曲线，两者基本相同，且在中等氧化铝浓度区（4%）存在一个极值点。这是因为当浓度从极值点走低时，阳极过电位随浓度的降低而显著增大，槽电阻随浓度的降低而显著增大；当浓度从

极值点走高时，过电位的降低不显著，而电解质电阻率随浓度的升高而升高，槽电阻随浓度升高而升高。但是，在低氧化铝浓度区（≤4%），槽电阻变化曲线相比高浓度区更陡，曲线的敏感性更强。从控制方法实现的难易程度来看，低浓度敏感区更便于精确控制。

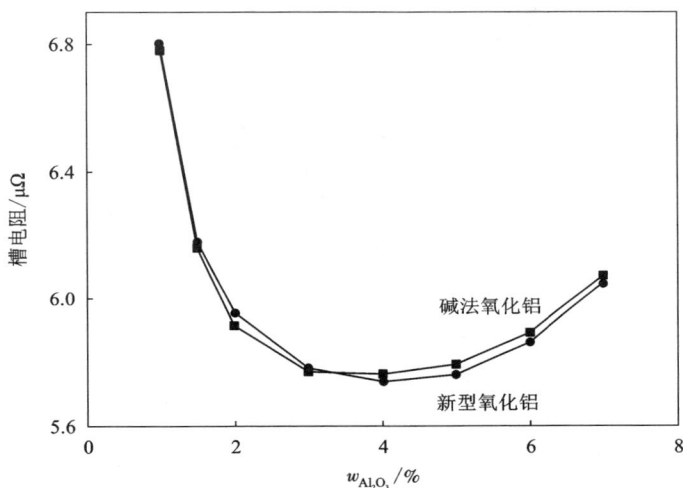

**图 6-31　氧化铝质量分数-槽电阻曲线**

**1. 极距对 U 形曲线的影响**

在铝电解生产过程，铝水平不断上升，阳极逐渐消耗，同时还有出铝工序，因此，铝电解过程也是极距不断变化和调整的过程。因而，了解极距对槽电阻的影响，对铝电解生产与控制具有重要作用。对于新型氧化铝而言，其极距变化对 U 形曲线的影响如图 6-32 所示，不同极距条件下，槽电阻随氧化铝浓度变化呈先快速减小后缓慢增加的变化规律，且极距越大，槽电阻变化曲线越高，即槽电阻数值越大，这主要是因为极距越大，极距间电解质部分的电阻越大，从而使整个槽电阻数值升高。由此可以看出，在低浓度区（≤3%），随着极距的增大，槽电阻斜率逐渐减小，曲线敏感性下降，不利于精确控制，甚至更容易走向高浓度区，增大沉淀风险。

**2. 电解温度对 U 形曲线的影响**

在实际生产中，一般评价电解槽冷热情况，除了用电解温度来表示外，更为看重的指标是过热度。影响电解槽冷热行程的因素很多，其中最为重要的是槽电压的保持和槽保温情况。相比而言，槽电压保持越高，槽热收入增加，槽温和过热度随之升高；保温料覆盖越厚，槽上部散热少，槽温和过热度也会升高。同时，

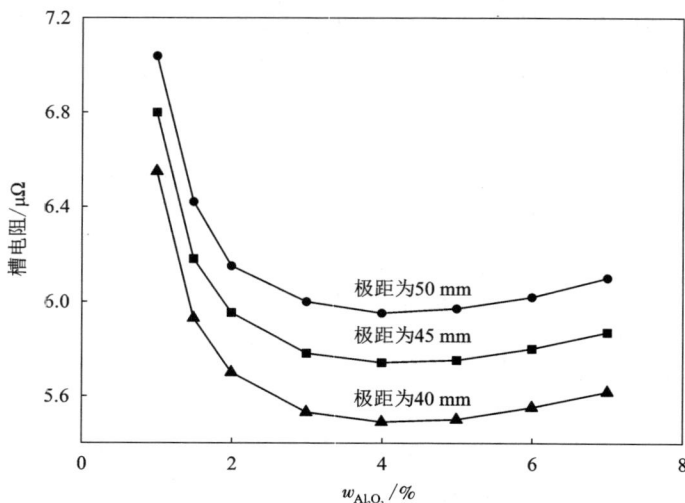

图 6-32 不同极距下，$Al_2O_3$ 质量分数对槽电阻的影响

电解过程中，阳极效应的发生，会产生大量的热收入，槽温会快速上升。当然，生产中的换极、出铝等操作环节对槽温也有一定的影响。由此可知，槽温和过热度的波动在铝电解过程中是无法避免的，只是尽可能做到波动小，且在可控范围内。

如图 6-33 所示，随着过热度的减小，槽电阻曲线逐渐上移，这是由于过热度低，电解质部分的电阻增大，从而导致整个槽电阻上升。由此可以看出，随着过热度的降低，槽电阻上升的幅度越大，且高浓度区的槽电阻曲线敏感性逐渐增强，这可能与低过热度条件下，电解质黏度增大，且黏度随着氧化铝浓度的增大而快速升高，导致阳极气体不易排出，气膜压降上升有关。

3. 分子比对 U 形曲线的影响

铝电解过程中，分子比的选择不仅关系到电解温度的高低，而且影响着氧化铝溶解能力，最终影响主要技术经济指标。然而，分子比在电解过程中经常变化，主要随着氟盐添加量、电解质挥发、温度变化而变化。不同分子比条件下，新型氧化铝对槽电阻的影响如图 6-34 所示，随着分子比的减小，槽电阻增大幅度越大，即曲线上移幅度随之增大。这主要是由于分子比降低，电解质导电率下降，导致槽电阻上升，同时，分子比减小，氧化铝溶解能力降低。当分子比为 2.3 时，电解质中的氧化铝无法完全溶解，电解质发黏，槽电阻急剧升高并超过测量仪器上限。

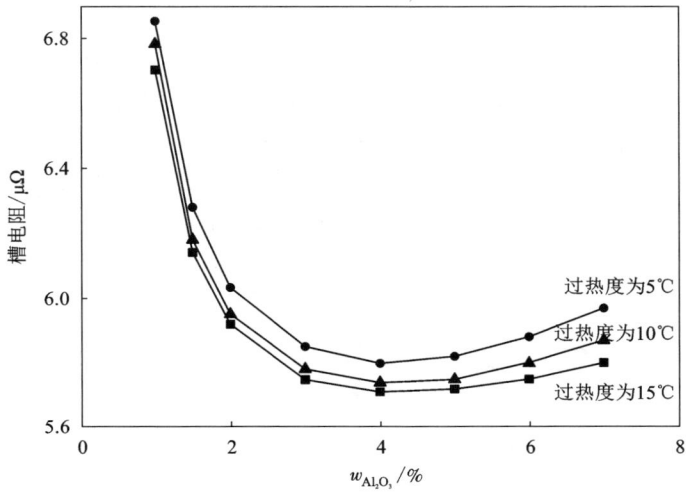

图 6-33 不同过热度下，$w_{Al_2O_3}$ 对槽电阻的影响

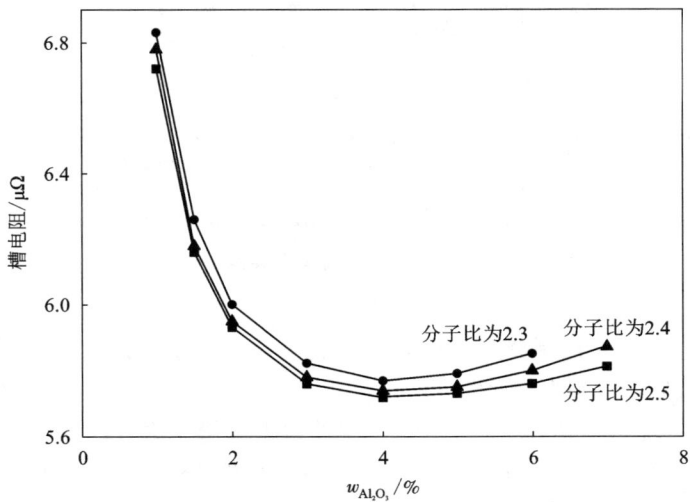

图 6-34 不同分子比下，新型氧化铝质量分数对槽电阻的影响

### 6.4.3 新型氧化铝电解控制系统构建

#### 6.4.3.1 控制系统架构

铝电解槽智能控制系统采用基于云架构的多级分布式结构(如图 6-35 所示)。其中,车间控制级主要采用以太网互联的槽控机构成;原有的机房上位机监控系统重新设计成以数据为中心的铝电解控制信息私有云;同时,通过 VPN 技术将企业控制信息送到 Alwit 的远程工艺服务公用云中心,提供远程工艺分析与会诊功能。车间控制级与机房数据私有云中心之间采用基于以太网协议的光纤相连。

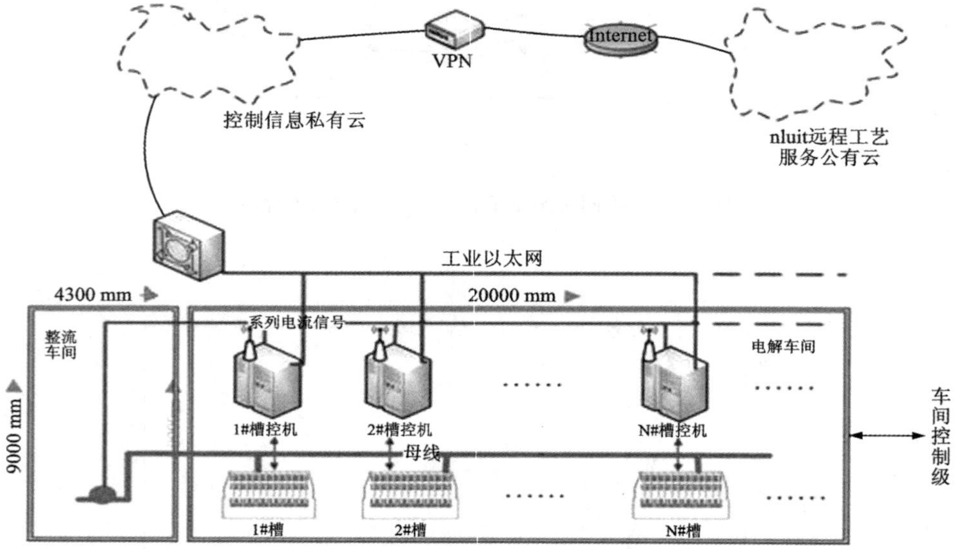

图 6-35 系统体系架构

早期铝电解智能控制器上位机软件一般包括机房接口机软件(监控管理级)、服务器软件及客户端软件(管理计算机)三大部分,其中机房接口机软件因功能复杂(包括与现场通信、监控、语音报警、本地数据备份及服务器上历史数据库存储等功能)、过于集中,负载能力和稳定性都不强,当联机的电解槽数目增加时,需要增加机房接口机的数量,给操机员监控带来了不便;同时,客户端软件功能也不强,比如不具备远程数据修改等功能,控制信息管理上以机房计算站为中心,车间工区对控制信息的任何调整都需要跟机房联系。新一代铝电解槽控制系统上位机软件,软件基于企业控制信息私有云技术,是企业信息化的发展方向,为无人值守机房提供了技术支持;这种软件结构弱化了机房的作用,让机房逐步回归到以设备维护为中心的定位上来。

机房上位机监控系统通过重新设计，形成了基于云架构、以数据为中心的铝电解企业控制信息私有云结构（如图 6-36 所示）。这种架构将监控数据、历史数据、报警数据及离线工艺数据等组织成服务器集群结构，这样便最大限度地在企业内部实现了控制信息的资源共享。通过权限机制，企业内任何客户只要联网就能获取自己感兴趣的控制信息及生产管理信息。只要权限足够，自己的办公室就是计算机站。

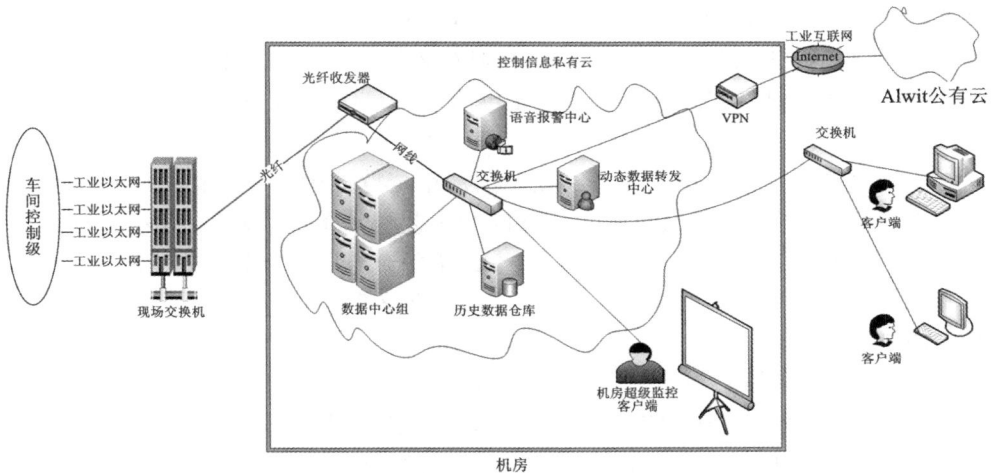

【 数据中心组 】：负责接收现场以太网过来的传感与控制信息，对信息进行分析处理与分类管理，并将加工后的信息发送到其他分布式功能服务器，可以根据通信系统负载动态分配每个数据中心管理的现场电解槽数，比如每工区一个数据中心或每车间一个数据中心。
【历史数据仓库】：负责控制系统所有历史数据（包括历史曲线和各类报表数据）的存储和管理。
【动态数据转发】：负责控制系统秒级动态数据的转发和控制参数的修改。
【语音报警中心】：负责实现控制系统的语音广播报警，可以根据需要实现分区、分车间、分厂房的区域报警功能。
【 Alwit公有云 】：是基于互联网+的第三方铝电解工艺服务公有云，不仅可以为铝电解厂家提供24小时的远程监控功能，而且可以通过控制系统为铝电解厂家提供远程工艺服务和技术交流。
【 远程客户端 】：不在电解厂房的工艺技术人员与生产管理者，可以通过互联网随时随地获得远程监控或远程服务。

图 6-36　系统网络拓扑

云架构是一种软件工程设计方法，其核心是以数据为中心的完全分布式结构。用户需要任何数据时，只需要向数据中心发送请求。同样地，当需要修改某些关键数据时，也只需要向数据中心发送命令，用户对数据的访问取决于用户权限。针对原有铝电解智能控制器上位机软件的缺陷，建立基于云架构的上位机系统。该系统符合目前国际上对企业私有云的定义，且将其称之为铝电解控制信息私有云。其具体含义为：将原有机房接口机软件中与本地数据备份及服务器上历史数据库存储功能抽出来形成机房数据服务中心配套软件；将原有机房接口机软件中与现场通信功能单独抽出来形成企业私有云通信服务中心配套软件；将原有机房接口机软件中的语音报警功能单独抽出来形成企业私有云语音报警服务中心配套软件；原有的客户端软件通过增加远程数据修改等高级功能，与原有机房接口机软件的监控功能完全一样，形成了统一的企业私有云客户端浏览器配套软件，机房操机员监控界面与工作站监控界面是同一个程序，只是用户权限不一样，机房操机员权限一般高一点，将其称之为机房超级监控客户端，而工作站则称之为普通客户端；原有服务器软件中的历史数据存储和查询(历史数据仓库)功能、动态数据转发功能不变。

这种分布式软件结构大幅度减少了原有机房接口机软件的复杂度，提高了负载能力和稳定性，同时机房接口机软件功能已经退化到与原有客户端软件基本相同，从而形成了统一的版本。很明显，这种软件结构强调以数据为中心，且将各个功能模块分布到不同的计算机上，而机房操机员需要监控的计算机大幅度减少了。

采用先进的 VPN 网络技术，可在全国甚至全球范围内构建铝电解槽远程工艺分析与会诊平台，从而实现电解槽诊断和工艺技术条件优化的 24 小时远程不间断监控和先进工艺管理思想的资源共享，提高工艺管理水平和效率，达到智力资源的最大程度共享。工艺管理人员、技术专家及控制系统厂家可以在全国甚至全球任何有互联网的地方，对电解槽的运行情况进行分析诊断，并在互联网上通过可视化信息交流平台与行业内专家、学者及控制系统厂家进行无缝交流，及时获得工艺指导和建议，进而快速准确地处理电解槽故障和进行工艺技术条件调整与优化。云架构体系如图 6-37 所示。

### 6.4.3.2　智能优化平台架构

现有的控制技术基于单一的综合槽电阻信号进行槽稳定性判断及氧化铝浓度的估算，缺乏反映对电解槽工艺故障局部性特点的有用信息，因此仅靠目前电流和电压这两个在线采集信号来控制这种非均匀性会变得越来越困难。随着低电压工艺的实施和精细化管理的逐步推广，急需提供更多的在线传感器信号来解决控制中的精确性和均匀性难题，同时为铝电解现场工艺管理者提供精细化、数值化、可视化的实时分析工具，及时、科学和准确地解决现场发生的各种工艺问题，并尽早将故障消除在初始状态。

通过增加铝电解槽的各种在线传感器信息(阳极电流，侧部和底部温度，阴极电流等)，不仅能依靠对传感信息的解析和挖掘，获得各种描述电解槽工艺和内部状态的定性或定量信息，还能借助三维可视化技术较完整地构建出三维数字化电解槽系统(铝电解槽软"CT")，并通过用实时采集的传感器信息和离线采集的测量信息对动态仿真结果进行校正，达到更加准确可靠的效果。

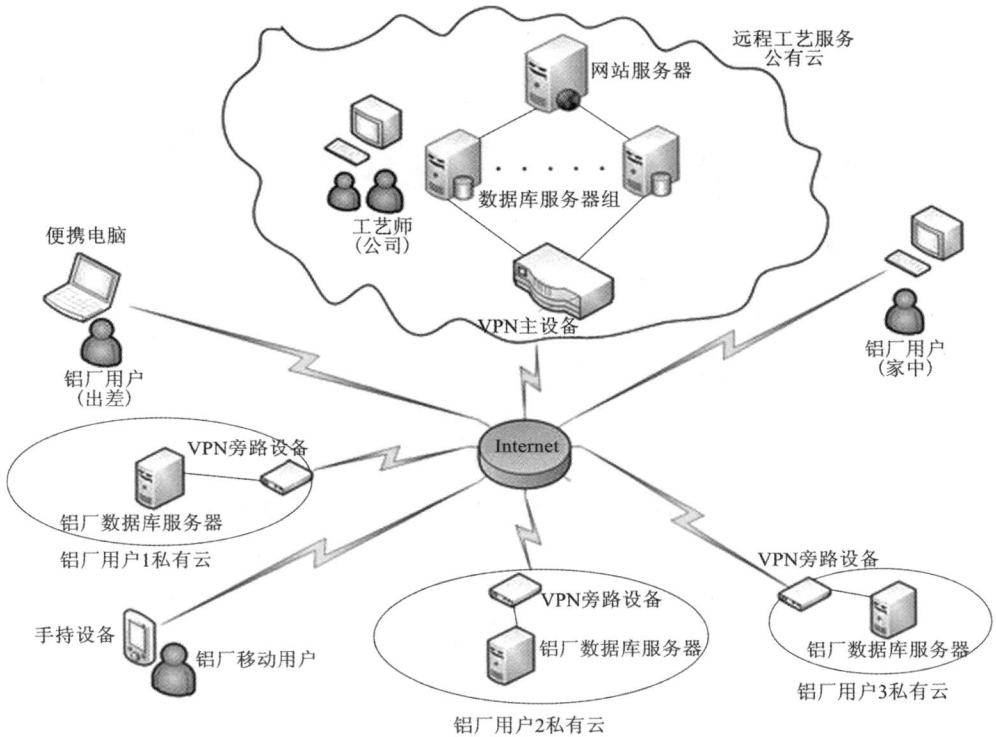

**图 6-37　云架构体系**

  三维数字化电解槽的构建，可以直观地协助工艺技术人员对电解槽的反应过程和机理、工艺现象和故障、病槽原因和处理措施等有深入的了解，协助他们准确快速地处理故障槽、及时有效地抑制和避免阳极效应、科学可靠地预防不稳定槽，并对电解槽的整个反应过程进行实时监控，减小换极作业、出铝作业和人工操作的盲目性，提高作业的操作质量。基于数字化电解槽的新型铝电解智能优化控制系统结构如图 6-38 所示。

  通过与分区下料系统硬件的配合，不仅能实现铝电解在线传感器信息与传统控制系统信息的融合，而且通过分区下料智能策略的实施，为实现氧化铝浓度的均匀分布、极距控制策略及氟化铝控制策略的深度优化提供全方位的技术支撑，有效提升控制系统对氧化铝浓度及过热度的控制精度、电解槽的磁流体稳定性，为控制系统实施缩小指标波动区间的智能优化和零效应控制策略提供技术保证，从而为进一步节能降耗和减员增效奠定坚实的基础。新型铝电解智能优化控制架构如图 6-39 所示。

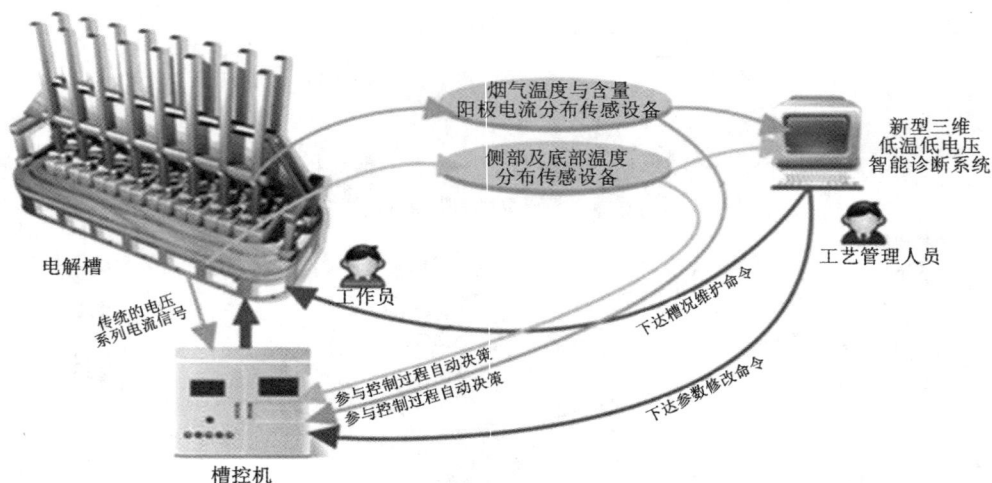

图 6-38　基于数字化电解槽的新型铝电解智能优化控制系统结构

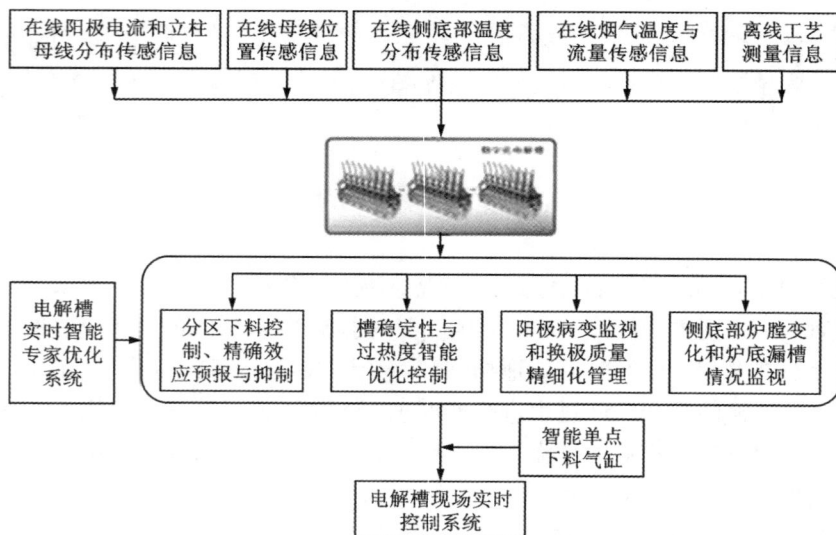

图 6-39　新型铝电解智能优化控制架构

　　智能控制优化是一个专家决策经验不断迭代的过程，而且针对在线传感器信息和工艺测量信息的不同数据密度、影响程度、与工艺控制优化的关联度等因素，采用三级控制优化设计来实现专家知识的有效提取和迭代优化，如图 6-40 所示。

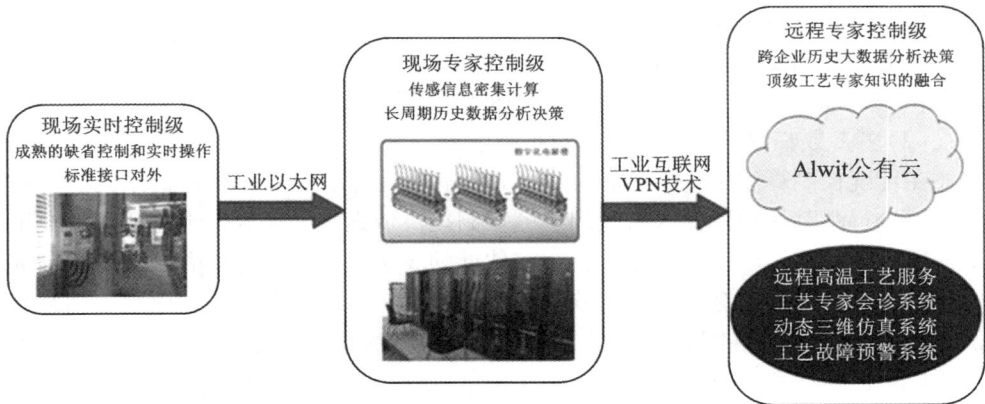

**图 6-40　三级控制优化设计来实现专家知识自动化系统**

　　这种多级控制优化不仅为工艺专家不断优化控制策略和控制参数提供了高效的研发手段，而且可以借助多级别和多途径等综合控制优化技术来提升控制系统的鲁棒性和决策精度，从而确保技术指标的波动长期控制在理想的区间。这是一个迭代优化的过程。

### 6.4.3.3　控制系统功能

　　铝电解槽的基础控制采用基于铝电解低电压高效节能技术的智能多环协同控制技术，并配合相应的工艺技术条件，实现对氧化铝浓度、极距与热平衡的准确控制，其控制算法主要包含：多目标（高电效、低电耗、低排放、高稳定）综合优化函数计算；电解槽多参数临界状态（包括临界极距、临界过热度和临界氧化铝浓度）动态智能辨识；智能多环（物料平衡控制环、热平衡控制环和稳定性控制环）协同优化与控制。

　　（1）多目标综合优化函数计算

　　在传统的控制方法中，控制系统对物料平衡及热平衡的控制是通过将相关设定参数控制在人工设定的目标范围内来实现控制目的。一方面，人工设定值很少经常调整；另一方面，人工设定值往往并不一定是最优值（所谓最优，应该是能使电解槽在当前工艺技术条件实现的综合效益为最佳）。在新工艺条件下，由于不同目标（高电效、低电耗、低排放、高稳定）之间的矛盾与冲突更加突出，因此控制系统若仅按照人工设定值来进行控制，往往并不能获得综合效益为最佳的控制效果。因此，我们提出了构造多目标综合优化函数的技术思想与方法，该方法的基本思想是，根据现实的工艺技术条件及其与理想的工艺技术条件之间的差异，由多目标综合优化函数计算模块计算出一个既与现实条件相匹配，同时又能推动

"现实"向"理想"迈进的一组控制目标值(我们称之为"动态目标值")。这组动态目标值不是单纯从追求某一个控制目标来确定,而是兼顾电解槽运行的四个方面,即高电效、低电耗、低排放和高稳定。在确定动态目标值后,控制系统再据此对相关人工设定参数做出一定调整,达到对人工设定值进行自寻优的目的。

(2)多参数临界状态动态智能辨识

在传统控制算法中,控制系统主要对电解槽运行过程中的氧化铝浓度这一主要参数进行跟踪估计以便为氧化铝浓度控制提供依据,也有不少研究开发者提出了各种对电解质温度和过热度进行跟踪估计的算法,试图为电解槽热平衡控制提供依据。我们设计的多参数临界状态动态智能辨识算法除了对反映电解槽物料平衡、热平衡和稳定性的状态参数与特征参数(包括氧化铝浓度、极距、过热度、磁流体稳定性特征参数等)进行实时跟踪估计(获得对电解槽当前实际状态的完整描述)外,还对与当前动态目标值相对应的当前临界状态进行辨识与分析,并对当前实际状态与当前临界状态(临界氧化铝浓度、临界极距、临界过热度、临界稳定性等)的差距进行估算与分析,为智能多环协同优化与控制提供控制决策依据,使电解槽的状态尽可能向临界状态靠近。

多参数临界状态动态智能辨识模块的一大特色是,充分利用电解槽运行在临界状态附近时阳极气膜电阻对物料平衡、热平衡及极距的变化十分敏感这一特点。我们设计出新一代功能强大的槽电阻噪声分析器(软件模块),该分析器通过对槽电阻噪声进行细致的频谱分析,从频谱图中辨识出氧化铝浓度、过热度、极距以及炉膛状态信息,将频谱辨识方式获得的信息与其他分析方式获得的信息进行综合分析,就可以得到更加准确的电解槽当前实际状态与当前临界状态信息。

(3)智能多环协同优化与控制

智能多环协同优化与控制模块由物料平衡智能控制、热平衡(及极距)智能控制、槽稳定性智能控制、智能多环协同优化四个子模块构成。

①物料平衡智能控制。

在传统模糊激励分挡及模糊推理的基础上,提出了窄区域氧化铝浓度控制算法,通过引入激励强度因子和激励速度因子,使浓度控制不仅能控制在低浓度区域,而且使其精度明显提高。整体来说,在浓度控制精度提高,浓度区间收窄的情况下,激励强度因子应靠近下限区间。另外,在物料平衡控制中,利用多参数临界状态动态智能辨识的辨识结果,引入(临界)过热度影响因子及(临界)磁流体稳定性影响因子,从而充分考虑热平衡及槽稳定性这两个环节对物料平衡的耦合作用。在供电正常、电解槽工艺技术条件合理、人工操作规范的前提下,能准确将氧化铝质量分数控制在 1.8%~2.5%;同时,在正常换极操作后能在很短时间(1~2 h)回归低浓度控制区间。对因换极操作不规范而造成的大量物料渗入的情况,也能在 4~5 h 达到低浓度控制区间。

物料平衡智能控制模块最大的特点是，过、欠变化的控制依据不单纯只依据槽电阻斜率(因为槽电阻斜率与氧化铝浓度并非有固定的对应关系)，而是要利用多目标综合优化函数计算模块以及多参数临界状态动态智能辨识模块的解析，获得氧化铝浓度的实际状态值、氧化铝浓度的临界目标值、实际状态值与临界目标值的偏差以及氧化铝浓度的稳定度等信息作为综合决策下料速率控制的依据；同时，还要从多参数临界状态动态智能辨识的解析中获得电解槽热平衡稳定度和电解槽综合稳定度等信息，根据这些信息来调整下料速率控制策略，从而一方面使下料控制不单单只考虑氧化铝浓度控制的需要，而是要兼顾热平衡控制和槽稳定性控制的需要；另一方面也可防止氧化铝浓度调节被热平衡波动和槽电阻波动所"误导"。换言之，此种氧化铝浓度控制算法充分考虑了物料平衡、热平衡以及槽稳定性这三个控制环节的交互作用与耦合作用。

正是由于此种控制算法充分考虑了物料平衡、热平衡以及槽稳定性这三个控制环节的交互作用与耦合作用，因此我们对过、欠过程设有许多限制条件，由槽控机根据对物料平衡、热平衡及槽稳定性的综合解析结果来决策是否需要启动相关限制条件，并选择合适的欠、过量持续时间以及合适的欠、过量深度，尽量避免引起热平衡或槽稳定性大范围波动的"大过量"与"大欠量"的使用，也尽量避免长时间的欠量或过量下料。

基于上述同样的理由，对过、欠量的深度是有限制的，在电解槽热平衡及稳定性非常好的情况下，槽控机会放宽对过、欠量深度的限制，使氧化铝浓度尽可能进入理想的范围；否则，会自动限制过、欠量深度，防止欠、过量程度过大对热平衡和槽稳定性产生的不利影响。

②热平衡(及极距)智能控制。

在传统极距调整(即电压调节)的"双死区"模型的基础上，增强控制算法的灵活性，提高控制系统对人工设定电压(即人工设定电阻)的适应能力和自调节能力；在极距调节的决策算法中，利用多参数临界状态动态智能辨识的辨识结果，引入(临界)过热度影响因子、(临界)氧化铝浓度影响因子和(临界)磁流体稳定性影响因子，从而使热平衡及极距的控制不再是简单的基于槽电阻单因素分析的电压调节。为了进一步增强电解槽下料控制与极距调整之间的协同性，采用"两中心、两优先"的协同控制策略：下料控制与极距调整的关系中，浓度跟踪期间以下料控制为中心，人工改变控制参数时，以极距调整为中心，在热平衡(及极距)与目标的偏差大时，极距调整优先，反之下料控制优先。此外，还针对换极对临界状态下的能量平衡控制影响非常显著这一特点，优化了换极后的能量平衡控制策略，使换极时的能量损失尽快得到补偿。

③槽稳定性智能控制。

槽稳定性智能控制的主要功能是，利用多参数临界状态动态智能辨识获得的槽稳定性辨识结果（包括"当前稳定性""临界稳定性"以及这两者的发展趋势和两者之间的差异），对与槽稳定性相关的设定参数进行调整，并在电解槽稳定性越过了某一极限时直接转入特定的下料与极距控制模式。

④智能多环协同优化。

智能多环协同优化策略依据多目标综合优化函数计算模块和多参数临界状态动态智能辨识模块的输出，确定物料平衡、热平衡（及极距）、槽稳定性这三个控制环的发展方向并做出控制优化决策。这种优化决策包括对上述三个控制环中使用到的相关影响因子进行调整，从而达到协同优化与控制的目标。

### 6.4.3.4 基于数字化电解槽的智能优化控制技术

（1）数字化电解槽系统

数字化电解槽系统模块着重解决在线传感器信息的采集、前期预处理和工艺特征信息的提取问题。鉴于在线传感信息的大数据量，优化整个系统的后台数据架构，并相应地研发了后台系统支撑软件，让系统运行于机房后台数据中心服务器上的"现场专家控制级"中。

数字化电解槽系统的功能是完成在线传感信息的高速采集、高速存储和高速呈现。目前传统槽控系统依赖的 CAN 通信方式无法满足要求，需要引入纯工业以太网的通信模式，同时传统的 SQL-Server 数据库存储方式也无法满足高速存储和高速呈现的要求，为此研发了一套具有通信、存储、呈现功能的后台支撑软件模块，具体来说包括 Window Server 环境下基于完成端口（CPIO）的高速异步通信中间件模块、实时内存数据库系统、服务器端负载均衡模块、动态与历史数据查询一体化图形显示组件模块。

在线传感信息前期预处理模块主要基于数字信息处理技术对采集的传感器信息（在线阳极电流分布、侧底部温度分布、烟气温度与含量）进行数字滤波、频谱分析和数据挖掘。

工艺特征信息的提取模块主要基于数据挖掘和模式识别等智能分析方法对在线传感信息所包含的铝电解工艺特征和状态信息进行提取，提取的工艺特征和状态信息包括效应预报特征、浓度分区特征、换极号识别、炉膛厚度变化、过热度变化、阳极噪声特征、阳极病变特征等。

（2）铝电解智能优化控制系统

铝电解智能优化控制系统的功能是基于数字化电解槽提取的有关在线传感器信息所提取的工艺特征和状态信息来进行数学建模，形成决策模型，并进一步输出与效应控制、过热度控制、分区浓度控制与阳极状态等相关的决策策略与建议。

换极过程优化模块主要完成换极过程物料和能量按需自动补偿逻辑两部分功能，通过自动调整 NB 间隔、换极附加电压和换极停料控制等参数来触发控制系统相应的决策处理，并实现换极自动单点停料功能，本模块运行于现场实时控制级。

区域浓度分析与控制模块主要基于在线阳极电流分布传感信息提取的铝电解槽浓度分区特征来实现分区按需下料控制逻辑，在分区下料装置的配合下，实现铝电解分区下料控制。本模块运行于现场实时控制级。

过热度分析与控制模块主要基于侧部温度分布的变化规律解析出铝电解槽炉膛厚度变化信息，同时配合烟气温度变化推断出过热度的变化特征，进而通过设定电压和氟盐添加量的调整来进行过热度的控制优化。本模块运行于现场实时控制级。

精准效应预报分析与控制模块着重于精确效应预报的处理，结合传统槽控系统的效应预报逻辑，对基于在线阳极电流分布传感信息的精确效应预报进行分级、分抑制强度的优化处理，达到进一步提高效应预报系统抑制效率和鲁棒性的目的，并在分区下料装置的配合下，实现精准效应抑制功能。本模块运行于现场实时控制级。

阳极故障分析与告警模块主要对在线阳极电流分布传感信息提取的阳极病变特征进行分类评估和综合决策，从而形成准确的告警信息。本模块运行于现场专家控制级。

换极质量的量化管理模块主要基于在线阳极电流分布传感信息采集的实时信息对整个换极过程进行实时监控，通过对换极前、后一定时间内的阳极电流变化情况进行统计分析，形成对换极质量的量化评估结果。本模块运行于现场专家控制级。

阳极稳定性分析及决策模块主要对在线阳极电流分布传感信息提取的噪声特征进行分类管理和追踪，并进行一定程度的抑制处理（通过改变下料策略和参数）；对波动比较严重的铝电解槽提出精准的调极策略。本模块运行于现场专家控制级。

电解槽全槽温度信息采用热力图的可视化显示方式，让用户对电解槽相应位置温度变化有直观的认识，方便工艺人员快速定位电解槽局部温度过热或过冷的现象；同时，提供的温度历史数据分析功能，能很好地根据长周期温度变化对电解槽的炉膛情况进行可靠的工艺分析和诊断；控制系统提供基于温度基准值和一定时间温度变化值双重判据的漏槽报警功能，工艺人员可以对不同点的报警温度基准值和变化值进行设置，从而实现对电解槽的定制漏槽报警功能。

智能打壳下料控制器通过采集和分析每个气阀接入的压力传感器信息，获取每个火眼的下料状态信息（火眼通畅与否、壳头包状态、堵料情况等），并结合槽控机的浓度和热平衡解析信息，实现智能化的定点定量打壳下料控制、解决各类下料故障，以缓解不利的槽况和维持正常的电解工艺状况。

### 6.4.3.5 上位机系统

上位机系统不仅具有传统监视、曲线、报表和参数修改功能，还提供在线传感器信息监视和历史曲线查询功能，同时在广播系统中增加了有关传感器采集故障、阳极故障、单点效应预报、重要工艺故障、槽安全性等各类报警功能。上位机系统提供远程监视与服务系统来满足工艺技术人员 24 小时全方位对试验槽的情况进行监视和提供远程服务的功能。

铝电解控制信息需要通过 VPN 技术接入互联网输送给远程工艺服务公有云系统，采用 VPN+硬件防火墙技术才能保证公网信息传输的安全性和防病毒攻击能力；而需要访问控制信息的客户端则可通过常规的 Web 技术访问指定的专用 Web 服务器，这样就将铝电解企业数据服务器受攻击的危险降到了最低，其具体的网络结构如图 6-41 所示。

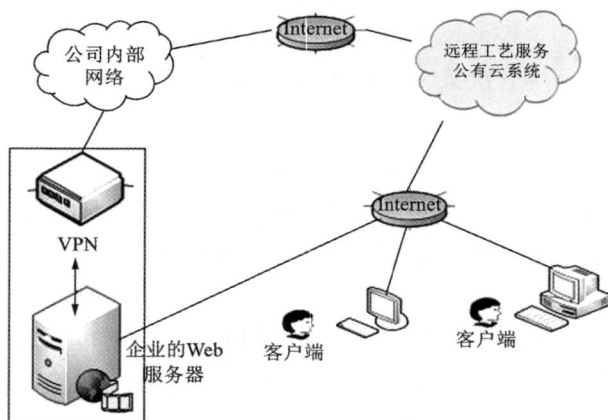

**图 6-41 新型氧化铝网络结构**

远程监视与服务终端系统，提供人机交互界面，包括 PC 版与手机版。其中 PC 版功能很强，与现场应用软件的功能一致，甚至提供的曲线分析界面功能更加强大；手机版仅提供曲线查看和报表管理功能。

## 6.4.4　控制策略、参数优化

### 6.4.4.1　物料平衡控制策略

为了有效解决新型氧化铝电解过程中溶解和扩散性差，容易诱导闪烁效应的难题，不仅需要将氧化铝浓度控制在低窄范围内，而且要实现氧化铝浓度的均匀性控制；另外，还需要一套精准效应预报和抑制功能来防止局部闪烁效应的发生。为此我们针对新型氧化铝电解的物料平衡控制研发了如下两种智能优化技术。

（1）区域浓度控制

传统铝电解槽的浓度控制基本靠槽电压和系列电流两个参数来追踪，只能反应电解槽的整体浓度变化情况。对小型槽来说，由于流速场加速氧化铝的扩散作用，各火眼间的浓度差较小，这个整体浓度基本能反映电解槽各火眼的浓度情况；然而对大型电解槽（特别是 400 kA 以上），这个整体浓度更多情况下反映的是槽电压采样点（烟道端）对应火眼的浓度变化特征。试验发现，大型槽烟道端与出铝端的瞬时电压差在 100 mV 以上。因此，传统的整体浓度追踪已经不能准确反应电解槽各火眼间的浓度差异，并且这种浓度差异的存在，也是大型槽在低浓度下运行时局部闪烁效应频繁的原因。大型槽把浓度控制在低浓度范围内，有利于低电压下的电解生产，而将各火眼的浓度控制均匀更是确保电解生产平稳高效的基础和根本，为此需要实现大型铝电解槽低浓度下的浓度均匀性控制。

解决浓度均匀性控制，首先要解决各火眼局部电流变化的感知问题，其解决办法是安装在线阳极电流分布传感器；其次需要解决单点下料装置问题，这样才能保证各火眼的下料逻辑能独立控制，而不像传统下料控制逻辑那样，仅仅是两两交替下料；下一步各火眼下料逻辑的控制，依赖于从局部电流变化中解析出对应的浓度变化特性，各火眼局部电流代表围绕这个火眼的每块阳极电流的总和，而这个电流有一个明显的电化学反应特征：电流大代表这个火眼区域电化学反应激烈，需要补充的氧化铝就多，浓度就较低；反之电流小，浓度就高，基于这个电化学反应特征，采用类似传统浓度控制中用斜率和累斜来追踪 U 形曲线的方法，创建新的特征变量——电流斜率和电流累斜，来追踪区域电流规律，从而实现各火眼浓度变化特征的解析；最后与火眼浓度变化特征相对应，基于按需下料原则，实现各火眼下料逻辑的控制。具体来说，设置每个火眼对应的基准下料比例系数参数（对应的参数地址从 80F0H 开始），根据流速场仿真和电解生产的工艺特征，电解槽两端下料系数要小，比如 70% 表示比整体浓度控制基准小 30%（少下 30%），中间火眼基本与整体浓度控制基准一致（100%），然后依据每个火眼浓度解析情况对下料比例系数进行适当微调整，就能实现各火眼浓度的均匀性控制，这种控制思路既保证整体浓度控制在浓度大范围内可控，同时又兼顾各火眼浓度变化的差异，现场试验效果表明这种浓度均匀性控制方法是可行的。

（2）精准效应预报与抑制

基于对阳极电流在效应发生前的变化观察与分析，阳极效应的发生基本都会存在提前的区域浓度偏低或者局部效应并伴随着部分阳极电流的快速掉落，这给了利用阳极电流分布的在线变化进行效应预报的可能性。一般来说，由于正常电解状态下的铝液波动以及气泡的产生与排放都处于一种较为稳定的状态，极距也不能在短时间内自行发生大幅变化，因此阳极电流具有与槽电压不同的波动性质，即阳极电流的波动幅度较槽电压要小得多。因此，一旦阳极电流出现较大偏差时，往往预示着局部电解质发生了较大的变化，其电流值会在短期或者一段时间内偏离原有状态。

为识别局部浓度偏低或局部效应，设计一种基于短时间内某阳极电流均值与一个较长时间内的阳极电流均值的相对变化量来识别局部效应的发生和发展。使用均值计算的方法有助于排除正常阳极电流波动的干扰。

这种基于阳极电流分布值变化来预报阳极效应的方法，能准确确定阳极效应发生的位置，同时结合阳极电流变化的幅度和槽电压的变化程度，能进一步推断效应发生的强度，这为精准位置的效应抑制提供了可靠的依据。对于一般强度的效应，只需在对应火眼位置连续单点下料几次来抑制，而对于强度比较大的效应除了对应火眼下料外，需要在临近火眼，甚至全槽火眼都进行一定程度的下料才能抑制。在现场试验中，根据效应的发生情况对预报阈值、效应强度基准、效应抑制下料参数进行了配置和优化，达到了较好的精准效应预报和抑制作用。

### 6.4.4.2 热平衡控制策略

为了有效解决新型氧化铝电解过程中槽稳定性变化快的难题，需要对电解槽过热度控制有更好的控制策略和手段，特别是换极操作对控制影响最大，新型氧化铝电解的换极更需要智能化的补偿策略来减少对控制系统的干扰，为此我们针对新型氧化铝电解的热平衡控制研发了如下两种智能优化技术。

（1）过热度控制

过热度的控制依赖于控制系统对过热度变化趋势的评估，评估的依据来自两方面的信息，一方面是在线传感器信息中解析出的过热度变化趋势，基于在线母线位置解析出的槽电阻率(反应电解质的黏性)和日吨铝行程(反应炉膛的大小变化)这两个间接反映槽过热度变化的在线变量，同时来自电解槽侧壁的温度传感信息和烟气温度信息，通过对比同一时间段烟气温度变化(排除换极过程的影响)和同一位置侧壁温度变化信息可以间接推断出电解槽过热度的变化趋势；另一方面来自对电解槽历史曲线和工艺数据信息的深度挖掘，欠过转换曲线的形状和波动特征、日下料量的变化、效应峰压、连续三天内的两水平和槽温变化等这些控制与工艺变量均与电解槽过热度密切相关，通过基于专家系统的数据挖掘方法同样能推断出当前电解槽过热度变化趋势。

基于对过热度变化趋势的评估方法，控制系统每 8 h 进行一次过热度趋势推断，然后根据推断结果对氟盐下料策略进行修正，具体来说是通过一个调整系数因子 $k$ 来实现氟盐下料策略的优化，当过热度变化偏热时，$k$ 的值大于 1，并根据过热度偏差程度取适当的值；当过热度偏冷时，$k$ 的值小于 1，同样其大小取决于过热度偏差程度。通过调整设定电压的方法来调节过热度，在实际生产过程中由于太过敏感，一般不采用，可以通过系统热平衡诊断输出建议的方式，来提示工艺人员自主确定是否调整设定电压。

（2）换极过程的智能补偿

换极过程的物料和能量补偿是控制系统优化的一个重要方面，传统控制在换级时一般采取停料一定时间，附加较高电压，然后分几挡（3~4 挡）回归到正常电压。引入在线阳极电流分布信息后，这种补偿策略的优化空间更大，首先控制系统能自动识别所换阳极的极号，物料补偿可以根据极号区分角部和中间极，角部极可以在下料补偿上采用单点停料，中间极可以采用单点小欠或正常下料，甚至可以采用模糊分挡的方法实现不同部位多级控料策略；能量补偿同样可以根据极号区分角部和中间极，角部极附加电压的基准值可以高一些，中间极附加电压可以低一些，同样可以采用模糊分挡的方法实现不同部位多级附加电压策略。试验过程中根据现场的实际工况，实现了角部和中间极 6 挡控料补偿、6 挡 4 级附加电压补偿的策略，而且确定了每挡和每级的基准值。

### 6.4.4.3　槽稳定性控制策略

槽稳定性控制一直是碱法氧化铝电解过程保证技术指标的关键，对新型氧化铝电解来说，它的作用会因为槽稳定性下降变得更加重要，需要更好的槽稳定性控制方法，为此我们针对新型氧化铝电解槽稳定性控制研发了如下智能优化技术。

槽稳定性监测除了通过噪声（针振和摆动）来判断外，基于在线阳极电流分布同样能计算出阳极电流分布的噪声（阳极针振和阳极摆动），这样不仅能知道电解槽波动的情况，而且能判断波动的原因是哪组或由哪几组阳极引起的，特别是新极安装不当造成电解槽波动，需要确定是哪块阳极导致的，这时实时在线阳极电流分布就派上用场了。图 6-42 是提供给工艺人员实时监测阳极噪声的界面，哪块阳极的噪声大，其对应阳极针振和阳极摆动曲线的凸包就高。

对于槽稳定性控制，目前其控制系统能做的除了附加电压外，还有一种优化策略是单点控制。当电解槽波动不是由于阳极安装不当导致的，一般情况下噪声的原因是局部炉膛不规整，当有经验的工艺人员遇到这种情况时，一般会通过将烟道端的下料器关闭一段时间来抑制，这主要是一般情况下烟道端角部问题比较多、角部位置炉膛容易出现不规整。基于这种思路，当发现某些阳极噪声比较大

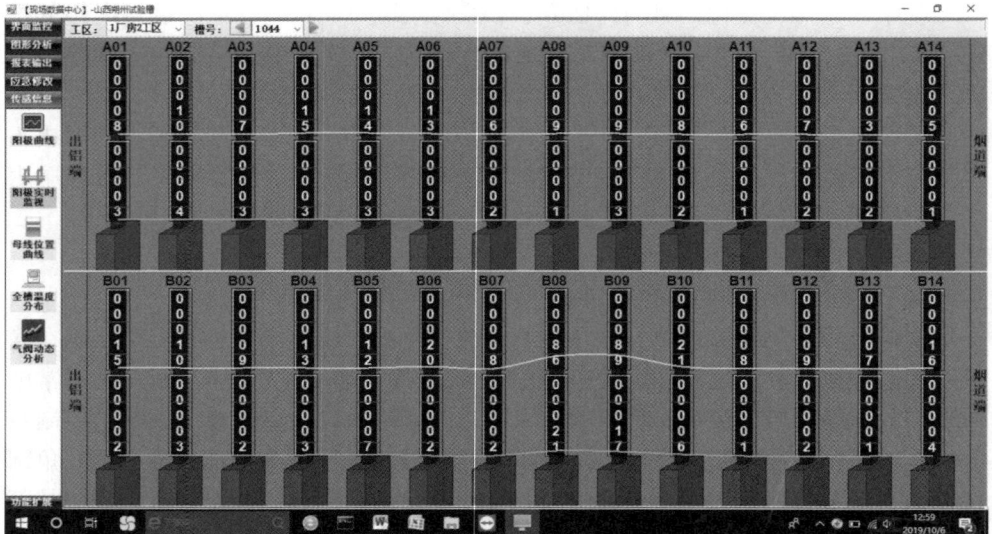

图 6-42　新型氧化铝稳定性情况

时,控制系统可以将其对应火眼位置的下料逻辑调整到欠料或停料状态,当阳极噪声有所缓解时再恢复正常下料。

### 6.4.4.4　人工作业监控策略研究

人工作业质量是影响电解技术指标的另一重要因素,另外阳极是电解的心脏,对阳极质量的监视对电解生产的稳定至关重要。对新型氧化铝电解来说,这两方面的管理尤为关键,需要更好的阳极和人工作业质量监视和管理手段来支撑,为此我们针对新型氧化铝电解人工作业和阳极质量管理研发了如下智能优化技术。

阳极故障的监测是在线阳极电流分布传感器系统的主体功能,其检测方法是追踪阳极电流分布的突变(阳极电流采样故障除外),为此我们设计了阳极电流异常报警系统,当某些阳极的电流变化值或电流绝对值超过报警阈值时,就触发语音报警系统来提示工艺人员。

换极过程的精细化管理体现在控制系统自动计算换极后24 h电流值,并显示在班报上。另外,对换极后电流回升曲线异常的阳极(换极后电流突升或电流长时间很低),也可通过语音报警系统提醒工艺人员。

# 第 7 章
# 新型氧化铝电解工程化实践

## 7.1　工程化方案与设计

### 7.1.1　新型氧化铝电解槽系统结构优化基础

（1）新型氧化铝电解槽主要结构参数与材料属性

①主要结构参数的确定。

对现有电解槽进行考察及相关图纸阅读，确定采用单阳极设计（共 28 块阳极，18 块阴极炭块），并用双钢棒出电，其中大面加工距离为 305 mm，小面加工距离为 425 mm，槽体结构设计基本合理，其主要结构参数列于表 7-1。在物理场建模过程中，根据实际生产反馈信息，取铝水平 200 mm，电解质水平 220 mm，极距 45 mm，电流效率 93%。

表 7-1　铝电解槽主要结构参数

| 名称 | 数值 | 名称 | 数值 |
|---|---|---|---|
| 电流强度/kA | 200 | 钢壳厚度/mm | 12 |
| 电解槽尺寸/(mm×mm×mm) | 10850×4030×1385 | 阴极炭块个数 | 18 |
| 槽腔尺寸/(mm×mm×mm) | 10610×3790×540 | 阳极个数 | 28 |
| 阴极炭块尺寸/(mm×mm×mm) | 3240×515×450 | 阴极钢棒个数 | 18×2 |
| 阴极钢棒尺寸/(mm×mm×mm) | 4230×180×65 | 大面加工距离/mm | 305 |
| 阳极尺寸/(mm×mm×mm) | 1500×660×550 | 小面加工距离/mm | 425 |

电解槽所采用的母线配置为：大面四点进电，设计进电比为 9∶9∶9∶9；阴极母线为对称分布，烟道端和出铝端分别设计有端部补偿母线，该母线在端部有明显的下沉，导致该母线中心线距离阴极上表面距离相对较大（目前一般的设计为该补偿母线在铝液电解质界面处）；此外槽底有四根补偿母线，其中靠近两个

端部的补偿母线在电解槽中部会向端部绕行, 经端部补偿母线进入立柱。

在 ANSYS 有限元平台上, 应用 Link 68 单元, 根据母线的实际尺寸及空间位置, 建立该电解槽母线有限元模型, 如图 7-1 所示。

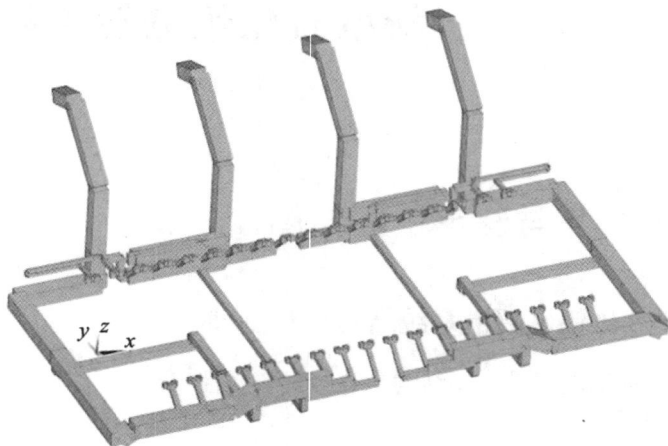

图 7-1　母线结构配置图

②确定计算所需材料参数。

铝电解槽由几十种材料建筑而成, 通过查阅资料与实验测试, 项目实施过程中将会获得了各种材料的物性参数, 如表 7-2~表 7-4 及图 7-2 所示。

表 7-2　铝液和熔融电解质的物性参数(960℃)

| 项目 | 铝液 | 电解质 |
|---|---|---|
| 密度/($kg \cdot m^{-3}$) | 2270 | 2130 |
| 运动黏度/($m^2 \cdot s^{-1}$) | $5.2 \times 10^{-7}$ | $11.8 \times 10^{-7}$ |
| 磁导率/($H \cdot m^{-1}$) | $4\pi \times 10^{-7}$ | $4\pi \times 10^{-7}$ |
| 热导率/($J \cdot m^{-1} \cdot s^{-1} \cdot K^{-1}$) | 77.95 | 1.69 |
| 比热/($J \cdot kg^{-1} \cdot K^{-1}$) | $1.09 \times 10^3$ | $1.66 \times 10^3$ |
| 热扩散率/($m^2 \cdot s^{-1}$) | $31.6 \times 10^{-6}$ | $0.48 \times 10^{-6}$ |
| 磁扩散率/($m^2 \cdot s^{-1}$) | 0.2307 | $3.58 \times 10^3$ |

表 7-3　热导率　　　　　　　　　　　　　　　　单位：W/(m·℃)

| 温度材料 | 100 | 200 | 300 | 400 | 500 | 600 | 700 | 800 | 900 | 1000 |
|---|---|---|---|---|---|---|---|---|---|---|
| 铝导杆 | 206 | 213 | 229 | 248 | 268 | 287 | 104 | 122 | 140 | 158 |
| 钢爪 | 69.4 | 64 | 58.6 | 53.2 | 47.8 | 42.4 | 37 | 31.6 | 26.2 | 20.8 |
| 阳极 | — | 4.3 | — | 4.63 | — | 4.97 | — | 5.30 | 5.47 | 5.64 |
| 阴极 | 110 | 110 | 110 | 110 | 110 | 110 | 110 | 110 | 110 | 110 |
| 捣固糊 | 2.56 | 2.82 | 3.08 | 3.34 | 3.60 | 4.74 | 5.88 | 7.02 | 8.16 | 9.30 |
| 钢棒 | 57 | 53 | 49.3 | 45.5 | 41 | 37 | 33 | 28.5 | 28 | 27.5 |
| 耐火砖 | 0.91 | 0.96 | 1 | 1.05 | 1.1 | 1.14 | 1.18 | 1.23 | 1.27 | 1.32 |
| 保温砖 | 0.13 | 0.15 | 0.17 | 0.19 | 0.21 | 0.23 | 0.25 | 0.27 | 0.29 | 0.31 |
| 干式防渗料 | 0.456 | 0.593 | 0.730 | 0.867 | 1.004 | 1.141 | 1.278 | 1.415 | 1.552 | 1.689 |
| 侧部炭块 | — | 35.98 | — | 30.66 | — | 25.34 | — | 20.02 | 17.36 | 14.70 |
| 硅酸钙板 | 0.062 | 0.062 | 0.062 | 0.062 | 0.062 | 0.062 | 0.062 | 0.062 | 0.062 | 0.062 |
| 伸腿 | 1.27 | 1.29 | 1.3 | 1.31 | 1.33 | 1.34 | 1.35 | 1.37 | 1.38 | 1.39 |
| 氧化铝粉 | 0.17 | 0.18 | 0.2 | 0.21 | 0.21 | 0.22 | 0.23 | 0.24 | 0.25 | 0.26 |
| 槽壳 | 57 | 53 | 49.3 | 45.5 | 41 | 37 | 33 | 28.5 | 28 | 27.5 |

表 7-4　主要导体的电导率　　　　　　　　　　单位：(Ω·m)$^{-1}$

| 阳极炭块 | 铝 | 铝液 | 电解质 | 钢 | 阴极炭块 | 钢棒 |
|---|---|---|---|---|---|---|
| $2.33 \times 10^4$ | $2.6 \times 10^7$ | $4.1 \times 10^6$ | $2.2 \times 10^2$ | $4.33 \times 10^6$ | $6.6 \times 10^4$ | $1.54 \times 10^6$ |

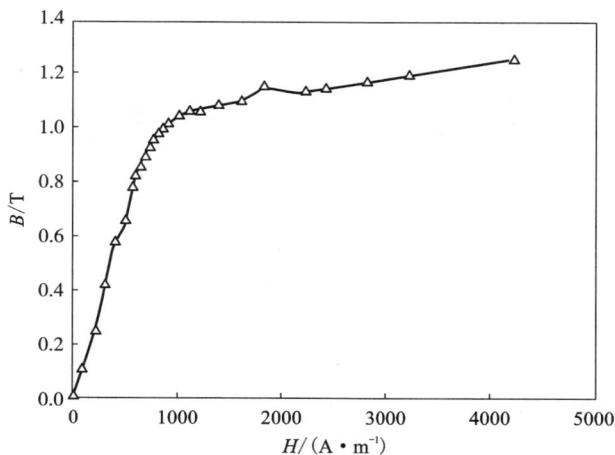

图 7-2　铁磁材料 B-H 曲线

这些物性参数皆为国内外铝电解物理场仿真中普遍采用的参数。

（2）电-磁-流场计算

①电场计算原理与模型。

由于为电解槽供电的整流电源可以近似地认为是一个恒流源，故铝电解槽内电场也可以认为是对一个恒定电流场，其满足欧姆定律和电流守恒定律：

$$J = \sigma E \tag{7-1}$$

$$\nabla \cdot J = 0 \tag{7-2}$$

式中：$J$ 是电流密度；$E$ 是电场强度；$\sigma$ 是电导率。利用矢量等式 $\nabla \times (\nabla \varphi) = 0$，获得标量电势 $\varphi$ 与电场强度 $E$ 之间的关系 $E = -\nabla \varphi$，即可求解出电场分布。

在 ANSYS 有限元平台上，可采用 APDL 语言自定义几何模型，且赋予材料属性，采用六面体单元划分实体结构，计算模型如图 7-3 所示。

图 7-3　三台实体槽及槽周母线电场计算模型图

电场边界条件如下：在电源正极方向上的横梁母线进电位置上根据实际进电比施加电流；在电源负极方向上 4 个阳极立柱上施加零电势，采用标量电位求解电场。

②磁场计算原理与模型。

铝电解槽内外电流源复杂，且含有大量的磁介质，这使得计算难度大大增加。电场分布求解合理与否直接影响到磁场的求解精度。例如，早期针对槽内导体产生的磁场曾用 Biot-Savart 线积分计算，但后来逐步被 Biot-Savart 体积分计算所取代。原因有两点：一是槽内导体的简单均匀分割并不能反映真实的电场分布，难以细致刻画接触现象对电场分布的影响；二是母线分布各异，电流分布不均，应用线积分法计算磁场时无法确定母线中的真实电流量。因此，采用 GP ψ-DP 三步标量磁位法正适合于这类问题的求解。铝电解槽的磁场问题满足稳态麦克斯韦方程组：

$$\nabla \times H = J \tag{7-3}$$

$$B = \mu H \tag{7-4}$$

式中：$J$ 为电流密度，$B$ 为磁感应强度；$H$ 为磁场强度；$\mu$ 为磁导率。

磁场计算的网格模型如图 7-4 所示。母线电流源模型与槽内导体模型组合即可获得完整的磁场计算模型。其中母线电流源的个数应根据需要和计算条件适当选取。

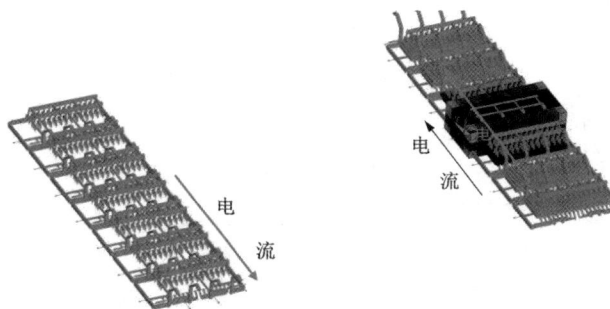

**图 7-4　磁场计算模型**

磁场边界条件如下：铝电解槽磁场求解属于开域问题，假设有限空气的外表面处于无限远处，在外边界的节点上施加零磁标量位（MAG = 0），即 Dirichlet 边界条件。为了更加准确计算磁场的结果，我们考虑了相邻厂房对于磁场的影响，根据设计图纸，可得到相邻厂房电解槽中心线距离。

③稳态流场计算原理与模型。

研究表明，铝电解内熔体流动是不可压缩黏性湍流，服从 N-S 方程和 $k$-$\varepsilon$ 湍流模型。为了追踪电解质-铝液自由表面的运动，采用 VOF 法计算电解质-铝液界面形变。限于篇幅，N-S 方程、$k$-$\varepsilon$ 湍流模型及 VOF 法的基本原理省略。流场计算的网格模型见图 7-5。

流场边界条件：电磁力由电磁场模型计算得到；熔体与炉帮接触四周定义为无滑移壁面边界条件，电解质与阳极的接触平面定义为无滑移壁面边界条件；其他外表面亦定义为无滑移壁面边界条件。由于在固体壁面速度迅速下降，并趋于 0，因而这一区域的湍流雷诺数也急剧减少，此时必须考虑分子黏性的影响，高雷

**图 7-5 铝电解槽流体解析区域网格划分图**

诺数的 $k$-$\varepsilon$ 模型不适用于壁面附近的流动。因此,对于壁面附近区域流体的流动采用壁函数进行处理。初始时刻,电解质-铝液界面以上铝液的体积分数为 0,界面以下铝液的体积分数为 1,流速都为 0;表面张力系数取 0.55 N/m。

由于电-磁-流场为一个整体,其具体的计算如图 7-6 所示。

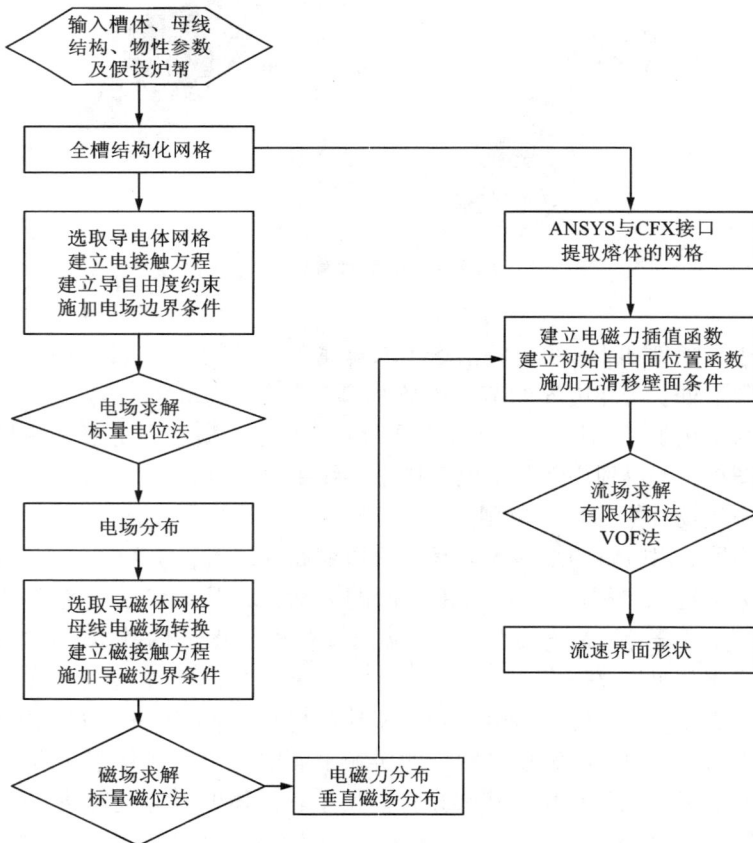

**图 7-6 磁流体优化方法**

（3）电热应力场计算

①1/4 槽热应力计算原理与模型。

根据传热学的原理，电解槽各组成内的热传导服从带有内热源的不稳定热传导控制方程。对三维来说，控制方程为：

$$\frac{\partial}{\partial x}\left(k_x \frac{\partial T}{\partial x}\right) + \frac{\partial}{\partial y}\left(k_y \frac{\partial T}{\partial y}\right) + \frac{\partial}{\partial z}\left(k_z \frac{\partial T}{\partial z}\right) + q_s = \rho c \frac{\partial T}{\partial t} \tag{7-5}$$

式中：$T$ 为节点温度；$t$ 为时间；$k_x$、$k_y$、$k_z$ 为热传导系数；$\rho$ 为密度；$c$ 为热容；$q_s$ 为热源强度，即单位体积的热产生率，对于非导电部分，$q_s = 0$。

槽体热损失由四分之一槽阴极有限元模型计算，如图 7-7 所示。根据槽体周围的外部散热环境，在槽体表面施加对流和辐射换热系数。热应力的计算流场简图如图 7-8 所示。

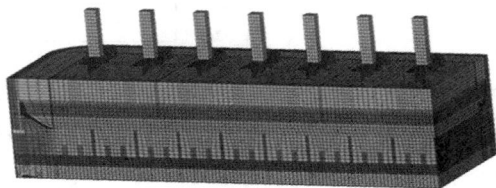

图 7-7　四分之一槽阴极有限元模型

②炉帮计算原理与模型。

由于铝电解槽有很多结构重复，在进行电-热场耦合求解时，很多学者认为铝电解槽切片模型在进行电-热耦合计算时不仅能保证一定程度的准确性，也可以保证求解时间较短，具有一定的工业研究应用价值，其切片物理模型如图 7-9 所示。

在该模型各部分材料属性的设置方面，所有材料不仅定义了导热系数，还定义了密度和比热容；对于导电部分，在此基础上增加了电阻率的定义。由于槽帮在计算电流波动的过程中会发生融化，因此将其定义成一种相变材料，即当温度高于初晶温度线时，其材料属性为电解质的材料属性，当温度低于初晶温度线时，其材料属性为槽帮的材料属性，同时在槽帮中加入了相变热焓。

该模型的边界条件主要包括两大类：温度场边界条件和电场边界条件。其中温度场边界条件主要设置电解槽槽壳及上部结构与外界环境的换热系数，换热主要有对流换热和热辐射换热两种方式。为了在计算分析中便于边界条件的输入和设置，将热辐射换热系数转换为对流换热系数，形成综合等效对流换热系数，并将其输入到模型中，具体换算方法可查阅相关文献。另外，需设置槽周围的温度大小，经现场测试，设置电解槽上部烟气温度为 160℃、电解槽侧部槽壳车间环境

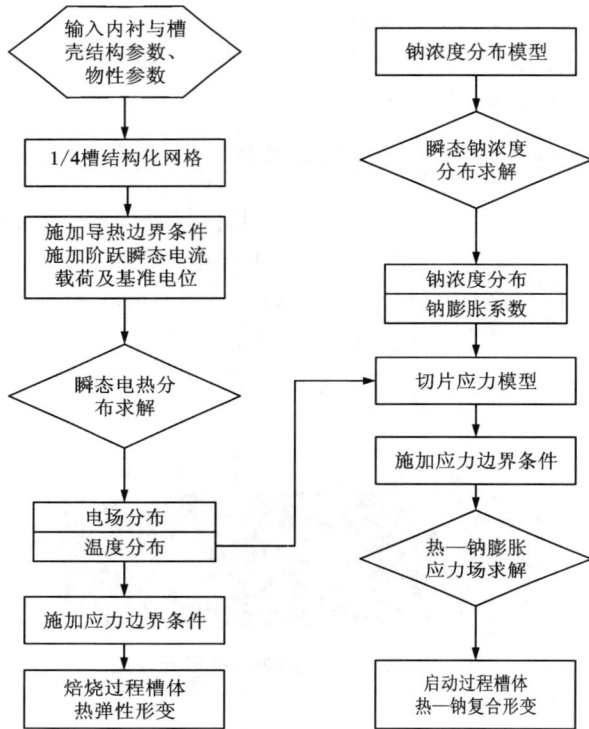

图 7-8　热应力的计算流场简图

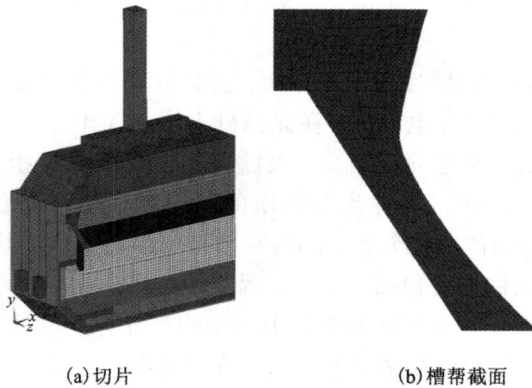

(a)切片　　　　　(b)槽帮截面

图 7-9　铝电解槽切片模型网格示意图

温度为40℃、电解槽底部槽壳环境温度为38℃。对于电场边界条件,在阴极钢棒表面设置电势为0,在阳极导杆表面节点加载电流。

(4)氧化铝下料及浓度分布计算

本实施方案的氧化铝浓度场的计算中,主要涉及流体运动、电解质-气泡两相间作用力和组分运输等方面的方程,具体方程及相关描述如下。

①流体运动控制方程。

流体运动主要受 Navier-Stokes 方程的控制,主要包括质量守恒方程、动量守恒方程和能量守恒方程,在本研究中由于未考虑电解质的温度,所以在计算过程中,仅受质量守恒方程和动量守恒方程的控制:

$$\frac{\partial}{\partial t}(r_i \rho_i) + \nabla \cdot (r_i \rho_i U_i) = 0 \tag{7-6}$$

$$\frac{\partial}{\partial t}(r_i \rho_i U_i) + \nabla \cdot [r_i(\rho_i U_i \times U_i)] =$$
$$- r_i \nabla p_i + \nabla \cdot \{r_i \mu_{\text{ieff}}[\nabla U_i + (\nabla U_i)^{\text{T}}]\} + S_{\text{M}i} + M_i \tag{7-7}$$

$$\sum_{i=1}^n r_i = 1 \tag{7-8}$$

式中:$r_i$ 表示第 $i$ 相的体积分数,各相的体积分数之和为1,如式(7-8)所示,$n$ 表示相的数量,本模型中为2;$\rho_i$ 表示第 $i$ 相的密度,单位为 kg/m³;$\mu_{\text{ieff}}$ 表示第 $i$ 相的有效黏度系数,单位为 Pa·s;$U_i$ 表示第 $i$ 相的流速,单位为 m/s;$P_i$ 表示压强,单位为 Pa;$S_{\text{M}i}$ 表示外部对第 $i$ 相的作用力,单位为 N;$M_i$ 表示其他相与第 $i$ 相之间接触面的内部作用力,单位为 N。

②两相流作用力的描述。

如上述所示,该两相流中的作用力可分为两大类:相间作用力和外部作用力。现将电解质相用下标"e"表示,气泡相用下标"g"表示,气泡相所受的力主要为电解质对其的相间表面作用力[式(7-9)]和浮力[式(7-10)]:

$$M_{\text{e}\to\text{g}} = C_{\text{e, g}}(U_{\text{e}} - U_{\text{g}}) \tag{7-9}$$

$$S_{\text{Mg}} = r_{\text{g}}(\rho_{\text{e}} - \rho_{\text{g}})g \tag{7-10}$$

上述两式中,$M_{\text{e}\to\text{g}}$ 表示电解质对气泡相的相间作用力;$C_{\text{e, g}}$ 表示电解质与气泡相之间的摩擦因数;$U_{\text{e}}$ 与 $U_{\text{g}}$ 分别表示电解质和气泡相的流速;$S_{\text{Mg}}$ 表示气泡相受到的浮力作用;$r_{\text{g}}$ 表示气泡相体积分数;$\rho_{\text{e}}$ 和 $\rho_{\text{g}}$ 分别表示电解质和气泡相的密度;$g$ 表示重力加速度。

电解质相主要受到的作用力为气泡相对其的相间表面作用力[式(7-11)]和电磁力[式(7-12)]:

$$M_{\text{g}\to\text{e}} = C_{\text{e, g}}(U_{\text{g}} - U_{\text{e}}) \tag{7-11}$$

$$S_{\text{Me}} = r_{\text{e}}F_{\text{EM}} \tag{7-12}$$

式中：$M_{g \to e}$ 表示气泡相对电解质的相间作用力；$S_{Me}$ 表示电解质相受到的电磁力作用，这是本模型中电解质运动最重要的动量源之一；$r_e$ 表示电解质相体积分数；$F_{EM}$ 表示通过对电解槽的电磁场耦合计算得到的电磁力，计算式为：

$$F_{EM} = J \times B \tag{7-13}$$

式中：$J$ 和 $B$ 分别表示电流密度，单位分别为 $A/m^2$ 和 $T$。

对于铝电解槽中流体的湍流运动，不仅需要考虑上述 Navier-Stokes 方程的控制，还需引入湍流模型进行求解，该模型中主要采用湍流模型中标准 $k\text{-}\varepsilon$ 模型求解的方法，对上述控制方程进行封闭求解。

③组分传输守恒方程。

氧化铝下料至电解质中，会使电解质由一种组分变成两种组分，因此要计算氧化铝浓度的分布情况，需在电解质区域求解组分传输守恒方程：

$$\frac{\partial}{\partial t}(r_e \rho_e Y_{ie}) + \nabla \cdot \{r_e[\rho_e U_e Y_{ie} - r_e D_{ie}(\nabla Y_{ie})]\} = S_i \tag{7-14}$$

式中：等式左边第 1 项表示电解质中 $i$ 组分的质量变化项、第 2 项表示对流项、第 3 项表示扩散项，等式右边表示源项。式中 $Y_{ie}$ 表示 $i$ 组分在电解质中的质量分数，且各组分的质量分数之和为 1，如式（7-15）所示，在电介质中由于只包括氧化铝和冰晶石两种组分，所以 $n=2$；$D_i$ 表示 $i$ 组分在电解质中的扩散系数；$S_i$ 表示 $i$ 组分在电解质中的扩散源项。

$$\sum_{i=1}^{n} Y_{ie} = 1 \tag{7-15}$$

对于本模型中多组分多相流的求解，通常是将含多组分的电解质流体相看成一个整体来求解其速度、温度、湍流强度的参数。

为了便于计算结果的分析，将阳极从出电端到烟道端进行编号，并且在电解槽中设定了观察点，用于观察下料过程中这些局部位置氧化铝浓度随时间的变化情况，同时也对下料点进行了编号，如图 7-10 所示。

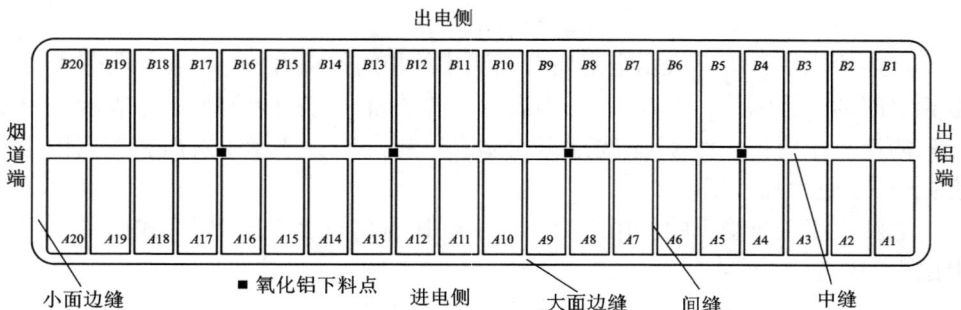

图 7-10　铝电解槽阳极炭块、下料点、观察点位置及编号

上述边界条件中，除了滑移壁面和材料属性的设置外，最重要的是如何设置氧化铝下料、氧化铝消耗及阳极气泡入口等边界条件，这三种边界的设置原理和相关方程描述如下：

a. 氧化铝下料

在铝电解生产过程中，氧化铝加入电解质中是通过控制系统周期性地指导打壳装置，并通过控制定容器进行下料，在下料过程中由于定容器大小固定，因此每次下料的氧化铝量恒定。由于下料过程是周期性地下料，可把氧化铝加入电解质的量与时间编写成相应的控制函数：

$$f(t) = \frac{m_0}{\delta} \cdot \text{step}\left\{ \sin\left[ \frac{2\pi}{T_0}\left( t - \frac{T_0}{n} + \frac{T_0 - 2\delta}{4} - \tau \right) \right] - \sin\left( \frac{\pi(T_0 - 2\delta)}{2T_0} \right) \right\}$$

$$(7-16)$$

式中：$m_0$ 表示下料定容器的容量，单位为 kg；$\delta$ 为 $Al_2O_3$ 从下料开始溶解进入到电解质过程的时间，单位为 s；$T_0$ 为两次下料的间隔时间，单位为 s，正常情况下为固定值，如遇异常情况也可进行调整；$t$ 为时间，单位为 s；$n$ 为下料器分组的数目，可将下料器分成不同的组数按需下料；$\tau$ 为下料整套动作的执行时间，单位为 s。式(7-16)中 step 函数的具体含义为：

$$\text{step}(x) = \begin{cases} 1, & x \geqslant 0 \\ 0, & x < 0 \end{cases}$$

$$(7-17)$$

b. 氧化铝消耗

实际铝电解生产中，氧化铝通过电化学反应生成铝的过程非常复杂，反应发生的机理尚未探明，但该电化学反应的总化学方程式是确定的：

$$Al_2O_3 + \frac{3}{2}C \Longrightarrow 2Al + \frac{3}{2}CO_2$$

$$(7-18)$$

本模型中假设氧化铝反应生成铝的过程均发生在电解质底部，根据法拉第电解定律，氧化铝的消耗速率与局部电流密度的大小密切相关，因此电解质底部氧化铝的消耗速率可表示为：

$$m_{\text{loc}} = 1.761 J_b \eta$$

$$(7-19)$$

式中：$m_{\text{loc}}$ 表示电解质底部单位面积 $Al_2O_3$ 消耗速率，单位为 $kg/(s \cdot m^2)$；$J_b$ 表示电解质底面局部电流密度，单位为 $A/m^2$；$\eta$ 为该电解槽生产过程的电流效率。

c. 气泡入口流速

根据铝电解槽的电化学反应可知，使用炭阳极时在阳极与电解质接触的区域会发生氧化反应，主要生成 $CO_2$ 和 CO 两种气体，因此阳极底部和侧部表面需设置成上述两种气体的入口，在该模型中以质量流量的形式输入：

$$M_g = \frac{J_a S}{10^3 F} \cdot \frac{22 + 14b}{2a + b}$$

$$(7-20)$$

式中：$M_g$ 表示 $CO_2$、$CO$ 混合气体的质量流量，单位为 kg/s；$J_a$ 表示与电解质接触的阳极表面的电流密度，单位为 $A/m^2$；$S$ 表示与电解质接触的阳极表面面积，单位为 $m^2$；$a$ 表示混合气体中 $CO_2$ 的体积分数；$b$ 表示混合气体中 $CO$ 的体积分数。

该模型中氧化铝主要靠电解质的流动进行运输，而电解质的流动主要取决于电磁力和阳极气泡的驱动。因此，为了确保该模型计算的收敛性，在进行瞬态计算氧化铝下料传输之前，需对电磁力和气泡力驱动下电解质的流场进行稳态求解。另外，电流波动时，电流的变化会影响到电磁力分布、气泡的产生速度以及电解质底部氧化铝的消耗速度，因此在进行电流波动时氧化铝下料及浓度分布的计算时，需要进行相关设置和计算调整。本部分研究的技术路线如图 7-11 所示，具体包括以下几个步骤：

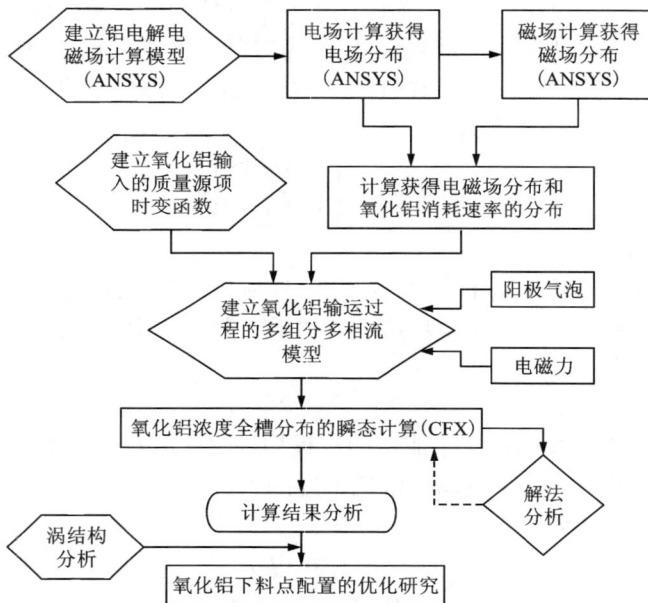

**图 7-11　氧化铝下料及浓度分布计算技术路线**

ⓐ在 ANSYS 软件平台上建立铝电解全槽电-磁场耦合模型，计算并提取电解质区域电磁力分布数据（FEM）和电解质底部电流密度分布（$J_b$）数据，并导出后续计算电解质流场和氧化铝浓度分布的电解质区域网格，其部分网格如图 7-12 所示。

**图 7-12　某 420 kA 铝电解槽电解质区域部分网格示意图**

ⓑ将电解质区域网格导入 CFX 软件平台,设置各部分材料属性,设置流场计算边界条件:插入电磁力数据、设置气体进出口以及壁面类型,进行电解质区域稳态流场的求解。在该求解过程中,将电解质区域 $Al_2O_3$ 的质量分数设置成固定值 2.5%。

ⓒ将求解切换成瞬态计算,进行氧化铝下料求解。在模型中设置氧化铝的添加函数表达式 $f(t)$,将ⓐ中提取的电流密度数据转换成氧化铝的消耗速率,按对应坐标插值到电解质底部。计算完成后对结果进行分析。

ⓓ根据电流波动数值的大小,重新计算电磁力分布 FEM、电解质底部消耗速率 $J_b$ 和阳极气体质量流量 $M_g$,然后再进行上述第ⓐ、ⓑ步骤。

ⓔ观察并分析在电流波动过程中氧化铝浓度分布的变化情况,然后根据控制氧化铝下料的函数 $f(t)$ 提出下料策略调整,最后计算验证调整策略的可行性。

(5)新型氧化铝电解磁场与流场分布

对电解槽的磁场和流场进行计算,在获得尽可能好的电解质-铝液界面分布的同时,使电解槽全槽各个区域的熔体均具有较大的水平流速,这样有利于氧化铝在全槽的快速分散和溶解。采用的方案如下:

①计算初始配置条件下的电-磁-流场的结果,对结果进行量化处理与分析,获得初始配置下的电磁流场特性;

②从磁场优化的角度,以垂直磁场绝对值最小及分布均匀的角度,对电解槽的母线配置方案进行优化,对比优化前、后的垂直磁场分布,得到磁场优化的建议;

③从流场分布的角度,以最大流速为目标,获得最佳的流场分布。

(6)新型氧化铝电解过程氧化铝浓度分布与下料点优化

氧化铝在工业电解槽上的均匀分布,不仅有利于维持电解过程的高效稳定,还有利于减少污染物排放和提高电解槽的槽寿命。反之，若电解槽内浓度分布不均匀，局部浓度过高时则易于产生沉淀，影响电解槽的稳定性和效率；局部浓度过低时，则容易诱发局部效应，同样地，会严重干扰电解过程的稳定运行，并增加污染物的排放量。

由于新型氧化铝的溶解特性，工业试验槽内氧化铝的浓度分布问题已开始变得越来越重要，并成为限制工业电解槽取得良好效果的限制因素。如何在获知槽内浓度分布及其影响因素的基础上，进行相应的控制研究，是解决此项问题的关键所在。

鉴于氧化铝在电解槽内复杂的输运及溶解行为，针对氧化铝在电解质中的浓度分布问题的工业规模化研究，极难展开。另外，电解槽的动态特性也限制了实测研究的开展。目前来说，暂时还没有可行的办法进行槽内浓度分布的实测研究。因此利用 CFD（计算流体力学）方法针对电解质内氧化铝浓度的分布问题进行数值模拟是至今为止唯一可行的研究途径。

本实施方案中，对于氧化铝浓度分布与下料点配置的优化，拟采用以下研究步骤：

①针对新型氧化铝的分散与溶解性能的特点，对常规槽内气（阳极气泡）－液（熔体）－固（氧化铝颗粒）三相流场进行 CFD 计算，得到电解质流场及氧化铝浓度流场的分布结果；

②应用电解槽氧化铝输运过程数学模型，开展下料组合、定容器大小、堵料等对氧化铝浓度分布的影响研究，获得决定氧化铝浓度分布的主要因素；

③基于仿真计算与结果分析，最终获得下料点的最优化配置。

（7）新型氧化铝电解铝电解槽的电流密度与保温结构

铝电解槽结构复杂，包含的材料种类繁多，体积庞大，铝电解过程涉及高温、电化学过程，电磁过程，气、液、固多相流动过程及传热过程，电解槽内衬材料因受物理化学侵蚀而使其物性发生变化。因此，铝电解过程非常复杂，需要对铝电解槽进行适当的物理简化，才能获得计算所需的物理模型。

基于新型氧化铝，对于应力的研究，将根据对称性原则，取四分之一模型进行计算。几何模型是根据现行预焙铝电解槽的设计图纸建立起来的。模型包含阴极、捣固糊、钢棒和耐火保温结构等。

①建立当前电解槽结构下的单阴极切片模型的电热场－热应力场强耦合模型，对其温度与应力进行计算，获得常规条件下电热应力的分布情况；

②基于新型氧化铝特性，考虑在使用新型氧化铝的前提下，槽内温度与热应力的分布，并据此对内衬结构进行优化，获得新型氧化铝条件下的内衬温度与热应力的最优化分布。

## 7.1.2　新型氧化铝电解槽物理场仿真优化

### 7.1.2.1　电热应力场仿真结果与内衬优化

铝电解槽多物理场耦合涉及电场、热场、应力场、磁场和流场等方面，物理场之间相互作用，彼此互为因果，形成闭环耦合。电流是电解槽物理场发生、发展的根源，首先分析当前电解槽结构下电解槽的电压、温度与热应力的分布情况，再在考虑新型氧化铝的特性的基础上计算电热应力场，进而据此对内衬结构进行优化，获得新型氧化铝条件下的内衬温度与热应力的最优化分布。

（1）电场结果与分析

①电压平衡。

铝电解槽槽平均电压 $V_{ave}$ 由以下几个部分组成：反电动势（Bemf）、电解质电压降（$\Delta V_b$）、阳极电压降（$\Delta V_a$）、阴极电压降（$\Delta V_c$）、母线电压降（$\Delta V_{bus}$）和气膜电压降（$\Delta V_g$），即

$$V_{ave} = Bemf + \Delta V_b + \Delta V_a + \Delta V_c + \Delta V_{bus} + \Delta V_g \tag{7-21}$$

本项目中，反电动势 Bemf 取值为 1.700 V，$\Delta V_g$ 取经验值 100 mV，$\Delta V_b$、$\Delta V_a$、$\Delta V_c$ 及 $\Delta V_{bus}$ 则根据电场模型计算得到。

②电压降分析。

应用电热耦合计算模型，对电热场进行计算，将电场结果列于图 7-13 中，同时，根据电压降计算结果可列出电压平衡表，如表 7-5 所示。

表 7-5　电解槽电压平衡表

| 项目 | 电压降/mV |
|---|---|
| 阳极电压降 $\Delta V_a$ | 240 |
| 电解质电压降 $\Delta V_b$ | 1222 |
| 阴极电压降 $\Delta V_c$ | 307 |
| 反电动势 Bemf | 1700 |
| 气膜电压降 $\Delta V_g$ | 100 |
| 母线电压降 $\Delta V_{bus}$ | 239 |
| 效应分摊电压 $\Delta V_{AE}$ | 4 |
| 总压降 | 3812 |

由于可以使用开槽阳极等，故气膜电压降可进一步降低，再加之良好的磁流体设计，极距还可以由现在的 45 mm 进一步降低，因此，槽电压在 4 V 以下运行

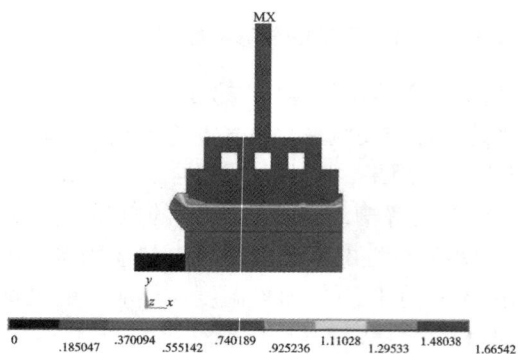

(a)全槽导电部分欧姆压降/V

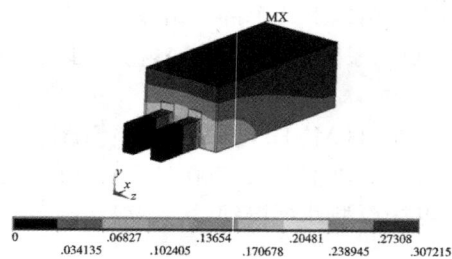

(b)炉底压降/V

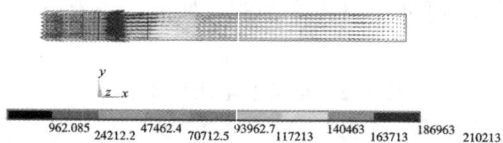

(c)钢棒内电流密度矢量图

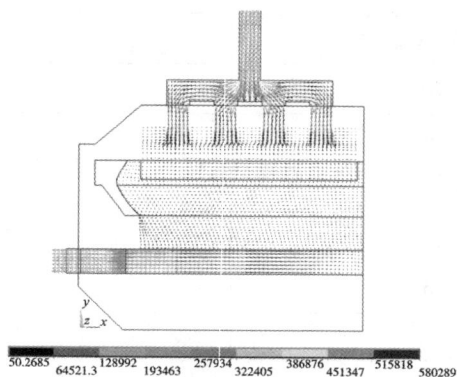

(d)切片模型的电流密度矢量图

图 7-13  200 kA 电解槽电场结果分布(彩图版见附录)

完全有保障。

③铝液层电流密度分析。

图 7-14 为铝液部分各方向的电流密度分布。由此可以看出,铝液层的 $X$ 方向水平电流密度较为理想,其最大值为 6329.4 A/$m^2$,比 420 kA 的 6640 A/$m^2$ 略小;$Y$ 方向的水平电流密度相对稍大,为 12144.9 A/$m^2$,相比 420 kA 的 10991 A/$m^2$ 略大。铝液层电流密度的分布处于合理水平。

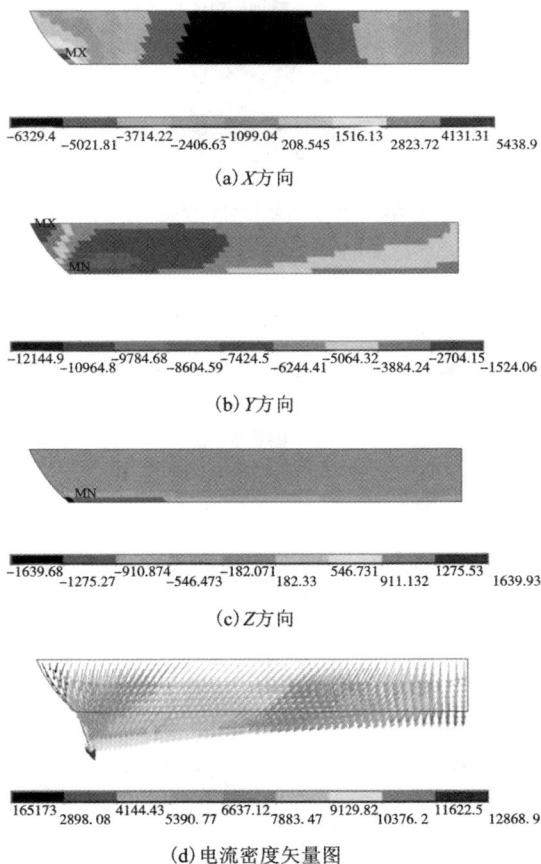

-6329.4　-5021.81　-3714.22　-2406.63　-1099.04　208.545　1516.13　2823.72　4131.31　5438.9

(a)$X$方向

-12144.9　-10964.8　-9784.68　-8604.59　-7424.5　-6244.41　-5064.32　-3884.24　-2704.15　-1524.06

(b)$Y$方向

-1639.68　-1275.27　-910.874　-546.473　-182.071　182.33　546.731　911.132　1275.53　1639.93

(c)$Z$方向

165173　2898.08　4144.43　5390.77　6637.12　7883.47　9129.82　10376.2　11622.5　12868.9

(d)电流密度矢量图

**图 7-14　铝液层电流分布(电流密度单位为 A/$m^2$)(彩图版见附录)**

④电场综合分析。

从以上计算结果可知,计算结果与理论值相比处于合理水平。该设计的电场结果是十分好的,理论电压低于 4 V。通过采取一系列优化措施,可以使其低于 3.8 V。电解槽炉帮伸腿生长合理,炉膛形状规整,减少水平电流,整体电流密度分布合理。在具体实施中还可以通过软母线进行进一步的电阻平衡优化。

（2）热应力场的综合分析与结构优化

①热场结果分析。

电热场计算得到的温度分布及槽帮形状如图 7-15 及图 7-16 所示。

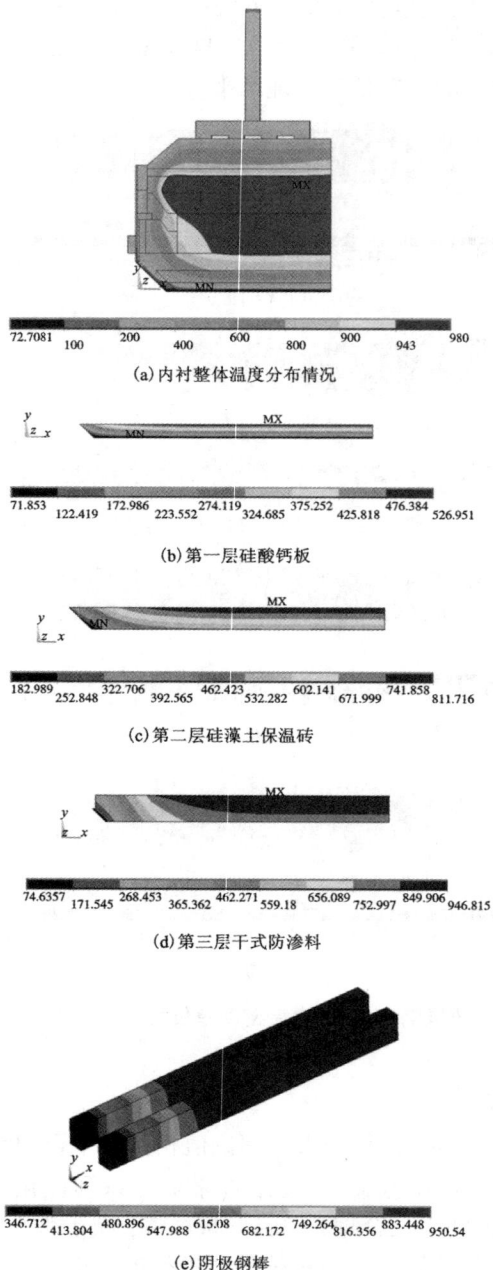

72.7081  100  200  400  600  800  900  943  980

(a) 内衬整体温度分布情况

71.853  122.419  172.986  223.552  274.119  324.685  375.252  425.818  476.384  526.951

(b) 第一层硅酸钙板

182.989  252.848  322.706  392.565  462.423  532.282  602.141  671.999  741.858  811.716

(c) 第二层硅藻土保温砖

74.6357  171.545  268.453  365.362  462.271  559.18  656.089  752.997  849.906  946.815

(d) 第三层干式防渗料

346.712  413.804  480.896  547.988  615.08  682.172  749.264  816.356  883.448  950.54

(e) 阴极钢棒

**图 7-15　切片模型温度场分布（单位为℃）（彩图版见附录）**

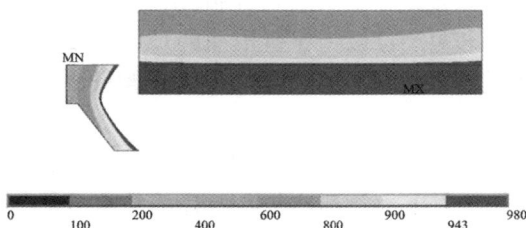

**图 7-16　槽帮形状**

由图 7-15 可知，初晶温度分布线（红色部分）基本处在阴极炭块区域，阴极炭块靠近端头部位的温度较低（低于初晶温度），但基本都处于 900℃ 以上，故整体上阴极结构保温尚可，端头位置保温较好。

从内衬结构温度分布来看，干式防渗料大部分处于 800℃ 等温线以上，而保温砖基本全部处于 800℃ 等温线以下，可满足 800℃ 等温线在保温砖以上。其保温效果较好，确保了保温砖的稳定长期使用，满足了铝电解槽对内衬结构的基本要求。

总体来说，内衬中等温线分布较为合理，呈现出侧部陡峭、底部较平滑的特点，这有助于槽帮和伸腿的形成与维持。

由图 7-16 可知，在正常的电解温度下，电解槽侧部都能形成稳固的槽帮。在覆盖料为 150 mm 的厚度情况下，电解槽可保持 8℃ 以上的过热度，此时的槽帮厚度及伸腿长度大致合理。

②热平衡分析。

统计切片模型槽外表面各部分区域的散热量并计算其比例，得到阴极切片模型散热分布，见表 7-6。

**表 7-6　阴极切片模型散热分布**

| 项目 | 散热量/kW | 散热比例/% |
|---|---|---|
| 槽上部覆盖料 | 3.316 | 24.79 |
| 钢爪及导杆 | 4.105 | 30.69 |
| 熔体区域槽壳 | 2.469 | 18.46 |
| 阴极区域槽壳 | 1.682 | 12.57 |
| 阴极钢棒 | 0.683 | 5.11 |
| 槽底部分 | 0.568 | 4.24 |
| 其他部分 | 0.554 | 4.14 |
| 总散热 | 13.377 | 100 |

从各部分散热量分布比例来看，散热分布较为合理。侧部散热相对较少，保温效果较好。底部保温较好，可以为保持干净的炉底创造良好的条件，若配合使用具有良好控制效率的下料控制系统，维持熔体中较低的氧化铝浓度，可以使得炉底更干净，具有进一步节能的潜力。

从热场计算结果分析可知，该内衬结构设计合理，各部位温度分布均匀，且等温线分布合理，能够满足电解槽在本报告所述的技术条件下达到相对合适的热平衡状态。

③应力场结果分析。

图 7-17 是底部阴极炭块内三维方向位移和总的位移量，从图中可以看出，炭块往大面、小面方向的位移量分别为 0.357 mm、3.362 mm，向上的位移量分别 2.94 mm。图 7-18 为底部阴极炭块内三维方向的正应力，可以看出，底部阴极炭块所受各方向的应力主要为负值，即该炭块处于压缩应力状态。阴极炭块端部所受应力相对较大，整体应力分布较为合理。

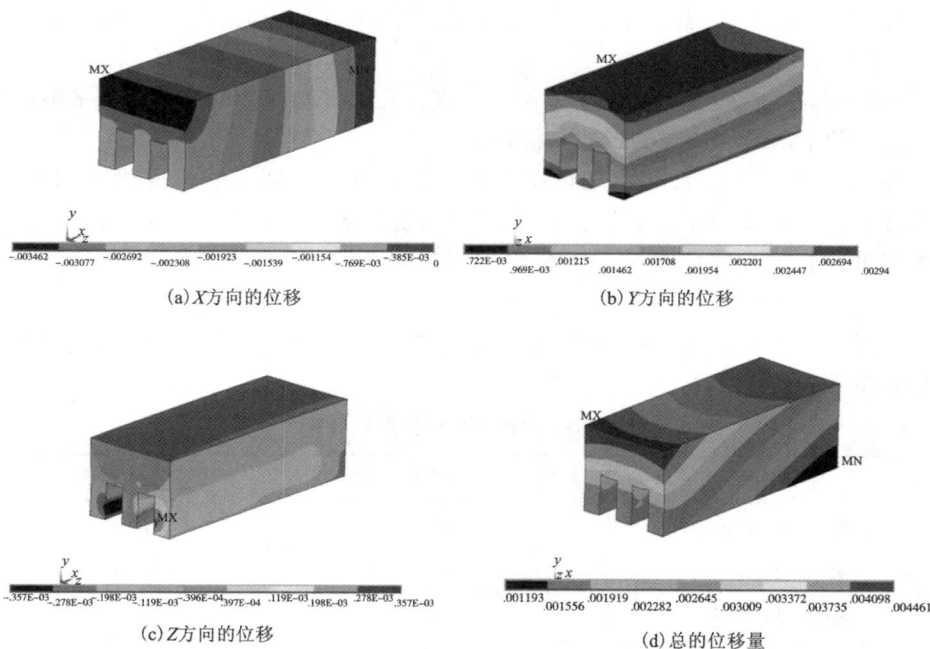

(a) $X$ 方向的位移

(b) $Y$ 方向的位移

(c) $Z$ 方向的位移

(d) 总的位移量

**图 7-17** 底部阴极炭块内三维方向位移和总的位移量(单位为 m)(彩图版见附录)

(3)新型氧化铝对电热应力场的影响与结构优化

①新型氧化铝对电热应力场的影响。

新型氧化铝具有松装密度低、$\alpha$-$Al_2O_3$ 含量低及粒度分布均匀等特点，其杂

(a) X 方向的正应力　　　　　　　　　(b) Y 方向的正应力

(c) Z 方向的正应力

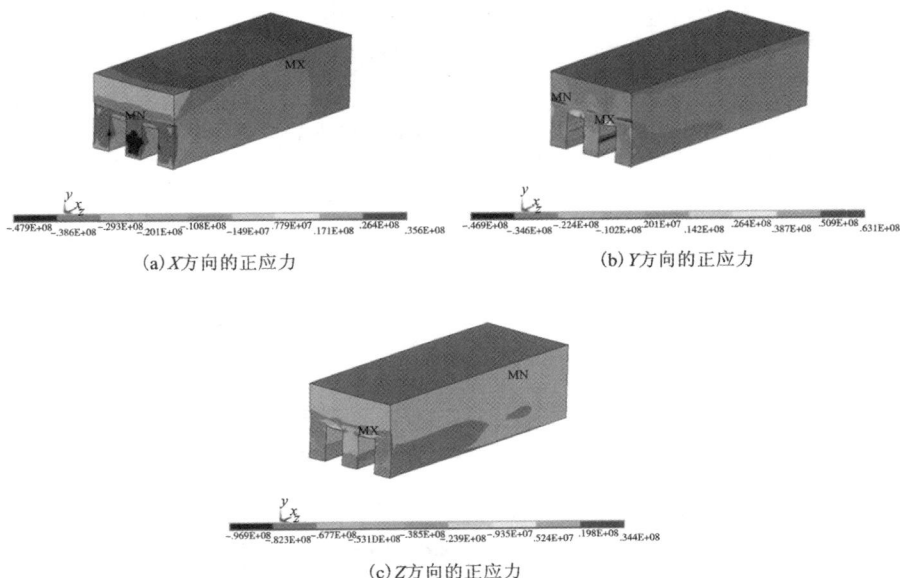

**图 7-18　底部阴极炭块内三维方向的正应力(单位为 Pa)**

质含量与传统工业氧化铝有较大差异。电热场仿真分析所采用的电解质组成为分子比为 2.4 的简单体系: 86.7% Na₃AlF₆, 8.3% AlF₃ 和 5% Al₂O₃。根据相关新型氧化铝电解试验,设定该组成电解质的初晶温度为 943℃,电导率为 1.79 $\Omega^{-1} \cdot cm^{-1}$ (比加入碱法氧化铝的电导率略低)。

对于热场的仿真计算来说,各组分的导热率是要计算的关键参数。内衬部分、阳极部分、槽壳部分等导热率的值均易于获取,而对于采用新型氧化铝的电解槽炉帮和上部覆盖料的导热率的值没有经验值参考。炉帮和上部覆盖料的导热率通过微观计算获得,晶格和混合晶体的导热系数的计算式为

$$K^{lat}(T) = A \times \frac{\overline{m}\theta_D^3}{n^{2/3}} \times \frac{1}{\gamma_\infty^2 - 0.514\gamma_\infty + 0.228} \times \frac{\delta(T)}{T} \qquad (7-22)$$

$$\sum_{i=1}^{N} \phi_i(T) \frac{K_i^{lat}(T) - K_{dens}^{lat}(T)}{K_i^{lat}(T) + 2 \cdot K_{dens}^{lat}(T)} = 0 \qquad (7-23)$$

式中: $K_i^{lat}(T)$ 是 $i$ 组分在温度为 $T$ 时的晶格导热率; $K_{dens}^{lat}(T)$ 是致密多组分晶体在温度为 $T$ 时的导热率; $A$ 是微观计算常数; $\overline{m}$ 是原子的平均质量; $\theta_D$ 是德拜温度; $\gamma$ 是格林艾森常数; $\delta$ 是在温度 $T$ 下的原子摩尔体积。

通过微观计算得到炉帮和上部覆盖料中各物相在 1220 K 的导热率,列于表 7-7。炉帮导热率为 1.72 W/(m·K),略高于加入传统氧化铝形成的炉帮的导

热率；上部覆盖料还需考虑孔隙率 $P$（取新型氧化铝的孔隙率为 27.3%），其导热率为 1.03 W/(m·K)，略高于砂状氧化铝形成覆盖料的导热率。

表 7-7　炉帮与覆盖料中各物相在 1220 K 的导热率

| 物相 | 导热率/[W·(m·K)$^{-1}$] |
|---|---|
| $\alpha-Na_3AlF_6$ | 1.02 |
| $\beta-Na_3AlF_6$ | 0.75 |
| $Na_5Al_3F_{14}$ | 0.62 |
| $\alpha-Al_2O_3$ | 6.88 |
| $\gamma-Al_2O_3$ | 2.76 |
| NaF | 2.39 |

ⓐ新型氧化铝对电场的影响

图 7-19 和表 7-8 是电解槽加入新型氧化铝后的电场分布情况。

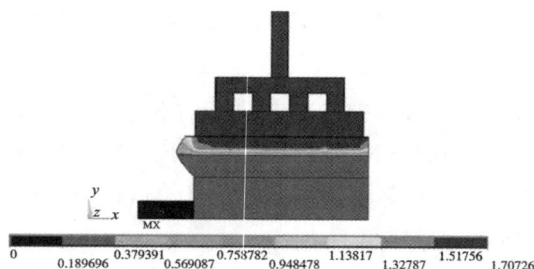

图 7-19　电解槽电场结果分布（彩图版见附录）

表 7-8　电解槽电压平衡表

| 项目 | 电压降/mV |
|---|---|
| 阳极电压降 $\Delta V_a$ | 242 |
| 电解质电压降 $\Delta V_b$ | 1281 |
| 阴极电压降 $\Delta V_c$ | 303 |
| 反应电动势 Bemf | 1700 |
| 气膜电压降 $\Delta V_g$ | 100 |
| 母线电压降 $\Delta V_{bus}$ | 239 |
| 效应分摊电压 $\Delta V_{AE}$ | 4 |
| 总压降 | 3869 |

尽管加入新型氧化铝的电解质的电导率略低,但从电场整体分布和总压降看,没有明显影响,可通过采取一系列优化措施来降低总压降。

ⓑ新型氧化铝对热应力场的影响。

表 7-9 和图 7-20 是电解槽加入新型氧化铝后的切片模型温度场分布情况和散热情况。

表 7-9　阴极切片模型散热分布

| 项目 | 散热量/kW | 散热比例变化/% |
|---|---|---|
| 槽上部覆盖料 | 3.323 | 0.21 |
| 钢爪及导杆 | 4.112 | 0.17 |
| 熔体区域槽壳 | 2.479 | 0.41 |
| 阴极区域槽壳 | 1.680 | -0.12 |
| 阴极钢棒 | 0.678 | -0.73 |
| 槽底部分 | 0.561 | -1.23 |
| 其他部分 | 0.544 | -1.80 |

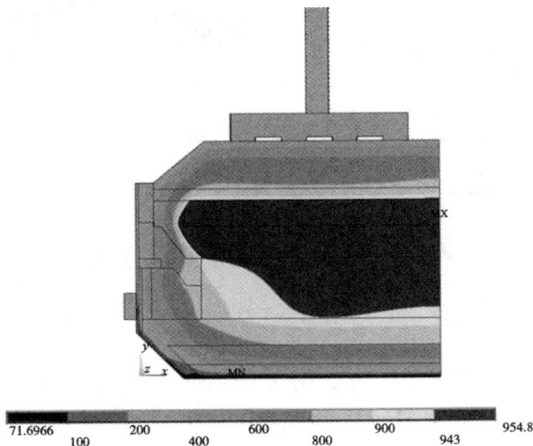

图 7-20　切片模型温度场分布(单位为℃)(彩图版见附录)

由图 7-20 可知,整体而言,加入新型氧化铝的电解槽保温效果尚可。底部保温好,散热比例降低,上部散热超过 50%,通过调节上部氧化铝覆盖率厚度这一手段可对维持热平衡的作用有较为明显的效果。从侧部内衬温度分布来看,槽侧部保温尚可,但侧部散热量略有偏大,可在具体实施中加强侧部的保温。

图 7-21 和图 7-22 为槽帮的形状、槽帮厚度及伸腿长度标注。由图 7-21 可知,加入新型氧化铝的电解槽侧部也能形成稳固的槽帮。从图 7-22 槽帮厚度及伸腿长度大致标注中,可以看出,在覆盖料同样为 150 mm 的厚度情况下,由于侧部散热较大,形成的槽帮偏厚。

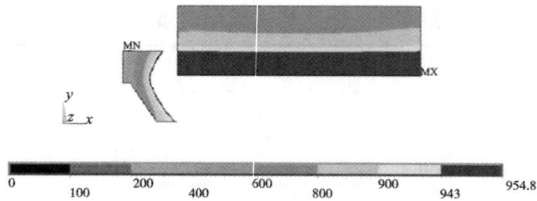

图 7-21　槽帮形状

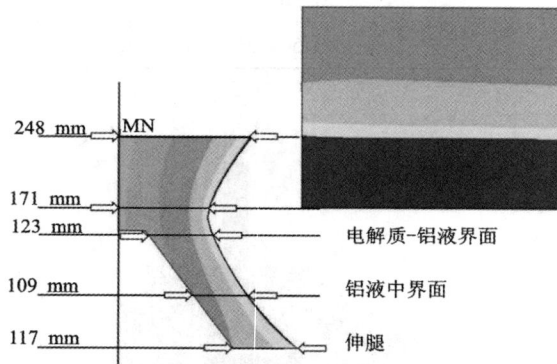

图 7-22　槽帮厚度及伸腿长度标注

②阴极结构优化。

在相同电解工艺条件下,计算分析采用不同石墨含量的阴极底部炭块时阴极内衬的电热分布情况。所使用的几种阴极炭块的性质见表 7-10,使用不同石墨含量的阴极炭块的炭块内压降与阴极内衬的凝固等温线如图 7-23 和图 7-24 所示。

表 7-10　几种阴极炭块的电热及结构相关性质

| 特性 | | 无烟煤炭块 | 半石墨质炭块 | 半石墨化炭块 | 石墨化炭块 |
|---|---|---|---|---|---|
| 假比重/（g·cm⁻³） | | 1.53 | 1.56 | 1.59 | 1.62 |
| 抗压强度/MPa | M | 25 | 25 | 25 | 20 |
| | P | 23 | 23 | 24 | 20 |
| 抗折强度/MPa | M | 8.5 | 10 | 11 | 11 |
| | P | 7.5 | 9 | 9.5 | 9.5 |
| 弹性模量/GPa | M | 10 | 8 | 8 | 7 |
| | P | 7 | 6 | 6 | 5 |
| 电阻率/（μΩ·m⁻¹）（20℃）（1000℃） | M | 34 | 24 | 18 | 10.5 |
| | P | 48 | 32 | 23 | 12.5 |
| | M | 25 | 18 | 16 | 10 |
| | P | 35 | 26 | 20 | 12 |
| 热导率/[W·(m·K)⁻¹]（30℃）（1000℃） | M | 9 | 18 | 27 | 125 |
| | P | 7 | 14 | 22 | 100 |
| | M | 12 | 14 | 22 | 50 |
| | P | 11 | 13 | 18 | 40 |
| 线性热膨胀（10⁻⁶/℃）（25~525℃） | M | 2.6 | 2.8 | 2.8 | 2.5 |
| | P | 3.4 | 3.5 | 3.3 | 3 |
| 钠膨胀率/% | M | 0.45 | 0.35 | 0.25 | 0.03 |

注：P = 垂直方向；M = 挤压方向。

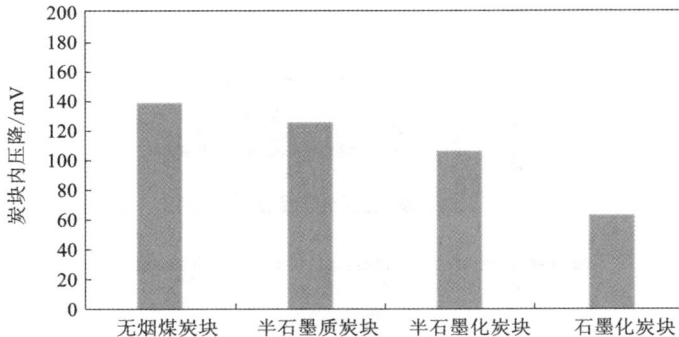

图 7-23　底部碳块内压降

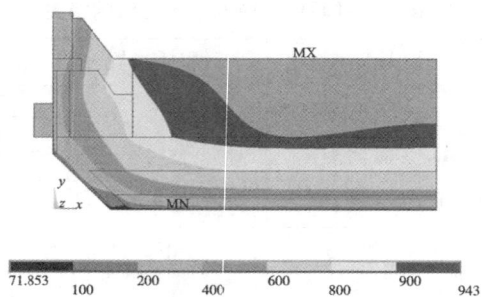

(a) 使用无烟煤炭块

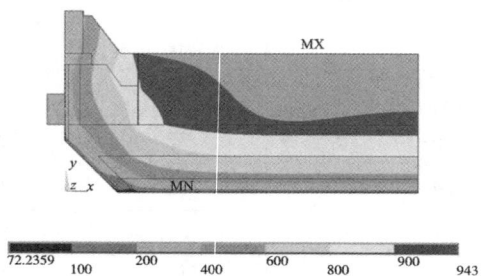

(b) 使用半石墨质炭块

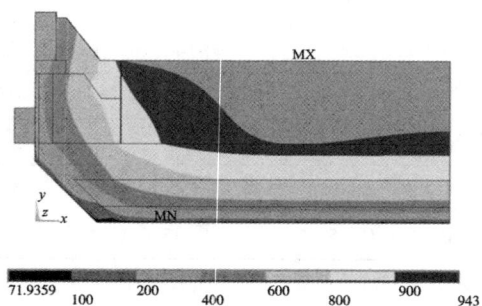

(c) 使用半石墨化炭块

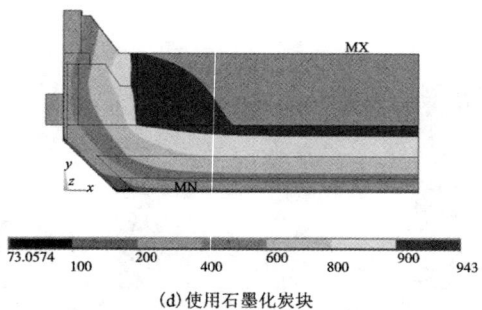

(d) 使用石墨化炭块

图 7-24　阴极内衬的凝固等温线 (943℃) 的位置比较图 (彩图版见附录)

由图 7-23 可以看出：使用每种炭块时，压降从端部炭块往中间炭块逐渐降低。随着石墨含量的增大，炭块内的压降显著减少。炭块石墨含量越大，槽底的压降越低，电解能耗越低。

由图 7-24 所示，随着阴极使用过程逐步石墨化，阴极底部炭块内凝固等温线逐渐下移，使用石墨化炭块时等温线明显下移，说明阴极导热性能变好，电解质将越来越难以在阴极内部凝结。端部炭块内的温度梯度最大，炭块石墨含量越高，电解质凝固等温线在水平方向上越平直、在竖直方向上越陡峭，越有利于保持阴极炭块内部温度分布均匀。

将使用不同石墨含量阴极炭块时的底部炭块内各方向上的位移与正应力结果列于表 7-11 中。

表 7-11　阴极炭块内各方向上的位移与正应力结果

| 应力参数 | 无烟煤炭块 | 半石墨质炭块 | 半石墨化炭块 | 石墨化炭块 |
|---|---|---|---|---|
| $D_x$/mm | −3.46 | −2.92 | −2.18 | −1.94 |
| $D_y$/mm | 2.94 | 2.02 | 1.51 | 0.93 |
| $D_z$/mm | 0.36 | 0.26 | −0.17 | −0.09 |
| $D$/mm | 4.46 | 3.52 | 2.66 | 2.13 |
| $\sigma_x$/MPa | −47.9 | −33.6 | −11.3 | −4.6 |
| $\sigma_y$/MPa | 63.1 | 40.7 | 33.6 | 11.5 |
| $\sigma_z$/MPa | −96.9 | −62.6 | −50.8 | −26.9 |

炭块总的位移量和应变量是随着石墨含量的增加而显著减小的。无烟煤结构响应值最大，最大位移为 4.46 mm；全石墨化炭块的响应值最小，最大位移为 2.13 mm。总体来说，阴极炭块的位移量和所受到的应力均随着石墨含量的增加而减小。石墨含量越高，阴极炭块应变量越小。对于应用新型氧化铝的电解槽，采用高石墨含量的阴极炭块可以在一定程度上降低槽压降，并减少阴极炭块所受应力。

③内衬结构优化。

尽管上述的内衬结构下的电热应力场的结果尚可，但为了探索实现在加入新型氧化铝后最佳的电热应力场分布，本项目在考虑到实际条件的影响下，设计了三种内衬的优化方案，内衬的优化均为小幅度的优化，包括：①方案 1，即加大侧部浇注料和捣固糊的厚度；②方案 2，即提高侧部炭块石墨质含量；③方案 3，即增加底部保温层厚度。图 7-25 为各优化方案的温度场分布情况。

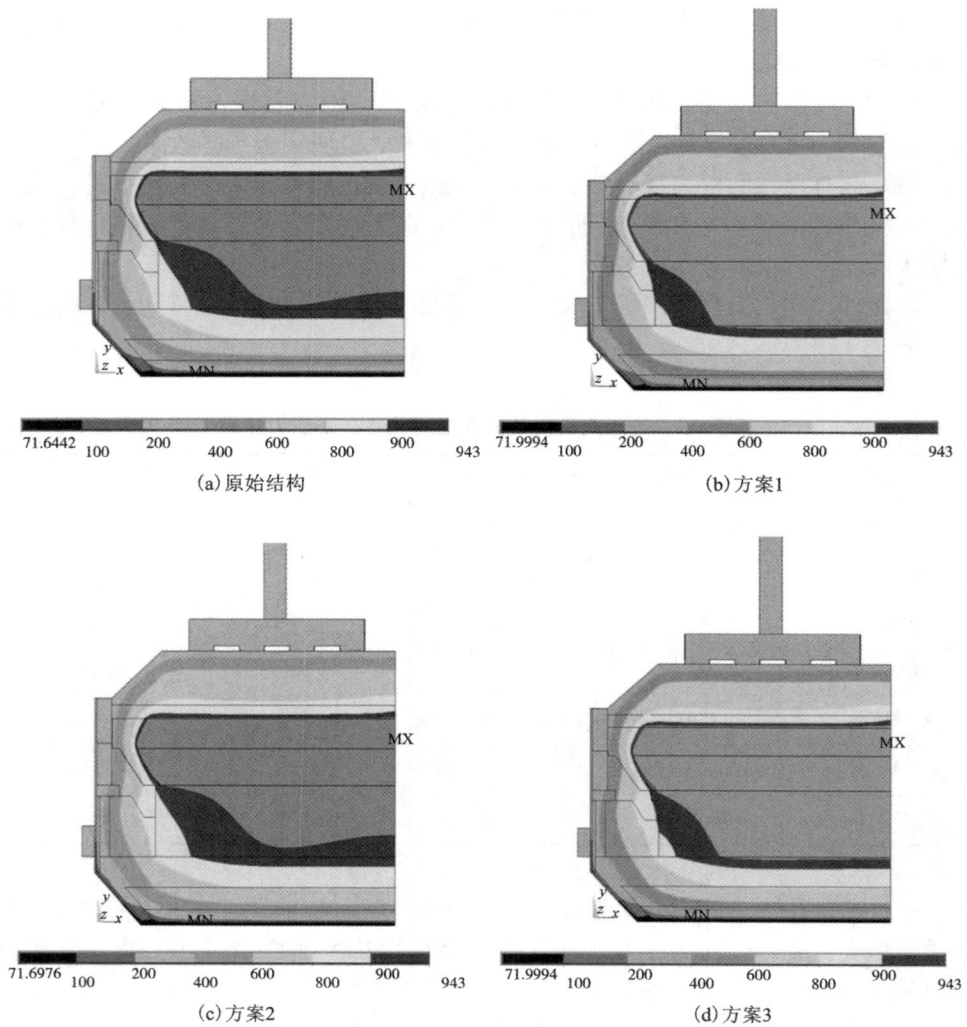

71.6442 100 200 400 600 800 900 943
(a)原始结构

71.9994 100 200 400 600 800 900 943
(b)方案1

71.6976 100 200 400 600 800 900 943
(c)方案2

71.9994 100 200 400 600 800 900 943
(d)方案3

图7-25　各优化方案的温度场分布(彩图版见附录)

　　从图7-25可以看出，方案1中，与阴极炭块相邻的侧部浇注料和捣固糊的宽度增加了10%，电解质凝固等温线在阴极炭块端部分布更陡峭，阴极炭块端部保温性更好。适当增加侧部浇注料和捣固糊的宽度，有利于使阴极炭块内部温度分布更加均匀。

　　方案2中，等温线分布没有明显的变化，即改变侧部炭块材质对电解槽的热场分布没有显著影响，但从表7-12侧部炭块应力分布情况来看，提高侧部炭块中石墨质含量，提高了炭块的致密度，减少了热膨胀率，不仅可以提高其抗钠、抗电解质侵蚀能力，同时也提高了炭块的耐冲击性能，加强了对边部加工振动破坏的抵御力，可以预见其可以消除边部炭块上、下受热不均所引起的中间断裂现象，提高抗氧化能力。

表 7-12　侧部炭块内各方向上的位移与正应力结果

| 应力参数 | 原始结构 | 方案 2 |
|---|---|---|
| $D_x$/mm | −4.67 | −2.83 |
| $D_y$/mm | 3.93 | 1.89 |
| $D_z$/mm | 0.60 | 0.14 |
| $D$/mm | 5.65 | 3.41 |
| $\sigma_x$/MPa | 70.8 | 50.6 |
| $\sigma_y$/MPa | 75.7 | 61.4 |
| $\sigma_z$/MPa | −139 | −98.3 |

方案 3 中，在底部原有保温层的基础上增加了一层厚 10 mm 的陶瓷纤维板，炉底保温结构自下而上依次为：第一层为 10 mm 厚的陶瓷纤维板，第二层为 60 mm 厚的硅酸钙板，第三层为 65 mm 厚的硅藻土保温砖和 65 mm 厚的轻质耐火砖，第五层为 183 mm 厚的干式防渗料。从温度分布图来看，底部保温性增强，但炉底温度大幅下降，炉底偏冷，容易造成炉底沉淀及结壳较多。

④内衬结构优化建议。

从改善稳定性、减小生产能耗和提高槽寿命的角度出发，结合新型氧化铝特性及其对电热应力场的影响，考虑以下几个方面内衬结构的优化设计要求，并提出内衬优化措施：ⓐ减少电解槽铝液水平电流，减缓电解槽铝液波动，减少铝的二次损失，提高电流效率；ⓑ改善阴极炭块和阴极钢棒的材质，提高阴极导电率，降低电解槽炉底压降；ⓒ侧部炉帮具有一定的厚度，但底部伸腿尽量不超过阳极投影区；ⓓ电解质的初晶温度等温线尽量在阴极炭块以下，在 900℃ 以内，保温砖在 800℃ 等温线以下。优化内衬最终使电解槽在低电压下能够稳定运行，实现电解槽能够高效、节能、环保的生产目的。

从热场角度看，增加与阴极炭块相邻的侧部浇注料和捣固糊的宽度，有利于阴极炭块端部保温性增强，使电解质的初晶温度等温线下移，使阴极炭块基本处于初晶温度等温线以内，等温线在阴极炭块端部分布更陡峭，阴极炭块内部温度分布更加均匀；改变侧部炭块材质对电解槽的热场分布没有显著影响；在底部原有保温层的基础上增加保温结构,可以增强底部保温性,但炉底温度的大幅下降,会导致炉底偏冷,容易造成炉底沉淀及结壳较多。

从电场的角度看,使用高石墨化阴极炭块,虽然会降低炉底压降,但降电压的效果有限,从经济效益和槽大修成本的角度考虑,不宜一味追求高石墨比例。

从热应力场的角度看,提高侧部炭块中石墨质含量,有利于加强侧部炭块的耐冲击性能,加强对边部加工振动破坏的抵御力,减小由热应力引起的大的形变,消除边部炭块上、下受热不均所引起的中间断裂现象,并且高石墨质可以提高其抗钠、抗电解质侵蚀能力和抗氧化能力,有利于电解槽的稳定生产。内衬结构优化示意图如图 7-26 所示。

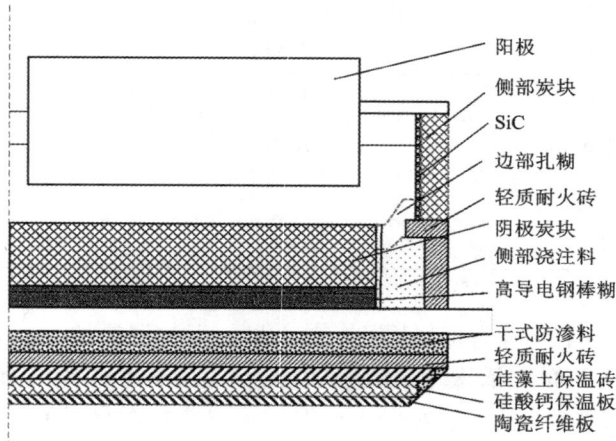

**图 7-26 内衬结构优化示意图**

### 7.1.2.2 磁-流场仿真结果与母线结构优化

(1)原始母线配置下的磁场与流场结果分析

①磁场结果。

利用原始母线配置,再利用已开发出的电磁场计算代码,计算得到收敛后的磁场结果,如图 7-27 所示。图 7-27(a)为槽内铝液中部磁场在 $x$ 方向上的磁感应强度 $B_x$ 的分布;图 7-27(b)为槽内铝液中部磁场在 $y$ 方向上的磁感应强度 $B_y$ 的分布;图 7-27(c)为槽内铝液中部磁场在 $z$ 方向上的磁感应强度 $B_z$ 的分布。

可以看出,其铝液层水平磁场 $B_x$ 的范围为 $-1.66\times10^{-2}\sim1.07\times10^{-2}$ T;水平磁场 $B_y$ 的范围为 $-2.93\times10^{-3}\sim2.96\times10^{-3}$ T;垂直磁场 $B_z$ 的范围为 $-2.85\times10^{-3}\sim2.94\times10^{-3}$ T。统计三个方向磁场绝对值的平均值分别为:$5.69\times10^{-3}$ T、$7.38\times10^{-4}$ T 和 $7.22\times10^{-4}$ T。

(a) 水平磁场 $B_x$ 分布

(b) 水平磁场 $B_y$ 分布

(c) 垂直磁场 $B_z$ 分布

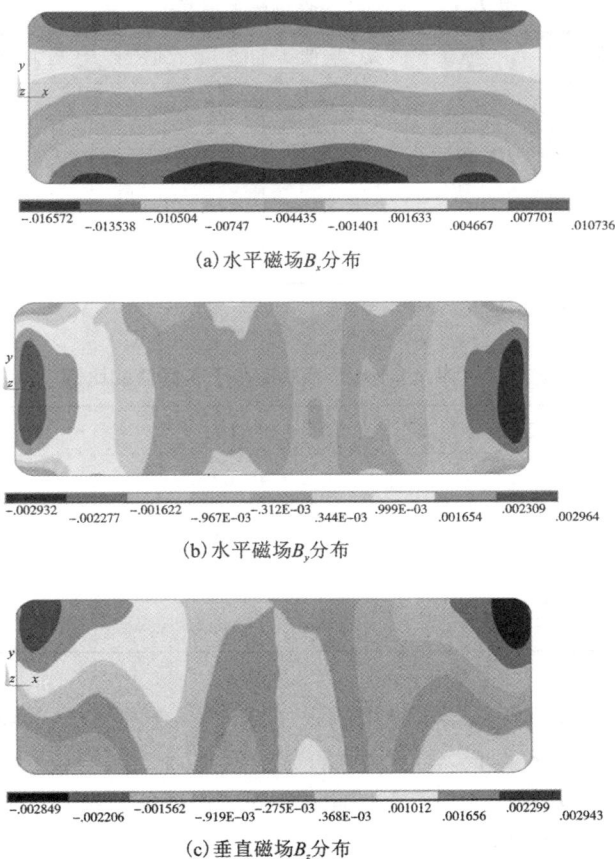

**图 7-27　原始母线结构下铝液层的磁场结果 (单位为 T)**

从图 7-27 可以看出, 新型氧化铝电解槽水平方向的磁场分布 ($B_x$ 和 $B_y$) 与早期设计保持一致, 数值分布亦属于较为合理范围, 因此在此不再深入分析。下面将重点对垂直磁场 $B_z$ 进行深入讨论。

鉴于 $B_z$ 对于电解槽磁流体稳定性、电解质流场的运动速率的重要性, 将上述模型计算得到的 $|B_z|$ 的最大值、平均值、四个象限平均值及 $|B_z| < 2 \times 10^{-3}$ T、$|B_z| < 1.5 \times 10^{-3}$ T、$|B_z| < 1 \times 10^{-3}$ T 和 $|B_z| < 5 \times 10^{-4}$ T 的分布区域所占比例见表 7-13 和表 7-14, 其中, 四个象限分布如图 7-28 所示。

**图 7-28　磁场分析中四个象限分布**

表 7-13  各象限的磁场最大值和平均值  单位：$10^{-4}$T

| | $B_x$ 均值 | $B_y$ 均值 | $B_z$ 均值 | $B_x$ 最大值 | $B_y$ 最大值 | $B_z$ 最大值 |
|---|---|---|---|---|---|---|
| $Q_1$ | 38.48 | 7.06 | 10.7 | 103.33 | 27.51 | 29.4 |
| $Q_2$ | 39.24 | 7.49 | 8.05 | 105.60 | 27.17 | 28.5 |
| $Q_3$ | 74.83 | 7.61 | 4.87 | 162.20 | 28.69 | 19.3 |
| $Q_4$ | 74.87 | 7.37 | 5.30 | 163.57 | 28.36 | 20.5 |

注：所有计算的所有磁场的均值皆指磁场绝对值的均值。

表 7-14  四个象限 $B_z$ 绝对值小于各阈值的比例

| 阈值 | $<2\times10^{-3}$ T | $<1\times10^{-3}$ T | $<5\times10^{-4}$ T |
|---|---|---|---|
| $Q_1$ | 89.27% | 45.02% | 24.25% |
| $Q_2$ | 91.70% | 69.62% | 38.98% |
| $Q_3$ | 100.00% | 90.89% | 53.46% |
| $Q_4$ | 99.79% | 84.56% | 53.26% |

目前国内外在大型预焙铝电解槽的磁场设计上，已形成较为统一的意见，即磁场至少需要满足如下要求：①磁场垂直分量 $B_z$ 较小，磁场最大值的区域不宜过大（一般不宜超过 $4\times10^{-3}$ T），且最大值不宜分布在阳极正投影下方；②$B_z$ 磁场整体平均值满足 SELE 准则；③水平分量 $B_y$ 尽量小。

基于以上几点准则，对电解槽的磁场分析如下：

①$|B_z|$ 的最大值分析：从垂直磁场最大值分析，该 200 kA 新型氧化铝电解槽在四个象限中的 $B_z$ 绝对值的最大值分别为：$2.94\times10^{-3}$ T、$2.85\times10^{-3}$ T、$1.9\times10^{-3}$ T 和 $2.05\times10^{-3}$ T，均小于 $4\times10^{-3}$ T，这些 $B_z$ 的极值属于合理范围。由图 7-27(c) 可以发现，极值及其临近的区域面积非常小，都位于进电侧靠近烟道端和出铝端部分极小的区域，且处于阳极投影区域外（本项目建模时候充分考虑炉帮、阴极等实际情况），因此对于整体稳定性影响不大；

②$|B_z|$ 平均值的数值大小分析：从磁场整体均值大小的角度来分析，四个象限中垂直磁场的绝对值的平均值分别为 $1.07\times10^{-3}$ T、$8.05\times10^{-4}$ T、$4.87\times10^{-4}$ T、$5.30\times10^{-4}$ T，尽管相比现在各类优化后的磁场略有欠缺，但仍属于较为理想的范围。

③基于 SELE 准则的分析：应用 SELE 的磁流体稳定判据：

$$(ACD+ACD')\times L_{Al} > CA \times |B_z| \times I \qquad (7-24)$$

其中：$B_z$ 为垂直磁场绝对值的平均值，单位为 T；$L_{Al}$ 为铝水平，单位为 m，根据给定数据取 0.28；ACD 为计算所取的平均极距，单位为 m，根据给定数据取 0.045；ACD′ 为等效阳极距离，单位为 m，取经验常数 0.04；$I$ 为系列电流，单位为 kA，本项目取 200；CA 为经验常数，取 0.05。由此可计算得到 $B_z$ 的绝对平均值应该小于 0.00238 T。由表 7-13 可知，本项目初始的垂直磁场平均值（$7.22 \times 10^{-4}$ T）远小于该值，即都满足 SELE 准则，因此，由此判据可以得知电解槽能维持稳定。

④$|B_z|$ 的分布区域分析：由表 7-13 可知，首先，三种模型中，$|B_z| < 2 \times 10^{-3}$ T 的区域平均超过 95%，$|B_z| < 1 \times 10^{-3}$ T 的区域平均为 73% 左右，$|B_z| < 5 \times 10^{-4}$ T 和平均值的区域也都接近 40%，表明铝液中绝大部分磁场的值都小于 $2 \times 10^{-3}$ T，大部分小于 $1 \times 10^{-3}$ T 和平均值，可以说改 200 kA 的垂直磁场的设计属于较为合理水平。由磁场四个象限的均值可以看出，一、二象限的磁场垂直结果与平均值较为接近，三、四象限则靠近，在靠近出电侧，电解槽磁场较大，说明这一些地方的补偿并不到位。

总体来说，新型氧化铝电解槽的磁场设计非常理想，$|B_z|$ 的最大值、均值、各象限均值及 $|B_z| < 1 \times 10^{-3}$ T 和 $|B_z| < 5 \times 10^{-4}$ T 的分布区域都在理想范围，从而可以确保该电解系列能维持较好的磁流体稳定。

②流场结果。

应用 7.1.1 节所述的方法，提取电磁模型中电流密度与磁感应强度，将两者相乘后获得电磁力，并将其导入至 ANSYS-CFX 平台中，进行稳态流场计算，得到铝液流速场、电解质流速场及铝液-电解质界面波动的数据。本项目分别对三个模型的流场开展计算，并列出其流场计算结果。

图 7-29（a）为铝液中截面水平速度分布图，图 7-29（b）为电解质中截面速度分布图，图 7-29（c）为铝液电解质界面变形图。

值得注意的是，图 7-29（c）中的实际界面变形并没有图所示如此大，这是为了直观呈现变形趋势，对变形的显示在垂直方向放大了 10 倍，因而存在一定视差。后续几个界面变形图都采用相同的处理方式。

流场结果综合分析如下：

①流场形态分析：初始流动形态改为两个大涡的分布，在烟道端由于侧部系列的磁场左右，会有一个漩涡缺口，整体流场还是契合当前对于大型槽的设计趋势；

②流速大小分析：铝液层最大流速为 23.82 cm/s，出现在电解槽烟道端侧的大漩涡靠近 A 面的外侧，计算得到的铝液平均流速为 7.57 cm/s；电解质流场分布与铝液较为类似，其流速最大值为 20.57 cm/s，平均流速为 6.77 cm/s；从数值上看，可以充分满足流场对于氧化铝颗粒的输运需求。

单位：m/s

(a)铝液中截面水平速度分布图

单位：m/s

(b)电解质中截面水平速度分布图

单位：m

(c)铝液-电解质稳态界面变形

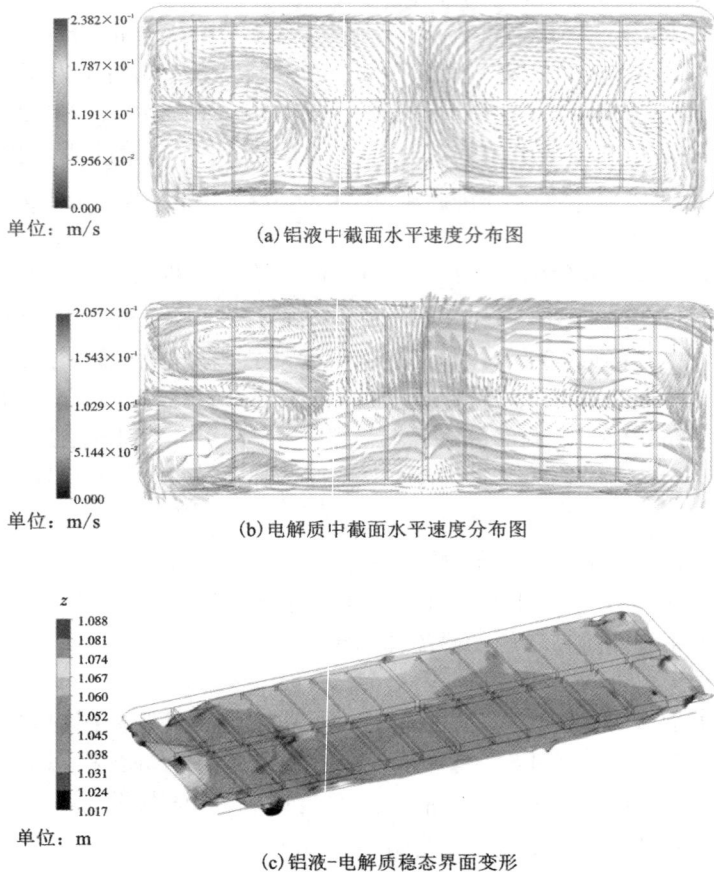

图7-29　原始母线的流场结果

③界面变形量的分析：铝液电解质界面变形绝大部分区域十分平缓，变化梯度小，只存在少部分向上凸起，主要分布在两个端部，向上最大变形为 3.17 cm，上凸的区域都是大范围类似于平原地带，整体向上凸起变形小于 0.5 cm 的区域占 90.23%、向上凸起变形小于 0.25 cm 的区域占 73.62%、向上凸起变形小于 0.1 cm 的区域占 64.20%，故属于十分理想的界面变形。

值得一提的是，流速场计算结果是基于理论考虑的，未考虑实际生产时阳极消耗的影响、母线温度的影响、实际槽帮（本项目使用的理想槽帮）等实际情况。这从各铝厂测试值与计算值之间存在一定偏差可以证实。

（2）母线优化的磁场分布分析

尽管上述的初始母线结构下的磁场与流场的结果已经较为理想了，但为了将探索实现最佳的磁流体分布，本项目考虑了多种母线的优化方案，由于受到实际条件的影响，因此，母线的优化均为小幅度的优化，详见图 7-30 所示。

(a)原始结构

(b)方案1：烟道端和出铝端各新增一组槽底补偿母线

(c)方案2：在方案1基础上，烟道端补偿母线抬高300 mm

(d)方案3：将原始母线往烟道端移动、出铝侧增加一组槽底补偿母线

(e)方案4：在方案2基础上，烟道端再抬高300 mm

(f)方案5：在方案4基础上将出铝端抬高200 mm

图7-30　母线优化方案

　　将所有优化方案的磁场结果示于图 7-31 至图 7-33 中。为了进行比较，将整体全槽和各象限磁场的最大值、平均值列于表 7-15 中，将磁场小于阈值的结果列于表 7-16 中。

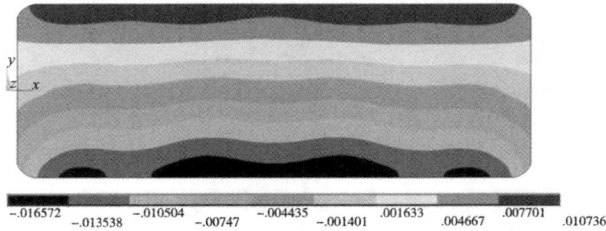

(a) 原始结构

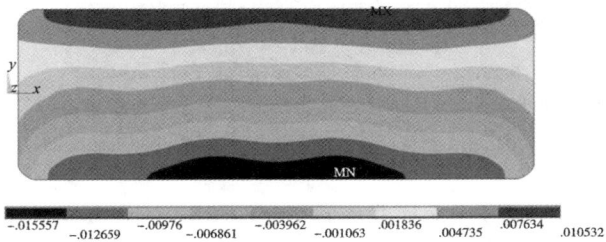

(b) 方案1

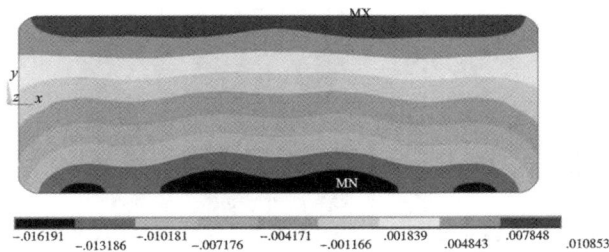

(c) 方案2

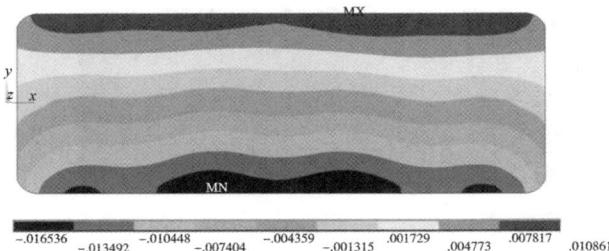

(d) 方案3

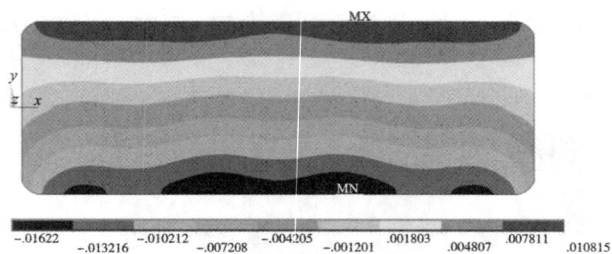

.01622 .013216 .010212 .007208 .004205 .001201 .001803 .004807 .007811 .010815

(e)方案4

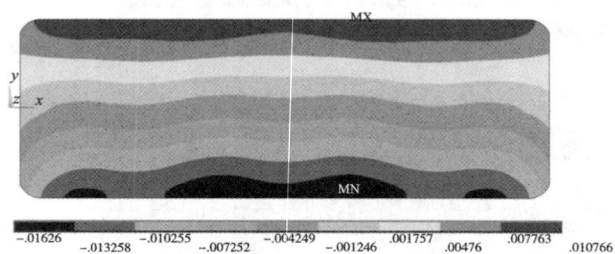

.01626 .013258 .010255 .007252 .004249 .001246 .001757 .00476 .007763 .010766

(f)方案5

图 7-31　各方案母线中 $B_x$ 磁场分布的比较(彩图版见附录)

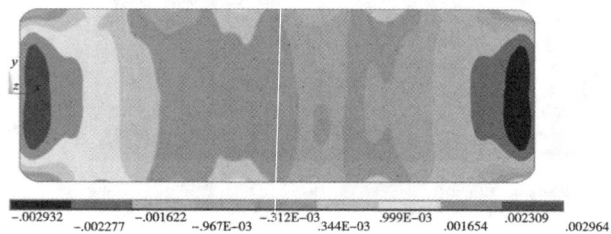

.002932 .002277 .001622 .967E-03 .312E-03 .344E-03 .999E-03 .001654 .002309 .002964

(a)原始结构

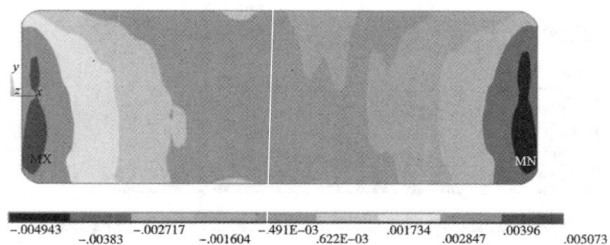

.004943 .00383 .002717 .001604 .491E-03 .622E-03 .001734 .002847 .00396 .005073

(b)方案1

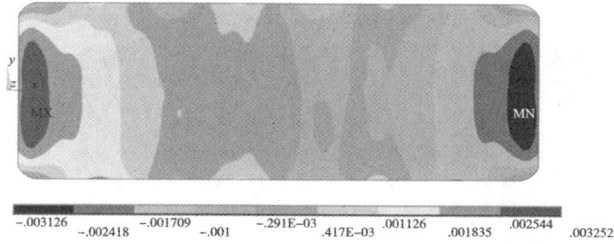

$-.003126$　$-.001709$　$-.291E-03$　$.001126$　$.002544$
　$-.002418$　$-.001$　$.417E-03$　$.001835$　$.003252$

(c)方案2

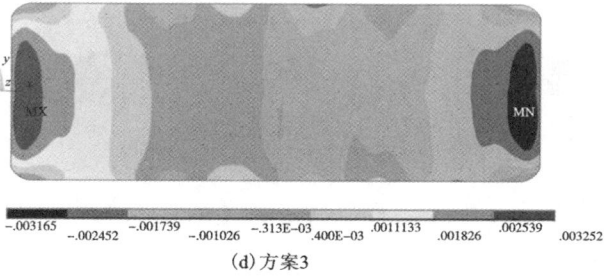

$-.003165$　$-.001739$　$-.313E-03$　$.0011133$　$.002539$
　$-.002452$　$-.001026$　$.400E-03$　$.001826$　$.003252$

(d)方案3

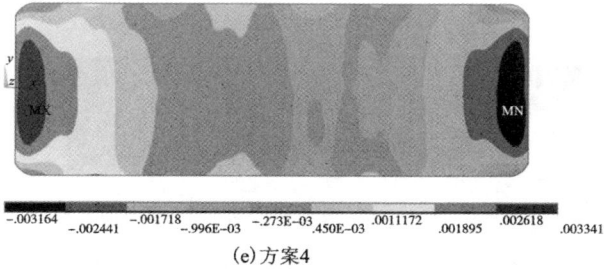

$-.003164$　$-.001718$　$-.273E-03$　$.0011172$　$.002618$
　$-.002441$　$-.996E-03$　$.450E-03$　$.001895$　$.003341$

(e)方案4

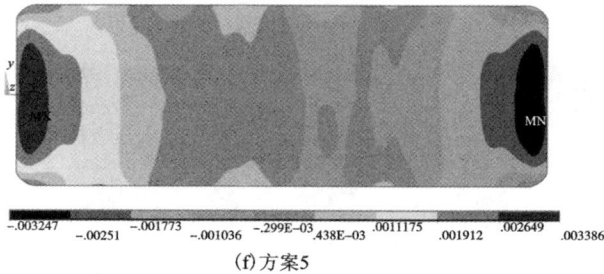

$-.003247$　$-.001773$　$-.299E-03$　$.0011175$　$.002649$
　$-.00251$　$-.001036$　$.438E-03$　$.001912$　$.003386$

(f)方案5

**图 7-32　各方案母线中 $B_y$ 磁场分布的比较(彩图版见附录)**

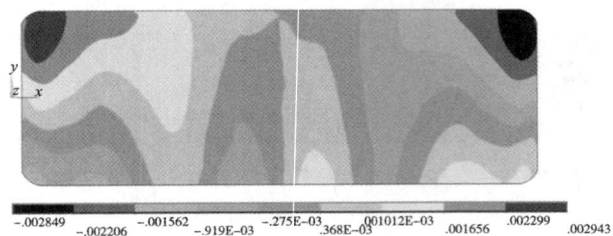

-.002849  -.002206  -.001562  -.919E-03  -.275E-03 .368E-03 .001012E-03 .001656  .002299  .002943

(a)原始结构

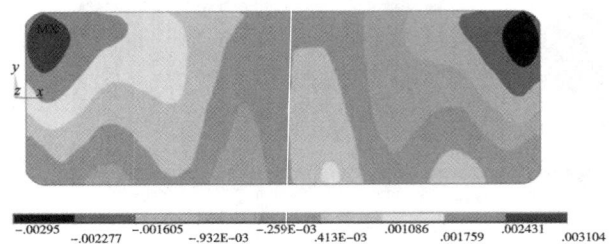

-.00295  -.002277  -.001605  -.932E-03  -.259E-03 .413E-03 .001086  .001759  .002431  .003104

(b)方案1

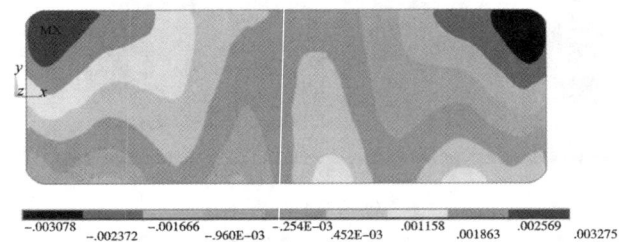

-.003078  -.002372  -.001666  -.960E-03  -.254E-03 .452E-03 .001158  .001863  .002569  .003275

(c)方案2

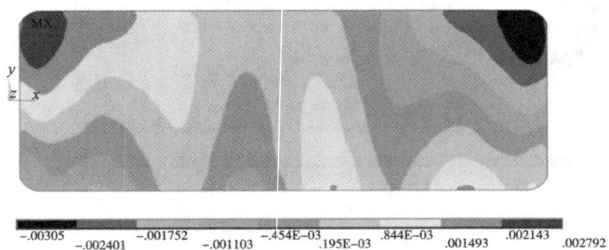

-.00305  -.002401  -.001752  -.001103  -.454E-03 .195E-03 .844E-03 .001493  .002143  .002792

(d)方案3

(e) 方案4

(f) 方案5

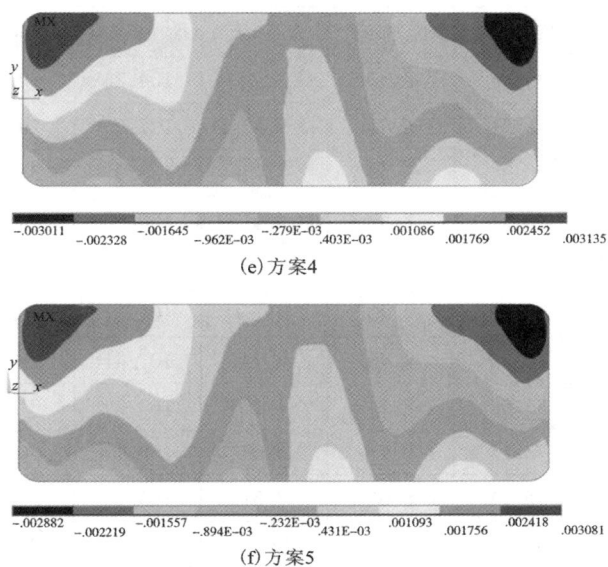

图 7-33　各方案母线中 $B_z$ 磁场分布的比较(彩图版见附录)

表 7-15　各象限的磁场最大值和平均值

| 母线结构 | | $B_x$ 均值 | $B_y$ 均值 | $B_z$ 均值 | $B_x$ 最大值 | $B_y$ 最大值 | $B_z$ 最大值 |
|---|---|---|---|---|---|---|---|
| 原始结构 | $Q_1$ | 38.48 | 7.06 | 10.66 | 103.33 | 27.51 | 29.37 |
| | $Q_2$ | 39.24 | 7.49 | 8.05 | 105.60 | 27.17 | 28.54 |
| | $Q_3$ | 74.83 | 7.61 | 4.87 | 162.20 | 28.69 | 19.34 |
| | $Q_4$ | 74.87 | 7.37 | 5.30 | 163.57 | 28.36 | 20.48 |
| | 全槽 | 56.86 | 7.38 | 7.22 | 163.57 | 28.69 | 29.37 |
| 方案 1 | $Q_1$ | 38.38 | 11.67 | 11.22 | 102.06 | 40.33 | 31.11 |
| | $Q_2$ | 38.77 | 12.33 | 8.93 | 104.09 | 40.29 | 29.56 |
| | $Q_3$ | 66.62 | 14.87 | 4.35 | 153.44 | 48.72 | 17.98 |
| | $Q_4$ | 66.86 | 13.82 | 4.62 | 154.27 | 47.43 | 17.42 |
| | 全槽 | 52.66 | 13.17 | 7.28 | 154.27 | 48.72 | 31.11 |

续表7-15

| 母线结构 | | $B_x$ 均值 | $B_y$ 均值 | $B_z$ 均值 | $B_x$ 最大值 | $B_y$ 最大值 | $B_z$ 最大值 |
|---|---|---|---|---|---|---|---|
| 方案2 | $Q_1$ | 39.68 | 8.37 | 12.75 | 104.84 | 30.36 | 32.57 |
| | $Q_2$ | 40.31 | 8.44 | 9.85 | 107.05 | 29.07 | 30.79 |
| | $Q_3$ | 70.24 | 9.37 | 4.72 | 158.91 | 31.60 | 17.35 |
| | $Q_4$ | 70.52 | 8.52 | 5.61 | 160.00 | 30.33 | 17.39 |
| | 全槽 | 55.19 | 8.68 | 8.23 | 160.00 | 31.60 | 32.57 |
| 方案3 | $Q_1$ | 37.72 | 7.80 | 10.14 | 101.81 | 30.39 | 28.06 |
| | $Q_2$ | 40.30 | 9.46 | 9.74 | 107.41 | 29.45 | 30.52 |
| | $Q_3$ | 73.58 | 8.24 | 4.15 | 163.29 | 31.59 | 18.20 |
| | $Q_4$ | 72.17 | 9.13 | 6.03 | 163.19 | 30.70 | 18.10 |
| | 全槽 | 55.94 | 8.66 | 7.51 | 163.29 | 31.59 | 30.52 |
| 方案4 | $Q_1$ | 39.21 | 8.75 | 12.35 | 104.36 | 31.36 | 31.25 |
| | $Q_2$ | 40.05 | 8.61 | 9.65 | 106.66 | 29.48 | 30.11 |
| | $Q_3$ | 70.61 | 9.59 | 4.66 | 159.30 | 32.49 | 16.33 |
| | $Q_4$ | 70.78 | 8.62 | 5.64 | 160.30 | 30.71 | 17.75 |
| | 全槽 | 55.16 | 8.89 | 8.07 | 160.30 | 32.49 | 31.25 |
| 方案5 | $Q_1$ | 38.93 | 8.94 | 12.18 | 104.00 | 31.88 | 30.64 |
| | $Q_2$ | 39.60 | 8.97 | 9.26 | 106.13 | 30.40 | 28.77 |
| | $Q_3$ | 70.85 | 9.71 | 4.63 | 159.57 | 32.95 | 16.19 |
| | $Q_4$ | 71.16 | 8.84 | 5.72 | 160.70 | 31.54 | 18.49 |
| | 全槽 | 55.14 | 9.11 | 7.95 | 160.70 | 32.95 | 30.64 |

表7-16　各象限 $B_z$ 绝对值小于各阈值的比例

| 母线结构 | 阈值 | $<2\times10^{-3}$ T | $<1\times10^{-3}$ T | $<5\times10^{-4}$ T |
|---|---|---|---|---|
| 原始结构 | $Q_1$ | 89.27% | 45.02% | 24.25% |
| | $Q_2$ | 91.70% | 69.62% | 38.98% |
| | $Q_3$ | 100.00% | 90.89% | 53.46% |
| | $Q_4$ | 99.79% | 84.56% | 53.26% |
| | 全槽 | 95.19% | 72.52% | 42.49% |

续表7-16

| 母线结构 | 阈值 | $<2\times10^{-3}$ T | $<1\times10^{-3}$ T | $<5\times10^{-4}$ T |
|---|---|---|---|---|
| 方案 1 | $Q_1$ | 83.98% | 42.86% | 28.32% |
| | $Q_2$ | 89.39% | 63.03% | 35.02% |
| | $Q_3$ | 100.00% | 92.70% | 62.87% |
| | $Q_4$ | 100.00% | 92.73% | 57.61% |
| | 全槽 | 93.34% | 72.83% | 45.96% |
| 方案 2 | $Q_1$ | 76.11% | 38.17% | 24.35% |
| | $Q_2$ | 84.96% | 59.34% | 33.73% |
| | $Q_3$ | 100.00% | 91.14% | 56.44% |
| | $Q_4$ | 100.00% | 83.71% | 48.65% |
| | 全槽 | 90.27% | 68.09% | 40.79% |
| 方案 3 | $Q_1$ | 90.29% | 55.71% | 16.81% |
| | $Q_2$ | 86.35% | 62.65% | 26.38% |
| | $Q_3$ | 100.00% | 94.04% | 64.61% |
| | $Q_4$ | 100.00% | 78.93% | 44.37% |
| | 全槽 | 94.16% | 72.83% | 38.04% |
| 方案 4 | $Q_1$ | 77.68% | 39.17% | 24.78% |
| | $Q_2$ | 85.84% | 60.03% | 34.17% |
| | $Q_3$ | 100.00% | 91.72% | 56.82% |
| | $Q_4$ | 100.00% | 83.25% | 48.53% |
| | 全槽 | 90.88% | 68.54% | 41.07% |
| 方案 5 | $Q_1$ | 78.40% | 39.58% | 24.86% |
| | $Q_2$ | 87.71% | 61.58% | 34.99% |
| | $Q_3$ | 100.00% | 91.99% | 57.08% |
| | $Q_4$ | 100.00% | 82.54% | 48.11% |
| | 全槽 | 91.53% | 68.92% | 41.26% |

　　由表 7-15～表 7-16 及图 7-31～图 7-33 可以看出，对母线进行结构改进和优化后，电解槽的磁场发了一定的变化，主要表现在以下几点：

　　①磁场分布形态：由于只对母线进行了微调，增加了极少数的底部补偿母线，

对出电侧母线、进电侧母线及横梁母线均未做根本性的改动，因而所得到的磁场整体分布形态类似，与原始母线条件下分布极为类似，只在具体数值上有了改动。

②垂直磁场大小的分析。由于垂直磁场的重要作用，因而对垂直磁场进行重点分析，在母线结构改变后，其垂直磁场整体均值基本与原始结构类似，未发生数量级的变化，原始结构的 $7.22×10^{-4}$ T 和方案 1 的 $7.28×10^{-4}$ T 在所有结构中处于较为理想的水平；此外，从各区间的分布来看，$Q_3$ 和 $Q_4$ 的磁场分布是十分理想的，其 $B_z$ 的均值为 $(4～6)×10^{-4}$ T，尤其是方案 1 结构，其 $Q_3$ 和 $Q_4$ 的均值仅为 $4.35×10^{-4}$ T 和 $4.62×10^{-4}$ T，原始母线结构中也有较为接近的结果($4.87×10^{-4}$ T、$5.30×10^{-4}$ T)。

③垂直磁场小于阈值的统计分布：通过对小于 $2×10^{-3}$ T、$1×10^{-3}$ T 和 $5×10^{-4}$ T 的磁场区域进行统计，可以看出，方案 1 所得到的小于 $5×10^{-4}$ T 区域最大，达到 45.96%，其小于 $1×10^{-3}$ T 的区域亦为最大；此外，通过对各象限进行分析可知，$Q_3$ 和 $Q_4$ 象限内几乎所有结构的 $B_z$ 均小于 $2×10^{-3}$ T，约 80% 小于 $1×10^{-3}$ T，一半左右小于 $5×10^{-4}$ T；其中，又以原始结构和方案 1 表现突出，其 $Q_3$ 小于 $5×10^{-4}$ T 的比例分别为 53.46% 和 62.78%，$Q_4$ 小于 $5×10^{-4}$ T 的比例分别为 53.26% 和 57.61%，整体方案 1 略优秀，但二者极为靠近。

从磁场的角度来看，原始结构和方案 1 属于较为理想的范围，在不对母线进行大量改动的前提下，对其进行的微调，其效果一般。尽管方案 1 有一定的效果，但因考虑了实际情况中改动母线所带来的巨大风险，因此，本项目实际试验中未对母线结构进行改动。

(3) 母线优化后的流场分析

同样，将流场计算的结果列于表 7-17，其铝液层、电解质层及界面变形的结果分别如图 7-34～图 7-36 所示。

表 7-17　三个模型的流场计算结果

| 计算模型 | 铝液流速 /(cm·s⁻¹) | | 电解质流速 /(cm·s⁻¹) | | 界面变形/cm | 变形量区域分布/% | |
|---|---|---|---|---|---|---|---|
| | 均值 | 最大 | 均值 | 最大 | 上凸 | [-1.5 cm,+1.5 cm] | [-0.5 cm,+0.5 cm] |
| 原始结构 | 7.57 | 23.82 | 6.77 | 20.57 | 3.17 | 92.07 | 46.49 |
| 方案 1 | 8.49 | 20.39 | 7.32 | 19.53 | 2.34 | 91.00 | 45.73 |
| 方案 2 | 8.43 | 25.43 | 7.28 | 19.30 | 3.37 | 91.83 | 46.15 |
| 方案 3 | 7.80 | 23.04 | 6.97 | 20.54 | 2.80 | 92.85 | 45.02 |
| 方案 4 | 8.36 | 25.15 | 7.23 | 19.26 | 3.48 | 90.07 | 43.39 |
| 方案 5 | 8.27 | 25.15 | 7.17 | 19.28 | 3.17 | 92.48 | 47.01 |

(a) 原始结构

(b) 方案1

(c) 方案2

(d) 方案3

(e) 方案4

(f) 方案5

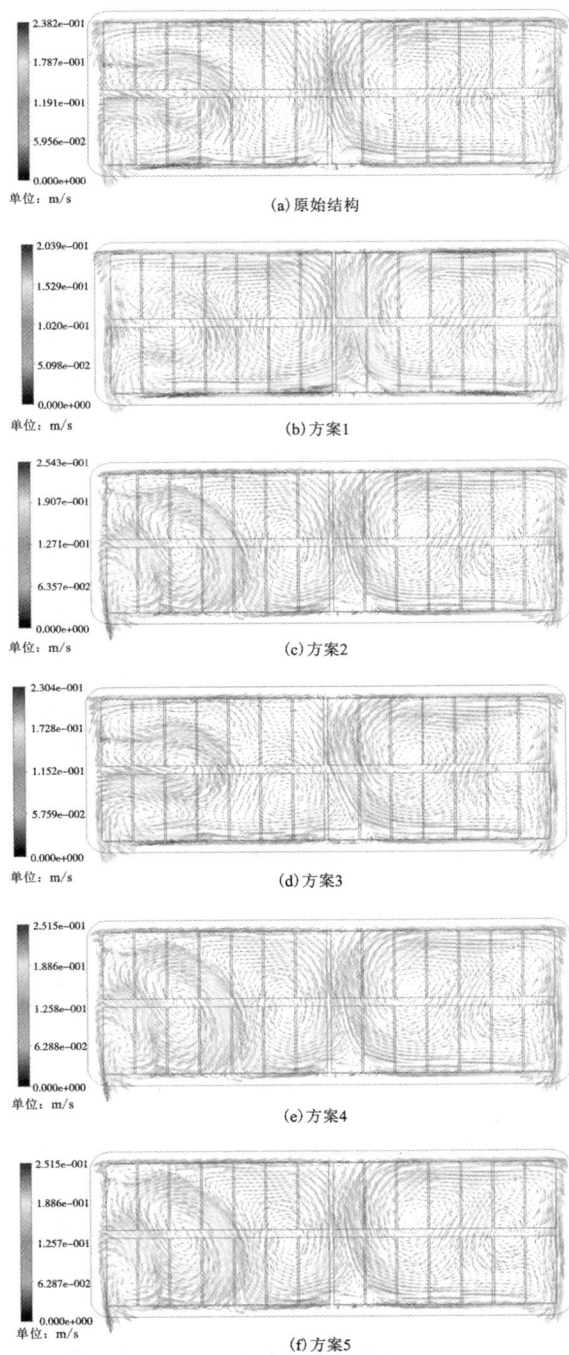

图 7-34　各母线方案下铝液层流场矢量图

(a) 原始结构

(b) 方案1

(c) 方案2

(d) 方案3

(e) 方案4

(f) 方案5

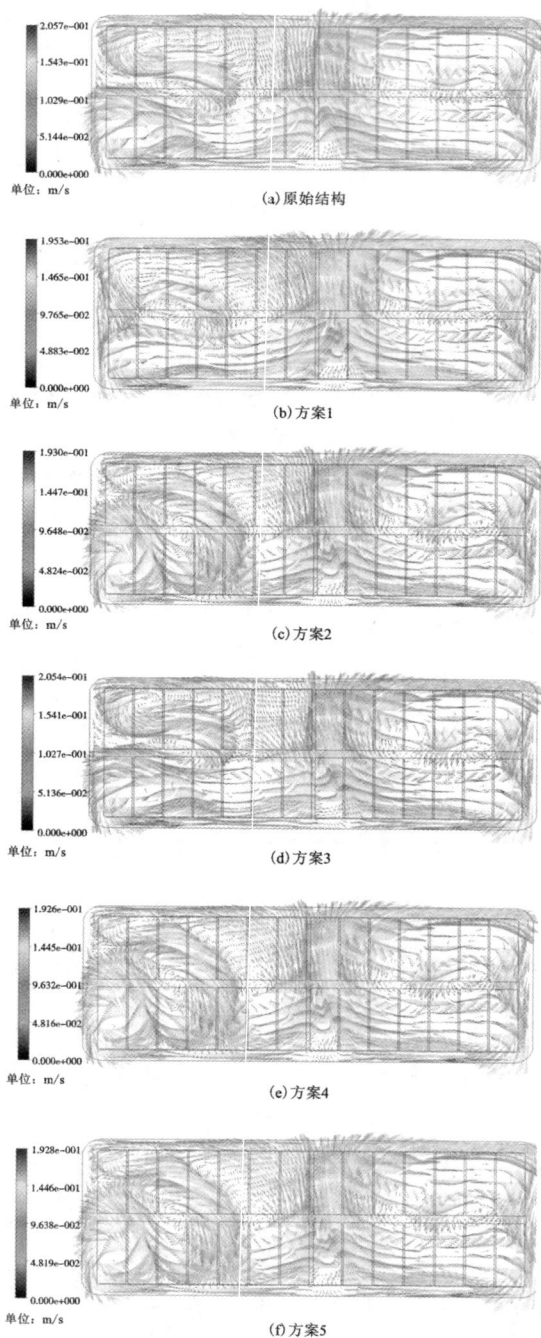

图 7-35　各母线方案下电解质层流场矢量图

(a) 原始结构

(b) 方案1

(c) 方案2

(d) 方案3

(e) 方案4

(f) 方案5

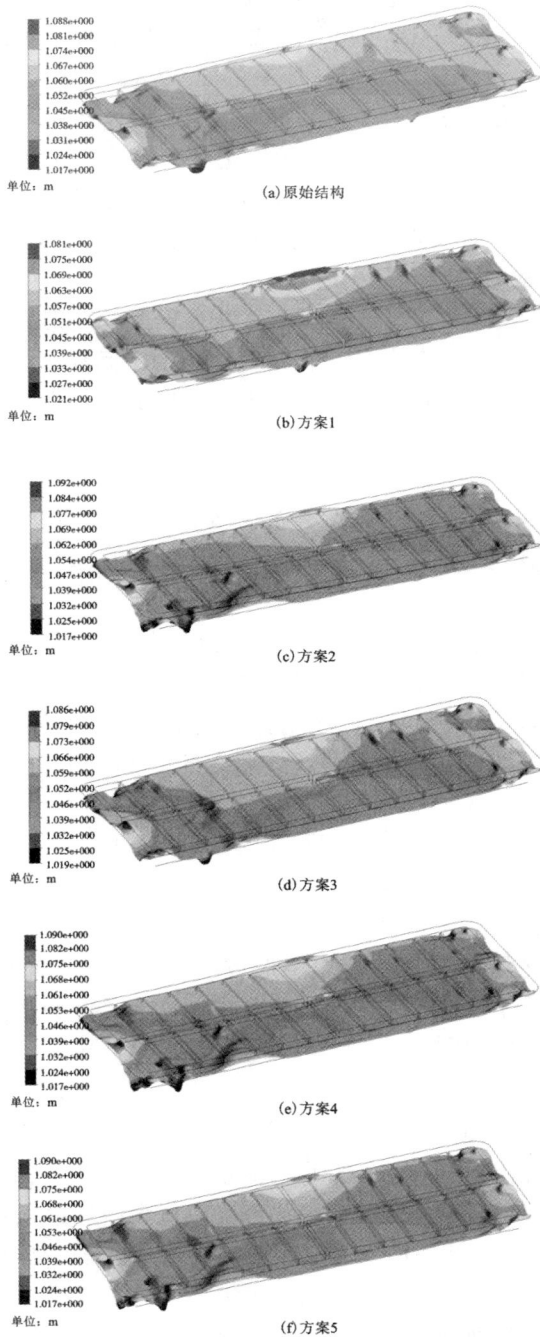

图 7-36　各母线方案铝液–电解质界面变形图（彩图版见附录）

从表 7-17 可以看出, 在进行母线优化后, 由于电磁场分布的改变, 导致电磁力出现改变。在优化后, 铝液和电解质的流速均出现了不同程度的增大, 尤以方案 1 增大较多, 其电解质流速从原来的 6.77 cm/s 增大到 7.32 cm/s, 增大了 0.55 cm/s, 这说明该方案有一定的提升效果, 但电解质和铝液的最大流速基本持平, 因此, 从这个角度来说, 母线的优化对于流场改进效果是有限的。

由图 7-34~图 7-36 可知, 母线优化后, 电解质和铝液层的流速矢量图并未发生根本性的改变, 均为大体两个涡团的分布, 但受到相邻侧电解槽的影响, 在烟道端存在少许异常的涡团。

此外, 从界面分布可以看出, 各类方案中, 界面的变形基本一致, 只在数值上存在较小的差异, 上凸的部分均存在于电解槽的中间靠出电侧, 此处由于流场的交汇导致界面上凸较大, 而下凹部分均出现在烟道端 1~3 块阳极的区域。其他部分的变化十分平缓。

(4) 母线结构优化方案及建议

从磁场分布形态来看, 磁场整体分布形态类似, 与原始母线条件下分布极为类似, 只在具体数值上有了改动; 垂直磁场整体均值基本与原始结构类似, 未发生数量级的变化。

综上可见, 经过大量的母线的优化, 电磁流场分布并未起到实质性的改变, 仅为小幅的数值上的优化, 这对于电解槽磁流体的状况基本无太大影响, 对于氧化铝浓度的分布也没有下料点配置优化更有效果, 这表明该母线设计在 200 kA 电解槽上已经属于十分理想的一种设计。鉴于此, 从磁场和流场的角度, 不对母线进行改动。

### 7.1.2.3 氧化铝浓度场仿真结果与下料策略优化

电解槽槽内熔体(电解质和铝液)具有一定的阻抗, 其内部电流产生相应热量, 形成热场以维持电解质和铝液处于高温熔融状态。同时, 高强度的直流电亦产生很强的磁场, 磁场与电场相互作用形成电磁力场以驱动熔体快速运动。此外, 阳极底面由电化学反应不断产生大量气泡, 气泡受浮力作用上升, 从而搅动电解质, 与上述电磁力共同作用, 形成了槽内熔体的流场。

生产过程中, 按照一定的时间间隔, 以点式下料方式加入的氧化铝颗粒, 随熔体的运动输送分散至电解质的各个区域, 同时发生溶解、扩散及对流的传质过程, 并为电解反应提供原料。这一过程与流场分布密切相关, 若氧化铝输运速度过慢或在局部累积达到较高浓度, 会因局部吸热过大而导致该部分电解质温度过低, 亦会产生槽底沉淀, 造成波动和槽电压的升高, 显著提高电解能耗。

针对新型氧化铝的分散与溶解性能的特点, 研究常规槽内电解质流场及氧化铝浓度流场的分布, 继而开展下料点分布、下料周期、下料组合、定容器大小等对氧化铝浓度分布的影响研究, 获得决定氧化铝浓度分布的主要因素。基于仿真计算与结果分析，获得下料点和下料策略的最优化配置。

1. 新型氧化铝物性测定及多相流模型参数

1）电解质物性测定仪

采用 RTW-10 熔体物性测定仪测定冶金熔体黏度、密度、表面张力及电导率。采用此设备来测定新型氧化铝在电解质熔体中的关键理化性质，为仿真计算的参数设置提供可靠数据。

测定仪的测试炉体为二硅化钼电阻炉，其外壳为可耐高温的水冷不锈钢，通过 PID 程序控制电阻炉能够实现多段升温、降温控制。炉体外形尺寸为：1600 mm×1300 mm×2300 mm。RTW-10 熔体物性测定仪示意图如图 7-37 所示。

**图 7-37　RTW-10 熔体物性测定仪示意图**

2）物性测定及分析

①电解质组成

采用分析纯 $Na_3AlF_6$，工业纯无水 $AlF_3$，新型氧化铝，配成的电解质组成如表 7-18 所示。

**表 7-18　电解质组成**

| $Na_3AlF_6$ | $AlF_3$ | $Al_2O_3$ | 分子比 CR |
| --- | --- | --- | --- |
| 75.5% | 23% | 1.5% | 2.3 |

②新型氧化铝黏度测定

黏度的大小是衡量高温下熔体流动性能好坏的标准。熔体黏度的测试采用的是旋转柱体法。

　　黏度测定过程：将电解质放置于外柱体刚玉坩埚中，热电偶加热刚玉坩埚至1000℃，电解质呈熔融状态，内柱体为钼测头。测量时，钼测头以一定速度在熔融状态下的熔体中转动，此时钼测头与熔体之间会产生内摩擦力，而钼测头另一端则与传感器连接，该传感器为高灵敏度无摩擦传感器，传感器转动时，与传感器连接的转轴会发生扭转形变，通过测量形变大小，再转换成数字信号，就可以在计算机上显示实时测量结果。实验测得电解质黏度结果如图7-38所示。

　　由此可以看出，电解质的黏度随着温度的升高而降低，温度从920℃变化至1000℃时，电解质黏度从2.189 mPa·s降低至2.022 mPa·s。通过对实验测量黏度结果，按照阿伦尼乌斯（Arrhenius）公式进行拟合分析，得到黏度值与温度之间的关系式，相关系数$R_2$值为0.975，结果如式7-25所示。

$$\mu = 7.8632 \times 10^{-3} \cdot \exp\left(\frac{7808}{RT}\right) \ (Pa \cdot s) \ (900 \sim 1000℃) \qquad (7-25)$$

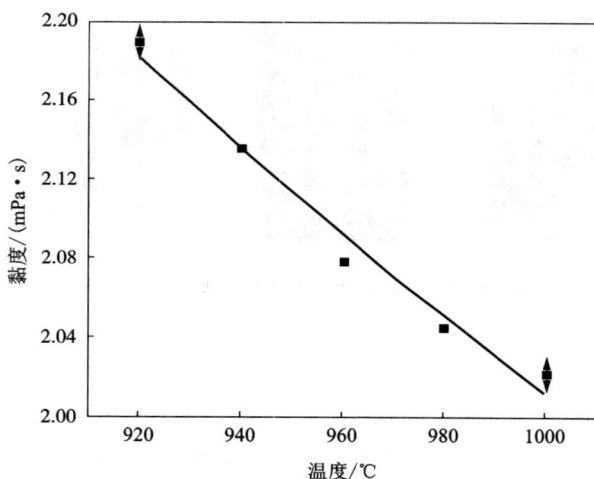

图 7-38　电解质的实验测量黏度值

　　在940℃时，电解质黏度为2.136 mPa·s，比碱法的电解质黏度略小，取此时的电解质黏度为后续新型氧化铝浓度场仿真计算模型中的电解质黏度。

　　③密度测定

　　密度是冶金熔体的一个重要物性参数，它影响着熔体的分层。实验对熔体密度测试采用的是阿基米德法。

　　密度测定过程：电解质在热电偶加热下熔融在刚玉坩埚中，钼测头的上端由悬挂钢丝连接到精密天平，钼测头在升降机的上升过程中缓缓地进入到熔体内部，而这一过程的重量变化都会被精密天平记录下来，上传给计算机。此外，钼测头的体积是已知的，因此，便可计算得到熔体密度。密度测量过程示意图如图 7-39 所示。

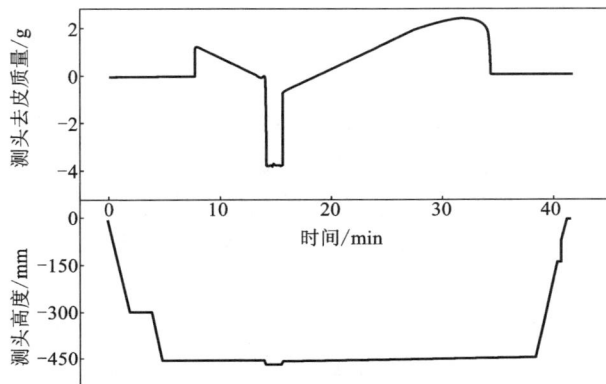

**图 7-39　熔体密度与表面张力测试过程示意图**

通过测定得到电解质密度与温度的关系如图 7-40 所示。由此可以看出，电解质的密度随温度的升高而减小，同时密度与温度之间存在近线性的关系，因此，对密度与温度从 900~1000℃ 进行线性拟合，得到的拟合直线的相关系数 $R_2$ 值为 0.992，线性关系为

$$\rho = 3.22126 - 0.00125T \ (\text{g/cm}^3)\ (900\sim1000℃) \tag{7-26}$$

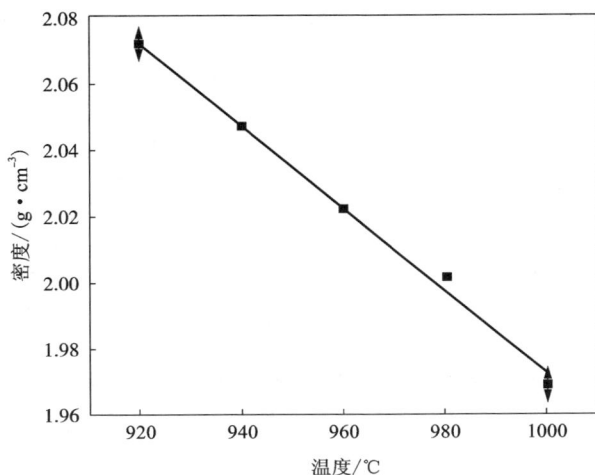

**图 7-40　电解质在不同温度下的密度**

在940℃时，电解质熔盐的密度为2.0463 g/cm³，比碱法氧化铝电解质密度2.130 g/cm³略小（和常温下的氧化铝松装密度等存在一定的差异），此处为熔盐体系，取此时的电解质密度为后续仿真计算的电解质密度。

④表面张力测定

熔体的表面张力测定方法主要有拉筒法和气泡最大压力法，本实验采用拉筒法。

表面张力的测试过程：钼测头浸入熔体中后，被升降机缓慢拉起来时，由于受到熔体的表面张力作用，熔体也将会被拉起，当表面张力与拉起熔体的重力平衡时，这时所拉起的熔体重量最大。在钼测头的上端通过悬挂钢丝与精密天平相连，精密天平将记录这一平衡力的大小，再通过传感器传送给计算机，便可算出表面张力的大小。

测量得到的表面张力与温度的关系如图7-41所示。由此可以看出，电解质的表面张力随着温度的升高，而呈现近似线性减小，形成这一现象的原因是温度升高，分子运动愈发剧烈，使分子间间隙加大，分子间的相互吸引力减小，从而导致表面张力减小。对测量的表面张力结果与温度进行线性拟合，得到的拟合直线相关系数 $R_2$ 值为0.997，关系式如方程7-27所示。

$$\sigma = 4864.8 - 4.62T \, (\text{N/m}) \, (900 \sim 1000℃) \tag{7-27}$$

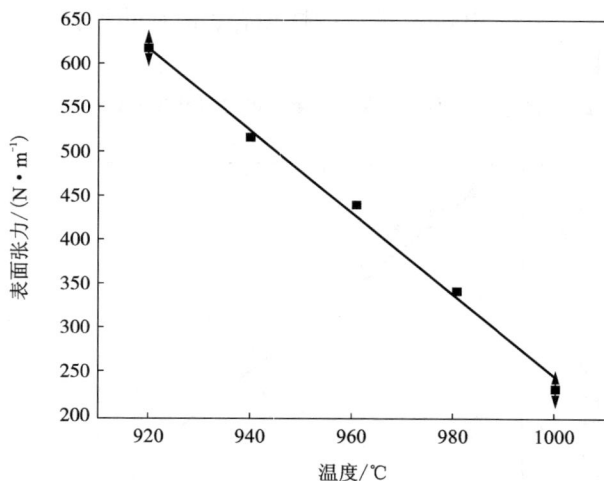

图7-41 电解质的表面张力与温度的关系图

在 940℃时，电解质表面张力为 522 N/m，比碱法的电解质表面张力 140 N/m 大。总体而言，新型氧化铝的黏度和密度较小，表面张力较大。同时对比新型氧化铝的检测结果，其实验值比较接近，故认为所测新型电解质的黏度、密度及表面张力结果可靠有效。

3) 流体模型参数和边界条件

本模型中包含电解质(连续相)和阳极气泡(离散相)两相，而电解质相则包含了冰晶石和氧化铝两种组分，模型建立的主要目的是模拟氧化铝组分的瞬态输运过程。

此处提出的流体计算模型为提高瞬态计算的效率和迭代过程的收敛能力，忽略了铝液相对电解质区域氧化铝输运的影响，属于电解质-阳极气泡瞬态两相流；同时，为解析氧化铝输运过程的流体动力学特征，将电解质视为含氧化铝的多组分相，故又属于多组分流的研究范畴。

根据新型氧化铝溶解性能研究，对比碱法氧化铝和新型氧化铝的溶解特性，得知新型氧化铝活性高，溶解速度快于碱法氧化铝。碱法氧化铝在电解槽中的溶解速度为 $1.5 \times 10^{-9}$ kg/(s·m²)，将新型氧化铝的溶解速度在碱法氧化铝的基础上增大 40%，得到新型氧化铝的溶解速度为 $2.1 \times 10^{-9}$ kg/(s·m²)。

考虑到阳极气泡尺寸很小且体积分数较少，故设置电解质为连续相，阳极气泡为离散相。模型内的流体模型和物性参数设置见表 7-19 和表 7-20，边界条件见表 7-21。

表 7-19　流体模型

| 流体相 | 流体类型 | 壁面条件 | 湍流模型 |
|---|---|---|---|
| 电解质 | 连续相 | 无滑移 | $\kappa$-$\varepsilon$ 模型 |
| 气泡 | 连续相 | 自由滑移 | $\kappa$-$\varepsilon$ 模型 |

表 7-20　物性参数

| 流体相 | 密度/(kg·m⁻³) | 黏度/(Pa·s) | 表面张力/(N·m⁻¹) |
|---|---|---|---|
| 电解质 | 2046.3 | $2.136 \times 10^{-3}$ | 0.522 |
| 气泡 | 0.398 | $5.5 \times 10^{-5}$ | — |

表 7-21　边界条件

| 位置 | 边界类型 | 边界状态 | 质量流率/(kg·s⁻¹) |
|---|---|---|---|
| 阳极底掌 | 入口 | 气体质量流入 | 0.027 |
| 阳极侧壁 | 入口 | 气体质量流入 | 0.005 |
| 电解质表面 | 出口 | 脱气条件 | — |
| 其他表面 | 壁面 | 光滑壁面 | — |

**2. 常规槽内电解质流场及氧化铝浓度流场分析**

针对 200 kA 铝电解槽，在加入新型氧化铝，并且不改变下料点位和下料策略的情况下，根据前述建立的流体模型、边界条件的设定、新型氧化铝的性质及氧化铝下料及浓度分布计算方法，计算分析电解质流速分布和氧化铝浓度分布。

**1）氧化铝在电解槽内的流场分布**

本节主要计算了基础下料配置下新型氧化铝下料过程中在电解质区域氧化铝浓度分布情况。根据实际工艺条件，所计算的 200 kA 铝电解槽按照四点同时下料的方式下料，采用的下料周期为 136 s，所选用的定容器大小为 1.6 kg，然后计算10 个周期内的下料情况。计算得氧化铝水平截面($z=1.08$ m，距离阳极底面2.2 cm）的流速分布和流场形态，如图 7-42 所示，氧化铝垂直截面($x=1.9$ m，距离烟道端 1.175 m）的流速分布和流场形态如图 7-43 所示，图 7-44 为四个下料点垂直位置的流速大小，图 7-45 为四个下料点位置分布。

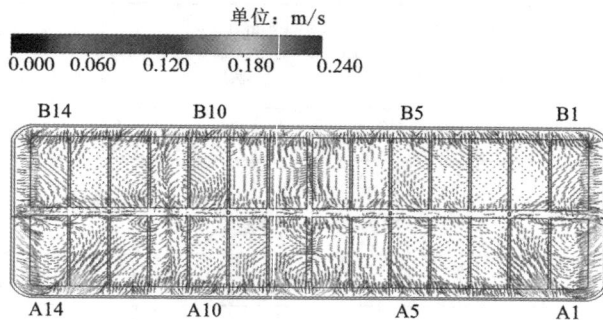

单位：m/s

0.000　0.060　0.120　0.180　0.240

B14　　　　B10　　　　B5　　　　B1

A14　　　　A10　　　　A5　　　　A1

**图 7-42　电解质水平截面的流速矢量分布图**

图 7-42 中分别对进电侧和出电侧的阳极依次按照 A1，⋯，A14 和 B1，⋯，B14 的顺序进行编号。计算得到的电解质最大流速和平均流速分别为 0.28755 m/s 和0.07485 m/s，从图中可以发现在电磁力和气泡的共同驱动作用下，电解槽内有许

单位：m/s

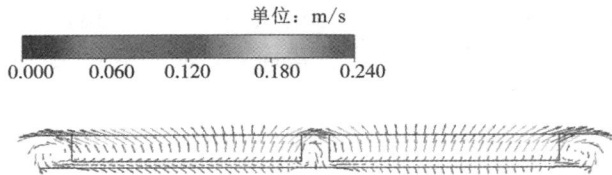

图 7-43　电解质垂直截面的流速矢量分布图

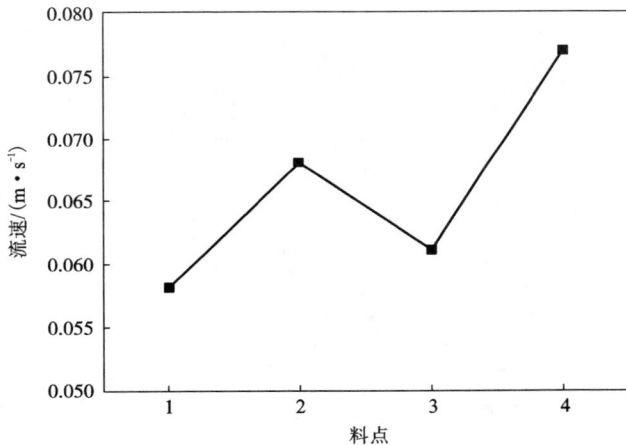

图 7-44　电解质水平截面($z$=1.08 m)各下料点垂直对应位置流速大小

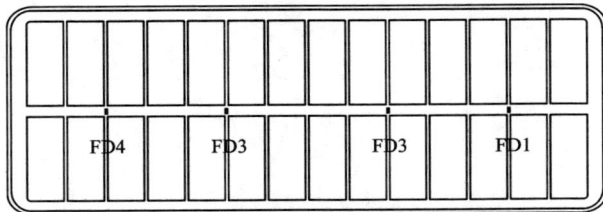

图 7-45　四个下料点位置分布

多小涡，其中电解质的出铝端和烟道端角部位置的涡旋较大，涡旋的存在使得槽内氧化铝的输运和传递更快，范围更广。此外，在进电侧（A 侧）的电解质流速略大于出电侧（B 侧），而电解槽内电解质流速最大值则处于中缝线上靠近出铝端和烟道端并且偏向进电侧的位置。

2）氧化铝在电解槽内的浓度分布

为了进一步观察上述流场分布下电解质中氧化铝运输及浓度分布情况，计算并提取第 1 周期内电解质区域水平横截面 4 个时刻氧化铝浓度分布云图，即图 7-46。

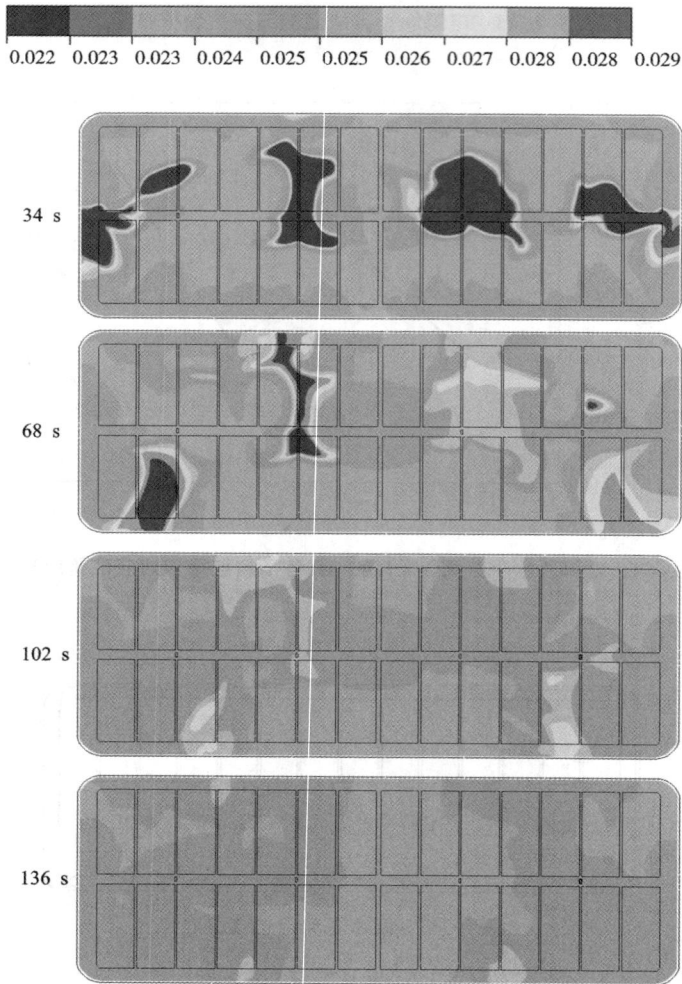

图 7-46　第一周期内水平截面（$z$=1.08 m）氧化铝质量占比分布变化（彩图版见附录）

　　在电磁力和气泡的共同驱动作用下，氧化铝下料后，逐步溶解并扩散至全槽。由 34 s、68 s、102 s 和 136 s 的氧化铝浓度变化情况，可以发现下料点 FD1 和 FD4 扩散速度较快且同样时间内扩散范围较大，FD2 和 FD3 扩散速度较慢，相同时间内扩散范围较小。四个下料点处电解质流动的方向如图 7-47 所示。

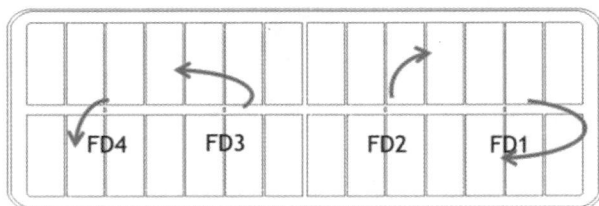

图 7-47　电解质流速的方向

　　第 10 个周期结束时，氧化铝已经得到了较均匀的扩散，其质量占比分布见图 7-48，从图中可以发现电解槽 B 侧的角部区域氧化铝浓度较低，FD2 和 FD3 中间的区域氧化铝浓度最低，而 A 侧整体的氧化铝浓度都比 B 侧整体的浓度偏高，这可能是因为 FD2 和 FD3 位置处的氧化铝向四周扩散较快，同时由于进电侧的电磁力比出电侧更大，使得 A 侧电解质旋转强度更大，涡旋更多，使得氧化铝向 A 侧扩散得更快。

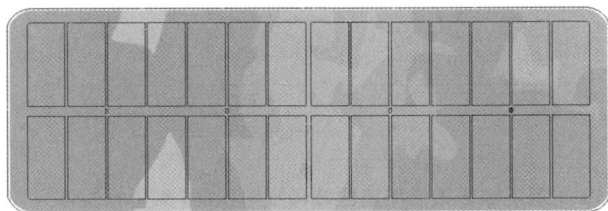

图 7-48　第 10 周期末水平截面($z=1.06$ m)氧化铝质量占比分布图

　　为了进一步分析氧化铝浓度分布的均匀性，求得第 10 周期内氧化铝高浓度区域面积时变图（氧化铝质量分数大于 2.6%）和低浓度面积时变图（氧化铝质量分数小于 2.4%），如图 7-49、图 7-50 所示。从图 7-49 中可以看到，高浓度区域的面积随着时间变化呈现周期性增加和减小，当氧化铝下料时，高浓度区域面积会猛增到 10 m² 左右，然后又逐渐回落，最低时会降到 2 m² 左右，从第三个周期开始，氧化铝高浓度区域面积波动情况基本保持一致。从图 7-50 可以看出，低浓度区域面积比高浓度区域面积的变化幅度要小很多，并且从第五周期开始，当变化幅度平稳下来后，基本保持在 $4 \sim 5 \ m^2$，说明电解槽内的氧化铝的浓度分布基本平衡。

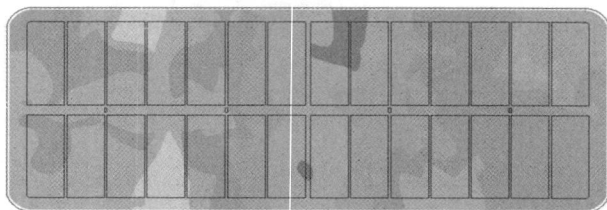

图 7-49　第 10 周期内氧化铝高浓度区域面积时变图( 氧化铝质量分数大于 2.6% )

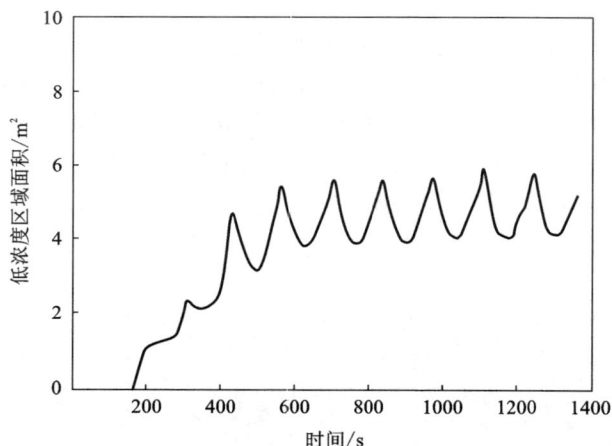

图 7-50　第 10 周期内氧化铝低浓度区域面积时变图( 氧化铝质量分数小于 2.4% )

　　此外，在电解槽内取 8 个观测点，它们的位置列入表 7-22、表 7-23，对这 8 个下料点的氧化铝浓度变化情况进行统计，得到图 7-51 和图 7-52，观察图中的 8 条曲线，可以发现大部分观察点的氧化铝浓度都呈现周期性变化，其中仅有 OB4、OB5、OB8 等少数下料点位置处变化不明显，这说明氧化铝在该区域的浓度变化不大，而总体来看，中间位置的氧化铝浓度波动大，两端的氧化铝浓度波动更小，电解槽靠近烟道端的观察点氧化铝浓度波动幅度比靠近出铝端的更大。

表 7-22　观测点位置

| 位置 | OB1 | OB2 | OB3 | OB4 |
|---|---|---|---|---|
| $X/\text{m}$ | 10 | 8.6 | 7.2 | 5.8 |
| $Y/\text{m}$ | 1 | −1 | 0 | −1 |
| $Z/\text{m}$ | 1.08 | 1.08 | 1.08 | 1.08 |

表 7-23　观测点位置

| 位置 | OB5 | OB6 | OB7 | OB8 |
|---|---|---|---|---|
| $X/\text{m}$ | 5.06 | 3.66 | 2.26 | 0.86 |
| $Y/\text{m}$ | 1 | 0 | −1 | 1 |
| $Z/\text{m}$ | 1.08 | 1.08 | 1.08 | 1.08 |

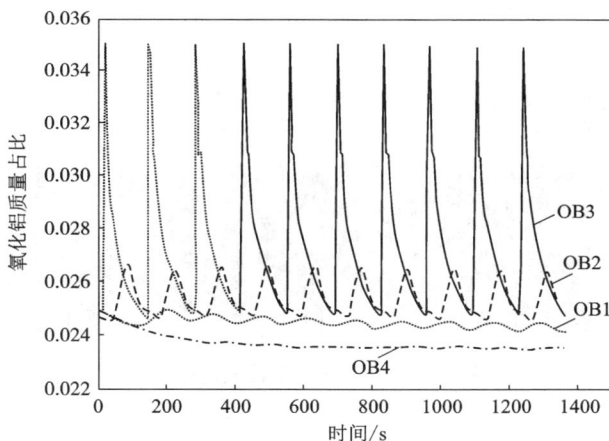

图 7-51　OB1~OB4 观测点的氧化铝质量占比变化示意图

3)电解质流场分布以及垂直截面氧化铝浓度分布

对于水平截面($z = 1.08$ m)电解质的分布采用旋转强度和流线分布进行解析,结果如图 7-53 和图 7-54 所示,电解质的旋转强度图和流线图能显示更多的流场信息,从图中可以发现,在各个阳极投影的四周普遍分布着范围较小但强度较大的涡流,尤其是边缝和间缝的交叉位置和烟道端和出铝端附近的旋转强度很大;同时,进电侧的旋转强度明显大于出电侧,同时在两侧的角部有两个较大的涡旋。

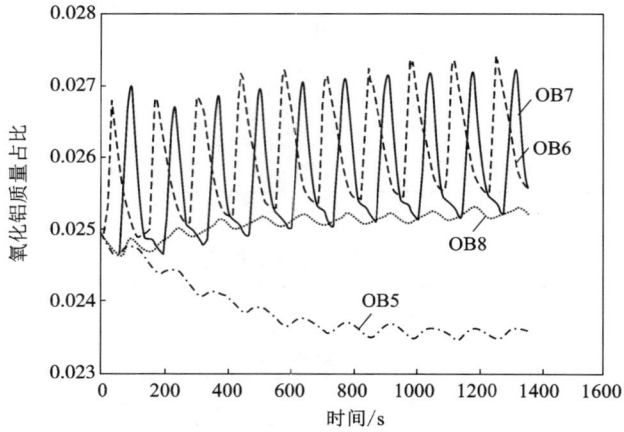

图 7-52　OB5~OB8 观测点的氧化铝质量占比变化示意图

单位：1/s

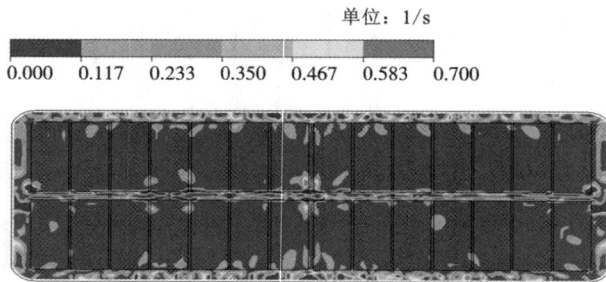

图 7-53　电解质水平截面旋转强度

单位：m/s

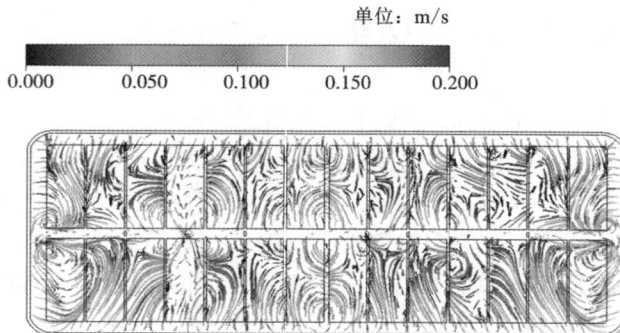

图 7-54　电解质水平截面流线图

图 7-55 是气泡的等速面(流速为 0.33 m/s)，从图中可以发现气泡的主要驱动作用在间缝和边缝区域，在这些位置气泡的流速分布比较均匀，同时氧化铝的输运速度会更快。

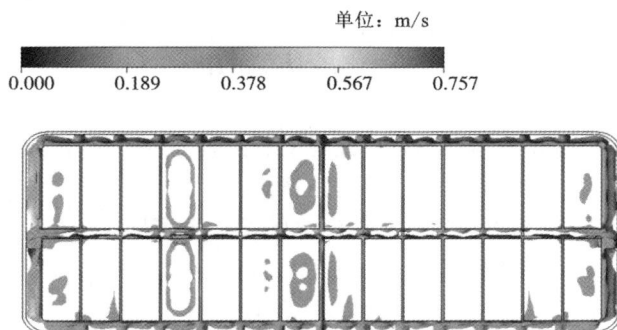

图 7-55　气泡的等速面(流速为 0.33 m/s)

氧化铝在前 45 s 内垂直截面的质量占比分布变化情况如图 7-56 所示，可以发现，氧化铝在下料后的 5~20 s 时快速溶解扩散，基本上在下料后的 15~30 s，其垂直方向上的扩散会结束，所以氧化铝沉淀最有可能发生的时候就是在这个时间段。

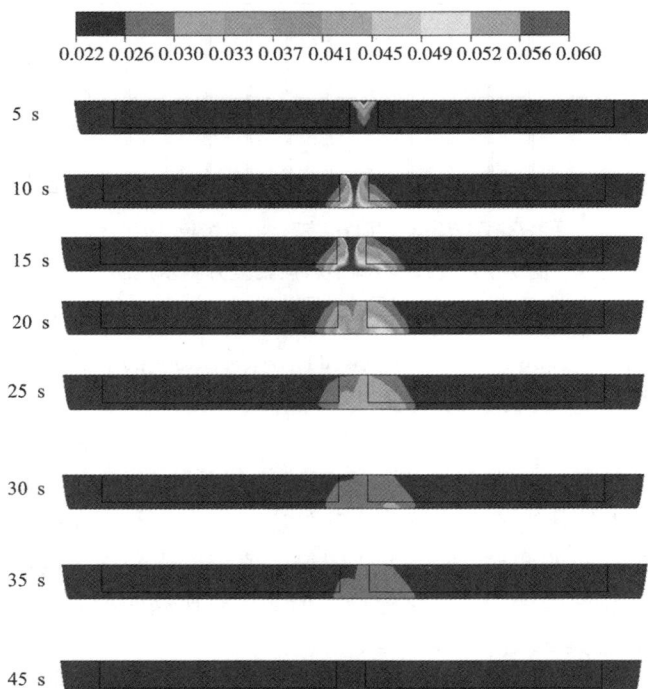

图 7-56　垂直截面氧化铝质量占比分布变化(彩图版见附录)

从电解质流场和氧化铝浓度场计算结果分析可知，电解质流场稳定，氧化铝浓度分布合理，流动均匀，达到本研究所述的合适的流场和浓度场状态。

（1）下料点优化位置后的氧化铝浓度结果分析

对于 200 kA 大型预焙铝电解槽，在原有的氧化铝下料点配置方案的基础上改变氧化铝下料点的位置，然后对比各个方案的优劣，根据结果的分析对比，选出最优的下料点配置方案。

为了改善氧化铝分布的均匀性，针对下料点位置进行优化分析，首先提出了四种不同的下料点位置的方案。这四种方案是：

方案1：最初的下料点位置，根据图纸的设计确定四个下料点位，其中，下料点 FD1 与 FD2 距离为 1.85 m，FD2 与 FD3 距离为 1.55 m，FD3 与 FD4 距离为 1.85 m。

方案2：根据原始设计中的下料点位置，将下料点移动至邻近的阳极间缝和阳极中缝的交界处。

方案3：将中间的两个向中心各移动一个阳极位置，两端的两个向两端移动一个阳极位置。

方案4：修改下料点距离，其中 FD1 与 FD2 距离为 2.00 m，FD2 与 FD3 距离为 1.30 m，FD3 与 FD4 距离为 2.00 m。图 7-57 画出了各个方案的下料点位置。

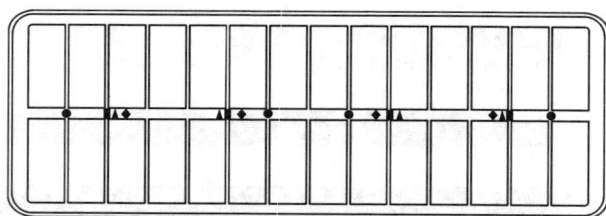

下料点配置方案：方案1▲；方案2■；方案3●；方案4◆

图 7-57　四种不同下料点配置方案示意图

取水平截面($z=1.08$ m)并计算该截面下料后 136 s 内氧化铝浓度最大值和高浓度氧化铝区域面积时变情况，见图 7-58 和图 7-59。

由图 7-58 可以发现，其中方案 1 和方案 4 的最大值明显比方案 2 和方案 3 的要大，也就是说下料点在阳极间缝和阳极中缝的交界处的氧化铝扩散效果更好，因此电解槽内氧化铝最大值较小，而方案 1 和方案 4 的位置对比方案 2 的下料点位置仅做了微小的调动，但是氧化铝最大值仍然出现很大的波动，说明下料点位置设置在交界处最优。从氧化铝最大值变化对比这四种方案，得出方案优劣顺序为：方案 3>方案 2>方案 4>方案 1。

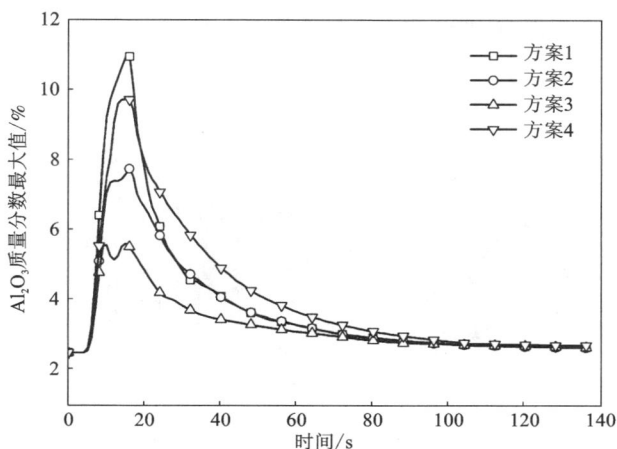

图 7-58　四种方案下氧化铝质量分数最大值变化情况

　　由图 7-59 可得，四种方案的总体趋势是一致的，但比较它们的差别，可以发现方案 1 的高浓度区域面积较大，且保持时间较长，而方案 4 的高浓度区域面积上下波动大。综合来看，方案 2 和方案 3 的面积变化更加平稳。

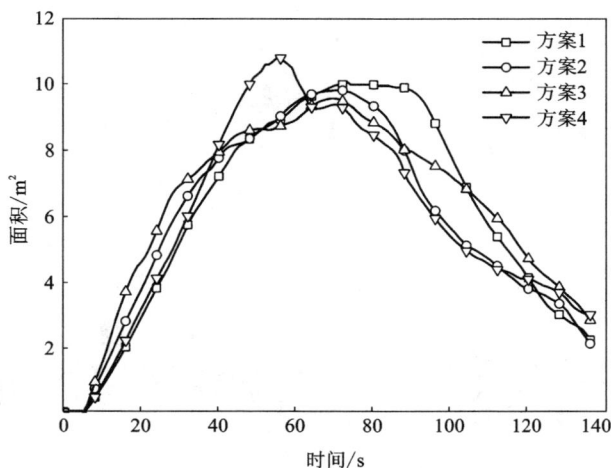

图 7-59　四种方案下高浓度区域面积时变图

为了进一步比较各方案下的氧化铝输运效果，对比 30 s 时极间水平截面（$z=1.08$ m）上的氧化铝浓度（氧化铝浓度大于 2.5%）分布图及电解质流线图，如图 7-60 所示。

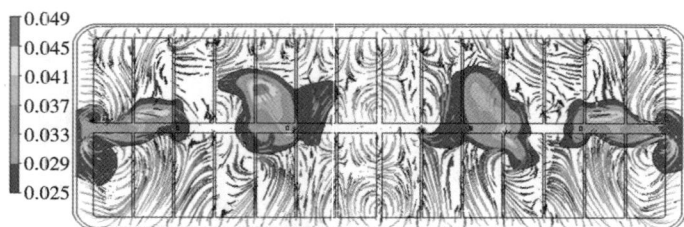

(a)方案1

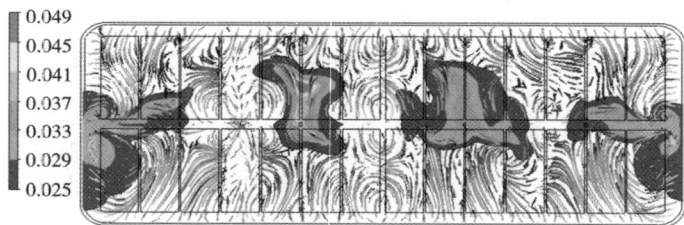

(b)方案2

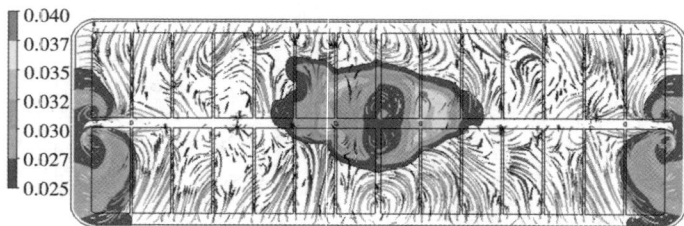

(c)方案3

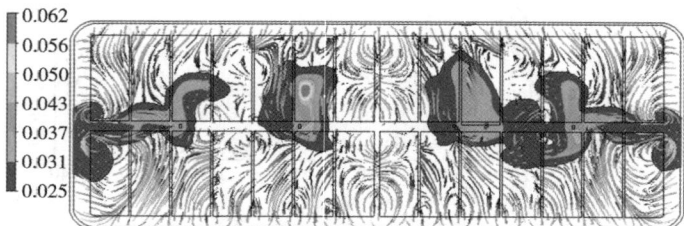

(d)方案4

图 7-60　30 s 时四种方案下极间水平截面上的氧化铝质量占比
及电解质流线图（彩图版见附录）

从图 7-60 中全槽氧化铝浓度分布可以看出，方案 3 中氧化铝浓度大于 2.5%的区域非常集中，主要分布在中心和两端，主要是由于中心下料点设置较近，两端下料点距离边部太近，这样的氧化铝分布不利于在全槽内的扩散和溶解，而其他三种方案的高浓度区域分布得相对比较均匀。总之，从分布效果来看，方案 2>方案 4>方案 1>方案 3。

对四个方案的结果进行综合对比分析，考虑氧化铝流场的特点以及对氧化铝输运效果的影响，对照上述分析结果，按照方案 2 来设置下料点位的方式是最优选择。

（2）下料制度优化后的氧化铝浓度分析

根据得到的下料点位置优化结果，进一步优化氧化铝的下料策略，开展下料周期、下料组合和定容器大小对氧化铝浓度分布的影响研究。

① 下料周期对氧化铝浓度分布的影响。

改变下料周期来进行比较，将基础下料配置下的情况作为 Case1，改变下料周期后的情况作为 Case2，两种方案具体实施方案为：

Case1：下料周期不变，一个周期为 136 s，计算 10 个周期，共 1360 s。

Case2：改变下料周期，一个周期的时间从 136 s 改为 128 s，相应地计算 10 个周期，共 1280 s。

下面将分别对两个 Case 进行计算和分析。图 7-61 为 Case2 调整下料周期后高浓度和低浓度区域面积随时间的变化情况，从图中可以看出，高浓度区域面积随周期的变化幅度仍然较大且呈逐渐上升的态势。对于 Case1 和 Case2 的低浓度区域面积变化，可以发现 Case2 低浓度区域更小，平衡时其区域面积为 2~4 m²，

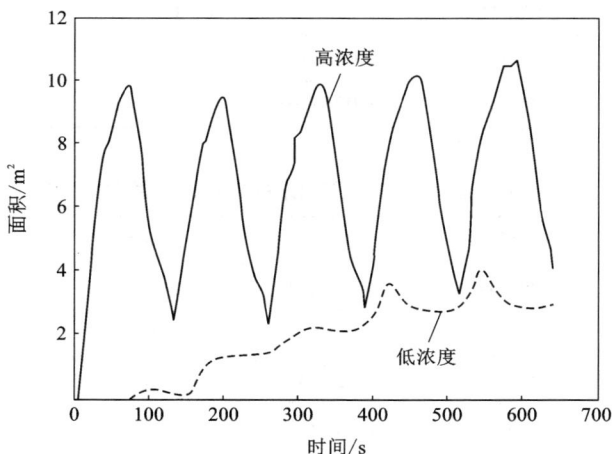

图 7-61　Case2 高浓度与低浓度区域面积时变图

Case1 平衡时的区域面积为 4~6 m²。所以下料周期减小后，高浓度区域面积逐渐上升，低浓度区域面积大幅下降。

改变下料周期后第 10 周期末的氧化铝质量占比分布如图 7-62 所示，下料周期减小后，氧化铝浓度整体上升，低浓度区域基本消失，但氧化铝浓度分布趋势未有太大变化，进电测浓度更高，出电侧浓度较低。对 8 个观察点浓度的变化情况进行了统计，如图 7-63 和图 7-64 所示，仅 OB5 观察点的浓度逐渐增大，OB6 的浓度峰值略有减小。表 7-24 和表 7-25 列出了 Case1 和 Case2 前 5 个周期末的氧化铝浓度数据，对比发现 Case2 的整体数值都比 Case1 的要高，但是差距不是很明显。

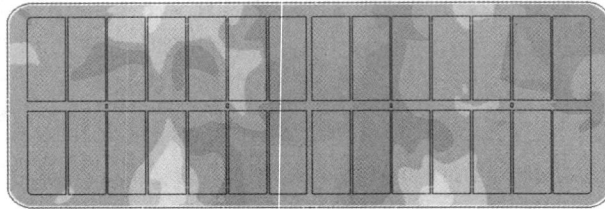

图 7-62 Case2 第 10 周期末氧化铝质量占比分布

表 7-24 Case1 前 5 个周期末的氧化铝质量占比变化

| Case1 | 平均值 | 最大值 | 最小值 | 极差 |
|---|---|---|---|---|
| 136 s | 0.0249826 | 0.0265344 | 0.023648 | 0.0028864 |
| 272 s | 0.0249867 | 0.0265186 | 0.0235749 | 0.0029437 |
| 408 s | 0.0249844 | 0.0266165 | 0.0233631 | 0.0032534 |
| 544 s | 0.0249908 | 0.0266474 | 0.0232554 | 0.003392 |
| 680 s | 0.024986 | 0.0266505 | 0.0232162 | 0.0034343 |

表 7-25 Case2 前 5 个周期末的氧化铝质量占比变化

| Case2 | 平均值 | 最大值 | 最小值 | 极差 |
|---|---|---|---|---|
| 136 s | 0.0250357 | 0.0270142 | 0.0238043 | 0.0032099 |
| 272 s | 0.0250575 | 0.0265872 | 0.0238519 | 0.0027353 |
| 408 s | 0.0250668 | 0.0266666 | 0.0236519 | 0.0030147 |
| 544 s | 0.0250663 | 0.0266117 | 0.0234902 | 0.0031215 |
| 680 s | 0.0250679 | 0.0266525 | 0.0233788 | 0.0032737 |

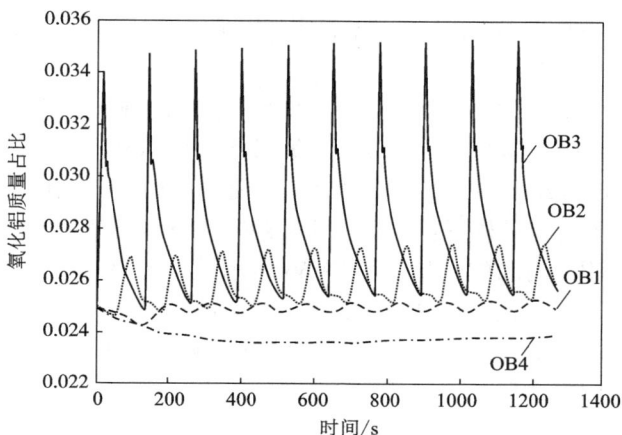

图 7-63　Case2 OB1~OB4 观测点的氧化铝质量占比变化示意图

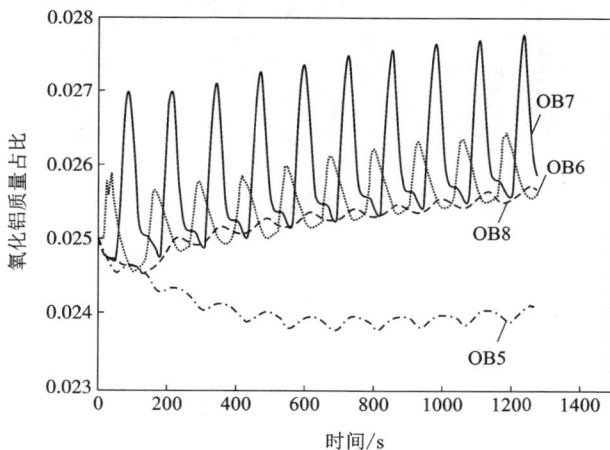

图 7-64　Case2 OB5~OB8 观测点的氧化铝质量占比变化示意图

总之,改变下料周期后高浓度区域增大,低浓度区域减少,氧化铝浓度波动范围变大,而氧化铝分布情况未有显著变化。

(3)下料组合对氧化铝浓度分布的影响

在改变下料周期后氧化铝浓度分布未见明显改善,为了增加电解质区域氧化铝浓度分布的均匀性,提出了分组交替下料的方法,根据此方法对两个 Case 进行计算和分析。

Case3：FD2、FD4 下料点为一个组，先下料；FD1、FD3 下料点为一个组，后下料，在电流波动后半周期时刻（73 s）开始，两组均以 136 s 为下料周期交替下料。

Case4：FD1、FD4 下料点为一个组，先下料；FD2、FD3 下料点为一个组，后下料，在电流波动后半周期时刻（73s）开始，两组均以 136s 为下料周期交替下料。

进行 Case3 的分组下料后，由图 7-65 发现，FD1 和 FD2 位置处的氧化铝浓度偏高，这是由于两组交替下料，使得后下料的两点氧化铝没有及时扩散。氧化铝高浓度区域面积随时间的变化如图 7-66 所示。由此可以看出，高浓度区域面积大小随周期性下料变化大幅度减小，其中最大值降低至 6 m² 左右，最小值也增大至 3.5 m² 左右，这说明在下料过程中高浓度区域面积随时间波动较小，氧化铝浓度分布均匀性明显改善。

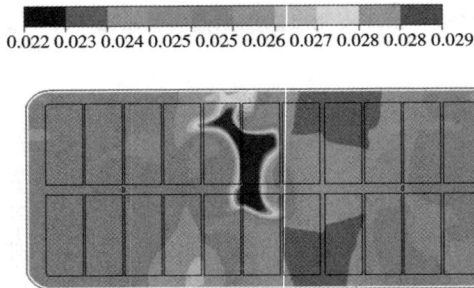

0.022 0.023 0.024 0.025 0.025 0.026 0.027 0.028 0.028 0.029

图 7-65　Case3 第 10 周期末水平截面（$z$=1.06 m）氧化铝质量占比分布图

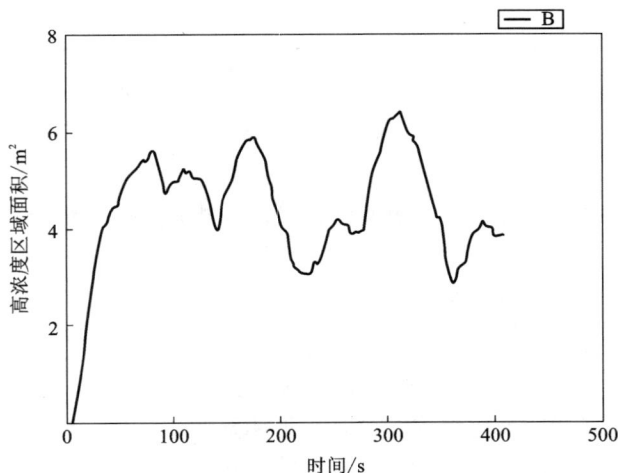

图 7-66　Case3 氧化铝高浓度区域面积时变图（氧化铝质量分数大于 2.6%）

另外，也对电解槽 8 个观察点的氧化铝质量占比变化情况进行检测，如图 7-67、图 7-68 所示，从图中可以看出各观察点的分布趋势变化不大，OB6 观察点的氧化铝浓度变化幅度有所降低。

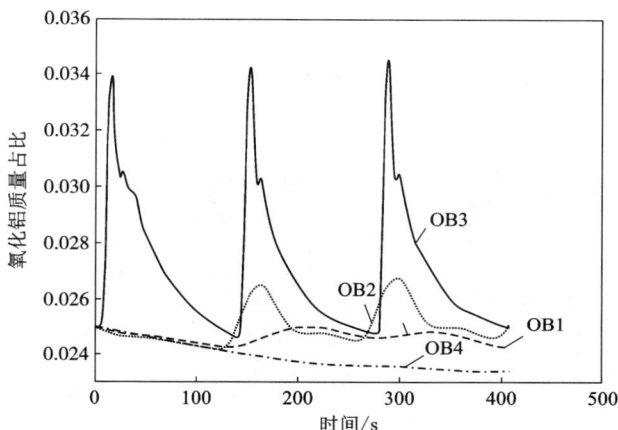

图 7-67　Case3 OB1~OB4 观测点氧化铝质量占比变化示意图

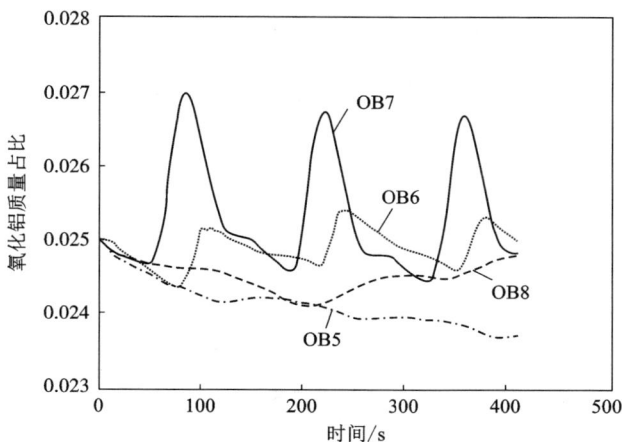

图 7-68　Case3 OB5~OB8 观测点氧化铝质量占比变化示意图

进行 Case4 分组下料后，由图 7-69 发现 FD2 和 FD3 位置处的氧化铝质量占比偏高，这是由于 FD2 和 FD3 后下料，此处氧化铝没有完全扩散开来。氧化铝高浓度区域面积随时间的变化如图 7-70 所示。从图中可以看出，高浓度区域面积的大小随周期性下料变化幅度也有所下降，最大值降低至 5.5 m² 左右，最小值也增大至 4 m² 左右，与 Case1 计算结果相似，但比它的变化幅度更小，氧化铝波动更稳定。对 8 个观察点进行浓度变化监测，分别如图 7-71 和 7-72 所示。由此可以看出，OB6、OB8 观察点的波动幅度下降较明显，其余各观察点的浓度变化情况不大。

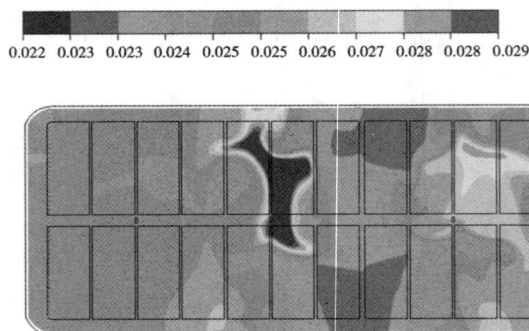

0.022  0.023  0.023  0.024  0.025  0.025  0.026  0.027  0.028  0.028  0.029

图 7-69　Case4 第 10 周期末水平截面($z = 1.06$ m)氧化铝质量占比分布图

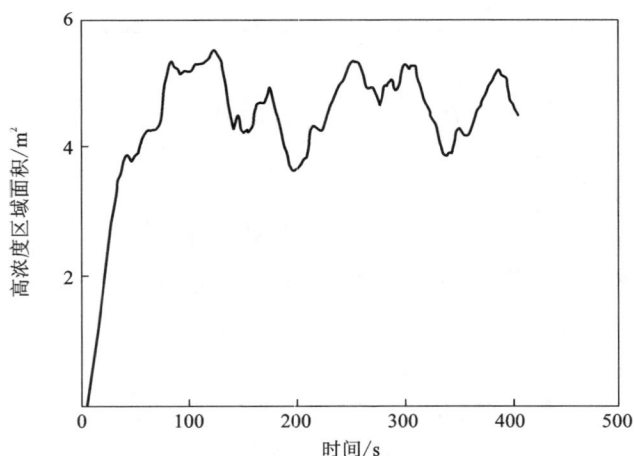

图 7-70　Case4 氧化铝高浓度区域面积时变图(氧化铝质量分数大于 2.6%)

通过上述结果可以发现，采用分组下料策略后，虽然大部分观察点的浓度波动未发生明显变化，但有一些观察点的氧化铝波动幅度下降，并且高浓度区域面积变化幅度得到大幅度降低，这两种方案中尤其以 Case4 的结果最好，氧化铝在电解槽内的均匀性得到了明显的提高。

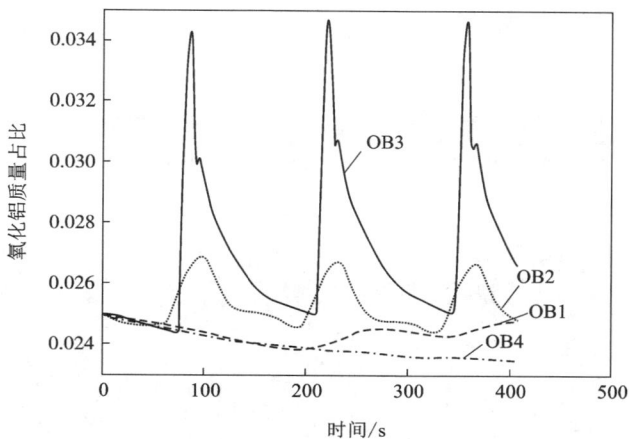

图 7-71 Case4 OB1~OB4 观测点氧化铝质量占比示意图

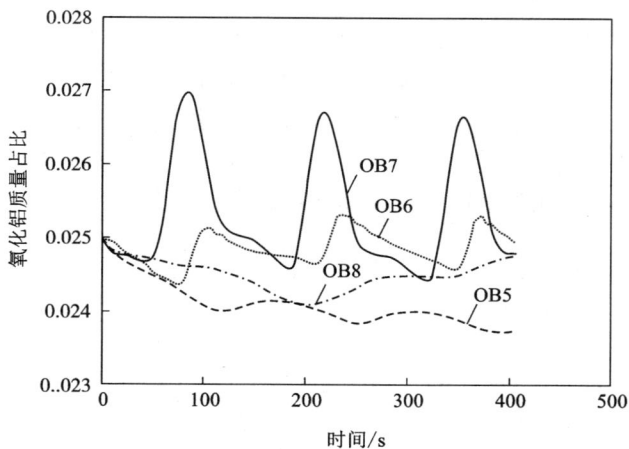

图 7-72 Case4 OB5~OB8 观测点氧化铝质量占比示意图

(4)定容器大小对氧化铝浓度分布的影响

从之前的分析中可以发现，FD1 和 FD4 处的涡旋更大，可以考虑提高这两个下料点处下料器的下料量，根据这种思路，进一步优化下料后氧化铝浓度场变化，提出改变下料器大小的方案，下面的 Case5 就是改变各下料点对应下料器的容量大小。

Case5：将 FD1 和 FD4 点的下料量改为 1.8 kg，FD2 和 FD3 点的下料量改为 1.2 kg，结果如图 7-73 所示。

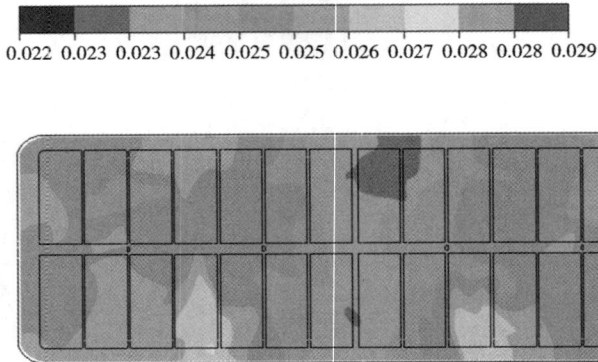

0.022  0.023  0.023  0.024  0.025  0.025  0.026  0.027  0.028  0.028  0.029

图 7-73　Case5 第 10 周期末水平截面($z$=1.06 m)氧化铝质量占比分布图

由图 7-73 可以发现氧化铝的浓度分布整体趋势没有发生显著变化。Case5 计算所得氧化铝高浓度区域面积随时间的变化情况如图 7-74 所示，面积最大值与最小值之差在 8 m² 左右，但最大值略有降低。根据图 7-75、图 7-76，可得到 8 个观察点浓度随时间的变化情况，可以发现，OB1、OB6 观察点处氧化铝浓度有较大幅度的下降，其他观察点的浓度随下料周期性变化的幅度变化不大。

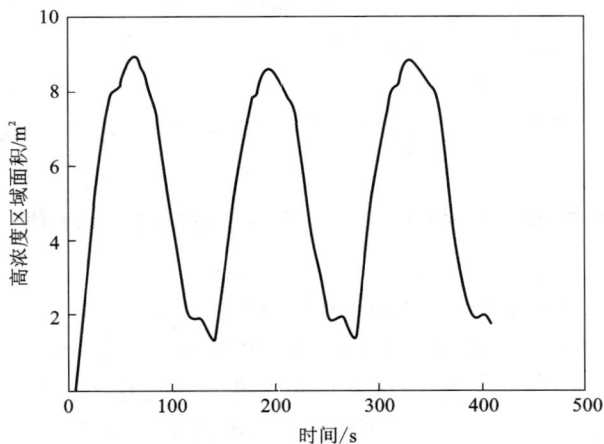

图 7-74　Case5 氧化铝高浓度区域面积时变图(氧化铝质量分数大于 2.6%)

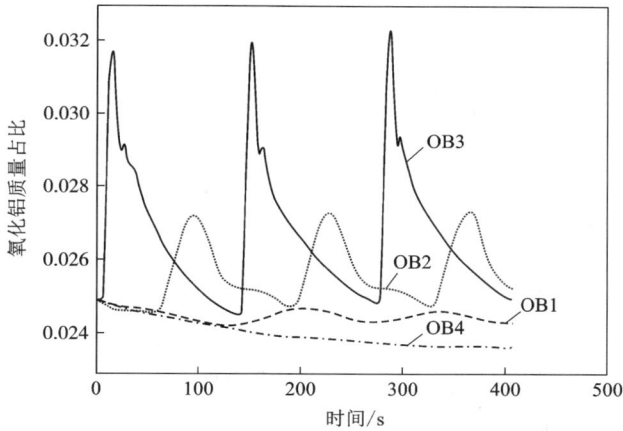

图 7-75　Case5 OB1~OB4 观测点氧化铝质量占比示意图

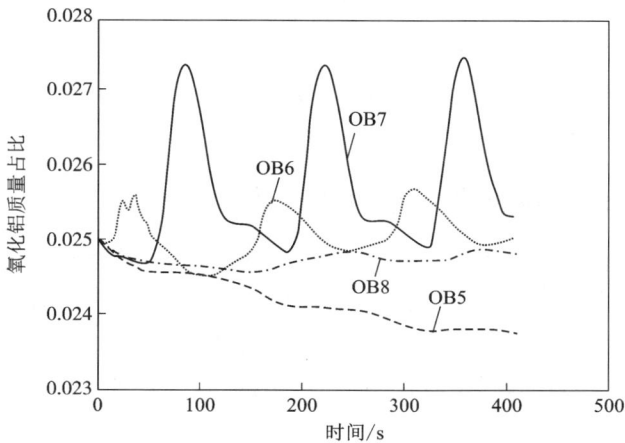

图 7-76　Case5 OB5~OB8 观测点氧化铝质量占比示意图

　　根据 Case5 的分析可以发现，通过控制下料器的大小，可以发现观察点的浓度相对未优化之前波动更小。通过调整下料器的大小，使得下料量更符合电解槽内流场的形态和流速大小，可以优化电解槽内的氧化铝分布。

　　根据对以上下料策略的分析对比，可以发现下料组合对氧化铝浓度影响最大，其次是定容器的容量大小，而代表下料周期对氧化铝浓度的影响最小。

（5）下料点和下料制度的最优化配置

针对 200 kA 铝电解槽，在建立起计算氧化铝下料及浓度分布的瞬态计算模型后，首先对基础配置下氧化铝浓度分布变化情况进行分析，然后以氧化铝物理平衡为原则进行了下料点位、下料周期、下料组合和定容器大小对氧化铝浓度分布的影响研究，得到结论如下：

①从基础配置下流场计算结果分析可知，电解槽内部流场分布合理，氧化铝浓度分布均匀，满足新型氧化铝输运和扩散的要求。

②对于下料点的分布，从分析发现位于阳极间缝和中缝的位置最有利于氧化铝的输运，而从全槽的角度综合考虑，则采用将四个点位均匀地分散设置在电解槽内部的方式，可以得到综合最优的流场和浓度场分布结果。

③为了优化槽内氧化铝分布均匀性，减小电解槽氧化铝的下料频率，则整体的高浓度区域减小，低浓度区域增大，氧化铝浓度波动范围变大，而氧化铝分布情况未有显著变化；下料组合方式的采用，可使部分观察点的氧化铝波动幅度下降，并且高浓度区域面积变化幅度得到大幅度降低，氧化铝在电解槽内的均匀性得到了明显的提高，采用 FD1、FD3 先下料，FD2、FD4 后下料的组合可以减小整个电解槽氧化铝浓度的波动；改变下料器的大小，能使部分观察点的浓度相对未优化之前波动更小。通过将 FD1、FD4 的下料量调整为 1.8 kg，将 FD2、FD3 的下料量调整为 1.2 kg，可使下料量更符合该出流场的形态和流速大小，从而优化电解槽内的氧化铝分布。

### 7.1.3　新型氧化铝电解槽系统结构改造

严格遵循电解槽筑炉的相关规范及要求，针对内衬的热场及应力场的计算与优化结果，得到内衬布置改造方案，按照该方案进行电解槽内衬结构的筑炉与改造施工；基于新型氧化铝电磁流场、氧化铝浓度场的仿真计算结果，对下料系统进行相应的改造，为开展新型氧化铝工程化电解奠定基础。

## 7.2　新型氧化铝控制系统部署

### 7.2.1　在线阳极电流分布安装与调试

创新性开发一种针对新型氧化铝的阳极电流分布检测系统，通过在阳极大母线上安装相应传感器，获取精准的阳极电流分布，其安装情况如图 7-77 所示。

安装完毕后，对该系统进行了调试，测试程序检查结果表明，能正确采集 28 个阳极电流分布传感器电压和立柱母线电压；槽控机面板正确显示各采集点和立柱母线电压；上位机系统通过实时和历史曲线监视采集的阳极电流分布数据正

**图 7-77　在线阳极电流分布传感器的安装**

确,长时间采样数据稳定可靠,阳极电流数据跟现场工艺特征相符(比如换极时对应极电流预期下降等)。具体如图 7-78 所示。

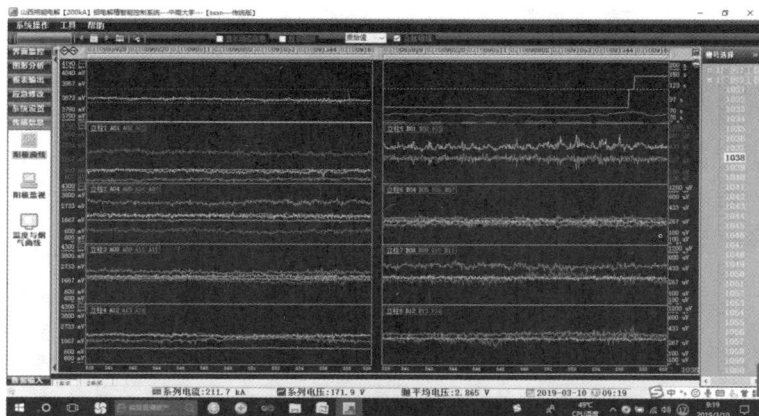

**图 7-78　在线阳极电流分布传感器的调试**

### 7.2.2 在线烟气温度与含量传感器

在新型氧化铝电解槽的集气罩及烟管内不同空间位置布置温度与气体含量的传感器探头，获取电解槽运行过程中的电解烟气温度及成分等数据。其安装如图 7-79 所示。

在安装完在线烟气温度与含量传感器系统后，进行如下测试：测试程序检查烟气 CO 传感器采集数据是否正确；测试程序检查烟气 $CO_2$ 传感器采集数据是否正确；测试程序检查烟气温度传感器采集数据是否正确。

图 7-79　在线烟气温度与含量传感器的安装

槽控机面板的检查表明，通过 CAN 总线可将采集到的传感器电压值传送到电解槽分布式控制系统中；上位机系统记录与监视烟气传感器的采样信息正确，并通过历史曲线考查，采样数据稳定可靠。如图 7-80 所示。

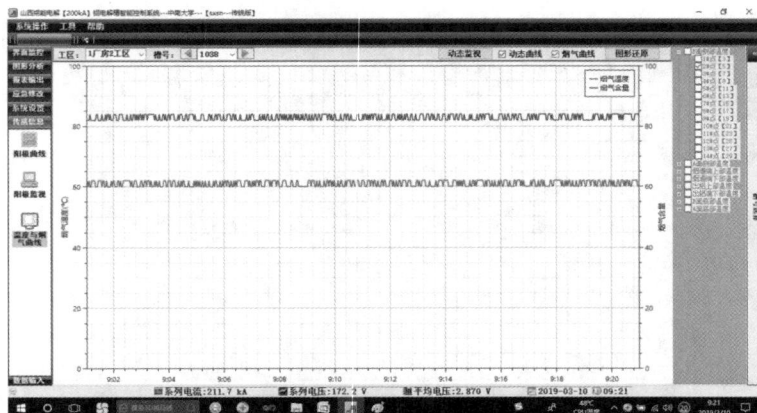

图 7-80　在线烟气温度与含量传感器的调试

### 7.2.3　在线电解槽侧底部温度传感器

为了实时获取电解槽在运行过程中槽内温度的变化情况，在电解槽底部、侧部、端部等区域安装了系统的温度传感器，如图 7-81 所示。

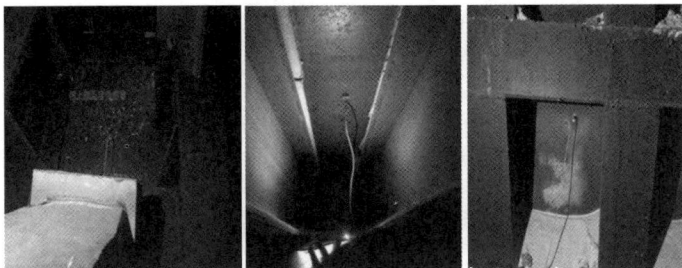

图 7-81　在线全槽温度分布传感器的安装

在安装完毕后，进行测试：检查各连接引线的编号和通信编码，通信编码和各温度传感器的物理位置完全一致。

测试程序检查表明，能正确采集 64 个传感器温度数据；槽控机面板正确显示各采集点温度值；槽控机面板检查表明，CAN 总线能把采集到的传感器温度值传送给电解槽分布式控制系统；上位机系统监视全槽温度实时分布、各采样点温度的历史数据，并通过热力图和曲线的方式呈现出来。测试结果如图 7-82 所示。

### 7.2.4　电解槽上部打壳下料机构安装与调试

针对新型氧化铝的特殊性，通过电动电路、气路的改造，实现对氧化铝下料过程的精准控制。相应打壳下料结构改造如图 7-83 所示。

同时，也对该系统进行了调试与测试。测试程序检查表明，各单点打壳和下料压力传感器信息能通过 CAN 总线把数据发送给槽控机；待上位机监视程序确认后，各压力传感器信息能传送到上位机以进行数据显示和管理。结果如图 7-84 所示。

### 7.2.5　在线传感器信号接入系统的调试情况

为了将所有检测得到的各种分布式数据汇总到电解槽中，形成全数字化电解槽，本研究使用了在线传感器接入系统，如图 7-85 所示。另外，还构造了数字化电解槽，如图 7-86 所示。

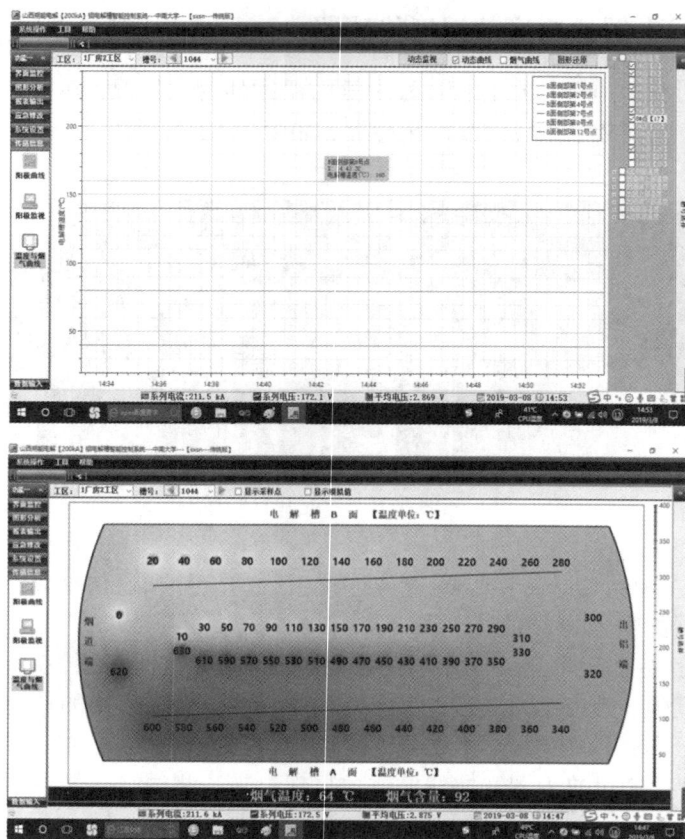

图 7-82　在线全槽温度分布传感器的调试

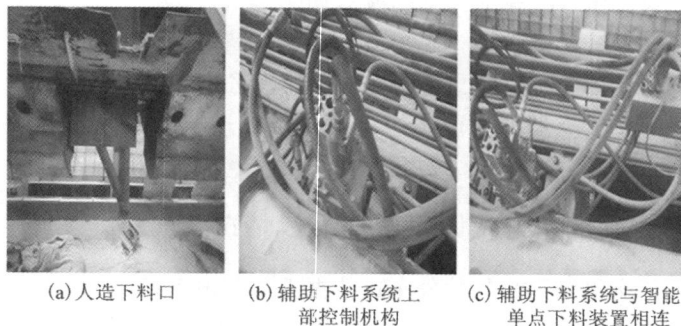

(a)人造下料口　　　(b)辅助下料系统上　　(c)辅助下料系统与智能
　　　　　　　　　　部控制机构　　　　　单点下料装置相连

图 7-83　新型氧化铝电解槽专用辅助智能下料系统的安装

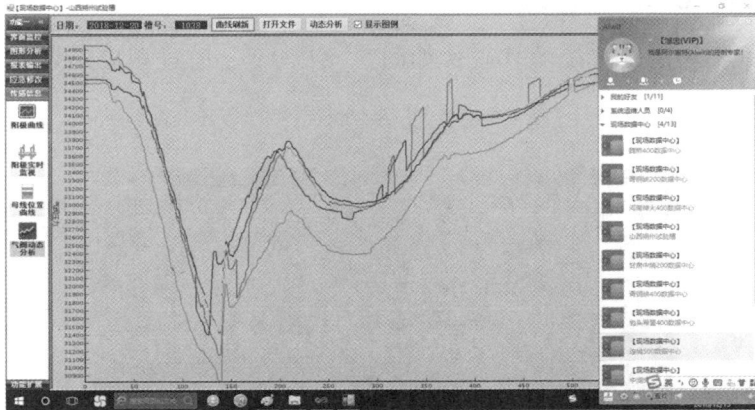

图 7-84　基于气阀压力传感器的打壳下料系统动作调试

图 7-85　在线传感器接入系统

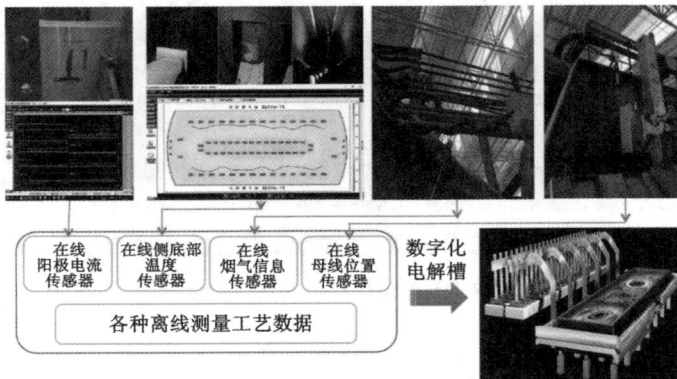

图 7-86　数字化铝电解槽的构造

## 7.2.6 槽控机的安装与调试

分布式下料控制系统的软硬件如图 7-87 所示，通过相应的调试，结果如图 7-88 所示。

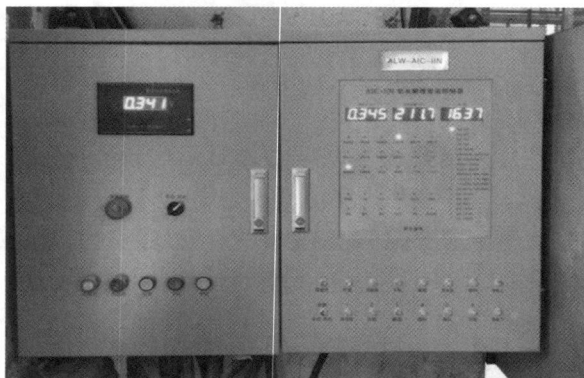

图 7-87 所开发的数字化新型氧化铝电解槽控机的现场安装

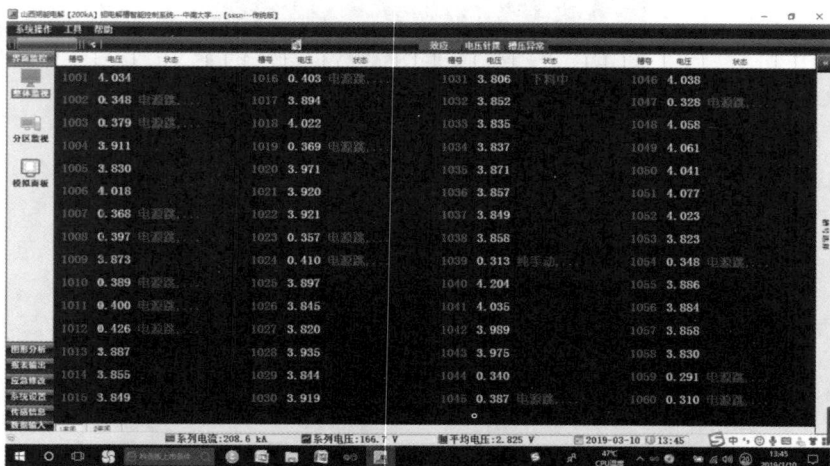

图 7-88 新型氧化铝控制系统调试界面

## 7.3　新型氧化铝电解工程化实践

### 7.3.1　新型氧化铝下料精度

下料精度影响新型氧化铝工业化电解的控制系统运行及物料平衡，是实现电解槽稳定生产的重要保证。在新型氧化铝电解运行过程中，在下料点取氧化铝样品称重，确定下料器下料精度，新型氧化铝下料精度验证称重如图 7-89 所示。

图 7-89　新型氧化铝下料称重

新型氧化铝每次下料量均为 0.89 kg、0.90 kg。基于新型氧化铝的下料器定容 1.8 L，按照新型氧化铝容积密度 0.5 g/cm³ 计算，理论下料量为 0.90 kg，新型氧化铝下料精度达到 98.89%。下料器下料精确，满足新型氧化铝工业化电解控制要求。

### 7.3.2　新型氧化铝在工业电解槽上的溶解

通过氧化铝在不同的下料间隔期间，通过记录过量下料转欠量下料，欠量下料转过量下料的时间节点，从而确定过量下料、欠量下料期间氧化铝的实际下料量，并对此时间节点的电解质取样分析，检测此时氧化铝在电解质中的含量，得出新型氧化铝的溶解情况。

根据新型氧化铝的容重，调整下料基准 NB 为 70 s，过量下料 NB 为 49 s，欠量下料 NB 为 84 s，保证每次过欠转换时间内新型氧化铝与碱法氧化铝的下料量相当，以第一次过欠转换节点为实验起点，取第一个电解质样，在下一次欠转过的时间节点取第二个样，据此连续取 6 个样。槽况及电解质分析结果见表 7-26 和表 7-27。

表 7-26 新型氧化铝溶解试验时槽况

| 实际电压 | 电流 | 槽温 | 铝水平 | 电解质水平 | 炉底压降 |
|---|---|---|---|---|---|
| 3.875 V | 209.9 kA | 920℃ | 25 cm | 18 cm | 298 mV |

表 7-27 新型氧化铝的溶解试验电解质成分分析

| 序号 | $w_{Al_2O_3}/\%$ | 分子比 | 下料状态 |
|---|---|---|---|
| 1 | 1.69 | 2.70 | 欠量 |
| 2 | 2.02 | 2.67 | 过量 |
| 3 | 1.87 | 2.70 | 欠量 |
| 4 | 2.07 | 2.74 | 过量 |
| 5 | 1.76 | 2.66 | 欠量 |
| 6 | 1.84 | 2.74 | 过量 |

从表 7-27 可以看出，电解质中新型氧化铝浓度能够控制在理想浓度范围，保证电解过程的氧化铝物料平衡。

## 7.3.3 新型氧化铝电解控制参数及效果

(1)控制基础参数

新型氧化铝电解槽经过长周期运行，对各种控制参数进行了调整、优化，经过不断探索改进，适合新型氧化铝电解的基础控制参数如下：

①设定电压：（3920±30）mV；

②控制系统基准下料速率：68 s；

③氧化铝浓度区间：1.8%~2.5%；

④单点下料速率由区域浓度控制下料比例系数基准来控制：烟道端下料点：70%；靠近烟道段下料点：90%；靠近出铝端下料点：100%；出铝端下料点：80%。

⑤日均工作电压与设定电压偏差控制在 10 mV 以内。

(2)新型氧化铝工业化电解效果

①控制效果及物料平衡。

基于新型氧化铝的特性，调整优化控制参数后，控制曲线较理想，且与历史曲线中电压变化趋势对应得良好，浓度控制处于低浓度受控状态，新型氧化铝在电解过程中下料、溶解，扩散满足电解工艺要求。阳极电流分布噪声没有发生明显的变化，电解槽运行稳定。

②电压与热平衡。

新型氧化铝电解槽三个月运行参数的日报平均值如表 7-28 所示。

表 7-28　电解参数统计平均值

| 名称 | 设定电压/V | 工作电压/V | 平均电压/V | 针振/mV | 摆动/mV |
|---|---|---|---|---|---|
| 平均值 | 3.895 | 3.902 | 3.921 | 3.174 | 0.859 |

工作电压(扣除效应影响)与设定电压的平均偏差约 7 mV，平均电压与设定电压的平均偏差约 26 mV，说明电压控制效果较好，效应系数受控。针振平均值为 3.174 mV，最大值不超过 7 mV；摆动平均值为 0.859 mV，最大值不超过 5 mV，电解槽热平衡受控、运行稳定。

③技术经济指标。

新型氧化铝电解期间，原铝中主要含有的杂质为 Fe 和 Si，Fe 质量分数为 0.14%~0.15%，Si 质量分数为 0.056%~0.073%，其他杂质元素含量都很少，质量分数基本保持为 0.001%~0.01%，原铝纯度大于 99.70%，与同系列碱法氧化铝电解槽生产的原铝品质相近，产品质量满足要求，符合国家原铝质量标准。

采用气体分析法电流效率仪测量电解期间的电流效率，采用加铜回归、加铜盘存的方法，对平均效率进行进一步校对，新型氧化铝电解槽的电流效率为 92%~93%。

# 第 8 章
# 新型氧化铝多尺度仿真系统

新型氧化铝在工业化电解过程中的浓度分布、氧化铝溶解性能和界面传输性能等方面与传统碱法氧化铝存在差异，这一系列的差异导致新型氧化铝电解过程中的微观反应机理发生了较大的变化，由此引发的电解过程中物料平衡、电压平衡和工艺参数及控制的变化成为工业化的难点。

## 8.1 新型氧化铝电解槽槽帮微观检测与宏观形成特性

### 8.1.1 新型氧化铝电解槽槽帮多尺度数学建模

一般的科学研究方法主要包括理论推导、实验研究和数值模拟等手段，随着计算水平的快速提高，理论计算在科学研究中逐渐受到青睐，"计算材料学"由此兴起。计算材料学能够针对不同尺度的体系，选择相应合适的计算方法。在铝电解槽槽帮传热过程中，热量主要以热传导的形式从熔体端传向槽内衬。从高温熔体中传递过来的能量首先在纳米尺度引起晶格振动，不同晶体的导热能力不同，此过程晶格传热能力通过晶格导热率来量化，槽帮内各晶格至物相之间的传热能力体现在其导热性质上，而槽帮的传热能力影响电解槽的散热情况，进而也会影响槽帮宏观形状。因此，针对槽帮热传递过程中固有的时空尺度差异，就需要利用多种模型对各个尺度的槽帮体系进行计算，如图 8-1 所示。

基于微观晶胞模型与试验测试相结合的方法探究槽帮内元素的赋存形态与槽帮的导热性质，再通过基于参数传递的微观与宏观耦合的方法，并充分考虑槽帮凝固与宏观物理场的相互作用特征，建立起与实际更为相符的有限元模型。

依据此思路，基于某 200 kA 电解槽，对槽帮传热过程中涉及的不同尺度的体系，选择合适的数学模型，进行多尺度建模的初步探究。

#### 8.1.1.1 微观晶格导热率计算模型

热传导就是当固体中温度分布不均时，热能从高温向低温部分转移的现象。固体材料的热导率由晶格导热率和电子导热率两部分组成。对于金属晶体的导热率，这两部分都有一定的贡献；而对半导体和绝缘体晶体来说，晶格热导率贡献

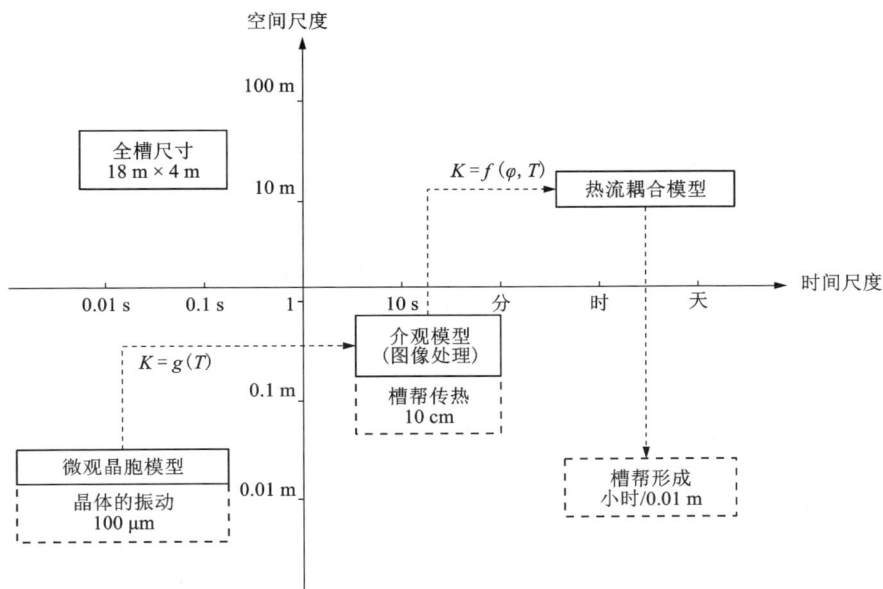

图 8-1　新型氧化铝槽帮传热行为多尺度耦合思路

最大，其传热媒介主要是声子。目前，计算晶格导热率的常用方法包括弛豫时间近似方法与分子动力学模拟方法。然而，弛豫时间近似方法在原则上与声子散射过程不相容，分子动力学模拟方法虽然依靠实验数据拟合的经验势函数，但也难以对导热率进行准确预测。非简谐晶格动力学方法基于量子力学和玻耳兹曼输运方程，热导率的计算结果准确，被认为是近年来热导率计算方法的一项重要进展，广泛应用于材料热导率的研究。

1. 基于密度泛函理论的第一性原理计算方法

第一性原理计算(first-principle method)方法是通过求解薛定谔方程得到多原子体系的基态能量，对材料进行非经验性的模拟。密度泛函理论(density function theory，DFT)是以电子密度作为基本的研究变量，研究多电子体系的量子力学方法。密度泛函理论以其保证准确度的同时能缩短计算周期的优势，成为目前第一性原理中的主流计算方法之一。密度泛函理论的发展是基于 Hohenberg 和 Kohn 所证明的两个定理，一是基态电子密度可以唯一确定基态能量；二是基态电子密度下体系的总能量最低，结构最稳定。任何一个多电子体系的能量表达式为：

$$E_{HK}[\rho] = T[\rho] + E_{int}[\rho] + \int d^3 r V_{ext}(r)\rho(r) + E_{xc} \tag{8-1}$$

式中：$\rho(r)$ 为速度；$T[\rho]$ 为电子动能泛函；$E_{int}[\rho]$ 为电子相互作用能；$V_{ext}(r)$ 为

核及外部作用势；$E_{xc}$ 为交换关联作用项。

根据该定理，原则上可以求出体系的基态电子结构，但对能量泛函 $E_{HK}[\rho]$ 的求解仍然非常困难。

Kohn 和 Sham 提出的 Kohn-Sham(KS)理论，通过对式(8-1)中 $\rho$ 进行变分，可以用 $N$ 个单粒子的波函数 $\varphi_i(r)$ 叠加来表示体系的电荷密度以得到 KS 方程即式(8-2)，通过迭代法求解得到体系的粒子密度泛函和体系的性质，解决了多体问题。

$$\left[ -\nabla^2 + V_{ext}(r) + V_H(r) + V_{xc}(r) \right]\varphi_i = \varepsilon_i\varphi_i \qquad (8-2)$$

式中：$V_H(r)$ 为体系的 Hartree 势能；$V_{xc}(r)$ 为交换关联势能；$\varepsilon_i$ 为 KS 方程的本征值。

密度泛函理论中将部分有相互作用的动能假设为无相互作用，用交换关联泛函包含所有的误差，因此密度泛函理论方法中最核心的问题是交换关联泛函的精确度。早期，对于均匀电子气氛的体系，有学者开发了局域密度近似方法(local density approximation，LDA)，后续陆续开发了广义梯度近似(generalized gradient approximation，GGA)、杂化泛函(Hyper-GGA)和双杂化泛函(double hyper-GGA)。这些方法针对不同的体系，其精确性不同，在具体计算中要视体系选取合适的交换关联泛函。

2. 声子玻耳兹曼输运方程

玻耳兹曼输运方程(Boltzmann transport equation，BTE)描述了非热力学平衡状态的体系的统计行为。当没有热动力时，声子分布遵循波色-爱因斯坦分布 $n_0(\omega\lambda)$。当有温度梯度时，声子与声子或杂质发生相互作用引起的声子散射会对平衡态下的分布函数造成影响，分布函数 $n_\lambda$ 如下：

$$\frac{dn_\lambda}{dt} = \frac{\partial n_\lambda}{\partial t}\bigg|_{diff} + \frac{\partial n_\lambda}{\partial t}\bigg|_{coll} = 0 \qquad (8-3)$$

式中：$\dfrac{\partial n_\lambda}{\partial t}\bigg|_{diff} = -\nabla T v_\lambda \dfrac{\partial n_\lambda}{\partial T}$，$v_\lambda$ 为声子群速，$\dfrac{\partial n_\lambda}{\partial t}\bigg|_{coll}$ 为因散射过程中碰撞而引发的分布改变。通过对分布函数和弛豫时间进行一定的近似，得到晶格导热率 $k\lambda$ 的表达式：

$$k_\lambda = \frac{1}{k_B T^2 \Omega N}\sum_\lambda n_0(n_0+1)(\hbar\omega_\lambda)^2 v_\lambda F_\lambda \qquad (8-4)$$

式中：$F_\lambda$ 为只考虑双声子和三声子散射情况的线性声子。

3. 计算软件

随着计算机软件水平的发展，基于上述理论的计算软件不断出现。在计算槽帮主要物相晶格导热率的工作中，主要使用了 Vasp 软件包来优化晶体结构和计算电子结构等，采用 Sheng BTE 程序计算晶格导热率。

Vasp 软件是用于原子尺度材料模拟的程序包,是目前计算材料科学中最流行的商用软件之一,只能在 Linux 系统下运行。软件使用平面波基组,用超软赝势(USPP)、投影缀加平面波赝势(PAW)等方法描述电子与离子间的作用。计算所需的输入文件包括 INCAR、KPOINT、SPOSCAR 和 POTCAR。本书交换关联能选取局域密度近似方法。

Sheng BTE 程序是用于求解声子玻耳兹曼输运方程,从而得到晶格导热率等相关性质的程序包,同样在 Linux 系统下运行,无须设置任何可调参数,根据晶体的化学结构和从第一性原理计算所得的原子间力常数文件来迭代计算。计算所需的输入文件包括:FORCE_CONSTANTS_2RD、FORCE_CONSTANTS_3ND 和 CONTROL。本书中二阶力常数文件和三阶力常数文件分别需要通过 Phonopy 和 Thirdorder 程序得到。Thirdorder 程序基于有限差分超晶胞法,前期需要利用 DFT 软件对晶胞扩展后的超晶胞极小集中的所有晶胞分别进行自洽计算。

### 8.1.1.2　介观导热模型

傅里叶定律基于 BTE 方程推导得到。在导热过程中,单位时间内通过单位截面的导热量,正比于垂直该截面的温度变化率和截面面积,而热量传递方向与温度升高的方向相反。傅里叶定律通用表达式为:

$$\boldsymbol{j} = - k \frac{\partial T}{\partial x} \boldsymbol{n} \tag{8-5}$$

式中:$\boldsymbol{j}$ 为热流密度;$k$ 为热导率(热传导系数);$\frac{\partial T}{\partial x}$ 为沿 $x$ 方向的温度变化率;$\boldsymbol{n}$ 为单位矢量。

本书根据稳态平板法原理,基于一维傅里叶导热定律来计算槽帮的有效导热率 $k_{\text{ledge}}$:

$$k_{\text{ledge}} = - \frac{\boldsymbol{\Phi} \cdot d}{A \cdot \Delta T} \tag{8-6}$$

式中:$d$ 为样本厚度;$\boldsymbol{\Phi}$ 为热能;$A$ 为截面面积;$\Delta T$ 为温度差。

### 8.1.1.3　热−流强耦合多相流凝固数学模型

热−流强耦合多相流凝固模型是本书研究的重点之一,基于热−流强耦合模型,综合考虑了在电磁力、气泡和电解质−铝液相间作用影响下的熔体流场,以及受熔体流场和散热影响的槽帮形状。由于铝电解槽内各物理场之间相互影响,关系复杂,为提高计算效率和收敛性,在开展热−流强耦合多相流建模前应进行如下假设:

①假设槽帮为各向同性的均质材料,导热性质由微−介观导热模型计算所得的有效导热率描述,不考虑在各方向上的导热性质差异。

②气泡作用以力的形式引入模型,假设气泡力恒定,忽略气泡力随时间和空

间的变化。如果将气泡力以相的形式引入模型，三相流计算模型的复杂程度和计算成本将大幅增加；另外，本模型关注的是熔体运动对槽帮形状的影响，而不是气泡本身，将气泡作用简化为对熔体的作用力不影响气泡对熔体运动的结果。

③假设电磁力和焦耳生热率恒定，不考虑熔体运动对电场和磁场分布的影响。

④假设电解质混合均匀，忽略可能存在的浓度梯度对流动的影响。

**1. 多相流模型**

铝电解槽内熔体流动属于不可压缩黏性流动，遵循 Navier-Stokes 方程。多相流是指有两种或两种以上不同相同时存在的流体运动。目前，多相流的研究方法有欧拉-拉格朗日方法和欧拉方法。本书中槽帮-铝液的界面通过 VOF 模型进行求解，该方法通过体积分数 $\alpha$ 来追踪控制流体流量。对于第 $q$ 相流体，其流体区域内的连续性方程(体积分数方程)为：

$$\frac{1}{\rho_q}\left[\frac{\partial}{\partial t}(\alpha_q \rho_q) + \nabla \cdot (\alpha_q \rho_q \boldsymbol{u}_q)\right] = 0 \tag{8-7}$$

式中：$\alpha_q$、$\rho_q$ 为 $q$ 相的体积分数；$\boldsymbol{u}_q$ 为 $q$ 相的密度和流速。

速度场由各相共享，不同的流体组分共用一个动量方程，即式(8-8)。

$$\frac{\partial(\rho\boldsymbol{u})}{\partial t} + \boldsymbol{u}\nabla \cdot (\rho\boldsymbol{u}) = -\nabla P + \nabla \cdot \mu_{\text{eff}}\nabla^2\boldsymbol{u} + \rho\boldsymbol{g} + \boldsymbol{F}_{\text{EM}} + \boldsymbol{F}_{\text{gas}} + \boldsymbol{S}_{\text{m}} \tag{8-8}$$

式中：$t$ 为时间；$\rho$ 为密度；$\boldsymbol{u}$ 为流速；$P$ 为压力；$\mu_{\text{ef}}$ 为有效黏度；$\boldsymbol{F}_{\text{EM}}$ 为由电磁场模型计算所得电流密度 $J$ 和磁感应强度 $B$ 叉乘得到；$\boldsymbol{F}_{\text{gas}}$ 为气泡对熔体的相间拽力，$\boldsymbol{F}_{\text{gas}} = 0.75C_D r_{\text{gas}} \rho_{\text{elc}} |\boldsymbol{u}_{\text{gas}} - \boldsymbol{u}_{\text{elc}}|(\boldsymbol{u}_{\text{gas}} - \boldsymbol{u}_{\text{elc}})/d$，$C_D$ 为拽力系数，$r_{\text{gas}}$ 为气泡的体积分数。

**2. 湍流模型**

在铝电解槽中，电解质和铝液做高强度湍流运动(雷诺数大于 $10^5$)。在对湍流 Navier-Stokes 方程的模型化过程中，有多种湍流模型，但由于湍流模型都基于一定的近似假设，故不同湍流模型有不同的适用条件。在选择适合铝电解槽内熔体流动的湍流模型上，周萍等采用了标准 $k$-$\varepsilon$ 模型、低雷诺数 $k$-$\varepsilon$ 模型和 RNG $k$-$\varepsilon$ 模型三种湍流模型，对各自的铝液流场计算结果进行了对比，结果表明标准 $k$-$\varepsilon$ 模型和 RNG 模型有较好的适用性。为了更准确描述考虑铝电解槽内熔体传热的黏性流动问题，本书选用 RNG 模型进行计算。

湍动能 $k$ 和湍动能耗散率 $\varepsilon$ 的计算式为：

$$\frac{\partial}{\partial t}(\rho k) + \nabla(\rho k\boldsymbol{u}) = \nabla \cdot [\alpha_k \mu_{\text{eff}} \nabla k] + G_k - \rho\varepsilon + S_k \tag{8-9}$$

$$\frac{\partial}{\partial t}(\rho\varepsilon) + \nabla(\rho\varepsilon\boldsymbol{u}) = \nabla \cdot [\alpha_\varepsilon \mu_{\text{eff}} \nabla\varepsilon] + C_{1\varepsilon}\frac{\varepsilon}{k}G_k - C_{2\varepsilon}\rho\frac{\varepsilon^2}{k} + S_\varepsilon \tag{8-10}$$

式中：$G_k$ 为湍动能生成率；$\alpha_k$ 和 $\alpha_\varepsilon$ 为反湍流普朗特数；$S_k$ 和 $S_\varepsilon$ 为湍动能 $k$ 和湍动能耗散率 $\varepsilon$ 的附加源项；$C_{1\varepsilon}$ 和 $C_{2\varepsilon}$ 为模型常数，分别取值 1.42 和 1.68。

3. 凝固熔化模型

工业生产中存在大量相变过程，为求解相变过程中的移动边界问题，研究者们开发了许多数值求解技术，如界面追踪法、移动网格法、固定网格法等。Voller 等结合了多种方法的优点，首先提出了焓-孔隙率方法，以描述热场与流场之间的相互作用。它对各类相变问题均具有较好的适用性，本书采用焓-孔隙率方法来模拟槽帮的凝固过程。计算求解的能量方程为：

$$\frac{\partial(\rho H)}{\partial t} + \nabla \cdot (\rho \boldsymbol{u} H) = \nabla \cdot (k_{\text{eff}} \nabla T) + S_{\text{J}} + S_{\text{latent}} \tag{8-11}$$

式中：$H$ 为总焓；$k_{\text{eff}}$ 为有效导热系数；$T$ 为温度；$S_{\text{J}}$ 为焦耳热源；$S_{\text{latent}}$ 为附加热源。

熔融电解质在发生凝固相变时会释放出大量热量，而槽帮在发生熔化相变时会吸收大量的热量。基于此物理现象，对槽帮的凝固熔化过程，需要考虑相变潜热对温度场的影响。本书采用热焓法计算相变潜热。能量方程中的焓值为潜热 $\Delta H$ 与显热之和。

$$H = \Delta H + c_{\text{p}} T \tag{8-12}$$

式中：$c_{\text{p}}$ 为比热容；$\Delta H = L\beta$，$L$ 为熔体的凝固潜热，$\beta$ 为液相的体积分数。

焓-孔隙率相变模型将液固混合区视为多孔结构，其中孔隙率即为液相分数 $\beta$，取值范围为 0~1。焓-孔隙率法引入液相分数来追踪相变凝固界面，其与温度的关系通过式（8-13）描述，$\beta$ 值为 1 的区域为液相，此时温度高于液相线温度 $T_1$；$\beta$ 值为 0 的区域为固相，此时温度低于固相线温度 $T_s$；$\beta$ 值介于 0 和 1 之间的区域为多孔介质区，用以描述液-固界面两侧流速的渐变。

$$\beta = \begin{cases} 0 & T < T_s \\ \dfrac{T - T_s}{T_1 - T_s} & T_s \leqslant T \leqslant T_1 \\ 1 & T > T_1 \end{cases} \tag{8-13}$$

假设多孔介质区内的运动遵守 Darcy 定律，则可根据 Carman-Kozeny 公式得到动量源项方程：

$$S_{\text{m}} = -A_{\text{mush}} \frac{(1-\beta)^2}{(\beta^3 + \delta)} (\boldsymbol{u} - \boldsymbol{u}_{\text{p}}) \tag{8-14}$$

式中：$\delta$ 为极小值（0.001），以防止分母等于零；$A_{\text{mush}}$ 为黏糊系数，和多孔介质的形态有关，一般取 $10^4$~$10^7$，本书中取 $10^5$ 进行计算；$\boldsymbol{u}_p$ 为拉拽速度。

4. 固体域传热模型

在铝电解槽的固体域中的热传递过程为热传导过程，在绝缘部分仅发生热传导，在导电部分还有焦耳热源。根据能量方程可得固体域传热方程：

$$\frac{\partial(\rho H)}{\partial t} = \nabla \cdot (k \nabla T) + S_J \tag{8-15}$$

式中：$S_J$ 为固体导电部分内的焦耳热源。

### 8.1.1.4 模型应用

1. 槽帮传热行为的多尺度耦合

由于工业槽中槽帮的物理和化学现象非常复杂，宏观上各物理场之间存在变量传递和耦合作用，介观上表现为成分偏析和组织结构演变，微观上是组成晶格的原子电子间相互作用和晶格之间的作用。对于不同尺度的体系有迥然不同的理论体系和研究方法，巨大的时空跨度以及不同的理论方法使多尺度建模变得极为困难。目前对于多尺度耦合计算的难题大致有两种解决思路，一是在同一个几何模型下，同时采用多种方法对不同尺度的对象进行计算，如 Meijia Sun 等通过VOF 模型研究气泡、电解质和铝液之间的宏观的作用，应用 DBM 模型研究微观的气泡行为，并通过离散-连续转化模型实现连接气泡的多尺度行为。此方法能够实现多尺度之间的强耦合，但对研究对象和建模要求较高，很难在更复杂的体系中使用。二是采用参数传递的方法实现各尺度间的耦合，该耦合方法一般分别对不同尺度的问题进行建模研究。

从宏观角度看，槽帮的传热距离在米级，但其局部凝固熔化变化幅度在厘米级，并且需要十几分钟甚至几天，而流场行为则低至毫米级，其行为周期一般不高于秒级；从微观角度看，槽帮是一种多种物相混合的非均质材料，其所涉及的晶体生长及振动传热在纳米尺度。对槽帮导热率的研究是对槽帮传热行为研究中的关键一环，但从宏观上看，微观导热率的计算与铝电解槽整体模拟的耦合关系不强，可以通过参数传递的方式进行弱耦合计算。由于微观晶格导热系数无法直接应用于宏观模型，需要建立能反映实际槽帮导热率的介观模型。因此，本书基于对槽帮微-介观导热率的研究，通过参数传递以在宏观模型中体现槽帮传热能力，研究重点为铝电解槽宏观模型中槽帮瞬态热传递行为的模拟。

本书对不同尺度的研究对象，采用多种研究方法和模型进行针对性地计算模拟。槽帮传热行为多尺度耦合计算流程如图 8-2 所示。

2. 预测槽帮导热率的微-介观模型

冰晶石体系为电和热的不良导体，其中晶格导热率在晶体导热率中发挥主要作用。铝电解槽槽帮中除了冰晶石相外，还有 $NaCaAlF_6$、$CaF_2$、$AlF_3$、$Al_2O_3$ 等物相，槽帮的成分与结构较为复杂，但具有一定的规律性，其微-介观热传导行为需综合考虑物相组成与相位分布。针对槽帮的结构及传热特点，本书基于第一性原

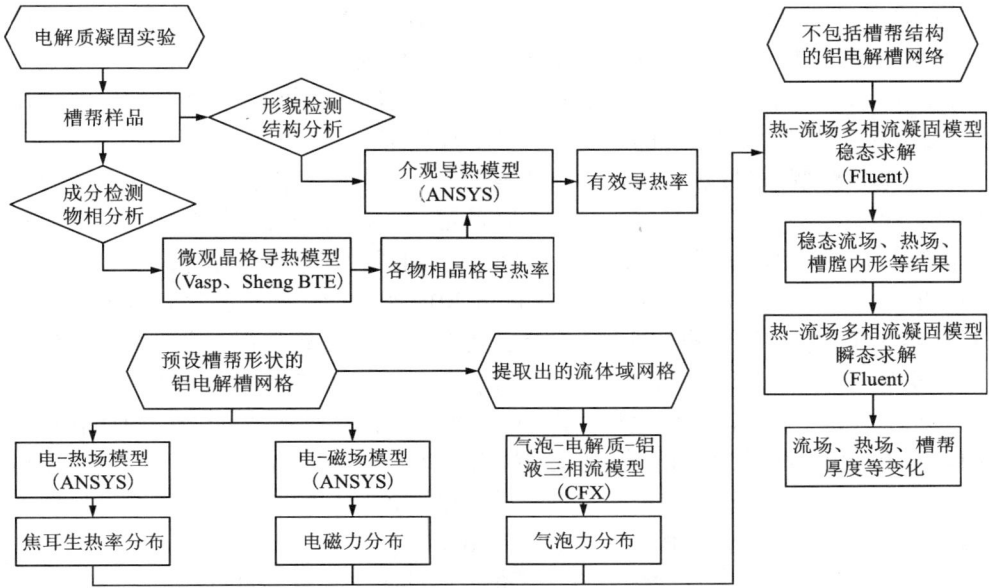

图 8-2　槽帮传热行为多尺度耦合计算流程

理与有限元分析，通过微观晶格导热计算与介观导热模型相结合的方法，根据槽帮的物相组成与结构分布预测槽帮的有效导热率，具体计算流程如图 8-3 所示。

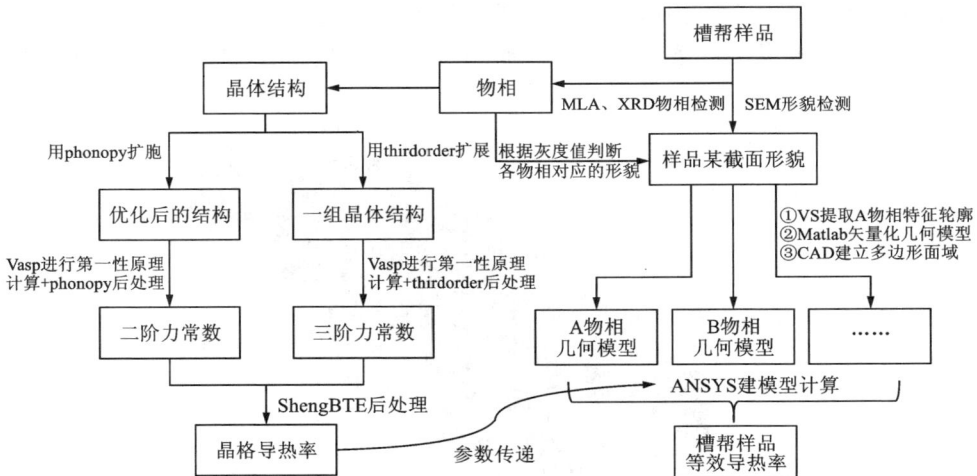

图 8-3　槽帮有效导热率计算流程

（1）基于槽帮样本的组成成分，计算槽帮各物相的晶格导热率。首先，对槽帮样本进行检测分析，采用矿物解离分析仪（MLA250）、XRD 等仪器分析槽帮中的典型物相组成；其次，对各物相建立合理的晶胞模型，在 Linux 环境中，分别采用 Vasp 软件结合 Phonopy 和 Thirdorder 计算二阶力常数和三阶力常数，利用 Sheng BTE 软件计算得到不同温度下的晶格导热率。

（2）以微观晶格导热系数作为输入参数，基于图像处理技术，建立介观导热模型，计算槽帮样本的导热率。首先，对槽帮样本进行扫描电镜检测，结合矿物解离分析仪的检测结果分析槽帮中的典型物相组成及形貌，并计算及统计各典型物相的灰度值范围；其次，在 Visual Studio 2019 平台上，基于各物相灰度值的差异对样本截面形貌进行图像处理，分批获得各物相的轮廓特征，建立最小凸包以简化复杂的轮廓，获得关键坐标参数矩阵；再次，在 MATLAB 2016 平台上将各物相的轮廓矢量化，输出几何模型建模脚本；然后，根据脚本文件，在 CAD 软件中创建二维模型；最后，将几何模型文件导入 ANSYS 17.0 平台，建立起与样本相对应的槽帮介观模型，通过参数传递的方式，输入各物相的物理参数，通过设置不同的热流条件，计算槽帮有效导热系数与温度的关系。

上述计算所得的有效导热系数是槽帮传热的关键参数，为后续优化建立电解槽三维瞬态热流耦合多相流模型以及耦合微观、介观模型与宏观多相流模型提供基础。

3. 宏观物理模型

计算所用的物理模型是以某大型预焙新型氧化铝铝电解槽为对象，建立铝电解槽三维全槽模型和网格，如图 8-4 和图 8-5 所示，几何尺寸和熔体物理性质如表 8-1 和表 8-2 所示。铝电解槽物理模型从上至下包括：上部结构（阳极导杆、阳极钢爪和阳极炭块）、覆盖料、电解质、铝液、侧部内衬、阴极结构（阴极炭块、

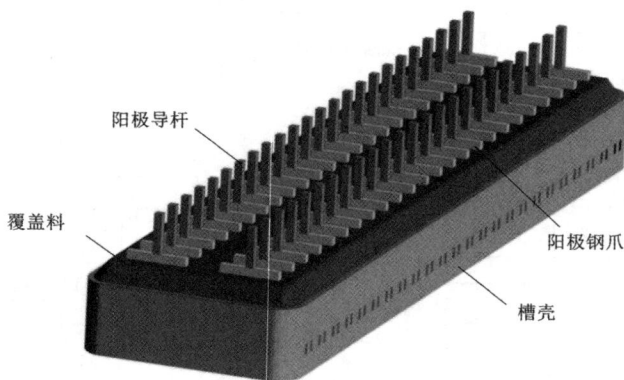

图 8-4 某大型新型氧化铝电解槽结构示意图

阴极钢棒和阴极钢棒糊)、底部内衬以及外部钢壳。经过网格无关性计算,优化后的网格总数为 $1.66×10^6$ 个,其中流体计算域网格数为 $5.0×10^5$ 个。值得一提的是,电解质的导热率设置成关于温度的分段函数,以固相线温度为分界点,高于固相线温度时,其取值为 $1.69$ W/(m·K),低于固相线温度时,则为槽帮的有效导热率与温度的函数。

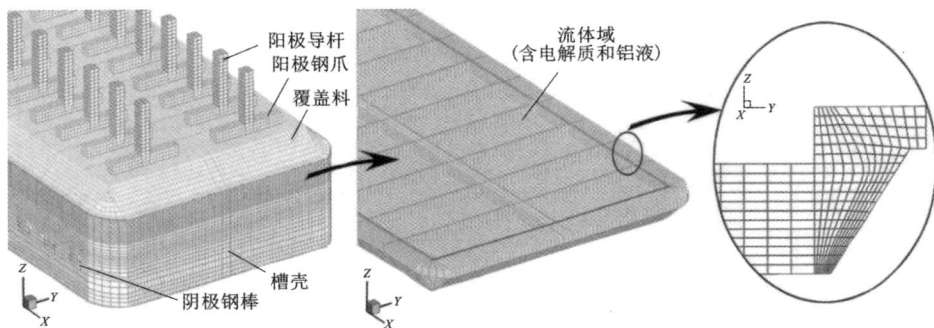

**图 8-5　某大型新型氧化铝电解槽模型网格**

表 8-1　模型几何尺寸和工艺参数

| 项目 | | 数值 |
|---|---|---|
| | 电解槽外壳尺寸/(m×m) | 17.78(长)×4.32(宽) |
| | 阳极总数/个 | 48 |
| | 阴极炭块总数/个 | 48 |
| | 阴极钢棒总数/个 | 96 |
| 几何参数 | 大面加工距离/m | 0.28 |
| | 小面加工距离/m | 0.39 |
| | 铝液初始高度/m | 0.22 |
| | 电解质初始高度/m | 0.18 |
| | 极距/m | 0.045 |
| | 覆盖料厚度/m | 0.15 |

表 8-2　熔体物理性质

| 熔体物理参数 | 数值 |
|---|---|
| 电解质密度/$(kg \cdot m^{-3})$ | 2130 |
| 铝液密度/$(kg \cdot m^{-3})$ | 2270 |
| 电解质比热容/$(J \cdot kg^{-1} \cdot K^{-1})$ | 1760 |
| 铝液比热容/$(J \cdot kg^{-1} \cdot K^{-1})$ | 1088 |
| 铝液导热率/$(W \cdot m^{-1} \cdot K^{-1})$ | 77 |
| 电解质黏度/$(kg \cdot m^{-1} \cdot s^{-1})$ | $2.51 \times 10^{-3}$ |
| 铝液黏度/$(kg \cdot m^{-1} \cdot s^{-1})$ | $1.18 \times 10^{-3}$ |
| 电解质熔化潜热/$(J \cdot kg^{-1})$ | $5.2 \times 10^{5}$ |
| 铝熔化潜热/$(J \cdot kg^{-1})$ | $3.88 \times 10^{5}$ |
| 电解质固相线温度/℃ | 938 |
| 电解质液相线温度/℃ | 940 |
| 铝液熔点/℃ | 660 |

铝电解槽中热传递方式多样，因此对于热/流边界条件的设置应尽量贴近实际情况。一方面，对于流场边界条件的设置，由于阳极气泡是以气泡力的形式引入多相流模型，铝电解槽流体区域设置无进出口边界条件。电解质上表面设置为自由滑移边界条件，其余与流体接触的面设置为无滑移边界条件，并设置相应的壁面粗糙度描述近壁面流体行为。另一方面，对于热场边界条件的设置，根据工业电解槽运行的环境，将电解槽的底部与侧部的环境温度设置为 40℃，上部结构及覆盖料表面温度设置为 160℃。槽外表面传热边界条件由根据实际测量值拟合的传热系数计算公式来描述，如表 8-3 所示。

表 8-3　电解槽表面与外界空气之间的传热系数

| 项目 | 参数 | | | | | | |
|---|---|---|---|---|---|---|---|
| 温度 $T$/℃ | 200 | 250 | 300 | 350 | 400 | 450 | 500 |
| 覆盖料表面传热系数 $\lambda_1$/$(W \cdot m^{-2} \cdot ℃^{-1})$ | 17.879 | 20.342 | 23.003 | 25.936 | 29.183 | 32.779 | 36.752 |
| 覆盖料表面传热系数 $\lambda_1$ 计算公式 | $\lambda_1(T) = 0.0592T + 5.5562$ | | | | | | |

续表8-3

| 项目 | 参数 | | | | | | |
|---|---|---|---|---|---|---|---|
| 温度 $T$/℃ | 200 | 250 | 300 | 350 | 400 | 450 | 500 |
| 钢爪表面传热系数 $\lambda_2$/(W·m$^{-2}$·℃$^{-1}$) | 23.762 | 27.245 | 31.110 | 35.430 | 40.256 | 45.630 | 52.591 |
| 钢爪表面传热系数 $\lambda_2$ 计算公式 | $\lambda_2(T)=0.0946T+3.474$ | | | | | | |
| 温度 $T$/℃ | 100 | 150 | 200 | 250 | 300 | 350 | 400 | 450 |
| 侧部、底部槽壳传热系数 $\lambda_3$/(W·m$^{-2}$·℃$^{-1}$) | 18.067 | 21.424 | 25.157 | 29.369 | 34.216 | 39.686 | 45.869 | 52.827 |
| 侧部、底部槽壳传热系数 $\lambda_3$ 计算公式 | $\lambda_3(T)=0.0719T+5.7149$ | | | | | | |

三维热-流强耦合多相流凝固模型在 FLUENT 17.0 平台上进行求解。电磁力、焦耳生热率和气泡力的求解和提取方法较为成熟，本书中不展开详述，这三种力和能量作为体积力源项和能量源项，通过添加 Profile 的方式导入多相流凝固模型中。

多相流凝固模型的求解方式分为稳态求解和瞬态求解，稳态求解得到在热平衡时的槽帮形状，瞬态求解方法用来模拟槽帮在非平衡态的动态变化。槽帮的初始态求解选择稳态 Pressure-Based 求解器，选择 Pressure-Velocity 耦合求解算法，并选择伪瞬态求解法，松弛因子采用默认值。设置流体时间步长为 0.0001 s，固体时间步长为 5 s。瞬态求解器，选择 PISO 求解法，设置动量、湍动能和湍动能耗散率方程为 QUICK，时间步长设置为 0.05 s。

### 8.1.1.5　本节小结

在对新型氧化铝铝电解槽槽帮传热在微观至宏观尺度上的表现进行详细分析的基础上，根据电解槽多物理场之间的相互作用关系和槽帮传热在各尺度之间的关联和特征，确定了槽帮热传递行为多尺度模拟研究的方法，系统地开展了槽帮传热的多尺度数学建模研究，建立了计算槽帮有效导热率的微-介观导热模型和大型铝电解槽的三维全槽模型。主要研究内容如下：

(1) 基于软件平台 Vasp 和 Sheng BTE，结合 Phonopy 和 Thirdorder 程序，建立了适用于槽帮组成物相的微观晶格导热率计算模型。

(2) 针对槽帮的形貌特征，开发了图像处理方法以提取槽帮介观物相分布特征，在商用软件 ANSYS 平台上建立了槽帮介观导热模型，并通过参数传递的方式，实现微-介观模型的弱耦合。

（3）基于商用软件 Fluent 平台建立了模拟槽帮凝固/熔化的大型铝电解槽热-流强耦合多相流凝固数学模型，综合考虑了电磁力、气泡和电解质-铝液相间作用的影响。

（4）在宏观模型中引入微-介观导热模型的计算结果，并建立了研究铝电解槽槽帮在短时间内连续变化的瞬态模型，开发出了完整的槽帮传热行为多尺度弱耦合计算。

## 8.1.2 新型氧化铝电解槽槽帮凝固实验研究

### 8.1.2.1 电解质凝固实验

1. 实验方案

槽帮本质上是电解质在槽侧部内衬上凝固形成的结壳。实验根据槽帮的形成原理，利用指式冷凝器模拟电解槽内壁，通过调节冷却剂流速和冷却时间，控制电解质的凝固速度与结壳厚度。实验装置与指式冷凝器结构的示意图如图 8-6 和图 8-7 所示。

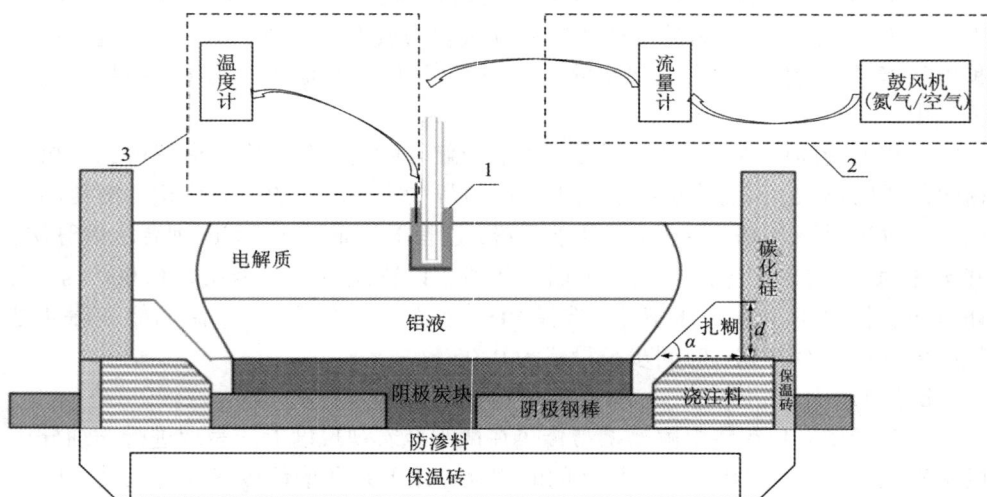

1—指式冷凝器；2—冷却系统；3—温控系统。

**图 8-6 新型氧化铝槽帮凝固实验示意图**

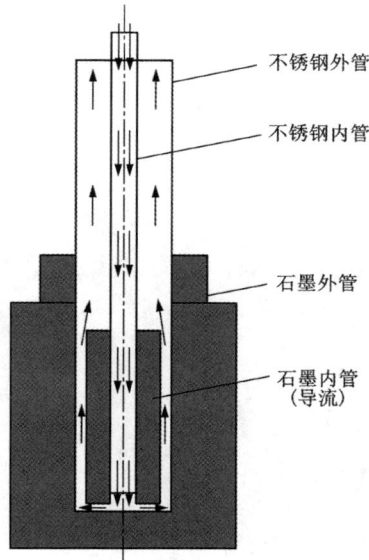

图 8-7　指式冷凝器结构示意图

标注文字（从上到下）：
- 不锈钢外管
- 不锈钢内管
- 石墨外管
- 石墨内管（导流）

　　实验装置由三部分构成：指式冷凝器、冷却系统（由流量计和鼓风装置构成，采用氮气或空气作为冷却剂）和温控系统（由热电偶和电压表构成）。

　　指式冷凝器尺寸：不锈钢外管直径 25 mm，长 1 m；不锈钢内管直径 12 mm，长 1.105 m；石墨内管外径 22 mm（内径 12 mm），高 75 mm；石墨外管外径 50 mm（内径 26 mm），高 110 mm。各部件采用螺纹连接。

2. 实验室凝固实验

　　由于工业生产使用的电解质成分复杂，首先通过定量配比体系电解质分析电解质结壳的物相组成与微观结构，然后在此基础上进行工业电解质的凝固实验，以获得与实际更为接近的槽帮样本。实验分为实验室实验和工业实验两个部分。

　　实验室凝固实验的设备装置如图 8-8 所示，该装置主要包括电阻炉（内衬 $\phi$22 cm，炉口 $\phi$28 cm）、石墨坩埚（外径 120 mm，内径 100 mm，高 140 mm）、隔热密封盖板（硅酸铝陶瓷纤维板，厚 50 mm）、电解质、热电偶、流量计和指式冷凝器等部分。冷却剂为氮气，一方面可作为冷却剂来降低指式冷凝器内壁的温度，另一方面作为保护气以防止石墨表面氧化。根据典型工业电解质的成分配比，实验原料为 81% $Na_3AlF_6$、10% $AlF_3$、5% $CaF_2$ 和 4% 新型 $Al_2O_3$。

　　实验步骤为：①将 500 g 原料按比例混合后加入石墨坩埚中，并将指式冷凝器固定于坩埚上方，采用隔热盖板密封；②设置合适的升温曲线，使电阻炉加热到正常电解时的温度（960℃）并保温一段时间；③接通气管，开启冷却气气阀，将预热好的指式冷凝器下部分置于熔融的电解质中，固定住指式冷凝器，调节气体流量为 20 L/min，保持一段时间直至插入电解质中的热电偶读数稳定一段时间；④保持通气，缓慢将指式冷凝器从电解质中取出并悬挂于坩埚上方，停止加热，使炉内缓慢冷却；⑤停止通气，取出指式冷凝器，结束实验。

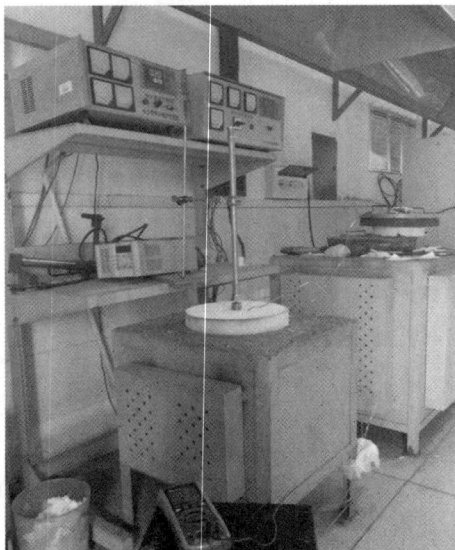

图 8-8　实验室凝固实验装置

电解质在冷凝器上冷却凝固，形成类槽帮结壳。根据上述实验装置、实验原料及基本制备流程（实验记为 Case 0），得到的槽帮样本（图 8-9）平均厚度为 2 mm。以其中一块样本为例，取厚度方向截面，在 MIRA3 LMH 场发射扫描电镜下观测其结构，如图 8-10 所示。对于该结壳，从冷凝器石墨壁一侧到熔融电解质一侧，其结构及物相分布并不均匀。靠近冷凝器石墨壁的结壳较为致密，无明显孔隙，称为致密层（closed crystalline layer）；中间结壳部分物相分布混乱，有明显的孔隙和空洞，孔隙中有许多不规则的细小颗粒，称为开放结构层；靠近熔盐的结壳相比开放结构层较为致密，称为密封层。密封层与熔盐接触部分分布许多细密的气孔，这是由结壳表面未完全凝固的电解质接触空气急冷形成的。

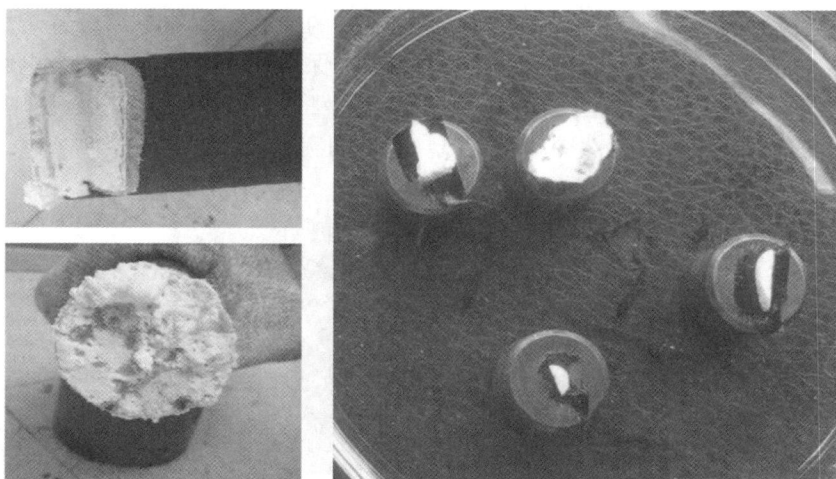

图 8-9　实验室槽帮样本

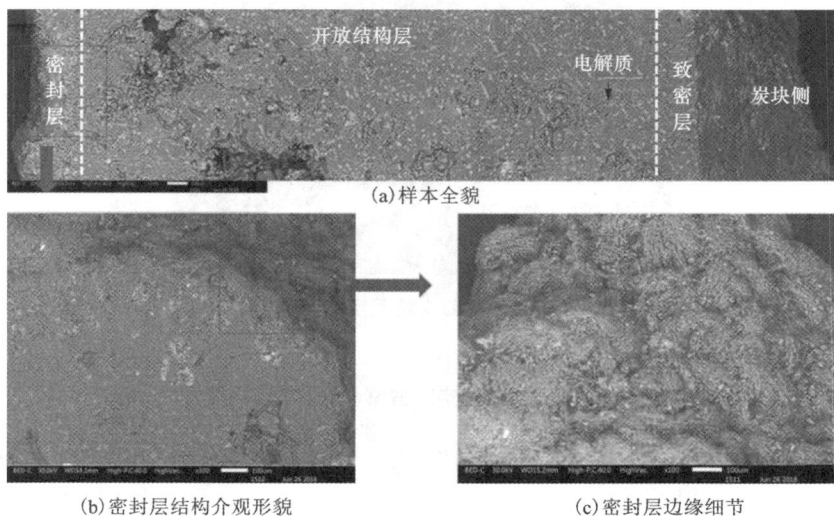

(a)样本全貌

(b)密封层结构介观形貌

(c)密封层边缘细节

图 8-10　实验室槽帮样本的扫描电镜图

3. 工业凝固实验

在前述实验准备的基础上，工业凝固实验在某 200 kA 工业新型氧化铝电解槽上开展，实验装置如图 8-11 所示。根据实验场所就地取材，选用冷却剂为空气，流量大、易获取，但空气起不到保护石墨防止其氧化的作用，因此工业实验时间相比实验室实验需要大大缩短。实验步骤为：①将指式冷凝器悬挂于火眼口预热后，接通气管，开启冷却气气阀，将预热好的指式冷凝器下部分置于熔融的电解质中，固定住指式冷凝器，调节气体流量，保持一段时间直至插入电解质中的热电偶读数稳定一段时间；②保持通气，缓慢将指式冷凝器从电解质中取出，然后停止通气，使结壳自然冷却至室温。具体的实验设计方案见表 8-4。

图 8-11　工业凝固实验装置

表 8-4　工业实验方案和结壳情况

| 方案 | 槽温/℃ | 气体流量/(m³·h⁻¹) | 时间/min | 结壳平均厚度/cm |
|---|---|---|---|---|
| Case 1 | 952 | 3.6 | 20 | 1.0 |
| Case 2 | 952 | 3.6→3.0 | 20→10 | 1.8 |

　　根据上述实验装置、实验原料及基本制备流程，得到的槽帮样本如图 8-12 所示。从两个方案的结壳中取样，分别在 MIRA3 LMH 场发射扫描电镜下观测其厚度方向截面的介观结构，如图 8-13 和图 8-14 所示。开放层结构占比最大，与实验室实验得到的结壳结构不同的是，Case 1 和 Case 2 的结壳没有明显的密封

层，且致密层更厚，开放层结构的孔洞结构更加复杂。Case 2 与 Case 1 相比，Case 2 结壳的致密层更加厚实，这可能与冷却时间较长有关。

图 8-12 工业实验槽帮结壳（左 Case 1 实验结壳，右 Case 2 实验结壳）

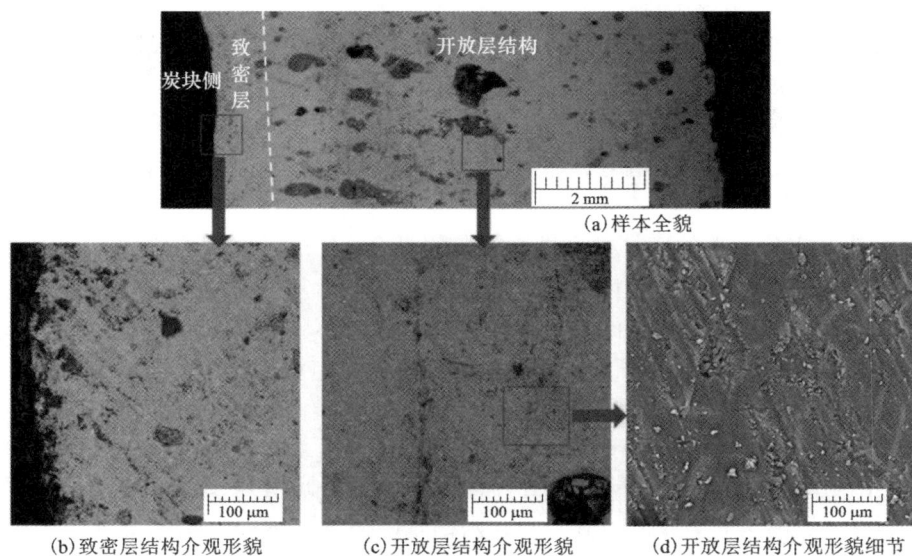

(a) 样本全貌

(b) 致密层结构介观形貌     (c) 开放层结构介观形貌     (d) 开放层结构介观形貌细节

图 8-13 Case 1 样本的扫描电镜图

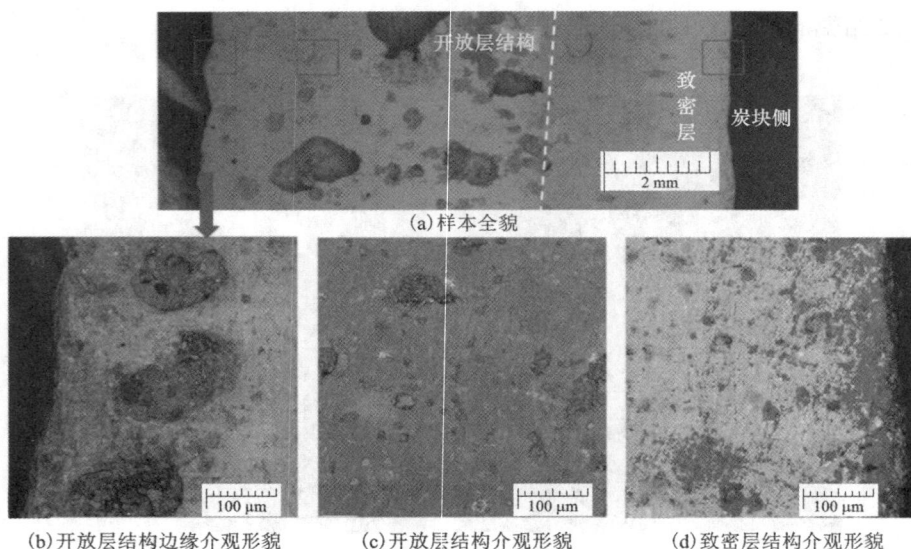

(a)样本全貌

(b)开放层结构边缘介观形貌　　(c)开放层结构介观形貌　　(d)致密层结构介观形貌

图 8-14　Case 2 样本的扫描电镜图

### 8.1.2.2　槽帮物相热力学分析

通过对实验室实验的结壳样本进行 XRD 物相成分分析，发现样本中主要含有冰晶石和亚冰晶石，如图 8-15 所示。

针对工业凝固实验的结壳样本，通过扫描样本截面上的元素含量，发现样本中还含有镁盐、钾盐和炭渣等。

### 8.1.2.3　本节小结

本节对实验所得的槽帮样本进行系统的研究，分析了槽帮中典型的物相组成和微观结构特征，并在多尺度建模工作的基础上，计算了槽帮微-介尺度的传热性质，考察了正常电解条件时多物理场多相流作用下的槽帮形状特征、流场分布与电解槽散热分布，得到如下结论：

（1）槽帮样本在厚度方向上有明显的结构分层，结壳上从冷凝器石墨壁一侧到熔融电解质一侧的结构及物相分布并不均匀，一般具有致密层和开放结构层结构，其中致密层厚度与冷却时间有关。另外，槽帮在高温和室温下的结构差异较大，槽帮在常温下具有多孔结构，多孔结构是由原本填充在孔隙中的低熔点熔体进一步冷却析出亚冰晶石等晶体之后收缩形成的。

（2）对于冰晶石熔盐体系凝固形成的结壳，其主要的物相组成为冰晶石、钙冰晶石、亚冰晶石和氧化铝。由于镁盐一类的添加剂可以起到降低电解质初晶温度等作用，工业电解质中虽含有这些添加剂，但其对冰晶固溶体的组分变化不会

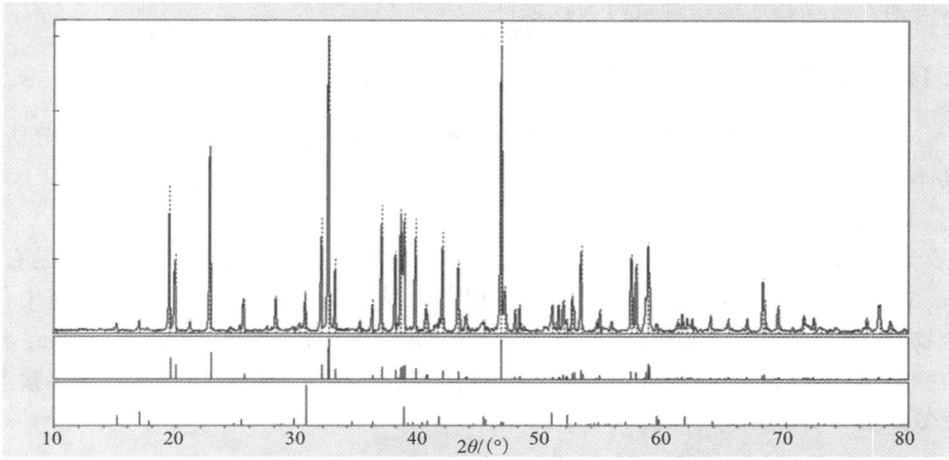

(a) Case0样本的XRD分析

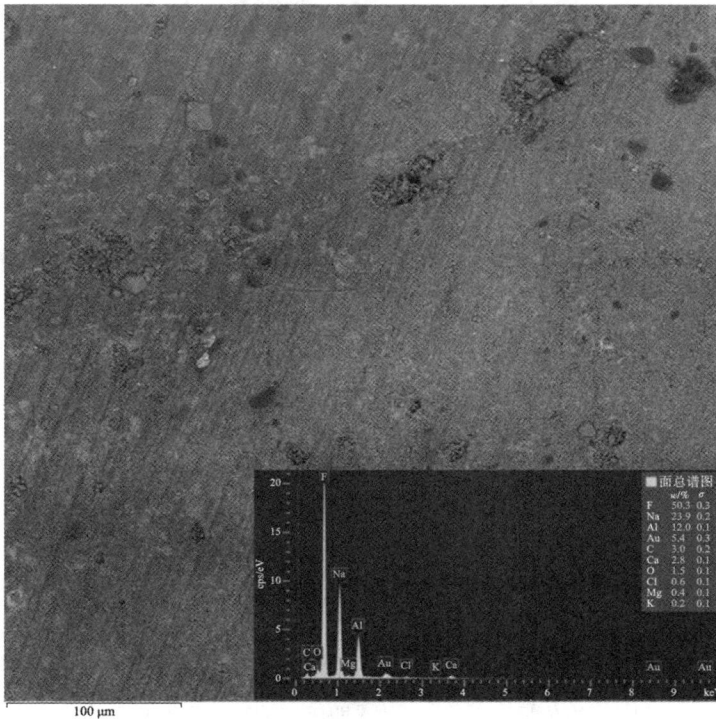

(b) Case1样本截面某区域的扫描电镜图及元素含量

**图 8-15　结壳样本 XRD 分析图和某区域的扫描电镜图及元素含量**

产生显著影响，且工业电解质结壳样本中的镁盐、锂盐、钾盐等杂质含量很少，对槽帮有效导热率的贡献可以忽略不计。

### 8.1.3 新型氧化铝电解槽槽帮微-介观尺度模拟

本节对所建立的新型氧化铝电解过程微-介观尺度模型进行了计算与分析，具体内容如下。

#### 8.1.3.1 晶格导热率

基于上述对槽帮物相组成的分析，对可能存在的主要化合物，如冰晶石、$Na_5Al_3F_{14}$、$NaCaAlF_6$和氧化铝等，建立相应的晶胞模型如图 8-16 所示，其中化合物冰晶石在温度为 563℃ 时会发生物相转变，当温度升高时，由 $\alpha-Na_3AlF_6$ 相转变为 $\beta-Na_3AlF_6$ 相，因此需要考虑两种晶型。这些主要化合物的晶格导热模型参数如表 8-5 所示。

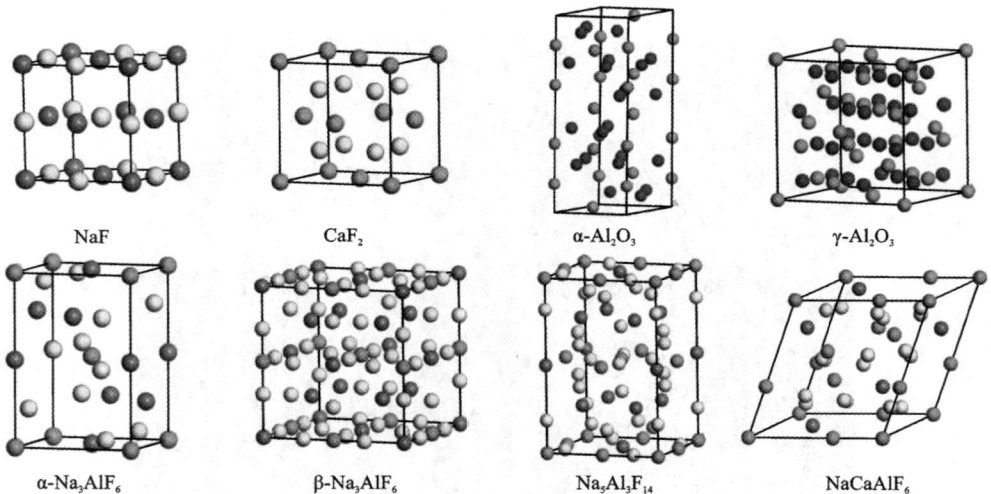

图 8-16 主要化合物晶胞结构

表 8-5 槽帮中各化合物的晶格导热模型参数

| 化合物 | NaF | $CaF_2$ | $\alpha-Al_2O_3$ | $\gamma-Al_2O_3$ |
|---|---|---|---|---|
| 晶系 | 立方晶系 | 立方晶系 | 三方晶系 | 立方晶系 |
| 原子数 | 2 | 3 | 10 | 10 |
| 扩胞方式 | 2×2×2 | 2×2×2 | 2×2×2 | 2×2×2 |

**续表8-5**

| 化合物 | $\alpha$-Na$_3$AlF$_6$ | $\beta$-Na$_3$AlF$_6$ | Na$_5$Al$_3$F$_{14}$ | NaCaAlF$_6$ |
|---|---|---|---|---|
| 晶系 | 单斜晶系 | 立方晶系 | 四方晶系 | 单斜晶系 |
| 原子数 | 20 | 40 | 44 | 27 |
| 扩胞方式 | 1×1×1 | 1×1×1 | 1×1×1 | 1×1×1 |

通过 DFT 结合声子玻耳兹曼输运方程方法，计算所得晶格导热率如表 8-6 所示。计算结果与实验测量值相吻合，例如 NaF 的晶格导热率与温度的关系，如图 8-17 所示。图中比较了 NaF 在熔点以下的晶格导热率的计算值与 Smirnov 和 Petrov 等的实验测量值，以及 Gheribi 采用分子动力学方法（EMD）的预测值。从图中可以看出，实验值在低于 400 K 条件下测得，模拟结果比实验数据略大一些，在 373 K 比 EMD 方法更为准确一些。在高温区域，模拟结果与 EMD 预测值较为接近。

**表 8-6　槽帮中各物相的计算参数和晶格导热率**

| 化合物 | 扩胞方式 | K 点 | 导热系数/(W·m$^{-1}$·K$^{-1}$) | | |
|---|---|---|---|---|---|
| | | | 300 K | 700 K | 1233 K |
| NaF | 2×2×2 | Gamma 5×5×5 | 18.92 | 8.24 | 4.87 |
| CaF$_2$ | 2×2×2 | Monk 4×4×4 | 10.58 | 3.87 | 2.06 |
| $\alpha$-Na$_3$AlF$_6$ | 1×1×1 | Monk 4×4×2 | 10.23 | 4.46 | 2.52 |
| $\beta$-Na$_3$AlF$_6$ | 1×1×1 | Gamma 3×3×3 | 2.61 | 1.24 | 0.78 |
| Na$_5$Al$_3$F$_{14}$ | 1×1×1 | Monk 4×4×2 | 1.85 | 0.86 | 0.62 |
| NaCaAlF$_6$ | 1×1×1 | Gamma 2×2×5 | 5.73 | 2.55 | 1.24 |

### 8.1.3.2　有效导热率

相关研究表明，电解质冷却时首先析出的是冰晶石固溶体，槽帮冷却至室温后的多孔结构是由成分偏析之后熔点更低的未凝固熔体冷凝之后形成的，即冷却至室温的槽帮结构与高温时条件下的存在较大差异。在电解生产过程中，靠近高温电解质的槽帮的孔隙被分子比更低的熔体填满（大部分是亚冰晶石），因此在计算槽帮有效导热率时，应考虑无孔隙的情况。

由于槽帮中不同物相之间的密度区别不大，为准确描述各物相的形貌特征，采用矿物解离分析仪（MLA250）分析槽帮中的典型物相组成及形貌，以 Case 1 的样本为例，其检测结果如图 8-18 所示。

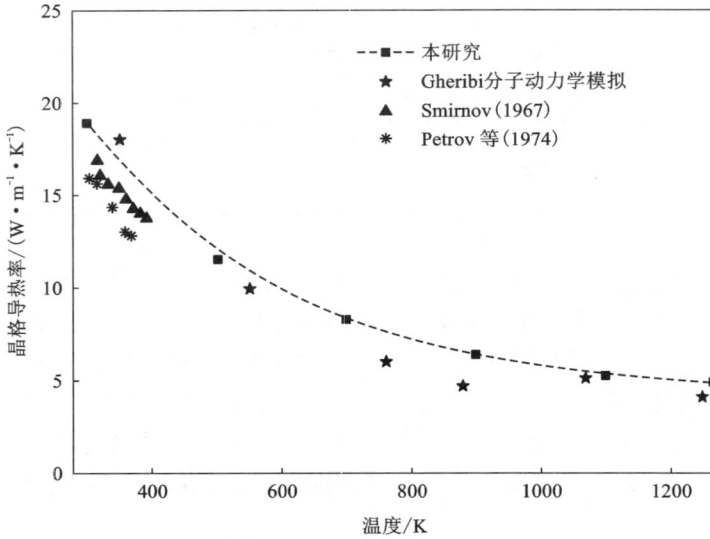

图 8-17　NaF 晶格导热率与温度的关系

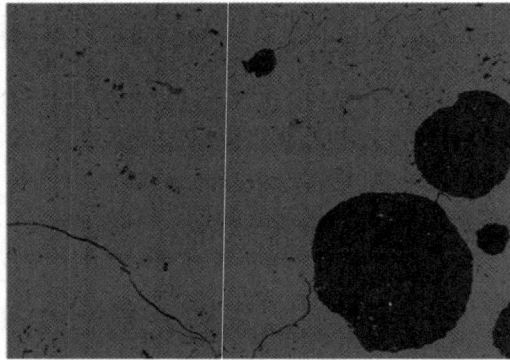

(a)样本某截面的形貌

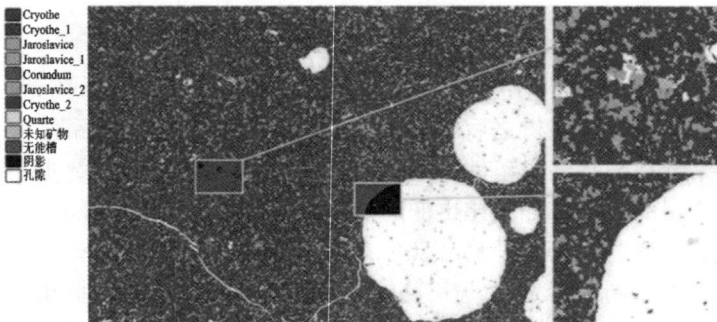

(b)样本的典型物相分布

图 8-18　槽帮样本检测结果(彩图版见附录)

图 8-18(a)是该槽帮样本截面的扫描电镜图,灰色区域为固体组织,黑色区域为样本中的孔洞、空隙。图 8-18(b)是槽帮样本中的物相分布图,以不同的颜色区分不同矿相,其中占比最大的红色区域表示冰晶石,质量分数为 76.8%,阈值范围为 80~125;其次蓝色区域表示钙冰晶石,质量分数为 19.3%,阈值范围为140~180;紫色区域表示氧化铝,质量分数为 0.33%,阈值大于 160;黄色区域表示石英,质量分数仅达 0.01%,余下是炭渣和其他物质(含 Mg 盐等添加剂形成的化合物),其中炭渣与孔隙的阈值小于 75。白色区域表示孔隙,面积占比为2.42%。

根据 MLA 检测结果,基于 Case1 样本截面形貌的图像处理过程如图 8-19 所示(炭渣需要手动标出)。

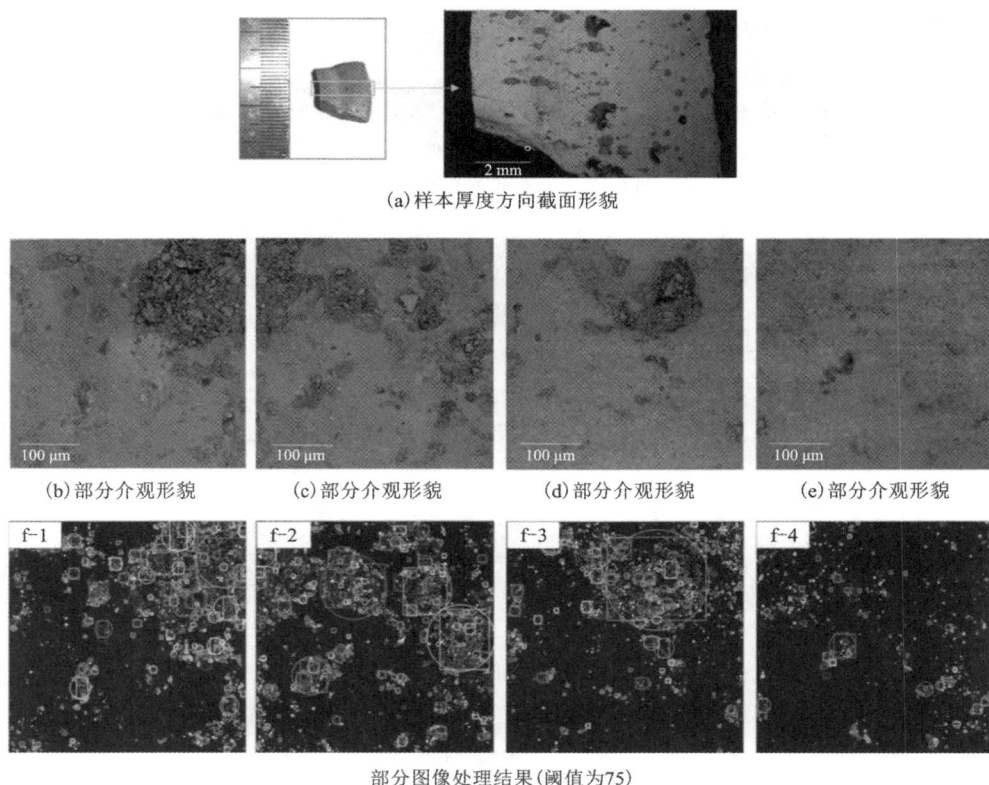

(a)样本厚度方向截面形貌

(b)部分介观形貌　　(c)部分介观形貌　　(d)部分介观形貌　　(e)部分介观形貌

部分图像处理结果(阈值为75)

图 8-19　基于 Case1 样本截面形貌的图像处理过程

图 8-19 为在 Visual Studio 2019 平台上基于各物相灰度值的差异对样本截面形貌进行轮廓识别、建立最小凸包的过程。值得一提的是，由于每张扫描电镜照片拍摄曝光度有细微区别，具体处理每张照片时需根据形貌特征进行人工判断以调整阈值。根据对 Case 1 样本图像处理获得的物相分布坐标参数，建立了与样本相对应的槽帮介观模型，将各化合物晶格导热率引入模型中，通过在厚度方向加载热流条件，获得该截面上的温度分布和热流密度分布，如图 8-20 所示。

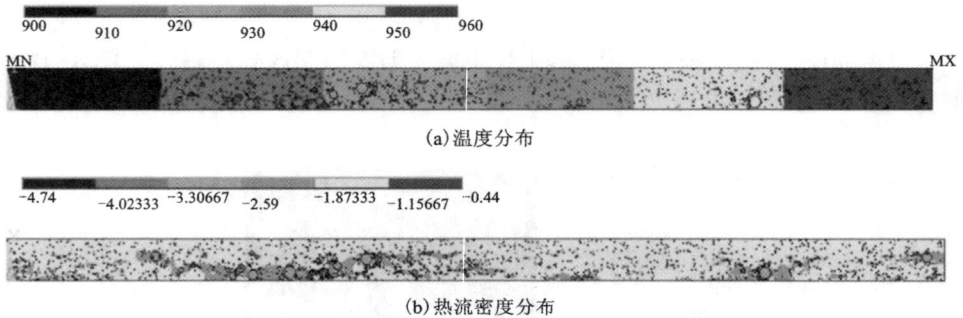

(a)温度分布

(b)热流密度分布

**图 8-20　Case1 介观导热模型**

计算所得 Case 1 和 Case 2 样本的有效导热率与温度的关系如图 8-21 所示。

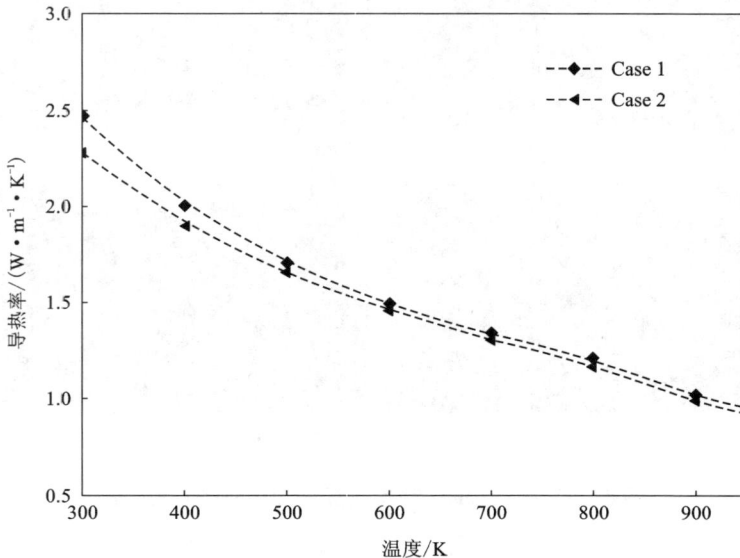

**图 8-21　介观导热模型计算结果**

槽帮的有效导热率随着温度的升高而减小，温度高于 563℃ 时，槽帮中的主要化合物冰晶石发生相转变，由 $\alpha-Na_3AlF_6$ 转变为 $\beta-Na_3AlF_6$，有效导热率进一步减小。

根据微-介观导热模型计算结果，取两种样本有效导热率的平均值作为槽帮的导热率添加到热-流强耦合多相流模型中。

### 8.1.3.3　本节小结

本节对所建立的新型氧化铝电解过程微-介观尺度模型进行了计算和分析，得出结论：

槽帮的导热性质与其相位分布有关，通过图像处理技术可以充分考虑这一因素。槽帮的有效导热率随温度的升高而减小，温度高于 563℃ 时，槽帮中的主要化合物冰晶石发生相转变，有效导热率进一步减小。

## 8.1.4　新型氧化铝电解槽槽帮宏观尺度模拟

本节对所建立的新型氧化铝电解槽槽帮宏观三维全槽模型进行了计算与分析，具体内容如下。

### 8.1.4.1　新型氧化铝槽帮形状宏观模型结果

#### 1. 流场分布

电解槽中的熔体流动受电磁力和气泡运动的影响，熔体的流场分布如图 8-22 所示。

图 8-22（a）和图 8-22（b）分别展示了铝液层和电解质层中某截面的流速分布，从图中可以看出，铝液和电解质层中的流场表现有明显的差异。受电磁力的驱动作用，铝液层主要呈现两个反向运动的大涡流，与梁金鼎未考虑气泡运动的单相流模型计算出的熔体涡流形态相似。铝液层的两个大涡在大面 A 面的 12 号阳极附近交汇，在 B 面的 12 号阳极附近分离。大涡外围靠近两侧大面处的流速较大，最高达 0.46 m/s，大涡中心和槽角部分布一些小涡旋且流速较小。这是由于铝液层主要受电磁力的影响，受气泡的扰动作用不显著。然而，与铝液层相比，电解质层的流场分布更加复杂，如图 8-22（b）所示，电解质层中的大涡流受气泡扰动作用显著，呈现许多不规则的小涡旋。气泡大部分产生于阳极炭块底部，向四周逃逸，强烈地搅动电解质，使得电解质在阳极间缝和阳极与大面间缝处的流速较大，最高可达 0.60 m/s。

#### 2. 电解槽散热分布

槽帮与电解槽的散热情况密切相关。电解槽中的余热未能得到有效地散失，电解槽生产过程中的热平衡就会遭到破坏，从而影响到槽膛内形的规整度和槽帮结壳的形成，容易导致内衬腐蚀甚至影响电解槽的寿命。铝电解槽的散热体系可分为上部散热区、侧部散热区和底部散热区。上部散热区包括烟气、上部结构

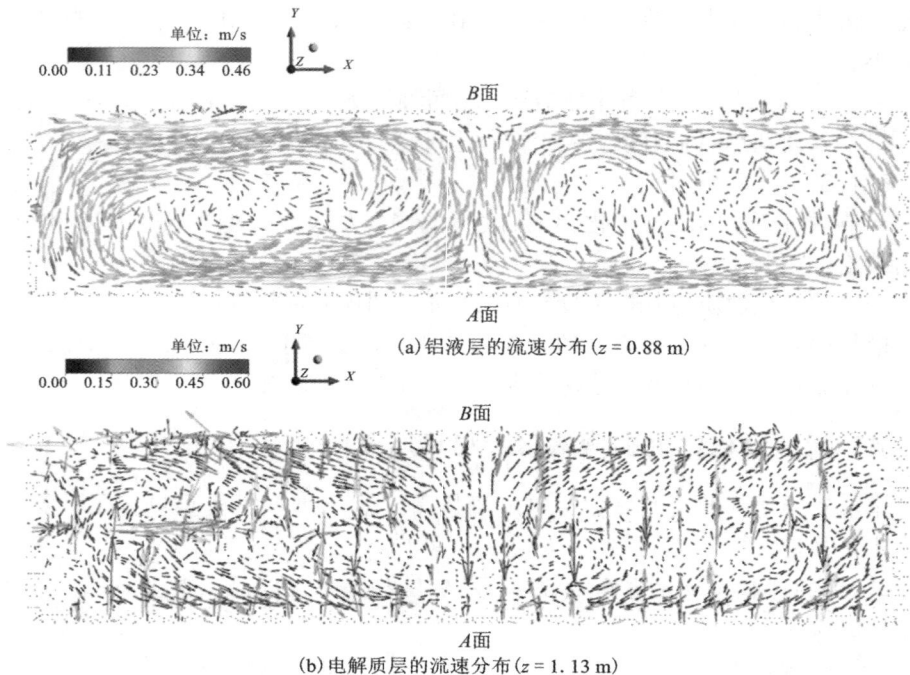

(a)铝液层的流速分布(z = 0.88 m)

(b)电解质层的流速分布(z = 1.13 m)

图 8-22　稳态模型流场结果(彩图版见附录)

(阳极导杆、阳极钢爪和阳极)、覆盖料和槽沿板, 侧部散热区包括侧部槽壳和阴极钢棒, 底部散热区为底部槽壳。上部散热区的热损失大小与烟气流量、电解温度和覆盖料厚度等有关。侧部散热区的热损失大小与电解温度、槽帮厚度、内衬材料等因素有关。底部散热区的热损失与阴极温度和底部内衬的保温效果有关。

　　对于运行稳定的电解槽, 各部分散热量的比例变化不大。因此, 电解槽的散热情况可以在一定程度上反映槽帮的厚度分布。在现代大型预焙铝电解槽中, 约 50% 的能量流失到周围环境中, 而其中约 40% 的热损失来自侧壁。计算所得电解槽散热分布如图 8-23 所示。从图中可以看出, 该电解槽在正常运行条件下, 上部散热区的热损失约占总散热量的 55%, 侧部和底部散热区的热损失占 40.79%, 与文献中某 400 kA 的铝电解槽的散热比例一致。该文献对槽帮厚度进行了测量, 伸腿厚度为 18~25 cm, 伸腿是偏厚的, 这是由于上部和底部的绝热保温效果不足。

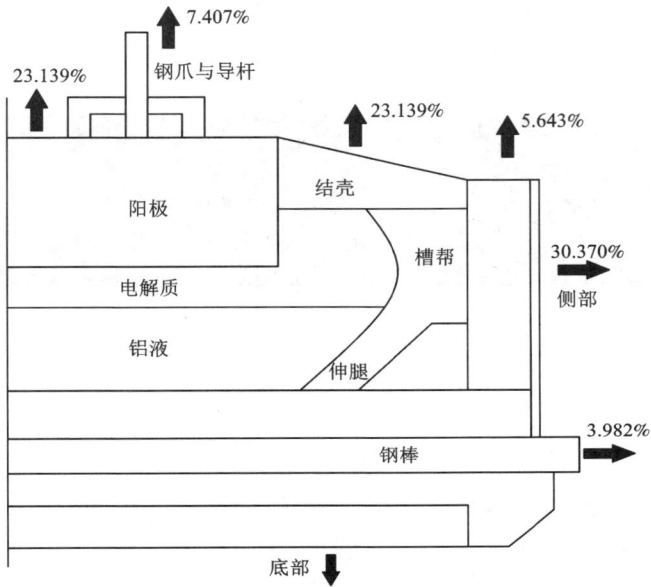

**图 8-23　电解槽散热分布**

3. 槽帮形状

　　槽帮生长于电解槽侧部内衬表面, 其与熔体的接触面是粗糙、不平整的。电解槽的全槽槽膛内形如图 8-24 所示, 图 8-25 为铝液层的槽帮形状, 即伸腿部分。

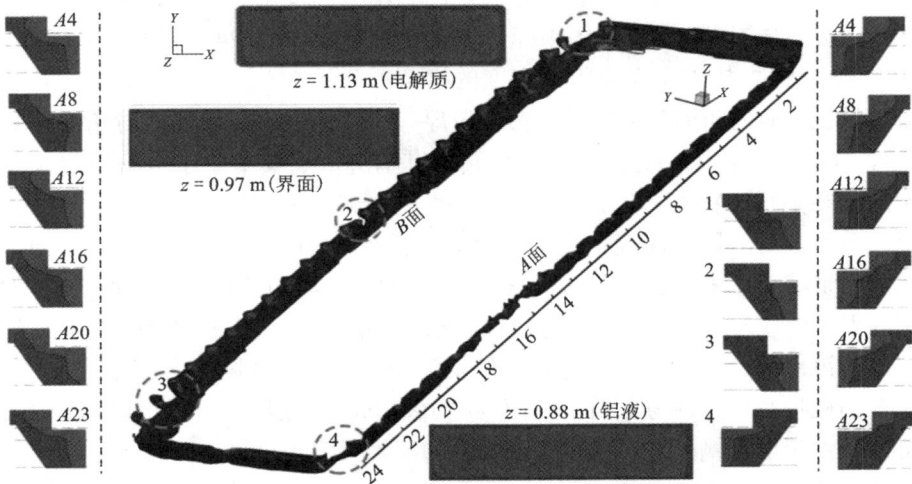

**图 8-24　电解槽全槽槽膛内形(彩图版见附录)**

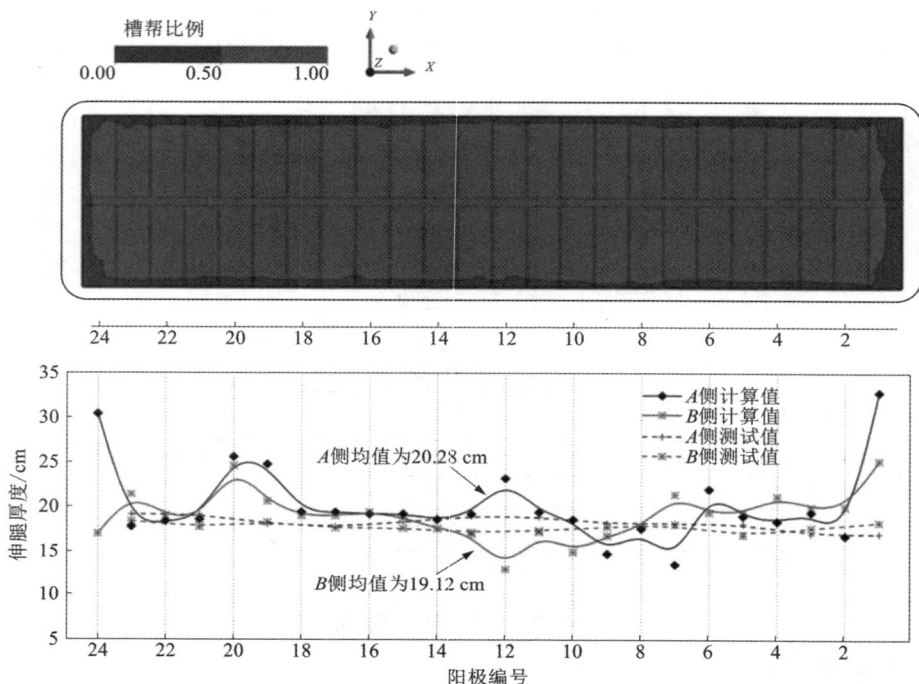

图 8-25　电解槽铝液层中伸腿形状和厚度($z=0.88$ m)

从图 8-24 中槽膛内形来看，整体形状不规则，部分不连续的面表示该区域的槽帮较厚，与阳极粘连，如图中标号 1~4 的区域。图 8-24 中截取了电解质层、铝液层和电解质-铝液交界面附近高度的槽帮形状，从不同水平截面上槽帮的形状可以看出，槽内四周角部区域的槽帮较厚，一般通过添加保温砖对角部进行保温处理；电解质-铝液交界面上下的槽帮形状有差异，其中位于电解质层高度的槽帮的凹凸不平的特点尤为突出，可能会影响电解质和铝液的正常流动，从而造成电流效率降低。同一高度不同区域的槽帮厚度也有明显差异，从不同纵向截面上的槽帮形状可以看出，在上部槽帮（电解质层中）与伸腿（铝液层中）转换的位置存在着一个明显的台阶，适当厚度的台阶能够起到提高电流效率的作用，但若槽帮中的该部分较厚，则会反过来降低电流效率，使得伸腿部分普遍过于肥大，延伸至阳极投影中。一方面可能是因为电解槽下部的散热能力强于侧部，另一方面可能是由于电解槽过冷，过热度很低。

从图 8-25 中可以看出，伸腿的形状相对较平滑，但是在 12 号阳极附近，$A$ 侧大面的伸腿有连续的凹凸，$B$ 侧大面的伸腿有局部凹陷。从截面整体看，$A$ 侧大面的伸腿平均厚度为 20.28 cm，$B$ 侧大面的伸腿平均厚度为 19.12 cm，这与电解槽散热分析结果一致。结合铝液的流动形态分析，在 12 号阳极附近，由于大涡在 $A$ 侧合流，铝液碰撞，使得局部湍流程度剧烈，换热更加充分，出现了较厚的伸腿，另外，大涡在 $B$ 侧分流，铝液对 $B$ 侧的伸腿产生较强的垂直冲刷作用，因此 $B$ 侧的伸腿较薄。角部和两端处的伸腿很厚，在实际生产中会产生危害。为保证安全生产，电解槽角部和两端需加强保温。图 8-26 为电解质层的槽帮形状。

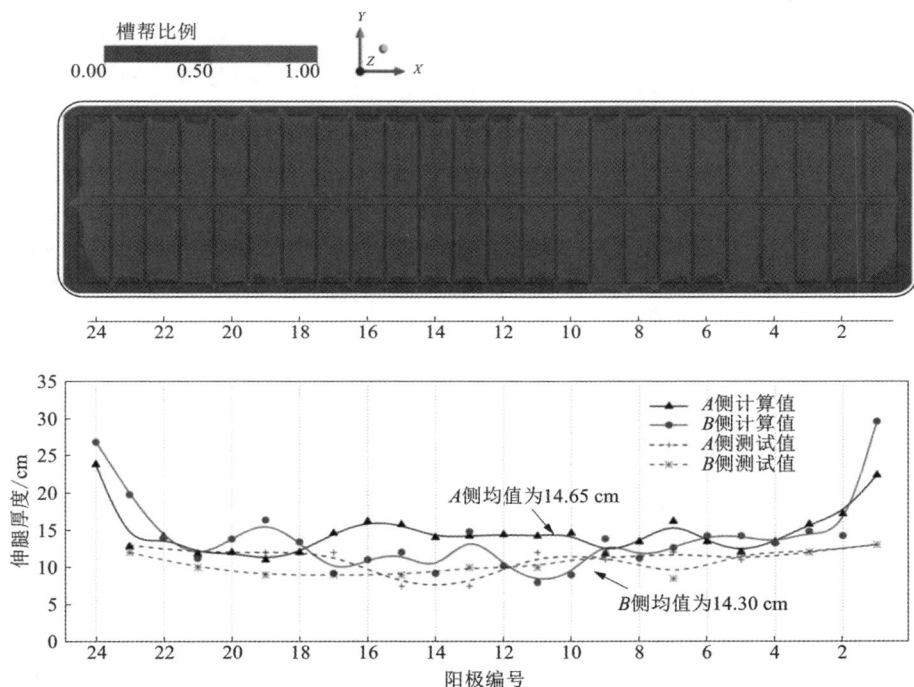

图 8-26　电解槽电解质层中槽帮形状和厚度($z = 1.13$ m)

从图 8-26 中可以看出，电解质层中的槽帮形状非常不规则，大面两侧呈连续凹凸状分布。从截面整体看，$A$ 侧大面的槽帮平均厚度为 14.65 cm，$B$ 侧大面的槽帮平均厚度为 14.30 cm，$A$、$B$ 两侧大面的槽帮平均厚度相近，相比于伸腿，电解质层中的槽帮两侧分布差别不大。但是从局部看，槽帮在阳极间缝附近的厚度大大薄于阳极附近的槽帮。受气泡运动的影响，电解质层的涡流形态被打乱，使得大涡流变成许多小涡流，电解质层的流场得到了增强，同时，阳极间缝处的流速大，对槽帮有强烈的冲刷作用，造成一定程度的冲蚀。

为了检验模拟仿真结果的可靠性，对采用上述槽结构的 200 kA 新型氧化铝电解槽进行了槽帮厚度的测量。由于电解槽内高温高腐蚀的特点，槽帮的测量主要依靠人工操作。测量采用槽帮厚度测定棒，选取运行状态良好，且暂无任何其他操作的电解槽，选择测量点为两侧大面奇数阳极附近的电解质中层和伸腿底部，每个测量点测量三次，取平均值。

图 8-25 和图 8-26 中的虚线为不同测量点槽帮厚度的测量值。从图 8-25 中可以看出，与计算值相比，铝液层的伸腿厚度波动幅度较小，整体上较为平滑，形状较为规整。但是 $A$、$B$ 两侧的伸腿厚度也存在一定程度的差异，两侧伸腿厚度平均值分别为 18.25 cm 和 17.76 cm，$A$ 面伸腿比 $B$ 面厚，其规律与计算结果一致，平均厚度误差约 2 cm。从图 8-26 中可以看出，与计算值相比，电解质层的槽帮厚度波动幅度也相对较小，但与伸腿相比，各测量点的厚度差异较大。这说明电解质熔体受气泡扰动的影响较大，直接和间接地影响了槽帮形状。$A$、$B$ 两侧的槽帮平均值分别为 11.25 cm 和 10.54 cm，$A$ 面槽帮比 $B$ 面厚，平均厚度误差在 4 cm 以内。

对于真实的新型铝电解槽，槽帮的形状不仅与流场、热场等物理场有关，还与操作历史和运行状况等因素有关，早期形成的槽帮具有坚硬、熔点高的特点，不易被熔体侵蚀。模型着重考虑了流场对热场的影响，在一定程度上凸显了流场对槽帮的作用，因此模型计算结果呈现的槽帮形状与流场形态紧密相关。此外，考虑到测量的电解槽内的过热度为 12℃（比计算值高 7℃），计算模型中的电解槽的运行温度很低，这便使得槽帮更厚。故从整体槽帮分布特点来说，计算结果基本与实际相符。

### 8.1.4.2 流场对槽帮形状的影响

为了进一步探索熔体内部、熔体与槽帮换热过程的动力学特征，解释其对槽帮形状影响的深层次原因，需要对熔体换热的推动因素进行研究。与熔体换热过程直接相关的因素是熔体的运动，驱动熔体运动的主要动力是电磁力和气泡力，两者对电解质和铝液运动的影响各不相同。因此，本节分别计算新型氧化铝电解槽在仅电磁力和仅气泡力作用下的槽帮形状，探索这两种因素在推动熔体之间以及熔体与槽帮之间传热过程中起的作用。

#### 1. 电磁力的影响

不考虑阳极气泡的存在，在仅有电磁力作用的条件下，采用稳态求解方式计算得到三维槽膛内形，并以电解质层的槽帮形状进行分析。图 8-27 为仅考虑电磁力作用时的槽帮形状，从图中可以看出，槽帮形状与图 8-26 中电解质层的槽帮形状相比平整很多，与图 8-25 中铝液层的伸腿形状较为相似。但从局部厚度分布来看，$A$ 侧槽帮在图 8-25 中 5、6 号阳极附近厚度过薄，甚至有部分缺失，并且在大面中间区域，有连续的凹凸，凸起处比对应位置的 $B$ 侧槽帮厚。角部的槽帮仍然偏厚。为进一步对比分析电磁力对槽帮形状的影响，首先对仅电磁力作用下的电解质和铝液的运动情况进行分析。

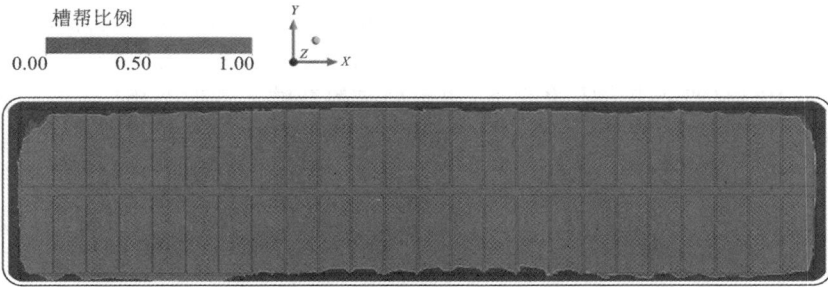

**图 8-27  电解槽电解质层中槽帮形状($z=1.13$ m)**

图 8-28 为在仅考虑电磁力作用时铝液层和电解质层中某水平截面的流速分布。由此可以看出，在水平面上，铝液和电解质层中的流场均呈现两个反向运动的大涡流，两个大涡流在大面 A 面的 12 号阳极附近交汇，在 B 面的 12 号阳极附

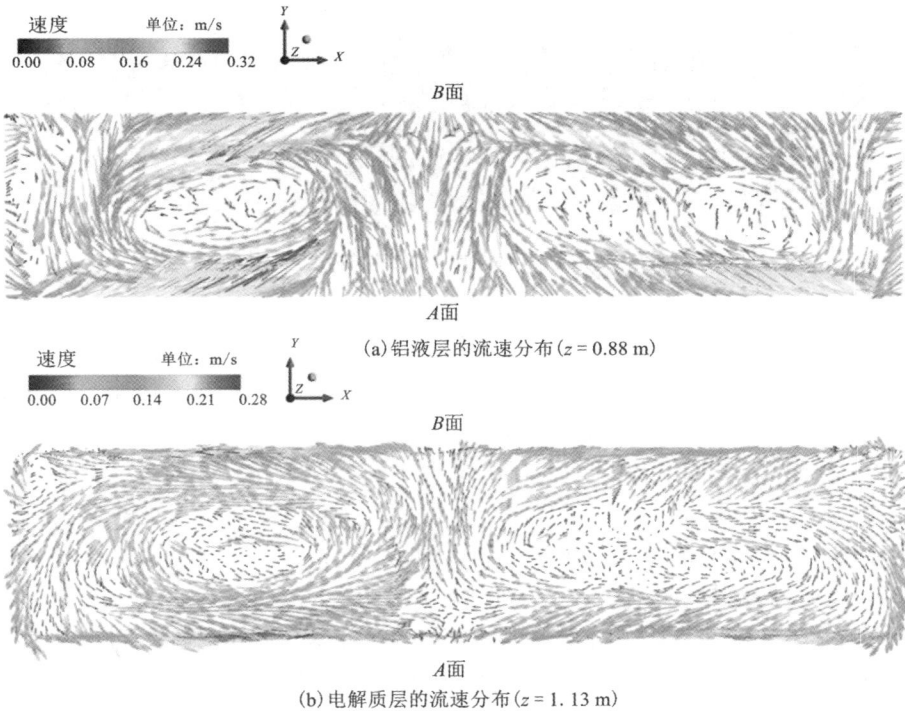

(a)铝液层的流速分布($z=0.88$ m)

(b)电解质层的流速分布($z=1.13$ m)

**图 8-28  仅有电磁力作用的流场结果**

近分离。铝液层中，大涡外围的流速较大，最高达 0.32 m/s，两个大涡中心和槽角部的小涡旋流速较小。电解质层中，大涡外围靠近两侧大面的流速较大，最大流速为 0.28 m/s，与铝液层相比，流速分布较为均匀。在仅有电磁力作用时，电磁力的作用影响到全槽熔体的运动，电解质与铝液的运动形态相似，而铝液的运动更为剧烈。结合图 8-27 中电解质层的槽帮形状特点，发现大面 A 侧中间区域为两个大涡流的交汇区，局部湍流更复杂剧烈，相应位置的槽帮较厚，而槽帮缺失的地方，电解质流动形态单一，$Y$ 方向的流速较大，对槽壁的冲刷作用显著。

2. 气泡力的影响

不考虑电磁力的存在，在仅有气泡力作用的条件下，采用稳态计算得到三维槽腔内形，并以电解质层的槽帮形状进行分析。图 8-29 为仅考虑气泡力作用时的槽帮形状，从图中可以看出，槽帮形状不规则，具有凹凸起伏的特点，与图 8-26 中电解质层的槽帮形状特征相似，有局部槽帮过薄的情况。

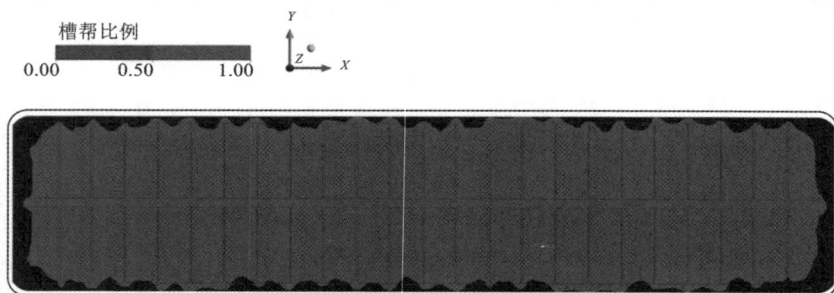

图 8-29　电解槽电解质层中槽帮形状（$z=1.13$ m）

图 8-30 为仅有气泡力作用时铝液层和电解质层中某水平截面的流速分布。从图中可以看出，铝液和电解质的流场差别很大，其中铝液的流速非常低，最大只有 0.04 m/s，而电解质最大流速可达 0.44 m/s。电解质中的流场分布也很不均匀，在阳极间缝处的流速大，而阳极底掌下方的流速较小，可见，气泡对电解质局部区域的扰动较大，气泡从阳极间缝处逸出，带动阳极间缝与槽壁之间的电解质剧烈运动，冲刷槽帮内壁，使得槽腔内形凹凸不平。

3. 流场-热场作用机理

通过对以上三种模型计算所得的熔体流速分布及槽帮形状的分析，可以看出在不同作用力驱动下，熔体的流场呈现不同的特点，相应地也会影响槽帮的形状特征。本节通过对比不同模型计算所得的流速、湍动能、有效导热率、过热度及槽帮厚度等参量，进一步分析流场影响熔体与槽帮换热过程的作用机理。不同作用力下计算结果对比列于表 8-7 中。

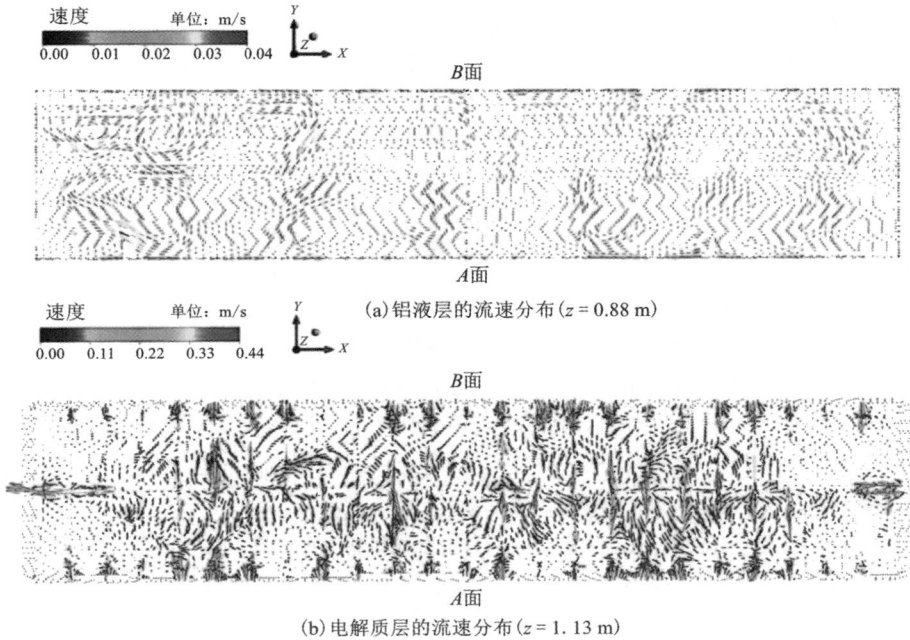

(a)铝液层的流速分布($z = 0.88$ m)

(b)电解质层的流速分布($z = 1.13$ m)

图 8-30　仅有气泡力作用的流场结果

表 8-7　不同作用力下计算结果对比

| 作用力 | | 仅电磁力 | | 仅气泡力 | | 共同作用 | |
|---|---|---|---|---|---|---|---|
| 位置 | | 铝液层 | 电解质层 | 铝液层 | 电解质层 | 铝液层 | 电解质层 |
| 流速 /(m·s⁻¹) | 最大值 | 0.32 | 0.28 | 0.04 | 0.44 | 0.46 | 0.60 |
| | 平均值 | 0.11 | 0.10 | 0.02 | 0.04 | 0.07 | 0.08 |
| 湍动能 /(J·kg⁻¹) | 最大值 | $2.6\times10^{-2}$ | $1.3\times10^{-2}$ | $2.7\times10^{-3}$ | $1.9\times10^{-2}$ | $2.4\times10^{-2}$ | $4.6\times10^{-2}$ |
| | 平均值 | $9.5\times10^{-4}$ | $7.1\times10^{-4}$ | $6.2\times10^{-4}$ | $2.9\times10^{-4}$ | $1.2\times10^{-3}$ | $1.6\times10^{-3}$ |
| 有效导热系数 /(W·m⁻¹·K⁻¹) | 最大值 | 2680.1 | 2254.3 | 1334.9 | 2374.1 | 2481.9 | 3090.3 |
| | 平均值 | 402.2 | 371.0 | 142.8 | 382.8 | 310.2 | 392.3 |
| 过热度/K | 最大值 | — | 6.2 | — | 5.9 | — | 5.1 |
| | 平均值 | — | 3.8 | — | 3.0 | — | 2.6 |
| A 侧平均槽帮厚度/cm | | 17.83 | 13.92 | 5.26 | 13.97 | 20.28 | 14.65 |
| B 侧平均槽帮厚度/cm | | 17.51 | 13.67 | 5.11 | 13.60 | 19.12 | 14.30 |

从表 8-7 中的最大流速和平均流速可以看出，气泡对电解质的扰动作用显著，仅气泡力作用时，电解质的最大流速远高于铝液，但平均流速小，并且气泡力和电磁力共同作用时，熔体的平均流速相比仅电磁力作用时反而降低，这是因为气泡运动范围为每块阳极附近，这使得气泡的搅动只强化了局部区域的电解质流动，而弱化了其他区域由于电磁力驱动的熔体运动。

熔体的有效导热系数是由熔体的有效黏度决定的，为对电解槽内熔体之间和熔体与槽帮之间的传热过程有更好的理解，下面对计算所得的流场的湍流剧烈程度进行分析。在高雷诺数条件下，有效黏度取决于湍动能 $k$ 和湍动能耗散率 $\varepsilon$。熔体的湍动能 $k=3/2(ul)^2$，由湍流速度 $u$ 和湍流强度 $l$ 计算得到，可以表征局部湍流的剧烈程度。熔体的有效导热系数是衡量湍流传热能力的重要指标。从表 8-7 中可以看出，仅电磁力作用时，电解质和铝液的湍流程度相差不多，而仅气泡力作用时电解质的最大湍动能远高于铝液，也高于仅电磁力作用时的电解质最大湍动能，说明电磁力作用范围广，影响全局熔体，而气泡力主要作用于电解质，使得阳极附近的局部电解质湍流程度加剧。

铝液和电解质有效导热系数的差异与湍动能表现一致。局部强烈的湍流能增强熔体的传热能力，这体现在湍流程度高的区域有效导热系数较高。从表 8-7 中可以看出电解质和铝液的最大有效导热系数均远大于平均值，这说明熔体内部换热不均匀，湍流程度低的区域容易出现热量聚集，使得过热度较高。值得一提的是，三种模型中铝液和电解质的平均有效导热率远远高于铝液和电解质本身的导热率，湍流越剧烈时有效导热率越大，说明熔体内部的热传递，主要是对流换热的形式。二力共同作用时的最大过热度较低，是因为电磁力和气泡的共同作用增强了熔体的湍流程度，各区域热量交换更加充分，且熔体与槽帮之间的对流换热系数大，在热力学上有利于槽帮的生长。但气泡力的分布特点使得阳极间缝处的电解质运动过于剧烈，对附近的槽帮有强烈的冲刷作用，造成局部凹陷。

以上对流场、热场的分析，说明了熔体内部传热以对流换热的形式为主，由于熔体不同区域的湍流程度不同，其内部热传递并非均匀的，从而导致熔体内部的有效导热系数以及熔体与槽帮之间的对流换热系数分布不均，区域槽帮的热流条件存在差异，槽膛内形不平整，并且受熔体流动物理冲刷的影响，槽帮局部呈现不规则分布。

### 8.1.4.3 本节小结

（1）结合微-介观导热模型计算结果，建立了可充分考虑宏观流场和热场对槽帮形成影响的铝电解槽热-流强耦合多相流凝固模型，实现了对三维全槽槽帮形状的稳态求解。流场的计算结果表明，铝液和电解质层中的流场表现有明显的差异，铝液层主要受电磁力驱动，主要呈现两个反向运动的大涡流；电解质层受气泡扰动作用较大，呈现许多不规则的小涡旋。槽膛内形整体形状不规则，槽内四周角部区域的槽帮较厚，上部槽帮与伸腿转换的位置存在着一个明显的台阶，伸腿部分普遍过于肥大。电解质层高度的槽帮具有连续凹凸的特点，且大面两侧的槽帮厚度也存在差异，这与电解质和铝液的湍流运动有关。

（2）通过比对槽散热比例计算结果与文献值、槽帮计算结果与现场测量值，验证了热-流强耦合多相流凝固模型计算的有效性。热-流强耦合多相流凝固模型综合考虑了电磁力、气泡力、电解质/铝液运动和多种传热形式，基本涵盖了影响槽帮形状的因素，在多场作用和多相关系描述方面更为完整和准确。

（3）熔体流场由电磁力和气泡力共同作用产生，电磁力作用范围广，影响全部熔体，而气泡力在每块阳极附近作用，主要是搅动电解质，从而使局部电解质湍流剧烈。电解槽的流场在很大程度上影响了槽膛内形。熔体内部传热以对流换热的形式为主，由于熔体不同区域湍流程度不同，熔体内部的有效导热系数以及熔体与槽帮之间的对流换热系数分布不均，区域槽帮的热流条件存在差异，槽膛内形不平整，并且熔体剧烈流动对局部槽帮的物理冲刷也会使其局部呈现不规则分布。

## 8.2　新型氧化铝电解过程全流程物质流建模

基于铝电解全流程机理行为及项目所开发的铝电解全流程各单元技术特征，应用数据融合技术获得其输入输出接口参数及机理模型的理论参数，建立多参数、多目标与多技术单元全流程耦合的系列数学模型，通过上述系列耦合模型的协同研究，形成新型氧化铝电解全流程氟硫等关键元素的物质流分配与传质行为，掌握各个控制单元物料的可控因素，为耦合集成控制提供支撑。

### 8.2.1　铝电解槽动态平衡模型

#### 8.2.1.1　物料平衡
加入电解槽中的物料总量与离开电解槽的物料总量存在平衡关系：

$$2Al_2O_3 + 3C =\!=\!= 4Al + 3CO_2 \tag{8-16}$$

电解槽的理论产铝量仅取决于电流强度，电流强度为 $I(kA)$、电流效率为 $\eta$ 的电解槽，每小时（h）的氧化铝理论消耗量（$F_c$）为 $1.889 \times 0.3356 \times I \times \eta$（kg），考虑到下料过程的飞扬损失，氧化铝的消耗速率计算值（$F_c$）可调整为 $1.02 \times 0.01057 \times I \times \eta$，即：

$$F_c = 0.01078 \times I \times \eta \quad (kg/min) \tag{8-17}$$

#### 8.2.1.2　电压平衡
槽电压一般分为四部分：极间电压降（$\Delta V_{极间}$）、阳极电压降（$\Delta V_{阳}$）、阴极电压降（$\Delta V_{阴}$）及槽母线电压降（$\Delta V_{槽母}$），即：

$$\Delta V_槽 = \Delta V_{极间} + \Delta V_阳 + \Delta V_阴 + \Delta V_{槽母} \tag{8-18}$$

a. 极间电压降

根据实验,反电动势的经验值为 1.65 V 左右,其中分解电压约为 1.15 V,过电压约为 0.5 V。

b. 阳极电压降

$$\Delta V_阳 = \sum_{i=1}^{n} K_i \cdot \Delta V_i \tag{8-19}$$

其中: $n$ 代表阳极的组数; $\Delta V_i$ 为第 $i$ 组阳极的电压测量值; $K_i$ 为电流分配系数,它代表通过第 $i$ 组阳极的电流的大小。

c. 阴极电压降(槽底压降)

$$\Delta V_阴 = \sum \Delta V_{i槽底} / n \tag{8-20}$$

其中: $n$ 为测点数。

d. 槽母线电压降

母线系统各部分当量压降按功率法求之:

$$\Delta V_{槽母} = \frac{\sum_{i=1}^{n} \Delta V_i^2 / R_i}{I_{系列}} \tag{8-21}$$

式中: $I_{系列}$ 代表系列电流; $\Delta V_i$、$R_i$ 分别代表第 $i$ 部分的电压降和电阻; $n$ 代表母线系统分成 $n$ 个部分进行测定和计算。

e. 阳极效应分摊电压

阳极效应分摊电压的计算式为:

$$\Delta V_效 = k(V_{效应} - V_槽)\tau_{效应} / (24 \times 60) \tag{8-22}$$

式中: $V_{效应}$ 为当日内效应发生时段内的平均效应电压; $V_槽$ 代表槽电压(日平均值); $\tau_{效应}$ 代表当日所发生的阳极效应的总持续时间,min; $k$ 代表阳极效应系数。

### 8.2.1.3 能量平衡

电解槽的能量平衡是指单位时间内电解槽中能量的收、支相等,其中以电解槽整体作为计算体系,并以电解温度以及槽电压平衡状态作为计算基础,则输入铝电解槽的电能(记为 $W_供$)分配在以下三个方面:

a. 加热物料和反应过程所需能量,即理论电耗 $W_理$;

b. 导电母线上的电能损失量 $W_导$;

c. 电解槽散热和其他能量损失 $W_损$。

当电解槽处于能量平衡状态时,输入等于输出,即:

$$W_供 = W_理 + W_导 + W_损 \tag{8-23}$$

式中: $W_供$ 取决于槽电压($\Delta V_槽$)和系列电流($I$),当电压的单位为伏(V),电流的单位为千安(kA)时,其计算式为:

$$W_{供} = \Delta V_{槽} I \text{（kW · h/h，即千瓦时每小时，下同）} \tag{8-24}$$

式中：$W_{理}$ 又分为两个部分，反应所需的能量（$W_{反}$）和加热物料所需的能量（$W_{料}$）。

$$W_{理} = W_{反} + W_{料} = (0.48 + 1.644\eta)I \text{（kW · h/h）} \tag{8-25}$$

$W_{导}$ 取决于导电母线的电阻（$R_e$）和系列电流（$I$）。如果，电阻的单位为 $\mu\Omega$，电流的单位为 kA，则导电母线上的电能损失为：

$$W_{导} = R_e \cdot I^2 / 1000 \text{（kW · h/h）} \tag{8-26}$$

$W_{损}$ 包括通过电解槽的槽底、侧壁、槽面（炉面）及导线的散热损失。热损失有传导、对流和辐射三种主要形式，其计算很复杂，因此常常根据能量平衡式来反推电解槽达到平衡时的热损失量，即：

$$W_{损} = W_{供} - W_{理} = VI - (0.48 + 1.644\eta)I \text{（kW · h/h）} \tag{8-27}$$

## 8.2.2　氟元素全流程建模

### 8.2.2.1　氟元素的物料平衡

固态的氟化盐在电解的高温条件下会与原料中的水分及大气中的水蒸气发生反应产生 HF，氟元素参与的主要化学反应为：

$$2Na_3AlF_6 + 3H_2O \Longrightarrow Al_2O_3 + 6NaF + 6HF \quad \Delta G_1 \tag{8-28}$$

$$2AlF_3 + 3H_2O \Longrightarrow Al_2O_3 + 6HF \quad \Delta G_2 \tag{8-29}$$

$$2NaF + H_2O \Longrightarrow Na_2O + 2HF \quad \Delta G_3 \tag{8-30}$$

### 8.2.2.2　氟元素的能量平衡

氟化物的能量平衡是指单位时间内氟化物发生化学反应所需反应量与电解槽内部提供的能量收支相等，设 $\Delta U_F$ 为反应系统的内能，与环境之间交换的热为 $Q_F$，与环境交换的功为 $W_F$，$V_F$ 为氟反应物体积，$r_1$ 及 $r_2$ 为反应体系内初始及末状态，基于全槽能量平衡模型有：

$$\Delta U_F = Q_F + W_F \tag{8-31}$$

$$\Delta G_i = \Delta U_F + \Delta p(V_F) - T\Delta S, \ i = 1, \ 2, \ 3 \tag{8-32}$$

$$\Delta S = \int_{r_1}^{r_2} \left(\frac{\delta Q_F}{T}\right)_r \tag{8-33}$$

$$W_{供}(\Delta G_1, \ \Delta G_2, \ \Delta G_3) = W_{理}(\Delta G_1, \ \Delta G_2, \ \Delta G_3) + W_{导}(\Delta G_1, \ \Delta G_2, \ \Delta G_3) + W_{损}(\Delta G_1, \ \Delta G_2, \ \Delta G_3) \tag{8-34}$$

### 8.2.3.3　氟元素的输入输出项建模

铝电解过程中氟元素平衡工艺流程图如图 8-31 所示。

根据铝电解的基本原理，所建立的氟元素的输入与输出平衡图如图 8-32 所示。

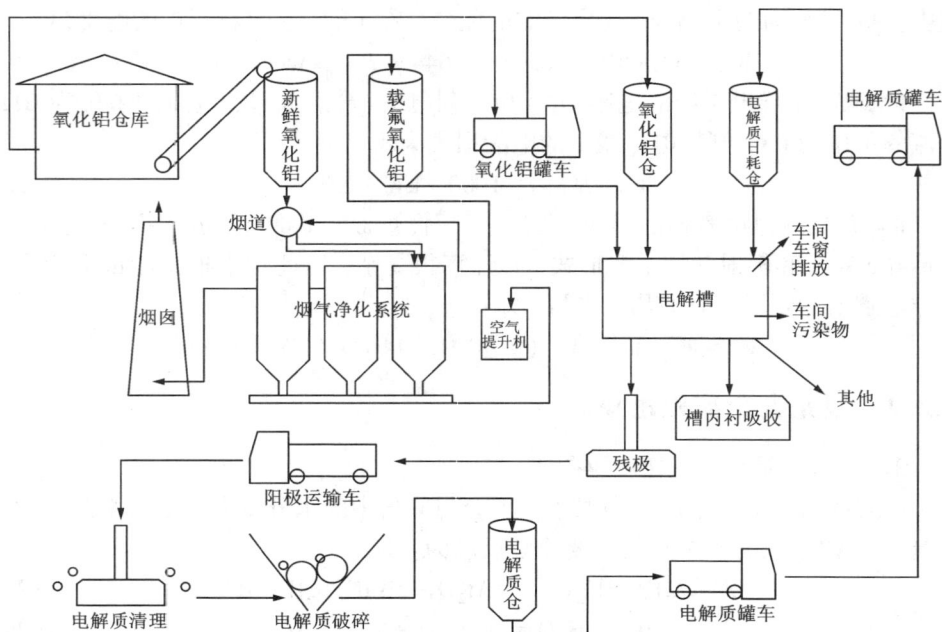

图 8-31 氟元素平衡工艺流程图

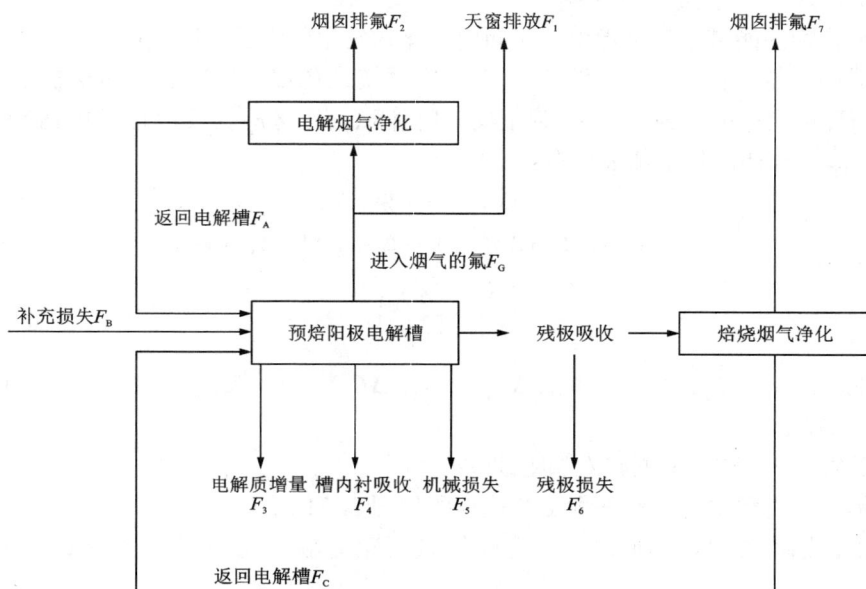

图 8-32 氟元素输入与输出平衡图

　　铝电过程的氟元素输入的主要来源有 3 个：①含氟废气（主要为 HF）被新型氧化铝作为吸收剂净化，吸附后的载氟氧化铝又作为原料返回电解槽中，定义为 $F_A$；②冰晶石和添加剂（氟化钙、氟化镁等）中带入的氟，定义为 $F_B$；③换极操作时，残极会带走大量黏附在上面的电解质，经过清理破碎后重新进入电解槽中，定义为 $F_C$。以上输入项及其余主要输出项，分别如表 8-8 所列。

表 8-8　含氟物料主要输入及输出项　　　　　　单位：kg(F)/t(Al)

| 含氟物料输出项 | 定义 |
| --- | --- |
| 进入烟气的氟 | $F_G$ |
| 天窗排放 | $F_1$ |
| 电解槽烟气烟囱排氟 | $F_2$ |
| 电解质增量 | $F_3$ |
| 槽内衬吸收 | $F_4$ |
| 机械损失 | $F_5$ |
| 残极损失 | $F_6$ |
| 焙烧烟气烟囱排氟 | $F_7$ |
| 进入烟气后返回电解槽的氟 | $F_A$ |
| 补充损失含氟 | $F_B$ |
| 残极吸收后返回电解槽 | $F_C$ |

数学模型的建立过程如下：

氟元素的总输入量 $F_{INPUT_{total}}$：

$$F_{INPUT_{total}} = F_A + F_B + F_C \tag{8-35}$$

氟元素的总输出量 $F_{OUTPUT_{total}}$：

$$F_{OUTPUT_{total}} = F_G + F_3 + F_4 + F_5 + F_6 + F_7 + F_C \tag{8-36}$$

根据物料平衡建立数学模型：

$$F_{INPUT_{total}} = F_{OUTPUT_{total}} \tag{8-37}$$

### 8.2.3　硫元素全流程建模

#### 8.2.3.1　硫元素的物料平衡

铝电解生产中硫元素的输入与输出平衡与氟元素情况类似，其中硫元素主要来自预焙阳极（预焙阳极在电解过程中被消耗，其中的硫被氧化成二氧化硫，通过烟气净化系统后由烟囱排放）。硫元素参与的主要化学反应为：

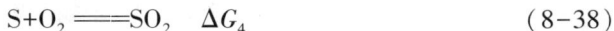

$$S+O_2 =\!=\!= SO_2 \quad \Delta G_4 \tag{8-38}$$

#### 8.2.3.2　硫元素的能量平衡

硫化物的能量平衡是指单位时间内硫化物发生化学反应所需反应量与电解槽内部提供的能量收支相等，设 $\Delta U_S$ 为反应系统的内能，与环境之间交换的热为 $Q_S$，与环境交换的功为 $W_S$，$V_S$ 为硫反应物体积，$r_1$ 及 $r_2$ 为反应体系内初始及末状态，基于全槽能量平衡模型有：

$$\Delta U_S = Q_S + W_S \tag{8-39}$$

$$\Delta G_4 = \Delta U_S + \Delta p(V_S) - T\Delta S \tag{8-40}$$

$$\Delta S = \int_{r_1}^{r_2} \left( \frac{\delta Q_S}{T} \right)_r \tag{8-41}$$

$$W_{供}(\Delta G_4) = W_{理}(\Delta G_4) + W_{导}(\Delta G_4) + W_{损}(\Delta G_4) \tag{8-42}$$

#### 8.2.3.3　硫元素的输入输出项建模

铝电解过程中，硫元素的输入与输入平衡原理如图 8-33 所示。

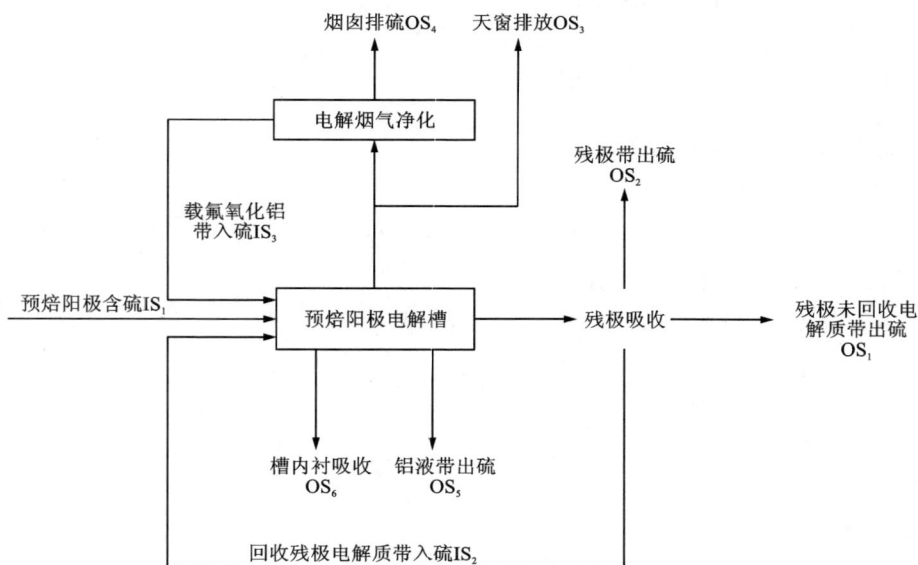

图 8-33　硫元素输入与输出平衡

由图可知，硫元素输入的主要来源有 3 个：①预焙阳极带入硫中带入的硫，定义为 INPUT1；②电解质带入硫定义为 INPUT2；③载氟氧化铝带入硫定义为 INPUT3。根据现场试验结果得到三个来源的硫元素含量所占比例分别为 0.77、0.01、0.22。

铝电解过程的硫元素输出主要有 8 个，如表 8-9 所示。

表 8-9　含硫物料输出占比

| 含硫物料输出项 | 定义 |
| --- | --- |
| 残极未回收电解质带出硫（OUTPUT1） | $OS_1$ |
| 残极带出硫（OUTPUT2） | $OS_2$ |
| 天窗排放（电解车间未收集）的硫（OUTPUT3） | $OS_3$ |
| 烟囱带出硫（OUTPUT4） | $OS_4$ |
| 铝液带出硫（OUTPUT5） | $OS_5$ |
| 槽内衬吸附硫（OUTPUT6） | $OS_6$ |
| 返回电解槽的电解质带出硫（OUTPUT7） | $OS_7$ |
| 载硫氧化铝颗粒带出硫（OUTPUT8） | $OS_8$ |

## 8.2.4　氟硫元素物质能量分配模型

在满足铝电解槽物料、电压及能量动态平衡的限制条件下，基于前述的氟硫元素的物料及能量动态平衡，进一步对氟硫工艺全流程进行量化分析，建立全流程氟硫等关键元素的物质能量分配模型，即基于物质传递、能量传递与组分传递及平衡原理，在工业铝电解全工艺流程关键元素产生与控制模型，进行各控制单元内氟硫元素的物料平衡、能量平衡、化学反应、过程参数控制方面的计算与分析。

### 8.2.4.1　氟元素物质能量分配模型

1. 进入烟气的氟含量 $F_G$

主要含有气态氟化物和固态的含氟粉尘。故可将其分为电解质挥发 $F_{VP}$、随气流带走的电解质 $F_{EP}$ 以及水解生成的 $HFF_{GB}$ 三部分。

电解质挥发（$F_{VP}$）中大部分固氟颗粒来自电解质的挥发，结合电解质成分、温度与电解质总蒸气压的关系，可建立等式关系：

$$F_{VP} = 5351000/C_E/P_B(-4P_M+8V_P-7P_{NaF}) \tag{8-43}$$

式中：$C_E$ 为电流效率，%；$V_P$ 为电解质总蒸气压，Pa；$P_B$ 为工作大气压，Pa；$P_M$ 为电解质中 $NaAlF_4$ 的分压，MPa；$P_{NaF}$ 为电解质中 NaF 的分压，MPa；$F_{VP}$ 为蒸发的电解质，kg(F)/t(Al)。

电解质蒸气压与电解质各杂质组分有以下定量关系：

$$V_P = \exp\left[(-A/T)+B\right] \tag{8-44}$$

结合化学反应原理及能量平衡，拟合得：

$$\ln(V_P) =$$
$$-\frac{21011-12235R_b+18862R_b^2-6311R_b^3+117w_1-55R_bw_1-151w_2+1.47w_2^2-6.7\%w_4}{T}$$
$$+25.6-9.7R_b+11.9R_b^2-3.83R_b^3+0.25w_1-0.013R_bw_1-0.0008w_3-0.0011w_2^2$$
$$-0.11w_4/(1+0.193w_4) \tag{8-45}$$

$$P_{NaF}=V_P(0.2073-182/T)(-0.6366+1.449CR-1.068CR^2+0.2556CR^3) \tag{8-46}$$

$$P_M=-\frac{K_p}{2}+\{K_p^2+4K_p[V_P-V_P(0.2073-182/T)\times(-0.6366+1.449CR$$
$$-1.068CR^2+0.2556CR^3)]\}^{1/2}/2 \tag{8-47}$$

其中，$Na_2Al_2F_8 \Longrightarrow 2NaAlF_4$ 反应的平衡常数计算公式如下：

$$K_p=\exp\left[(-21085/T)+15.45\right] \tag{8-48}$$

式中：$T$ 为温度；$R_b$ 为电解质中 NaF、$AlF_3$ 质量比；$w_1$ 为电解质中 LiF 的质量分数，%；$w_2$ 为电解质中 $MgF_2$ 的质量分数，%；$w_3$ 为电解质中 $CaF_2$ 的质量分数，%；$w_4$ 为电解质中 $Al_2O_3$ 的质量分数，%；CR 为物质的量之比，即 $\frac{n(NaF+LiF)}{n(AlF_3)}$；$K_p$ 为 $Na_2Al_2F_8 \Longrightarrow 2NaAlF_4$ 反应的平衡常数。

随电解槽气体带走的液态电解质 FEP 在冷凝后变为固态颗粒，依据该化学反应平衡及能量平衡有：

$$F_{EP}=$$
$$\frac{3800W_{供}(\Delta G_1,\ \Delta G_2,\ \Delta G_3)}{C_E\cdot(270-0.137T_b-3.29w_4-0.19w_3-2\ln w_4+0.00329T_bw_4+0.00056w_3-0.05)} \tag{8-49}$$

式中：$F_{EP}$ 为被气体携带走的固氟，kg(F)/t(Al)。

水解生成的 HF 来自电解质与水蒸气的反应，结合反应平衡机理及能量平衡，拟合得：

$$F_{GB}=\left(\frac{8828.96-3451.46R_b}{C_E}\right)\exp\left(7.491-\frac{8401}{T}\right)\alpha_{AlF_3}^{1/3}\frac{w_4}{w_4^*}^{-0.462}W_{供}(\Delta G_1,\ \Delta G_2,\ \Delta G_3) \tag{8-50}$$

式中：$w_4^*$ 为 $Al_2O_3$ 饱和浓度，%；$a_{AlF_3}$ 为电解质中氟化铝的活性；$F_{GB}$ 为电解质被水解形成的气态氟，kg(F)/t(Al)。

氟化铝活性计算公式：

$$\alpha_{AlF_3} = 0.7\exp(1.9656 - 4.7237CR + 0.51281CR^2)[1 - 0.375(w_4/w_4^*)^{2.77}]$$

$$(8-51)$$

考虑到实际电解条件，阳极效应和添加剂等会对氟物质生成产生影响，特加入部分修正参数，其系数由工业实践给出。

进入烟气的总氟：

$$F_G = F_{VP} + F_{EP} + F_{GB} + 0.55 \times A + 0.12 \times F - 0.35 \times Q \quad (8-52)$$

式中：$A$ 为每天的阳极效应。

$F$ 为每天人工添加氟化铝的影响；$Q$ 为每天跟踪或循迹的影响，通过得到的理论进入烟气总氟量，再和实际测得的烟气总氟一起拟合，就能得到 $A$、$F$、$Q$ 三个系数。

依据质量守恒定律，电解槽排放烟气中氟含量 $F_G$ 等于天窗排放量 $F_1$、电解槽烟气烟囱排氟量 $F_2$ 和进入烟气后返回电解槽的氟含量 $F_A$ 三部分的总和。

2. 天窗排放 $F_1$

$$F_1 = F_G \cdot (1 - \eta_1) \quad (8-53)$$

结合工厂实际工艺，测定烟气集气效率 $\eta_1$。

3. 电解槽烟气烟囱排氟 $F_2$

$$F_2 = F_G \cdot \eta_1 \cdot (1 - \eta_2) \quad (8-54)$$

结合工厂实际工艺，测定全氟净化效率 $\eta_2$。

4. 电解质增量 $F_3$

$$F_3 = F_{INPUT_{total}} \cdot \eta_3 \quad (8-55)$$

根据工厂实验数据，得出 $\eta_3$ 和 $\eta_4$ 存在以下定量关系：

$$\eta_3 = \frac{2.23\eta_4}{\sqrt{V_P}} \quad (8-56)$$

5. 槽内衬吸收 $F_4$

槽内衬长期受高温熔融电解质腐蚀，吸收了大量电解质，其量随内衬寿命而变，一般难以准确定量。此时以铝产量为因变量，以实际工厂槽内衬实际含氟量为自变量，采用线性拟合的方法获得斜率 $\eta_4$。

$$F_4 = F_{INPUT_{total}} \cdot \eta_4 \quad (8-57)$$

6. 机械损失 $F_5$

$$F_5 = F_{INPUT_{total}} \cdot \eta_5 \quad (8-58)$$

结合工厂实际工艺，测定机械损失效率 $\eta_5$。

7. 残极损失 $F_6$

$$F_6 = (F_{\text{INPUT}_{\text{total}}} - F_3 - F_4 - F_5) \cdot (1 - \eta_6) \qquad (8-59)$$

结合工厂实际工艺，测定残极吸收氟效率 $\eta_6$。

8. 焙烧烟气烟囱排氟 $F_7$

$$F_7 = (F_{\text{INPUT}_{\text{total}}} - F_3 - F_4 - F_5) \cdot \eta_6 \cdot (1 - \eta_7) \qquad (8-60)$$

结合工厂实际工艺，测定烟气集气效率 $\eta_7$。

9. 进入烟气后返回电解槽的氟 $F_A$

$$F_A = F_G \cdot \eta_1 \cdot \eta_2 \qquad (8-61)$$

10. 补充损失含氟 $F_B$

$$F_B = (F_4 + F_7 + F_G + F_5 - F_A)/0.6 \qquad (8-62)$$

11. 残极吸收后返回电解槽 $F_c$

$$F_c = F_7 \cdot \frac{\eta_7}{1 - \eta_7} \qquad (8-63)$$

### 8.2.4.2 硫元素物质能量分配模型

选取 30 台典型电解槽的运行记录，以 1 小时为计算基础，平均电流强度为 $I$，电流效率为 $\eta$，含硫量为 $w$。

根据反应方程式：$2Al_2O_3 + 3C \xrightarrow{\quad\quad} 4Al + 3CO_2$，则产铝量 $P[\text{kg}/(\text{槽} \cdot \text{h})]$ 计算公式为：

$$P = 0.3356I\eta t \qquad (8-64)$$

则理论碳耗量：

$$C_{\text{理}} = 0.75P = 0.75 \cdot 0.3356I\eta t = 0.2571I\eta t \qquad (8-65)$$

基于物料及能量平衡，预焙阳极中带入的硫含量 $S_{\text{INPUT1}}(\text{kg} \cdot \text{h}^{-1})$ 为：

$$S_{\text{INPUT1}} = 0.2571I\eta t w W_{\text{供}}(\Delta G_4) \qquad (8-66)$$

电解质带入硫（INPUT2）中的硫元素含量 $S_{\text{INPUT2}}(\text{kg} \cdot \text{h}^{-1})$ 为：

$$S_{\text{INPUT2}} = \frac{IS_2}{IS_1} S_{\text{INPUT1}} W_{\text{供}}(\Delta G_4) \qquad (8-67)$$

载氟氧化铝带入硫（INPUT3）中的硫元素含量 $S_{\text{INPUT3}}(\text{kg} \cdot \text{h}^{-1})$ 为：

$$S_{\text{INPUT3}} = \frac{IS_3}{IS_1} S_{\text{INPUT1}} W_{\text{供}}(\Delta G_4) \qquad (8-68)$$

综上计算可知，硫元素的总输入量 $S_{\text{INPUT}_{\text{total}}}$：

$$S_{\text{INPUT}_{\text{total}}} = S_{\text{INPUT1}} + S_{\text{INPUT2}} + S_{\text{INPUT3}} \qquad (8-69)$$

根据各输出项硫元素占比，结合硫元素的总输入量，可以计算得到各输出项的硫元素含量如下：

$$\begin{cases} S_{\text{OUTPUT1}} = OS_1 S_{\text{INPUT}_{\text{total}}} \\ S_{\text{OUTPUT2}} = OS_2 S_{\text{INPUT}_{\text{total}}} \\ S_{\text{OUTPUT3}} = OS_3 S_{\text{INPUT}_{\text{total}}} \\ S_{\text{OUTPUT4}} = OS_4 S_{\text{INPUT}_{\text{total}}} \\ S_{\text{OUTPUT5}} = OS_5 S_{\text{INPUT}_{\text{total}}} \\ S_{\text{OUTPUT6}} = OS_6 S_{\text{INPUT}_{\text{total}}} \\ S_{\text{OUTPUT7}} = OS_7 S_{\text{INPUT2}} \\ S_{\text{OUTPUT8}} = OS_8 S_{\text{INPUT3}} \end{cases} \quad (8\text{-}70)$$

## 8.2.5　铝及其他杂质元素物质流模型

### 8.2.5.1　铝元素物质流分配模型

铝电解中铝元素的全部来源是氧化铝。进入电解槽中的氧化铝主要有三个去向，即：①溶解在电解质中；②溶解在铝液中；③形成沉淀、炉面和槽帮。

1. 进入电解质中的铝含量 FEL

主要含有：①已溶解但尚未还原的新型氧化铝 $F_1$；②溶解在电解质中的金属铝 $F_2$；③金属铝氧化损耗后，重新溶解进入电解质的氧化铝 $F_3$。

从实验室重量法结果可知，铝在电解质熔体中溶解度很小，仅为 0.1% ~ 0.2%。溶解在电解质中的金属铝 $F_2$

$$F_2 = F_{\text{E}} \cdot \mu_{\text{T}} \cdot \mu_{\text{C}} \cdot \mu_{\text{R}} \quad (8\text{-}71)$$

式中：$\mu_{\text{T}}$、$\mu_{\text{C}}$、$\mu_{\text{R}}$ 分别为温度、氧化铝含量和物质的量之比的影响修正系数。

根据铝的溶解公式可知，铝向电解液中溶解扩散总量 $F_3$ 为

$$F_3 = \frac{\mathrm{d}q}{\mathrm{d}t} \cdot \frac{DS}{\delta} \cdot (\rho_2 - \rho_1) \quad (8\text{-}72)$$

式中：$\mathrm{d}q/\mathrm{d}t$ 为铝氧化损失速度，g/s；$D$ 为扩散系数，cm²/s；$\delta$ 为扩散层厚度（铝液上界面至气液两相区下界面厚度），cm；$S$ 为铝液–电解界面面积，cm²；$\rho_1$ 为电解液与铝液界面处溶解铝浓度，g/cm³。

2. 进入铝液中的铝含量 $F_{\text{AL}}$

电解时氧化铝被还原成单质铝，形成铝液相。在电解槽两液循环和紊流流动过程中，部分阳极气随电解液直接向阴极铝液迁移，与高温铝液作用生成 $A_2O_3$ 和 CO。因此可将铝液中的铝元素去向 $F_1$ 分为金属铝熔体 $F_4$（即实际铝产量）和铝液中 $Al_2O_3$ 夹杂物 $F_5$ 两部分。

金属铝熔体铝含量 $F_4$

$$F_4 = F_{OUTPUT_{real}} \tag{8-73}$$

考虑到实际生产中，阳极气体成分中约有 30% 的 CO。本研究忽略布氏反应，假设铝损失仅与铝的二次反应有关。引入 Person-Waddington 电流效率模型来修正铝液中氧化夹杂与阳极气体成分的关系

$$\eta_{P-W} = \frac{F_{OUTPUT_{real}}}{F_{OUTPUT_{cal}}} \times 100\% = \frac{1}{2}\omega(CO_2) + 50\% \tag{8-74}$$

式中：$\eta_{P-W}$ 为 Person-Waddington 模型电流效率值。

从文献研究中可知，在工业电解槽上测出铝的二次溶解损失 $F_3$ 与测试时间 $t$ 存在如下关系

$$F_3 = 32.9tS \times 10^{-3} \tag{8-75}$$

式中：$S$ 由槽型和炉膛类型决定，一般比阳极截面略大。

根据法拉第电荷守恒定律和 Person-Waddington 电流模型可知

$$F_5 = F_{OUTPUT_{real}} \times \frac{51I_x - 10S}{27I(2-x)} \times 100\% \tag{8-76}$$

式中：$x$ 为阳极气体中 $CO_2$ 所占比例，%；$I$ 为系列电流值，A。

3. 进入结壳、槽帮和沉淀的铝含量 $F_{SE}$

铝电解槽的氧化铝结壳 $F_6$、炉帮 $F_7$ 及底部沉淀 $F_8$ 都是由铝电解质演变，是冰晶石-氧化铝熔体的不同存在形式。结合实际生产，分别测定铝元素浓度。

$$F_{SE} = F_6 + F_7 + F_8 \tag{8-77}$$

#### 8.2.5.2　主要碱金属元素杂质 K、Li、Ca 的物质流模型

氧化铝中含有的杂质是不可避免的，电解后电解质成分中普遍含有 K、Li、Ca 等元素，且这些元素能在电解质中不断富集，使电解质组成改变，使分子比增大，极大地影响电解过程，因此，本项目分别建立了 $NaF-AlF_3-Al_2O_3-KF/LiF/CaF_2$ 包含杂质相的分子动力学模型，并对这些杂质元素对电解质体系结构与微观扩散性质的影响进行了分析。

研究表明，K、Li、Ca 等碱金属杂质成分在电解过程中基本不消耗，因此会逐渐富集在电解质、铝液和碳内衬中。

1. 电解质和铝液中的碱金属元素含量 $F_L$

通过查阅文献知，铝中钙的浓度与钠的浓度之比与氟化钙浓度之间的关系为线性关系，结合实验结果拟合线性系数 $\eta$。测定熔盐中 F、Cl 元素含量。根据熔盐正负电荷守恒原则可知：

$$F_L = \frac{1}{3}(F_{Cl} + F_F) - \frac{1}{6}\frac{F_{Ca}}{F_{INPUT, CaF_2}} \cdot \eta \tag{8-78}$$

2. 槽内衬中碱金属元素含量 $F_C$

此时以内衬碱金属含量为因变量，以实际生产的杂质添加量为自变量，采用拟合的方法获得斜率 $\eta$。

$$F_C = F_{INPUT,K} \cdot \eta_K + F_{INPUT,Na} \cdot \eta_{Na} + F_{INPUT,Ca} \cdot \eta_{Ca} \qquad (8-79)$$

### 8.2.5.3　杂质 P 元素物质流分析

新型氧化铝加入后，电解质中的 P 元素在波动中不断增加，逐渐开始累积，因为 P 是一种多价态元素，易在阳极与阴极之间循环放电，是对电流效率影响较大的微量元素。前期研究表明，$200 \times 10^{-6}$ 的 P 含量便可降低 1% 的电流效率，因此未来需要对电解质中 P 含量保持特别的关注，预防 P 含量超过临界值而影响电解槽的正常运行，本项目也对含 P 的电解质体系进行了模型建立，确定了相应的优化方法，供后期电解体系对 P 的含量进行优化，因 P 在电解过程的作用机制尚未完全清晰，因此本项目仅对电解质含 P 的模型进行简单的初步估计。

通过分别对换极、随电解质蒸发等损耗设置损耗参数，模拟电解过程，得到新型氧化铝电解实验电解质中的 P 含量变化，如图 8-34 所示。

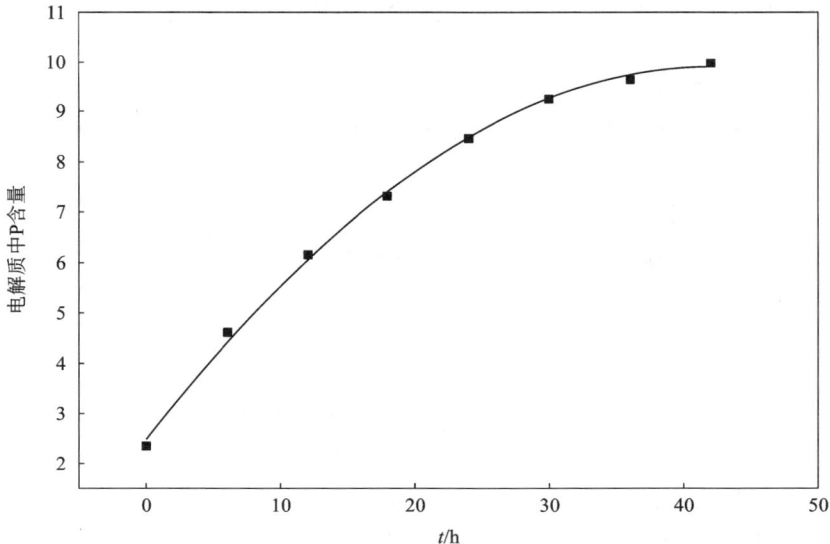

**图 8-34　新型氧化铝电解实验电解质中的 P 含量变化**

当模拟电解实验时，电解质中 P 含量在不断增加，但当负压排烟、换极、阳极效应、捞炭渣等给 P 含量带来挥发损失时，P 浓度会随时间延长而呈现非线性的变化，在工业生产中可能会达到一种动态平衡。结合 P 对电流效率的影响，氧化铝中 P 的含量应严格控制。

# 8.3 电解槽仿真系统

## 8.3.1 物料平衡仿真子系统

### 8.3.1.1 系统概况

物料平衡仿真系统在 python 开发环境下调用 pyqt 库实现各个相同规律间的关联，并结合工业生产实际情况，采用多种回归分析算法开发出内置计算模型，能基于已建立的新型氧化铝电解过程中物质流模型，实时显示重要元素在各个节点的赋存状态与数量信息，便于企业管理人员对生产过程进行调控。

### 8.3.1.2 系统技术要点

1. 开发框架

物料平衡仿真子系统框架大体由前端界面和后端计算处理模块组成。

前端界面：使用 python 进行面向对象的程序设计。首先利用铝电解物质流仿真分析时的一般规律，将具有相同设计特点之处归于一类；再调用 pyqt 库实现各个相同规律间的关联并于界面中体现，从而方便用户操作；最后以归纳所得的类作为程序结构，完成整体程序的编写。

后端计算处理模块：基于多元素的物质流平衡模型，对应部署多种回归分析算法，将计算得出的结果通过后处理程序模块形成流动式全流程图的结果，更易于操作人员直观读取计算结果并分析。

2. 物质流平衡模型

见第 8.2 节"新型氧化铝电解过程全流程物质流建模。"

3. 系统运行流程

系统运行流程图见图 8-35。

4. 系统结构

结合铝电解企业自身实际情况，通过编程手段将模型嵌入工业开发界面中，如图 8-36 及图 8-37 所示，本界面可分为 3 个功能区，分别是模型参数输入区（A）、计算结果输出区（B）以及全流程物质流模型展示区（C）。

模型参数输入区（A）。输入区分为 3 个部分，分别是杂质成分、工艺条件以及环境因素，各部分包含参数如图 8-38 所示。每项参数都需要依据电解企业实际生产情况来进行调整，通过该区域的调整可直观了解铝电解各个控制单元可控因素的影响。

计算结果输出区（B）。该输出区主要分为 3 个区域，分别为氟输出区、硫输出区及界面运行状态区，如图 8-39 所示。其中图中各项输出参数及赋存状态是对物质流模型中输出理论值的进一步整合，由于其无法直观在物质流模型中定

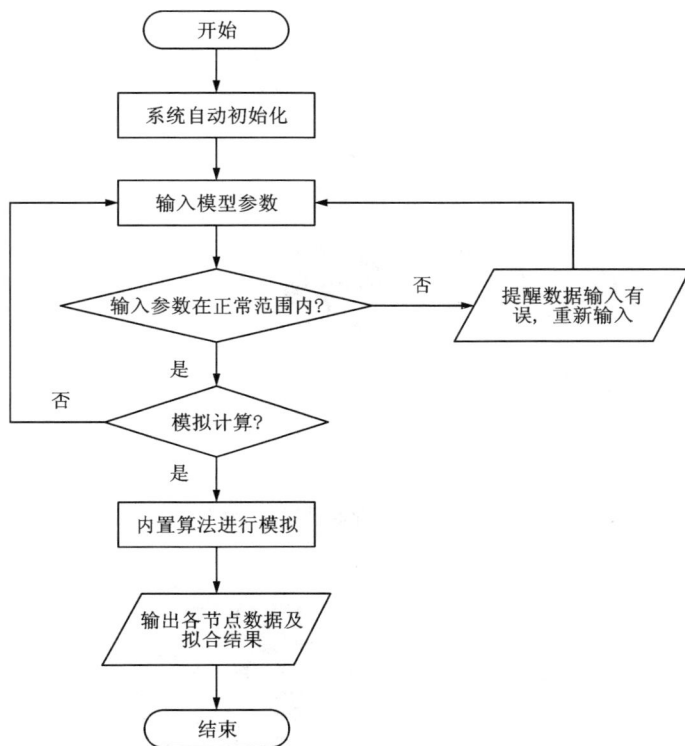

图 8-35　系统运行流程图

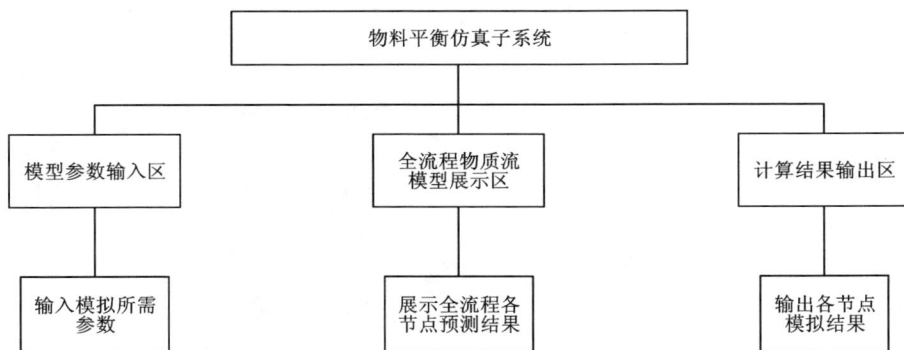

图 8-36　系统结构图

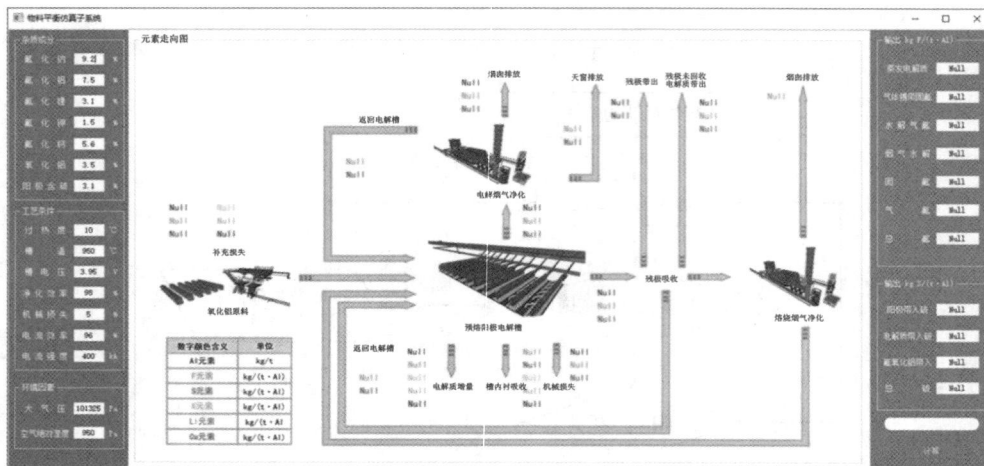

图 8-37　完整界面展示 ( 未运行 )

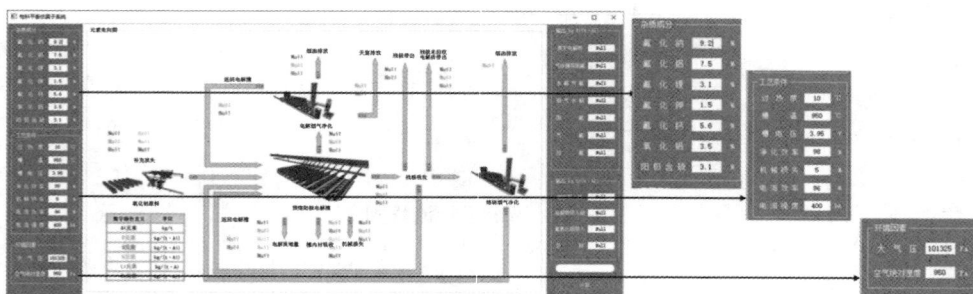

图 8-38　模型参数输入

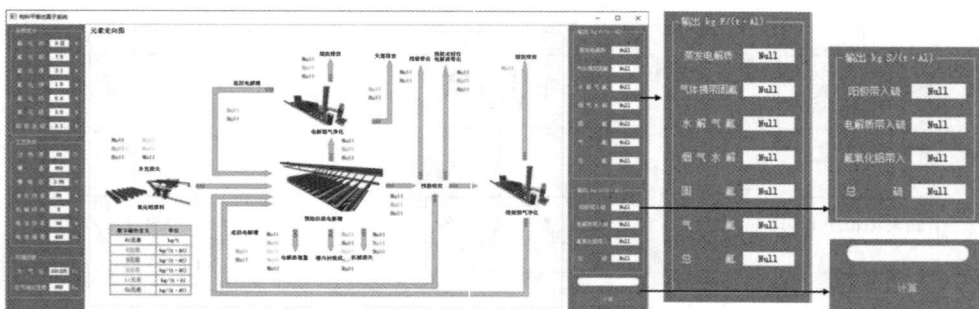

图 8-39　计算结果输出区

位，故移至该区域进行展示。在系统计算完毕不报错后，会显示"运行无误"信息。反之，输出"模拟效果不佳"。

全流程物质流模型展示区（C）。在未运行状态下，各节点处的理论值均为"Null"。界面左侧模型参数输入完毕后，通过点击右下角"计算"，各节点则会实时输出检测理论状态，由此可快速推断相应元素在全流程中的物质流行为（图8-40）。

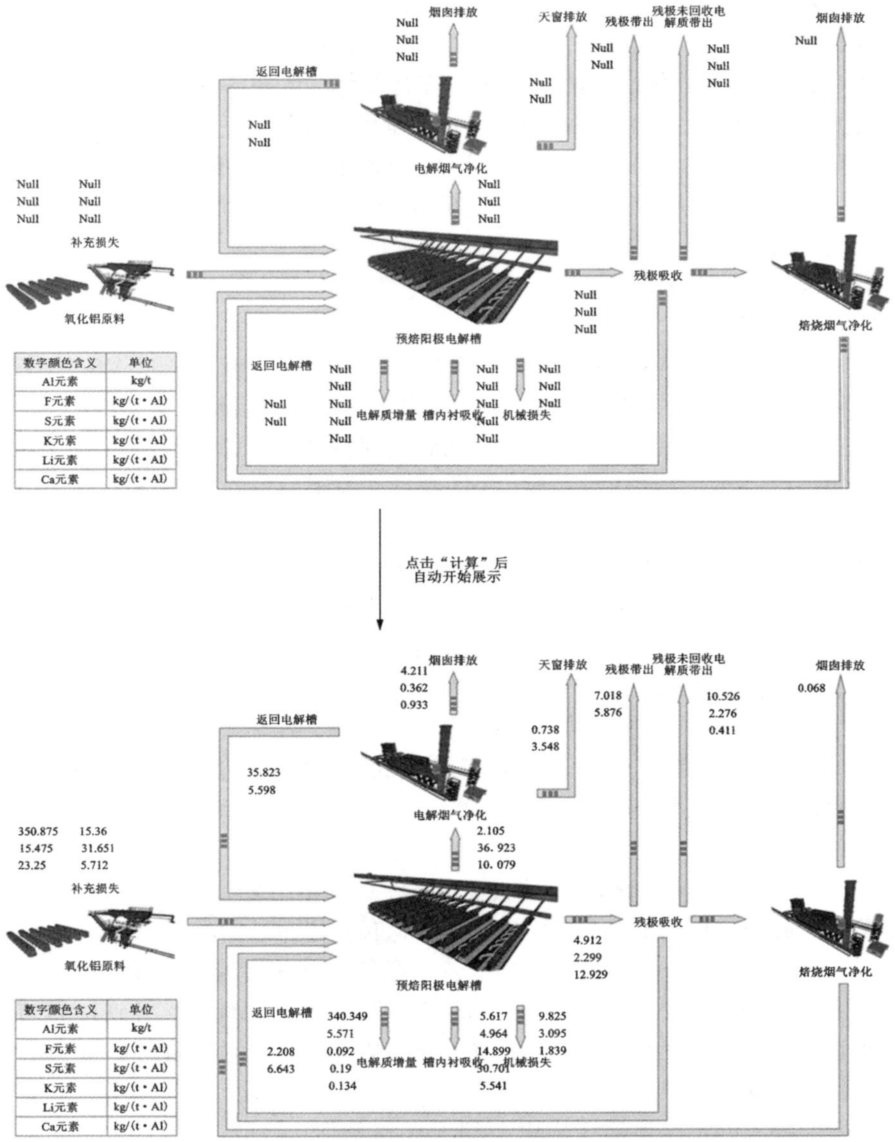

图 8-40　全流程物质流模型展示

此时不同颜色显示的数字即代表对应元素在此节点的元素含量，如"电解质增量"节点上的"橙色"数字 5.571，即代表 F 元素在此"电解质增量"节点的元素含量约为 5.571 kg/(t·Al)。

## 8.3.2 电压平衡仿真子系统

### 8.3.2.1 系统概况

电压平衡仿真子系统在利用 ANSYS 软件对铝电解槽进行仿真分析的基础上，使用 ANSYS 中的参数化设计语言 APDL 进行凝练，运用 APDL 完成 Visual Basic 涉及的前端界面和后端的 ANSYS 计算处理程序的连接，通过应用脚本调用 ANSYS 商业软件平台，可快速建模并计算铝电解槽电压分布，完成了生成相应的 APDL 命令流、调用 ANSYS 计算程序建模并分析计算、提取计算结果和显示结果云图的全自动化。

### 8.3.2.2 系统技术要点

1）开发框架

利用 VB.NET 对 ANSYS 进行二次开发和集成，其实就是通过 VB.NET 语句在后台利用 APDL 编制出铝电解物理场的命令流文件，启动 ANSYS 软件并读取命令流文件进行批处理、建模和分析，从而实现自动执行命令流进行铝电解物理场分析的过程；当命令流执行完成，程序会自动关闭后台的 ANSYS 软件并将最终的分析结果以经后处理程序处理过的形式显示在用户界面上。

电压平衡仿真子系统框架大体由前端界面、接口和后端计算处理模块组成。

前端界面：使用 VB.NET 进行面向对象的程序设计。首先利用铝电解物理场仿真分析时的一般规律，将具有相同设计特点之处归于一类；再以 VB.NET 语言实现各个相同规律间的关联并于界面中体现，从而方便用户操作；最后以归纳所得的类作为程序结构，完成整体程序的编写。

接口：运用 APDL 完成 Visual Basic 涉及的前端界面和后端的 ANSYS 计算处理程序的连接，其关键由 VB.NET 中的 shell 函数实现，包括生成分析所需的 APDL 和调用 ANSYS 进行计算和结果的提取。

后端计算处理模块：ANSYS 仿真建模，计算得出结果；计算结果通过后处理程序模块形成图表形式的结果，更易于操作人员读取分析计算结果。

因此，整体计算分析流程大致如下：计算参数由前台处理程序输入，通过接口自动生成 ANSYS 命令流，并调用 ANSYS 计算程序仿真计算，得到计算结果文件，再结合后处理程序模块，显示出仿真分析结果。分析流程如图 8-41 所示。

1. 铝电解结构建模

本系统采用的铝电解槽结构由上到下大致分为：炉顶区（阳极铝导杆、阳极钢爪）、熔体区域（阳极炭块、覆盖料、熔体、槽帮、阴极炭块、捣固糊、侧部炭

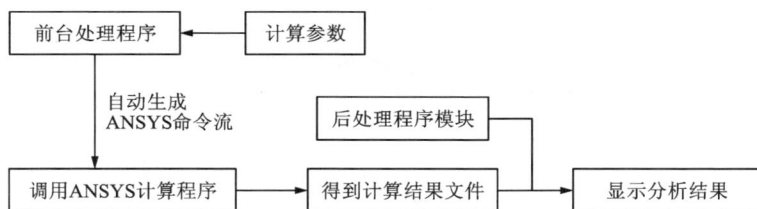

图 8-41 电压平衡仿真子系统分析流程图

块)、钢棒区域(钢棒糊、阴极钢棒)和保温区域(第四层内衬、第三层内衬、第二层内衬、第一层内衬)。由于铝电解槽的结构具有对称性,为了研究的方便,取其四分之一进行研究;为了减少计算量的负担,提升仿真分析速度,本系统研究铝电解槽的二维结构。具体结构如图 8-42 所示。

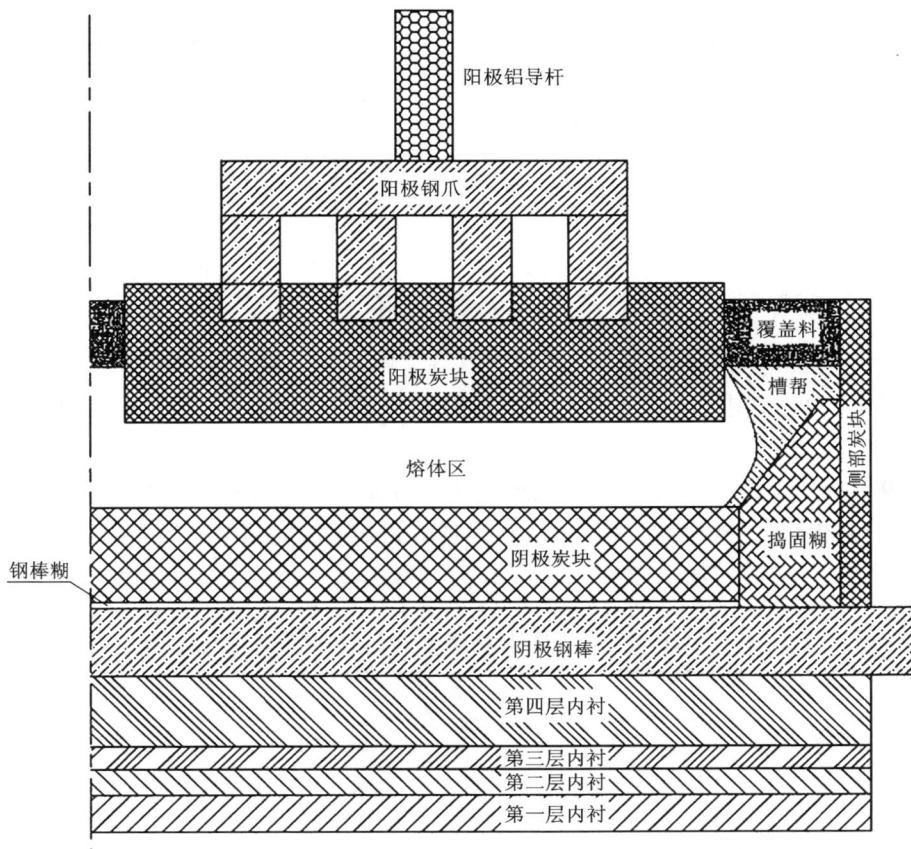

图 8-42 铝电解槽结构

铝电解槽结构尺寸如表 8-10 所示。

表 8-10　铝电解槽结构尺寸

| 序号 | 结构名称 | 尺寸 |
|---|---|---|
| 1 | 阳极铝导杆 | 150 mm×400 mm |
| 2 | 阳极钢爪上部 | 1050 mm×150 mm |
| 3 | 阳极钢爪爪部 | 150 mm×280 mm |
| 4 | 阳极钢爪爪部间隙 | 150 mm |
| 5 | 左部覆盖料 | 90 mm×175 mm |
| 6 | 右部覆盖料 | 300 mm×175 mm |
| 7 | 侧部炭块 | 80 mm×820 mm |
| 8 | 阴极炭块 | 1680 mm×250 mm |
| 9 | 钢棒糊 | 1680 mm×20 mm |
| 10 | 阴极钢棒 | 2130 mm×180 mm |
| 11 | 第四层内衬 | 2020 mm×185 mm |
| 12 | 第三层内衬 | 2020 mm×66 mm |
| 13 | 第二层内衬 | 2020 mm×66 mm |
| 14 | 第一层内衬 | 2020 mm×100 mm |

**2. 铝电解电场参数确定**

应用 ANSYS 进行电场模拟时，同样需要进行前处理工作，包括确定材料的电阻率、对模型施加的边界条件等。

电阻率是用来表示各种物质电阻特性的物理量，反映物质对电流阻碍作用的属性，与物质的种类和温度有关。结合实际情况，经过合理的简化与近似，将铝电解槽各部分材料的电阻率确定，如表 8-11 所示。

表 8-11　铝电解槽各部分材料的电阻率

| 电阻率/($\Omega \cdot m$) | | | |
|---|---|---|---|
| 阳极导杆 | $2.34×10^{-7}$ | 阳极炭块 | $5.52×10^{-5}$ |
| 熔体区 | $4.55×10^{-5}$ | 槽帮 | $1.20×10^{-3}$ |
| 阴极炭块 | $2.45×10^{-5}$ | 钢棒糊 | $5.65×10^{-6}$ |
| 阴极钢棒 | $4.78×10^{-7}$ | 内衬 | $5.00×10^{10}$ |

以 300 kA 铝电解槽为例定义边界条件，则是在阴极钢棒右侧节点处施加水平向左、强度为 300 kA 的电流，同时设定阳极钢爪顶部电压的值为 0。

3. 系统运行流程

系统运行流程图见图 8-43。

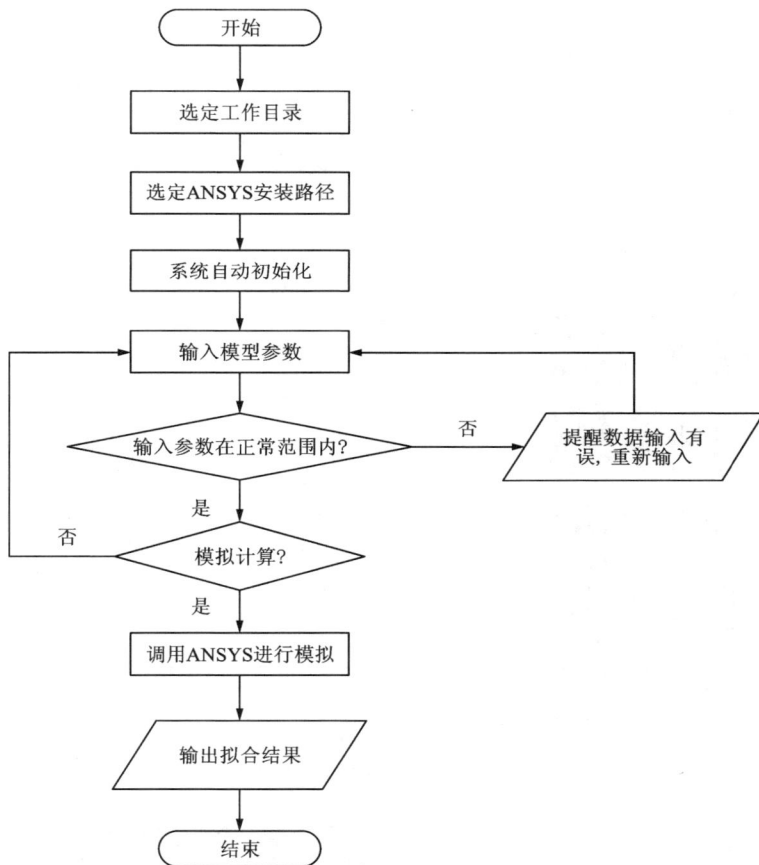

图 8-43　系统运行流程图

4. 系统结构

如图 8-44 及图 8-45 所示，本界面可分为 3 个功能区，分别是模型参数输入区（A）、仿真操作区（B）以及模拟结果输出区（C）。

模型参数输入区（A）。输入区分为 3 个部分，分别是项目设置、电场参数以及电阻率，各部分包含参数如图 8-46 所示。每项参数都需要依据电解企业实际生产情况来进行调整。

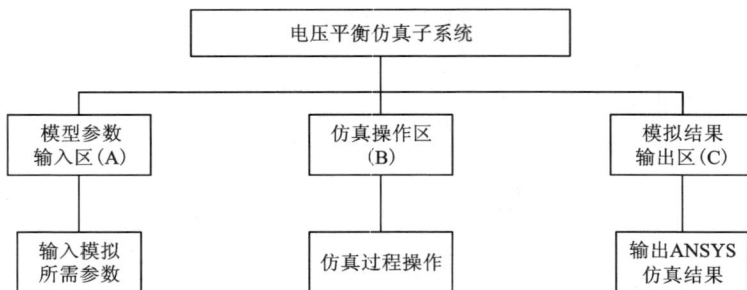

图 8-44　系统结构图

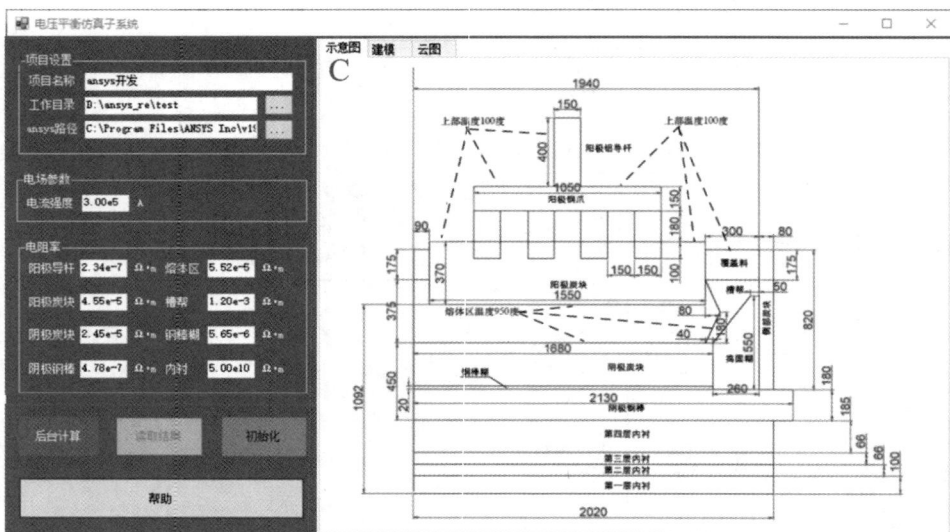

图 8-45　完整界面展示(未运行)

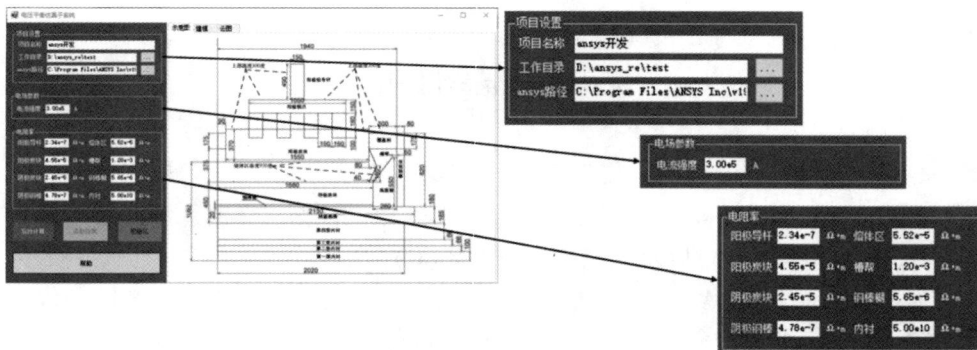

图 8-46　模型参数输入

仿真操作区(B)。该仿真操作区主要包含 4 个操作, 分别为后台计算、读取结果、初始化及帮助, 如图 8-47 所示。

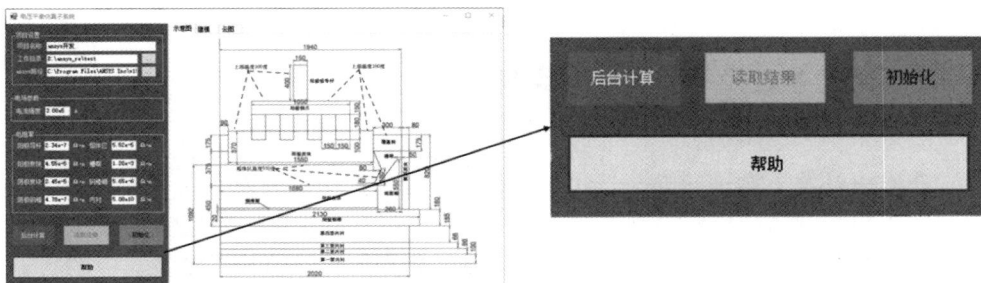

图 8-47　计算结果输出区

后台计算: 调用参数化设计语言 APDL 封装脚本进行计算。

读取结果: 读取模拟计算完毕后的建模及云图结果。

初始化: 删除建模及云图数据, 参数重置。

帮助: 提供软件操作指导。

模拟结果输出区(C)。模拟结果输出区由 3 个 tab 页组成, 分别为示意图、建模、云图, 如图 8-48 所示。

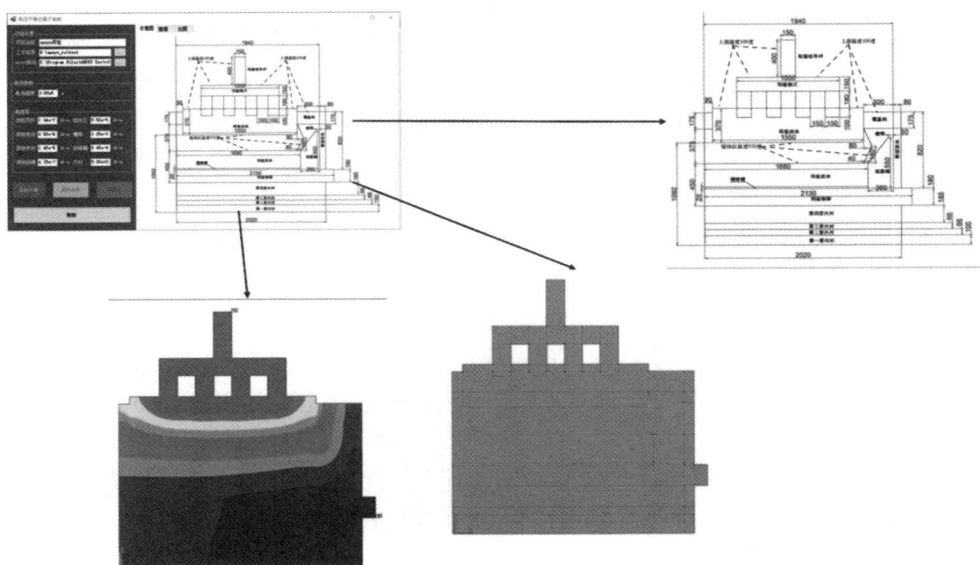

图 8-48　模拟结果输出区

示意图 tab：表明铝电解槽仿真结构及各基础参数。

建模 tab：展示铝电解槽模型在 ANSYS 中的结构划分情况。

云图 tab：展示铝电解槽电压场仿真情况，直观地展示各部分的电压分配情况。

### 8.3.3 工艺参数及操作仿真子系统

#### 8.3.3.1 系统概况

在 C++环境下调用 qt 库，选用 Unity3D 作为虚拟仿真开发平台，使用 3DMax 进行场景模型的搭建以及模型材质构建，制作三维动画，建立新型氧化铝电解槽"换极""出铝""阳极效应"的虚拟场景，基于新型氧化铝监控系统及对应的历史数据库，以槽电流及槽电压为自变量，开发对应的模拟回归算法，建立实际生产现场和虚拟场景的对应模式，并提供对应指导。

#### 8.3.3.2 系统技术要点

1. 开发框架

工艺参数及操作仿真子系统框架由前端界面和后端计算处理模块组成。

前端界面：使用 C++进行面向对象的程序设计。首先利用铝电解工艺参数仿真分析时的一般规律，将具有相同设计特点之处归于一类；再调用 qt 库实现各个相同规律间的关联并于界面中体现，从而方便用户操作；最后以归纳所得的类作为程序结构，完成整体程序的编写。

后端计算处理模块：基于新型氧化铝监控系统及对应的历史数据库探究出的回归分析算法，对应部署不同工业操作下电压及电流的仿真结果，将计算得出的结果通过后处理程序模块形成实时折线图，并选用 Unity3D 作为虚拟仿真开发平台，使用 3DMax 进行场景模型的搭建以及模型材质构建，制作出对应的工业实际生产虚拟场景的三维动画，将生产操作对生产情况的影响直观展现在操作人员面前。

2. 系统运行流程

系统运行流程图见图 8-49。

3. 系统结构

如图 8-50 及图 8-51 所示，本界面可分为 3 个功能区，分别是模型参数输入区(A)、仿真操作区(B)、模拟过程展示区(C)以及模拟结果输出区(D)。

模型参数输入区(A)。输入区只需要输入合适的基准电压及电流，如图 8-52 所示。

仿真操作区(B)。该操作区主要分为 2 个区域，分别为基础操作区及模拟情况区，如图 8-53 所示。其中基础操作区对应着仿真操作的起始数据的采集及结束；模拟情况区分别对应三种常见的实际工业情况，在点击该区域按钮后，会对应性模拟电流及电压的波动情况。

```
                    ┌─────────────┐
                    │    开始      │
                    └──────┬──────┘
                           │
                    ┌──────┴──────┐
                    │  输入电压/电流 │
                    └──────┬──────┘
                           │
                    ┌──────┴──────┐
                    │  点击"采集"  │
                    └──────┬──────┘
                           │
                  ╱────────┴────────╲
          ┌──────▶  模拟正常情况下的  ╲
          │       ╲   电压电流分布    ╱
          │         ╲───────┬───────╱
          │                 │
          │      ┌──────────┼──────────┐
          │      │          │          │
          │ ┌────┴────┐ ┌───┴────┐ ┌───┴──────┐
          │ │点击"换极"│ │点击"出铝"│ │点击"阳极效应"│
          │ └────┬────┘ └───┬────┘ └───┬──────┘
          │      │          │          │
          │ ╱────┴────╲ ╱───┴────╲ ╱───┴──────╲
          │ ╲模拟"换极"情况╱ ╲模拟"出铝"情况╱ ╲模拟"阳极效应"情╱
          │ ╱下的电压电流分布╲ ╱下的电压电流分布╲ ╱况下的电压电流分布╲
          │ ╲──────┬──────╱ ╲──┬─────╱ ╲────┬─────╱
          │        └──────────┼──────────┘
          │                   │
          │     是       ╱────┴────╲
          └─────────────◀   恢复    ▶
                        ╲────┬────╱
                        否   │
                    ┌────────┴────────┐
                    │   点击"停止"     │
                    └────────┬────────┘
                             │
                    ┌────────┴────────┐
                    │     结束         │
                    └─────────────────┘
```

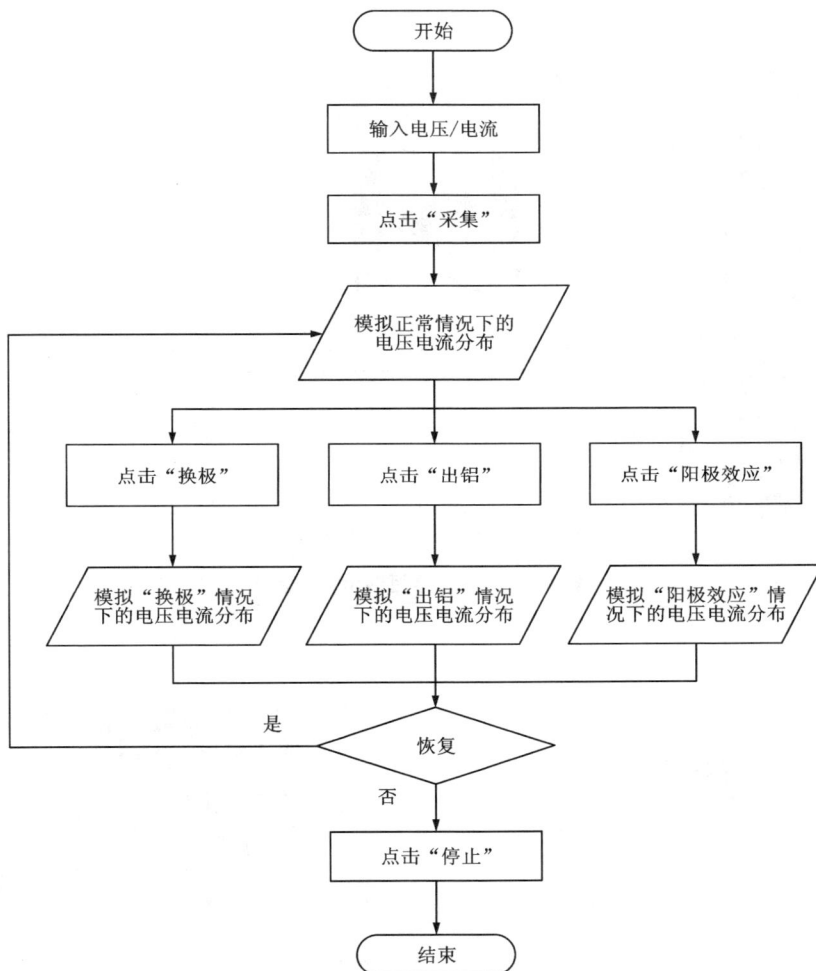

**图 8-49　系统运行流程图**

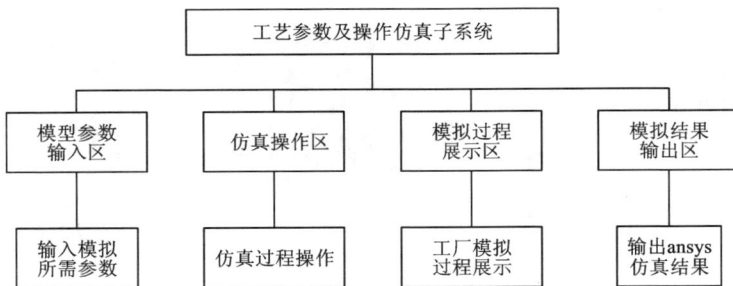

```
              ┌──────────────────────┐
              │  工艺参数及操作仿真子系统  │
              └───────────┬──────────┘
        ┌───────────┬─────┴─────┬───────────┐
   ┌────┴────┐ ┌────┴────┐ ┌────┴────┐ ┌────┴────┐
   │ 模型参数 │ │ 仿真操作区│ │ 模拟过程 │ │ 模拟结果 │
   │ 输入区  │ │         │ │ 展示区  │ │ 输出区  │
   └────┬────┘ └────┬────┘ └────┬────┘ └────┬────┘
   ┌────┴────┐ ┌────┴────┐ ┌────┴────┐ ┌────┴────┐
   │ 输入模拟 │ │仿真过程操作│ │ 工厂模拟 │ │输出ansys │
   │ 所需参数 │ │         │ │ 过程展示 │ │ 仿真结果 │
   └─────────┘ └─────────┘ └─────────┘ └─────────┘
```

**图 8-50　系统结构图**

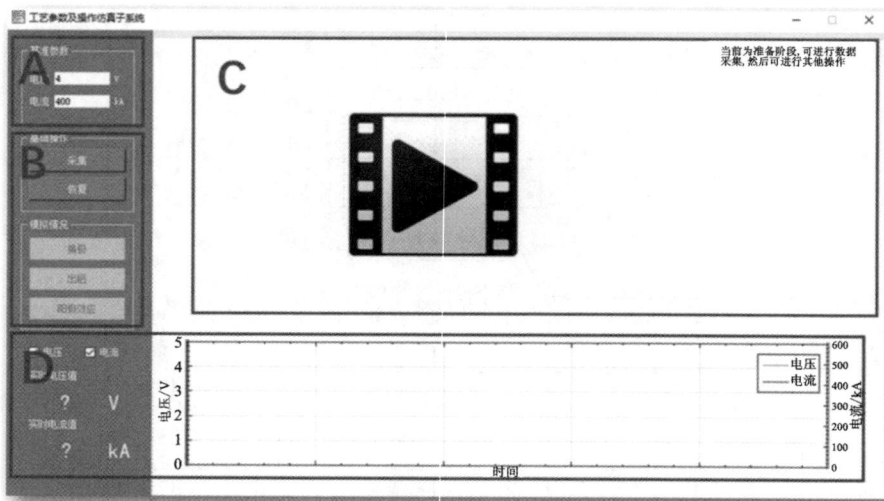

图 8-51　完整界面展示（未运行）

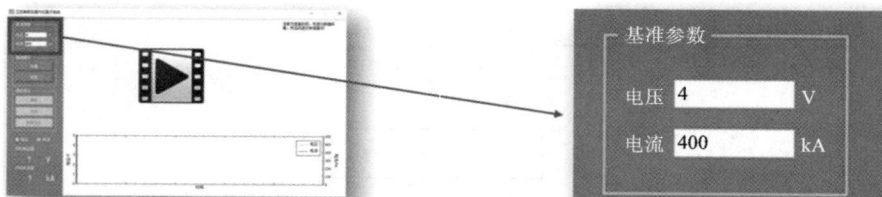

图 8-52　模型参数输入区

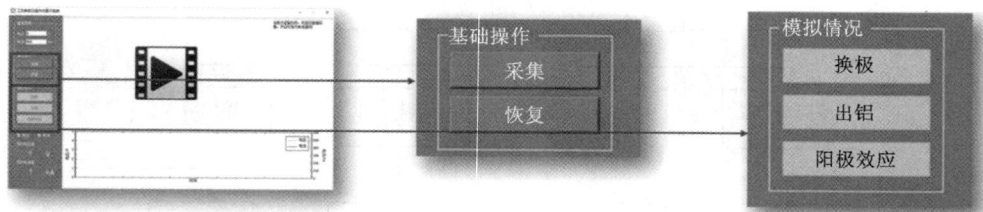

图 8-53　仿真操作区

　　模拟过程展示区(C)。模拟过程展示区主要分为 2 个区域,分别为虚拟场景展示区和操作指导区。虚拟场景展示区主要展示基于 Unity3d 开发的模拟车间实况;操作指导区主要展示应对不同工业情况的改良措施,方便操作人员直观学习(图 8-54)。

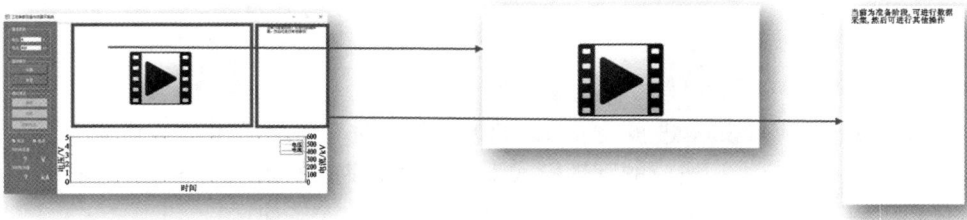

**图 8-54　模拟过程展示区**

　　模拟结果输出区(D)。模拟结果输出区主要分为 2 个区域,分别为电压电流实时采集区和图表区。电压电流实时采集区在采集数据过程中,会基于基准数据一直实时刷新对应工业操作下的电压电流数据;图表区则将实时采集区采集的数据以折线图的形式展示出来(图 8-55)。

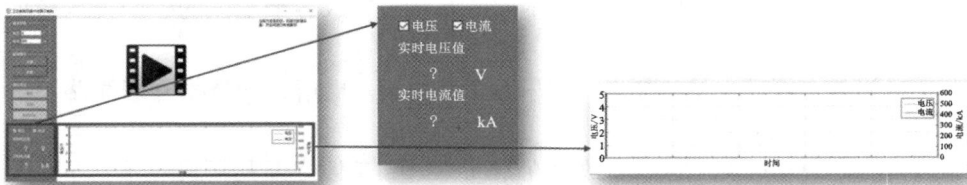

**图 8-55　模拟结果输出区**

# 第 9 章

# 新型氧化铝电解生产组织与标准量化管理

实践反复证明，技术进步促进管理进步，管理进步需要技术进步作支撑。科技的进步只有在与之相适应的管理模式下才能取得良好的效果。本章介绍在新型氧化铝电解生产组织与标准量化管理等方面所进行的一些探索。

## 9.1  新型氧化铝电解生产组织架构

### 9.1.1  生产组织方案

目前，国内通行的传统电解车间生产组织模式都是"车间-工区"模式，但是近年来，该模式逐渐凸现出以下弊端：

（1）各个车间以及工区管理人员的水平不同，导致各个工区的生产技术指标相差较大。

（2）当各个管理人员的技术管理思路不统一时，电解槽的技术管理线路不清晰，导致电解槽技术条件波动较大。

（3）由于分车间和工区，导致存在不同车间和工区之间的不良竞争，导致人为因素干扰电解槽技术管理。

（4）班组作业不能专业化，由于交叉作业，导致等待时间较长，造成劳动效率低下。

鉴于存在上述弊端，同时为了规范技术条件标准和调整规范，实现统一集中管理，新型氧化铝电解生产组织模式在传统铝电解生产组织模式的基础上进行调整。调整之后的电解车间取消了车间和工区，成立生产控制中心，在生产控制中心下设技术管理组、检查管理组、计测组、设备组、出铝组和换极组 6 个组，组织结构如图 9-1 所示。

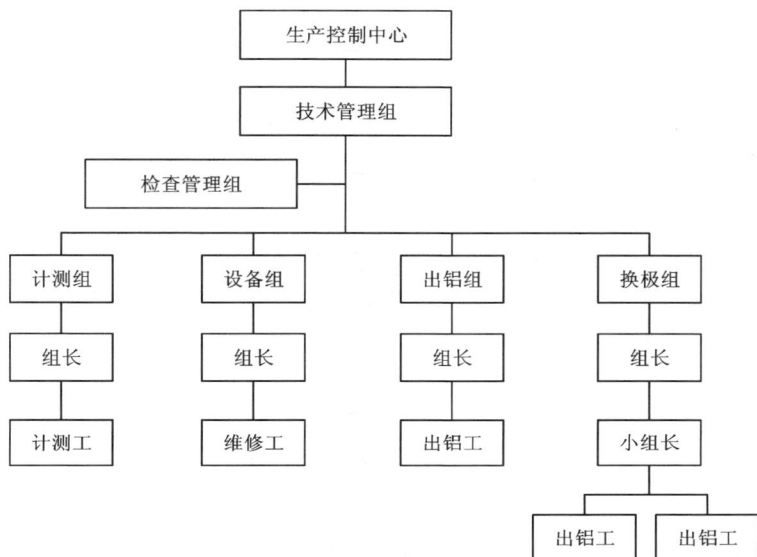

**图 9-1　生产控制中心组织结构图**

新的生产模式下，生产控制中心负责行政领导，而整个电解生产系列的技术条件管理由技术管理组负责，设备维护和修理由设备组负责，生产相关数据的测量由计测组负责，电解槽的出铝由出铝组负责，电解槽的换极以及日常维护由换极组负责，检查管理组负责对其他各组的工作质量进行检查、考核和评比。可见，新的生产模式具有以下突出优点：

（1）有利于技术条件的标准化管理，提高了整体的标准化管理水平。

（2）消除因为车间、工区的不良竞争导致的负面影响。

（3）作业专业化，消除不同作业之间的等待浪费，提高劳动生产率。

## 9.1.2　工作流程

新的生产模式下工作流程如图 9-2 所示，具体执行过程如下：

（1）生产控制中心根据公司的要求下达生产任务和行政命令。

（2）技术管理组根据计算机报表、实时电解槽数据、计测组的电解槽测量数据以及检查管理组反馈的现场信息分析电解槽的运行情况，结合生产控制中心下达的指令制订相应的技术处理措施，由技术管理组组长签发上报生产控制中心，同时下发到换极组、出铝组、设备组、计测组和检查管理组。

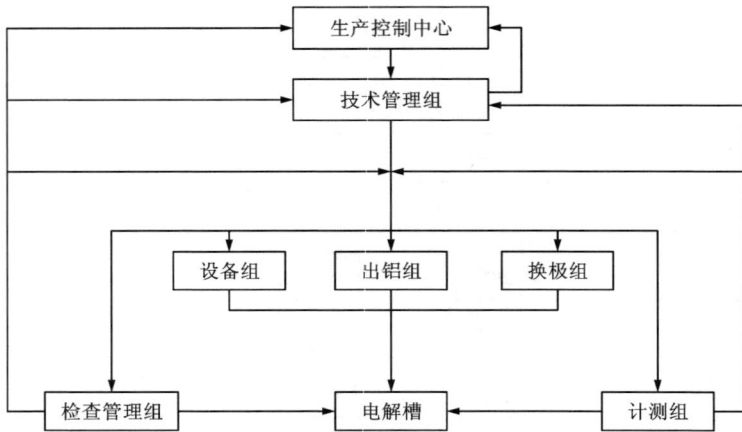

图 9-2　新生产模式的工作流程

（3）换极组、出铝组、设备组根据技术管理组组长签发的指令，按照相应的操作标准对电解槽进行操作，并进行工作质量自评。

（4）检查管理组根据技术管理组签发的指令，按照相应的考核制度对换极组、出铝组、设备组的操作质量进行检查考核，并统计分析操作当中的质量缺陷，并对通过修订完善管理考核制度或者劳动竞赛等方式来改进，最后由检查管理组组长签发上报生产控制中心和技术管理组。

（5）检查管理组把工作质量的检查考核情况反馈给换极组、出铝组、设备组，换极组、出铝组、设备组根据工作质量的检查情况，并结合自评情况进行自评，不断提高操作技能，确保工作质量。

（6）计测组根据技术管理组组长签发的指令，按照相应的操作标准对电解槽进行数据测量、统计和简单分析，并上报给技术管理组和相应的换极组、出铝组、设备组。

（7）技术管理组根据检查管理组返回的检查考核报告以及质量缺陷改进建议，采取相应的调整措施。

（8）生产控制中心对检查管理组返回的检查考核报告以及质量缺陷改进建议进行审核之后，由生产控制中心主任签发生效。

## 9.2　标准量化管理

管理一旦量化，管理的事物就会明晰起来。企业管理需要标准量化。那怎么标准量化呢？企业的各个层级都有相关的量化考核标准，上级或相关业务部门可对其进行对应的量化标准考核。这样，不管是多么大的企业或由多么多员工组成的企业，将形成各自的量化标准。有了标准量化，企业管理的基本问题就是在执行过程中管理的执行力度到不到位的问题。

标准量化管理的核心是标准，重点是量化的标准，其通过流程控制的思想对生产过程进行控制，其操作过程基本是流程梳理和流程的整合，以减少不增值或冗余的流程，如电解生产组织的改革是标准量化管理思想的一个体现。

一旦量化标准制订后，可以通过过程指标和输出指标的有效管理来达到效益的最大化。

## 9.2.1　管理标准

在新的管理模式下，技术条件管理组、作业检查管理组更多的是承担相应的管理职能。

1.1 技术条件管理组管理标准

1.1.1 范围

本标准适用于新型氧化铝电解铝厂技术组的管理。

1.1.2 目的

确保电解技术管理流程的畅通，保证电解槽技术条件管理的有序和稳定及电解生产的高效。

1.1.3 管理内容

①电解槽控制参数的变更；

②出铝指示量的下达；

③电解质的移注及副原料的添加；

④氟化铝和氧化铝异常下料量的确认和处理；

⑤原铝的非常规分析安排、破损槽的分析与处理。

⑥现场操作问题的分析及报告。

1.1.4 管理流程

管理流程图见图 9-3；工作流程标准见表 9-1。

1.1.5 相关支持文件

相关支持文件有《技术管理规范》和《技术助理变更日志》（表 9-2）。

1.2 检查管理组管理标准

1.2.1 范围

本标准适用于电解铝厂检查管理组的管理。

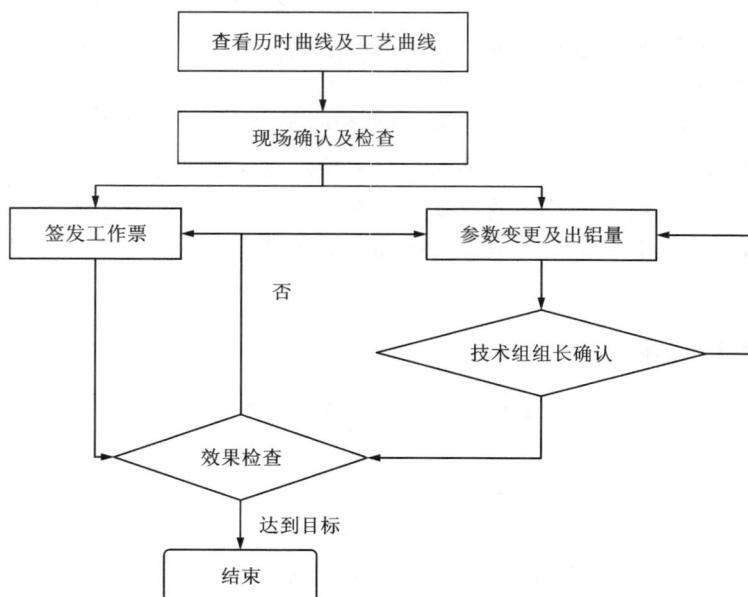

图 9-3　管理流程图

表 9-1　工作流程标准

| 序号 | 流程块 | 工作流程标准 |
|---|---|---|
| 1 | 查看历史曲线及工艺曲线 | 技术助理查看管理区域的历史曲线，发现异常电解槽(包括下料异常，噪声偏大，电压摆、设备及操作异常)；查看工艺曲线和相关报表，发现下料量异常、出铝误差数据异常及电压偏差较大等情况时，要在日报上标注。 |
| 2 | 现场确认及检查 | 对标注异常的电解槽进行现场确认，同时比对计测组的两水平和电解质温度分析。 |
| 3 | 签发工作票 | 分析氧化铝下料量的异常时，可现场目测确认或通知称量；分析氟化铝下料量的异常时，可现场目测确认或通知称量；噪声偏大时，通知现场测电流分布或亲自测量；电解质偏低时，安排从邻槽进行移注；对破损槽安排扎边等操作。 |
| 4 | 参数变更及出铝量 | 根据现场观察情况及历史曲线和工艺曲线，下达出铝量和进行参数变更。 |
| 5 | 技术组组长确认 | 参加参数变更会，由技术组长确认是否更改或重新修改，技术组长对其他未变更的提出变更建议。 |
| 6 | 效果检查 | 对参数变更结果及工作票执行结果进行跟踪，效果不明显时重新安排或重新变更。 |

表 9-2　技术参数变更日志

| 槽号 | 参数变更 | 变更理由 | 效果评估 |
|---|---|---|---|
| 标明槽号 | 标明变更的参数及变更前、后数值 | 明确调整原因 | 变更前、后对比 |
| | | | |

#### 1.2.2 目的

确保检查管理流程的畅通，保证电解槽操作指令的顺利下达并执行。

#### 1.2.3 管理内容

具体管理内容见表 9-3。

表 9-3　管理内容一览表

| 品质特性 | 原铝产量 | | 电能消耗 | | | |
|---|---|---|---|---|---|---|
| 输出指标 | 电流效率 | 槽寿命 | 效应系数 | 工作电压 | 平均电压 | 阴极压降 |
| 规格 | | | | | | |
| 管理方法 | 统计表 | 统计表 | 统计表 | 统计表 | 统计表 | 统计表 |
| 频率 | 实时 | 实时 | 实时 | 实时 | 实时 | 实时 |
| 管理责任人 | 班长、技术助理 | 班长、技术助理 | 班长、技术助理 | 班长、技术助理 | 班长、技术助理 | 班长、技术助理 |
| 管理资料 | 工艺技术标准，值班长记录 | | | | | |
| 过程指标 | 设定电压 | NB间隔 | AE间隔 | 氟化铝加工间隔 | 吸出指示量 | 铝水平 | 电解质水平 | 电解质温度 | 过剩量 |
| 规格 | | | | | | | | | |
| 检查方法 | 状态报表 | 状态报表 | 状态报表 | 状态报表 | 日报表 | 工艺曲线图 | 工艺曲线图 | 工艺曲线图 | 工艺曲线图 |
| 频率 | 次/天 | 次/天 | 次/天 | 次/天 | 次/天 | 次/天 | 次/天 | 次/天 | 次/天 |
| 检查责任人 | 技术助理 | 技术助理 | 技术助理 | 技术助理 | 技术助理 | 技术助理 | 技术助理 | 技术助理 | 技术助理 |
| 检查资料 | 工艺技术标准，日报表，状态报表，控制图 | | | | | | | | |

管理内容主要包括：

①阳极更换质量的检查；

②换极组作业完成情况的检查；

③换极组作业质量的检查分析及指导；

④电解槽异常的处理；

⑤换极组的绩效考核；

⑥相关考核制度的修订。

### 1.2.4 管理流程

管理流程图见图9-4。工作流程标准见表9-4。

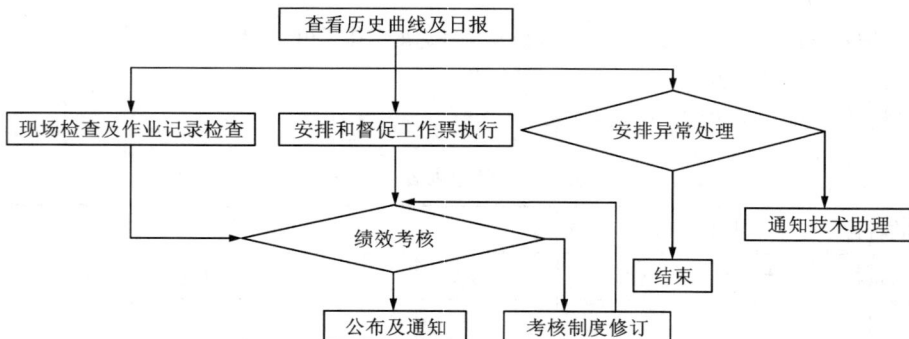

**图9-4 管理流程图**

**表9-4 工作流程标准表**

| 序号 | 流程块 | 工作流程标准 |
|---|---|---|
| 1 | 查看历史曲线及日报 | 查看历史曲线，噪声偏大或电压摆的，及时通知换极组处理，同时掌握前一天的电压及效应等情况。 |
| 2 | 现场检查及作业记录检查 | 现场检查卫生、工器具、槽盖、物料等是否符合规范要求；作业记录检查，工作任务是否完成，设备状况是否完好，并及时安排或联系处理；换极质量的跟踪和检查等。 |
| 3 | 安排异常处理（噪声） | 对过加工或效应预报加工偏多安排检查下料；噪声偏大的安排换极组处理或亲自处理 |
| 4 | 通知技术助理 | 对噪声或电压摆难以处理时，联系技术助理处理 |
| 5 | 绩效考核 | 根据绩效考核制度对作业组打分。 |
| 6 | 公布及通知 | 公布绩效考核结果；通知相关方对检查出的问题进行整改。 |
| 7 | 考核制度修订 | 根据考核出现的突出或共性问题，对相关考核制度进行修订并报批执行。 |

### 1.2.5 相关支持文件

相关支持文件见《操作助理日志》（表9-5）。

填写人：

表 9-5　操作助理工作日志

| 　 | 状态 | | | 异常及处理 | 处理效果 | 备注 |
|---|---|---|---|---|---|---|
| 工作质量跟踪 | 人员 | | | | | |
| 设备检查 | 打击头 | 氟化铝料位 | 氧化铝下料器 | 氟化铝下料器 | | |
| | | 是否落实 | | | | |
| 工作票 | 重复效应 | 卡堵 | 噪音 | 破损槽 | | |
| 检查考核 | 焙烧日志 | 母线跟踪 | 工器具 | 出铝口 | | |
| 其他 | | | | | | |

1.2.6 关键指标控制

关键指标控制表见表 9-6。

表 9-6 关键指标控制表

| 过程指标 | 检查方法 | 频率 | 检查责任人 | 检查资料 |
|---|---|---|---|---|
| 16 h 合格率/% | 阳极电流分布 | 抽查 | 计测组 | 计测组作业标准 |
| 导杆 Al-Al 合格率/% | 阳极电流分布测定工具 | 抽查 | 计测组 | 计测组作业标准 |
| 效应系数/(次·槽/日) | 统计表 | 每天 | 技术组 | |
| 噪声/mV | 统计表 | 每天 | 技术组 | |

## 9.2.2　作业标准

在新的管理模式下,计测组、换极组、出铝组、设备组主要完成操作职能,其形成的标准基本叫作业标准。

2.1 计测组作业标准

计测组作业标准见表 9-7。

1. 阴极钢棒和炉底钢板温度测量

1)阴极钢棒温度测量

A. 右手持红外线测温仪,食指按在红外线测温仪的扳机上,左手掌托住右手掌底部,站在风格板上,在距测定位置小于 1 m 的距离内测定,若测量距离小于 50 cm,可以单手持红外线测温仪;

B. 测定点在阴极钢棒头往里端 2 cm 的钢棒横向中部;

C. 以 1℃ 为单位读数记录,读数时手不能抖动,避免位置的偏移。

2)炉底钢板温度测量

A. 站在槽底的地面上,任一手持红外线测温仪,在炉底对测定点进行测量,要求测量距离小于 1 m;

B. 每组阴极对应的钢板测定三个点:①A 点,A 面端头往 B 面 50 cm 处的横向中部;②B 点,B 面端头往 A 面 50 cm 的横向中部;③中心点,槽纵向中心线对应点的横向中部;

C. 以 1℃ 为单位读数记录。

**表 9-7 计测组作业标准**

| 作业名称 | 电解质温度测量 | 两水平测量 | | 炉帮形状测试 | 阴极钢棒和炉底钢板温度测量 | | 炉底压降测量 | 阳极压降测量 | 阳极电流分布测量 | 阴极电流分布测量 |
|---|---|---|---|---|---|---|---|---|---|---|
| 品质特性 | 准确率 | 准确率 | | 准确率 | 准确率 | 准确率 | 准确率 | 准确率 | | |
| 输出指标 | 电解质温度 | 铝水平 | 电解质水平 | | 钢棒温度 | 底板温度 | 炉底压降 | 阳极压降 | 毫伏值 | 毫伏值 |
| 规格 | | | | | | | | | | |
| 管理方法 | 工艺曲线图 | 工艺曲线图 | | | 记录表 | 记录表 | 工艺曲线图 | 记录表 | 记录表 | 记录表 |
| 频率 | 需要时 | 需要时 | | 需要时 | 需要时 | 需要时 | 需要时 | 需要时 | 需要时 | 需要时 |
| 管理责任人 | 计测工 | 计测工 | | 计测工 | 计测工 | 计测工 | 计测工 | 计测工 | 计测工 | 计测工 |

管理资料

计测作业标准、计测数据记录

| 过程指标 | 热电偶校验频率 | 热电偶插入深度 | 测定钎校频率 | 静置时间 | 测量水平度 | 测量水平度 | 黑度系数 | 测量距离 | 读数时间 | 读数时间 | 读数时间 | 读数时间 |
|---|---|---|---|---|---|---|---|---|---|---|---|---|
| 规格 | 2周/次 | 5~10 cm | 2周/次 | 5~10 s | 水平度 | 水平度 | 0.95 | <1 m | <3 s | <3 s | >2 s | >2 s |
| 检查方法 | 记录表 | 目测 | 记录表 | 心算 | 目测 | 目测 | 目测 | 目测 | 心算 | 心算 | 心算 | 心算 |
| 频率 | 2周/次 | 实时 | 2周/次 | 实时 | 实时 | 实时 | 作业前 | 实时 | 实时 | 实时 | 实时 | 实时 |
| 检查责任人 | 组长 | 计测工 | 计测工 | 计测工 | 计测工 | 计测工 | 计测工 | 计测工 | 计测工 | 计测工 | 计测工 | 计测工 |

计测班数据记录

检查资料

3）作业要求

测定数值明显偏大或与上次测量值有 10℃ 的差值时，应重新测量。

4）结束

A. 测定完毕将工具放回指定位置；

B. 将测定记录提交相关人员。

2. 炉底压降测量

①确认测定的炉号及在铁测定棒的头部装上保护套；

②测定位置可以在出铝口，也可以在大面阳极之间，由于位置是新极而不易打洞时，上述测定点可以移动 1 块阳极的位置；

③接线及调零：

A. 把连接铜测定棒的导线接到屏磁铁盒内万用表的"COM"接线柱上；

B. 把连接铁测定棒的导线接到万用表的"VΩ"接线柱；

C. 把万用表的旋转挡位选择开关调整到"直流电压 2V"的挡位；

D. 打开万用表的开关按钮。

④出铝口测定：

A. 将负极棒插在阴极钢棒与软带母线的爆炸焊片中心点；

B. 将接正极的测定棒呈 45°～70° 的角度快速插入铝液，测定棒不能与阳极接触；

C. 手持万用表以 5 mV 为单位读数记录。

⑤大面测定：打开测定洞，揭开测定点的炉盖，用氧化铝耙扒开测定点的氧化铝，用天车扎开约 20 cm 的洞，用炭渣瓢打捞结壳块及炭渣；

测定方法为：ⓐ将负极棒插在阴极钢棒与软带母线连接处爆炸焊片中心点；ⓑ将接正极的测定棒呈 45°～70° 的角度用力插入对应负极棒的阴极处的铝液中，测定棒不能与阳极接触；ⓒ手持万用表以 5 mV 为单位读数记录。

⑥测定要求：

A. 严禁连续使用同一根测定棒；

B. 本次测定值与前一次的测定值有 ±20 mV 的差值时需重新测定。

⑦测定结束：

A. 用结壳块堵好测定洞，清扫槽沿板卫生，盖好炉盖；

B. 全部测完，把测定工具送回原处。

⑧记录报告：

把测定记录提交相关人员。

3. 电解质温度测量

①穿戴好完整的劳保用品；

②备好测温工具，包括热电偶、数字测温仪、测温记录表；

③检查热电偶接线头是否松动,并检查接线是否断裂;

④打开端盖,把端盖中任一块移开约 50 cm 宽度,保证测定用的热电偶顺利伸入槽内;

⑤操作出铝打击头,打开出铝洞口壳面,把热电偶呈 45°伸入电解质,插入深度 15 cm 左右,垂直深度约为 10 cm,不能插入铝水;

⑥静置 1~2 min,接上数字测温仪,当温度显示稳定时,记下槽温;

⑦取出测温的热电偶,盖好端盖,移到下一台槽进行测温,所有测定作业结束后,收拾所有工具,放到指定地点。

(4)炉帮形状测试

①准备:

A.确认测定炉号,与操炉联系测定时间;

B.检查测定工具。

②作业步骤:

A.测定处在 A、B 侧均匀 3 点;

B.从阳极的边部到侧部炉帮打宽为 20~30 cm 的洞,在离阳极 10 cm 处,用天车打击头操作,用凿子检查打落的结壳块,如果有,把它取出来;

C.将水平器放置在约 55 cm 棒上,插入炉内,使棒顶与侧部炉帮最薄处贴合,保持水平器水平;

D.把刻度尺垂直于放在槽沿板的内侧,在测定棒的刻度上以 1 cm 为单位读数记录;

E.移动刻度尺向槽沿板中央的位置,直立量测定棒的高度,以 1 cm 为单位读数记录;

F.使 55 cm 棒在炉帮曲线位置上下移动,测量 2~3 个点,使曲线更趋向精确;

G.用延伸中间棒测伸腿中部高,水平仪器放置在棒上,并立在平板上,保持水平,用刻度尺量棒的高度,以 1 cm 为单位读数;

H.将刻度尺垂直立在槽沿板的内侧,将延伸棒插入电解质中,使测定棒 30 cm 处与刻度尺重合,保持水平器水平;

I.移动刻度尺至槽沿板中央,量测定棒的高度,以 1 cm 为单位记录读数;

J.将延伸中间棒内移,使棒上 60 cm 处与槽沿板内侧刻度尺重合,保持水平,方法与上述测 30 cm 处相同,量测定棒高度,记录槽沿板中央到测定棒的高度;

K.用延伸顶端棒测定伸腿末端,使水平器保持水平,将刻度尺垂直插在槽沿板顶端,读数并记录测定棒的高度;

L.将刻度尺移至槽沿板中间位置,保持水平,以 1 cm 为单位,从槽沿板中央位置的测定棒读数并记录刻度尺;

M.把延伸顶端棒放在平板上,水平器保持水平,以 1 cm 为单位读数和记录平板到棒之间的高度;

N.测定时间视计测组组长安排而定。

③所有测定作业结束后,收拾测量工具,放到指定地点。

5.两水平测量

1)测定位置

A.一点测定的情况:一点测定在出铝口测量;

B.多点测定情况:多点测定在电解槽 A 面阳极之间的间缝,靠近电解槽操作大面,对于新极而不能打洞的情况,多点测定的位置可以前移或后移 1 块阳极的位置。

2)一点测定(135°测定钎)

揭开出铝端端盖的一侧炉盖,或移开一侧槽盖板,使两块槽盖板的间隙大于 20 cm,操作气缸控制杆,打开出铝洞。

3)多点测定(135°测定钎)

A.揭开测定处的炉盖,用铝耙扒开测定处的氧化铝,用天车打击头在阳极与阳极之间打开一个直径为 10~20 cm 的洞;

B.打捞炭渣,暂时放置在槽沿板上。

4)测定方法

A.把水平仪放置在测定钎横臂上,把钎头插于炉底,钎头在炉底滑动,避开结壳块和沉淀等,接触炉底;

B.保持水平仪水平,测定钎在槽中静置 5~10 s;

C.取出测定棒放在较平的地面或槽沿板上;

D.将刻度尺贴近测定棒,底端接触地面或槽沿板以 0.1 cm 为单位,在铝水-电解质的交界线和总高线上读数记录,前一点的读数为铝水平高度 $h_1$,后一次读数为总高 $h_2$,电解质高度=总高 $h_2$-铝水平高度 $h_1$。

5)直钎测定(一般只进行出铝口的测定)

A.测定钎放置在槽内,把水平仪放置在测定钎横臂上,这时应读出测定钎横臂与出铝端槽沿板的距离 $H$;

B.如斜钎测定一样读出铝水平 $h_1$ 和总高 $h_2$;

C.测定后电解质水平不用修正,铝水平修正值=$h_1$+$H$+测定钎高度-槽沿板与槽底的基准高度。

6)测定后的处置

A.全部测定完毕后,把工具放回原处及清扫现场卫生;

B.对于多点测定,要用结壳块将测定洞堵好;

C.盖好炉盖;

D. 把测定记录整理或提交给相关人员。

6. 取电解质试样

1）班前穿戴好劳保用品，衣扣要系全，安全帽要戴正，鞋带要系紧；

2）确认是取电解质试样还是取原铝试样，并确认取样的槽号；

3）准备试样模、盒子、取样勺等取电解质试样的工具；

4）整个工区的电解质取样从一端开始，另一端结束，取快样的槽号要记在纸张上，避免弄错；

5）确定槽号后，打开电解槽出铝端盖板，打开槽罩约 50 cm 宽或取下一块端罩；

6）将取样瓢伸入熔体电解质中下部分，舀取一瓢电解质液，取出并晃动取样瓢，将浮在上层的浮渣晃开，将电解质液倒入取样模子至平齐上口；

7）将冷却后的电解质放入试样盒子中，按顺序放好；

8）盖好槽罩，确认下一台槽号，重复 4）~8）步骤；

9）取样结束后，填写送样单，将电解质试样送到化验中心分析；

10）收拾好所有测定工具，放到指定位置；

11）打扫现场卫生。

7. 取原铝试样

1）班前穿戴好劳保用品，衣扣要系全，安全帽要戴正，鞋带要系紧；

2）准备好取样瓢，铝试样模子、装试样盒子、锤子、槽号打字模；

3）整个工区的取样从一端开始，另一端结束，取快样的槽号要写在纸张上，避免弄错；

4）确定槽号后，打开电解槽出铝端盖板，打开槽罩约 50 cm 宽或取下一块端罩；

5）操作打击头，打穿结壳层；

6）将取样瓢伸入电解槽熔体下层的铝液中，伸入深度为 20~30 cm，对于新槽伸入深度应大于 30 cm，舀取一瓢铝液，取出并晃动取样瓢，将浮在上层的电解质及浮渣晃开，将铝液倒入取样模子至平齐上口；

7）把剩余原铝液倒回槽内；

8）铝液凝固后，用打字模打上该槽的槽号，将试样放入盒子，重新盖好端盖；

9）盖好槽罩，确认下一台槽号，重复 3）~9）步骤；

10）取完样后，用铁锹规整出铝洞口；

11）取样结束后，填写送样单，将铝样送到化验中心分析；

12）收拾好所有测定工具，放到指定位置；

13）打扫现场卫生。

8. 焙烧槽测量

1）班前穿戴好劳保用品，衣扣要系全，安全帽要戴正，鞋带要系紧；

2）焙烧温度的测定：

A. 在 TE 端和 DE 端的阳极中缝埋下热电偶套筒；

B. 每天分别在 10：00 和 16：00 测量温度，测量时将接好测量仪的热电偶插入套筒；

C. 记录测量数据。

3）通全电流时，立即记录通电时间、电流强度和槽电压，通电 30 min 后再记录一次，之后每小时记录一次；

4）通电 10 min 后，测量阳极电流分布一次，之后每个班测定一次；

5）测量步骤如下：

A. 准备阳极电流分布测量工具一套和记录表；

B. 将电解槽 A、B 的槽盖板从第一块阳极算起，每隔一块打开一块；

C. 将与毫伏表接好的测量杆的两个分支夹住阳极导杆对称的两个棱，读取毫伏表数值；

D. 将测量值记录到指定表格；

E. 继续测量下一块阳极，直到测量完整台槽的阳极；

F. 盖好槽罩。

6）电解槽启动结束后，测量阴极电流分布（测量阴极电流分布作业参照《阴极电流分布测量》）；

7）收拾好所有测定工具，放到指定位置；

8）打扫现场卫生。

9. 阳极电流分布测量

1）确认测定的炉号；

2）测定作业：

A. 将导线连接在电子万用表的"VΩ"和"COM"插口，并将万用表的旋转选择开关调整到"直流电压 200 mV"的挡位，同时打开万用表的开关按钮；

B. 正面面对所测量的阳极导杆，使测定棒的正、负极端在同一条垂直线上，正极端在上部，让测定棒接触阳极导杆正面，测定棒的正极端接触点在与阳极大母线下缘齐平的地方，稍微用力使正极和负极端与铝导杆完全接触；

C. 万用表稳定之后，以 0.1 mV 为单位读数记录；

D. 测定值小于 0.2 mV 的，要查对该极的换极时间；

E. 全部测定完，把工具送回原位置；

F. 如果阳极大母线位置过低导致测量无法进行时，需要揭开测定阳极处的槽盖之后再进行测量：一手抓住槽盖的底部，一手抓住槽盖的下缘筋条，揭开 A、B

侧阳极处的炉盖,放置在邻侧的槽盖上,测量结束把炉盖安放在原处。

3)作业要求:测定值小于 0.2 mV 或大于 3.6 mV 的,要重新进行确认;

4)根据测定记录处置或提交班长或相关人员。

10. 阳极压降测量

1)班前穿戴好劳保用品,衣扣要系全,安全帽要戴正,鞋带要系紧;

2)准备测量工具;

3)确认测定炉号,与操炉工联系测定时间;

4)检查测量工具;

5)作业步骤:

A. 取出测定处的炉盖;

B. 用铝耙扒开测定处的氧化铝;

C. 用天车打击头在测定处的每对阳极间,打开直径为 20~30 cm 的洞;

D. 正极测定棒插在爆炸片上,负极测定棒钩在阳极底部表面;

E. 测定时,测量仪表放在大面中央;

F. 指针稳定或数字重复出现几次时读数记录;

G. 测定棒使用 2 次以后,就必须更换;

H. 进行阳极电流分布测定。

6)测定时间由组长指定;

7)收拾好所有测定工具,放到指定位置;

8)打扫现场卫生。

11. 阴极电流分布测量

1)班前穿戴好劳保用品,衣扣要系全,安全帽要戴正,鞋带要系紧;

2)准备万用表、2 根铜钎、花线等工具;

3)将万用表、花线和铜钎接好,将万用表的旋转选择开关调整到"直流电压 200 mV"的挡位,同时打开万用表的开关按钮;

4)将与万用表正极连接的铜钎插到阴极钢棒-阴极软带的焊片上,另一根铜钎插到阴极软带末端的阴极母线上;

5)读取万用表的数值并记录;

6)收拾好所有测定工具,放到指定位置;

2.2 出铝组作业标准

出铝组作业标准见表 9-8。

表 9-8 出铝组作业标准

| 品质特性 | 输出指标 | 规格 | 管理方法 | 频率 | 管理责任人 | 管理资料 | 过程指标 | 规格 | 检查方法 | 频率 | 检查责任人 | 检查资料 |
|---|---|---|---|---|---|---|---|---|---|---|---|---|
| 铝水平 | 吸出量 | | 吸出记录本 | 1次/班 | 出铝工 | 吸出记录本 | 吸出指示量 | | 电子秤读数 | 1次/台 | 出铝工 | 吸出记录本 |
| | | | 包票 | 1次/包 | 出铝工 | 包票 | 抬包密封性 | | 试力 | 1次/包铝 | 出铝工 | 天车日常点检记录本 |
| | | | 天车日常点检记录本 | 1次/班 | 出铝工 | 天车日常点检记录本 | 吸铝风压 | | 仪表显示 | 1次/班 | 出铝工 | 天车日常点检记录本 |
| | 吸出精度 | | 吸出记录本 | 1次/班 | 出铝工 | 吸出记录本 | 天车电子称误差 | | 仪表显示 | 无 | 出铝工 | 吸出记录本 |

1. 出铝

1）查询吸出计划：

A. 正常时，查看工作记录，确认设备有无异常，出铝计划及排包计划有无变更；

B. 发生了启动、正常停槽、紧急停槽等非正常作业时，根据组长的安排确定吸出计划。

2）吸铝前的准备：

A. 进行多功能天车的一般检查，特别是天车计量秤；

B. 密封出铝抬包：

a. 取 1.6 m 左右的石棉绳两段和 0.5 m 左右的石棉绳一段，并拧紧成束；

b. 清理干净抬包盖的凹槽及后包盖的杂物；

c. 石棉绳装入凹槽并轻压使其基本充满凹槽；

d. 盖下包盖，用力反复 2~3 次，使石棉绳被挤压出凹槽，锁紧包盖；

e. 盖后盖，用力反复 2~3 次，锁紧后包盖；

f. 用扳手进行抬包和吸出管的再拧紧和检查工作；

g. 拿上清理干净的喷嘴，将喷嘴装好在喷射泵上；

h. 用空气软管一端与喷嘴通过快速接头相连接。

C. 吊运抬包：

a. 操作多功能天车将抬包从抬包座吊起；

b. 在抬包平稳后记录空抬包的重量；

c. 操作多功能天车，把抬包吊移至将吸出炉的炉前。

D. 抬包密封性的检查：

a. 把喷射器软管与天车吊钩主风管套接上；

b. 打开出铝手柄的"开风"按钮；

c. 用厚手套堵住吸出管管口，通过手感吸力的大小判断抬包的密封性能。

E. 打开出铝孔：

a. 揭开将出铝槽的出铝端盖，分放在电解槽的槽门两侧；

b. 操作出铝打壳气缸控制杆，打开出铝洞；

c. 用炭渣瓢先捞干净掉进电解质的结壳块，接着捞净炭渣和炉底沉淀物；

d. 用炭渣瓢或钢钎打开出铝洞口（直径约 20 cm）。

F. 新包或新吸出管第一次使用时，在插入电解槽之前，将吸出管端部置于离电解质液面 5 cm 的位置预热 10~15 min；

G. 按下槽控机上的"出铝"按钮，使槽控机启用出铝控制程序。

3）手动吸出：

A. 吸出铝液：

a. 操作多功能天车，让吸出管对准出铝洞口，慢慢把吸出管插入槽内，使吸出管刚好触及炉底；

b. 轻摇抬包的手轮或操作吸出手柄以调整吸出管口离炉底约 5 cm，要求天车工操作多功能天车时，做到抬包不碰操作地平面及电解槽的上部结构。

B. 吸出电解质：

a. 操作多功能天车，让吸出管对准出铝洞口，慢慢把吸出管插入槽内电解质液面下垂直深度 5~10 cm 处；

b. 要求天车工操作多功能天车时，做到抬包不碰操作地平面及电解槽的上部结构。

C. 吸出操作：

a. 看好并记住多功能天车计量秤的读数显示和该槽的吸出量，确定吸出完后的天车计量秤读数；

b. 打开压缩空气阀，开始吸出铝液或电解质，通过抬包观察孔观察吸出情况；

c. 实时观察天车秤显示值的变化情况，显示值离吸出值为 60~100 kg 时，关闭压缩空气阀；

d. 吸出电解质时，吸出管要跟随电解质液面下降的速度来下降吸出管。

D. 操作天车，使抬包慢慢上升，将吸出管移出出铝口；

E. 吸出结束：

a. 用铁铲平出铝洞口四周的结壳块，使洞口平整，清扫槽沿板卫生；

b. 把放在两边的端盖重新盖严；

c. 用扫把清扫大面卫生，保持现场清洁。

F. 吸出后的巡视槽控机"异常电压"和"电压摆"指示。

4）自动吸出：

A. 吸出前的检查确认：

a. 将仪表电源开关打到"ON"的位置上，检查各个指示灯是否正常显示；

b. 检查操作面板上显示的槽号以及指示量是否正确；

c. 铝包平稳后，按下读取数值按钮以读取出铝前的包重。

B. 下管：

a. 操作多功能天车，让吸出管对准出铝洞口，慢慢把吸出管插入槽内，使吸出管刚好触及炉底；

b. 轻摇抬包的手轮或操作吸出手柄以调整吸出管口离炉底约 5 cm，要求天车工操作多功能天车时，做到抬包不碰操作地平面及电解槽的上部结构。

C. 吸出操作：

a. 按下启动吸铝按钮，开始自动出铝；

b. 吸出过程中观察各项显示数值是否正常；

c. 待吸铝指示灯熄灭后，将虹吸管从槽子中拔出；

d. 待铝包平稳后，按下读取数值按钮以读取出铝后的包重。

D. 其他后续作业同手动吸出的 E 和 F 操作。

5）抬包运送：

A. 按上述吸出过程吸出使抬包达到额定的容量，关闭压缩空气阀，拆卸下吸出软管；

B. 操作天车，把抬包移至通道，抬包在大面行走，吸出管方向与行走方向同向；

C. 把抬包放稳至抬包车的包座，抬包重心正中，吸出管对正抬包的纵向中心线；

D. 确认天车挂钩头离抬包吊环 1 m 远后，押包人才能上抬包车；

E. 押包运送到铸造车间或相应的移注工区。

6）记录并报告出铝量或电解质量。

2. 灌铝或电解质

1）准备作业：

A. 对天车进行外观检查；

B. 准备溜槽，联系叉车，将溜槽正对作业槽出铝口摆好，在溜槽的四个或两个支撑脚上垫上砖头，使溜槽口有 5%~10% 的斜度；

C. 揭开出铝端角部的三角盖板及大面侧一块盖板，在角部打一个直径约 200 mm 的洞。

2）吊运抬包：

A. 操作多功能天车出铝手柄，将吊钩移动到抬包正上方；

B. 下降吊钩钩住抬包的吊环，将抬包从抬包车上吊下，降至离地面 50 cm 以下的高度，沿厂房大面行进至作业槽。

3）打开倒包口：

A. 拆除倒包口固定包盖的垫物，移动固定销，打开包盖，电解质移注时检查倒包口电解质有无凝结的情况；

B. 操作天车出铝手柄及控制天车手柄轮，将倒包口正对溜槽或灌入的洞口，查看出铝手柄的电子秤显示，记录开始时的抬包总重。

4）移注：

A. 向右方向转动手柄轮，使抬包倾斜，开始时速度要慢，避免铝液或电解质大量溢出；

B. 根据铝液或电解质流出的速度，调整手柄轮及抬包上升速度。

5）移注铝液时上抬电压以保持电压及防止电解质溢出为控制准则，移注电解质时上抬电压是为了防止电解质溢出。

6）确认电解质全部灌完后，查看出铝手柄的电子秤显示，记录此时抬包总重。

7）清理：

A. 操作出铝手柄移动抬包清理地点，打开虹吸孔、入孔、倒包口，移注铝液时，检查抬包内残铝情况，如有转动手轮将残铝从倒包口倒净；

B. 转动手轮让抬包向倒包口方向倾斜，且轻轻触及地面，与地面成 30°~40°；

C. 清理干净炭渣箱，放置在倒包口下，移注电解质时用半月耙将倒包口的电解质刮到渣箱内，确保倒铝口通畅；

D. 打开倒包口的盖，用钢钎将附着在抬包底、抬包侧壁上的电解质块撬松和打成小于倒包口直径的小块，电解质块打完后把抬包吊起，转动手轮到吸出管碰到抬包梁，把抬包提升到离地面 10~20 cm，用半月耙把电解质从倒包口扒出且装到电解质箱中；

E. 清除干净后，摇动手轮将抬包摇正，用操作手轮把抬包摇回原来的位置，记录抬包重量；

F. 吊运抬包车到抬包车上，拉到相应工区继续吸出或放置在抬包定置点。

8）整理及记录报告：

A. 将清除出来的电解质添加进电解槽；

B. 工具放回指定位置，清扫现场卫生，记录并汇报相关情况。

2.3 换极组作业标准

换极组作业标准见表9-9。

（1）更换阳极

1）作业准备：

A. 从换极周期表和作业安排上确认槽号、极号，所有的换极工具放置在安全线内或工具小车上；

B. 新极检查及备块：

a. 不符合《阳极外观技术要求暂行规定》的阳极不能用，爆炸焊裂缝、导杆弯曲的阳极不能用；

b. 阳极炭碗内及附近的磷生铁要清理干净；

c. 阳极要在其里端用电解质液淋好。

C. 在阳极更换作业开始前约 5 min，在作业槽槽控机上按下"更换阳极"键。

表 9-9　换极组作业标准

| 作业名称 | 品质特性 | 输出指标 | 规格内控标准 | 管理方法 | 频率 | 管理责任人 | 管理资料 | 过程指标 | 规格 | 检查方法 | 频率 | 检查责任人 | 检查资料 |
|---|---|---|---|---|---|---|---|---|---|---|---|---|---|
| 更换阳极 | 原铝质量 | 原铝Fe含量 |  | 含铁趋势图 | 每周1次 | 组长 | 更换阳极作业指导书，原铝光谱预分析报告单，作业长记录 | 换极周期 |  | 对照换极表 | 每班1次 | 组长 | 原铝光谱预分析报告单，作业长记录 |
|  |  |  |  |  |  |  |  | 极上保温料 |  | 测量 | 每班1次 | 组长 | 作业长记录本 |
|  |  | 阳极设置精度 |  | 16 h阳极电流分布记录表 | 每班1次 | 组长 | 16 h阳极电流分布记录表 | 阳极板手力矩 |  | 仪表监测 | 每班每块极1次 | 组长 | 作业长记录本 |
|  |  | 铝-铝压降 |  | 铝-铝压降记录表 | 每日1次 | 操炉工 | 铝-铝压降记录表 | 压接面清洁度 | 清洁，无灰尘 | 目测 | 每班每块极1次 | 组长 | 作业长记录本 |
| 熄灭效应 | 电能消耗 | 效应摊电压 | 内控标准 | 槽控机在线采集、监测 | 每日1次 | 操炉工 | 阳极效应情报表 | 效应电压 |  | 槽控机在线采集、监测 | 每个效应1次 | 组长 | 阳极效应情报表 |
|  |  | 效应持续时间 |  | 槽控机在线采集、监测 | 每日1次 | 操炉工 | 阳极效应情报表 | 效应熄灭时间 | 180 s以内 | 槽控机在线采集、监测 | 每个效应1次 | 组长 | 阳极效应情报表 |
|  |  |  |  | 槽控机在线采集、监测 | 每日1次 | 操炉工 | 阳极效应情报表 | 效应样尺寸 |  | 目测 | 每个效应1次 | 组长 | 责任槽日常点检记录本 |

2）扒料作业：

A. 操作人员站在风格板上，以需更换的阳极为中心，向槽两边各揭开 2 块槽盖板，揭开的槽盖板应整齐叠放在相邻槽或左右侧的槽盖板上，注意槽盖板叠加不超过 2 块；

B. 将阳极上及其边部可扒出的覆盖料用铝耙呈扇形扒开，扒出的料要扒在槽沿板内侧或铲到临极上。

3）更换阳极与边部结壳开口作业：

A. 用短钢钎或其他铁工具在所更换阳极的大面边部结壳处，且距离所更换阳极一定位置开出一条宽约 5 cm 的窄缝，窄缝长度为所换极对应宽度，不要将边部结壳砸塌；

B. 多功能天车开口作业：

a. 指挥多功能天车从低残极侧间缝处的壳面到需更换阳极的中缝逐步扎开，形成一条连通且能观察到槽中液体电解质的宽约 5 cm 窄缝；

b. 用铝耙把天车开口过程中形成的结壳块扒出，以防掉入电解质内，不要让天车打击头扎碎阳极，开完口后，指挥天车工收回打击头。

4）换极操作：

A. 卡住残极：

a. 指挥多功能天车旋转工具小车，下降提升阳极装置的夹具夹住阳极导杆孔，确认两个卡头都夹住导杆；

b. 下降多功能天车的阳极扳手，卡住小盒卡具；

c. 用多功能天车的阳极扳手松开小盒卡具，并将阳极扳手提升到位。

B. 拔出残极：

a. 指挥多功能天车上升以提升阳极装置，从而把残极拔出，在拔除残极的过程当中必须由操作人员在下面用铝耙把要掉入槽内的结壳块耙出；

b. 在天车阳极提升装置到上限位之后，指挥天车在不要碰电解槽上部结构的前提下把残极吊运到大面。

C. 在残极运出过程中，要检查残极情况，残极检查的内容为残极裂纹、残极掉块掉角、钢爪熔化、钢爪穿底、底掌长包等。

D. 把残极吊运到阳极水平仪定位托架正中间，下降阳极提升装置，直至提升机自动停止，此时在驾驶室上把计数打到设定位置，然后将残极吊运到阳极托盘处，待残极平稳放置在残极清理架或阳极托盘上后，松开阳极提升装置夹具。

E. 捞渣块（沉淀）作业：

a. 多功能天车重新回到拔出残极的作业区域，下降天车打击头将临新极外侧的凝固电解质扎干净，并扎掉可能影响新极安装的槽中缝结壳，以防止阳极安装不进槽内；

b. 用炭渣瓢捞干净炭渣放在槽沿或炭渣箱内；

c. 用大钩沿槽横向方向摸探有无结壳块，如有，则以钩头找到结壳块的重心，以边部结壳块为支点，利用杠杆原理将结壳块抛在临极或大面上，或拖出槽内放在大面槽沿上，对于直径 40 cm 以上的大块，一般要两人以上协作捞出，重复以上步骤，直至确认结壳块已捞净；

d. 用沉淀瓢沿槽横向方向打捞炉底沉淀，捞出的沉淀暂时放在大面槽沿上，重复以上步骤，直至确认沉淀已捞净。

F. 槽内检查：

a. 用 90° 测定棒放到槽内测出该阳极处的电解质水平、铝水平；

b. 目测临极情况，用大钩沿槽横向方向摸探炉底沉淀、侧部炉帮及炉底破损情况，并检查中缝是不是由于打捞沉淀导致局部沉淀堆积，要是有，则用大钩或者大耙把堆积的沉淀扒平。

G. 用带柄毛刷轻刷阳极导杆与横梁母线的压接面，把上面的粉尘刷干净；

H. 装新极作业：

a. 多功能天车的夹具夹住新阳极铝导杆孔，把新极吊运到阳极水平仪定位托架正中间，下降阳极提升装置，直至提升机自动停止，此时在驾驶室里把设定打到计数位置；

b. 把新阳极吊到换极的电解槽上；

c. 把铝导杆轻轻接触到阳极大母线上；

d. 地面操作人员用铝耙等顶住阳极，协助阳极定位，天车工缓慢下降阳极提升装置，直至提升机自动停止；

e. 下降小盒卡具旋转扳手，使其达到卡具基底；

f. 拧紧小盒卡具，进行两次紧、松的动作。

I. 收边作业：

a. 把阳极靠槽沿边的结壳块呈坡状收整齐，再用铁锹底面把坡面拍平；

b. 新极与相邻极靠槽中间端筑起一道堰墙。

J. 添加保温料。指挥多功能天车下降下料管，往新极与相邻极上加保温料，操作工用铝耙整平，保温料厚度为 18~20 cm；

K. 清理收尾作业：

a. 把打捞的沉淀拉出放在指定位置，把槽沿板清扫干净，盖好盖板；

b. 把工具按规定放回工具架上；

c. 把地面卫生清扫干净；

d. 在新铝导杆与阳极大母线下缘用粉笔平齐画一条线，并把其他的线抹掉；

e. 在导杆上标记换极日期、班次及槽、极号。

5)换极后，巡视"电压异常"和"电压摆"指示；

6)记录并报告换极情况。

2.熄灭效应作业

1)效应发生的确认：

A.根据效应指示灯及现场广播，确认发生效应槽号；

B.从效应棒定置点取 1~2 根效应棒放在发生效应槽出铝端的操作面上。

2)设备情况检查：

A.烟道端观察：

操炉工至槽控机前，察看槽控机工作状态(手动、自动或故障状态)及电压情况(电压高低，电压摆动情况)；

b.观察效应处于何种加工状态(N1、W1、N2、W2、NX、CO)；

c.确保控制阀门打开，打壳、下料电磁阀正常动作。

B.出铝端观察：

a.到出铝端，将端盖板揭开，操作出铝打壳气缸控制杆，打开洞口；

b.查看应无堵料及阳极情况无下滑等现象，下料正常无偏少的情况，打壳应动作有力。

3)效应熄灭作业：

A.待该槽自动 AEB 全部进行完毕，手握效应棒，侧身站在出铝端侧三角盖板处把效应棒从出铝口插入阳极底部，尽量插在较早更换阳极的底掌，并且不让其漂移，作业时注意电解质溅出，防止烫伤；

B.等效应灯熄灭后，至槽控机旁，察看电压稳定与否，确认效应熄灭。

4)清理与记录：

A.回至出铝端，取出效应棒放入废效应棒堆放处；

B.用预热好的炭渣瓢将炭渣捞出倒入炭渣箱内；

C.盖上端盖板，用扫把清理卫生，将工具放回工具架，并做好记录。

5)熄灭后的巡视：

A.如果效应熄灭后，电压小于 4.00 V，可按 1~2 次"升阳极"键，把电压调整到与设定电压数值差值在±0.1 V 的范围即可；

B.如果电压大于 4.5 V，不应立即手动下降电压，而是每 20 min 巡视一次槽电压，直至电压小于 4.00 V。

C.效应之后半个小时之内必须巡视一次散热孔和阴极钢棒，有异常的要及时处理和报告。

6)记录效应熄灭不良的炉号和处置记录，并向相关人员报告。

3.巡视

1）正常巡视：

A.每半个小时巡视一次；

B.巡视电解槽的打壳下料系统是否有堵料、漏料、卡打击头等；

C.巡视操控机工作状态是否异常、异常指示灯是否亮、有无电压摆等；

D.巡视其他设备是否有损坏；

E.检查操作面、槽间风格板以及炉盖有无破损的地方；

F.检查通道上有无工具、垃圾等散乱物；

G.检查电解质液有无溢出，若有，则用铁锹将它投入槽子里；

H.将乱放的工具等整理好，收拾到指定的位置，然后进行清扫。

2）异常巡视：

A.对于电阻控制切断了的电解槽，要经常巡视其电压；

B.对地电压异常时，要查探出电解槽周围的异物；

C.巡视启动后刚灌过铝的电解槽；

D.出现破损状况的电解槽，对重点部位的阴极钢棒温度用红外线测温仪进行监控。

3）记录异常情况。

（4）取电解质

1）作业前的准备：

A.检查斗车配重匹配的情况；

B.确认要舀取的槽号、数量及灌入的槽号。

C.预热电解质瓢、电解质桶，把电解质瓢、桶放在出铝口预热 5~10 min。

2）作业：

A.打开作业槽出铝端盖，操作气缸控制杆，打开洞口壳面，用炭渣瓢或钢钎清理洞口，洞口直径约 30 cm；

B.揭开电解槽的槽盖，手动出铝打壳控制杆；

C.摆好斗车、支架，将电解质瓢架在合适位置；

D.将电解质瓢手柄中央架在支架上，把电解质瓢伸进出铝口舀满电解质，利用杠杆原理把电解质舀出来倒在电解质桶内，直到电解质桶舀满为止；

E.抓住斗车的手柄，使电解质桶离地面为 50~80 cm；

F.保持斗车的平衡，推动斗车；

G.把电解质桶抵住灌入槽的槽沿板，推动斗车，电解质桶倾斜向出铝口，使电解质流向出铝口；

H.重复以上动作，直至舀够指示的数量。

3）整理：

A.舀完后清理散落的电解质，用铁铲铲回槽内，打扫出铝口及地面卫生；

B.把电解质桶、瓢放在指定位置，待冷却后再进行清理工作；

C.回收工具到指定位置，进行定置管理。

5.打捞炭渣

1）准备工作：

A.穿戴好完整的劳保用品；

B.准备好工具及炭渣箱；

C.确认槽号，把出铝口端盖揭开靠在门框上，按出铝口打击头手柄把出铝口打开，注意电解质飞溅烫伤；

D.把炭渣瓢放在阳极或电解质液面上预热 2~3 min，待预热完才能作业。

E.将捞出的炭渣倒入炭渣箱内。

2）整理及记录：

A.清扫电解槽出铝口及地面卫生，盖上槽盖；

B.将工具放回原位；

C.记录打捞炭渣的槽号。

2.4 设备组作业标准

设备组作业标准见表 9-10。

1.抬母线

1）作业准备：

A.母线提升槽槽号的确认；

B.检查脉冲数是否与阳极大母线位置对应，不对应的要联系计算机进行调整；

C.准备扳手、粉笔及效应棒。

2）检查母线框架：

A.操作多功能天车下降副钩，使钩头钩住框架的吊架；

B.放掉多功能天车副钩压缩空气管内的水分；

C.将多功能天车副钩压缩空气管与框架上的软管套接好，并打开气阀的开关；

D.吊起框架到 1 号通道的开阔地带，开闭控制架上的阀门开关，检查框架上各气缸、气管是否有漏气，各夹臂是否有动作到位及歪斜现象，然后复位。

3）操作多功能天车，将母线框架上升到上限位，移至将要抬母线槽的上方。

4）与槽控机联系，按下母线框架对应槽上部的"抬母线 A"或"抬母线 B"按钮。

表 9-10　设备组作业标准

| 作业名称 | 品质特性 | 输出指标 | 规格 | 管理方法 | 频率 | 管理资料 | 过程指标 | 规格 | 检查方法 | 频率 | 检查责任人 | 检查资料 |
|---|---|---|---|---|---|---|---|---|---|---|---|---|
| 抬母线 | 横梁位置 | 母线位移量 | | 脉冲数及母线位置 | 1次/台 | 脉冲数记录本 | 脉冲数 | | 槽控机脉冲 | 每台槽1次 | 操作工 | 脉冲数记录本 |
| | | | | | | 母线框架点检记录本 | 风压 | | 仪表显示 | 抬母线前 | 操作工 | |
| 槽上部机构维护检修 | 设备运行 | 设备完好率 | | 日常点检 | 1次/天 | 电解槽日常维护检修记录 | 备品备件消耗 | | 统计 | 每月1次 | 班长 | 备品备件消耗单 |
| 停槽作业 | 导电性能 | 停槽压降 | | 槽控机显示 | 作业完毕 | | 短路口接触压降 | | 万用表 | 1次/台 | 检查员 | |

5）安放母线框架

A. 移动多功能天车的大车及副钩，使母线框架支撑脚对准电解槽上部的支撑；

B. 慢慢下降母线框架，使此段的阳极套入夹臂内；

C. 稍微下降多功能天车的副钩，整个框架的重量由电解槽上部机构支撑住；

D. 确认母线框架夹臂都对正位；

E. 开闭控制架上的阀门开关；

F. 确认每个夹臂都动作到位；

G. 在放置框架过程中，要及时调整框架的位置，防止框架倾斜而安装不到位。

6）松开小盒卡具：

A. 取下操作支架，套入气动扳手的摇臂，按住操作支架控制盘上的对应"行走"按钮，使气动扳手至适当位置；

B. 转换操作支架控制盘侧部转换阀至"下降"按钮，使气动扳手下降，对准小盒卡具的螺杆头；

C. 按住操作支架控制盘上的"扭松"按钮，松开小盒卡具；

D. 转换操作支架控制盘侧部转换阀至"上升"按钮，使气动扳手上升复位；

E. 检查每一个卡具是否都旋松，对阳极导杆没有压力。

7）提升阳极母线：

A. 按住槽控机的"升阳极"键，使阳极母线不断上升；

B. 当提升阳极母线至槽控机脉冲读数显示为"50"时，停止上抬母线。

8）拧紧小盒卡具：

A. 按住操作支架控制盘上的对应行走方向的"行走"按钮，使气动扳手行走至适当位置；

B. 按住操作支架控制盘上的"下降"按钮，使气动扳手下降，对准小盒卡具的螺杆头；

C. 按住操作支架控制盘上的"扭紧"按钮，扭紧小盒卡具，扭紧到位后，重复2~3次扭紧动作；

D. 按住操作支架控制盘上的"上升"按钮，使气动扳手上升复位；

E. 将所有卡具紧固完毕；

F. 将操作支架挂在母线框架上边缘；

G. 开闭控制架上的阀门开关，使母线框架松开阳极导杆；

H. 操作多功能天车的副钩，提升母线框架上升到上限位；

I. 用粉笔沿阳极母线下缘画线。

9）放回母线框架：

A. 确认抬完所有的槽子,吊回母线框架至原放置点;

B. 按2)相反的步骤拆卸下副钩和母线框架的气管接头,将母线框架上升到上限位;

C. 收拾效应棒。

10)作业后巡视:

A. 检查槽控机是否处于自动状态;

B. 槽控机的"抬母线"是否清除;

C. 槽控机脉冲读数;

D. 检查阳极铝导杆上的画线记号。

11)记录抬母线的槽号及时间。

2. 挂极铺焦粒

1)准备工作:

A. 确认挂极的槽号及电解槽验收交工完毕;

B. 接好风管,用风管将槽膛炉底从出铝端向烟道端逐步吹干净;

C. 准备好焦粒及卡具,确认卡具上好润滑油脂,松紧灵活,开合度调整至最小;

D. 将阳极运送到现场,并检查阳极是否符合质量要求;

E. 手动或手工单动横梁大母线,使其调整在375 mm位置,把槽控机的3DL合上,1DL拉下,并在槽控箱面板上贴上警示标志。

2)铺焦粒与挂极作业:

A. 从烟道端至出铝端挂极;

B. 将铝栅栏放在阴极表面,宽度方向筋条压在大面人工伸腿炭帽的边缘,长度方向筋条压在小头人工伸腿炭帽的边缘,注意尽量放平整;

C. 铺焦粒作业:

a. 将袋装的焦粒倒出10~15 kg在铝栅栏上,用铁锹铲或铝板尺刮焦粒,使其尽量分布均匀;

b. 用铝板尺沿长度方向将整个铝栅栏都刮平;

c. 两人合作,抓住手柄取出铝栅栏,提升动作要快,避免破坏已铺好的焦垫。

D. 挂极作业:

a. 吊运阳极到已经铺好焦粒的阴极处,慢慢贴向大母线,然后再下降至合适高度;

b. 两人各用一只手抓住卡具的柄,一人用手抓住卡具的螺杆头,两人合力将卡具放正在挂钩上;

c. 调整多功能天车及工具小车的卡头位置,使阳极水平垂直;

d. 缓慢下降阳极使其压实在焦粒垫上;

e. 检查阳极导杆与大母线的间隙，间隙不得大于 6 mm，检查阳极与焦粒接触情况，应有 2/3 的阳极底掌压实在焦垫上；

f. 如果不符合要求，上提阳极后调整阳极位置直至符合要求；

g. 清扫出阳极周围多余的焦粒；

E. 重复以上步骤，将电解槽 24 组阳极铺焦粒与挂极作业完成。

3）手拿盖板的手柄，将盖板从出铝端依次放好在槽中缝，盖板的长侧边缘各压在炭块的横向里端，安装好盖板。

4）收拾工器具，做好记录。

3. 装炉

1）联系将所需物料运至装炉的槽前，拆开袋口；

2）安装保护套管或热电偶：

A. 组装热电偶，将热电偶放入保护套管底，保护套管口用纸或石棉绳堵住，以防物料进入；

B. 在出铝端、烟道端、A 面、B 面规定的点位各安装一支热电偶组或保护套管。

3）电解槽装料：

A. 先将物料搬到槽沿，再将物料倒入槽内；

B. 装炉要求：

a. 先将冰晶石加在阳极上、大面、小头上，形成一层；

b. 冰晶石加完后，稍微整理将阳极覆盖，再加纯碱；

c. 将氟化钙均匀撒在大面及小头上。

4）结束：

A. 物料整形，使其分布均匀；

B. 清扫槽沿及槽四周卫生；

C. 盖好槽盖板。

5）记录装炉的各种原料用量，并向相关人员报告。

4. 装分流片

1）作业准备：

A. 将压接面（焙烧槽阳极大母线、下一台槽立柱母线、分流片的两端头压接面）用甲醛溶液或电动钢刷清洗干净；

B. 将夹具拆开螺母，将夹板取出，从焙烧槽阳极大母线内侧穿出，再将夹具套上，上好螺母，依此安装好弓形卡具；

C. 将夹具拆开螺母，将螺杆取出，从下一台槽立柱母线穿出，将立柱母线包裹，再将螺杆套上，上好螺母。

2）安装分流片：

A. 四人合力将分流片抬到合适位置，摆正位置；

B. 将压接焙烧槽大母线端的压接面穿在夹板内，紧固一下；

C. 再将压接下一台槽立柱母线端的压接面各穿在夹板或弓形卡具内；

D. 确认安装位置正确后，将两端的螺母（焙烧槽大母线端夹具上下螺母、下一台槽立柱母线端左右夹具螺母）都完全紧固；

E. 重复以上步骤将四组分流片安装完毕；

F. 采用不停电装置通电时，应通知检修车间在 B 面焊接分流片。

3）作业结束后，收拾工器具及清理现场。

4）记录安装时间，并向相关人员报告。

5. 通电（停电操作）

1）确认通电的槽号。

2）用手机或对讲机联系整流所开始停电，正常情况时由调度室派员现场联系，异常情况时由现场指挥者联系计算机控制室。

3）短路口操作：

A. 在确认操控箱电流显示为"0"后，用风动扳手或大扳手松开短路口的全部紧固螺母；

B. 根据检查情况，把旧的绝缘保护套管取出，重新换上新的绝缘保护套管，重新放回紧固螺杆及螺母；

C. 用木棍或钢钎撬开短路片，把绝缘板插入并敲打到位；

D. 用风动扳手或大扳手稍微紧固螺杆。

4）短路口检查：

A. 对每一根紧固螺杆的绝缘情况用兆欧表进行测定，测定值小于 1 MΩ 的，必须找出原因并处理；

B. 对短路片软带与立柱母线之间的距离进行检查，距离小于 1 cm 的，必须用木楔或绝缘垫入，防止短路。

5）送电：

A. 在确认短路口操作完毕，且绝缘情况正常后，用手机或对讲机通知开始送电；

B. 按照梯度送电原则送电。

6）记录报告：

A. 通电的送电过程中，密切关注槽电压变化情况，送到全电流时，记下此刻的电压及通电时间；

B. 全电流送完后半小时，记录下槽控机的显示电压。

7）作业结束，收拾工器具及清理现场。

6. 通电(不停电操作)

1)操作准备:

A. 检查作业槽的绝缘状况,吹扫杂物和脏料,在不停电开停槽装置支脚与风格板接触处铺设橡胶垫(设备附带)。

B. 压接面处理。压接面处理是该装置在实际操作中是否取得理想效果的核心步骤,是决定开、停槽作业时短路口是否有火花或火花大小的关键,在操作规程中必须认真执行。

a. 打磨作业槽立柱母线、短路母线与开关的压接面,并用干净的棉布擦净。原则上打磨面粗糙度应至 50 μm,平面度至 0.2 mm。各用户也可视槽型工作电流大小和试运行情况做相应调整。最低要求为:换流开关闭合,短路口螺栓松开,仅处于机械手动压紧(开槽作业时)或液压压紧(停槽作业时)状态下,不出现火花为准。

b. 检查换流开关进、出电铜软带压接面,锉掉粘连的铝屑,用酒精清洗或用细砂纸轻轻打磨一遍。

C. 用于连接出电铜软带与短路块的压接开闭固定夹需占用短路口上部两根螺栓的孔位空间,在安装不停电装置前提前拆除该处螺栓。

D. 准备开停槽作业用常规工具及红外线测温仪 1 台。

2)开槽作业:

A. 通过换流开关上的观察口检查触头,确认所有操作单元上的换流开关均处于断开状态。

B. 启动天车出铝用吊钩分别将装置依次吊至工位上方,两侧的操作人员握住装置上的手柄,控制定位导向轮贴住立柱侧面缓慢放下就位。

C. 取下挂钩,将换流开关绕铰轴旋转就位。

D. 将换流开关上的进电及出电铜软带分别用压接固定夹及压接开闭固定夹压紧在立柱母线及短路母线上。

E. 将开闭杆旋至其上 U 形口对齐开闭压接固定夹上的螺纹接口,用手微旋底部调节螺栓定位。

F. 连接控制柜电源。

G. 连接每个操作单元的电缆至控制柜。

H. 测试无负荷状态下换流开关及开闭杆的联动动作,确认联动动作无误且开闭杆处于闭合位置(即油缸活塞杆伸出)后才能进行下一步安装。(注意:液压站电机旋向与接入控制柜总电源接线的相序有关,相序接错液压站不能正确工作,即操作按钮时开闭杆不动。)

I. 将连接头通过开闭杆上 U 形口与开闭压接固定夹上的螺纹接口连接。

J. 松开手动螺母 1,用套筒旋紧连接头上的手动螺母 2 压紧短路母线(注意卡住螺杆旋动)，再将手动螺母 1 靠住开闭杆(见图 9-5)。

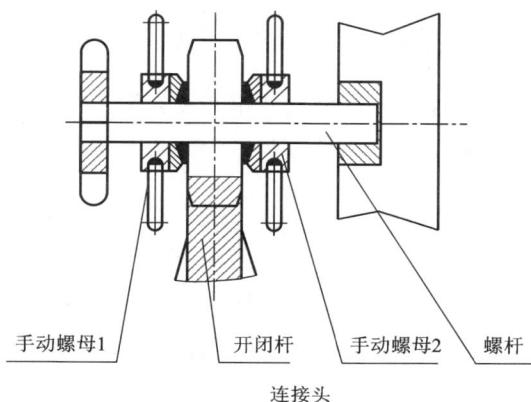

图 9-5　操作示意图

K. 旋动总控制柜上的按钮，使换流开关闭合，松开短路块上的连接螺栓，确认尺寸合适。

L. 确认手动螺母 1 靠住开闭杆，旋动总控制柜上的开闭杆按钮，拉开短路口。

M. 操作人员插入侧插绝缘板(设备自带)。

N. 旋动总控制柜上的换流开关按钮，断开换流开关。

O. 确认换流开关已全部断开，依次拆除连接头、开闭杆、压接固定夹、压接开闭固定夹等，吊离设备。

P. 按原设计方式人工装入绝缘盒，开槽作业完毕。

7. 启动

1) 准备工作：

A. 揭开出铝端盖板，将热电偶及端头盖板取出，保证出铝口与中缝连通；

B. 联系小叉车将溜槽叉到指定位置放好；

C. 联系及确认电解质吸出的炉号及电解质量。

2) 拆除软连接作业：

A. 拧紧卡具。分组从出铝端用手动扳手人工逐一紧固卡具；

B. 拆除软连接。在确认卡具全部拧紧后，拆除软连接。

3) 灌电解质：

A. 在启动 30 min 前开始联系抽取电解质，电解质注入量一般为 3 包；

B. 注入电解质；

C. 拧松提升机底座的四个紧固螺栓, 用钢丝绳吊起提升机底座, 在吊起的间隙插入垫板, 再紧固螺栓;

D. 重复以上操作灌入第 2 和第 3 包电解质。

4) 抬阳极及人工阳极效应:

A. 确认第 1 包电解质灌完, 阳极盒式卡具已复紧;

B. 在灌电解质的同时, 一边点动升阳极, 根据电解质的流动情况, 一次可以点动 2~4 个回转计;

C. 同样灌完第 3 包电解质后, 上抬阳极, 产生电压为 7~8 V 的人工阳极效应。

5) 电解质全部灌完后, 将启动槽所有槽盖揭开, 将阳极中缝的盖板逐一用铝耙杆取出, 用铝耙将阳极上的散料推入中缝, 用铁锹将边缝的料铲往中缝。

6) 人工阳极效应熄灭:

A. 确认人工阳极效应时间足够, 边部化开, 电解质量足够;

B. 手动"打壳""下料" 6 次左右;

C. 从大面、小头等多点插入阳极效应棒熄灭。

7) 捞槽内炭渣:

A. 用炭渣瓢在出铝端、烟道端及两大面处打捞炭渣, 捞出的炭渣放入渣箱, 捞净后清扫卫生, 盖好盖板;

B. 二次启动槽需要提出阳极, 然后再打捞炭渣, 打捞炭渣后安装回阳极。

8) 启动结束后收拾现场卫生, 并做好记录。

8. 停槽(停电操作):

1) 明确要停槽的槽号, 停槽槽号一般由厂部确定, 特殊情况由组长确定;

2) 抽电解质, 抽取过程注意观察电解质液面及电压变化情况;

3) 用风管接通工作面上的风源, 拧开阀门 1/4~1/2 开度, 吹干净短路口上的积灰;

4) 用现场电话与整流所联系停电;

5) 在操控机上系列电流显示栏确认系列电流为 "0", 用扳手或风动扳手拧松短路口紧固螺栓的螺母, 用撬棍和钢钎撬松短路片, 取出绝缘插板;

6) 用风动扳手、大扳手拧紧紧固螺母, 最后紧固时, 一边用橡皮锤或铝锤敲打短路片, 一边用扳手拧紧;

7) 通过用现场电话与整流所联系送电;

8) 确认系列电流恢复到正常值, 打开万用表, 调到测直流电压 200 MV 挡位, 测量短路口压接面压降, 测量值大于 10 MV 的, 要再拧紧螺母使压降尽可能降低;

9) 联系出铝组吸出槽内的再产铝, 抽出的铝水送铸造或倒大铁箱, 无法虹吸出来的残铝，取出残极，用大勺瓢取出来，倒入炭渣箱，作为大块铝，用叉车再送到铸造车间；

10）按槽控机"升阳极"键，使阳极大母线上升，当对应的槽控机脉冲数为 50~60 mm，操作下料电磁阀，使定容下料器动作，排空料箱内的料；

11）清理现场：

A. 把停槽期间所用的工器具归整，放回原来位置；

B. 扒干净电解槽上部的积料，清净电解槽上部；

C. 用扫把清扫干净大面、小面、风格板、槽沿板。

12）报告和记录停炉的炉号、日期、时间。

9. 停槽（不停电操作）

1）操作准备：

A. 检查作业槽的绝缘状况，吹扫杂物和脏料，在不停电开停槽装置支脚与风格板接触处铺设橡胶垫（设备附带）。

B. 压接面处理。压接面处理是该装置在实际操作中是否取得理想效果的核心步骤，是决定开、停槽作业时短路口是否有火花或火花大小的关键，在操作规程中必须认真执行。

a. 打磨作业槽立柱母线、短路母线与开关的压接面，并用干净的棉布擦净。原则上打磨面粗糙度应至 50 μm，平面度至 0.2 mm。各用户也可视槽型工作电流大小和试运行情况做相应调整。最低要求为：换流开关闭合，短路口螺栓松开，仅处于机械手动压紧（开槽作业时）或液压压紧（停槽作业时）状态下，不出现火花为准。

b. 检查换流开关进、出电铜软带压接面，锉掉粘连的铝屑，用酒精清洗或用细砂纸轻轻打磨一遍。

c. 用于连接出电铜软带与短路块的压接开闭固定夹需占用短路口上部两根螺栓的孔位空间，在安装不停电装置前提前拆除该处螺栓。

D. 准备开停槽作业用常规工具及红外线测温仪 1 台。

2）停槽作业：

A. 启动天车出铝用吊钩，分别将每个操作单元依次吊至工位上方，两侧的操作人员握住装置上的手柄，控制装置上的定位导向轮贴住立柱侧面缓慢放下就位。

B. 取下挂钩，将换流开关绕铰轴旋转就位。

C. 将换流开关上的进电铜软带用压接固定夹压紧在立柱母线上。

D. 连接控制柜电源。

E. 连接每个操作单元的电缆至控制柜。

F. 在出电铜软带与短路母线之间插入临时绝缘板隔离。

G. 测试无负荷状态下换流开关及开闭杆的联动动作,确认动作无误且开闭杆处于拉开状态(即油缸活塞杆缩回)后才能进行下一步安装。

H. 将换流开关上的出电铜软带用开闭压接固定夹压紧在短路母线上。

I. 将连接头通过开闭杆上 U 形口与压接开闭固定夹上的螺纹接口连接。

J. 确认连接头上手动螺母 2 靠紧,旋动总控制柜上的换流开关按钮,使换流开关闭合,人工抽出侧插绝缘板。如短路块压住绝缘板太紧难于取出,可松开手动螺母 2,卡住螺杆,用套筒旋动连接头上手动螺母 1 即可拉开短路块少许。

K. 旋动总控制柜上的开闭杆按钮,闭合短路口。

L. 操作人员迅速装入并扭紧短路块连接螺栓。

M. 旋动总控制柜上的按钮,断开换流开关并确认。

N. 拆除设备,吊离设备按原设计方式人工装入绝缘盒。

3)其他后续工作同停槽(停电操作)。

## 9.2.3　考核标准

1. 计测组考核标准

1)电解质温度测量误差不超出±2℃,否则每台槽扣 1 分;

2)两水平测量误差不超出±1 cm,否则每台槽扣 1 分;

3)取电解质样不能出现试样夹杂结壳块或者炭渣,否则每次扣 2 分;

4)取铝样不能出现化勺现象,否则每次扣 2 分;

5)炉底压降测量误差不超出±10 MV,否则每台槽扣 5 分;

6)电解槽三项数据:

A. 阴极钢棒温度测量误差不超出±5℃,否则每台槽扣 5 分;

B. 阴极电流分布测量误差不超出±2 MV,否则每台槽扣 5 分;

C. 炉底钢板温度测量误差不超出±5℃,否则每台槽扣 5 分;

7)炉帮形状测量误差不超出±3 cm,否则每台槽扣 5 分;

8)阳极压降测量误差不超出±10 MV,否则每台槽扣 5 分。

2. 出铝组考核标准

1)交接班

A. 接班后对天车进行规定的点检工作,否则每次扣 1 分;

B. 交班前要将所在区域的多功能天车维护干净,否则每次每台槽扣 10 分;

C. 交班前必须将抬包按指定地点放好并封好包,否则每次扣 2 分;

D. 交班前如果出铝管缩小,需换管交班,否则每次扣 2 分;

E. 交班前将所在区域的通廊卫生打扫干净,否则每处扣 2 分。

2)作业

A. 由天车故障、抬母线或车队等非操作原因引起的单包超时,要及时向调度和铸造炉前联系并做好记录，否则每次扣2分；

B. 第一包铝必须在接班后30 min送到铸造，否则每次扣2分；

C. 每包铝的吸出时间不能超过25 min，白班出铝要在14：00前出完并送铸造，中班出铝要在22：00前出完并送铸造，否则每次扣2分；

D. 出完铝后要清包，否则每次扣2分；

E. 做好吸出台账，否则每处扣2分，丢失包票每张扣2分；

F. 吸出误差单槽允许范围为−10~+40 kg，超标每台扣2分；

G. 指示量要及时输入计算机，否则每次扣2分；

H. 白班要排好包，否则每次扣5分。

3）休息规定

A. 吸出组因倒班的不同，每月比长白班人员少上2个班，为确保车间临时任务的完成，规定每月吸出工上2个副班，未出勤的副班实行月累计；

B. 安排副班的原则：一是未上累计副班的多少；二是是否在休息期间；

C. 计划停槽、启动开槽需上副班时，管理人员提前1天通知吸出工，意外停槽的吸出，由管理人员根据情况临时做出安排，吸出工必须服从；

D. 吸出工休息时要保持联系畅通，不能故意中断或更换联系方式，因以上原因使车间下达任务不能正常传达到的，认定为旷工或不服从安排，视情节轻重扣除半月至1月奖金；

E. 如安排副班而不能出勤，需提前向管理人员请假，由管理人员安排人员顶班，请假人扣月奖20%给顶班者，对无故不出勤者按旷工处理，视情节轻重扣除半月至1月奖金；

F. 副班考核同正常上班。

3. 换极组考核标准

1）换极作业

A. 未联系计算机，每次扣10分；

B. 未扒尽极上浮料，每次扣10分；

C. 错换、漏换阳极，每次扣5分；

D. 未进行开口，每次扣10分；

E. 不画线或标记日期，不用卡尺或水平仪，每项扣1分；

F. 未捞炉底并未认真记录，每次扣1分；

G. 未捞炭渣或沉淀，每次扣2分；

H. 未堵阳极中缝或阳极中缝未堵好，每次扣1分；

I. 阳极导杆装歪，每次扣1分；

J. 槽盖未盖严，每次扣1分；

K. 阳极滑块或滑料，每次扣1分；

L. 因换极作业不认真而引起电压摆或者噪声值变大的，按以下标准扣分：

①引起电压摆的：

a. 换极前电压摆，换极后电压摆幅度明显加大的，每次扣 3 分；

b. 换极前不显示电压摆，换极后电压摆的，每次扣 6 分；

c. 换极前电压不摆，换极后电压也不摆，换极过程中电压摆的，每次扣 3 分；

d. 换极过程中电压摆幅度较大且引起相邻槽电压摆的，每次扣 6 分；

e. 连续几个班稳定槽，换极过程中电压摆或换极后电压摆，每次扣 20 分；

f. 换极电压不摆，但下一个班电压摆是由该极或相邻极引起的，每次扣 3 分；

g. 本班当中换极电压摆被考核的台数超过 3 台的追加扣罚 10 分。

②噪声值变大的：

a. 换极前噪声值大于 30 mV，换极后噪声值增加 20 mV 的，每次扣 2 分；

b. 换极前噪声值小于 25 mV，换极后噪声值大于 30 mV 的，每次扣 4 分；

c. 换极前后噪声值小于 25 mV，换极过程中噪声值大于 30 mV 的，每次扣 2 分；

d. 连续几个班稳定槽，换极过程中噪声值或换极后噪声值大于 30 mV 的，每次扣 10 分；

e. 换极噪声值小于 25 mV，但下一个班噪声值增加且大于 30 mV 是由该极引起的，每次扣 2 分；

f. 换极后噪声值大于 30 mV，且时间在 60 min 以内，每次扣 2 分，超过 60 min，追加扣 3 分；

g. 本班当中换极噪声值被考核的台数超过 5 台的追加扣罚 10 分。

M. 不合格新极上槽，导致不导电、电压摆或阳极脱落的，每次扣 10 分；

N. 阳极上磷生铁未检净，阳极上结壳块中的炭环未检净，每次扣 1 分；

O. 阳极导杆与大母线接触压降大于 20 mV，每极扣 1 分；

P. 天车开口只能开口一块阳极，换极一块阳极，对天车开口两块及两块以上的，每块扣 10 分；

Q. 对换极过程中不按规定上调电压的，按违反工艺纪律处分的，每次扣 20 分；

R. 对换极不联系"更换阳极"键或更换阳极完毕后才联系的，按违反工艺纪律处分，每次扣 40 分。

2) 熄灭效应作业

A. 效应持续时间控制在 4 min 以内，每超时 1 min 扣 1 分，效应持续 20 min 以上者，每次扣 10 分；

B. 当班单槽发生一次闪烁效应不考核，发生二次则按重效应考核，发生三次及以上则以此类推；

C. 闪烁效应后必须从出铝端、烟道端打捞干净炭渣，否则每槽每次扣 1 分；

D. 闪烁效应后，废效应棒必须回收到指定位置，并清扫干净现场卫生，否则每槽每次扣 1 分；

E. 当班发生重效应，扣 5 分，发生三次扣 10 分，以此类推；

F. 突发效应，扣每槽每人 5 分；

G. 效应后必须调整好异常电压并巡视好散热孔，否则每槽每次扣 1 分。

3）槽控箱操作

A. 无故按"NB 处理"，每次扣 1 分；

B. 无故按"更换阳极""出铝""抬母线""AEB 处理"，每次扣 50 分；

C. 无故将 3DL 开关拉下的，每次扣 10 分；

D. 无故长时间将槽控箱打成"手动"状态的，每槽每次扣 5 分，造成严重后果的，加倍处罚。

4）巡视作业

A. 堵料及卡打击头不及时处理或交班的，每处扣 5 分；

B. 火眼当班必须堵，否则每处扣 1 分，对烧槽盖的每次每处扣 10 分；

C. 未按要求巡视好散热孔、槽周围阴极钢窗的，凡出现漏炉事故，扣组长 20 分，责任者当月工资以浮动工资发放；漏炉处理不及时导致严重后果者，交分厂处理；

D. 缺料或设备出现故障未能及时发现的，每次扣 5 分，造成严重后果的，加倍处罚；

E. 电解质包打击头不清理的，每次每处扣 1 分；

F. 无故揭开槽盖不盖的，每次每块扣 2 分。

5）现场文明卫生及定置管理

A. 中夜班卫生全部归当班负责，零点班交班进行检查，对积料或有粉尘的，每处扣 1 分，对通道和电解厂房大面、烟道端，每处扣 10 分；

B. 白班换极区的卫生全部由当班负责，其他由长白班负责，特殊情况服从安排；

C. 电解质块及效应棒不能往槽下扔，否则每次扣 5 分；

D. 工具未按要求放置在工具架或工具车，或未按定置管理要求乱放工具的，每件扣 1 分；

E. 原材物料和炭渣箱等未按定置管理要求放置的或放置不当的，每处扣 1 分；

6）电压摆的考核

A. 单槽当班累计电压摆时间如果超过 20 min，则每超 10 min 扣该班 0.5 分，不足 10 min 的，按 10 min 计；

B. 换极引起的电压摆，如换极电压摆已考核，则平时电压摆不进行考核；

C. 特殊槽的考核，由考核小组根据具体情况做出。

7) 异常电压的考核

A. 单槽当班累计异常时间如果超过 10 min，则每超 5 min 扣 0.5 分，不足 5 min 的，按 5 min 计，新开槽不考核；

B. 特殊槽的考核，由考核小组根据具体情况做出。

8) 安全管理

A. 安全记录未按要求记录的，每次扣 30 分；

B. 劳保用品穿戴不齐全的，每次扣 10 分；

C. 安全检查出的问题，超期限未整改的，超一天追扣 5 分；

D. 交班待机室卫生未清扫或物品摆放凌乱的，每次扣 10 分；

E. 安全活动未按时进行或补充进行的，每次扣 50 分；

F. 安全考试试卷未按期限上交的，超一天追扣 10 分；

G. 其他未按要求执行的，每次扣 20 分。

# 9.3 电解车间管理人员的设置与管理

电解生产现场管理关键在于单兵作业的效率和作业连接之间的效率。为此，对电解车间生产组织进行了扁平化管理，即大车间、大班组；对电解车间的作业进行专业化、流水化、标准化管理，以确保这种新的管理模式顺利推进，对电解车间管理人员也进行新的设置，建立新的电解生产管理人员的管理与选拔制度。

## 9.3.1 总则

电解车间生产管理人员由作业长、班长、操作助理、技术助理构成，作业长、班长、操作助理、技术助理的选拔(或考评)一年进行一次，其程序分为日常管理(排序阶段)和年度选拔两个阶段：

第一个阶段：日常管理，阶段即排序阶段。

作业长、班长以每次当班的工作业绩进行统计排序，操作助理、技术助理以操作助理、技术助理工作日志表所完成的工作业绩进行统计排序。

第二个阶段：年度选拔晋级。

通过排序产生的作业长前 3 名与班长的后 2 名竞争 2 个班长的职位。

通过排序产生的班长前 2 名与操作助理的后 1 名竞争 1 个操作助理的职位。

通过排序产生的操作助理前 2 名与技术助理的后 1 名竞争 1 个技术助理的职位。

通过排序产生的后 3 个生产组作业长和换极组作业长共 6 名，与有望成为主操的普通员工竞争 6 名作业长的职位。

1.2 选拔晋级办法：

其原则为全面考察，重点突出。内容包含公共模块（70%）和专业模块（30%）。其中公共模块中有职业道德（10%）、理论考试（10%）、工作业绩（20%）、组织考核和民主评议（30%）。

### 9.3.2　技术助理竞聘方案

#### 9.3.2.1　考核原则、内容与细则

考核原则为总分采用 100 分制，每月进行统计，每年综合评比一次。

考核内容为：重点责任槽的管理占总分的 20%；主要技术条件管理和经济指标占总分的 60%；评判日志占总分的 20%。

考核细则为：对于重点责任槽的管理，每月评判一次，以工作电压的升降幅度作为重点槽管理好与差的评判依据（破损槽除外）。

a. 工作电压不变的，不加分也不减分；

b. 工作电压下降 1~20 mV，+5 分；

c. 工作电压下降 21~40 mV，+10 分；

d. 工作电压下降 40 mV 以上的，+20 分；

e. 工作电压上升 1~20 mV，−5 分；

f. 工作电压上升 21~40 mV，−10 分；

g. 工作电压上升 40 mV 以上的，−20 分。

h. 重点责任槽连续 20 天噪声值正常和电压受控，+30 分，并纳入正常槽管理。

主要技术条件管理和经济指标：其中每月区均电解温度占 20%；每月区均 AIF，过剩量及其合格率占 20%；每月平均电压摆占 30%；每季度原铝直流电单耗占 30%。

a. 每月区均电解温度：基础分为 100 分，以一周为考核时段，对区均超出正常范围的进行扣分，90 天以内的新槽除外。

①每周区均电解温度在 935.0~945.0℃ 的为正常范围。

②每周区均电解温度在 930.0~934.9℃ 的，−5 分；

③每周区均电解温度在 930.0℃ 以下的，−10 分；

④每周区均电解温度在 945.1~947.0℃ 的，−10 分；

⑤每周区均电解温度在 947.1 以上的，−20 分。

b. 每月区均 $AlF_3$，过剩量及其合格率：基础分为 100 分，以每周为考核时间段，对区均超出正常范围的进行扣分，对单槽合格率达不到正常范围的进行扣分，90 天以内的新槽除外。

①AlF$_3$，过剩量区均在 9.50%~12.50% 为正常范围，单槽大于 9.5% 的合格率达到 80% 以上。

②每周区均 AlF$_3$，过剩量在 12.51%~13.00% 的，-3 分；

③每周区均 AlF$_3$ 过剩量在 13.01%~13.50% 的，-6 分；

④每周区均 AlF$_3$ 过剩量在 13.50% 以上的，-10 分；

⑤每周区均 AlF$_3$ 过剩量在 9.00%~9.49% 的，-5 分；

⑥每周区均 AlF$_3$ 过剩量在 8.50%~8.99% 的，-10 分；

⑦每周区均 AlF$_3$ 过剩量在 8.50% 以下的，-20 分；

⑧每周单槽合格率在 75.0%~79.9% 的，-5 分；

⑨每周单槽合格率在 70.0%~74.9% 的，-10 分；

⑩每周单槽合格率在 70.0% 以下的，-20 分。

c. 每月平均电压摆：按区均电压摆的多少累计进行排名，以每月为考核时间段。电压摆最少的为第一名得 40 分；第二名得 30 分；第三名得 20 分；第四名得 10 分。

d. 每季度原铝直流电单耗：按所管辖工区原铝直流电单耗高低进行排名，以每季度为考核时间段。原铝直流电单耗最低的为第一名，得 30 分；第二名得 25 分；第三名得 20 分；第四名得 15 分。

e. 评判日志：基础分为 100 分，每天对技术条件的变更内容及变更理由进行填写，每周要评价变更效果。不按规定填写的每项-5 分，以每月为考核时间段。

f. 其他：在执行过程中如果发现单项分值有不合理之处，可以及时进行修改和完善。

### 9.3.2.2 晋级考核办法

竞聘方式为理论考试、考核、答辩。

理论考试：铝电解知识 10%；

考核：职业道德（10%）、工作业绩（20%）；

答辩：述职演讲，民主评议（30%）及专业知识答辩（30%）。

1. 理论考试（10%）

①"三度寻优"的控制技术的核心思想；

②铝电解基础知识。

2. 职业道德（10%）

职业道德考评（满分 10 分）：

①每迟到、早退一次扣 1 分、旷工一次扣 2 分；

②在生产现场未穿戴好劳保用品，每发现一次扣 1 分；

③发生一起未遂事故扣 3 分，发生一起轻伤以下安全事故，责任人被厂部通报的扣 5 分，被公司通报的扣 10 分；

④发生一般质量事故或一般设备事故，且可以及时纠正错误的，每次扣 1 分，不能及时纠正的，扣 3 分，责任人被厂部通报的扣 5 分，被公司通报的扣 10 分；

⑤如有不服从任务分配或因主观未努力致使任务未能按时完成的每次扣 5 分；

⑥凡是有见义勇为行为，获厂部表彰奖励的，每次加 2 分，获公司表彰奖励的，每次加 5 分；

⑦技术革新、提合理化建议获得厂部评审组认可的，每次(项)加 1 分。

3. 工作业绩(20 分)

①本管辖区的槽子运行平稳，在破损槽的管理上有明显的成效。

②所管辖区电压、噪声、效应、电压摆时间等均处于受控状态。

③在责任槽的管理上取得明显成效，电压、噪声、效应、电压摆均有明显的改观。

4. 组织考核，民主评议(30 分)

对竞聘者在德、能、勤、绩等方面的情况进行评议。

5. 专业模块(30 分)

在竞聘者述职后，考评人员随机挑取任何一台槽(暂定 3 台)，竞聘人员根据历史曲线与工艺曲线来判断槽子的冷热以及走势，并对技术条件的调整以及如何下出铝指示量给出自己的建议。

### 9.3.3　操作助理竞聘方案

#### 9.3.3.1　排序办法

操作助理以操作助理工作日志为核心，进行排序。操作日志的框架内容，主要包含 6 个部分：工作质量跟踪、设备检查、工作票、检查考核、异常处理、其他。采用百分制，每月评分一次。评分员为工区区长。

(1)工作质量跟踪。

①人员。加强所辖区域的人员管理和培训，分厂和公司的职能部门检查中所辖区域出现违章违纪的，扣 2 分/(人·次)。

②工具。每天检查现场换极作业组所带的作业工具是否齐全，并如实记录在操作助理日志中，没做到的，每次扣 1 分。

③扒料。每天跟踪现场换极 1~2 块；跟踪换极的同时，指导操作人员按照规程和规范进行操作，监督扒料，并把跟踪的极号记在操作助理日志中，无特殊原因没跟踪的，每天扣 2 分，做假扣 4 分/次。

④开口。每天跟踪现场换极 1~2 块；跟踪换极的同时指导操作人员按照规程和规范进行操作，监督人工开口，核心问题是严格按人工开口的规范解决开口和少掉块问题，并把跟踪的极号记在操作助理日志中，无特殊原因没跟踪的，每天

扣 2 分,做假扣 4 分/次。

⑤沉淀和炭渣。跟踪打捞沉淀情况和捞渣情况,没跟踪的,每天扣 2 分。

⑥铝导杆与母线压接压降。生产控制中心检查不合格,超过 11 mV 每台槽的,扣 1 分(管两个区的操作助理每台槽不合格,扣 1 分)。大于 15 mV,每台槽扣 2 分,大于 20 mV,每台槽扣 3 分。

(2)设备检查。

①打击头。每天检查一次打击头包和变短情况,并做好记录,没跟踪的,每天扣 2 分。

②氟化铝料位。每天检查一次氟化铝料位,并做好记录,无特殊原因没跟踪的每天扣 2 分。

③氧化铝下料器。白班一个班有 3 次广播下料异常和白班一个班有 4 次以上效应预报加工的,要在操作日志上记录原因。否则,每次扣 1 分。

④氟化铝下料器。每天浏览电解槽工艺曲线,对氟化铝长期接近或高于设定值运行但温度仍然降不下来的槽,检查氟化铝下料器下料并在操作日志中记录。没跟踪的,每天扣 2 分。

(3)工作票。

工作票无特殊原因未落实,每项扣 1 分,被技术助理投诉的,每次扣 2 分。

(4)检查考核。

①重复效应。对于来突发效应和重复效应的槽,检查氧化铝下料和打击头。单槽一天有 3 次突发效应的,要在操作日志上记录原因,没跟踪的,每天扣 1 分。

②卡堵。每天检查一次卡堵情况并做好记录,没跟踪的,每天扣 2 分。

③噪声。每天分析、处理三台高噪声的槽并做好记录,无特殊原因没跟踪的,每天扣 2 分。

④破损槽。每天测量一次铁量大于 0.5% 破损槽阴极钢棒温度,并做分析,且采取相应的对策,否则每槽扣 1 分。

(5)异常处理。

浏览历史曲线和工艺曲线,发现异常及时与技术组沟通;对技术组调整的技术条件如有异议的,向技术组提出建议。当电压摆大于 500 mV 或摆电压高于 4.8 V 1 h 以上,要向工区汇报。有单槽脱落一块极,同时发红两块极的要在操作日志中记录。未做到,每次扣 2 分。

(6)其他。

①焙烧日志。负责对新槽进行挂极投料、通电焙烧启动过程的各项管理,填写焙烧日志。未做到的每台扣 3 分。

②母线跟踪。负责对电解槽的阳极母线行程进行跟踪测量,每周最少跟踪测量一次,否则每次扣 2 分。

③工器具。每天检查所辖区域的作业工具是否够用，并如实记录在操作助理日志中，没做到每次扣 1 分。

④出铝口。负责监督清理出铝口，保证出铝口干净，未检查每天扣 1 分。

（7）重点责任槽的管理。

每月评判一次，以平均电压的升降幅度作为重点槽管理好与差的评判依据。

### 9.3.3.2　竞争晋级方案

晋级考核分为公共模块（70%）和专业模块（30%）两部分。

（1）公共模块（70%）。

a. 职业道德（10%）

职业道德考评基本分为 100 分。员工的职业道德考评上、下半年得分采用扣分及加分的形式进行，半年累计扣分及加分一次；全年的得分则为上、下半年得分的平均分。

职业道德考评扣分和加分标准：

①每迟到一次扣 1 分、早退一次扣 2 分，旷工一次扣 10 分；

②在生产现场未穿戴好劳保用品，每发现一次扣 1 分；

③发生一起未遂事故扣 3 分，发生一起轻伤以下安全事故，责任人被厂部通报的扣 5 分，被公司通报的扣 10 分；

④发生一般质量事故或一般设备事故，且可以及时纠正错误的，每次扣 1 分，不能及时纠正的，扣 3 分，责任人被厂部通报的扣 5 分，被公司通报的扣 10 分；

⑤凡发生有重大安全事故、重大质量事故、重大设备事故的，责任人取消当年职业道德考核资格；

⑥如有不服从任务分配或因主观未努力致使任务未能按时完成的每次扣 5 分；

⑦凡是有见义勇为行为，获厂部表彰奖励的，每次加 2 分，获公司表彰奖励的，每次加 5 分；

⑧技术革新、提合理化建议获得厂部评审组认可的，每次（项）加 1 分；

⑨各种考核项目由车间负责记录，每月底上报厂部进行审核；

⑩本标准只限于电解铝厂员工班长职业道德考评专用。

b. 工作业绩（20%）

以排序阶段的得分为参考，第五名的操作助理计 85 分。第一名的班长计 90 分，第二名的班长计 80 分。

c. 理论考试（10%）

理论考试，考核内容既结合各工种在电解铝厂从事的实际工作要求出题，也结合国家题库出题，试卷分满分为 100 分。

d. 组织考核、民主评议（30%）

从能、勤、绩、德四方面进行考评，满分为100分，其中组织考核占50%，同级相评占25%，群众评议占25%。组织考核评委为厂领导、车间领导、技术组组长；同级评议成员为操作助理4名；群众评议成员为班长2名+作业长4名+群众10名。

（2）专业模块（30%）。

采用技术比武的形式考评。

a. 看历史曲线（30分），由当天随机抽取一台槽的曲线，分三台电脑每人一台，用30 min写出槽问题和趋势分析，关键问题和主要趋势未分析到，每项扣5分。

b. 现场查找问题（10分），随机抽取一台电解槽，由三位选手到该槽查找问题，30 min内，每找到1个问题计1分。

c. 异常槽处理能力（25分），随机抽一台电压摆动4.7V以上的槽子，三人测全炉和看曲线，30 min内写出处理措施，关键措施未写出的，每条扣5分。

d. 判断能力（15分）。目测槽温，随机抽一台槽，由三位选手目测电解质温度，温度误差每2℃扣2分。

e. 工作思路（20分）。当面陈述，题目为《如何做一个优秀的操作助理》，由工区领导和厂领导提问评分。

### 9.3.4 班长竞聘方案

1. 排序办法

班长以工作业绩进行排序，每月按照现行的劳动竞赛名次，主要有噪声、电压、效应、工作质量、现场管理、安全管理、工作总分七项内容，当月总名次第一名到第四名，当月分别计14分、12分、10分、8分，全年业绩以全年每月的得分相加。

2. 晋级考核办法

（1）公共模块（70%）。

a. 职业道德（10%）

职业道德考评基本分为100分。员工的职业道德考评上、下半年得分采用扣分及加分的形式进行，半年累计扣分及加分一次；全年的得分则为上、下半年得分的平均分。

职业道德考评扣分和加分标准：同《电解铝厂员工班长职业道德考评》。

b. 工作业绩（20%）

以排序阶段的得分为参考，最后两名的班长分别计85分。第一名的作业长计90分，第二名的作业长计85分，第三名作业长计80分。

c. 理论考试（10%）

理论考试，考核内容既结合各工种在电解铝厂从事的实际工作要求出题，也结合国家题库出题，试卷分满分为 100 分。

d.组织考核、民主评议(30%)

从能、勤、绩、德四方面进行考评，满分为 100 分，其中组织考核占 50%，同级相评占 25%，群众评议占 25%。组织考核评委为车间领导、四位作业长、技术组组长；同级评议成员为班长 4 名；群众评议成员为作业长 6 名、群众 20 名。

(2)专业模块(30%)。

采用技术比武的形式考评。

a.重点槽处理能力(30 分)，随机抽一台电压摆动 4.6V 以上的槽子，三人测全炉和看曲线，30 min 内写出处理措施，关键措施未写出的每条扣 5 分。

b.人员协调和应急处理能力(30 分)。写出 4 条以上在紧急或事故状态下的人员协调和应对措施。

c.现场查找问题(20 分)，随机抽一个区，由三位选手到该区查找问题，30 min 内，每找到 1 个问题计 1 分。

d.工作思路和号召力(20 分)。当面陈述，题目为《如何做一个优秀的班长》，由车间领导提问评分。

## 9.3.5　作业长竞聘方案

1.排序办法

生产组作业长，以工作业绩进行排序，每月按照现行的劳动竞赛名次，主要有噪声、电压、效应、工作质量、现场管理等，当月总名次第一名到第 4 名，当月分别计 14 分、12 分、10 分、8 分，全年业绩以全年每月的得分相加。

换极组作业长，以月工作业绩进行排序。每月进行劳动竞赛(主要有工作质量、捞炭渣量、捞沉淀量等)比业绩，当月总名次第 1 名到第 4 名，当月分别计 14 分、12 分、10 分、8 分，全年业绩以全年每月的得分相加(见表 9-11)。

2.晋级考核办法

晋级考核分为公共模块(70%)和专业模块(30%)两部分。

(1)公共模块(70%)。

a.职业道德(10%)。

职业道德考评基本分为 100 分。员工的职业道德考评上、下半年得分采用扣分及加分的形式进行，半年累计扣分及加分一次；全年的得分则为上、下半年得分的平均分。

职业道德考评扣分和加分标准：同《电解铝厂员工班长职业道德考评》。

表 9-11　月工作业绩表

| 项目班次 | | 一班 | 二班 | 三班 | 四班 |
|---|---|---|---|---|---|
| 人员组织及工具配备 | 实际考核(分) | | | | |
| | 名次 | | | | |
| | 得分 | | | | |
| 工作质量 | 实际扣分 | | | | |
| | 名次 | | | | |
| | 得分 | | | | |
| 捞炭渣量 | 实际打捞量 | | | | |
| | 名次 | | | | |
| | 得分 | | | | |
| 捞沉淀量 | 实际打捞量 | | | | |
| | 名次 | | | | |
| | 得分 | | | | |
| 工作分 | 实际得分 | | | | |
| | 名次 | | | | |
| | 得分 | | | | |
| 换极噪声 | 换极噪声增大极数 | | | | |
| | 名次 | | | | |
| | 得分 | | | | |
| 安全环保 | 扣分 | | | | |
| | 名次 | | | | |
| | 得分 | | | | |
| 总分 | 得分 | | | | |
| | 名次 | | | | |

　b. 工作业绩(20%)。

　以排序阶段的得分为参考,最后三名的作业长分别计 90 分、80 分、70 分。第一名的员工计 90 分,第二名的员工计 80 分,第三名员工计 70 分。

　c. 理论考试(10%)。

　理论考试,考核内容既结合各工种在电解铝厂从事的实际工作要求出题,也结合国家题库出题,试卷分满分为 100 分。

d. 组织考核、民主评议(30%)。

从能、勤、绩、德四方面进行考评,满分为 100 分,其中组织考核占 50%,同级相评占 25%,群众评议占 25%。组织考核评委为车间领导、操作助理 3 名,班长 3 名;同级评议成员为主操 8 名;群众评议成员为群众 20 名。

(2)专业模块(30%)。

采用技术比武的形式考评。

对于生产组作业长的考评,主要为:

a. 重点槽处理能力(30 分),随机抽一台噪声 30 mV 以上的槽子,测全炉和看曲线,30 min 内写出处理措施,关键措施未写出的每条扣 5 分。

b. 人员协调和应急处理能力(30 分)。写出 4 条以上在紧急或事故状态下的人员协调和应对措施。

c. 现场查找问题(20 分),随机抽一个区,由选手到该区查找问题,30 min 内,每找到 1 个问题计 1 分。

d. 工作思路和号召力(20 分)。当面陈述,题目为《如何做一个优秀的作业长》,由车间领导、操作助理提问评分。

对于换极组作业长的考评,主要为:

a. 根据每年青工比武的规则进行换极比武(80 分)。

b. 工作思路和号召力(20 分)。当面陈述,题目为《如何做一个优秀的作业长》,由车间领导、操作助理提问评分。

# 第 10 章
# 粉煤灰提铝技术的展望

## 10.1　智能制造理论

### 10.1.1　智能制造理论概述

智能制造理论的发展大致经历了三个阶段：起始于 20 世纪 80 年代人工智能在制造领域中的简单应用，发展于 20 世纪 90 年代智能制造技术、智能制造系统的提出，成熟于 21 世纪以来新一代信息技术的迅速发展。

1998 年，美国的赖特（Paul Kenneth Wright）、伯恩（David Alan Bourne）正式出版了智能制造研究领域的首本专著《制造智能》（Smart Manufacturing），就智能制造的内涵与前景进行了系统描述，将智能制造定义为通过集成知识工程、制造软件系统、机器人视觉和机器人控制来对制造技工们的技能与专家知识进行建模，以使智能机器能够在没有人工干预的情况下进行小批量生产。在此基础上，英国技术大学 Williams 教授对上述定义作了更为广泛的补充，认为集成范围还应包括贯穿制造组织内部的智能决策支持系统。麦格劳希尔科技词典将智能制造界定为，采用自适应环境和工艺要求的生产技术，最大限度地减少监督和操作，制造物品的活动。

在智能制造概念提出不久后，智能制造的研究获得美国、日本等工业化发达国家的普遍重视，围绕智能制造技术（IMT）与智能制造系统（IMS）开展多项国际合作研究。

1991 年，美国、日本等共同发起与实施的"智能制造国际合作研究计划"中提出：智能制造系统是一种在整个制造过程中贯穿智能活动，并将这种智能活动与智能机器有机融合，将整个制造过程从订货、产品设计、生产到市场销售等各个环节以柔性方式集成起来的能发挥最大生产力的先进生产系统。

21 世纪以来，随着物联网、大数据、云计算等新一代信息技术的快速发展及应用，智能制造被赋予了新的内涵，即新一代信息技术条件下的智能制造，将物联网、大数据、云计算等新一代信息技术与先进自动化技术、传感技术、控制技术、数字制造技术结合，实现工厂和企业内部、企业之间和产品全生命周期的实时管理和优化的新型制造系统。

## 10.1.2　国内外智能制造的发展与现状

20 世纪 90 年代，美国开始了制造业信息化，1993 年，美国政府开始实施 AMT 计划，以满足其对先进制造技术的需求，提升制造业的竞争力。美国在智能制造技术的理论和应用研究方面长期处于领先地位，人工智能、控制论、物联网等智能技术的基础多数起源于美国。美国在智能产品的研发方面也一直走在全球前列，从早期的数控机床、集成电路、PLC，到如今的智能手机、无人驾驶汽车以及各种先进的传感器，均来自美国高校的实验室和企业的研发中心。在基础元器件领域，不仅有艾默生、霍尼韦尔这样的工业巨头，更有大量专注于某一领域的优秀小企业。在数控机床方面，拥有 MAG、哈挺、哈斯、格里森等一批知名企业，工业机器人方面，也拥有 American Robot 等知名企业。在工业软件方面，全球大多数研发设计软件、管理软件和生产制造软件的实力企业均来自美国。而美国重返制造业的典型特点是利用现有的先进信息、软件技术来改造现有的制造业，使得美国智能制造技术产业保持全方位、高水平发展。

欧洲早在 1982 年制订的信息技术发展战略计划中就强调了面向未来制造核心技术的开发。由德国、法国和英国发起的主题为"未来的工厂"的尤里卡项目将相关制造方面的研究与开发作为重点。从 1984 年起，欧盟制订了七个研发框架计划（FP1～FP7）（1984—2013 年）及"地平线 2020"（2014—2020 年）科技发展计划，重点在于先进/智能制造技术及其工业技术成长规划。

亚太地区的制造业相对欧美等发达地区发展缓慢，为了获得生存和利润，欧美国家将制造业加速转移到亚太新兴市场。在世界经济格局的调整过程中，将按照国际分工价值链引起产业布局的重新分布优化。从制造业的角度看，目前亚太地区的制造业主要以中、日、韩为主。近年来，印度制造业发展迅速，取得了不错的成绩。目前，尽管亚太市场对制造商有很强的吸引力，但由于亚太地区发展不平衡，要在亚太地区真正实现智能制造还需要很长时间。工业价值链中的大部分资源被智能制造整合，所以实行智能制造会影响整个产业。IT 基础设施是实现智能制造的关键之一，但是亚太地区大部分国家的 IT 基础设施较弱，其整体水平还无法有效地运用于智能制造。

目前，中国是仅次于美国的全球第二大工业制造国，在信息技术日新月异的今天，中国需要走新型工业化道路（即两化深度融合道路）。我国制造业在取得巨大成绩的同时，也面临着诸多亟待解决的问题，如核心技术受限、技术含量较低、能源消耗较多、产品结构不合理及企业自主创新能力薄弱等，急切需要实现由制造业大国向制造业强国的转变，实现制造业产业升级。同时，在全球价值链中，我国制造业处于低附加值的生产环节，资源的高强度消耗给环境造成了巨大的压力。因此，我国应该以制造业为切入点，尽快优化产品结构，使产品附加值提升，推动研发创新，逐步向技术、服务等环节过渡。中国也需要在国外智能制造的大背景下，开展相关智能制造项目，借此良机进行转型，克服劣势，最终达到技术突破和经济超越，不断向前沿高端环节迈进。

### 10.1.3 智能制造的意义与展望

发展智能制造的核心是提高企业生产效率，拓展企业价值增值空间，主要表现在以下几个方面：一是缩短产品的研制周期。通过智能制造，使产品从研发到上市、从下订单到配送的时间得以缩短。通过远程监控和预测性判断，对异常状况或者设备故障进行预判，提前处置，使得工厂的停机或停产时间大幅度减少，提高生产效率。二是提高生产的灵活性。通过采用数字化、互联网和虚拟工艺规划，智能制造可以实现大规模批量定制生产乃至个性化小批量生产。三是创造新价值。通过发展智能制造，企业将实现从传统的以产品为中心向以集成服务为中心的转变，将重心放在解决方案和系统层面上，利用服务在整个产品生命周期中实现新价值。

依据以上理论分析和实际验证，结合我国实际，可从以下几个方面提高我国智能制造能力。

（1）注重技术创新。提升企业研发能力是传统制造向智能制造发展的重点，针对传统制造设计，生产等各个环节，应重点研发新型传感技术、先进控制与优化技术等关键共性技术，在核心领域实现原始创新，建立并完善智能制造技术创新体系。支持科研机构与高校合作，重点研究并突破影响制造业发展的关键共性技术，逐渐缩小与欧美等技术创新水平较高国家及地区之间的差距。

（2）强化政策导向。通过政策引导鼓励我国企业智能化发展，逐渐实施传统制造向智能制造转型升级。研究制定相应政策措施，鼓励各级政府组建开放与低成本、资源共享、线上与线下相结合的众创空间，释放我国制造业从设计到生产与管理等方面的创新潜力。通过财税相关政策的制定，对智能制造企业给予财政资金扶持及税收减免等优惠政策，充分发挥财税政策在智能制造企业发展中的助力作用。

（3）发展新一代信息技术。云计算、互联网、物联网、大数据等信息技术的快速发展是实现制造业智能化的动力引擎。在新一代信息技术支持下，促进传统制造企业打破传统生产管理模式，将云计算、物联网大数据等互联协作方式融入传统生产管理模式中，提升传统制造企业在设计、生产、管理和服务等全生命周期的智能化水平，加快制造企业转型升级。

（4）加强人才队伍建设。我国传统制造向智能制造发展的关键仍是人才队伍建设。高技术和研发人才是实现制造业转型升级的主要力量。制定制造业相关激励机制、人才培养体系和人才引进方案，激励、培育引进各类高素质、高技术研发型人才，激励高技术企业与社会资本联合成立专业人才培训基地，培育造就一批能够承担智能制造关键技术研发的攻关人才，引进国内外优秀的专业人才进入智能制造企业，为我国传统制造向智能制造升级提供源头活水。

## 10.2　现代铝电解智能制造技术优化方向

铝电解工业在我国具有战略地位，是工业发展必不可少的基础，铝是仅次于钢铁的第二大有色金属，是产业关联度极高的基础工业原材料，在国防、交通、机械制造、新能源、建筑、电子等领域应用广泛，铝电解工业是具有战略意义的国民经济支撑性行业。

我国原铝产量和消费量连续多年保持世界第一，尽管发展迅猛，我国铝行业却也面临很多问题，国内优质的铝土矿资源匮乏，主要依赖进口，产能过剩导致行业整体利润偏低，同时，传统的铝电解企业也面临着能源和环保等方面的诸多问题。随着国家对铝电解工业的约束和规范，我国现代电解铝生产技术必然向大容量及高效节能方向发展。

随着计算机技术及自动控制技术的发展与实践应用，以及现代大型铝电解槽、辅助设备的及生产工艺的不断进步，促使电解槽逐步向大型化与自动化的方向发展，不仅极大地减轻了人工劳动强度，改善了作业环境，自动控制系统已经成为现代铝电解工业一项最基本的组成部分。

现代大型铝电解槽是一种多相、多场（电、磁、热、流、力等物理场）交互作用下的大型复杂高温电化学反应器，目前我国在建或拟建项目中，90%以上的产能采用 500~600 kA 槽型。电解槽的大型化导致高效稳定控制难度加大，同时环保排放的要求导致优化控制的复杂度增加，对电解槽自动控制的技术水平提出了更高的要求。而目前我国铝电解的智能化水平较低，主要依赖人工进行电解槽状态判断、趋势分析和运行操作决策，对机理知识、运行特性和控制响应规律的生产数据的利用率较低。

未来铝电解工业要实现高效化和绿色化，实现生产工艺优化和生产全流程的整体优化，亟须充分利用铝电解槽运行大数据，以生产大数据为基础，建立生产数据和生产知识相融合的智能化集成控制与管理方法，减少对以经验为主的传统技术人员及传统管理模式的依赖，实现智能化高效环保生产。

### 10.2.1 铝电解智能控制系统

铝电解生产以多台电解槽串联成一个生产系列的方式进行，耗能巨大(吨铝电能消耗 13000~13600 kW·h)，所以节能降耗一直是铝电解行业研究的主题。开始于 20 世纪 60 年代的计算机控制技术对铝电解生产过程的节能降耗发挥了巨大的作用。但也存在许多缺陷，主要表现在：依赖于精确的数学模型；控制算法较为理想化；控制输出变量少；执行机构简单；难以有效利用铝电解专家的知识和逻辑思维来解决问题。

为了追求最大程度的节能降耗，技术人员不断改进工艺技术条件，这导致了对铝电解生产过程控制技术的不断改进的新需要。由于铝电解槽是一个复杂的非线性时变系统，使用常规或单一的控制方法已难以满足进一步提高控制效果的要求，人工智能的出现和迅速发展为铝电解控制提供了新的有效解决途径。结合铝电解过程的特点，把智能控制的三大分支(专家系统、模糊控制和人工神经网络)有机结合、综合应用于铝电解过程，组成智能控制系统以为现代铝电解控制系统提供更多的保障，是目前铝电解控制技术发展的趋势。

(1)智能模糊控制系统

智能模糊控制系统主要是结合计算机模糊集合理论，在对铝电解生产进行控制时，会采用理论与实践相结合的方式，保证铝电解生产得到模糊推理与合理决策。智能模糊控制系统的优势在于其汇集了专家的意见，且具有模糊推理理论的优势，能使铝电解生产控制能够得到进一步量化。智能模糊控制系统主要依据专家的经验和计算机技术的功能，保证槽控机能够得到智能化控制。目前，智能模糊控制系统可以对操控机进行非线性控制，可以及时解决铝电解生产中存在的各种不确定问题，减少不利因素对铝电解生产造成的干扰。

(2)专家决策系统

专家决策系统在铝电解生产中称之为智能专家控制系统。专家决策系统中包含的内容比较多，如铝电解生产有关的理论、工艺技术控制理论、故障处理理论等，专家决策系统需要将这些理论与相应的技术方法有机结合，从而做出合理的决策。铝电解生产面临的环境比较复杂，应用专家决策系统就可以确保电解槽得到更加专业的控制。采用这一系统对生产进行控制时，会将其模拟成具有丰富经验的专家，以指导的方式保证各项生产作业能够得到更加完善的控制。在专家决策系统中还会提供许多生产数据可供参考，这样就可以及时对电解槽的情况进行分析，掌握电解槽的运行规律，并制定相应的解决对策。

(3)人工神经网络

人工智能网络就是模拟人的直观性思维方式，它是大量简单的处理单元广泛并行互连组成的复杂网络，用以模拟人脑神经网络的结构和行为的非线性动力学系统。

　　人工神经网络特有的非线性适应性信息处理能力，克服了传统人工智能方法对于直觉，如模式、语音识别、非结构化信息处理方面的缺陷，使之在神经专家系统、模式识别、智能控制、组合优化、预测等领域得到成功应用。人工神经网络与其他传统方法相结合，将推动人工智能和信息处理技术不断发展。近年来，人工神经网络正向模拟人类认知的道路上更加深入发展，与模糊系统、遗传算法、进化机制等结合，形成计算智能，成为人工智能的一个重要方向，将在实际应用中得到发展。将信息几何应用于人工神经网络的研究，为人工神经网络的理论研究开辟了新的途径。神经计算机的研究发展很快，已有产品进入市场。光电结合的神经计算机为人工神经网络的发展提供了良好条件。

## 10.2.2　铝工业生产智能调度系统

　　铝生产过程具有高能耗、工艺流程长、工序多、非线性严重、关联耦合复杂、状况反应滞后、环境恶劣，反映产品产量与质量的关键工艺参数无法直接检测等特点。其主要原因是原料成分波动、边界条件变化、外界干扰以及生产操作中的人为主观因素，使得关键工艺参数不可测或部分信息不可知，从而造成信息的不完备。生产过程工艺参数多、反应机理复杂、关联耦合严重，且伴随着物理化学反应、相变反应及物质和能量的转化与传递过程，因此很难通过工艺机理分析建立铝工业生产过程的精确机理模型，对生产过程难于实现优化控制。其中，高能耗是现阶段铝工业生产最为突出的特点。我国铝生产过程的能耗远高于其他金属，吨铝综合能耗是铜的两倍多，是钢铁的十倍多，与钢铁、水泥成为国家宏观调控的行业，其能量综合利用率要比发达国家低 15% 左右，主要表现为：吨铝电耗相差 $300 \sim 800 \ kW \cdot h$；吨电解铝阳极消耗相差 $30 \sim 60 \ kg$（折合标准煤为 $75 \sim 150 \ kg$）；电解槽寿命相差 $1000 \sim 1500 \ d$；阳极效应系数平均在 0.3 次/（天·槽），而工业发达国家为 0.1 次/（天·槽）以下。这种高能耗制约了我国铝工业的发展。因此，研究符合我国铝工业生产实际情况的优化调度平台系统，实现企业的利益最大化和节能降耗，对我国铝工业的发展具有重要意义。

　　铝工业生产过程中伴随着复杂的物理变化和化学反应，具有高度的非线性、随机性、不确定性和多目标、多约束、多资源相互协调等流程工业的调度特点。这些特点使得铝工业调度问题在本质上属于大规模组合优化问题，是 NP-hard 完全问题。流程工业生产调度问题由众多的相互关联和相互制约的因素构成，因此其生产调度相比传统离散工业生产调度更为复杂，对调度方法的实时性、协调性和可靠性提出了更高的要求。鉴于问题的复杂性和求解的困难性，对不同调度问题进行建模和寻求有效的求解算法成为研究的核心问题。目前，国内外学者对调度问题的研究集中在两个方面：

（1）研究新出现的一些生产调度问题，并对该类问题建立有效的数学模型。

铝工业生产优化调度问题是大规模过程优化问题，在对此类问题的建模方面，主要采用的方法有大系统协调理论、Petri 网建模、非线性规划模型和利用知识模型与数学模型相结合的方法建立混合流程生产过程多阶段控制结构的广义模型。在模型结构上，主要分为单层次和多层次两种方法，其中，多层次方法应用更为普遍，一般分为高层（生产计划分解）和低层（资源分配与任务排序）两个层次。

（2）研究新的调度算法，获得更好的优化结果和寻优效率。

近年来，研究发现传统的数学规划、系统仿真和简单的启发式方法已不能满足时间和空间复杂性的要求。这些方法能够精确求解解析模型，获得最优解或者次优解。但是这些方法不是结果不理想就是难以求解复杂的调度问题。对于复杂的大规模调度问题，随着装置数和任务数的增加，时间段的增长，模型规模急剧增大，这些方法的效果就极不理想了。于是人们考虑利用人工智能、计算智能等解决实际调度问题的智能调度方法。人工智能的调度方法主要有智能调度专家系统、约束规划、智能体技术和多智能体系统等方法。

## 10.3　粉煤灰提铝技术的意义

1. 开发替代资源，保障资源战略安全

资源安全是国家安全的重要内容，当前大国博弈加剧，国际政治和经济形势更趋复杂，保障资源安全的必要性和艰巨性显著提高。近年来，铝土矿、铁矿石、钢材、铜、铝等大宗商品价格持续大幅上涨，使我国很多企业的生产活动受到影响。这里面有行业波动因素，但也反映了我国原生资源对外依存度过高的问题，亟须建立多元化供应保障机制，开发资源替代利用技术，筑牢资源安全屏障。

中国的铝土矿资源大型矿床偏少，且大多不适于露天开采，优质矿石分布连续性差、矿石质量不佳。自然资源部数据显示，我国铝土矿查明资源储量 54.7 亿吨，仅占全球的 3.3%，却支撑了 28% 的开采量。近年来受到中国铝工业高速发展的影响，粗放的发展方式加剧了资源的消耗，铝土矿开采量呈逐年上升趋势，年采矿量从 2010 年 4475 万吨提高到 2019 年的 7423 万吨，是全球铝土矿产量增长最快的国家，也是储采比下降最快的国家。按照目前氧化铝产能计算，中国铝土矿的现有储量静态保障程度不足 10 年，资源保障年限较短。

同时，中国每年从国外进口大量的铝土矿，2020 年中国铝土矿进口量也创历史新高（1.1 亿吨），对外依存度从 2001 年的 5% 迅速上升至 66%，进口趋势将长期存在，且呈现逐年上升的态势。

随着我国氧化铝产能的增加，国内铝土矿资源匮乏、品质不佳的限制逐步加剧，资源供应能力面临较大压力。更为重要的是，铝土矿定价权和运输订舱权主要由国外公司主导，国外铝土矿价格连续上涨，国际铝土矿商、贸易商肆意抬高价格，主要铝土矿生产大国先后多次出台政策，从限制出口到禁止出口再到恢复出口，我国铝工业面临着资源供应风险问题。

粉煤灰是燃煤电厂煤炭经燃烧后形成的固体废物，粉煤灰堆存不仅占用大量土地，还会造成严重的环境污染。目前已有的粉煤灰提取有价元素工艺技术大多存在渣量大、成本高、不适宜大规模推广使用等问题。依托准格尔煤田丰富的铝、镓、锂等元素的煤炭资源，利用其燃烧后形成的高铝、富镓、富锂粉煤灰，开发一套减量化、效益化且易于推广的粉煤灰中铝及有价元素协同提取技术，实现非铝土矿资源提取氧化铝的技术储备和产能储备，既可缓解国内铝土矿资源紧缺局面不足，又可在铝土矿进口受限的情况下，实现氧化铝生产的必要资源供给，对于促进我国铝工业持续健康发展具有十分重要的意义。

2. 提取有价元素，提升煤炭利用价值

准格尔矿区位于内蒙古自治区鄂尔多斯市准格尔旗东部，矿区东部和南部靠近黄河。矿区煤炭资源丰富，在 1365 km² 的范围内拥有 267 亿吨煤炭地质储量。区内地质构造简单，资源蕴藏丰富，可采煤层多，厚度大，埋藏较浅，易于开采，是良好的能源基地。煤种为中灰、低硫、特低磷、较高挥发分、中高发热量、高灰熔点的长焰煤，煤炭中伴生有丰富的铝、镓等有色金属。开采出的煤炭经发电厂锅炉燃烧后，得到的循环流化床粉煤灰中富集大量铝、锂等有价元素。从化学组成分析，氧化铝质量分数通常在 50% 左右，镓含量 82.5 g/t，锂含量 370~400 g/t。此粉煤灰是提取氧化铝和金属镓的潜在资源。煤中伴生的氧化铝资源储量达 35 亿吨，镓资源保有储量 85.7 万吨，氧化硅资源保有储量 26 亿吨，是高铝、富镓煤种。不仅是潜在的优质煤炭资源储备区，也是粉煤灰提取氧化铝的优质原材料储备区。

镓在粉煤灰提铝过程中在树脂吸附的铁洗脱液中富集，经铁镓分离、蒸发浓缩、电解、精炼等工序处理，可回收得到 4N 的高纯金属镓。金属镓在现代半导体工业、太阳能工业、磁性材料工业、石油行业催化剂、医疗器械与科研材料等领域具有广泛的应用。锂则在粉煤灰提铝产生的蒸发母液中富集，蒸发母液中锂离子的浓度比传统卤水提锂要求的工业品位高一倍以上，可回收利用得到电池级碳酸锂。随着电气化和低碳经济进一步发展，储能电池及电动汽车电池需求迅猛增长，每辆新型动力汽车预计需要 0.08 吨左右的碳酸锂，我国已建立起全球最为完备的新能源汽车发展支持体系，新能源汽车的市场结构也在逐步优化，个人消费市场也在快速兴起。2019 年以来，新能源汽车占汽车销量比例不断上升，碳酸锂在低碳工业中的重要性日益突出。另外，粉煤灰提铝过程中产生的氧化硅渣，是多种化工产品或建筑材料的优质原料，可通过开发进一步加以利用，实现真正意义上的将煤炭吃干榨净，进一步提升煤炭的综合利用效益。

3. 调整产业结构，实现绿色低碳发展

我国粉煤灰的年产量长期保持在 6 亿吨左右，现有技术无法实现对粉煤灰的完全消纳，粉煤灰的处理方式仍以堆存为主，造成占用大量土地、土壤退化，飞灰扬尘，污染水源等环境问题。粉煤灰提铝工艺遵循"减量化、资源化、再利用"原则，通过各模块之间输入端、输出端的资源整合重组，着力建设资源循环型产业体系，全面提高资源利用效率。以固废产出最小化为目标的减量化原则是指在生产、流通和消费等过程中减少资源消耗和废物产生。煤炭通过水煤浆循环流化床锅炉的清洁燃烧，将碳元素转化为电能，铝和硅留存于粉煤灰中；利用二氧化硅不溶于酸的特性，通过酸溶，将硅分离；体系内的铝元素，通过净化工艺进行提取，获得氧化铝产品。对于煤炭伴生资源的分级利用，充分考虑合理性、经济性、减量化原则贯穿始终，避免资源的浪费。资源化原则是把废弃物再次变成资源以减少最终处理量，促进整个循环经济的实现，对粉煤灰固废中的铝、硅、镓、锂等元素进行了充分利用，形成闭合式良性循环。再利用是指将废物直接作为产品或者经修复、翻新、再制造后继续作为产品使用，或者将废物的全部或者部分作为其他产品的部件予以使用。对煤炭、粉煤灰及各单元的中间产品及废弃物等进行最大化的再利用，强化转化效率。

粉煤灰提铝工艺技术的开发与应用，不仅能够增强传统煤炭工业的发展后劲、延长煤炭的产业链，也具有极强的产业示范意义。随着该技术的发展，企业将实现资源的就地转化，完成由单一的"燃料"向"燃料+原料"产业的升级，优化产业结构，最终呈现出电厂产生的粉煤灰工业废渣用于提取氧化铝，同时利用电厂生产的电力把氧化铝制成金属铝，金属铝还可经深加工制成各种铝制品的新局面。粉煤灰提取氧化铝工艺产生的白泥渣制成各种化工产品或建筑材料，粉煤灰的稀有金属镓、铁等在制取氧化铝的同时进行综合回收，实现真正意义上的将煤炭"吃干榨净"，有效利用资源和减少废弃物排放，实现对"大量生产、大量消费、大量废弃"的传统增长模式的彻底转变，打造高铝煤炭—电力—氧化铝—铝深加工—有价元素综合利用的循环经济产业链，实现煤炭资源价值的最大化利用，必将对准格尔矿区及其他高铝煤炭资源地区和国内低品位铝土矿资源地区传统能源企业的转型升级和健康可持续发展起到标杆示范作用。

# 主要参考文献

[1] 刘业翔，李劼. 现代铝电解[M]. 北京：冶金工业出版社，2015.

[2] 梁学民，张松江. 现代铝电解生产技术与管理[M]. 长沙：中南大学出版社，2011.

[3] 王捷. 电解铝生产工艺与设备[M]. 北京：冶金工业出版社，2008.

[4] 冯乃祥. 现代铝电解理论与技术[M]. 北京：化学工业出版社，2020.

[5] 张晓云，张毅，陈刚，等. 非铝土矿含铝资源生产氧化铝的方法[J]. 轻金属，2012，11：21-25.

[6] 肖永丰. 粉煤灰提取氧化铝方法研究[J]. 矿产综合利用，2020，03：156-162.

[7] 张洪亮，李劼. 现代大型预焙铝电解槽仿真优化与实践[M]. 长沙：中南大学出版社，2020.

[8] 钱伯章. 加快发展洁净煤技术[J]. 煤化工，2002，04：3-5+16.

[9] 陶文生，荣绍斌. 浅谈水煤浆的应用前景[J]. 煤炭技术，2002，06：74-75.

[10] 杨静，蒋周青，马鸿文，等. 中国铝资源与高铝粉煤灰提取氧化铝研究进展[J]. 地学前缘，2014，21(05)：313-324.

[11] 鲁建厦，胡庆辉，董巧英. 智慧制造及其研究现状[J]. 浙江工业大学学报，2016，44(6)：681-688.

[12] 刘洪鹏，张少冲，宣阳，等. 煤中含氧官能团研究进展[J]. 东北电力大学学报，2017，37(1)：1-5.

[13] 张荣曾，胡坤模. 水煤浆制备与燃烧技术[J]. 煤炭科学技术，1988，3：11-15.

[14] 朱书全. 水煤浆用煤的结构特性与 CWS 流变性的关系研究[D]. 北京：中国矿业大学，1990.

[15] 朱书全，詹隆. 中国煤炭成浆性规律的制浆研究[J]. 煤炭学报，1998，23(2)：198-201.

[16] 段清兵. 中国水煤浆技术应用现状与发展前景[J]. 煤炭科学技术，2015，43(1)：129-133.

[17] 王柱勇. 煤的成浆性[J]. 选煤技术，1994，10(5)：39-42.

[18] 张荣曾. 水煤浆制浆技术[M]. 北京：科学出版社，1996.

[19] 尉迟唯，李保庆，李文，等. 混合煤制浆对水煤浆性质的影响[J]. 燃料化学学报，2004，32(1)：31-36.

[20] 吴国光，郭照冰. 水煤浆制浆试验研究与制备因素分析[J]. 中国矿业大学学报，2001，30(6)：543-546.

[21] 张省现，夏德宏，吴祥宇. 水煤浆粒度分布的分形学研究[J]. 热科学与技术，2004，3

　　　(4)：348−352.

[22] 曾凡，胡永平. 矿物加工颗粒学[M]. 徐州：中国矿业大学出版社，1995.

[23] Toda M，Kuriyamy MKONNOH，et al. The influence of particle size distribution of coalon the fluidity of coal−water mixture[J]. Power Technology，1988，55(4)：241−245.

[24] 陈松，李寒旭，王群英. 粒度级配对淮南煤成浆性能影响的研究[J]. 安徽理工大学学报（自然科学报），2003，23(3)：58−60.

[25] 苏毅，马步伟，赵振新. 分散剂在水煤浆中的作用[J]. 河南化工，2005，22(3)：8−11.

[26] 周长丽. 水煤浆添加剂在高浓度水煤浆生产中的应用[J]. 贵州化工，2006，31(2)：10−24.

[27] 田青运，胡发亭，樊学彬. 水煤浆的药剂、粒度级配的试验与应用[J]. 煤炭科学技术，2005，33(1)：44−47.

[28] 段清兵，张胜局，段静. 水煤浆制备与应用技术及发展展望[J]. 煤炭科学技术，2017，45(1)：205−213.

[29] 吴坤泰. 高浓度水煤浆(CWM)制备技术的探讨[J]. 煤炭工程，2002，3：38−41.

[30] 高志娟. 煤粉炉粉煤灰与循环流化床粉煤灰理化性质比较[J]. 环境保护与循环经济，2018，38(09)：68−73.

[31] 马志斌，张学里，郭彦霞. 循环流化床粉煤灰理化特性及元素溶出行为研究进展[J]. 化工进展，2021，40(6)：3058−3071.

[32] 李旺兴，尹中林，刘战伟. 浅谈氧化铝质量问题[J]. 轻金属. 2007，11：8−12.

[33] 冯乃祥. 现代铝电解理论与技术[M]. 北京：化学工业出版社，2020.

[34] Sing K. Reporting physisorption data for gas/solid systems with special reference to the determination of surface area and porosity[J]. Pure and Applied Chemistry，1985，57(4)：603−619.

[35] K Grjotheim，H Kvande，K Motzfeldt，et al. The formation and composition of the fluoride emissions from aluminum cells[J]. Canadian Metallurgical Quarterly，1972，11(4)：586−599.

[36] Sommerseth C. HF formation upon addition of different industrial aluminas to cryolitic baths[D]. Trondheim，Norwegian：Norwegian University of Science and Technology，2011.

[37] Osen K S，Aarhaug T A，Solheim A，et al. HF measurements inside an aluminium electrolysis cell[M]. Berlin：Springer International Publishing，2011.

[38] Hyland M M、Patterson C，Stevens−Mcfadden F. Aluminium fluoride consumption and control in smelting cells[J]. Scandinavian Journal of Metallurgy，2001，30(6)：404−414.

[39] 张念玲，高金强，张艳辉，等. 氧化铝输送方式的选择[J]. 轻金属，2011，(S1)：239−242.

[40] Sterten A. Structural entities in NaF−AlF$_3$ melts containing alumina[J]. Electrochimica Acta，1980，25(12)：1673−1677.

[41] E Robert，J E O，V Danek，et al. Structure and thermodynamics of alkali fluoride aluminum fluoride alumina melts. vapor pressure，solubility，and raman spectroscopic studies[J]. J. Phys. Chem. B，1997，101：9447−9457.

[42] Yunshu Zhang，Robert A Rapp. Modeling the dependence of alumina solubility on temperature

and melt composition in cryolite based melts[J]. Metallurgical and Materials Transactions B, 2004, (35B): 509-515.

[43] G Picard, F Seon, Y Bertaud. A molten salt potentiometric method for characterizing industrial aluminas[J]. Electrochimica Acta, 1982, 27(3): 401-409.

[44] Townsend, D W, L G Boxall. Crusting behavior of smelter aluminas[M]. Essential Readings in Light Metals: Aluminum Reduction Technology, 1984.

[45] L Less. The crusting behaviour of smelter aluminas[J]. Light Metals, 1976, 1: 315-331.

[46] L Less. The crusting behavior of smelter aluminas[J]. Metallurgical Transactions B, 1977, 8 (1): 219-225.

[47] Grjotheim K, H Kvande, K Motzfeldt, et al. The formation and composition of the fluoride emissions from aluminum cells [J]. Canadian Metallurgical Quarterly, 1972, 11 (4): 585-599.

[48] Hyland M, B Welch, J Metson. Changing knowledge and practices towards minimising fluoride and sulphur emissions from aluminium reduction cells[J]. Light Metals, 2000, 12: 333-338.

[49] Sommerseth C, K S Osen, T A Aarhaug, et al. Correlation between moisture and HF formation in the aluminium process[J]. Light Metals, 2011: 339-344.

[50] Phillips N, R Singleton, E Hollingshead. Liquidus curves for aluminum cell electrolyte II. ternary systems of cryolite-alumina with sodium fluoride, sodium chloride, and aluminum fluoride[J]. Journal of the Electrochemical Society, 1955, 102(12): 690-692.

[51] Phillips N, R Singleton, E Hollingshead. Liquidus curves for aluminum cell electrolyte I. cryolite-alumina[J]. Journal of the Electrochemical Society, 1955, 102(11): 648-649.

[52] Fenerty A, E Hollingshead. Liquidus curves for aluminum cell electrolyte III. systems cryolite and cryolite-alumina with aluminum fluoride and calcium fluoride [J]. Journal of the Electrochemical Society, 1960, 107(12): 993-997.

[53] Chin D A, E Hollingshead. Liquidus curves for aluminum cell electrolyte IV[J]. Journal of the Electrochemical Society, 1966, 113(7): 736-739.

[54] E Dewing. Liquidus curves for aluminum cell electrolyte V. representation by regression equations[J]. Journal of the Electrochemical Society, 1970, 117(6): 780-781.

[55] K Grjotheim. Aluminium electrolysis: fundamentals of the Hall – Heroult process [J]. Aluminium-Verlag, 1982.

[56] Cassayre L, P Palau, P Chamelot, et al. Properties of low-temperature melting electrolytes for the aluminum electrolysis process: a review[J]. Journal of Chemical & Engineering Data, 2010, 55(11): 4549-4560.

[57] J Yang, D G, C Wunsch, et al. Alumina solubility in $KF – AlF_3$ based low-temperature electrolyte system[J]. Light Metals, 2007: 537-541.

[58] R G Haverkamp, B J W. Modelling the dissolution of alumina powder in cryolite[J]. Chemical Engineering and Processing, 1998, 37(2): 11.

[59] Sleppy W. Novel alumina feed for aluminum cell. U. S., Patent3839167[P]. 1974-10-1.

[60] Piller B. A method for detecting electrode upset in an aluminum reduction cell. U. S., Patent 3

583896[P]. 1971-6-8.

[61] Wilson C A, Tabereaux A T. Method for improved alumina control in aluminum electrolytic cells. U. S., Patent 4425201[P]. 1984-1-10.

[62] Nordquist J H. Ore point feeder and method for soderberg aluminum reduction cells. U. S., Patent 5108557[P]. 1992-4-28.

[63] 沈阳铝镁设计研究院. 氧化铝仓顶多点下料的装置及下料方法：CN200710157970.2[P]. 2009-05-13.

[64] 曹万秋, 刘常林, 单勇. 一种螺旋给料机的新型结构和使用方法：CN201410097619.9[P]. 2014-03-18.

[65] 卢延峰. 铝电解槽打壳下料用压缩空气系统：CN201510352078.4[P]. 2015-06-24.

[66] 章宣, 洪波, 敬叶灵, 等. 氧化铝连续下料设备：CN201610016571.3[P]. 2016-01-12.

[67] 吕光华, 段晓明, 孔丽珍, 等. 电解多功能机组下料装置：CN200910311251.0[P]. 2009-12-11.

[68] 颜非亚. 氧化铝连续下料的方法及其装置：CN201511011709.2[P]. 2015-12-30.

[69] 曹鹏, 刘彦辉, 杨建红. 一种铝电解槽的下料装置：CN201220628718.1[P]. 2012-11-26.

[70] Boadu K D, Omani F K. Adaptive control of feed in the hall-heroult cell using neural network [J]. JOM, 2010(2)：32-36.

[71] Kvande H. Moxness B P, Slarr J, et al. Resistance curves for aluminium cell control-alumina dissolution and cell dynamics[C]//Huglen R. Light Metals 1997. Warrendale, PA：TMS, 1997：403-408.

[72] 李培根, 高亮. 智能制造概论[M]. 北京：清华大学出版社, 2021.

[73] 杜传忠, 杨志坤. 德国工业4.0战略对中国制造业转型升级[J]. 经济与管理研究, 2015, 36(7)：82-87.

[74] 姜玉敬. 近30年世界铝电解工业的发展与启示[J]. 世界有色金属, 2007, 11：15-18.

[75] 桂卫华, 岳伟超, 谢永芳, 等. 铝电解生产智能优化制造研究综述[J]. 自动化学报, 2018, 44(11)：1957-1969.

[76] 罗冰洁. 基于MLP神经网络的物流需求预测模型研究[J]. 计算机与数字工程, 2018, 46(06)：1173-1177.

[77] 周飞燕, 金林鹏, 董军. 卷积神经网络研究综述[J]. 计算机学报, 2017, 40(06)：1229-1251.

[78] 王万良, 吴启迪. 生产调度智能算法及其应用[M]. 北京：科学出版社, 2007.

[79] 高慧敏, 曾建潮. 钢铁生产调度智能优化与应用[M]. 北京：冶金工业出版社, 2006.

[80] Chiu C, Yih Y. A learning-based methodology for dynamic scheduling in distributed manufacturing systems[J]. International Journal of Production Research, 1995, 33(11)：3217-3232.

[81] 鲁建厦, 胡庆辉, 董巧英. 智慧制造及其研究现状[J]. 浙江工业大学学报, 2016, 44(6)：681-688.

# 附录　彩图

(a)加料前，冰晶石熔盐澄清透明　　　　(b)0 s，加料瞬间新型氧化铝浮于电解质上

(c)10 s氧化铝在电解质中快速分散　　　(d)30 s快速分散阶段结束，少部分氧化铝浮于电解质上

(e)70 s氧化铝呈小片状下沉　　　　　　(f)360 s完全溶解

图 3-10　新型氧化铝在电解质中的溶解

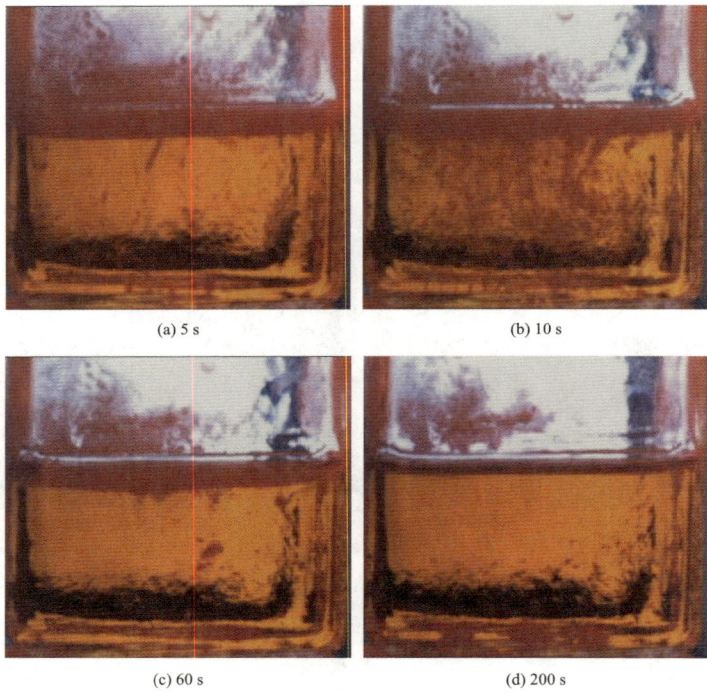

(a) 5 s

(b) 10 s

(c) 60 s

(d) 200 s

图 3-12　80℃吸附 12 min 的载氟新型氧化铝在简单电解质中的溶解过程

(a) 5 s

(b) 15 s

(c) 50 s

(d) 210 s

图 3-14　80℃吸附 12 min 的载氟新型氧化铝在复杂电解质中的溶解过程

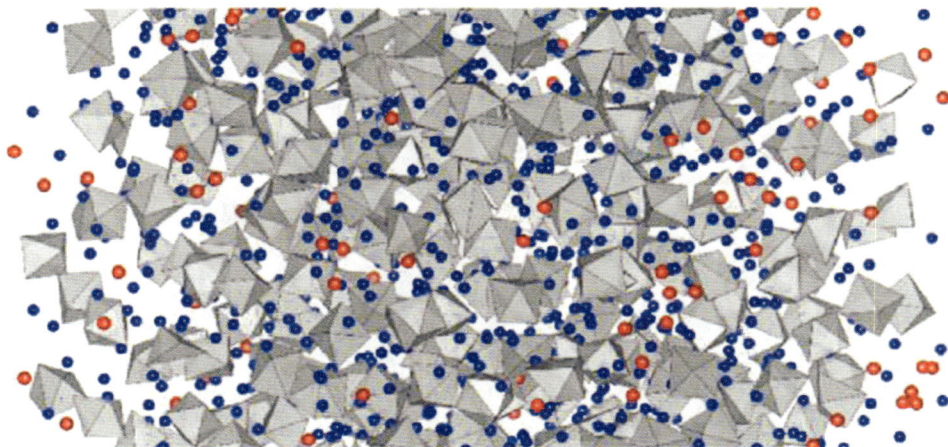

**图 4-1　NaF-AlF₃ 铝电解质熔体离子结构模型**

（CR = 3，多面体为铝氟团簇，蓝色为 Na⁺，红色为自由 F⁻）

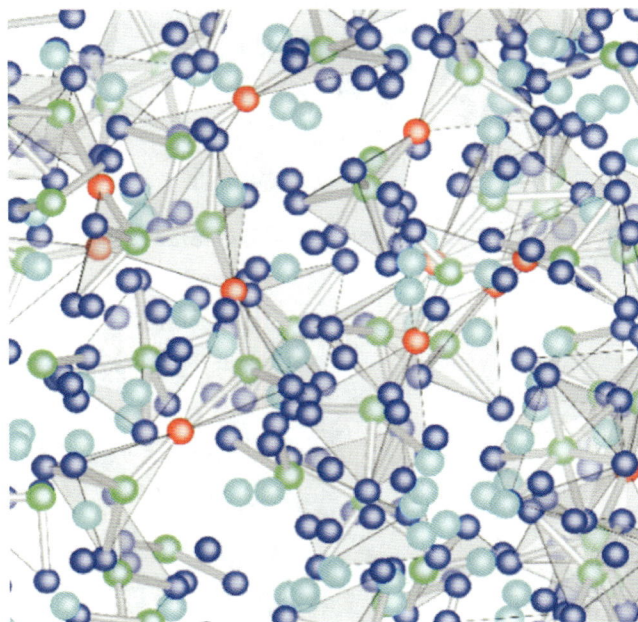

**图 4-9　新型 Al₂O₃ 质量分数为 4% 时模拟达到平衡时熔盐电解质体系的离子结构模型**

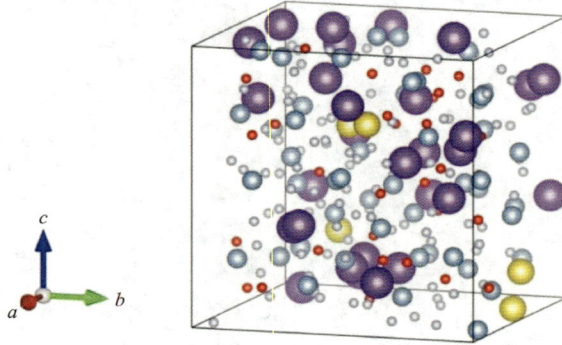

图 4-25　NaF-AlF$_3$-Al$_2$O$_3$-KF 分子动力学模型

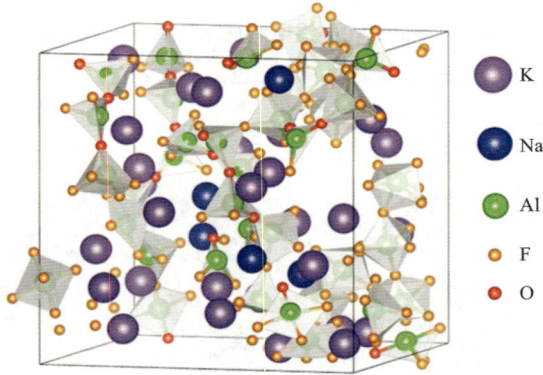

图 4-26　KF-NaF-AlF$_3$-Al$_2$O$_3$ 熔盐体系的稳定构型($x_{Al_2O_3} = 6\%$)

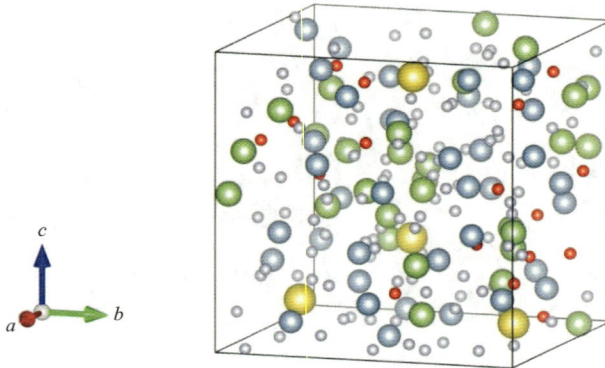

图 4-35　NaF-AlF$_3$-Al$_2$O$_3$-LiF 分子动力学模型

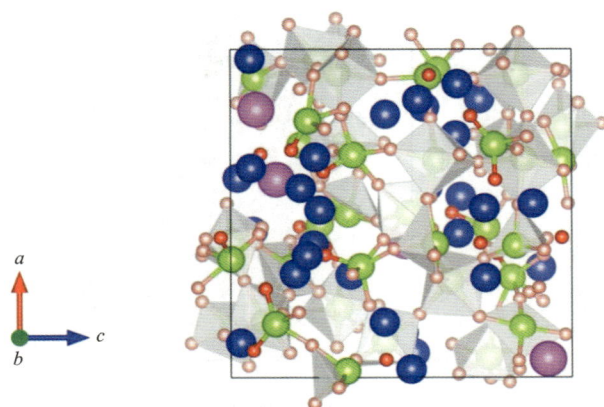

图 4-36　富锂盐体系的稳定构型($x_{Al_2O_3} = 10\%$)

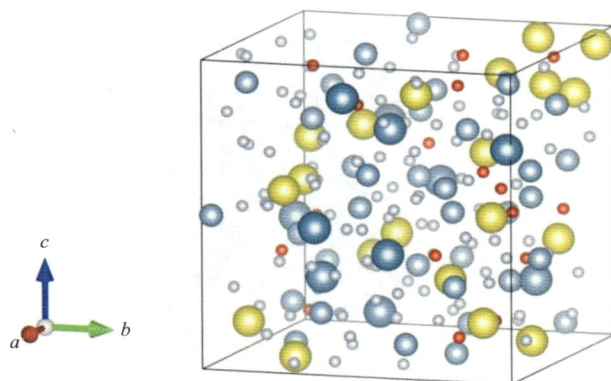

图 4-42　NaF-AlF$_3$-Al$_2$O$_3$-CaF$_2$ 分子动力学模型

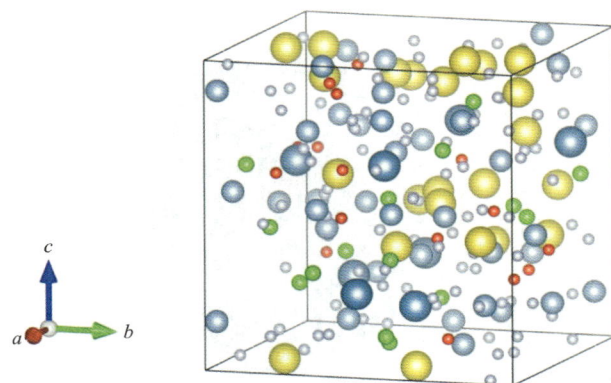

图 4-45　NaF-AlF$_3$-Al$_2$O$_3$-CaCl$_2$ 分子动力学模型

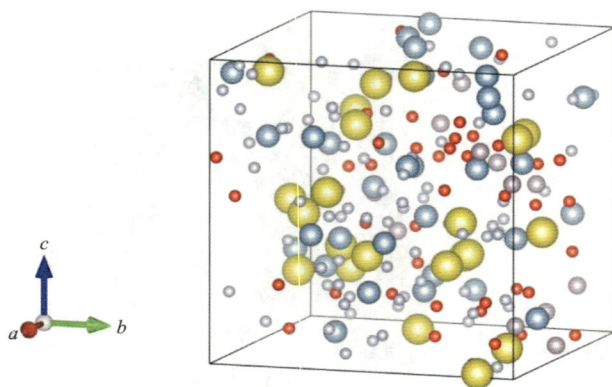

图 4-48   NaF-AlF$_3$-Al$_2$O$_3$-P$_2$O$_5$ 分子动力学模型

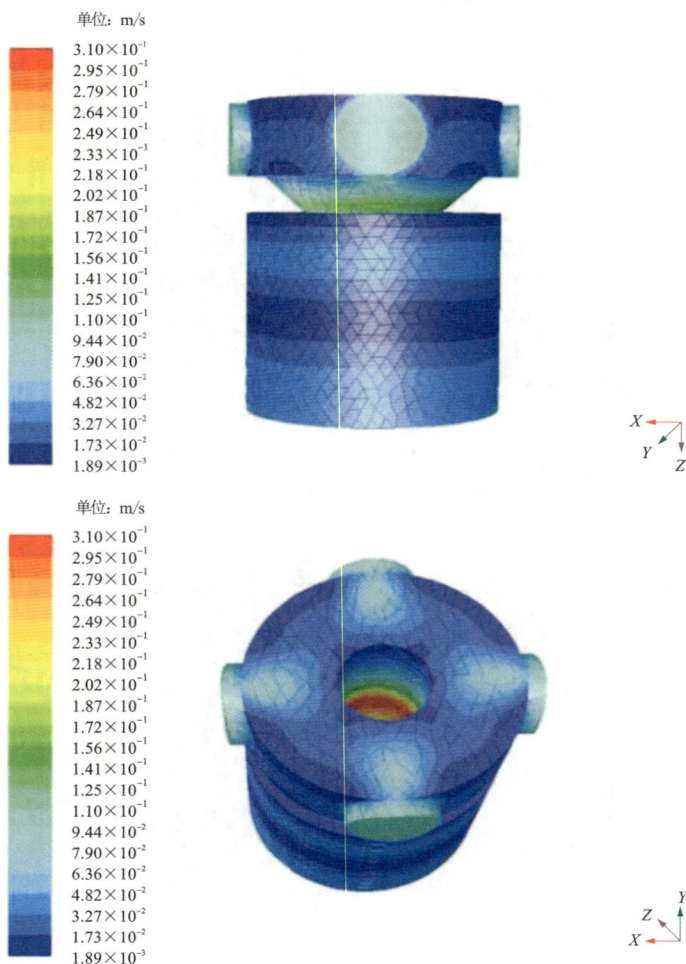

图 6-20   氧化铝进入定容器中的流场分布

单位: m/s

$3.20 \times 10^{-1}$
$3.04 \times 10^{-1}$
$2.88 \times 10^{-1}$
$2.72 \times 10^{-1}$
$2.56 \times 10^{-1}$
$2.40 \times 10^{-1}$
$2.24 \times 10^{-1}$
$2.08 \times 10^{-1}$
$1.92 \times 10^{-1}$
$1.76 \times 10^{-1}$
$1.60 \times 10^{-1}$
$1.45 \times 10^{-1}$
$1.29 \times 10^{-1}$
$1.13 \times 10^{-1}$
$9.67 \times 10^{-2}$
$8.07 \times 10^{-2}$
$6.48 \times 10^{-2}$
$4.88 \times 10^{-2}$
$3.29 \times 10^{-2}$
$1.69 \times 10^{-2}$
$1.00 \times 10^{-3}$

单位: m/s

$3.20 \times 10^{-1}$
$3.04 \times 10^{-1}$
$2.88 \times 10^{-1}$
$2.72 \times 10^{-1}$
$2.56 \times 10^{-1}$
$2.40 \times 10^{-1}$
$2.24 \times 10^{-1}$
$2.08 \times 10^{-1}$
$1.92 \times 10^{-1}$
$1.76 \times 10^{-1}$
$1.60 \times 10^{-1}$
$1.45 \times 10^{-1}$
$1.29 \times 10^{-1}$
$1.13 \times 10^{-1}$
$9.67 \times 10^{-2}$
$8.07 \times 10^{-2}$
$6.48 \times 10^{-2}$
$4.88 \times 10^{-2}$
$3.29 \times 10^{-2}$
$1.69 \times 10^{-2}$
$1.00 \times 10^{-3}$

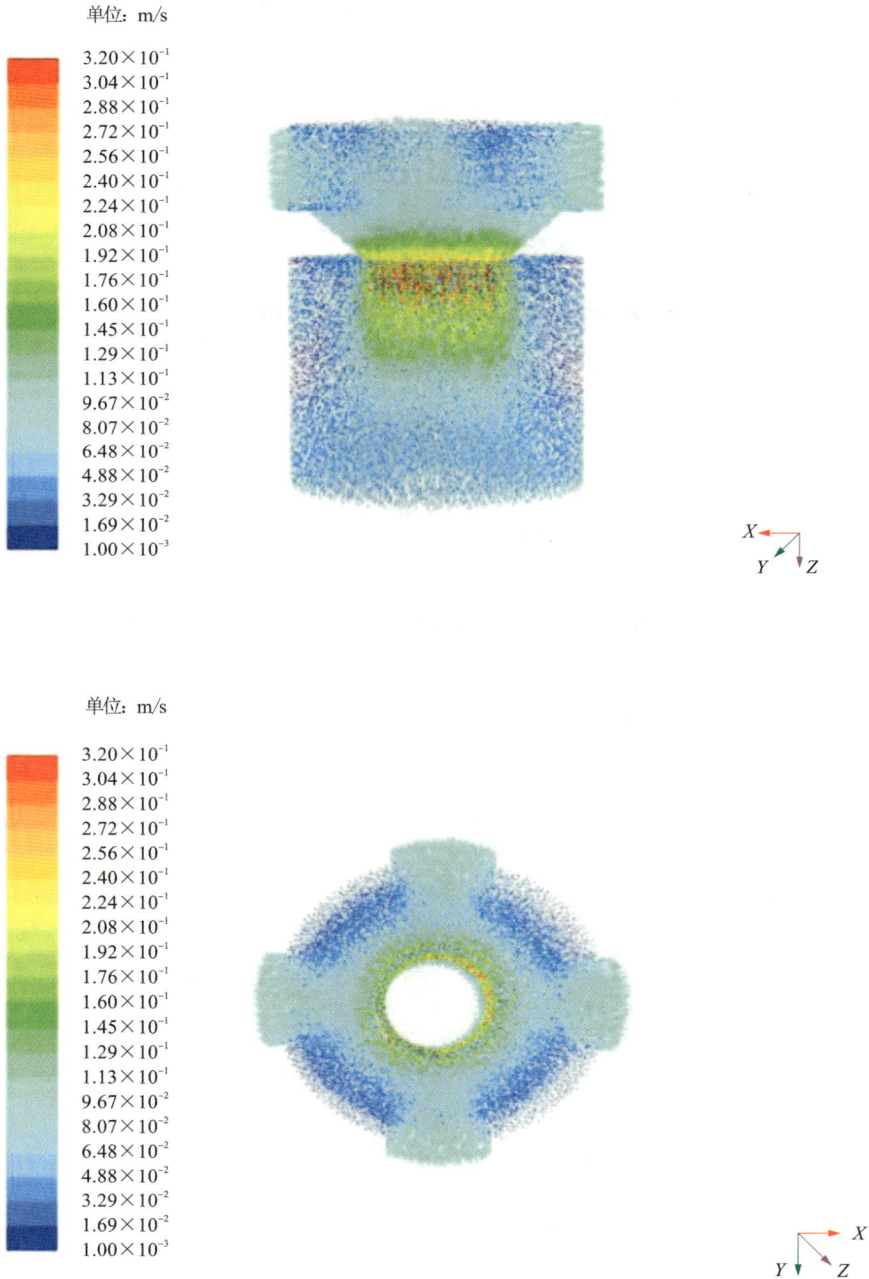

图 6-21　氧化铝在定容器中的速度矢量分布

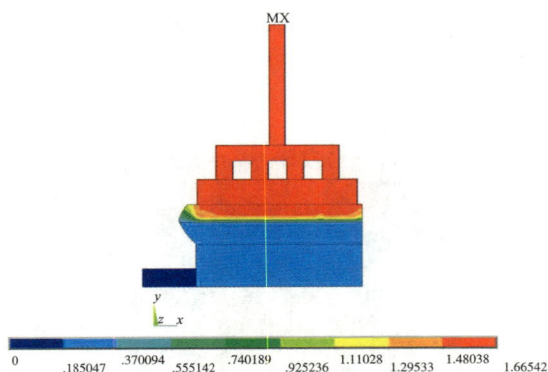

(a)全槽导电部分欧姆压降/V

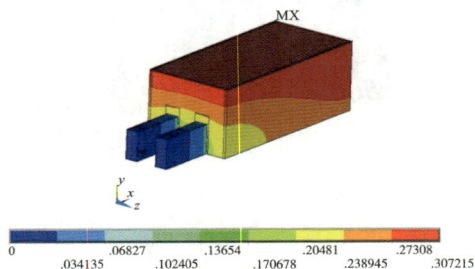

(b)炉底压降/V

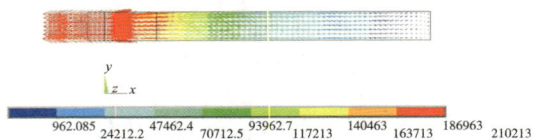

(c)钢棒内电流密度矢量图

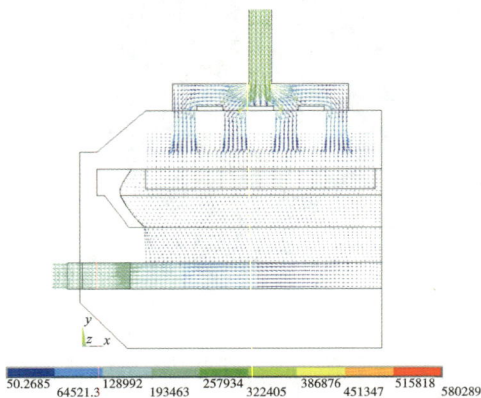

(d)切片模型的电流密度矢量图

图 7-13　200 kA 电解槽电场结果分布

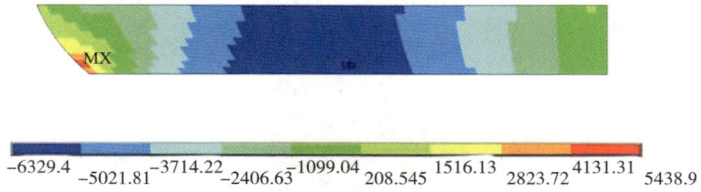

(a)$X$方向

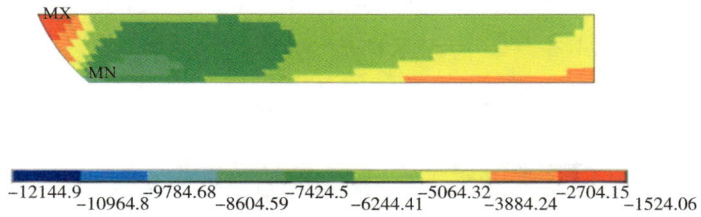

(b)$Y$方向

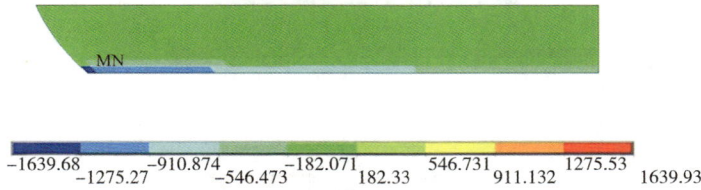

(c)$Z$方向

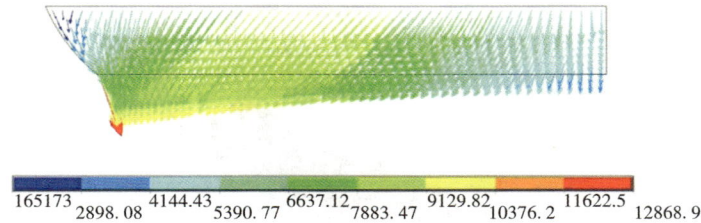

(d)电流密度矢量图

图 7-14　铝液层电流分布(电流密度单位为 $A/m^2$)

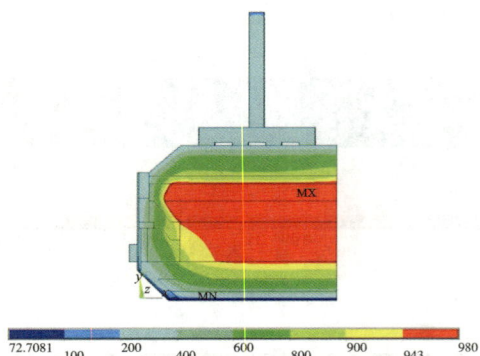

(a)内衬整体温度分布情况

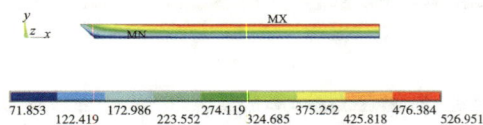

(b)第一层硅酸钙板

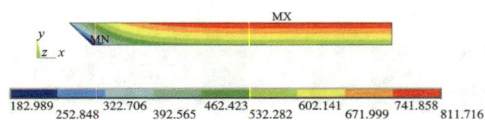

(c)第二层硅藻土保温砖

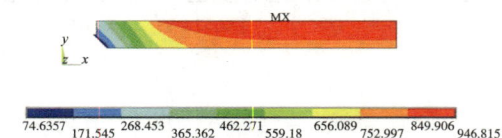

(d)第三层干式防渗料

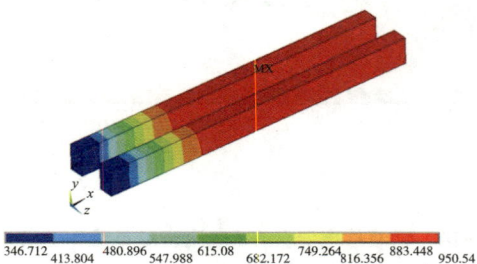

(e)阴极钢棒

图 7-15　切片模型温度场分布(单位为℃)

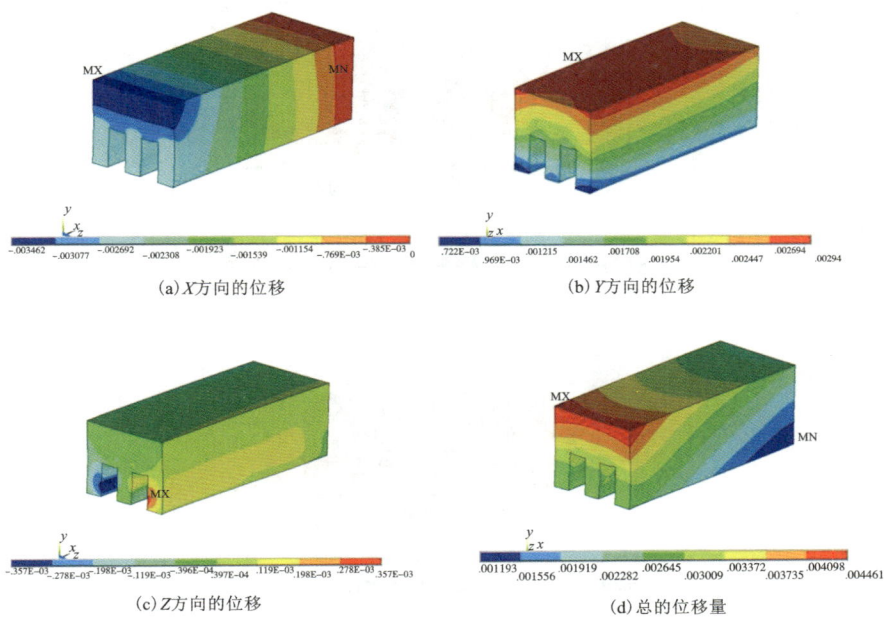

(a) $X$ 方向的位移

(b) $Y$ 方向的位移

(c) $Z$ 方向的位移

(d) 总的位移量

图 7-17 底部阴极炭块内三维方向位移和总的位移量 ( 单位为 m )

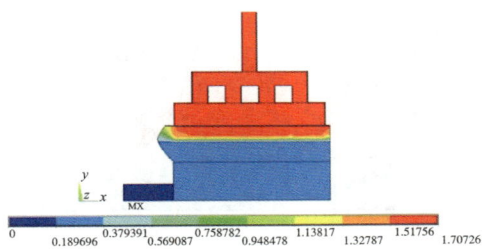

图 7-19 电解槽电场结果分布

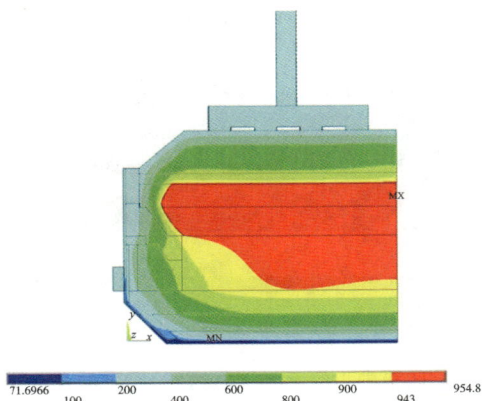

图 7-20 切片模型温度场分布 ( 单位为 ℃ )

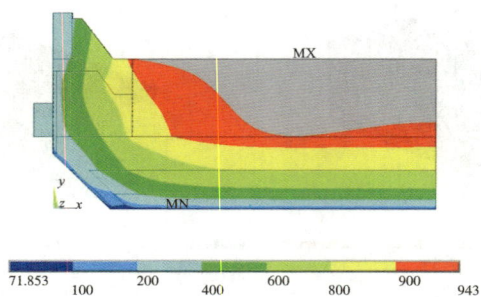

(a) 使用无烟煤炭块

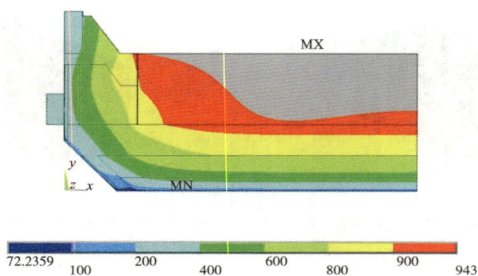

(b) 使用半石墨质炭块

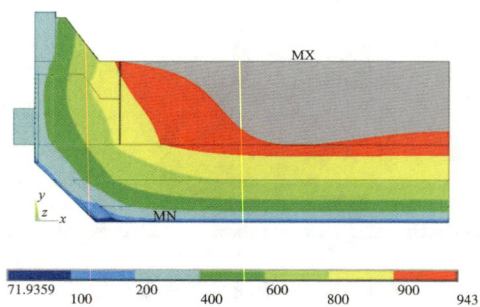

(c) 使用半石墨化炭块

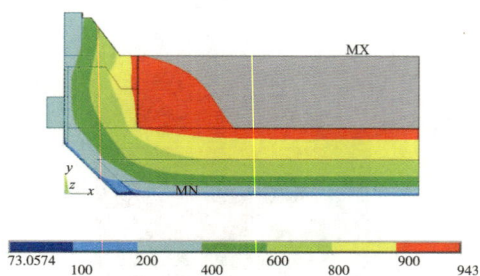

(d) 使用石墨化炭块

图 7-24　阴极内衬的凝固等温线（943℃）的位置比较图

(a) 原始结构

(b) 方案1

(c) 方案2

(d) 方案3

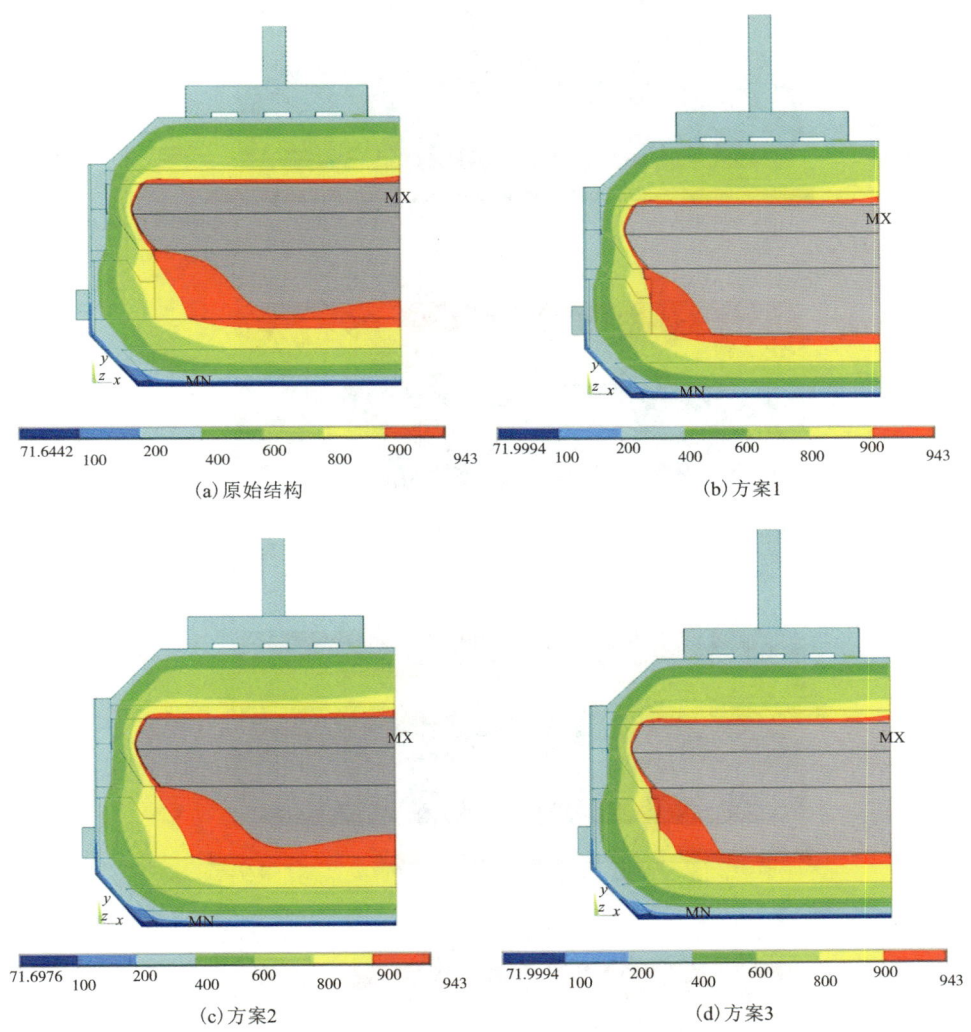

图 7-25　各优化方案的温度场分布

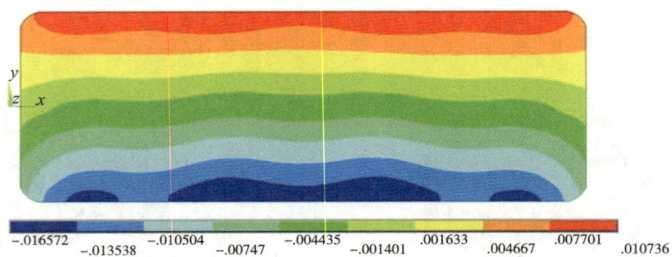

－.016572　　－.010504　　　－.004435　　　.001633　　　.007701
　　　　－.013538　　　－.00747　　　－.001401　　　.004667　　　.010736

(a) 原始结构

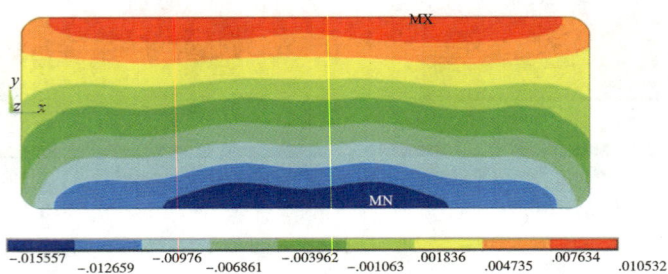

－.015557　　－.00976　　　－.003962　　　.001836　　　.007634
　　　　－.012659　　　－.006861　　　－.001063　　　.004735　　　.010532

(b) 方案1

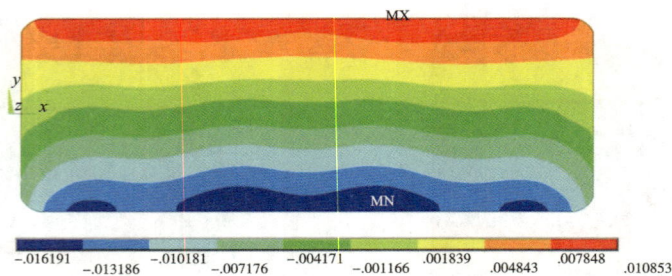

－.016191　　－.010181　　　－.004171　　　.001839　　　.007848
　　　　－.013186　　　－.007176　　　－.001166　　　.004843　　　.010853

(c) 方案2

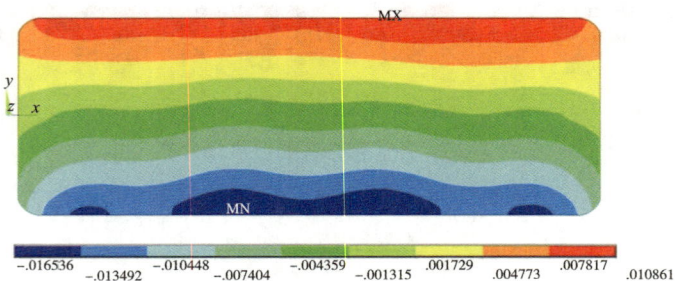

－.016536　　－.010448　　　－.004359　　　.001729　　　.007817
　　　　－.013492　　　－.007404　　　－.001315　　　.004773　　　.010861

(d) 方案3

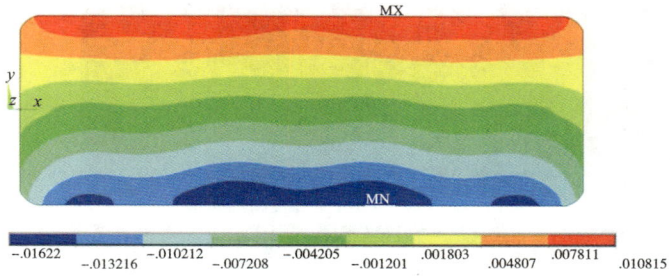

.−01622　−.010212　−.004205　.001803　.007811
　　−.013216　　−.007208　　−.001201　　.004807　　.010815

(e) 方案4

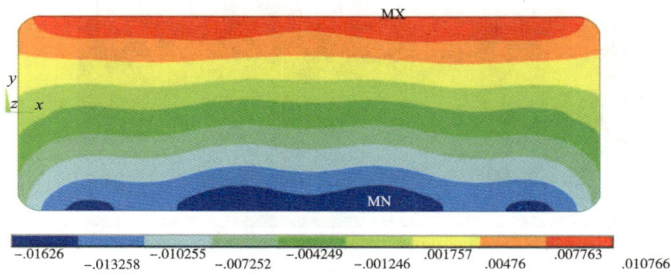

.−01626　−.010255　−.004249　.001757　.007763
　　−.013258　　−.007252　　−.001246　　.00476　　.010766

(f) 方案5

**图 7-31　各方案母线中 $B_x$ 磁场分布的比较**

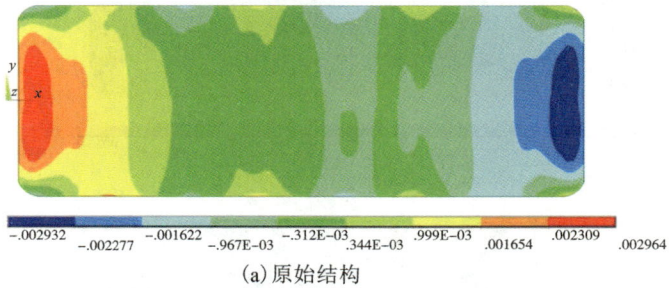

−.002932　−.001622　−.312E-03　.999E-03　.002309
　　−.002277　　−.967E-03　　.344E-03　　.001654　　.002964

(a) 原始结构

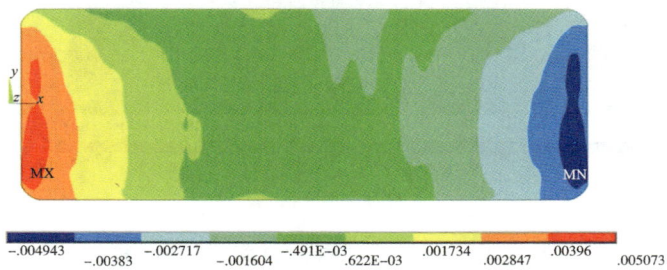

−.004943　−.002717　−.491E-03　.001734　.00396
　　−.00383　　−.001604　　.622E-03　　.002847　　.005073

(b) 方案1

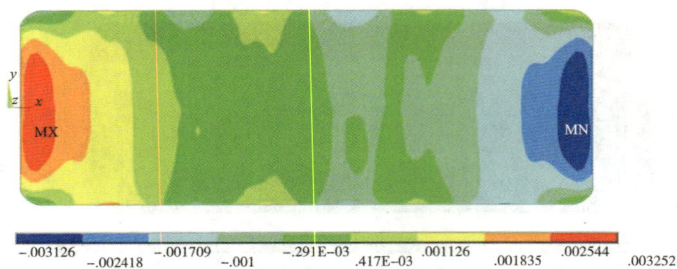

(c)方案2

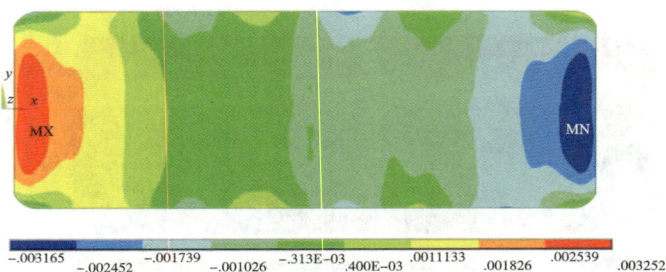

(d)方案3

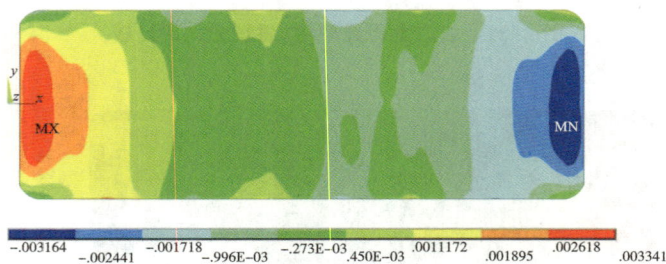

(e)方案4

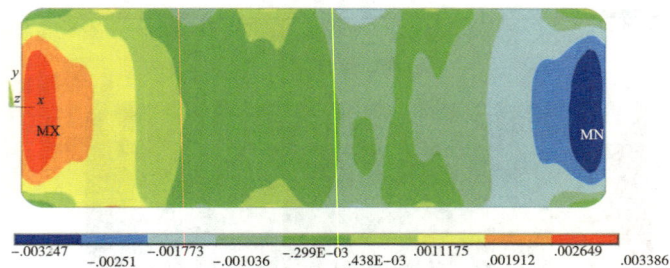

(f)方案5

图 7-32　各方案母线中 $B_y$ 磁场分布的比较

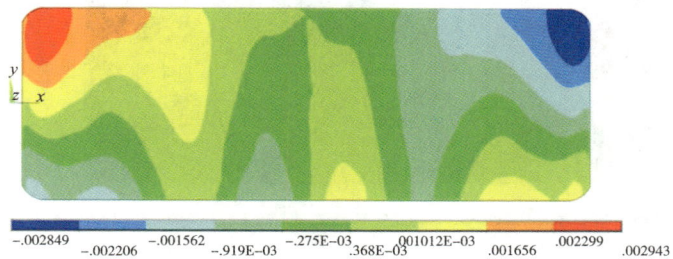

(a)原始结构

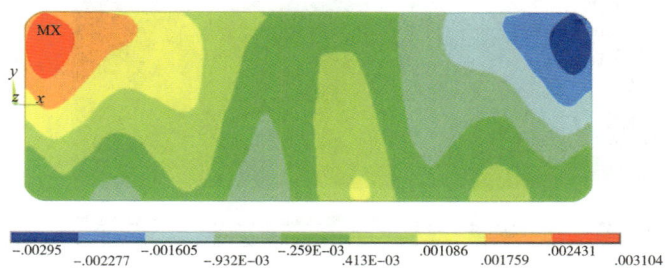

(b)方案1

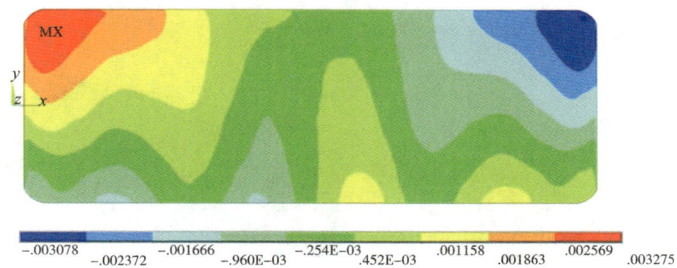

(c)方案2

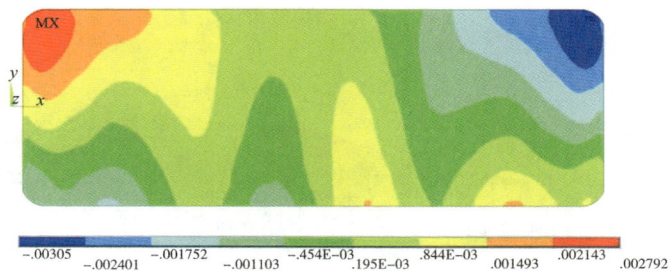

(d)方案3

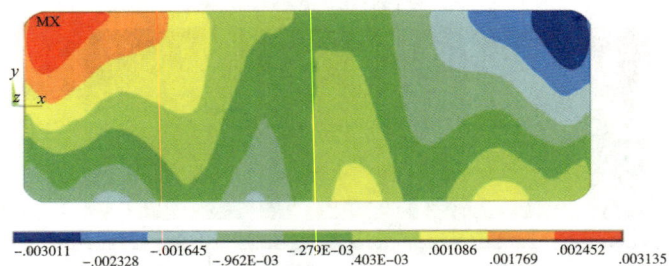

(e)方案4

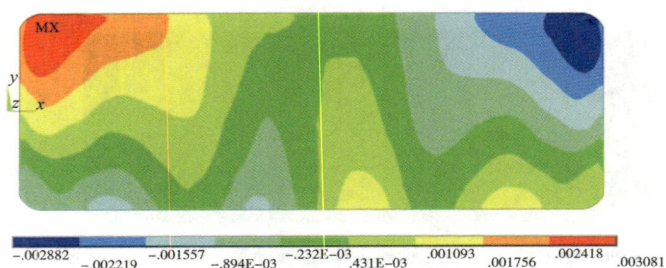

(f)方案5

图 7-33　各方案母线中 $B_z$ 磁场分布的比较

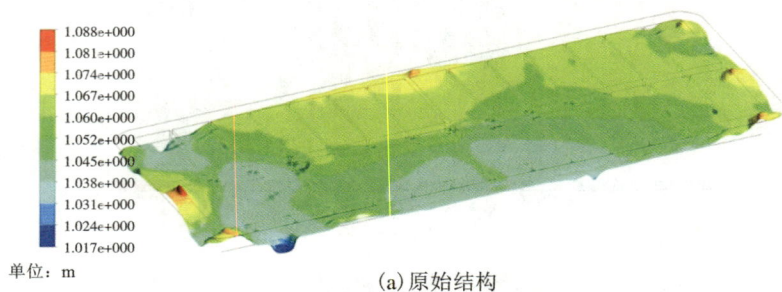

单位：m

(a)原始结构

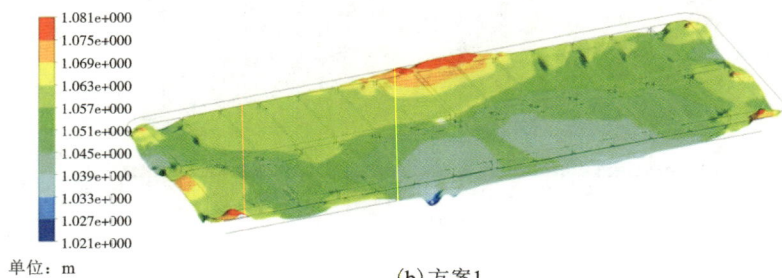

单位：m

(b)方案1

1.092e+000
1.084e+000
1.077e+000
1.069e+000
1.062e+000
1.054e+000
1.047e+000
1.039e+000
1.032e+000
1.025e+000
1.017e+000
单位：m

(c)方案2

1.086e+000
1.079e+000
1.073e+000
1.066e+000
1.059e+000
1.052e+000
1.046e+000
1.039e+000
1.032e+000
1.025e+000
1.019e+000
单位：m

(d)方案3

1.090e+000
1.082e+000
1.075e+000
1.068e+000
1.061e+000
1.053e+000
1.046e+000
1.039e+000
1.032e+000
1.024e+000
1.017e+000
单位：m

(e)方案4

1.090e+000
1.082e+000
1.075e+000
1.068e+000
1.061e+000
1.053e+000
1.046e+000
1.039e+000
1.032e+000
1.024e+000
1.017e+000
单位：m

(f)方案5

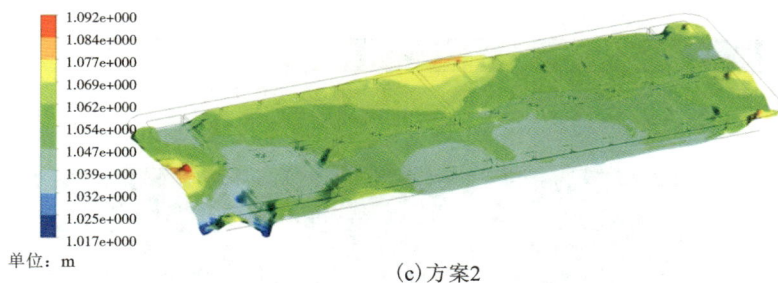

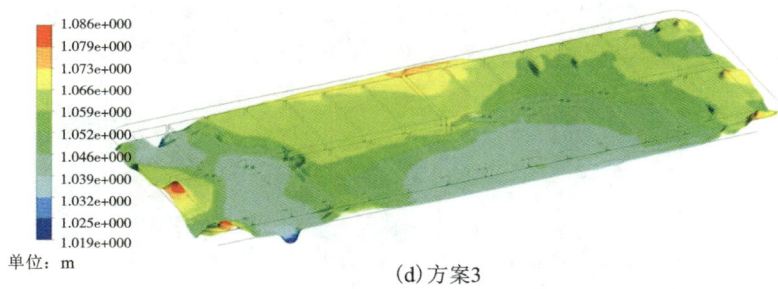

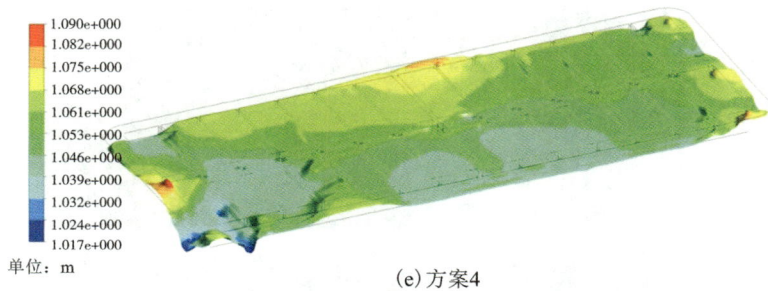

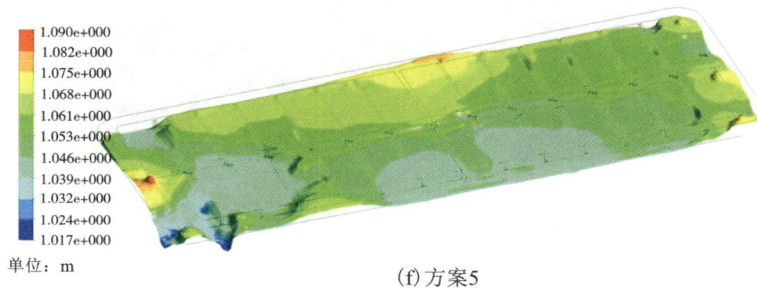

图 7-36　各母线方案铝液-电解质界面变形图

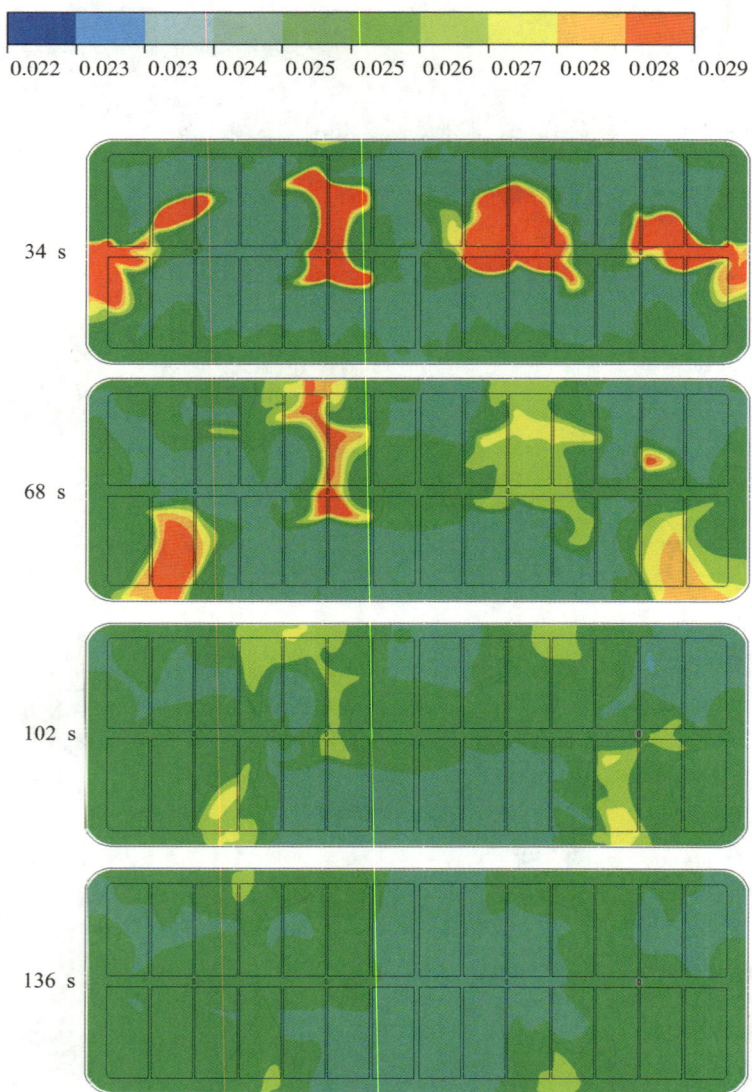

图 7-46　第一周期内水平截面($z=1.08$ m)氧化铝质量占比分布变化

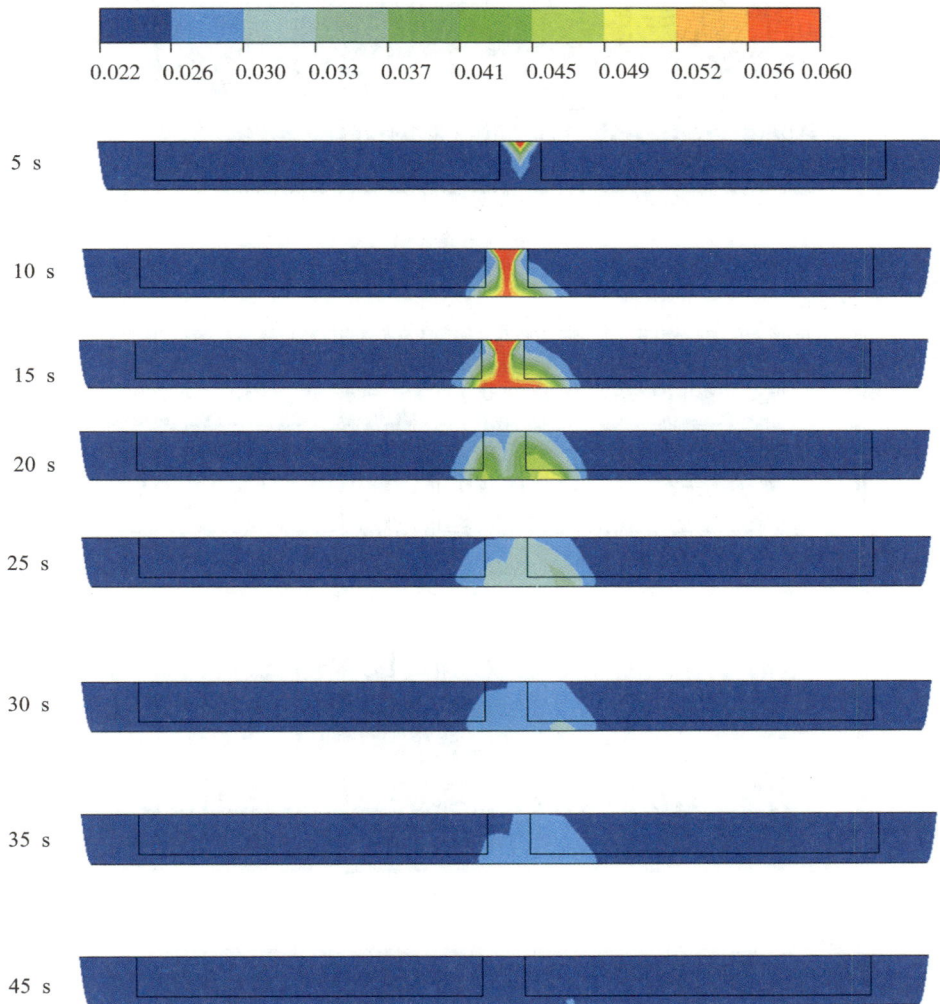

图 7-56 垂直截面氧化铝质量占比分布变化

(a)方案1

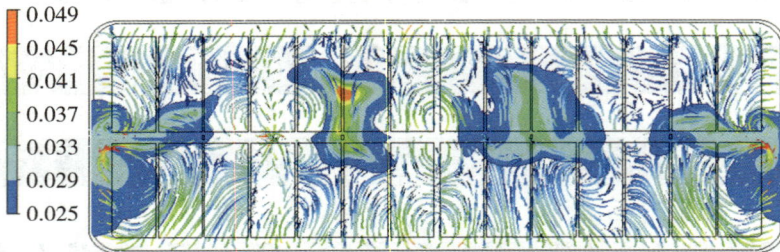

(b)方案2

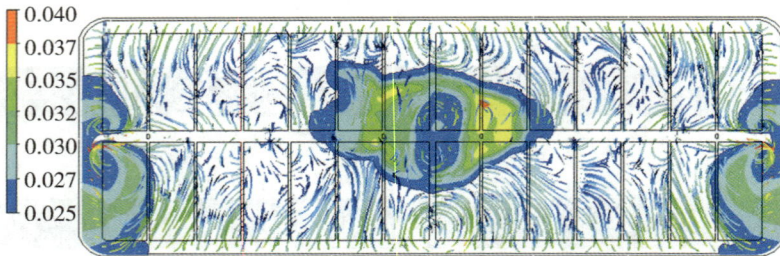

(c)方案3

(d)方案4

图 7-60　30 s 时四种方案下极间水平截面上的氧化铝质量占比及电解质流线图

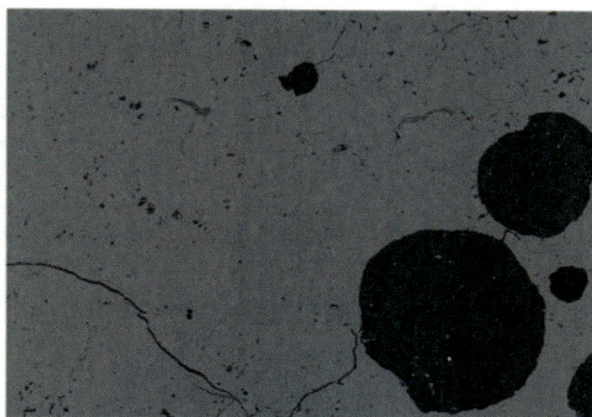

(a)样本某截面的形貌

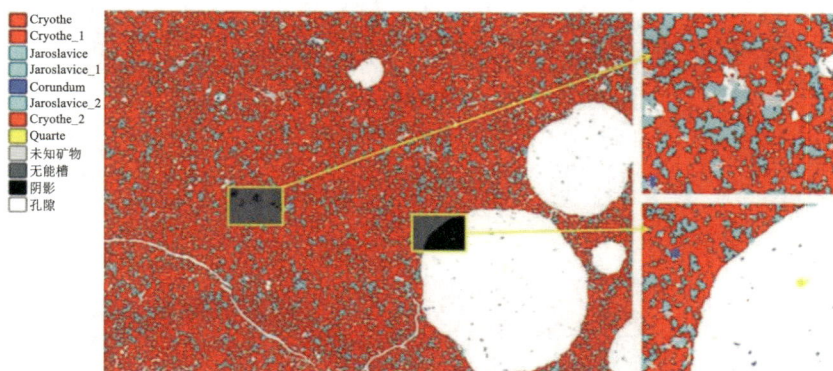

- Cryothe
- Cryothe_1
- Jaroslavice
- Jaroslavice_1
- Corundum
- Jaroslavice_2
- Cryothe_2
- Quarte
- 未知矿物
- 无能槽
- 阴影
- 孔隙

(b)样本的典型物相分布

图 8-18  槽帮样本检测结果

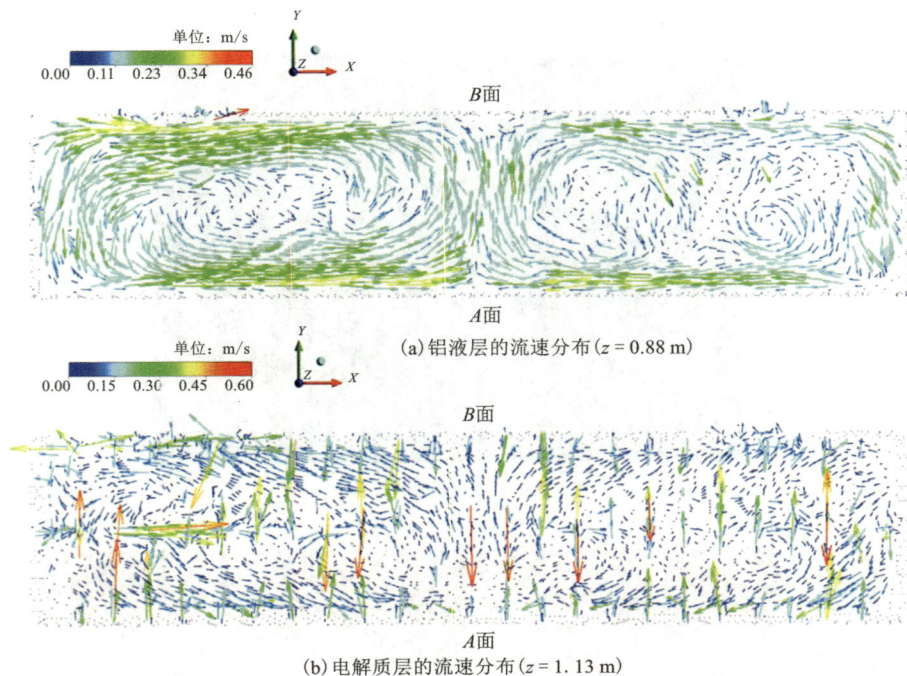

(a) 铝液层的流速分布($z = 0.88$ m)

(b) 电解质层的流速分布($z = 1.13$ m)

图 8-22　稳态模型流场结果

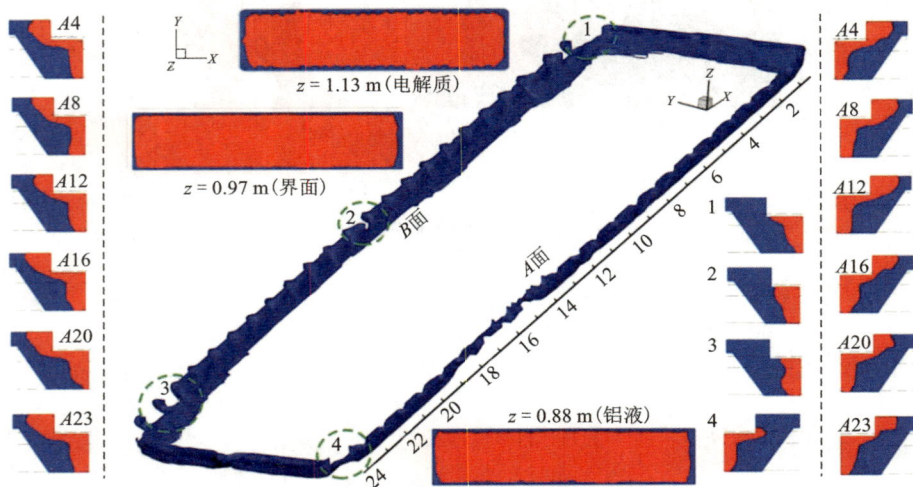

图 8-24　电解槽全槽槽膛内形